Friedrich Asinger

Methanol – Chemie- und Energierohstoff

Die Mobilisation der Kohle

Mit 93 Abbildungen

Springer-Verlag Berlin Heidelberg NewYork
London Paris Tokyo

Friedrich Asinger
o. Professor em. Dipl.-Ing. Dr. techn.
Dr. phil. habil. Dr. hc.
Rheinisch-Westfälische Technische Hochschule Aachen
D 5100 Aachen

CIP-Kurztitelaufnahme der Deutschen Bibliothek
Asinger, Friedrich:
Methanol – Chemie- und Energierohstoff :
d. Mobilisation d. Kohle / Friedrich Asinger. –
Berlin ; Heidelberg ; New York : Springer, 1986.
ISBN-13: 978-3-642-70764-3 e-ISBN-13: 978-3-642-70763-6
DOI: 10.1007/ 978-3-642-70763-6

Softcover reprint of the hardcover 1st edition 1986

2152/3020

Vorwort

Methanol wurde vor 62 Jahren im Leunawerk der BASF erstmals im technischen Maßstab produziert. Es diente anstelle des „Holzgeistes“ praktisch ausschließlich der chemischen Industrie als Ausgangsmaterial. Der Weltbedarf beträgt heute allein für diesen Zweck 14 Mio. Tonnen im Jahr.

Das Methanol wurde damals ausschließlich über Synthesegas ($CO+2H_2$) auf Basis von Koks, später von Braunkohle, hergestellt. Die Kohle wurde nach dem zweiten Weltkrieg von Erdgas und Erdöl als Rohstoff verdrängt. Sie werden allotherm (Erdgas) oder autotherm (Erdölrückstände) zu Synthesegas verarbeitet.

In den vergangenen 15–20 Jahren haben zahlreiche Innovationen Methanol in den Vordergrund des Interesses gerückt. Sowohl die Herstellung als auch die chemische Weiterverarbeitung von Methanol und die energiewirtschaftliche Nutzung dieses Stoffes wurden wesentlich verbessert und weiterentwickelt.

Im vorliegenden Buch wird versucht, das Gesamtgebiet der Synthese sowie der chemischen und energetischen Verwertung des Methanols im Zusammenhang darzustellen. Besondere Beachtung verdienen die Umsetzungen des Methanols zu Olefinen, Aromaten, hochoktanigen Benzinen usw. Die Entwicklung von Verfahren zum Aufbau von aliphatisch-chemischen Großchemikalien wie Essigsäure, Essigsäureanhydrid, Vinylidendiacetat, Vinylacetat, Glykol usw. geben einen Einblick in die vielfältigen Reaktions- und Einsatzmöglichkeiten des Methanols. Die seit Beginn der synthetischen Methanolproduktion industriell durchgeführten chemischen Umsetzungen des Methanols zu Formaldehyd, Aminen, Methylhalogeniden, Estern und andere klassische Synthesen, über die im Abstand weniger Jahre immer wieder ausgezeichnete Darstellungen erschienen sind, werden im vorliegenden Buch nicht behandelt.

Die große Zukunft des Methanols liegt in seiner energiewirtschaftlichen Verwertung. Der Einsatz von Methanol als Kraftstoff in Otto-Motoren kann vor allem in Gemischen aus Benzin und Methanol bei der Entbleiung der Kraftstoffe erfolgen oder als praktisch 100prozentiges Methanol mit hoher Oktanzahl. Auch in Dieselmotoren kann Methanol als Kraftstoff das Dieselöl weitgehend ersetzen, wenn gewisse technische Veränderungen vorgenommen werden. In neuester Zeit wird intensiv an einem Verfahren der einfachen katalytischen Spaltung von Methanol in ein hochoktaniges Gas zum Betrieb von Otto- und Dieselmotoren, aber besonders von Gasturbinen gearbeitet.

Die Methanolsynthese selbst wurde in den letzten Jahren deutlich verbessert. Die alten Zink-Chrom-Katalysatoren, die drastische Temperatur- und Druckbedingungen benötigten, wurden durch Kupfer-Katalysatoren abgelöst, die bei niedrigen Drucken und Temperaturen arbeiten. Die Katalysatorleistung bezüglich der Methanolausbeute sowie die Reinheit des Rohmethanols konnten gesteigert werden.

Ein Vergleich der Methanolsynthese mit der Fischer-Tropsch-Synthese und der direkten Kohlehydrierung wird angestellt. Dies erlaubt eine vergleichende Abschätzung der Leistungsfähigkeit und der Entwicklungsmöglichkeiten der verschiedenen Verfahren zur Mobilisierung der Kohle.

Im Literaturteil wird dem Leser weiterführendes Material an die Hand gegeben, das in vielen Fällen textliche Hinweise und Kommentare zur Literatur enthält. Deshalb soll besonders darauf hingewiesen werden, daß Text- und Literaturteil eine Einheit bilden, aus der gegenwärtiger Stand und Forschungstrend auf dem Gebiet der Methanolsynthese und Methanolverwertung abgeleitet werden können.

Meinem Kollegen Herrn Dipl.-Chem. Dr. Andreas Lorenz danke ich für die Unterstützung beim Lesen der Korrekturen, für wertvolle organisatorische Hilfe und zahlreiche nützliche Gespräche.

Herrn Dr.-Ing. habil. H. G. Bub von der Hüls AG danke ich für die Beschaffung schwer zugänglicher Literatur.

Zum Schluß möchte der Verfasser Herrn Dr. Rainer W. Stumpe und dem Springer-Verlag für die sorgfältige Betreuung des Manuskriptes und die Drucklegung herzlich danken.

Mariazell, Juli 1985 F. Asinger

Inhaltsverzeichnis

1 Methanol – Chemie und Energierohstoff

Die fossilen Brennstoffe Kohle, Mineralöl und Erdgas sind gleichzeitig Ausgangsmaterialien für die chemische Industrie.

Die Nutzung der Kohle leitete die industrielle Revolution ein und trug viele Jahrzehnte lang die technische Entwicklung. Kohle ist zur Zeit als chemischer Rohstoff nur von geringer Bedeutung, obwohl sie in Europa und in Ostasien bis zum Ende des zweiten Weltkrieges fast alleiniges Ausgangsmaterial der chemischen Industrie war.

Als bald nach Ende des Weltkrieges der internationale Handel wieder in Gang kam, wurde die Erde von einer Woge billigen Erdöls überschwemmt, und jeder konnte davon so viel erhalten, als er benötigte.

Die organisch-chemische Großindustrie stellte daher ihre Produktion in erster Linie auf Leichtbenzin als Rohstoff um, das in „Steamcrackern" in die Petrolchemikalien der ersten Generation, nämlich Ethylen, Propylen, die Butene, das Butadien und die BTX-Aromaten aus dem Pyrobenzin überführt wurde. Aus diesen Pyrolyseprodukten wurden dann die einzelnen reinen Komponenten isoliert, die entweder für sich oder in chemischer Kombination miteinander die Kunststoffe, Kunstfasern, kautschukelastischen Produkte, Lösungs- und Weichmachungsmittel, Textilhilfsmittel und Waschrohstoffe, Agrochemikalien, Pharmaka u. s. f. ergaben.

Die chemische Industrie Europas hatte nun endlich auch den günstigsten Rohstoff zur Verfügung, einen Rohstoff, der in der Überführung in die chemischen Fertigprodukte den höchsten Wertzuwachs erfährt.

Der Ausstoß an Petrolchemikalien stieg ständig an und erreicht heute einen Wert, der den für die früher auf Kohlebasis synthetisierten gleichen Produkte oft um Zehnerpotenzen übersteigt (Abb. 1.1).
Bedenkt man, daß nur etwa 8 % der Erdölförderung als Rohmaterial für die chemische Industrie dient, hätte diese noch für mindestens 300 Jahre dieses beste Ausgangsmaterial zur Verfügung, wenn es nur für ihre Zwecke reserviert werden könnte.

Indessen werden heute bis zu $\frac{2}{3}$ des gesamten Primärenergiebedarfs auf der Erde auf Basis von Mineralöl und Erdgas erzeugt, obwohl die Kohle etwa 80 % der gesamten Vorräte an fossilen Brennstoffen auf sich vereinigt (Abb. 1.2).
Öl und Gas werden noch bis zum Jahre 2000 und darüber hinaus als Energielieferant dienen müssen. An eine äußerst wünschenswerte, ins Gewicht fallende Entkopplung der Doppelfunktion von Mineralöl und Erdgas als Energielieferant einerseits und Rohstoff für die chemische Industrie andererseits zugunsten der letzteren Verwendung wird, wenn die Propaganda gegen die

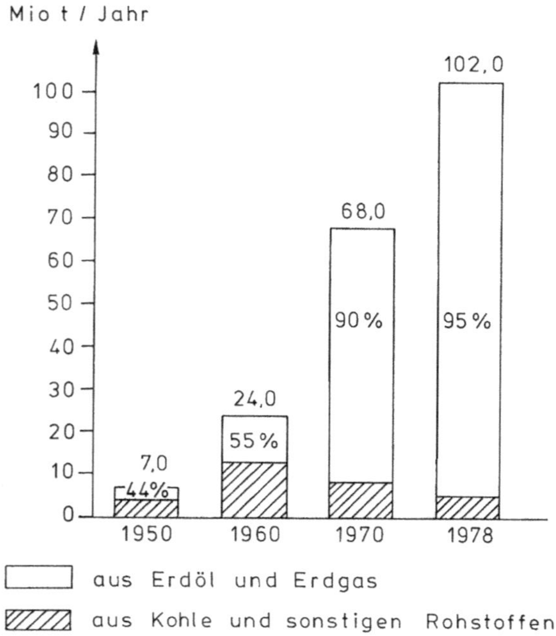

Abb. 1.1. Weltproduktion organischer Chemikalien (ohne UdSSR, China und Osteuropa, aus Statistical Yearbook United Nations)

Kernenergie, ja sogar gegen die Kohlekraftwerke anhält, in der westlichen Welt kaum zu denken sein.

Eine bevorzugte stoffwirtschaftliche Nutzung des Erdöls bzw. Erdgases und damit eine beginnende Zurückdrängung des energiewirtschaftlichen Einsatzes dieser fossilen Rohstoffe wurde in den sozialistischen Ländern mit zentraler Planwirtschaft durch Forcierung der Kohle- und Atomkraftwerke eingeleitet.

Die Verwendung des Mineralöls als Rohmaterial für die Produktion von Kraftstoffen wie VK, DK und Düsenkraftstoffen müssen wir, solange die verschiedenen zur Zeit in Entwicklung begriffenen anderen technisch und wirtschaftlich tragbaren Möglichkeiten noch nicht zum Zuge gekommen sind, voll und ganz akzeptieren.

Die Vorräte an fossilen Rohstoffen haben nur eine begrenzte Lebensdauer, und Erdöl und Erdgas werden wesentlich früher zu Ende gehen als Kohle. Daher müssen die Überlegungen und die technischen Arbeiten weitergeführt werden, die zeigen sollen, auf welche Weise und in welcher Form Kohle wieder als Ausgangsprodukt für die chemische Industrie aber auch als Energierohstoff mobilisiert werden kann. Nur dann kann wenigstens einigermaßen die enorme Produktionshöhe der chemischen Industrie aufrecht erhalten und der gesteigerte Brenn- und Kraftstoffbedarf gedeckt werden. Heute verfügt man noch über genug Öl und Gas und ein wirklicher Mangel wird sich erst gegen Ende dieses Jahrhunderts allmählich bemerkbar machen.

Was aber heute schon knapp ist, ist die Zeit, die benötigt wird, um einen möglichst nahtlosen Übergang von Mineralöl auf Kohle vorzubereiten. Dabei kommt es nicht darauf an, die alten Verfahren zu kopieren und auf einen riesigen Ausstoß an Fertigprodukten auszurichten, sondern soweit wie möglich neue Wege zu gehen, die zu ihrer technischen Verwirklichung lange Vorlaufzeiten benötigen.

Die Entwicklung der letzten Jahre hat gezeigt, daß sich mit der Ölschwemme und der Tendenz zu Preisnachlässen auf dem Weltmarkt und im Hinblick auf die allgemeine Geldknappheit an verschiedenen Stellen sofort eine Apathie breitmacht. Die bemerkenswerten finanziellen Anstrengungen von Industrie und staatlichen Stellen, um die Kohle als Energie- und Chemierohstoff wieder zu mobilisieren, werden für überhöht gehalten [1.1].

Der direkte Einsatz von Kohle für die Energieerzeugung wird in der vorliegenden Arbeit nicht berücksichtigt, die Kohle wird nur als chemischer Rohstoff betrachtet. Sie wird im großen Maßstab für die Koksherstellung entgast, wobei nebenher Gas und Teer anfallen, die chemisch von Bedeutung sind. Koks ist für die eisenschaffende Industrie, für die Carbidindustrie und als Wärmelieferant von Bedeutung. Die zweite direkte Verwendung von Kohle besteht in der Kohlehydrierung zu VK und DK und zur Herstellung von aromatischen Kohlenwasserstoffen auf Basis der Hydrierprodukte.

Die wichtigste Verarbeitung der Kohle für die chemische Industrie ist die Vergasung mit Wasserdampf zu Kohlenmonoxid-Wasserstoff-Gemischen, Gase, die für verschiedene Synthesen eine Rolle spielen. Die Technologie der Vergasung ist in stürmischer Entwicklung begriffen. Abbildung 1.3 zeigt die wichtigsten Verarbeitungsmöglichkeiten der verschiedenen CO/H_2-Gemische.

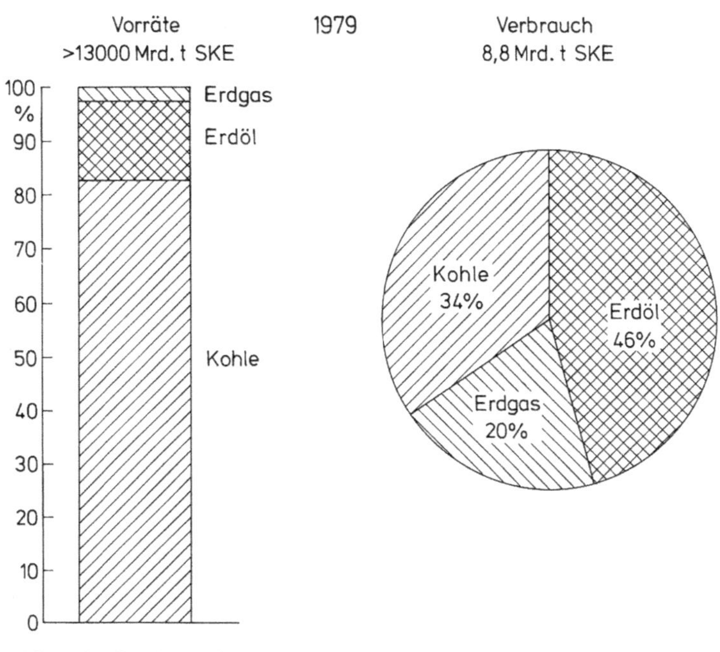

Abb. 1.2. Geologische Vorräte und Verbrauch von Kohle, Mineralöl und Erdgas in der Welt im Jahr 1979 (Bund [1.1])

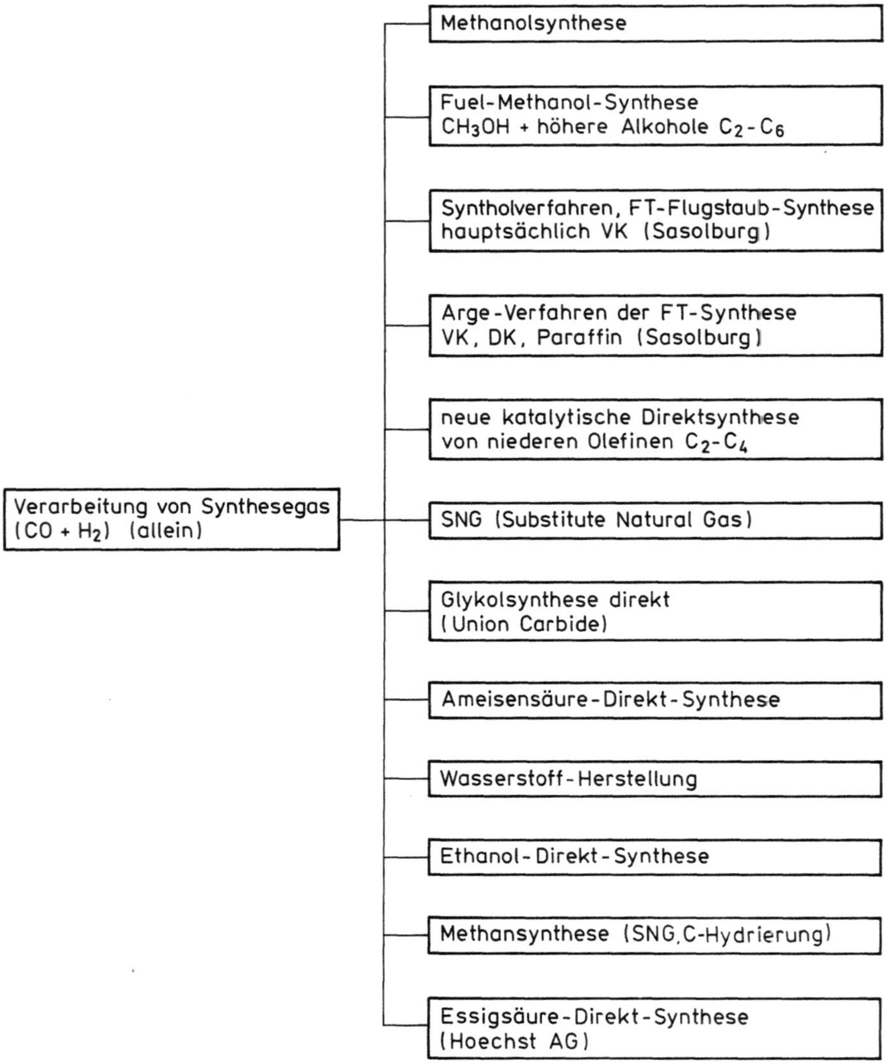

Abb. 1.3. Weiterverarbeitung von Synthesegas (allein)

Auf Basis von Kohlevergasungs-Gasen können verschiedene reine Erzeugnisse hergestellt werden, wie Wasserstoff, Kohlenmonoxid, Kohlendioxid, Ammoniak, Methan und Methanol. Die Kohlehydrierung und die FT-Synthese führen immer zu KW-Gemischen aller Art und bei der Herstellung von VK und DK, die ja ebenfalls KW-Gemische sind, müssen zwangsläufig Gemische niederer und auch höherer Kohlenwasserstoffe in Kauf genommen werden [1.1].

Die älteste und größte Syntheseanlage auf Basis von $CO + 2\,H_2$, die erstmals ein individuelles, organisches Großprodukt lieferte, war die Methanolsynthese, die seit 1923 in den Leunawerken aufgrund der Arbeiten von Mittasch, Pier, Winkler und ihren Mitarbeitern errichtet wurde.

Sie arbeitete mit Zink-Chromkatalysatoren bei 360–380 °C; einem Druck von 250–300 bar und einem CO/H_2-Verhältnis 1:2,2 und lieferte ein erstaunlich reines Produkt, das in erster Linie für die Formaldehydsynthese eingesetzt wurde. Methanol war aber auch schon während des zweiten Weltkrieges zur Aufbesserung der OZ des nicht sehr hochoktanigen Leunabenzins und zur Streckung des VK verwendet worden.

Mit der Zeit wurden ständig Verbesserungen in bezug auf die Wassergasproduktion auf der Basis Koks, die Kohlenoxid-Konvertierung, auf die Reinheit des Synthesegases, die Größe der Syntheseöfen und die Wirksamkeit des Katalysators erzielt.

Schließlich wurden durch die Einführung des ersten großtechnischen Wirbelschichtvergasers (Winklergenerator) 1931 in Leuna bei der Vergasung von Braunkohle mit Sauerstoff und Wasserdampf mit großen Leistungen entscheidende Fortschritte erzielt. Die Jahresproduktion 1943 betrug bereits

Formaldehyd z.Z. etwa 50% der CH_3OH-Produkte
Essigsäure (Monsanto-Prozeß)
Essigsäure (BASF-Prozeß)
Essigsäureanhydrid (über Methylacetat)
Ethylenglykol (Du Pont- und Chevron-Prozeß)
Methylmethacrylat (über Methylal)
Vinylacetat (über Methylacetat)
Ethylidendiacetat
Ethanol (Homologisierung)
Dimethylterephthalat und verschiedene Ester
Lösungsmittel
Methylhalogenide
Methylamine
Synthesegas für Oxoreaktion etc.
Wasserstoffherstellung $CH_3OH + H_2O \xrightarrow{Kat.} CO_2 + 3\,H_2$
Ammoniak, Harnstoff, Melamin, Harze
Styrolsynthese (Ethylbenzol)
SCP (Eiweiß-Synthese)
Antigefriermittel, Denaturant
Polymerisationsinhibitor
Antidetonant für Kolbenmaschinen
niedere Olefine nach dem Mobil-Prozeß
niedere Aromaten nach dem Mobil-Prozeß
Dehydrierung zu Methylformiat
Addition von Isobutylen, MTBE
Veresterung mit H_2SO_4, Dimethylsulfat

Abb. 1.4. Methanol als Chemierohstoff

M 15 (Benzin + 15% Methanol + Kosolventien)

M 100 (92% Reinmethanol + 8% niedere KW)

80% Methanol + 20% Dieselöl als DK
Zündstrahl-Verfahren
2 Tanks, 2 Einspritzanlagen

100% Methanol als DK mit Zündbeschleunigern
2 Tanks, 2 Einspritzpumpen

MTBE, Methyl-*tert.* butylether
Bleiersatz im Benzin

Umwandlung in Benzin nach den "Mobil-Prozessen"

Kessel-Heizmedium (Overfiring), (Clean Fuel)

Heizmedium für Stromerzeugung, Gasturbinen
für Spitzenbedarf (Clean Fuel), Reduktionsmedium für die eisenschaffende Industrie.

Überführung in SNG (Methan)
Heizgas für Haushalte

Komponente zur Stadtgas-Erzeugung

Dimethylether als Propanersatz, Sdp. -23,7 °C
für Heizzwecke

Kohlentransport in Pipelines (Methacoal)

H_2-Lieferant für Brennstoffzellen etc.

Dissoziiertes ($CO + 2\,H_2$) bzw. dampfreformiertes ($CO_2 + 3\,H_2$) Methanol als Kraftstoff für Otto- und Dieselmotoren bzw. Gasturbinen

Abb. 1.5. Methanol als Energierohstoff

240000 jato Methanol. Heute beträgt die Weltproduktion etwa 15 Mio t. Durch weitere Verbesserungen, über die noch berichtet wird, hat die seit nun 60 Jahren technisch ausgeführte Methanolsynthese einen hohen Stand erreicht.

Methanol ist ein vielseitiger Chemierohstoff, wie Abb. 1.4 zeigt.
In Zukunft wird sich Methanol auch auf dem Energiegebiet als ein äußerst interessanter und vielversprechender Rohstoff erweisen, wenn die Produktionsmenge genügend groß ist. So können bis zu 15% Methanol dem Benzin zugesetzt werden, aber was noch wichtiger ist, besonders ausgestattete Autos lassen sich mit reinem Methanol erfolgreich betreiben.

Das Dieselöl kann insbesondere in größeren Anlagen und Autos bis zu 80% durch Methanol ersetzt werden. Von besonderem Vorteil hat sich Methanol als Kraftstoff für Gasturbinen, als Heizmaterial für Kesselfeuerungen, zur Herstellung von reinem Wasserstoff (z. B. für Brennstoffzellen) von Methan, von Reduktionsgas für Hochöfen und nach neuesten Entwicklungen bei der Mobil-Oil-Corp., zur Herstellung von Benzin erwiesen. Abbildung 1.5 faßt die wichtigsten Verwendungsmöglichkeiten des Methanols als Energierohstoff zusammen.

Abbildung 1.6 zeigt das Schema einer möglichen methanolchemischen Raffinerie.

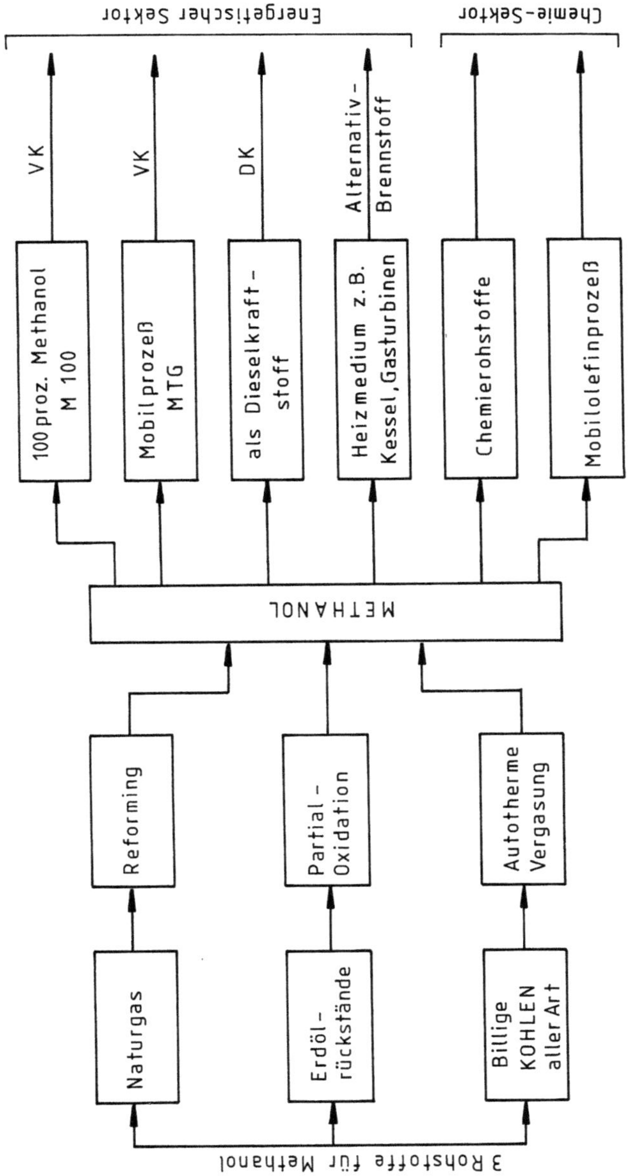

Abb. 1.6. Schema einer Methanolchemischen Raffinerie

Literatur zu Kapitel 1

1.1. Vervalin, Ch. H.: Hydrocarbon Processing, *1982*, März, S. 15. Where will the oil glut take us?

Oil Gas J., *1982*, vom 25. Oktober, S. 77. IEA (International Energy Agency). Current oil supplies masks trouble ahead.

Oil Gas J., *1983*, 10. Oktober, S. 71–73. World crude glut hits Middle East hard.

Leonard J. P.: Oil Gas J., *1983*, 30. Mai, S. 93–97. Prospects for coal-based transportation fuel fading fast.

Hydrocarbon Processing *62* (1) 25, 1983, Methanols' future is subject of new marketing analysis.

Oil Gas J., *1983*, 2. Mai, S. 71, Temporary surplus doesn't mean oil development in U.S. can be deferred. pp. 80–81. Slow growth seen for synthetic fuels.

Swearingen: Oil Gas J., *1983*, 25. April, Oil Supply not assured.

Othmer, D. F.: Chem. Eng. News, *1983*, 24. Januar, S. 5–6 und 64. Production costs of synfuels.

Lee B.: Chem. Eng. News, *1982*, 1. März, S. 28, Synthetic Fuels needed despite current oil glut.

Jennrich, J. H.: „The third shock" in D. Yergin (Editor) „Global Insecurity". A Strategy for Energy and Economic Renewal
vgl.: Oil Gas J., *1982*, 14. Juli, S. 44.

Der Autor sieht schreckliche Ereignisse voraus, weil die westlichen Staaten, insbesondere die USA, wegen einer verfehlten Ölpolitik nicht auf die kommende Ölkrise vorbereitet sind. Die Ölschocks haben die westlichen Staaten 1,2 Billionen Dollar gekostet und entsprechende Verluste an wirtschaftlichen Werten. Auch wird kritisiert, daß der Ankauf von Öl und Gas außerhalb der Wirtschaftsgebiete die Arbeitslosigkeit im eigenen Land anheizt. Man müsse die Distanz zwischen dem kleinen Horizont der privaten Interessen und dem langen der nationalen Interessen überbrücken.

Bund, K.: Die Energieversorgung der Bundesrepublik Deutschland in den achtziger Jahren, Verlag Glückauf, Essen, 1980, S. 8

Wender, I.: Chem. Eng. News, *1983*, 22. August, S. 7 Don't abandon synfuels, coal scientist pleads.

Die jetzige Ölschwemme brachte einen scharfen Niedergang des Kohleverbrauches mit sich und hat einen katastrophalen Einfluß auf die Forschungsförderung der Kohleverwertung ausgelöst. Eine bescheidene Erholung der Weltwirtschaft kann bereits 1986 eine dritte Ölkrise zur Folge haben. Die USA und die 20 Länder der IEA (Internationale Energie-Agentur) müssen jedoch weiter bemüht sein, synthetische Produkte auf Kohlebasis weiter zu entwickeln.)

Chem. Eng. News, *1983*, 5. September, S. 00. Long-term energy glut forecast.

Chem. Week, *1983*, 7. September, S. 32–37. The synfuel survivors. Despite many obstacles they are moving ahead.

Eine ausgezeichnete Übersicht über die amerikanischen Bemühungen zur Mobilisierung von Kohle, Ölschiefer, Ölsanden, Torf, etc. zur Herstellung von synthetischen Kraftstoffen.

Chem. Week, *1984*, 2. Mai, S. 12. U.S. oil supply: A Warning.

Chem. Week, *1984*, 22. Februar, S. 28.
Die USA reduzieren kontinuierlich ihre Abhängigkeit von den Ölimporten aus arabischen Ländern. 1982 wurden von dort 850 000 Barrel/Tag eingeführt, 1983 waren es nur 600 000. Die Einfuhr beträgt aus diesen Ländern nur noch 4 % des Gesamtbedarfes von etwa 15 Mio Barrel/Tag. Die Nettoimporte aus allen anderen Ländern betrugen 4,3 Mio Barrel/Tag. Die Exxon nimmt an, daß in den kommenden 30 Jahren in den USA mit einem Investitionsaufwand von etwa 800 Mia Dollar (1979), 15 Mio Barrels/Tag synthetische Kraftstoffe erzeugt werden könnten, davon 8 Mio aus Ölschiefer und 7 Mio auf Kohlebasis.

Crawford, M.: Chem. Eng., *1984*, 3. September, S. 21–25. U.S. synfuels program suffers more setbacks.

Chem. Eng., *1984*, 20. August S. 20. Synfuels corporation would have 5 billion $ lopped from its remaining budget.

Hanson, D. J.: Chem. Eng. News, *1984*, 14. Mai, S. 20–21. Controversy Surrounding Synfuels Corp. Intensifies.

Hydrocarbon Processing, *1984*, Juni, S. 13. A Warning about oil surplus apathy from Energy Information Service.

Hydrocarbon Processing, *1984*, April, S. 21. Oil: Further glut or new shortages? (Forcasters are not in agreement.)

Lee, B.: Chem. Eng. News 1982, 1. März, S. 28
Synthetic fuels needed despite current oil glut. Oil: merely a brief interlude in a coal-dominated century

Erdöl und Kohle *35* (12), 581–583 [1982]
IEA (Internationale Energie-Agentur) – Studie: Weltenergiemarkt

Chem. Techn. (DDR) *34* (11), 598 [1982]
Versäumnisse bei Kernkraftwerken in westlichen Ländern werden Konsequenzen haben.

Stratton, A. (ICI): Chem. Ind. *34* (4), 233–237 [1982]
Abkoppeln der Industrie vom Öl

Vgl. hierzu: Erdöl-Erdgas-Zeitschrift *98,* S. 222 [1982]
Ausreichend Öl und Gas für Generationen

Öl-Zeitschrift für die Mineralölwirtschaft *1981*, Juli, S. 182–186
Der Energiemarkt von morgen

Walter, F.: Öl-Zeitschrift für die Mineralölwirtschaft *1981*, März, S. 61–67
Europas „Politik weg vom Öl", Stand und Aussichten in den EG-Ländern

Douce, W. C. (Phillips Petroleum): Oil Gas Journal *1981*, 9. Nov., S. 175–177
Crude supplies and public apathy threats to our energy future

Oel-Zeitschrift für die Mineralölwirtschaft *1980*, März, S. 30–36
Weltenergieausblick bis zum Jahr 2000

McAfee, J. (Gulf oil Comp.): Oil Gas Journal *1981*, 9. Nov., S. 178–184. Petroleum surplus in the 1980's and beyond.
Der größte Teil der amerikanischen Fachleute sagt bezüglich der Mobilisierung der Kohle für die Energieversorgung das gleiche: „In der Vergangenheit sind die Fehler nicht von der OPEC, sondern von uns selber begangen worden, und wenn wir zu lange warten, werden wir uns durch unsere Selbstzufriedenheit größten Schaden zufügen.

2 Herstellung von Synthesegas

2.1 Rohstoffe für Synthesegas

Die Methanolsynthese setzt lediglich ein billiges Synthesegas ($CO + 2\,H_2$) voraus, das auf Basis von Steinkohle, Braunkohle, aber auch von Holz, Holzabfällen, Torf, ja sogar Müll hergestellt werden kann. Für die Kohlehydrierung ist möglichst aschearmes, bituminöses Material nötig.

Auf Basis von 650 000 t Torf sollte 1984 mit der Methanolproduktion in North-Carolina durch die PEAT-Methanol-Associates in Santa-Fee mit einer Leistung von etwa 150 000 jato begonnen werden, und in Brasilien wird die Methanolsynthese auf Basis von Holz untersucht.

Für 1 t Methanol benötigt man in integrierten Anlagen etwa 1,5 t Steinkohle (7 000 kcal, 29 300 kJ) bzw. 5,4 t Braunkohle (1 900 kcal, 8 000 kJ) oder 1 120 Nm^3 eines Erdgases mit 7 560 kcal/Nm^3 (31 600 kJ). In Ländern wie z. B. den USA, wo billige Kohle vorhanden ist, soll Methanol aus Kohle bereits 1987 billiger sein als auf Erdgasbasis.

Das ursprüngliche Vorhaben, das „Associated Gas" im Nahen Osten, von dem etwa 50 Mia Nm^3 zur Zeit aufgefackelt werden, in etwa 50 Mio t Methanol überzuführen und dieses zu exportieren, ist bis jetzt nicht zum Zuge gekommen.

Für spezielle Fälle zeichnen sich für die Methanolsynthese interessante Entwicklungen durch Einführung von schwimmenden Produktionsanlagen auf Basis von Erdgas aus kleinen off shore-Gas-Lagerstätten ab, die dazu noch minderwertiges Gas mit viel CO_2, H_2S oder N-vermischt liefern (Barge-Type-Methanol-Plants). Besonders geeignet hierfür sind die sogenannten Floating-Methanol-Anlagen, die fest verankert sind und später wieder an anderer Stelle eingesetzt werden können [2.1]. Sie werden auf der Werft so ausgestattet, daß sie völlig autark arbeiten können und sind schneller gebaut als eine Fabrik an Land.

2.1.1 Kohle: Weltförderung, Handel und Veredlung

In der vorliegenden Arbeit liegt das Interesse in erster Linie darin, zu zeigen, welche neuen Möglichkeiten sich für Methanol, sowohl auf dem Chemie- als insbesondere auf dem Energiesektor eröffnen, falls dieses auf Basis von billiger Kohle in genügenden Mengen hergestellt werden kann.

Man sollte zu diesem Zweck auf die weltweit verstreuten riesigen Kohlelager mittlerer Qualität oder auf Tagebau-Braunkohle zurückgreifen. Um jeden

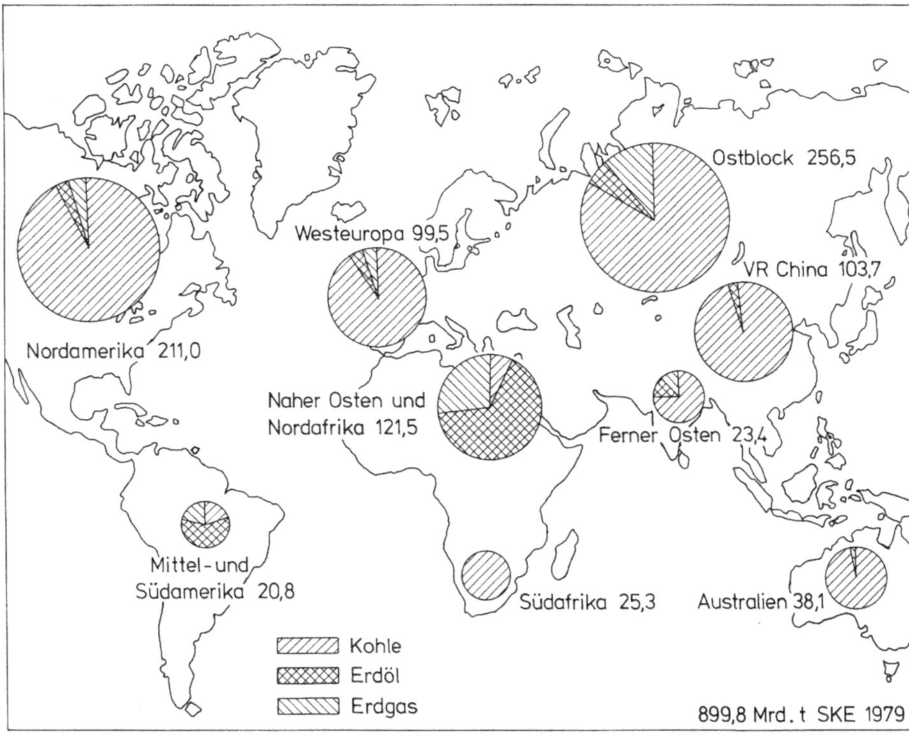

Abb. 2.1. Geographische Verteilung der bei jetzigem Stand der Technik wirtschaftlich gewinnbaren Weltvorräte an Kohle, Erdöl und Erdgas (Bund [2.1])

Kohletransport zu vermeiden, müßte der Rohstoff an Ort und Stelle verarbeitet und dann das Methanol in Pipelines und mit Schiffen befördert werden.

Abbildung 2.1 zeigt deutlich, daß die Kohle, die einmal das einzige wirklich ins Gewicht fallende Ausgangsmaterial für den Chemie- und Energiesektor sein wird, zu etwa 80 % in den nördlichen, hochindustrialisierten Ländern liegt.

Zwischen den kohlearmen und kohlereichen Ländern wird sich der Kohlehan-

Steinkohleneinfuhr der EG 1981:	70,48 Mio t
davon aus:	
Polen	4,22
Südafrika	19,13
USA	35,75
Kanada	1,41
Australien	7,57
UdSSR	0,73
Verschiedene	1,67
Summe	70,48

Abb. 2.2. Steinkohleneinfuhr der EG 1981: 70,48 Mio t.

Kohleexportländer im Jahr 2000 in Mio t SKE

Australien	160 - 200
USA	125 - 350
Südafrika	55 - 100
Kanada	27 - 67
Polen	50
UdSSR	50
VR China	30

Abb. 2.3. Kohleexportländer im Jahre 2000 in Mio t. SKE

del bis zum Jahre 2000 stark intensivieren, und Abb. 2.2 gibt die Steinkohle-Einfuhr einzelner Staaten in den EG-Raum an.
Abbildung 2.3 faßt die Kohleexportländer mit ihren voraussichtlichen Liefermengen zusammen. Man rechnet im Jahre 2000 mit einem Kohlehandel von 520–870 Mio jato.
Der steigende Kohlehandel benötigt in einer internationalen Kohlekette eine Armada von Kohletransportern, die weltweit operieren und sich mit ihren Schiffsgrößen den Entladeeinrichtungen vorerst anpassen müssen. Besonders gefragt sein wird Kesselkohle (Kraftwerkskohle), während Kokskohle eine nur geringe zusätzliche Nachfrage haben wird. Darüber hinaus wird Kohle für synthetische Erzeugnisse wie VK, DK und Methanol sowie SNG benötigt. Heute wird auf Basis von Kohle in erster Linie elektrische Energie erzeugt und man schätzt, daß in den OECD-Ländern (*O*rganisation for *E*conomic *C*ooperation and *D*evelopment) 65 % der zunehmenden Kohleförderung für die Stromerzeugung eingesetzt werden.

In den OECD-Ländern werden zur Zeit etwa 9 Mio Barrel pro Tag Öl eingeführt (= 700 Mio t SKE/Jahr), wovon etwa ⅔ in Kraftwerken verbrannt werden.

Bei Einsatz von 2 Mio t SKE kann man 1 000 MW elektrische Energie erzeugen, wenn die entsprechende Anlage mit einem 65 proz. Kapazitätsfaktor arbeitet. Sie erzeugt 5,7 Mia kWh/Jahr. 5–7 Mio t Kohle sind nötig für die Herstellung von 50 000 Barell synthetischer Flüssigkeiten pro Tag oder 2,6 Mia Nm^3 SNG pro Jahr. Eine Lurgi-Anlage mit einem Durchsatz von 4,5 Mio t/Jahr und einer nachgeschalteten Methanisierung liefert etwa $2{,}2 \cdot 10^9 Nm^3$ SNG. Durch Einkoppelung von HTR-Wärme könnten die Kosten bis zu 30 % reduziert werden. Der auf der Erde überall zu beobachtende Rückgang des Ölverbrauches ist aber nur zu etwa 35 % durch Kohle substituiert worden. Ein Anteil von 65% ist zum Großteil auf die zur Zeit herrschende Restriktion mit Massenarbeitslosigkeit in den Industrieländern zurückzuführen.

Tabelle 2.1 gibt an, wie weit die Kohleförderung im Jahre 2000 ausgedehnt werden kann. Es handelt sich weltweit um etwa 7 Mia t. Langjährige Statistiken in den USA, Großbritannien usw. haben ergeben, daß bei 2 Mio t geförderter Kohle mit dem Tod eines Bergmanns zu rechnen ist. Bei 7 Mia jato würden diese Schätzungen die makabre Zahl von 3 500 Toten weltweit ergeben.

Tabelle 2.1. Mögliche Weltkohlenförderung im Jahre 2000 in Mio t SKE (Meller [2.12])

Land	1977	2000
Canada	23	159
USA	560	1833
Europäischer Teil der OECD	287	426
Australien	76	326
OECD insgesamt	964	2813
Südafrika	73	228
Indien	72	228
VR China	373	1450
VR Polen	167	313
UdSSR	510	1100
Summe anderer Regionen	1485	3965
Welt insgesamt	2450	6780

Der Kohlevorrat der Welt, der mit heutigen Fördermethoden gewinnbar ist, wird auf mindestens 650 Mia t geschätzt. Die Kohleförderung der westlichen Länder wird stark ansteigen und eine beachtliche Schubkraft auf die Beschäftigtenzahl und die Investitionen ausüben.

Innerhalb der Kohleländer wird der Kohletransport als feine Aufschlämmung (Slurry) in Wasser, Methanol (Methacoal-Verfahren) oder flüssiger Kohlensäure künftig eine gewisse Rolle spielen. Die Black-Mesa-Pipeline in Arizona [2.2] befördert bereits 4,8 Mio jato Kohle als slurry in Wasser auf einer Länge von 440 km. Solche Transporte bringen in wasserarmen, trockenen Kohlerevieren in den USA oder Australien Probleme mit sich. Man versucht daher, flüssige Kohlensäure bzw. Methanol als Transportmittel für Kohle zu verwenden. Die zweite Transportmöglichkeit wird insbesondere dann als möglich angenommen, wenn Methanol in Mammutanlagen produziert wird und die Kohle dorthin transportiert werden soll, wo auch das Methanol für Chemie- oder Energiezwecke Verwendung findet [2.3].

Methanol hat als Trägermedium folgende Vorteile:
es kann aus Kohle hergestellt werden,
es hat einen Gefrierpunkt von knapp unterhalb −100 °C und kann im praktischen Gebrauch nicht fest werden, und
es wird ein wichtiger künftiger Energieträger werden.

Untersuchungen haben ergeben, daß Methanol-Kohle-Pipeline-Systeme für alle Entfernungen etwa 35 % billiger kommen als die günstigsten Konkurrenz-Systeme der konventionellen Transportmöglichkeiten.
Die ersten Versuche mit einem Slurry von Kohle in flüssigem CO_2 haben gezeigt, daß auch diese Art der Beförderung nicht nur ökonomisch, sondern auch besonders umweltfreundlich ist [2.4]. Außerdem ist der Energieverbrauch wegen der geringen Reibung stark herabgesetzt. Schwierigkeiten ergeben sich aus der kritischen Temperatur von 31 °C, die nicht überschritten wer-

den darf. Die Trennung des CO_2 von der Kohle beim Verbraucher ist einfach und das verdampfende CO_2 wird in einem geschlossenen System wieder zurückgeführt. Insgesamt treten etwa 1 % Verluste auf. Die Kohlensäure kann aus Kohle selbst hergestellt werden. Man verwendet dafür schlechte, nicht transportierbare Kohle. Es ist aber auch möglich, die Kohlensäure der Kalkbrennereien zu verwenden und das CaO der Kohle beim Verbrennen zur Zurückhaltung des Schwefels zuzusetzen.

Bei Verwendung von Wasser-Slurry für den Kohletransport bleibt nach der Trennung etwa 30 % Wasser in der Kohle, das beim Verheizen unter Energieverbrauch verdampft werden muß. Das abgetrennte Wasser ist kontaminiert und enthält manchmal aus der Kohle herausgelöste, gefährliche Stoffe [2.4].

2.1.2 Erdgas als Rohstoff zur Synthesegasherstellung

Der Kohle wird zwar im vorliegenden Buch für die kommenden Jahrzehnte die größte Bedeutung als Methanolrohstoff zugebilligt, doch heute wird dieser Alkohol noch in erster Linie aus Erdgas bzw. Erdölrückständen produziert.

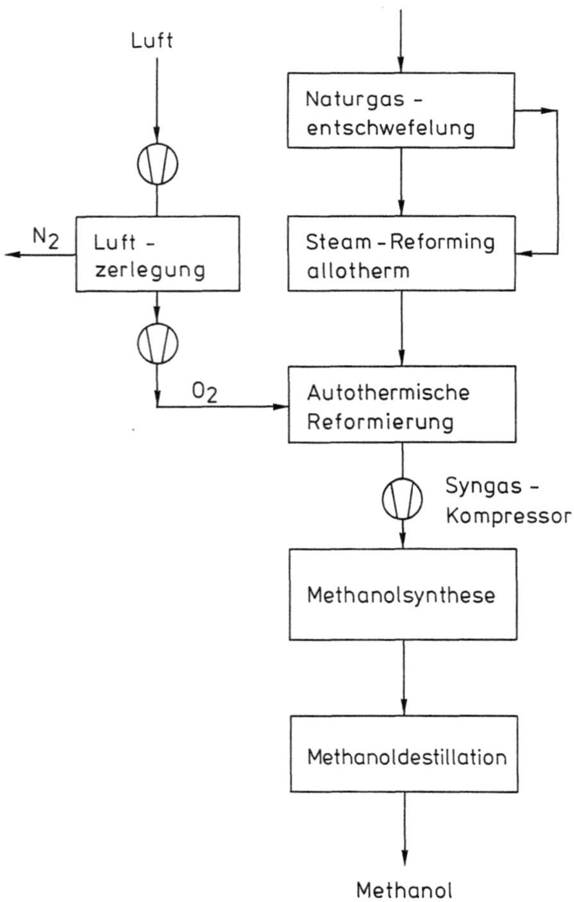

Abb. 2.4. Schema des Lurgi Combined-Prozeß (Hilsebein u. Supp [2.6])

	Konventioneller Prozeß	Lurgi-Combined Prozeß
Naturgas in den Röhrenreaktor	100%	50%
Gasaustrittsdruck in bar	19	37
Gasaustrittstemperatur in °C	875	950
HC-Umsatz im Röhrenreaktor	83%	22%
Stöchiometrie $SN = \frac{H_2 - CO_2}{CO + CO_2}$	2,6 - 2,9	2,05
Energiebedarf für den Syngas-Kompressor in kWh / mt	260	130

Abb. 2.5. Unterschied zwischen der konventionellen Arbeitsweise und dem Lurgi-Combined-Prozeß (Hilsebein u. Supp [2.6])

Die Verarbeitung von light- oder full range Naphtha ist dagegen kaum mehr wirtschaftlich.

Das Vorhaben, das „Associated Gas“ des Nahen Ostens von etwa 50 Mia Nm^3/Jahr, das zum größten Teil abgefackelt wird, in etwa 50 Mio t/Jahr Methanol zu überführen und dieses zu exportieren, ist bis jetzt nicht zum Zuge gekommen. Es scheint aber in Zukunft wenigstens teilweise realisiert zu werden [2.5]. In der Sowjetunion, die über 40 % der Welterdgasreserven verfügt, wird trotzdem heute schon der Methanolsynthese auf Kohlebasis große Bedeutung zugemessen.

Die Verarbeitung von Erdgas zu Synthesegas für die Produktion von Ammoniak und Methanol geschieht heute in erster Linie durch allotherme Umsetzung des Gases mit Wasserdampf über Nickelkatalysatoren zu Spaltgas $CO + 3\,H_2$ und dessen Überführung in Wasserstoff und CO_2 oder in Synthesegas. Der Wasserstoffüberschuß im Spaltgas wird durch Zumischen von CO_2 in die geforderten stöchiometrischen Grenzen gebracht.

$$3\,CO + 9\,H_2 + CO_2 \rightarrow 4\,CH_3OH + H_2O\,.$$

Auch kann man durch sofortige Zumischung von CO_2 in den Methanreformer zu technischem Methanolsynthesegas kommen, muß dann allerdings CO_2 zur Verfügung haben.

Im „Lurgi Combined-Prozeß“ kann man zu einem Methanolsynthesegas durch Kombination von allothermer und autothermer Arbeitsweise kommen. Voraussetzung ist dabei eine für die autotherme Anlage nötige Luftzerlegung. Während bei der allothermen Reformierung von Erdgas, wie oben bereits dargestellt, ein wasserstoffreiches Gas entsteht, bildet sich bei der autothermen Arbeitsweise CO im Überschuß. Mischt man beide Gase im geeigneten Verhältnis, so erhält man Synthesegas $CO:H_2 = 1:2,2$.

Man unterwirft dabei Erdgas zuerst der allothermen Teilspaltung und setzt dieses Gas in die autotherme Reformierung ein, wobei sich durch eine bestimmte Arbeitsweise sofort ein Gasgemisch mit Synthesegaszusammensetzung ergibt. Abbildung 2.4 zeigt ein Schema des Lurgi-Combined-Prozesses und Abb. 2.5 verdeutlicht den Unterschied zwischen der konventionellen Arbeitsweise und dem „Lurgi-Combined-Prozeß“ [2.6]. Der Erdgasverbrauch sinkt so um 8 %.

Die Firma Kellogg will, wenn die Kohlevergasung der zweiten Generation einmal zur Verfügung stehen wird, das Problem des Wasserstoffüberschusses im Dampfreformiergas folgendermaßen lösen:

Das Gas aus dem Dampfreformer mit seinem hohen Wasserstoffgehalt wird in einer Methanolanlage umgesetzt. Das aus dieser Anlage abgehende, noch wasserstoffreiche Gas, wird nun mit dem gereinigten Kohlevergasungsgas entsprechend gemischt und nach Komprimierung in einer zweiten Methanolanlage umgesetzt. Das Purge-Gas aus dem zweiten Reaktor ist methanreich und wird als Heizgas verwendet.

Der extrem hohe CO-Gehalt des Kohlevergasungsgases aus dem Lurgi-BGC-Generator oder aus dem Molten-Iron-Prozeß wird so ohne Gastrennung genutzt.

2.1.3 Torf als Rohmaterial für die Methanolsynthese [2.7]

Die Verwendung von Torf als Ausgangsmaterial für die Methanolsynthese wird insbesondere in North-Carolina vorbereitet. Dort sollen auf Basis eines Torfes mit einem Wassergehalt von 30 % jährlich etwa 200 000 t Methanol hergestellt werden. Dazu werden täglich 2 000 t Torf (Trockengewicht), das sind jährlich 450 000 t, benötigt. Es genügt eine Trocknung auf 8 % Wassergehalt. In Europa wurde 1983 in Schweden eine Pilotanlage fertiggestellt, die die Vergasung von Torf nach dem HTW-Verfahren von Uhde-Rheinbraun vornimmt, das ursprünglich für Braunkohle ausgearbeitet wurde.

Auch das seit längerem in Schweden entwickelte MINO-Verfahren wird in einer Pilotanlage seit 1983 ausgeführt. Es ähnelt dem HTW-Prozeß, der Sauerstoffbedarf ist gering und das Problem der Abscheidung von Partikelchen aus dem heißen Gas ist kleiner.

Für 1 t Methanol benötigt man 2,5 t Torf (wf).

2.1.4 Schweröle und Ölrückstände als Rohmaterialien für die Methanolsynthese [2.8]

Ein besonders gut geeignetes Verfahren zur autothermischen Vergasung von Schwerölen oder auch Gemischen von Schwerölen mit feingepulverter Kohle bzw. von Rückständen, wie sie bei der Kohlehydrierung nach dem I.G.-Neu-Verfahren anfallen, ist das Verfahren der partiellen Oxidation, das von der Texaco Development Corporation entwickelt und durch die Ruhrchemie-Ruhrkohle A.G. in der BRD mit Erfolg weiterentwickelt wurde. Man erhält ein Kohlenoxid-Wasserstoffgemisch, das die beiden Gase in etwa gleichen Volumenmengen enthält. Die Vergasungstemperaturen liegen zwischen 1 350–1 400 °C. Das störende Problem der Rußbildung wurde bewältigt.

2.1.5 Holz als Rohstoff für die Methanolsynthese [2.9]

Holz weist unter den Biomassen die besten Voraussetzungen zur Nutzung als Chemie- und Energierohstoff auf. Für manche Gebiete der Erde wird dies aber überbewertet, besonders in einer Zeit, in der in gewissen Ländern die Holzknappheit geradezu katastrophale Ausmaße annimmt. Deshalb soll diesem Rohstoff hier mehr Aufmerksamkeit gewidmet werden.

In speziellen Gebieten der Erde, in denen kaum Öl- und Gasvorräte vorhanden sind, kann Holz als Chemie- und Energierohstoff eine ganz entscheidende Rolle spielen, wenn die organisatorischen Voraussetzungen bezüglich der Sammlung von Holzabfällen, des Transportes, der Infrastruktur etc. gegeben sind. Ein Problem stellt dabei auch die Verschiedenheit der Holzarten und die Variabilität ihres Einsatzes dar.

Holz, das zu den zellulosehaltigen Biomassen gehört, muß vor seiner Verwendung zur Vergasung bis zu einem Wassergehalt von 15 % getrocknet werden. Um einen wirtschaftlich attraktiven Rohstoff abzugeben, sollte es nur etwa die Hälfte der Kohle kosten, berechnet auf den gleichen Heizwert.

Verglichen mit Stärke oder Zucker enthaltenden Biomassen wie Weizen, Mais, Zuckerrüben und Zuckerrohr etc., sind die Nettoerträge von Methanol auf Holzbasis, auf gleichen Heizwert bezogen, doppelt bzw. 1,5mal so hoch.

Die Erzeugung aller Biomassen erfordert große Flächen und ein passendes Klima. Zum Beispiel wird der Ertrag pro Mann und Jahr in der BRD für Kohle mit einem Heizwert von 7 000 kcal/kg (29 309 kJ/kg) auf 800 t geschätzt, der an Mais mit 3 500 kcal/kg (14 654 kJ/kg) auf 250 t. Pro Jahr ergeben sich somit bei Kohle 5 600 Gcal, bei Mais 875 Gcal, d. h. der Energieertrag aus Kohle ist in Deutschland also 6,4mal höher als aus der Landwirtschaft.

Die Kohle- und Erdölförderung benötigt praktisch keine Landoberfläche, die Landwirtschaft nutzt aber zur Erzeugung der oben angeführten 250 t Mais pro Kopf etwa 50 ha. Solche Rohstoffe sind also vom wirtschaftlichen Standpunkt aus nur von Interesse für Länder mit immens viel Fläche aber wenig Öl-, Gas- und Kohlevorräten.

Die Methanolerzeugung auf Holzbasis ist auf die Dauer das günstigste Verfahren, spezifikationsgerechte Energieträger auf Basis nachwachsender Rohstoffe zu erzeugen. Sie ist allen anderen Verfahren überlegen und zwar hinsichtlich des kalorischen Gesamtwirkungsgrades, des Kapitalbedarfes und des Aufwandes für Anbau und Ernte und des Netto-ha-Ertrages. Holz wird alle 10 bis 30 Jahre gepflanzt, kann ganzjährig geerntet und genutzt werden und verursacht keine Umweltprobleme. Die Holzasche aus der Vergasung wird zweckmäßig dem Boden zurückgegeben. Das ist möglich, da sie auf Grund ihres hohen Schmelzpunktes nicht als Schlacke anfällt. Der Schmelzpunkt ist auch von Bedeutung für die Vergasung selbst, da die Vergasungstemperatur bei 1 100 °C liegen kann, wodurch der spezifische Durchsatz in einem Vergaser durch höhere Gasgeschwindigkeiten von Sauerstoff und Wasserdampf vergrößert wird.

Auch die direkte Verbrennung von Holz zur Energieerzeugung spielt eine wieder steigende Rolle. In den USA werden täglich eine dem Heizwert von 22 000 tato Öl entsprechende Menge Holz in technischen Anlagen verbrannt. Diese Menge soll bis zum Jahre 2000 verdoppelt werden und wird dann etwa 15 Mio jato Öl entsprechen.

In Madera (Californien) werden täglich 700 t zerkleinertes Holz in einer Anlage verfeuert, die 40 bis 50 MW Strom liefert. Die Dow-Corning will in Midland 180 000 jato trockenes Holz verfeuern und 22,4 MW Strom und 275 000 lb/h = 130 t/h Dampf von etwa 86 bar Druck erzeugen. Eine weitere holzgefeuerte Kesselanlage mit einer Leistung von 50 MW, die jährlich 500 000 t Grünholz verarbeitet, befindet sich in Burlington seit 1983 im Betrieb.

Im Woodex-Process pulverisiert man Holz, trocknet es und stellt daraus unter einem Druck von 2 100 bar Kügelchen (pellets) her, die 10–14 % Wasser enthalten.

In einem anderen Prozeß gelang es Koppelmann und Mitarbeitern (Zit. in Berry [2.9]), Kügelchen zu erhalten mit einem Heizwert von 13 000–14 250 BTU/lb, das sind 7 300–7 900 kcal/kg oder 30 565–33 077 kJ/kg. Solche Energierohstoffe können dann bereits in einer Energiedichte wie Kohle transportiert werden.

Die Holzvergasung wird immer häufiger untersucht. Die Firma Lurgi kam aufgrund eingehender Studien zu dem Schluß, daß Holz den billigsten Energieträger für die Bereitstellung von Heizgas, Reduktionsgas für die eisenschaffende Industrie, für Synthesegas für die Methanolherstellung und die übrige C_1-Industrie darstellt. Allerdings wird für Europa die Chance zur Errichtung einer 1 000 tato-Anlage für Methanol auf Holzbasis als gering erachtet, weil die dazu nötige Menge Holzproduktionsfläche 1 500 km^2 sein müßte (Keller, J. [2.9]).

Tabelle 2.2 gibt die Zusammensetzung von Stein- und Braunkohle sowie Torf und Holz im wasser- und aschefreien Zustand an.

In den USA werden die Arbeiten zur chemischen Verarbeitung des Holzes stimuliert durch die Tatsache, daß dort Holzabfälle mit einem Volumen von 500 Mio t/Jahr (auf Trockenprodukt gerechnet) anfallen, von denen die Hälfte zu einem Preis von 40 $/t einsetzbar wäre.

Andererseits leben in den Entwicklungsländern fast 2 Mia Menschen, eine ständig steigende Zahl, die einen dringenden Bedarf an Holz zur Befriedi-

Tabelle 2.2. Zusammensetzung von Steinkohle, Braunkohle, Torf und Holz im absolut trockenen Zustand und aschefrei. (Baron et al [2.9])

Elementarzusammensetzung in %	Steinkohle	Braunkohle	Torf	Holz
Kohlenstoff	79,5	66,6	56,9	49,5
Wasserstoff	4,7	4,9	5,7	6,1
Sauerstoff	12,7	26,9	35,9	44,1
Stickstoff	1,4	1,2	1,3	0,3
Schwefel	1,7	0,4	0,2	0,02
Unterer Heizwert kJ/kg	31 100	25 500	21 800	18 400
kcal/kg	7 432	6 094	5 210	4 397
Oberer Heizwert kJ/kg	32 100	26 600	23 000	19 700
kcal/kg	7 671	6 357	5 497	4 708

gung ihrer elementarsten persönlichen Bedürfnisse haben, um zu kochen, zu heizen, Licht zu haben etc. Diese Menschen müssen einen immer höheren Prozentsatz ihrer Arbeitskraft nur für die Brennstoffbeschaffung einsetzen. Besonders seit dem starken Anstieg der Erdölpreise wird immer mehr auf Holz zurückgegriffen. Die Überbenutzung der traditionellen Brennstoffe ist wegen der mangelhaften Infrastruktur auch durch verbilligte Ölimporte nicht lösbar, wie früher angenommen wurde.

Jährlich gehen in diesen Ländern 20 Mio ha Wald irreversibel durch Errosion und Humusverlust verloren, das ist etwa die dreifache Waldfläche der Bundesrepublik Deutschland. In Afrika allein müßte die Aufforstung auf das 15fache gesteigert werden, um eine ausreichende Versorgung der Bevölkerung mit Holz zu gewährleisten. Auch die Wasserkräfte sind dort erst zu 6 % des verfügbaren Potentials genutzt.

Eine katastrophale Verringerung des Waldbestandes fand auch in Indien statt. Die Einwohnerzahl dieses Subkontinents beträgt zur Zeit 750 Mio mit stark steigender Tendenz. In Indien betrug der Waldbestand 1880 noch 60 % der Bodenfläche. Er ging bis 1960 auf 25 % zurück und beträgt heute nur noch 10 %, eine ökologische Katastrophe (Mayur, R. [2.9]).

So kommt es, daß die größte Dauerkrise in der Dritten Welt die Feuerholzkrise ist.

Der Anteil des Holz- und Dungeinsatzes für den Energieverbrauch stellt sich in den Entwicklungsländern folgendermaßen dar: Asien 62 %, Afrika 57 %, Südamerika 37 %. Für Europa ergibt sich im Vergleich: 2 %.

Mit Blick auf Brasilien und die USA glauben viele Menschen, daß der Weltkraftstoffbedarf mit Biomasse, in erster Linie Holz, zu lösen sei. Dies trifft auf keinen Fall für Europa zu.

2.1.6 Verwendung von Müll und Klärschlamm zur Methanolherstellung [2.10]

Bis jetzt sind Müll und Klärschlamm noch nicht zur Herstellung von Synthesegas herangezogen worden, obwohl recht beachtliche Mengen dieser Abfälle anfallen. So beträgt die Müllmenge (ohne Sperrmüll) in der BRD etwa 19 Mio t/Jahr. Dieser Müll ist folgendermaßen zusammengesetzt: 5 % Metalle, 6 % Kunststoffe, 8 % Textilien, Holz, Leder und dergleichen, 11 % Asche, 13 % Sand, Glas und Keramik, 27 % Papier und 30 % Küchenabfälle.

Der Klärschlammanfall betrug in der BRD 1983 2,2 Mio t Trockenschlamm mit einem Heizwert von 2 500–4 500 kcal/kg (10 470–18 840 kJ/kg). Das entspricht einem Energieäquivalent von rund einer Mio t Steinkohle.

Müll und Klärschlamm können gemeinsam mit leichtbackender Steinkohle oder auch mit Braunkohle verheizt werden. So werden z.B. Klärschlamm und städtischer Müll mit leichtbackender Steinkohle brikettiert und dann auf konventionelle Weise vergast. Die große Menge Zellulose im Abfall erleichtert den Einsatz der sonst backenden Kohle.

Im „Simplex-Prozeß" erzeugt man aus 500 t Klärschlamm und 5 500 t städtischen Abfall und 7 000 t Kohle ein sehr billiges Gas.

Die gemeinsame Verbrennung von Braunkohle und trockenem Klärschlamm wird bei der BASF durchgeführt. Die Schlammentwässerung erfolgt nach dem bei der BASF entwickelten CARBO-SED-Verfahren.

2.1.7 Kohlensäure als Methanolrohstoff [2.11]

Jährlich werden etwa $5 \cdot 10^9$ t Kohlenstoff als Kohlendioxid in die Luft abgegeben. Diese Tatsache ist mit zahlreichen vielschichtigen Problemen behaftet. Kohlendioxid ist in vielen Erdgasen enthalten und muß, meist vor dem Gastransport, aus ihnen abgeschieden werden. So enthält z. B. das Alaska-Gas etwa 20 % CO_2 und manche Offshore-Gase sind noch reicher daran. Schließlich tritt CO_2 bei jedem Verbrennungsprozess auf, doch lohnt sich die Gewinnung als Rohstoff für die chemische Verwertung nicht. Anders liegen die Verhältnisse bei den autothermen Partialoxidationen von Kohle, Torf, Holz und Erdölrückständen zur Herstellung von Synthesegasen für die Methanolsynthese, FT-Synthese und von Wasserstoff für die NH_3-Synthese und für die direkte Kohlenhydrierung.

Hierbei wird zweimal CO_2 gebildet, einmal bei der Partialoxidation zur Wärmelieferung, zum anderen bei der Konvertierungsreaktion zur Wasserstoffanreicherung, oder dessen Reinherstellung. So erhält man meist 32–36 % des Gesamtgases an CO_2, bei der SNG-Synthese fällt sogar die zweifache Volumenmenge CO_2, bezogen auf das eingesetzte Methan, an.

Stünde Wasserstoff billig zur Verfügung, könnte diese leicht zu gewinnende, reine, schwefelfreie Kohlensäure als Ausgangsprodukt für die Methanolsynthese dienen. Die Prozesse dafür sind bekannt, werden bereits technisch ausgeführt und liefern ein extrem reines Produkt. Könnte man heute schon billigen Wasserstoff aus der Kernverschmelzung produzieren, wäre der Beginn des „Wasserstoffzeitalters" auf dem Energiegebiet angebrochen.

Werden aber einmal die fossilen Rohstoffquellen noch knapper und teurer, oder gehen diese völlig zu Ende, was je nach der Entwicklung der Bevölkerungszahl in 150 bis 200 Jahren der Fall sein kann, bleibt außer den Biomassen nur noch die in der Luft und im Wasser gelöste Kohlensäure als Rohstoffquelle für die Organisch-Chemische Industrie übrig.

Das Kohlendioxid kann allerdings, falls seine Mobilisation nicht allzu teuer ist, über Methanol als universalem Chemie- und Energierohstoff eingesetzt werden, wie im vorliegenden Buch gezeigt wird. Es kann kein Zweifel darüber bestehen, daß in den kommenden Jahrzehnten noch zahlreiche Fortschritte in allen Sparten der Methanolchemie erwartet werden können. Die Bindung des Kohlendioxids über die Umsetzung zum Methanol wäre geradezu ideal und liefe auf einen Kreislaufprozeß hinaus, wie er bei der Bildung und dem Vergehen der Biomassen seit Äonen besteht.

Es gilt daher die Frage zu diskutieren, auf welche Weise die Kohlensäure am billigsten isoliert werden kann und welche CO_2-Quellen dafür technisch-wirtschaftlich zur Verfügung stehen. Tabelle 2.3 zeigt an, welche Kohlenstoffresourcen auf der Erde überhaupt zur Verfügung stehen (Woodwell u. Pecan, sowie Holländer u. Simmons [2.11]).

Die Verfahren zur Abtrennung von CO_2 aus der Luft können durch Absorptions- bzw. Adsorptionsprozesse, verbunden mit den dazugehörigen Desorptionsverfahren, ausgeführt werden. Die Absorption kann z. B. in Wasser-Carbo-

Tabelle 2.3. Welt-Kohlenstoffresourcen in 10^9 t (nach Woodwoll u. Pecan sowie Holländer u. Simmons [2.11])

Organische Quellen	
Pflanzen	830
Erdgestein	1 500
Ozeanische Biomassen	2
Ozeanisches Gestein	1 000
Öl und Naturgas	550
Kohle	5 700
Torf (USA)	120
Ölsande und Schiefer	43 000
Anorganische Quellen (CO_2)	
Atmosphärisch	683
Frischwasser	330
Meereswasser (Oberfläche)	500
Meereswasser (in den Tiefen)	35 000
Carbonate im Meer	3 000
Feste Carbonate	20 000 000

natlösungen, Aminen, Methanol, Kalkmilch etc. vorgenommen werden. Steinberg und Mitarbeiter haben im Brookhaven National Laboratorium in Upton, New Jersey, schon frühzeitig in ausgedehnten Studien und zahlreichen Publikationen die relevanten Probleme bearbeitet (Baron, S., Steinberg, M. [2.11]).

Besonderes Interesse wurde der höheren CO_2-Konzentration in tiefen Schichten der Ozeane entgegengebracht. Der energetische Wirkungsgrad für die Austreibung der Kohlensäure aus dem Meerwasser beträgt etwa 21 %. Im Vergleich dazu liegt der Wirkungsgrad bei der Druckabsorption von Kohlensäure aus der Luft in Wasser und nachherige Desorption bei 0,8 %. (Zum Vergleich: Die Trennung von Sauerstoff und Stickstoff aus der Luft durch Verflüssigung kann mit einem Wirkungsgrad von 10 % ausgeführt werden.) Das im Ozean gelöste CO_2 steht nicht nur im Gleichgewicht mit der Atmosphäre, sondern auch mit dem gelösten Carbonat und Bicarbonat. Seine Entnahme durch Austreiben aus dem Meerwasser würde aber allmählich zu einer Verminderung an CO_2 führen und die Wiederherstellung des Gleichgewichtszustandes würde viele Jahre dauern.

2.2. Prozesse zur Synthesegasherstellung ($CO + 2H_2$) auf Kohlebasis [2.12]

Für die chemische Verarbeitung von Kohle nimmt die Vergasung durch autotherme Umsetzung mit Wasserdampf zu „Wassergas“ $C + H_2O \rightarrow CO + H_2$ die Schlüsselposition ein. Wassergas ist die Wasserstoffquelle z. B. für die Kohlehydrierung zu flüssigen Produkten wie VK oder zu Methan durch Hydrovergasung.

Wassergas wird durch die „Konvertierungsreaktion“ $CO + H_2O \rightarrow CO_2 + H_2$ von Kohlenoxid befreit, eine Reaktion, die gleichzeitig Wasserstoff liefert:

$$CO + H_2 + H_2O \rightarrow CO_2 + 2\,H_2.$$

Die Abtrennung von CO_2 wird durch eine der üblichen technischen Wäschen z. B. mit Ethanolamin etc. ausgeführt.

Wassergas läßt sich auch durch Teilkonvertierung in Synthesegas $CO + 2H_2$ und schließlich in „Spaltgas“ $CO + 3H_2$ überführen, das heute hauptsächlich auf Methanbasis durch pyrolytische Spaltung mit Dampf in Gegenwart von Ni-Katalysatoren allothermisch produziert wird:

$$CH_4 + H_2O \rightarrow CO + 3\,H_2.$$

Bei der Kohlevergasung entstehen mit wenigen Ausnahmen die drei oben genannten Kohlenoxid-Wasserstoff-Gemische immer in Mengenverhältnissen, die vom Vergasungsverfahren abhängig sind. Die gewünschten Gemischzusammensetzungen müssen dann durch das Konvertierungsverfahren eingestellt werden.

Bei Vorliegen eines idealen Wassergases wird ein ideales Synthesegas durch Konvertierung eines Drittels des Wassergases in einem Bypass und Zumischung des Konvertierungsproduktes zum Rest des Wassergases erhalten.

Spaltgas erhält man aus idealem Wassergas durch Konvertierung von 50 % und nachherige Zumischung und Reinigung.

Die technischen Vergasungsverfahren werden zur Zeit noch ausschließlich autothermisch ausgeführt, d. h. die großen Wärmemengen für den endothermen Vergasungsprozeß von etwa 31 kcal/Mol (130 kJ/Mol) werden durch Verbrennung von etwa 30 % der Kohle mit reinem Sauerstoff im Vergasungsreaktor aufgebracht.

Die allothermen Verfahren durch Einkopplung der Wärme von Hochtemperaturreaktoren sind schon weit entwickelt und würden bei ihrer technischen Einführung, insbesondere bei der reaktiveren Braunkohle, beachtliche Kohleersparnis mit sich bringen und die Sauerstoffanlage erübrigen.

Bei den komplexen Umsetzungen in Vergasungsanlagen können die in Tabelle 2.4 angeführten Reaktionen vor sich gehen:

Tabelle 2.4. Grundreaktionen des Kohlenstoffs bei der Vergasung (Schilling et al. [2.12])

Heterogene Reaktionen Gas-Feststoff	H kJ/Mol	H kcal/Mol
Heterogene Wassergasreaktion $C + H_2O \rightarrow CO + H_2$	+ 119	+ 28,3
Boudouard-Reaktion $C + CO_2 \rightarrow 2\,CO$	+ 162	+ 38,4
Hydrierende Vergasung $C + 2\,H_2 \rightarrow CH_4$	− 87	− 20,9
Teilverbrennung $C + \frac{1}{2}O_2 \rightarrow CO$	− 123	− 29,4
Verbrennung $C + O_2 \rightarrow CO_2$	− 406	− 97,0
Homogene Reaktionen Gas/Gas		
Konvertierungsreaktion $CO + H_2O \rightarrow CO_2 + H_2$	− 42	− 10,1
Methanisierung $CO + 3\,H_2 \rightarrow CH_4 + H_2O$	− 206	− 49,2

Eine unabdingbare Forderung für die allmähliche Ablösung von Mineralöl und Erdgas durch Kohle ist die Konstruktion von Gaserzeugern mit riesigen Leistungen. So benötigt man für Methanolmammutanlagen mit einer Kapazität von 5 Mio jato etwa 15 Mia Nm^3 Synthesegas ($CO + 2\,H_2$).

Die in Gang befindlichen, schon sehr erfolgreichen Entwicklungen betreffen die Konstruktion immer leistungsfähigerer Anlagen mit geringeren Investitionskosten, großer Vielseitigkeit, geringerem Sauerstoff- und Dampfverbrauch, geringen Kohleverlusten, möglichst reibungsloser Schlackenabtrennung und idealem thermischen Wirkungsgrad.

Im folgenden werden in erster Linie nur jene Kohlevergasungsverfahren etwas näher geschildert, die in Deutschland entweder vor vielen Jahren entwikkelt und zur technischen Reife gebracht wurden, oder später in der BRD zum Teil gemeinsam mit ausländischen Firmen vervollständigt wurden.

Es gibt zur Zeit eine Vielzahl von neuen Vergasungsprozessen und die Aussage, welcher von diesen das bestgeeignete Verfahren ist, hängt vom Verwendungszweck des erzeugten Gases, vom Rohstoff, von der Anlagengröße im Zusammenhang mit der Leistung, der Marktsituation etc. ab.

Die verschiedenen, hier nicht im einzelnen besprochenen Vergasungsmöglichkeiten von Kohle sind in einer Literaturzusammenfassung aufgeführt [2.13]. Sie können hier nur am Rande berücksichtigt werden. Die Synthesegasherstellung neuerer Art stellt an die Kohlequalität keine besonderen Anforderungen, es können minderwertige, billige Kohlen mit hohem Asche- und Schwefelgehalt vergast werden.

Bei der direkten Verbrennung von Kohle zur Energieerzeugung wird je nach dem Schwefelgehalt der Kohle mehr oder weniger Schwefeldioxid im Abgas frei. Zuschläge alkalischer Art zur Kohle vermindern die SO_2-Emission. Bei hochschwefelhaltigen Kohlen kann man „clean fuel" erhalten, indem man das Rohmaterial durch autotherme Vergasung in CO/H_2-Gemische überführt und mit diesen die Kessel heizt oder Gasturbinen betreibt. Das Gas ist stickstoff- und schwefelfrei. Die höheren Kosten eines auf diese Weise gewonnenen elektrischen Stroms müssen eben getragen werden.

Besonders vorteilhaft ist die Kombination der Verwendung eines Synthesegases als „clean fuel" und als Rohstoff für die Methanolsynthese. Bei sogenannten off-peak-Zeiten, bei denen viel überflüssiges Gas zur Verfügung

Tabelle 2.5. Synthesegas – Herstellungsprozesse

Prozess	Ausgangsmaterial	Druck im Generator (bar)	$CO:H_2$-Zusammensetzung des Gases
Methan-Dampf-Reforming	Erdgas + CO_2	7	ohne CO_2 Zusatz 1:3
Dampf-Naphtha-Reforming	Naphtha	9,5	1:2
Teiloxidation mit Sauerstoff	Rohöl oder Ölrückstände 3,5–4,5 % Schwefel	60	1:1
Lurgi-Druckvergasung von Kohle	Bituminöse Kohle	31	1:2,2
Koppers-Totzek-Kohlevergasung	Bituminöse Kohle	1,05	1:0,63
Winkler-Generator	Braunkohle	1,2	1:0,7
Texaco-Vergasung in der Ruhrchemie/Ruhrkohle-Variante	Steinkohle	35	1:0,6

Tabelle 2.6. Ungefähre Gaszusammensetzung bei den wichtigsten Vergasungsverfahren von Kohlen in Vol.-%

Vergasungsverfahren / Gasbestandteil	Lurgi-Verfahren	Lurgi BGC Schlackengenerator	Ruhr 100	Koppers Totzek	Texaco	Winklerprozeß	HTW-Verfahren	Saarberg-Otto-Prozeß	Molten-Iron-Prozeß	U-Gas-Prozeß	Shell Koppers Prozeß	KGN-Prozeß
H_2	39	28,4	32	33,0	34,5	35,6	35,6	32,0	28	45	29	51,5
CO	19	60,0	21	54,0	53,0	48,0	52,0	54,0	63	36	63	37,7
CO_2	30	4–0	29	13,0	12	14,0	9,2	14,0	3–6	16	4,0	5,2
CH_4	12	6–7	15	0,2	0,02	1,8	3,5	0,3	Spuren	2	Spuren	1,4

Tabelle 2.7. Heizwerte gasförmiger Kohlenwasserstoffe

Kohlenwasserstoffe	H_0 kcal/kg	kJ/kg	H_u kcal/kg	kJ/kg	H_0 kcal/m³	kJ/m³	H_u kcal/m³	kJ/m³
Methan	13 270	55 561	11 960	50 076	9 520	39 860	8 580	33 924
Ethylen	12 020	50 327	11 270	47 187	15 160	63 474	14 220	59 539
Ethan	12 400	51 918	11 350	47 522	16 820	70 425	15 400	64 479
Propen	11 690	47 522	10 940	45 805	22 400	93 788	20 970	87 801
Propan	12 030	50 369	11 080	46 391	24 120	100 990	22 210	92 993
Butene	11 600	48 569	10 800	45 219	29 500	123 516	27 600	115 561
n-Butan	11 860	49 657	10 930	45 763	32 000	133 984	29 560	123 767
i-Butan	11 810	49 448	10 910	45 680	31 510	131 932	29 100	121 841

steht, wird dieses in die Methanolsynthese eingesetzt. Bei starker Belastung der elektrischen Anlage wird aus dem Methanol über Gasturbinen Strom erzeugt (peak-shaving). Dadurch ist eine gleichmäßige Belastung der Kohlevergasung gewährleistet, die für den Betrieb wichtig ist. Die Methanolfabrik kann leichte Schwankungen in der Gaszufuhr ausgleichen. Kombinationen dieser Art sind in den USA etwa nach dem Jahr 1985 bereits wirtschaftlich, besonders dann, wenn der Erdgas-Preis nicht mehr staatlich kontrolliert wird.

Im folgenden werden die seit vielen Jahrzehnten erfolgreich betriebenen, aber auch in weiterer Entwicklung befindlichen Vergasungsverfahren für Kohlen zusammenfassend charakterisiert (Tabelle 2.5).

Die ungefähre Zusammensetzung der gereinigten Gase in Vol.-%, die bei den wichtigsten Kohlevergasungsverfahren anfallen, ist vor einer allfälligen Konvertierung in Tabelle 2.6 angegeben.

Tabelle 2.7 gibt zum Vergleich die Heizwerte verschiedener gasförmiger Kohlenwasserstoffe an.

2.2.1 Das Lurgi-Druckgas-Verfahren [2.14]

Das Lurgi-Druckgas-Verfahren arbeitet bei etwa 24 bar im Gegenstrom. Kohle gleitet von oben nach unten, Wasserdampf und Sauerstoff werden im Gegenstrom eingeblasen. Die Asche wird als Trockenschlacke unten abgenommen (Abb. 2.6).

Am unteren Ende des Vergasers wird in der Verbrennungszone das Vergasungsgut auf 700–800° aufgeheizt und weiter oberhalb findet die Wassergasreaktion statt. Die oben auf etwa 500–600 °C abgekühlten Gase bewirken beim weiteren Aufstieg nach oben eine Entgasung der Kohle unter Bildung von Ölen, Phenolen und Teer, und schließlich geht in dieser Sektion eine hydrierende Vergasung unter Methanbildung vor sich.

Die Korngröße der Kohle liegt zwischen 3–40 mm, die Temperatur im Vergaser liegt unterhalb des Erweichungspunktes der Asche und darf nicht höher als 1 000 °C sein, sonst könnte es zur Klinkerbildung oder gar zur Verflüssigung kommen.

Die den Vergaser verlassenden Gase werden von den Ölen, Phenolen und teerhaltigen Stoffen befreit und anschließend in einer Schwefelreinigung (Rectisolwäsche) auch vom CO_2 und COS befreit. Das Synthesegas hat einen Schwefelgehalt von etwa 0,2 ppm.

Braunkohle wird meistens in Brikettform mit 20 %, früher 12 %, Wasser eingesetzt. Die durchschnittlichen Betriebsergebnisse der Lurgi-Druckvergasung mit Stein- und Braunkohle sind in Tabelle 2.8 angegeben. Das Gas fällt sofort in der Zusammensetzung des Synthesegases an und muß nicht erst konvertiert werden.

Eine Weiterentwicklung des Lurgi-Druck-Verfahrens besteht im „Ruhr 100“ Projekt, einem joint venture des Landes Nordrhein-Westfalen mit der Ruhrgas-Ruhrkohle und der Steag in Dorsten [2.14].

Das Produktgas soll bei dem höheren Druck mehr Methan enthalten, da die hydrierende Vergasung begünstigt wird. Die Gesamt-Gasproduktion soll

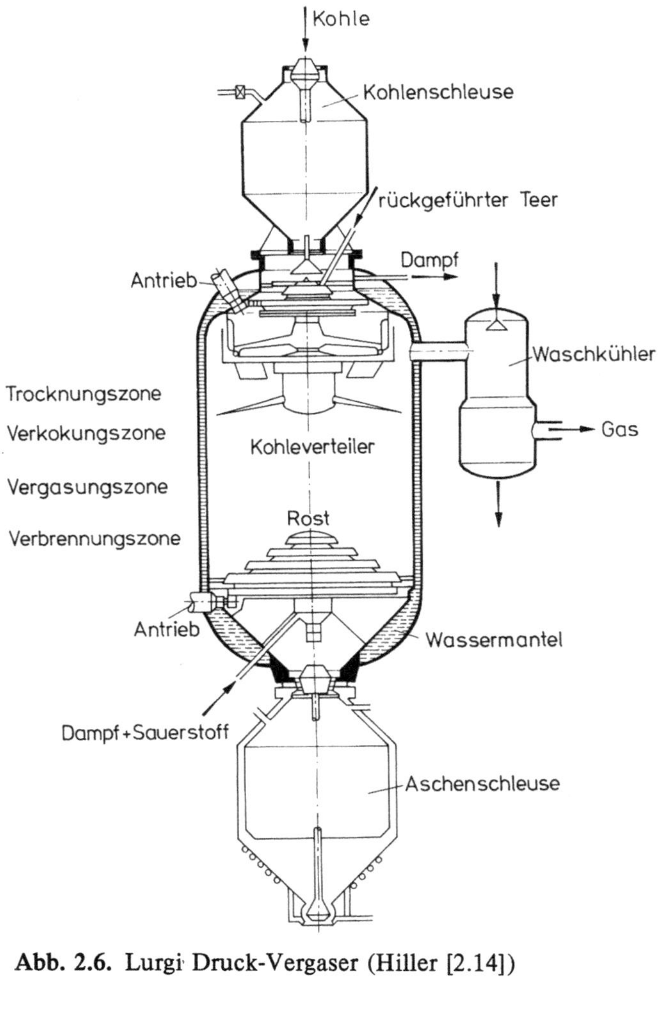

Abb. 2.6. Lurgi Druck-Vergaser (Hiller [2.14])

2,5–3mal mehr betragen als mit dem gleichen Vergaservolumen des Standardprozesses.

Der Lurgi-BGC-Prozeß (British-Gas-Company) mit flüssigem Schlackenabzug, und deswegen reduziertem Dampfverbrauch und hoher Kapazität, liefert ein Rohgas mit geringem CO_2- und hohem CO-Gehalt, der Prozeß wird deshalb auch HCM-Prozeß genannt. Die Anlage liefert 100 000 m^3 Gas/h und der Vergaser hat einen Durchmesser von 5 m.

Der Dampfverbrauch beim Lurgi-BGC-Prozess ist deswegen kleiner, weil beim konventionellen Lurgi-Prozeß ein Teil des Dampfes zur Verhinderung der Schlackenschmelze benötigt wird. Tabelle 2.9 stellt die Ergebnisse des Lurgi-Standard-Prozesses denen des Lurgi-BGC-Prozesses gegenüber.
Die Nebenprodukte des Lurgi-Druckvergasungsprozesses werden wie folgt aufgearbeitet [2.15].

Tabelle 2.8. Durchschnittliches Betriebsergebnis einer Lurgi-Druckvergasungsanlage mit Gasflammkohle bzw. Rheinischer Braunkohle

Brennstoff	Gasflammkohle	Rheinische Braunkohle
Analyse Gew.-%		
H_2O	2,5	20,2
Asche	22,4	4,6
Reinkohle	75,1	75,2
Arbeitsdruck (bar)	24,0	26,4

Gasanalyse Vol.-%	Rohgas	Reingas	Rohgas	Reingas
CO	18,5	25,6	17,4	25,2
H_2	41,1	57,0	37,2	54,0
$CO_2 + H_2S$	29,2	2,0	32,3	2,0
CH_4	10,0	13,9	12,1	17,6
C_mH_n	0,5	0,5	0,5	0,5
N_2	0,7	1,0	0,5	0,7

Kohlebedarf als Trockenkohle in kg/1 000 Nm^3 Rohgas:
Steinkohle waf 488, Körnung 2–50 mm
Braunkohle TBK_0 610, Briketts
Sauerstoffbedarf in Nm^3 für 1 000 Nm^3 ($CO + H_2$):
Steinkohle 150, Braunkohle 90. Wasserdampfbedarf Steinkohle 1 100 kg, Braunkohle 700 kg. Sauerstoffbedarf: in Nm^3 pro t Steinkohle waf 247. Sauerstoffbedarf in Nm^3 pro t TBK_0 (wasserfrei) 188, Dampfbedarf in t/t SKE 1,336, Dampfbedarf in t/t TBK_0 1,00.
C-Umsatz bei Stein- und Braunkohle ~ 98–99 %

Teeröl kg/t Kohle	65,0	56,0
Leichtöl kt/t Kohle	11,0	23,0

Bei der konventionellen Lurgi-Druckvergasung erhält man etwa 75 % des Wertes an Teer, Teerölen und leichteren Anteilen, der sich wertmäßig bei der Verkokung in der Fischer-Retorte ergibt.
Die Produkte verteilen sich wie folgt:
Naphtha bis 200 °C siedend: 20 % (1,5 % bez. auf Kohleneinsatz),
Fraktion 200–450 °C: 60 % (4,5 %) und
20 % Asphalt (1,5 %) als Rückstand.

Das Naphtha wird einer hydrierenden Raffination zusammen mit dem Naphtha aus der Rectisolwäsche unterworfen und in dem VK-Sektor eingesetzt.

Man kann die bis 230 °C siedende Fraktion vorher entphenolisieren und die Phenole gemeinsam mit jenen aufarbeiten, die bei der Entphenolisierung des Gaswassers, z. B. mit dem Phenosolvanprozeß, anfallen. Man erhält so Reinphenol, *o-m-p*-Kresole und Xylenole.

Tabelle 2.9. Gaszusammensetzung beim Lurgi-Standard Prozeß verglichen mit dem Lurgi-BGC-Prozeß (HCM-Prozeß)

Gaskomponenten	Lurgi-Standard-Prozeß	Lurgi-BGC-Prozeß
CO_2	29,7	6,8
CO	18,9	59,5
H_2	39,1	26,1
CH_4	11,3	6,9
N_2	1,0	0,7

Die Fraktion von 200–450 °C wird zu Dieselöl aufgearbeitet. Zunächst wird sie in einer Art Vorraffination bei 310–313 °C Eingangstemperatur und 410 °C Ausgangstemperatur unter 140 bar über Nickelsulfid-Wolframsulfid von den am meisten störenden stickstoff- und schwefelenthaltenden Verbindungen befreit. In einer zweiten Stufe findet bei einer Einlaßtemperatur von 360 °C und einer Auslaßtemperatur von 380 °C unter einem Druck von 150 bar über einem Platin-Katalysator, der auf einem Molsieb aufgebracht ist, der Hydrocrack-Prozeß statt.

In der ersten Stufe beträgt die Belastung 0,5 kg/Liter Kat./h und das anfallende Produkt hat bereits eine CZ von 34. In der zweiten Stufe ist die Belastung 2,5 kg/Liter Kat./h und die CZ ist 45. Die nun zu Cycloalkanen hydrierte Fraktion siedet von 150–360 °C.

Aus 100 % der Fraktion, die von 200–450 °C siedet, werden insgesamt 68 % Dieselöl, 24,4 % Naphtha und 7,6 % Gas und Verlust erhalten.

In Sasolburg fallen bei einem Einsatz von 24 000 t Kohle pro Tag, bei einer Arbeitszeit von 333 Tagen (8 Mio jato Kohle), insgesamt nach der Lurgi-Druckvergasung 600 000 t Gesamtteer an und zwar

120 000 jato Naphtha
360 000 jato Fraktion 200–450 °C
120 000 jato Asphalt.

Von den 360 000 t Fraktion, 200–450 °C siedend, ergeben sich wie oben prozentual aufgeführt:

248 000 t Dieselöl
88 000 t Naphtha
24 000 t Gas und Verluste.

Den Asphalt kann man zur Herstellung von H_2 vergasen.

Insgesamt fallen bei der Verarbeitung von 8 Mio t Kohle 208 000 t Naphtha und 248 000 t Dieselöl an.

2.2.2 Das HTW-Verfahren (Hochtemperatur-Winkler-Verfahren) [2.16]

Der Winklergenerator konventioneller Vergasungsanlagen arbeitet in der Wirbelschicht vorzugsweise mit besonders reaktiver Braunkohle bei Temperaturen von 850–1 100 °C. Die Asche wird trocken ausgetragen. Die Leistungen betragen bis zu 60 000 Nm^3/h, entsprechend einem Kohledurchsatz von 35 t/h. Die Braunkohle kann 18–20% Wasser enthalten, gegenüber 8% früher. Der CO-Gehalt des Gases ist mehr als doppelt so hoch wie beim Lurgi-Verfahren und muß für die Synthesegasherstellung konvertiert werden. Abbildung 2.7 zeigt ein vereinfachtes Schema des Winkler-Generators.
Das HTW-Verfahren wird von den Rheinischen Braunkohlenwerken (Rheinbraun) bearbeitet. Der dabei eingesetzte weiter entwickelte Winkler-Generator wird unter 10 bar bei höheren Temperaturen als beim konventionellen Winkler-Prozeß, aber immer noch mit Austrag trockner Schlacke, gefahren (Teggers, Theis et al. [2.16]). Um den Schlackenschmelzpunkt heraufzusetzen, wird der Kohle Kalk, Kalkstein oder Dolomit zugesetzt. Dies bringt gleichzeitig auch eine zusätzliche Entschwefelung des Produktgases mit sich. In bestimmten Fällen kann die Schlacke zur Zementherstellung verwendet werden (Krümmelkohle). Die Dolomitzugabe hat sich inzwischen als unnötig erwiesen.

In Anbetracht der Tatsache, daß die Bundesrepublik Deutschland über viele Milliarden Tonnen Braunkohlevorräte verfügt, ist die Entwicklung dieses Verfahrens, das von der Firma Uhde besonders für Rheinbraun ausgearbeitet wurde, bedeutungsvoll. Vergasungs- und Gasgeschwindigkeit werden durch die höhere Temperatur vergrößert. Reaktoren mit hoher Leistung haben im Vergleich zu früher relativ kleine Dimensionen.

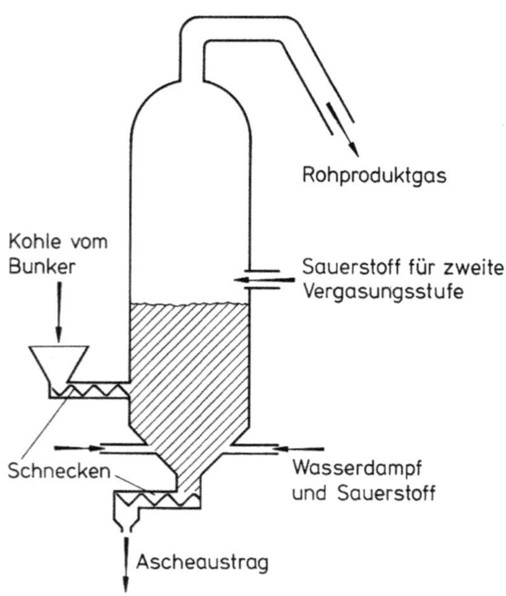

Abb. 2.7. Vereinfachtes Schema des Winkler-Generators (Theis u. Nitschke [2.16])

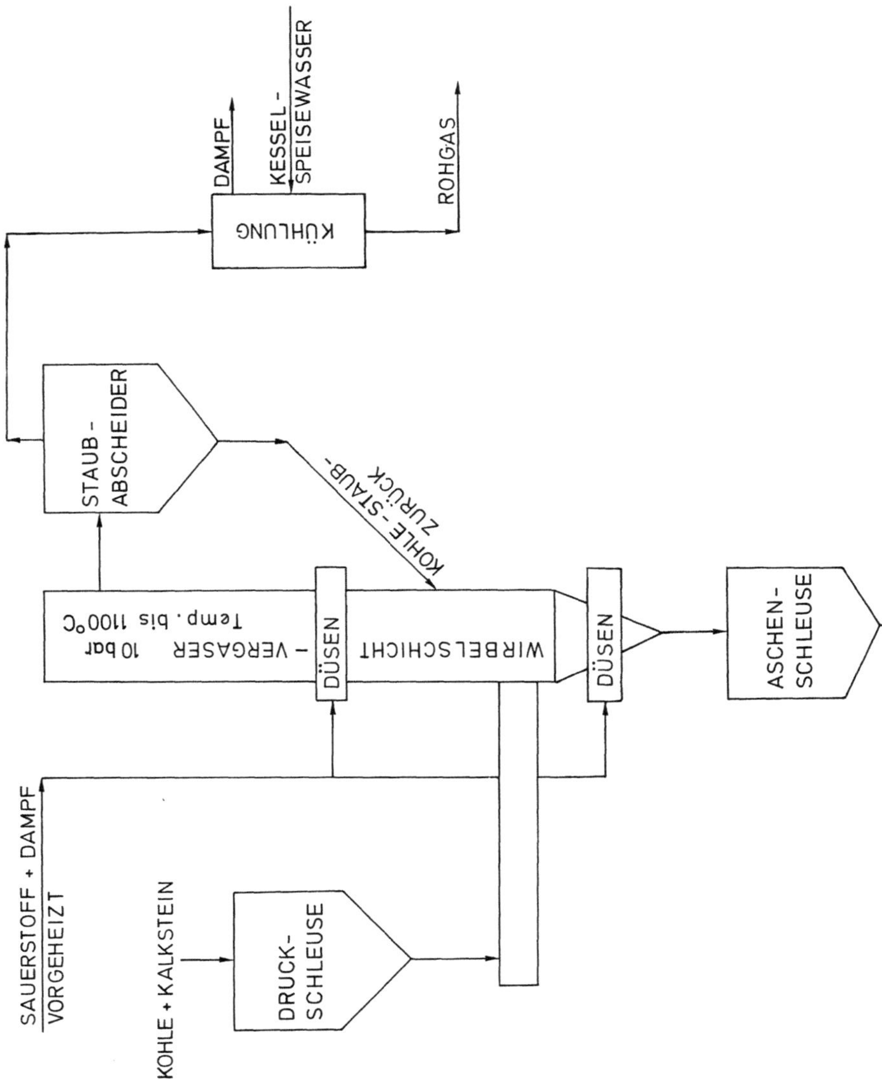

Abb. 2.8. Schema der HTW-Vergasung von Braunkohle

Die weiteren Aufarbeitungsstufen können ohne Zwischenkompression vorgenommen werden. Die C-Umsetzung ist groß und der Austrag von Feinpartikeln sehr verringert.

Das Verfahren ist auch für die Vergasung von Holz geeignet.

Das Gas ist reich an CO und H_2, die Anlage besitzt große Flexibilität bezüglich Gaszusammensetzung und Rohgasleistung. Die Betriebssicherheit ist auch bei Ausfall der Kohlezufuhr gegeben. Der Aschegehalt kann bis zu 40 % betragen, der Wassergehalt wird auf etwa 8 % abgesenkt. Abbildung 2.8 gibt ein Schema der HTW-Vergasung von Braunkohle an, und Tabelle 2.10 zeigt die Betriebsergebnisse eines konventionellen Winkler-Generators im Vergleich zum HTW-Verfahren von Rheinbraun.

Für die Methanolherstellung in der BRD ist die Braunkohle aus preislichen Gründen und wegen ihrer riesigen Vorkommen im Lande der wichtigste Rohstoff.

Die besonderen Vorteile des HTW-Verfahrens bestehen in der Erhöhung des C-Umsatzgrades von 90 auf 95 % durch die Rückführung des aus der Wirbelschicht ausgetragenen feinen Staubes, der Erhöhung der Reaktionsgeschwindigkeit und der spezifischen Leistung durch die Anhebung des Drukkes auf 10 bar und die Absenkung des Methangehaltes im Rohgas.

Zur Konvertierung verwendet man marktgängige, schwefelfeste Katalysatoren, die auch bei dem niedrigen Druck von 10 bar mit gutem Erfolg eingesetzt werden können. Die getrocknete Braunkohle (12 % Wasser), mit einer Körnung von 0–6 mm, wird durch Druckschleusen in den Vergaser eingebracht, der Sauerstoff wird auf verschiedenen Ebenen zugegeben. Die Temperatur in der Wirbelschicht beträgt etwa 800 °C und in einer Nachvergasungszone bis 1 100 °C. Diese Temperaturerhöhung bewirkt eine erhebliche Verbesserung der Gasqualität und hat zur Bezeichnung „HTW-Verfahren“ geführt.

Im Gasvorkühler wird das Rohgas durch Wärmeaustausch auf 350 °C abgekühlt. Der dabei anfallende Mitteldruck-Dampf wird als Prozeßdampf in den Vergaser eingegeben. Das im Verhältnis $CO:H_2 = 1,2:1$ entstehende Gas wird auf $CO:H_2 = 1:2,4$ konvertiert. Zu diesem Zweck wird das Rohgas hinter dem Kühler in eine heißgehende Wasserwäsche geleitet, die eine Auswaschung der letzten Feststoffe und gleichzeitig einer Aufsättigung mit Wasserdampf für die Konvertierung bewirkt.

Auf diese Weise wird die Dampfaufsättigung im Quench erreicht und die Verdampfungswärme des Rohgases genutzt.

Nach der Abkühlung des Gases aus der Konvertierung wird es von 8 auf 37 bar verdichtet und einer einstufigen, nicht selektiven Rectisolwäsche unterworfen.

Aufgrund der Ergebnisse der Pilotanlage ist in Ville-Berrenrath auf dem Gelände der „Rheinbraun“, eine Demonstrationsanlage durch die Firma Uhde in Bau, in der ab 1988 auf Basis von 2 Mio t Lignit insgesamt etwa 1 Mia m^3 Synthesegas erzeugt werden sollen. Diese werden dann durch eine Pipeline zur Union-Kraftstoff nach Wesseling geleitet und dort zu Methanol umgesetzt.

Die Demoanlage wird in vier Strängen, jeder mit einer Leistung von 37 000 m^3 Synthesegas/h betrieben, so daß 147 000 m^3/h und im Jahr

(333 Tage) etwa 1,2 Mia m³ Syngas erzeugt werden können. Da im Normalbetrieb ein Strang in Reserve gehalten wird, werden praktisch 900 Mio m³ Gas erzeugt, die in etwa 330 000 t Methanol überführt werden.

Tabelle 2.10. Durchschnittliche Betriebsergebnisse einer konventionellen Vergasung im Winkler-Generator, verglichen mit dem HTW-Verfahren der Rheinischen Braunkohlenwerke A. G. (Theggers, Theis et al. [2.16])

Vergasungsbedingungen	konv. Winkler Generator	HTW-Verfahren Pilotanlage
Temperatur °C	950	990–1 100
Druck bar	1,2	10
Vergasungsmittel:		
O_2 m³ (i. N.)/kg TBK_0	0,398	0,380
Dampf kg/kg TBK_0	0,167	0,410
spez. Synthesegasausbeute:		
m³ (i. N.)/t TBK_0	1 369	1 483
spez. Synthesegasleistung:		
m³ (i. N.)/m²/h	2 122	5 004
C-Vergasungsgrad %	91	96
Gaszusammensetzung Rohgas in Vol.-%:		
CO	48,6	
H_2	35,3	
CO_2	13,4	
CH_4	1,8	
C_mH_n	–	
N_2 + Sonstiges	0,9	

2.2.3 Das Koppers-Totzek-Flugstaub-Verfahren [2.17]

Es handelt sich hier um ein autothermes Gleichstrom-Normaldruck-Vergasungsverfahren, das für alle Kohlesorten vom Anthrazit bis zur bituminösen Kohle geeignet ist. Die Kohle wird auf eine Körnung von 0,09 mm gepulvert und mit einer Förderschnecke einem Mischtopf zugeführt, dort von einem Sauerstoff-Dampfstrom aufgenommen und in die Brennerköpfe des Vergasers eingeblasen, wo die Umsetzung in etwa 1 s stattfindet (Abb. 2.9).
Bei 4 Brennerköpfen hat der Vergasungsraum 56 m³ und einen Kohledurchsatz von 34,4 t mit einer Leistung von 55 000 Nm³/h.

Letztere Anlage ist in Projektierung, ebenso wie eine Vergasung unter Druck. Da die Temperatur 1 500–1 600 °C beträgt, fallen kein Methan und

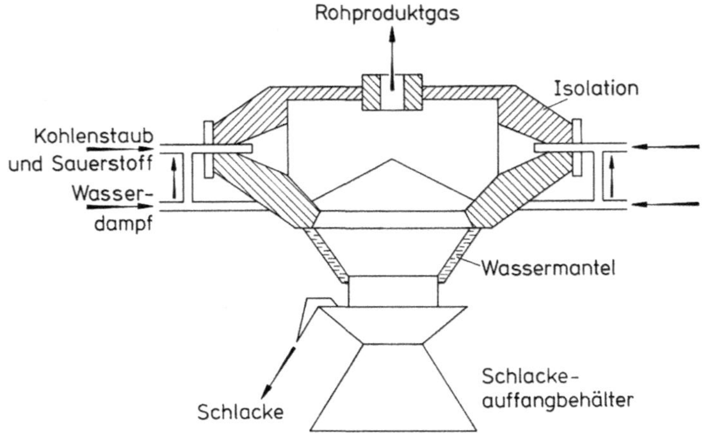

Abb. 2.9. Vereinfachtes Schema des Koppers-Totzek-Generators (Franke [2.16])

keine höheren Kohlenwasserstoffe an. Der Sauerstoffverbrauch ist jedoch verhältnismäßig hoch, die Kohleaufbereitung aufwendig. Im Vergaser-Wassermantel wird etwas mehr Dampf erzeugt, als für die Vergasung notwendig ist. Die Schlacke wird flüssig abgezogen. Die Gasreinigung ist einfach. Tabelle 2.11 gibt die durchschnittlichen Betriebsergebnisse des konventionellen KT-Prozesses an.

Tabelle 2.11. Durchschnittliche Betriebsergebnisse einer konventionellen Koppers-Totzek-Anlage mit Stein- bzw. Braunkohle als Rohstoff (Subklew u. Franke [2.17])

Brennstoff	Steinkohle	Braunkohle
Analyse Gew.-%		
Wasser	1	8 (TBK_8)
Asche	30	7,4
Kohlebedarf an kg Trockenkohle für 1 000 Nm^3 Rohgas	535	591
Körnung in mm	0,09	0,09
Sauerstoffbedarf in Nm^3 pro t Kohle	573	564
Dampfbedarf in t pro t Kohle	0,380	—
Umsetzung der Kohle in %	98	98
Gaszusammensetzung Rohgas in Vol.-%		
CO	53,0	62,6
H_2	33,3	25,7
CO_2	12,0	10,3
CH_4	0,2	0,1
C_mH_n	—	—
N_2 + Sonstiges	1,5	0,9

2.2.4 Die Kohlevergasung im Eisenbad [2.18] (Molten-Iron-Prozeß)

Die KHD Humboldt Wedag AG hat ein neues Kohlevergasungsverfahren entwickelt, das sich zur Zeit im Pilotmaßstab befindet. Das Prinzip des Verfahrens besteht darin, die autotherme Kohlevergasung in einem Eisenbad bei 1 400–1 500 °C und etwa 3 bar Druck auszuführen, wobei ein erstaunlich reines, insbesondere schwefelarmes Gas anfällt. Der Vergaser besteht aus einem feuerfest ausgemauerten Reaktor, in dem sich das flüssige Eisen befindet. In dieses werden durch Spezialdüsen fein zerkleinerte Kohle und Kalk mit einem Fördergas (N_2) eingeblasen. Gleichzeitig werden Sauerstoff und Wasserdampf und wenn nötig Luft oder CO_2 zugegeben.

Es wird dabei ein hochwertiges Gas gebildet, das fast nur aus CO und H_2 besteht und weniger als 20 ppm Schwefel enthält. Der größte Teil des mit der Kohle eingebrachten Schwefels befindet sich in der kohlenstofffreien Schlacke, die nicht vergasbare Aschebestandteile der Kohle aufgenommen hat und sich auf der Eisenschicht abscheidet und kontinuierlich abgetrennt wird. Sie kann bis zu 4,5 % Schwefel enthalten.

Der Molten-Iron-Prozeß beruht auf der Auflösung des Kohlenstoffes im flüssigen Eisen und seiner anschließenden Reaktion mit Wasserdampf und Sauerstoff.

Die Vorteile gegenüber anderen Verfahren bestehen darin, daß alle Kohlensorten, unabhängig von ihren Eigenschaften wie Backfähigkeit, Gehalt an flüchtigen Bestandteilen, Asche- und Schwefelgehalt etc. verarbeitet werden können. Auch Braunkohle läßt sich einsetzen.

Aufgrund der günstigen Zusammensetzung des Gases von etwa 66 % CO und 29,8 % H_2 und weniger als 20 ppm Schwefel, kann das Gas sofort nach Abtrennung von immer vorhandenem Staub als Reduktionsgas für die Eisenindustrie, für die Befeuerung von Gasturbinen, zur Stromerzeugung etc. eingesetzt werden.

Der Kohlenstoff-Umsetzungsgrad liegt bei 98 %, der thermische Wirkungsgrad bei 80 %. Die Leistung eines Reaktors industrieller Größenordnung kann mit 200 000–300 000 Nm^3 pro Stunde Gas angenommen werden.

Der Einsatz des Gases als Methanolsynthesegas setzt eine Konvertierung und Schwefelreinigung voraus. Bei einem Pilotversuch mit einem Einsatz von 6 t Eisen, wurden pro 1 t Eisen 0,35–0,4 t Kohle/h vergast und dabei etwa 2 100 Nm^3 Gas mit einem Heizwert von 12,5 MJ/Nm^3 (2 987 kcal/Nm^3) erhalten. Das Eisen nahm 3–4 % Kohlenstoff auf. Pro kg Kohle wurden 0,50 m^3 Sauerstoff und per kg Feststoff als Fördergas 0,1 m^3 Stickstoff benötigt. Abbildung 2.10 gibt das Schema einer Anlage des Molten-Iron-Prozesses an. Die großen Staubmengen von 1 030 g/m^3 lassen sich verringern, wenn man statt mit einem stehenden mit einem liegenden Konverter arbeitet.

Die Drücke sollen bis auf 10 bar gesteigert werden. Die Kosten für das Gas belaufen sich auf DM 0.13/Nm^3 bei Verwendung von Importkohle mit einem Preis von DM 175/t und einem Sauerstoffpreis von DM 0,15/Nm^3. Verwendet man Ruhrkohle mit einem Preis von DM 275/t, betragen die Kosten pro Nm^3 DM 0,18 bei gleichem Sauerstoffpreis.

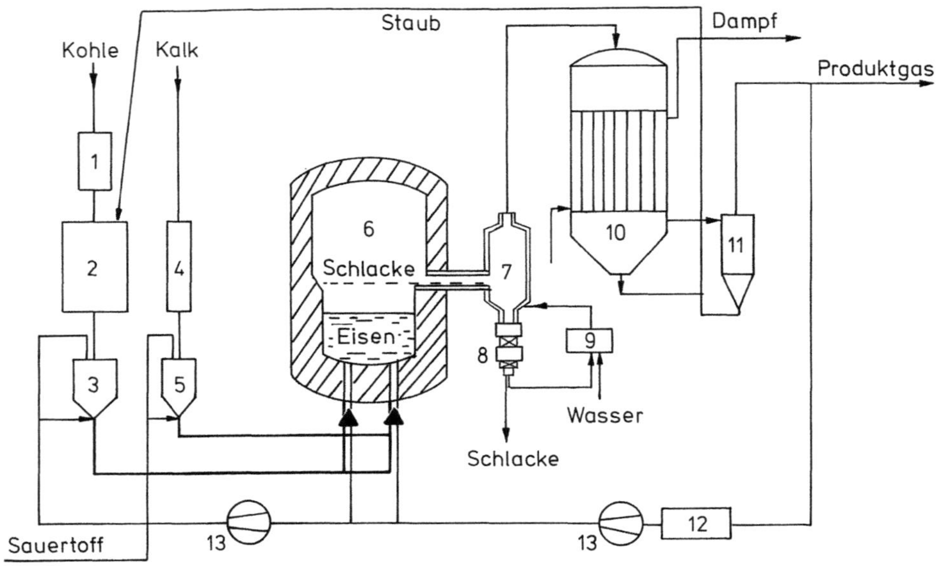

1-3 Kohlevorbereitung
4-5 Kalkvorbereitung
6 Kohlevergasungsreaktor
7 Verteilkammer mit Schlackengranulierung
8 Schlackenaustragsschleuse
9 Wasseraufbereitung
10 Abhitzesystem
11 Heißgaszyklon
12 Gaskühlung und Gasreinigung
13 Verdichter

Abb. 2.10. Fließschema des MI-Kohlevergasungsverfahrens (Chemie Technik 1983 [2.18])

Eine Gemeinschaftsarbeit von KHD Humboldt Wedag AG mit der japanischen Firma Sumitomo Metals auf dem Gebiet der Vergasung von Kohlen im Eisenbad, führte zum MIP (Molten-Iron-Pure-Gas)-Prozeß. Die japanischen Techniker entwickelten den Prozeß des Aufblasens von Kohle und Kalk von oben auf das Eisenbad, während die deutschen Techniker die Ingredienzien von unten durch das geschmolzene Eisen nach oben einbrachten. Man baut eine Pilotanlage, die für beide Versionen (Bodenblasen und Aufblasen) geeignet ist.

2.2.5 Das Texaco-Vergasungsverfahren unter Druck in der Ruhrchemie/Ruhrkohle-Variante [2.19]

Das Texaco-Verfahren war ursprünglich für die Vergasung von schweren Ölrückständen, aber auch Rohöl, mit Sauerstoff und Wasserdampf unter Druck zur Wasserstoff- und auch Synthesegasherstellung ausgearbeitet worden. Es wird heute versuchsweise mit einer Kohle-Wasser-Suspension, die bis zu 70% Kohle enthält und gut pumpbar ist, betrieben.

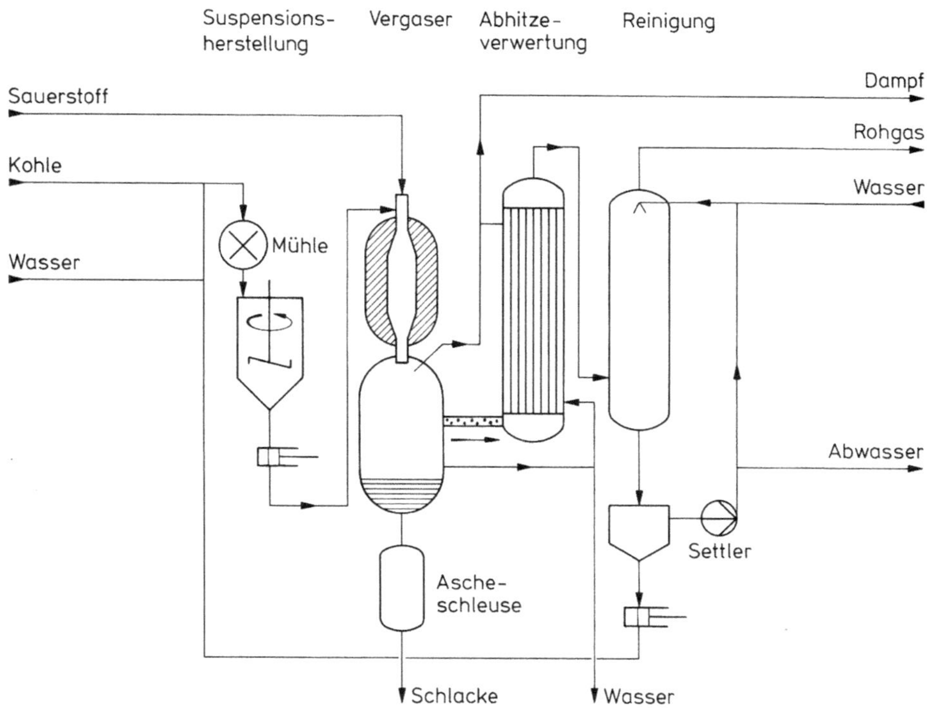

Abb. 2.11. Verfahrensschema der Texaco-Kohlevergasung in der Ruhrchemie/Ruhrkohle-Variante (Cornils, Ruprecht et al. [2.19])

Tabelle 2.12. Typische Gaszusammensetzung bei einer Demonstrationslage der Texaco-Kohlevergasung in der Ruhrchemie/Ruhrkohle-Variante in Vol.-% (Cornils, Ruprecht et al. [2.19])

CO	52
H_2	35
CO_2	12
CH_4	0,01
H_2S/COS	0,3
N_2	0,6
C-Umsatz bei einmaligem Durchgang	> 98 %
Vergasungswirkungsgrad in %:	
Kaltgas	74
Thermisch	92
Temperatur °C	1350–1500
Druck/bar	35
Korngröße i.d. Suspension:	
> 90 %	14–60 µm
Suspensionskonzentration	> 70 %
Aschegehalt der Kohle	bis 30 %
Gehalt an Flüchtigen	bis 32 %

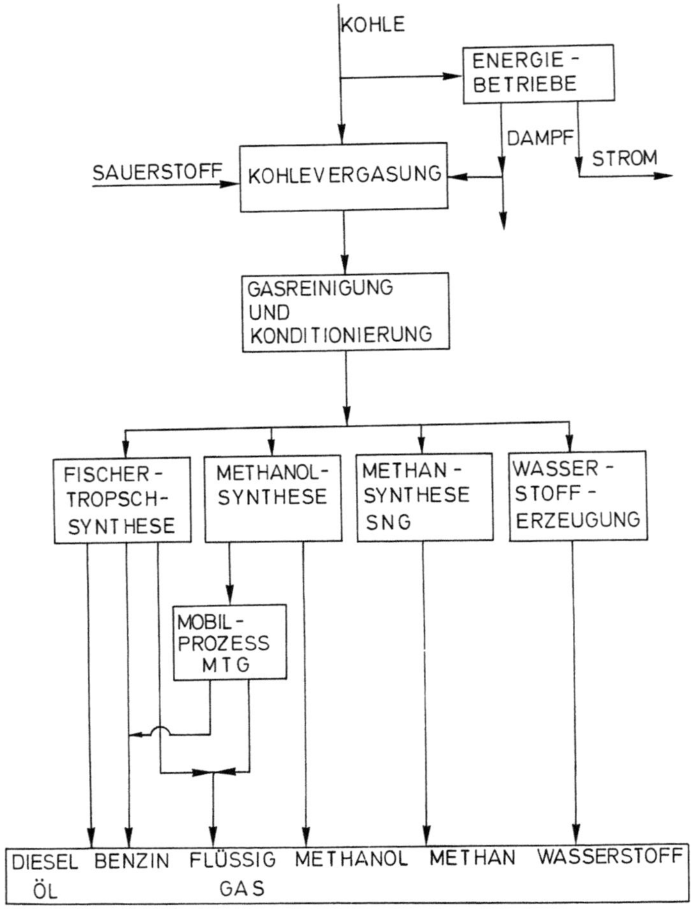

Abb. 2.12. Schema der Erzeugung von Kraftstoffen, Methan und Wasserstoff auf Basis von Synthesegas (Eisenlohr u. Gaensslen [2.19])

Die Anlage der Ruhrchemie/Ruhrkohle-Variante hat eine hohe Kapazität, ist für alle Kohlen geeignet und liefert wegen der hohen Betriebstemperatur von 1400–1500 °C ein Gas mit wenig inerten Bestandteilen. Im Konverter können auch die nach dem IG-Neu-Kohle-Hydrierverfahren anfallenden Rückstände mit Erfolg vergast werden und dadurch bis zu etwa 40 % des Hydrierwasserstoffbedarfs beisteuern. Die Abbildung 2.11 zeigt das Arbeitsprinzip einer Anlage, die Tabelle 2.12 gibt die wichtigsten Daten für den Betrieb und die Rohgaszusammensetzung an.

Die Suspension in Wasser erspart die vorherige Kohletrocknung und führt gleichzeitig einen Teil des Vergasungsmittels mit ein. Die Schlacke wird flüssig abgezogen und in einem Wasserbad granuliert. Der Vergasungs-Wirkungsgrad, gegeben durch den Quotienten des H_u-Wertes des Synthesegases zum H_u-Wert der Einsatzkohle, beträgt 74 % (inkl. Dampfherstellung).

Von der steigenden Bedeutung des Synthesegases zeugt Abb. 2.12, die die Erzeugung von Kraftstoffen auf Kohlebasis über den Vergasungsprozeß darstellt.

Literatur zu Kapitel 2

2.1. Dessau, R. B.: Proc. Am. offshore Conf. *13* (1), 67–74 [1981]. Barge mounted petrochemical plants for the production of methanol and ammonia

Kinno, B. Mii, M.T.: CEER (Chem.-Econ. Eng. Rev.) *13* (10), 25 [1981]. Floating methanol plants

Anonym, Oil Gas Journal *1982* vom 31. Mai, S. 78. Methanol plant modules. Mitsubishi Chem. Eng. Center baut ein Schiff für die Saudis zur Methanolproduktion

Jackson, R. G. (Continental oil): Chem. Eng. Progress (CEP) *1979*, Oktober, S. 56. Modular plants Concept. A shipyard-built methanol plant. (Das Schiff verarbeitet off shore Gas-Reserven und wird dann an andere Stellen transportiert, wenn das Gas verbraucht ist)

Erdöl und Kohle *35* (12), 547 [1982]. Methanolfabrik auf Plattformen.
Deutsch-Norwegisches Forschungsprojekt (von BRD sind beteiligt: Veba, Lurgi, Linde, Uhde). Die Plattformen sollen dem Halbtauchertyp angehören (bis 250 m Tiefe). Das Deck hat einen Umfang von 90 × 90 m und die Barge 22 000 t Anlagegewicht. Es sind 3 Mio m^3 Erdgas/Tag nötig. Einsatz dort, wo Gas als Nebenprodukt anfällt (Associated gas) und in Gasfeldern mit geringem Volumen und schlechter Zusammensetzung. Der Gaspreis muß deutlich unterhalb des Weltmarktpreises liegen. Betriebszeit 300 Tage/Jahr. Gesamtproduktion 850 000 jato Methanol. Gasverbrauch 900 Mio m^3.

Europ. Chem. News *1982*, 8. Februar, S. 25. Lurgi-Prozeß for barge-mounted methanol plant in Argentina

Erdöl und Kohle *34* (5), 193 [1981]. Methanolfabrikation über marginalen Feldern (schwimmende Methanolfabriken)

Erdöl-Erdgas-Zeitschrift *97* (3), 101–104 [1981]. Flüssigerdgas, Methanol, Ammoniak und elektrischer Strom aus marginalen Erdgasfeldern im Meer

CEER (Chem. Econ. Eng. Rev.) *11* (6), 39–40 (1979). Barge-type Methanol plant.

Process Eng. *1979* (April), S. 93–95. Barge plants will provide future methanol needs.

Chem. Week *1978*, 24. Mai, S. 31. Methanol plants want to barge in.
Davy-Power-Gas entwickelt eine Anlage für 2 000 tato Methanol, die jeweils zu den Erdgasvorkommen auf See auf Schiffen (Bargen) transportiert werden kann (Floating-Anlagen).

Amann, H.: Chem. Ing. Technik *53* (11), S. 864–869 (1981). Schwimmende Produktionsanlagen für die Rohstoffgewinnung im Meer.

Oil Gas J. *1982*, 31. Mai, S. 78.
Bild einer Methanolanlage an Deck eines japanischen Express-Schiffes. Die Modulanlage wurde von der Mitsubishi Chemical Engineering für die Saudi Methanol Co in Al Jubail gebaut.

Stahl, B. et al.: Process Engng. *1983*, Juli, S. 1239. Motion Monitoring of a Mooved Floating Platform During Installation over a Subsea Template.

CEER (Chem. Econ Eng. Rev.), *15* (6), 46 (1983). Largest Oil Platform to India

Chem. Eng. News *1983*, 29. Aug., S. 7–9.
Union Carbide beschäftigt sich mit der Erstellung von »Barge mounted plant«

Chem. Ind. *36* (März), 151 (1984). Kolonnen für schwimmende Produktionsanlagen.

Erdöl und Kohle *35* (3), 145 [1982]. Welt-Kohle-Markt. Eine Konferenz über aktuelle Tendenzen der Welt-Kohlemärkte

Mutke, R.: Chem. Ind. *34,* 476–477 [1982]. Ersatz des Erdöls durch die Kohle, Chancen für die deutsche Kohleindustrie

Forster, K., Margolis, L. R., Kühn, A. K.: CEER (Chem.-Econ. Eng. Rev.) *1982* März, 7–14. Implementing Americas first commerical synfuels project

Omori, T.: CEER *1982*, März, 21–22. Coal chemistry and steel industry

Speich, P.: Chem. Ind. *34,* 469–470 [1982]. Energierohstoff Braunkohle

Gruhn, W.: Nachr. Chem. Techn. Labor *30* (9), 774–780 [1982] Renaissance der Kohlechemie.
Verhältnisse und Aussichten über dieses Problem in der DDR.

Gallagher, J. M.: Hydrocarbon Processing *1982*, März, 72E–72V. Coal: Global energy option for the 1980's

Erdöl und Kohle *35* (2), 101 [1982]. Weltkohlenhandel im Aufwind

Chem. Eng. *87* (11), 27 vom 2. Juni *1980*. Die weltweite Kohleförderung wird sich bis 2000 verdreifachen

Wender, I.: J. of the Alabama Acad Sci., Vol. *51* (2), 68–72 [1980]. The role of coal in our energy future

Erdöl und Kohle *33* (12), 589 [1980]. Aus dem Jahresbericht 1979/1980 des Gesamtverbandes des deutschen Steinkohlenbergbaus

Nachr. Chemie Techn. Labor *27* (11), 702–706 [1979]. Kohle-woher-wohin?

Schulze, J., Schmidt, B.: Chem. Ind. *33* (10), 623; (11) 686; (12) 791 [1981]. Kohlebedarf bei der Substitution der Petrochemie durch Kohlechemie

Buchveröffentlichung

Fettweis, G. B.: Weltkohlenvorräte, Herausgeber G. Dorstewitz, M. Liebrucks, H. Reintges, E. Schubert und K. Schwantag, aus der Reihe: Bergbau Rohstoffe Energie. Schriften über wirtschaftliche und organisatorische Probleme bei der Gewinnung und Verwertung mineralischer Rohstoffe

Bund, K., Die Energieversorgung der Bundesrepublik Deutschland in den achtziger Jahren, Verlag Glückauf, Essen 1980

Literatur zur Pyritabscheidung

Bergeron, R. G.: CEP *1978*, August, S. 80–84. Preparing coal for petrochemicals (Pyritabscheidung).

Maxwell, E., Kelland, D. R.: IEEE Transitions of Magnetics, Vol. Mag. 14, Nr. 5 vom Sept. 1979, S. 482–487. High gradient magnetic separation (HGMS) in coal desulfurization (Magnetische Abscheidung von Pyrit)

Wasser als Transportmittel für Kohle

2.2. Johnson, E. P.: Chem. Eng. *1982*, Januar, S. 47–49. Payoff time is for coal/water/ slurry

Snoek, P. E. (Bechtel): Oil Gas Journal *1982*, 15. März, S. 93. Commercial success of slurry pipelines creates opportunities for new applications in the 1980's

Anonym: Oil Gas Journal *1982*, 15. März, 138–139. Slurry line groups dispute unit train efficiency

Oil Gas Journal *1982*, vom 6. Sept., S. 51. Slurry line bills face good chance short time

Oil Gas Journal *1981*, vom 27. Juli, S. 192. Operating experience is described for Black-Mesa-Slurry-Pipeline

Anonym: Oil Gas Journal *79* (17), 118 [1981], 27. April. Continental proposes coal slurry

Anonym: Chem. Ztg. *103* (10), 341 [1979]. Feststoffpipeline zum Kohletransport von Kattowitz (Polen) nach Linz (Österreich) für 5 Mio t im Gespräch

Anonym: Chem. Eng. News vom 21. Mai *1979*, S. 18–20. Prospects brighten for coal slurry pipelines

Breuer, U., Huberts, L. J., (Shell Inter. Petrol MIJ B.V.): Erdöl und Kohle „Compendium 76/77", S. 456. Transport von Kohlen in Pipelines

Elsibai, N. G., Snoek, P. E., Pitts, J. J. (Bechtel): Oil Gas Journal *1982*, vom 26. Juli, S. 253

Methanol als Transportmittel für Kohle

2.3. Erdöl und Kohle *35* (1), 5 [1982]. Kohle-Methanol-Pipeline, Mannesmann AG, Düsseldorf und F. Krupp, Duisburg-Projekt: „Hydraulicher Transport von Kohle in Pipelines".

Rechnungen ergaben, daß beim Transport von 4,6 Mio jato Steinkohle auf 350 bzw. 500 bzw. 1 000 km nur etwa rund 35 % der Kosten des billigsten Konkurrenzsystems anfallen.

Technik heute: *1982* (4), 3–4. Forschungsvorhaben Kohle-Methanol-Pipeline (Mannesmann AG)

Kohlepipeline mit Methanol (Methacoal)

Research Report Nr. 11 des „Center for Energy Studies" the University of Texas at Austin, Edited by Vanston, J. H. jr. Hannan, D. G. und weitere 7 Mitarbeiter, Final Report, März *1978*. Systems study and assesment of methacoal as a coal transportion alternative

Chem. Rundschau *33* (25), 24 (1980). Methanol transportiert Kalk

Oel-Zeitschrift für die Mineralölwirtschaft *1980*, April, S. 113

Chem. Week 1980, 23. April, S. 40 Germans are studying use of methanol carrier for granulated coal pipeline

Oil Gas J. *1981*, 16. November, S. 149. Canadians mull exports of methacoal

Erdöl und Kohle *35* (1), 5 (1982). Kohle-Methanol-Pipeline

Hanashimo, K., Sugawa, M., Ohsuga, H.: Sekitan Riyo Gijutsu Kenkyu Happyokai Koenshu *5*, 126–32 (1983) zit. in C.A. 100, 88360j (1984)

Eine Anlage zum Studium für 1,2 tato Kohle-Methanol-Slurry wird beschrieben.

Green, L. jr.: Coal Technology (Houston) *1983* 6th, (6), 333–345; C.A. *100,* 70989m (1984). Methanol slurry technology for lignite utilization.

Oil Gas J. *1983*, 4. Juli, S. 55. Crude, Coal slurry line seen feasible.
In Canada hat man festgestellt, daß man in Rohölpipelines auch Kohle-Wasser-Slurry transportieren kann. Besser geeignet ist aber für diese Zwecke der Methanol-Slurry-Transport, weil man den Slurry gleich als Heizmedium verwenden kann.

European Chem. News *1982*, 20. Sept., S. 23–24. Soviet Union plans to become a major force in methanol
Die Sowjetunion untersucht die Transportmöglichkeit von Braunkohle aus dem großen Revier von Kansk-Achinsk mit dem Methacoal-Prozeß. Die Kohle enthält wie üblich 50 % Wasser. Ein Methanol-Braunkohlen-Slurry (es sollen anfänglich 60 Mio jato sein), soll nach Westeuropa transportiert werden und entsprechende Firmen von dort werden eingeladen, ihre Erfahrungen zur Verfügung zu stellen.

Chem. Ing. Techn. *55* (2), A 34 (1983), Hydraulicher Kohletransport mit Methanol

Flüssiges CO_2 als Transportmittel für Kohle

2.4. Swink, M.N. (Arco): Oil Gas Journal *1982* vom 26. April, S. 117. CO_2 pipeline design detailed

Anonym: Oil Gas Journal *1982*, vom 28. Juni, S. 44. Liquid CO_2 slurry pilot due starts up

Chem. Eng. News vom 12. Oktober 1981, S. 35, Ref. Chem. Ztg. *106* (6), 258 [1982]

Chem. Eng. *1981* vom 13. Juli, S. 49–50. Liquid CO_2/coal slurry pipeline will be studied

Chem. Eng. *1981*, vom 29. Juni, S. 17. Coal slurry technology the uses liquid CO_2 is getting a boost

Worthy, W.: Chem. Eng. News *1981* vom 12. Oktober, S. 35–37. Liquid CO_2/coal slurry proped for pipelines
(Mit flow-sheet!)

Chem. Ing. Techn. *1981* (12), A-778. Aktuelle Nachrichten Transport von Kohle mit flüssigem CO_2

Chem. Ztg. *106* (6), 258 (1982). Flüssiges CO_2 als Trägermedium für den Transport von Kohle in Pipelines

Oil Gas J. *1982*, 28. Juni, S. 44. Liquid CO_2 slurry pilot due start up

Santhanam, Ch.J.: Chem. Engng. *1983*, 11. Juli, S. 50–51. Liquid CO_2 based slurry transport is one the move

Oil Gas J. *1984*, 23. Januar, S. 30. Coal/liquid CO_2-slurry pipeline under study

Die folgenden Literaturzitate geben einen Einblick in die Interessen, die in den USA für und wider bezüglich der Einführung von Kohle-Pipelines aufeinanderstoßen und zeigen, wie weit die Lösung der Transportprobleme bereits gediehen ist:

J. G. Montfort, Oil Gas J. *1981*, 27. Juli, S. 192–200. Operating experience is described for Black-Mesa Coal-Slurry pipeline

Eine eingehende Beschreibung der Black-Mesapipeline, die seit 1970 32 Mio t Kohle mit größter Zuverlässigkeit beförderte.

Oil Gas J. *79* (17), 118 (1981). Continental proposes coal-slurry line

Oil Gas J. *1981*, 11. Mai. S. 88. ETSI (*E*nergy *T*ransportion *S*ystem *I*nc.). Building coal-slurry demonstration plant

Chem. Week *1982*, 28. Juli, S. 44. Congress takes up coal-slurry pipeline

Chem. Week *1982*, 18. Aug., S. 15. Congress may soon give coal slurry a push

Chem. Eng. *1983*, 31. Oktober, S. 11–12. A commercial-scale coal-water slurry (CWS) plant will be built in Sweden

Basta, N.: Chem. Eng. *1983*, 27. Juni, S. 14–16. Coal-water-slurries: A step away from success? (CWS-how theyre made and what problems remain)

Hagar, R., Hart, P.: Oil Gas J. *1983*, 22. Aug., S. 57–62. Railroad opposition, coal market slump stall U.S. slurry pipelines

Kennedy, J. L.: Oil Gas J. *1983*, 8. Aug., S. 37. The slump-proof market

Oil Gas J. *1983*, 8. Aug. S. 39. Blocks to pipeline movement of crude and coal penalize security consumers

Oil Gas J. *1983*, 1. Aug. S. 50 Coal-slurry proposals retreat, advance

Die Eisenbahnen sind gegen Kohle-pipelines, es sei denn, sie können sich an dem Geschäft beteiligen.

Oil Gas J. *1983*, 19. Sept., S. 80. Slurry line scraps plan to ship salt water as a commodity

Oil Gas J. *1983*, 3. Oktober, S. 60. House kills coal-slurry pipeline bill

Shvartsburd, W.: Oil Gas J. *1983*, 7. Nov., S. 91–95. Here are important criteria for designing coal-slurry pipelines

Oil Gas J. *1983*, 7. Nov., S. 77. Coal-water-slurry seen substitute for oil under boilers

Hydrocarbon Processing *1983*, Mai, S. 40. Coal-slurry pipeline goes to Bechtel

Der Bau einer 1400 Meilen langen slurry-pipeline mit einer Kapazität von 30 Mio t soll 1984 begonnen und 1986 beendet werden.

Hydrocarbon Processing *1984*, März, S. 41. Demonstration plant to use coal-water-mixture

In Italien soll eine pipeline für den Transport von 100000 t eines Kohle-Wassergemisches mit einem Kohlegehalt von 75 % im Slurry erstellt werden.

Oil Gas J. *1983*, 14. März, S. 48. Familian battle lines drawn on coal-slurry bill

Process Engineering *1983*, Januar, S. 5. Slurry substitute for heavy fuel oil

Chem. Eng. News *1983*, 28. Februar, S. 38. Coal-water-slurry combustion to be studied

Chem. Eng. *1983*, 21. Februar, S. 12. The push for coal-slurry pipeline legislation begins again

Oil Gas J. *1982*, 6. Sept., S. 51. Slurry line bills face good chance short time

Oil Gas J. *1983*, 7. Febr., S. 32. Proponents see passage of coal-slurry line bill

Oil Gas J. *1983*, 28. Febr., S. 64. Conoco: Abrasion problem solved in coal slurry

Oil Gas J. *1984*, 23. Jan., S. 25–30, besonders S. 27. U.S. Coal-slurry lines on hold by lack of action in congress

Oil Gas J. *1984*, 11. Juni, S. 58–59. UdSSR plans coal-slurry pipelines

Hydrocarbon Processing *1984*, 18. Juli, S. 97. Coal/water fuel slurry to be expanded

VDI-Nachrichten *38* (16), 17 (1984), vgl. Chem. Labor Betrieb *35* (7), 352 (1984). Fließfähige Kohle (Densecoal)

Ein Kohle-Wassergemisch mit 0,5-1 Vol.-% eines nicht genannten Additives (möglicherweise ein Tensid), kann wie Öl gehandhabt werden. Es läßt sich ohne Entwässerung zum Heizen von Zementöfen, in Metallhütten, Kraftwerken etc. verwenden. Die für Öl geschaffenen Transportanlagen- und Umschlageinrichtungen können weitgehend übernommen werden. Heizöltanks benötigen keine Rührwerke (Salzgitter Industriebau).

Chemtech *1984*, Juni, S. 325–326. Slurry Pipelines, vgl. J. Pipelines *1981* (3), 1–11

Chem. Week *1984*, 8. Aug., S. 9. A coal slurry pipeline project bites the dust

Ein Projekt der ETSI (*E*nergy *T*ransportion *S*ystems *I*nc.) wurde von der Burlington Northern Eisenbahngesellschaft zu Fall gebracht.

Basta, N. Mark D'Anastasio: Chem. Eng. *1984*, 17. Sept., S. 22–25. The pulse quickens for coal-slurry projects

2.5. Minkkinen, A.: Hydrocarbon Processing *1981*, April, S. 119–122. Make the best of associated gas

Stratton, A. et al.: CEER (Chem. Econ. Eng. Rev.) *15* (9) 7–9 (1983). Methanol production from natural gas

Stratton, A., Hemming D. F., Teper, M.: Report *1982* EAS/E4/82 oder IEA/CREAS–84/02, 64 Seiten, vgl. C.A. *100,* 141949m (1984). Methanolproduction from natural gas or coal

2.6. Supp, E.: Hydrocarbon Processing *1984*, Juli, S. 34e–34j. Convert methanol economically

Hilsebein, W., Supp, E.: VI. International Symposium on Alcohol Fuels Technology, 21.–25. Mai, *1984* Ottawa (Canada), Vol. II, C-13, S. 2-140 bis 2-146. Technical improvements and development in methanol production and conversion technology

Haggin, J.: Chem. Eng. News 16. Juli, S. 31–35 (1984). World methanol situation poses challenge in process design

Körber, G.: Technik heute *1983* (5), 22–27. Flüssiges Erdgas (LNG), ein unverzichtbarer Energieträger

Peebles, M. W. H. (Shell International): Welterdölkongreß London 1983, RTD 9 (4), 1–11. World natural gas supply and demand consideration

Hydrocarbon Processing *1983*, Nov., S. 111–113. Methanolsynthesen der Firmen Haldor Topsøe, Imperial Chemical Industrie und Lurgi auf Erdgasbasis.

Oil Gas J. *1983*, 6. Juni, S. 44–45. GAO (General Accounting Office): Europe has no alternative to Sowjetgas

Chem. Eng. News *1983*, 4. April, S. 16–17. Gas price to alter methanol, ammonia uses

Chem. Eng. News *1984*, 30. April, S. 10–12. Shortage of natural gas forecast for mid-1980's (gilt für die USA)

2.7. Chem. Eng. News *1981*, 22.Juni, S.8. Peat gasification key to new methanol plant

Chem. Eng. News *1982*, 15.Februar, S.33–34. Peat gasification tests look promising

IGT (Institute of Gas Technology) hat eine 50 tato Torf-Vergasungsanlage in Betrieb, in der Torf mit 25 % Wasser ohne Probleme bei 830 °C verarbeitet wird. Torf hat 75 % Wasser, das früher auf 10 % verringert werden mußte. Heute kann Torf bereits mit 50 % Wassergehalt verarbeitet werden.

Chem. Eng. News *1983*, 18.April, S.21. Synfuels corporation signs first agreement

Es handelt sich um eine Methanolfabrik auf Basis Torf in Nord-Carolina mit einer Kapazität von 4600 Barrell/d = 550 tato etwa 200000 jato. Ein Dutzend solcher Projekte sollen gebaut werden mit Kosten von insgesamt etwa 13 Mia $.

Oelert, H.H., Dhinh-Van, T., Son, N.N.: Chem. Ing. Techn. *49* (11), 913 (1977). Verflüssigung von Torf

Punwani, D.V., Rader, A.M.: Hydrocarbon Processing *1978*, April, 107–113. Gas from peat — A good source of heat

Rader, A.M.: Ind. Engng. Chem. Prod. Res. Dev. *18* (4), 291–296 (1979). Synthetic Natural Gas from Peat

Morita, H.: J.Chem. Education *1980*, 57 (10), 695–96. Peat its organic chemistry

Chem. Eng. *1981*, (13), 17 vom 29.Juni. Plans for the worlds first large-scale peat to methanol plant was unveiled

Chem. Eng. *1981* vom 29. Januar, S. 17. Peat Methanol Associates erzeugen 1984 Methanol aus Torf

2.8. Tippmer, K.: Erdöl und Kohle *32* (6), 263–269 (1979). Synthesegase durch autotherme partielle Oxidation von Kohlen und Rückstandsölen

Czytko, M. P., Gaupp, K., Müller R.: Hydrocarbon Processing *1983*, Sept., S.115–119. Syngas from heavier residue

Supp. E.: Ullmanns Enzyclopädie der technischen Chemie. 4th Ed., Vol. *14*, S.393. Verlag Chemie, Weinheim 1977. Gaserzeugung aus Schweröl.

Buchveröffentlichungen

2.9. I. Chereminisoff, P.N., Moresi, A.C.: Chemicals from solid wastes. Marcell Dekker, New York, 1976

II. Wickson E.J. (Editor): Monohydric alcohols manufacture applications and chemistry Based on a symposium sponsored by the Division of industrial and engineering chemistry at the 179th meeting of the American Chemical Society, Houston/Texas, 25.–26. März 1980, ACS Symposium Series 159. Brecheret, V.jr., Ayres Zago, A.J.: TTO. Methanol from wood in Brasil, S.31–45 (10 Zitate)

III. Voss, G.D.: Wood combustion in „Industrial wood energy conversion in Fuels and energy from renewable resources. Editor: D.A.Tillmann et al., Academic Press *1981*

IV. Tillmann, D.A., Rossi, A.J., Kitto, W.D.: Wood combustion, principles processes and economics Envirosphere Company Washington *1981,* 224 Seiten

V. Energy from forest biomass. Edited by R.Smith, Univers. of Washington, Seattle *1983*, 304 Seiten

Rohrmann, C.A., Mudge, L.K., Hammond, V.L.: Methanol from forestry municipal and agricultural organic residues. Battelle Pacific N.W. Labs, BNWL-

SA-5053 vom 26. Juli 1974. Engineering Foundation Conference on „Methanol Fuel“, New England, College Henniker N. H., 7.–21. Juli 1974

Sheehan, R. G., (Dept. Lighting City of Seattle): Methanol from solide waste its local and national significance 1974, Foundation Conf. „Mėthanol as a alternative fuel“, Henniker N. H., 10. Juli 1974, 21 Seiten

Zeitschriften und Berichte

Hsu, Y. Y. (Nasa Cleveland Ohio): Clean fuels from biomass. NTIS Nr. 74-19 706/2 WE, *1974*, 23 Seiten

Chem. Eng. *81* (18), 55 (1974), 14. Oktober. Methanol from solid waste looks promising

Monks, R. A. G.: Maine Methanol. Collecting working papers on the production of synthetic fuel from wood. Office of Energy Resources State of Maine, vom 31. März 1975

Reed, T. B.: Biomass energy refineries for production of fuel and fertilizer 8th Cellulose Conf. TAPPI and SUNY syracuse, N. Y., 20.–22. Mai 1975

Hokanson, A. E., Katzen, R.: Chemicals from wood waste, Report for the U.S. Forest Products Laboratory, 24. Dezember 1975, NTIS PB-262.489

Chem. Eng. *82* (19), 75 (1975) vom 15. September. Chemicals from wood: a growing but knotty future

Inman, R. E., Alich J. A. jr.: Stanford Research Institute. An evaluation of the use of agriculture residues as an energy feedstock. NSF AER 74–18615 AO 3, Juli 1976

ERDA, EPA, DOA, FEA, Proceedings Conf. on Capturing the sun through bioconversion session on methanol production, 12. März 1976

Reed, T. B.: Net efficiencies of methanol production from gas, coal, waste or wood, Symposium of Net Energetics of Integrated synfuel systems 171th Natl Mfg. Am. Chem. Soc. Div. Fuel Chem., New York, Vol. *21* (2), Paper Nr. 16, 4.–6. April 1976.

Canad. Chem. Process *1977*, *61* (6), 40–42; C. A. *87*, 133 791b (1977). Methanol from wood looks promising

Hokanson, A. E., Katzen, R.: Chem. Eng. Progress (CEP) *1979*, Januar, S. 67–71. Chemicals from wood waste

European Chem. News *1978*, 15. Dezember, S. 22. Wood suggested as alternative chemical feedstock

Berry, R. I.: Chem. Engng. *1980*, 21. April, S. 73–76. An ancient fuel provides energy for modern times

Keller, J.: 1980 UHDE Symposium, Stockholm. Conceptual design of methanol plants based on coal, peat and wood

Kohan, St. M.: Chem. Week *1981*, Sept., S. 54–55, Proceedings alcohol fuels technology, Paper II–41 (1979), Publ. 1980, 1–2. Production of methanol from wood.

Eine eingehende Darstellung der Technologie und der Wirtschaftlichkeit der Produktion von Methanol auf Holzbasis. Vergleiche mit der Methanolsynthese auf Kohlebasis und auf Basis von Müll werden angestellt. Holz wird vorgetrocknet und etwa auf die Größe zermalen, wie sie für die Vergasung im Winkler-Generator vorgesehen ist und mit Sauerstoff und Wasserdampf bei 1 000 °C umgesetzt. Wegen des geringen Schwefelgehaltes wird das Gas mit dem Stretford-Prozeß entschwefelt. Die letzten Schwefelanteile werden bei 400 °C mit Zinkoxid entfernt. Anschließend werden CO_2 und Wasser entfernt.

Baron, G., Eichelsbacher, M., Hafke, C.: Erdöl und Kohle *34* (7), 288–295 (1981). Möglichkeiten der Umwandlung fester Brennstoffe – (Lurgi)

Holz ist der einzige regenerierbare feste Brennstoff. Bei ha-Erträgen von 10 t/Jahr könnte über den Weg der Vergasung Methanol zu konkurrenzfähigen Preisen hergestellt werden. Holz hat die höchsten H/C-Verhältnisse, einen hohen Wassergehalt, sehr geringe Anteile an S + N-Verbindungen und Asche, und ist ein idealer Brennstoff

Silke McQueen: Chem. Eng. *1982*, 29. Nov., S. 22–24. European congress reviews biomass plans

European Chem. News *1982*, 24. Mai, S. 22. UK wood gasification project under way

12 t Biomasse/Tag sollen in etwa 20 t Synthesegas, das für die Methanolsynthese bzw. für die Feuerung von Gasturbinen geeignet ist, überführt werden. Ein Zweistufenprozeß nach Wellmann Engineering mit Wirbelbett-Anordnung wird eingeführt.

Chem. Ing. Techn. *54* (11), A 776 (1982). Holzvergasung

Brown, J., Wellmann, J. H.: European Chem. News *38* (1033), S. 22 (1982)

Chem. Eng. *1982*, 22. März, S. 19. 2 französische Holzvergasungsprozesse machen ständige Fortschritte. Ein Prozeß erzeugt Medium BTU-Gas, ein Gas das etwa dem Synthesegas entspricht

Chem. Ing. Techn. *54* (11), A 776 (1982). Fließbett-Vergasung von 12 t Holz/Tag zu 20 t Synthesegas durch die Firma Brown und Wellmann Engineering, vgl. auch Europ. Chem. News *38* (1033), S. 22 (1982). Synthesegas für die Methanolherstellung

Mayur, R. VDI-Nachr. *38* (38), 25 (1984) vgl. CLB (Chemie für Labor und Betrieb) *36* (5), 234 (1985)

Black, J., Weedlock, J. C.: Hydrocarbon Processing *1982*, Juni, S. 89–92. Synfuels from biomass grow slowly.

Für die Methanolsynthese wird in Canada Sägemehl mit Sauerstoff und Wasserdampf in der Wirbelschicht bei 17 bar umgesetzt und ein Gas folgender Zusammensetzung erhalten: 45,2 % CO; 21,4 % H_2; 17,9 % CO_2; 14,8 % C_nH_m; 0,9 % N_2. Das Gas kann als Heizgas oder nach Konvertierung und Reinigung in eine Methanolsynthese eingesetzt werden. Eine 120 tato Demonstrationsanlage ist im Bau. Der thermische Wirkungsgrad wird mit 64 % angegeben.

Haggin, J.: Chem. Eng. News *1982*, 12. Juli, S. 24–25. Methanol from biomass draws closer to market

Die erste großtechnische Methanolsynthese mit etwa 900 tato (300 000 jato) soll in New England auf Basis von 3 500 tato Grünholzschnitzel gebaut werden. Die Vergasung soll nach dem Texaco-Hochdruck-Verfahren geschehen. Der thermische Wirkungsgrad wird mit etwa 55 % angegeben.

Chem. Eng. News *1982*, 22. März, S. 17. Oil equivalent to Nr. 6 fuel has been produced from wood chips

Die Universität of California in Lawrence Berkeley hat Chips von der Douglas Tanne bei 180 °C in 0,07 % Schwefelsäure in einen pumpbaren Slurry überführt, der dann bei 280 bar und 350 °C mit CO + H_2 10–30 Minuten behandelt wird. Bessere Resultate erhält man mit Wasserstoff, weil eine Konvertierung vermieden wird. Aus 1 t trockenen Woodchips (Holzschnitzel) erhält man so ein Barrel (~ 160 Liter) eines Öls, das als Heizöl verwendet werden kann.

Chem. Eng. *1982*, 22. März, S. 19. Two French wood gasification process are making steady headway

Chem. Eng. *1982*, 29. Nov., S. 9. Biomass-to-methanol gasifier moves toward the market place

Kaplan, L. J.: Chem. Eng. *1982*, 25. Januar, S. 45.
Der Autor ist der Meinung, daß Cellulose, Forstabfälle, Baumernten, Agrikulturabfälle, den höchsten Energiewirkungsgrad haben, wenn sie in Methanol überführt werden.

2.10. Römer R., Lauer H. (BASF): Chem. Ing. Techn. *1983*, Juli, S. 568–569, Wärmegewinnung aus der Klärschlammverbrennung in Kraftwerken
Es findet eine gemeinsame Verbrennung von Klärschlamm und Braunkohle statt.

Kastner, B.: Chem. Ing. Techn. *55* (5), 353–358 (1983). Entwicklung in der Technologie zur Herstellung von Brennstoffen aus kommunalen Abfällen. Herstellung von „BRAM" – *B*rennstoff *a*us *M*üll.

Labrecque, R. et al: Ind. Eng. Chem. Prod. Res. Dev. *1984*, *23*, 177–182. Supercritical gas extraction of wood with methanol

Chem. Ing. Techn. *55* (5), 415–416 (1983). Das Carbosed-Verfahren zur Nutzung der Verbrennungswärme von Klärschlamm (BASF)

Chem. Eng. News *1980* vom 25. Febr., S. 28. Coal biomass gasifier lab tests are a success.
New York City verbrennt täglich 7000 t Kohle, 5500 t Stadtmüll und 500 t trockenen Schlamm aus der Abwasser-Reinigung, zur Erzeugung elektrischer Energie.

2.11. Lepowski, L.: Chem. Eng. News 1977 vom 17. Oktober, S. 26–30. Carbon dioxide: A problem of producing usable data
Es wird das Problem des „green hause effects" angesprochen, der durch Erhöhung der CO_2-Konzentration in der Luft eintreten soll.

Wittwer, S.: New Scientist *85,* 317 (1980), vgl. auch Chemie für Labor und Betrieb *31,* 246 (1980). Bessere Ernten durch mehr CO_2
1860 waren in der Luft 290 ppm CO_2, die bis 1948 auf 335 ppm anstiegen. Von da an rechnet man mit einer jährlichen Steigerung um 1,5 ppm. Ein Anstieg von 335 auf 400 ppm müßte die Photosyntheserate um 20 % steigen lassen. Laut Jacoby: Technik für Bauern und Gärtner 1950, Heft 2, S. 71, kann man bereits bei Erhöhung der CO_2-Konzentration in der Luft von 0,033 % auf 1 % in mit CO_2 begasten Gewächshäusern die Ernteergebnisse auf das 3fache, bei Schmetterlingsblütlern sogar auf das 5 bis 6fache steigern.

Krieger, J. H.: Chem. Eng. News *1981*, 26. Jan., S. 34. Scientists grapple with CO_2 problem.

Anonym: Chem. Eng. News *1981*, 2. März, S. 26–27. Goals for atmospheric CO_2-research outlined

Meissner R. E.: Hydrocarbon Processing *1980*, April, S. 113–116. Die Reinigung von CO_2 verschiedener Herkunft

Krieger, J. H.: Chem. Eng. News *1983*, 30. Okt., S. 22–23. Study stresses flexibililty on CO_2/Climate issue

Nachr. Chem. Techn. Lab. *32* (4), 305 (1984). Das CO_2-Klima-Problem

Haldor Topsøe Inc's (Pasadena). New route to methanol (CDH-Prozeß)

Chem. Eng. *1980*, 11. Februar, S. 49 (Chementator).

Die Methanolsynthese aus Abgas-Kohlensäure und Wasserstoff aus Raffineriegasen oder aus der Alkali-Chlor-Industrie etc. wird bei einem Druck von 120 bar und 280 °C über einen werkseigenen Katalysator ausgeführt. Es entstehen extrem wenig Nebenprodukte. Für 1 t Methanol benötigt man 2 409 Nm^3 Kohlensäure (99 %), 937 kWh elektrische Energie, 192 m^3 Kühlwasser (30–40 °C) und 1 776 kg Dampf von 3 bar.

Denise, B., Sneeden, R. P. A.: Chemtech *1982*, S. 108–112. Hydrogenate CO_2

Woodwell, G. M., Pecan, E. V.: Carbon and the biosphere. Brookhaven National Lab. A.E.C., 24th Brookhaven Symposium in Biology Upton N.Y., 16.–18. Mai *1972*, Conf-720510

Holländer, J. M., Simmons, M.: Annual Review of Engergy, Vol. I, 1976, Annual Reviews Inc.

Williams, K. R., van Lookeren, N.: Am. Chem. Soc. Div. of Fuel Chem., 163 Natl. Meeting, Boston/Mass., 10.–14. April *1972*, 16 (4), 17–27 (1972). Synthetic fuels from atmospheric CO_2

In dieser Arbeit werden die Probleme erörtert, die bei der Synthese von flüssigen Brennstoffen auf Basis von atmosphärischem CO_2, Wasser und Kernenergie auftreten. Das bisherige Schema, nämlich die Kohlensäure aus Kalkstein durch Kalzinierung herzustellen und das Karbonat durch Bewitterung mit Luft CO_2 zu regenerieren, wird den Betrachtungen zugrunde gelegt. Es ergibt sich dabei, daß die Umwandlung von elektrischer in chemische Energie etwa 33 % beträgt. Die Kapitalinvestition für Methanol oder Benzin ist einigemale höher als in Raffinerien. Die fossilen Brennstoffe werden für lange Zeit die attraktiveren Kraftstoffe sein. Letztlich aber wird es unumgänglich sein, Kraftstoffe, und insbesondere organische Großprodukte, auf Basis von atmosphärischem CO_2 herzustellen.)

Gombery, H. J.: DOS 2.507.407 vom 18. Dezember 1975; C.A. *84*, 104973v (1976). Apparatus and method for preparing methanol

Kalziumkarbonat wird zu CaO + CO_2 pyrolysiert. Das CO_2 wird durch Bestrahlung in CO + $\frac{1}{2} O_2$ gespalten. Ein Teil des CO wird konvertiert und der Wasserstoff mit CO in Methanol überführt.

Steinberg, M., Beller, M., Powell, J. P.: A survey of of application of fusion power technology to the chemical and material processing industry. Brookhaven National Lab. Dept. Applied Science Informal Report BNL 18 866, Mai 1974, 96 Seiten

Die theoretische Energie, die nötig ist, um aus atmosphärischem CO_2 bei 1 bar, 100 % CO_2 zu isolieren, beträgt 448 kJ/kg bzw. 107 kcal/kg. Im Vergleich hierzu benötigt man für die Isolierung von 1 Mol Sauerstoff aus der Luft 3,8 kJ.

Steinberg, M., Dang, V. D.: Use of controlled thermonuclear reactor fusion power for the production of synthetic methanol fuel from air and water. Brookhaven National Lab. BNL 20016, April 1975

Martin, K.: Chem. Ing. Techn. *46* (23), 993 (1974). Absorption von CO_2 an Molekularsieben (Synopse)

An Molekularsieben 5 A, wurden Versuche mit 0,5–1,5 Vol.-% CO_2 in Luft ausgeführt.

Steinberg, M., Dang, V. D.: The production of synthetic methanol fuel using controlled thermonuclear fusion power air and water. Trans. Am. Nucl. Soc. Vol. *21,* 39–40, Am. Mtgs. 9.–13. Juni *1975*

Baron, S., Steinberg, M. (Brookhaven National Lab.): Economics of the production of liquid fuel and fertilizer by the fixation of atmospheric carbon and nitrogen using nuclear power

BNL-20273, Januar 1975 (21 Seiten), Conf. 250812-12, 10th Intersoc. Energy Conf., Eng. Conf. Newark Del., Paper Nr. 759126 vom 17. August 1975, S. 842–848

Steinberg, M.: A note on the significance of synthetic fuels and the role of nuclear energy as a source of supply. Brookhaven National Lab., Informal Report BNL 20398, 1975

Steinberg, M. Baron, S.: Synthetic carboneous fuel and feedstock using nuclear power air and water. Brookhaven National Lab., Nr. BNL 21011, Januar 1976. 1st. World Hydrogen Energy Conf., Miami Beach Fla. 1.–3. März *1976.*

Probald, F.: Termeszet *110* (5), 212–215 (1979), (Ungarisch) C.A. *91,* 143305t (1979). Carbon dioxide turnover of the atmosphere

Erdöl und Kohle *33* (10), 451 (1980). Vielseitige Einsatzmöglichkeiten von Kohlendioxid

Bei höheren Drücken ist CO_2 im Erdöl und dessen Fraktionen sehr gut löslich. Das Öl kann je nach Druck bis zu 50 % an Volumen zunehmen. Die Viscosität steigt dann bis um das Zehnfache an.

Govaarts, J. H., Schütte, C. W.: 8th World Energy Conference, Bukarest, 28. Juni – 2. Juli *1971*, Paper 3.3-187

Die ungefähren Kosten für eine Methanolanlage mit einer Kapazität von 16000 tato bzw. 5,3 Mio jato (333 Tage), auf Basis von CO_2 aus Kalkstein wurde für Preise von 1971 zu 90 $/t bzw. 36 ¢/Gallone berechnet. Für 1 t Produkt für die FT-Synthese wurde 45 ¢/Gallone (3,78 l) und für Benzin aus Rohöl 9 ¢/Gallone ausgerechnet. Der Wasserstoff stammte aus der Elektrolyse. Das Kapitalinvestment betrug 650 Mia $. Der thermische Wirkungsgrad errechnete sich zu 34 %.

Hydrocarbon Processing *1982*, Mai, S. 19. Fusion energy can produce hydrogen for synfuels say nuclear authority

Das Problem der Gewinnung von Kohlensäure aus der Atmosphäre spielt trotz der noch genügend vorhandenen fossilen Kohlenstoffquellen eine Rolle. Aus Wasserstoff auf Basis Kernenergie und Kohle wird man zukünftig Benzine, Gasöl, Heizöl, Düsenkraftstoffe und Methan herstellen können. Der Kohleverbrauch wird dabei relativ niedriger werden, weil der bisher für die Wasserstoffherstellung nötige Anteil wegfällt. Das geeignetste Verfahren wird die Hochtemperatur-Elektrolyse von Wasserdampf bei 1400 °C sein.

Steinberg, M.: Vortragsreferat der 182. Tagung der American Chemical Society vom 23.–28. August 1981, vgl. Erdöl und Kohle *35* (1), 39 (1982)

Literatur über Technologien zur Rückgewinnung und Lagerung von Kohlendioxid

Process Sciences Division Dept. of Energy and Environment, Brookhaven Natl. Lab. Upton, New York 11973

Jährlich werden auf der Erde $5 \cdot 10^9$ t Kohlenstoff als CO_2 emittiert. Man erwartet, daß die CO_2-Konzentration in den kommenden 100 Jahren auf Werte ansteigt, die 2–5mal höher liegen als zu Beginn des industriellen Zeitalters. Als Folge könnte eine Erwärmung der Atmosphäre durch Absorption von reflektierten IR-Strahlungen auftreten. Mehrere Fälle der CO_2-Gewinnung aus Kraftwerksgasen mit Abfuhr in tiefe Meeresschichten werden näher durchgerechnet.

Machta, L.: Erdöl und Kohle *35* (1), 38 (1982). CO_2 und der Kohlenstoff-Zyklus: Aspekte der Atmosphäre

Marland, G., Rotty, R. M.: Erdöl und Kohle *35* (1), 38 (1982), Zukünftige Emissionen aus der Verwendung fossiler Brennstoffe: Auswirkungen auf den CO_2-Gehalt der Atmosphäre

Kaplan, L. J.: Chem. Eng. *1982*, 29. Nov., S. 30–33. Cost-saving process recovers CO_2 from power plant fluegas

CHIMIA *37* (4), 141 (1983)
Ein Referat über einen Vortrag von Prof. H. Oeschger über die Temperaturzunahme auf der Erde durch Steigerung der CO_2-Konzentration in der Luft und eine Stellungnahme eines Wirtschaftlers zu diesen Problemen. Die Reduktion des Öl- und Kohlekonsums wäre die Lösung, die aber nicht durchsetzbar ist.

Allgemeine Literatur zur Kohlevergasung

2.12. Staege, H.: Chem. Eng. *86* (19), 106 [1979] vom 10. September. Neue Kohlevergaser mit doppeltem Durchsatz

Baker, C. R. (Linde): Hydrocarbon Processing *1981* Juli, S. 75–80. Low purity O_2 saves energy in coal conversion

Mac Nab, J. A.: Chem. Eng. Progress (CEP) *71* (11), 51–58 [1975]. Design and materials requirement for coal gasification

Schilling, H., D., Bonn, B., Kraus, U.: Kohlenvergasung, eine Basisstudie über bestehende Verfahren und neue Entwicklungen. Herausgeber: W. Peters, Rohstoffwirtschaft International, Bd. 4, Verlag Glückauf GmbH, Essen 1979

Jüntgen, H. van Heek, K. H.: Kohlevergasung, Grundlagen und technische Anwendung, Verlag Karl Thiemig 1981, München

von Gratkowski, H. W.: Erdöl und Kohle, Erdgas-Petrochemie 1974 „Compendium", Bd. I, S. 238, Stand und technische Möglichkeiten der Kohlevergasung

Franke, F. H.: Chem. Ing. Techn. *50* (12), 917 [1978]. Zum Stand der Kohlevergasung

Jüntgen, H., van Heek K. H., Klein, J. (Bergbau-Forschung): Chem. Ing. Techn. *46* (22), 937–943 [1974]. Vergasung von Kohlen mit Kernreaktorwärme

Hydrocarbon Processing *1982*, März, S. 97–102, Autothermal coal gasification

Process Engineering *1982* März, 27–31. Coal gasification poised for comeback

CEP *1982* April, 55–63. The Westinghouse gasification process (fluidized bed)

Cornils, B., Konkol, K., Ruprecht, P., Langhoff, J., Durrfeld, R.: Erdöl und Kohle *35* (6), 304–309 [1982]. Kohlevergasungsverfahren der „Zweiten Generation"

Goeke, E., Schmidt-Traub, H.: Chem. Ind. *34* (6), 401–405 [1982] (Krupp-Koppers). Einflußgrößen für die Wirtschaftlichkeit von Kohlevergasungsanlagen

Sternberg, V. I. et al.: Angew. Chem. *94* (8), 647 [1982]. H_2S als Promotor für die CO-Konvertierung

Theis, K. A., Nitschke, E.: Hydrocarbon Processing *1982*, Sept., 233–237 [1982]. Make syngas from lignite

Oil Gas Journal *1982* vom 8. Nov., S. 131.
Eine Anlage in Panama soll 1990 aus hoch schwefelhaltiger US Midcontinent Kohle 4 Mio t Methanol produzieren. Kohlebedarf 6,6 Mio t.

Energiepolitik in Nordrhein-Westfalen, Bd. 12, Kohledruckvergasung, vgl. Chem. Ing. Techn. *54* (11), A 776 [1982]

Shoou-i Wang: Oil Gas Journal *1982* vom 1. Nov., S. 55–62. Careful design consideration can optimize H_2/CO production (Air Prod. and Chem. Inc.)

Schwartz, C. W. Rath, L. K., Freier, M. D.: CEP *1982*, April, S. 55–63. Der Westinghouse-Vergasungsprozess

Conn, A. L.: CEP *1981*, Mai, S. 11. Conversion of coal to oil and gas

Europ. Chem. News *1981*, 25. Mai, S. 14–17. Optimistic view of syngas chemistry given at Platt's conference

Speich, P.: Hydrocarbon Processing *1981*, Juli, S. 171. Lignite process planned in Germany

Peters, W., Schilling, H. D.: Chemie Technik *9* (3), 105–114 [1980]. Technische und wirtschaftliche Perspektiven der Kohleveredlung und Verwendung

Erdöl und Kohle *33* (1), 1 [1980]. Shell-Koppers Versuchsanlage zur Kohlevergasung

Meller, E.: Erdöl und Kohle *33* (9), 441–444 [1980]. Die Renaissance der Kohle

Tippmer, K.: Erdöl und Kohle *32* (6), 263–269 [1979]. Synthesegas durch autotherme partielle Oxidation von Kohlen und Rückstandsölen

Verma, A.: Chemtech 1978, Juni, S. 372–381, Oktober, S. 626–638, I. und II. Mitteilung. From coal to gas

Literaturzusammenstellung über die Kohlevergasungsprozesse die nicht einzeln behandelt wurden

2.13. Das KGN (*K*ohle-*G*as-*N*ordrhein GmbH)-Verfahren.

Dorstewitz, U., Kaiman, W.: Vortrag im Haus der Technik, Essen am 27. November 1981, 24 Seiten. Stand der drucklosen KGN-Kohlevergasung

Schwartz, C. W., Rath, L. K., Freier, M. D.: CEP (Chem. Eng. Progress) *1982*, April, S. 55–63. The Westinghouse Gasification Process

Torster, K., Margolis, R. L., Kuhn, A.: CEER (Chem. Econ. Eng. Rev.) *1982*, März, S. 7–11. Implementing Americas First Commercial Synfuel Project (Lummus) (The great plaines coal gasification project)

Firmenschrift: Das Saarberg–Dr. C. Otto Druckvergasungsverfahren von Kohle

Okamura, S. et al. (Sumitomo): CEER (Chem. Econ. Eng. Rev.) *1983*, Sept., S. 26–31. Coal Gasification Using Molten Iron Bath

Kohl, A. L. et al.: CEP (Chem. Engng. Progress) *1978*, August, S. 73–79. The Molten Salt Coal Gasification Process

Teggers, H. Jüntgen, H.: Stand der Kohlevergasung zur Erzeugung von Brenngas

und Synthesegas. Vortrag anläßlich des 50jährigen Jubiläums der Deutschen Gesellschaft für Mineralölwissenschaften und Kohlechemie am 25. November 1983
(19 Vergasungsverfahren werden besprochen)

vgl. Erdöl und Kohle *37* (4), 163–174 (1984)

Chem. Ing. Techn. *53* (11), A-684 (1981). Neue Kohlevergasungstechnologie. KHD-Humboldt Wedag AG

Chem. Eng. News 1983 vom 24. Oktober, S. 26–27. Exxon Catalytic Coal Gasification process at Precommercial Stage

Eickhoff, H. G., Kugeler, K.: Erdöl und Kohle *28* (8), 375–379 (1975). Kohlenwasserstoff-Synthese unter Einsatz von Kohle und nuklearer Prozeßwärme. Erdöl und Kohle, Ergänzungsband, Compendium 80/81, S. 177.

Kirchhoff, R. et al. (Bergbauforschung). Betrieb einer halbtechnischen Versuchsanlage zur allothermen Druckvergasung von Kohle mit Wasserdampf

Burwell, E. L.: CEP (Chem. Eng. Progress) *1984*, Februar, S. 35–38. Potential of Underground Coal Gasification

Haggin, J.: Chem. Eng. News *1983*, von 18. Juli, S. 15–18. Key Tests Set for Underground Coal Gasification

2.14. Hiller, H.: Erdöl und Kohle, Compendium, Bd. I, S. 268, 1974/75, Einsatzmöglichkeiten und Entwicklungstendenzen der Lurgi-Druckvergasung in der sich wandelnden Energiesituation

Erdöl und Kohle *32* (12), 539–540 [1979]. Kohledruckvergasungs-Versuchsanlage „Ruhr 100“

Chemie-Technik *11* (7), 810 [1982]. „Ruhr 100“ 3 Jahre in Betrieb. Druck 95 bar (Gemeinschaftsarbeit Ruhrgas, Ruhrkohle und Steag in Dorsten)

Chem. Ing. Techn. *54* (11), A 796 [1982].
Lurgi Gaserzeuger mit 5 m Durchmesser. Typ Mark V für Sasol, 28 bar, 68–75 t, hoch aschehaltige Kohle. Stündliche Rohgaserzeugung 90 000–100 000 m^3 Rohgasreinigung: Rectisolanlage. Die tägliche Erzeugung aus diesem Vergaser ist äquivalent mit 500 t VK bzw. 500 t DK und dazu 1 000 t NH_3

King, W. E. H.: Fuel *60*, 803 [1981]. BGC-Lurgi-Prozeß der Kohlevergasung

Pleyer, H. Röbke, G.: Chemie Technik *9*, 8 (1980). Versuchsanlage Ruhr 100 zur Weiterentwicklung der Lurgi-Druck-Vergasung von Steinkohlen

Tart, K. R., Rampling, H. W. A.: Hydrocarbon Processing *1981*, April, S. 114–118. Methanation key to SNG success
In diesem Artikel ist die Vergasung im Schlackengenerator des BGC-Lurgi-Verfahrens (HCM-Verfahren) beschrieben.

Schad, M.K., Hafke, C.: Chem. Eng. Progress (CEP) *1983*, Mai, S. 45–51. Recent developments in coal gasification
Die Arbeit gibt einen Überblick über die Bemühungen der Lurgi-Kohle und Mineralöltechnik GmbH, Frankfurt, die Vergaserkapazitäten anzuheben und alle Arten von Kohlen als Ausgangsmaterialien zu verwenden.

Schäfer, W. et al.: Erdöl und Kohle *36* (12), 557–562 (1983). „Ruhr 100“-Neue Ergebnisse von der Weiterentwicklung der Lurgi-Druckvergasung

Erdöl-Erdgas-Zeitschrift *99* (11), 352 (1983). Versuche mit „Ruhr 100“ beendet.
Aus 23 065 t Kohle wurden 30 Mio m^3 Konvertgas hergestellt.

Stölt, E., Schaub, G., Hafke, C.: Erdöl und Kohle *37* (1), 19–23 (1984). Technikumsapparatur zur Charakterisierung von Kohlen für den Einsatz in die Lurgi-Festbett-Druckvergasung.

2.15. Supp, E., Bierbach, H. (Lurgi): Oil Gas Journal *1980* vom 16. Juni, S. 73–81. Methanol form coal uses proven steps

Huibers, D. T. A.: Chem. Eng. News *1981* vom 30. November, S. 32–34. Process utilizes coal-derived alkyphenols

Serrurier, R.: Hydrocarbon Processing *55* (9), 253–257 [1976]. Prospect for marketing coal gasification byproducts

Rao, K. V., Skeist, I.: Oil Gas Journal *1976* vom 2. Febr., S. 90–94. Coal derived chemicals could open new frontiers

2.16. Theis, K. A., Nitschke, E.: Hydrocarbon Processing *1982*, September, S. 233–237. Make syngas from lignite

Teggers, H., Theis, K.: Gwf-Gas/Erdgas *123* (7), 297–302 (1982). Kohlevergasung bei Rheinbraun: Hochtemperatur-Winkler (HTW) und hydrierende Kohlevergasung (HKV)

Theis, K. A., Femmer, U.: Braunkohle *1982*, Heft 4 (April), S. 120–124. Die HTW-Demonstrationsanlage: Synthesegas aus Braunkohle für die Chemie

Theis, K. A., Nitschke, E.: Present status of the Rheinbraun: High-Temperatur-Winkler (HTW) Gasification Process. Executive Coal Gas Conference Europe, Amsterdam 19.–21. Oktober *1982*

Teggers, H., Theis, K. A., Tönnesmann, A., Fabianek G.: Chemie Technik *11* (2), 93–98 (1982). Gegenwärtiger Entwicklungsstand des Rheinbraun-Hochtemperatur-Winkler-Verfahrens

Böcker, D., Scharf, H.-J., Nitschke, E.: Methanol aus Braunkohle. Vortragstagung Essen, Haus der Technik, *1983*, 11. November

Chem. Tech. (DDR) *34* (11), 598 (1982). BRD-Konzern plant größten Braunkohlebergbau der westlichen Welt

Es handelt sich um Hambach I mit 25 km^2 mit 2,5 Mia t hochwertiger Braunkohle. Abraum 15 Mia t. Jährliche Fördermenge 50 Mio t.

Erdöl und Kohle *35* (2), 99 (1982). DDR forciert Braunkohleförderung

Zur Zeit werden 262 Mio t Braunkohle gefördert, 1985 290 Mio t und 1990 300 Mio t. 32 Tagebau-Anlagen arbeiten, weitere 50 sollen folgen. Dann Primärenergieverbrauch zu 2/3 gedeckt. Erdöl nur als Chemierohstoff.

Glass, E. C., Freeman, A. L., Wentworth, T. O.: Ind. Eng. Chem. Prod. Res. Dev. *18* (4), 288–291 (1979). Methanol derivation from North Dakota lignite and use as a fuel. 10th Biennial Lignite Symposium, W. R. Kube, Grand Forkes, North Dakota, Mai *1979*.

Erdöl und Kohle *35* (4), 199 (1982). Australien: Kohleveredlung mit deutscher Beteiligung

Australien soll nach neuesten Zahlen über 230 Mia t Steinkohlen- und 150 Mia t Braunkohlenreserven besitzen, wobei der größte Teil leicht abbaubar sei.

Theis, K. A., Nitschke, E.: Executive Coal Gas Conference Europe 82, Amsterdam, 19.–21. Oktober *1982*. Present status of the Rheinbraun High-Temperature-Winkler (HTW)-gasification process

Speich, P., Teggers, H.: Erdöl und Kohle *36* (8), 376–381 (1983). Brown coal conversion to solid gaseous and liquid products

Retschke, W., Hildebrand, E.: gwf-gas/Erdgas *125* (8), 342 (1984), Energietechn. *33* (4), 123–126 (1983). Braunkohle, wichtiger Energieträger in Gegenwart und Zukunft

Es wird über Probleme in der DDR berichtet, Braunkohleförderung, Braunkohleverwertung

Adlhoch, W., Schrader, L., Schumacher, I.: Chem. Ing. Techn. *56* (1), 79 (1984). Theoretische Grundlagen und Ergebnisse des Versuchsbetriebes bei der Entwicklung des Hochtemperatur-Winkler-Verfahrens, vgl. hierzu Chem. Ing. Techn. *55* (5), 415 (1983)

Franke, F. H.: Chem. Ing. Techn. *50* (12) 917–923 (1978)
Zum Stand der Kohlevergasung

2.17. Staege, H.: Glückauf *114* (8), 344–349 (1978). Das Koppers-Totzek-Verfahren in der Kohlechemie

Michaels, H.J., Leonard, H.F.: CEP (Chem. Eng. Progress) *1978*, Aug., S.85–91. Hydrogen production via KT-gasification

Linke, A., Vogt, E.V.: Chem. Ing. Techn. *52* (9), 742–745 (1980). Die Druckvergasung von Kohle im Flugstrom (entrained bed) nach Shell-Koppers

Staege, H.: Hydrocarbon Processing *1982*, S. 92–96. Entrained-bed-gasification

Schmidt-Traub, H., Pohl, Ch.: Chem. Ing. Techn. *55* (11), 850–855 (1983). Entwicklung zur Flugstromvergasung nach dem Koppers-Totzek- und dem Prenflo-Verfahren.

Mit dem unter Druck arbeitenden Prenflo KT-Verfahren können auch reaktionsträgere Kohlen verarbeitet werden.

Staege, H.: Methanolsynthesegas aus Kohle mit dem Koppers-Totzek-Flugstrom-Verfahren. Vortrag im Haus der Technik, Essen am 3. Nov. 1983

Staege, H. Die chemische Produktion *1983,* Oktober, S. 8–14. Kohleveredlung durch Kohlevergasung

Subklew, G., Franke, F. H.: RWTH-Themen 3/79, Aachen *1979.* Die Kohle hat wieder Zukunft

Staege, H.: Hydrocarbon Processing *1982* März, S.92. Entrainedbed-gasification

Staege, H.: Chemie Technik *9* (3), 129 [1980]. Energiesysteme bei der Anwendung der Flugstrom-Vergasung von Kohle

Erdöl und Kohle *35* (12), 549 [1982]. Koppers-Totzek-Anlage für das USA Staatsunternehmen Tennessee Vally-Authority.

8 Koppers-4-Kopf-Vergaser und dann nochmals 8 Koppers-Anlagen gleichen Typs. 16 Vergaser verarbeiten 10000 tato schwefelreiche Illionois-6-Kohle oder solche aus Kentucky oder Alabama. Erzeugung 20 Mio m^3 Rohgas und 14,6 Mio m^3 pro Tag Synthesegas als Heizgas (Medium BTU) bzw. für die Methanolsynthese

2.18. Europa-Chemie *1983* (1/2), S. 12. Hochwertiges Synthesegas durch Eisenbad

Chemie-Technik *1983,* Januar, S. 8. Kohlevergasung im Eisenbad

Henrich. G. et al.: Chemie-Technik *1984,* Oktober, S. 45–53. Grundlagen der Kohlevergasung im Eisenbad
Vergleiche auch Okamura et al. [2.13]

2.19. Rudolph. H.: CEER (Chem. Econ. Eng. Rev.) *1977,* Dezember, S.13–21. The art coal gasification

Klusmann, A.: Erdöl-Erdgas-Zeitschrift *1980*, Dezember, S.428–435. Vergasung und Verflüssigung von Steinkohle

Flesch, W.: Erdöl und Kohle *33* (10), 467–475 (1980). 50 Jahre Sauerstoff-Vergasung

Teggers, H., Jüntgen, H.: Erdöl und Kohle *37* (4), 163–173 (1984). Stand der Kohlevergasung zur Erzeugung von Brenngas und Synthesegas
Behandelt werden praktisch alle Kohlevergasungsverfahren

Cornils, B. et al: CEER (Chem. Econ. Eng. Rev.) *1980*, Juni/Juli, S. 7–11. Raw materials and energy from coal gasification: Ruhrchemie/Ruhrkohle demonstration plant based on Texas coal gasification process

Cornils, B. et al.: Chem. Ing. Techn. *52* (1), 12–19 (1980). Stand der Texaco-Kohlenvergasung in der Ruhrchemie/Ruhrkohle-Variante

Ruprecht, P. et al.: Erdöl und Kohle, Ergänzungsband, Compendium 80/81, S. 167–168. Die Texaco-Kohlevergasung in der technischen Version der Ruhrchemie/Ruhrkohle

Cornils, B. et al.: Erdöl und Kohle *35* (6), 304–309 (1982). Kohlevergasungsverfahren der zweiten Generation

Eisenlohr, K. H., Gaensslen, H.: Erdöl und Kohle *33* (5) 201–207 (1980). Motorkraftstoffe aus Kohle

Cornils, B., Ruprecht, P. et al.: Chem. Technik *9* (3) 115 (1980)

3 Die Methanolsynthese

Methanol kann als höchstkomprimiertes Synthesegas betrachtet werden. Bei seiner Herstellung aus Kohlenoxid-Wasserstoffgemischen, die nur abläuft, wenn gewisse Mengen CO_2 anwesend sind, kann man folgende Reaktionen formulieren:

1. Die stark exotherme Methanolsynthese auf Basis CO/H_2

   $CO + 2\,H_2 \rightleftarrows CH_3OH$
   $\Delta H^0 = -92$ kJ/Mol (−21,8 kcal/Mol).

2. Die etwa nur halb so exotherme Methanolsynthese auf Basis CO_2/H_2

   $CO_2 + 3\,H_2 \rightleftarrows CH_3OH + H_2O$
   $\Delta H^0 = -50$ kJ/Mol (−12 kcal/Mol).

3. Die in Anwesenheit von CO_2 erfolgende endotherme Rekonvertierungsreaktion

   $CO_2 + H_2 \rightleftarrows CO + H_2O$
   $\Delta H^0 = +42$ kJ/Mol (+10 kcal/Mol).

Die Reaktionen *2* und *3* führen aus stöchiometrischen Gründen zur Wasserbildung, aber auch die Reaktion *1* ist durch Nebenreaktionen mit einer Wasserbildung verbunden. Es ist schon lange bekannt, daß man die Wasserbildung bei Reaktion *1* ganz niedrig halten kann, wenn man den CO_2-Gehalt im Synthesegas klein hält (vgl. S. 128). Auf 1 kg Methanol gerechnet, werden bei der Reaktion *1* 680 kcal (2 870 kJ) Wärme frei. Reaktion *2* liefert pro kg Methanol 375 kcal (1 570 kJ) Wärme.

An Nebenreaktionen können eine Anzahl sehr exothermer Umsetzungen ablaufen:

1. Die Methanbildung, eine Reaktion, die für die technische Herstellung von SNG eine besondere Rolle spielt, die aber einen völlig anderen Katalysator benötigt, wenn sie zur Hauptreaktion werden soll:

   $CO + 3\,H_2 \rightleftarrows CH_4 + H_2O$
   $\Delta H^0 = -205$ kJ/Mol (−49 kcal/Mol).

2. Die Boudouard-Reaktion:

   $C + CO_2 \rightleftarrows 2\,CO$
   $\Delta H^0 = -172$ kJ/Mol (−41,2 kcal/Mol).

3. Die Fischer-Tropsch-Reaktion, die eigentlich auch einen völlig anderen Katalysator benötigt:

   $CO + 2\,H_2 \rightleftarrows -CH_2- + H_2O$
   $\Delta H^0 = -165$ kJ/Mol (−39,4 kcal/Mol).

   In genügendem Umfang kann diese Umsetzung auch unter Bedingungen stattfinden, wie sie für die Herstellung von Fuel-Methanol (Synthese von Methanol gemeinsam mit höheren Alkoholen bis C_6) eingehalten werden.

4. Weitere Nebenreaktionen führen zur Bildung von Dimethylether, Methylformiat, Ethanol etc., in einem Ausmaß von insgesamt etwa 2 000 ppm.

Wie auf allen Gebieten der Methanolsynthese, werden auch auf dem Katalysatorgebiet dauernd Fortschritte gemacht. Der neueste Katalysator der BASF, S-3-85, führt nicht nur zu einer höheren RZA (Raum-Zeit-Ausbeute), sondern auch zu einem reineren Rohmethanol. Die Tabelle 3.1 zeigt, daß die Menge der Gesamt-Nebenprodukte von 2 000 auf etwa 700 ppm erniedrigt wird.

Tabelle 3.1. Zusammensetzung des Rohmethanols, das im technischen Maßstab mit dem Katalysator S-3-85 von der BASF produziert wird (nach Bröcker u. Gründler [3.13])

Zusammensetzung des Rohmethanols	
Methanol	81,69 Gew.-%
Wasser	18,24 Gew.-%
Dimethylether	114 ppm
Methylformiat	133 ppm
Ethanol	190 ppm
n-Propanol	45 ppm
i-Butanol	25 ppm
unbekannte Verbindungen	200 pm
Verunreinigungen	0,07 Gew.-%
Gesamtsumme	100,0 Gew.-%

Das Rohmethanol enthält außer 18,24 % Wasser nur noch insgesamt 700 ppm andere organische Verbindungen.

Die wichtigsten Daten für Methanol sind in den folgenden Tabellen 3.2 und 3.3 zusammengefaßt. Die allgemeinen Anforderungen an Reinmethanol sind in Tabelle 3.4 angegeben, und Tabelle 3.5 gibt Auskunft über die wichtigsten physikalischen Eigenschaften von Dimethylether.

Tabelle 3.2. Technisch wichtige Daten für Methanol

Siedepunkt/760 mm	64,5 °C	
Schmelzpunkt	− 97,88 °C	
Dichte D_4^0	0,810 g/cm³	
Dichte D_{20}	0,792 g/cm³	
Dichte D_{25}	0,7868 g/cm³	
Dichte D_{45}	0,767 g/cm³	
Brechungsindex n_D^{20}	1,3285	
Heizwert (25 °C)	5 420 kcal/kg	(22 693 kJ/kg)
	173,6 kcal/Mol	(726,9 kJ/Mol)
Verdampfungswärme 20 °C	9,2 kcal/Mol	(38,2 kJ/Mol)
	286 kcal/kg	(1 197 kJ/kg)
Flammpunkt, offener Tiegel	15,6 °C	
Zündpunkt	470 °C	
Explosionsgrenzen in Luft	6,72–36,5 Vol.-%	
Molmasse ($CH_2 \cdot H_2O$)	32,0 g/Mol	
Kohlenstoffgehalt	37,5 %	
Wasserstoffgehalt	12,5 %	
Sauerstoffgehalt	50,0 %	

1 kg Methanol liefert 437,5 g —CH_2— und 562,5 g H_2O

Tabelle 3.3. Daten und Spezifikation von reinem Methanol, als Rohstoff für die Chemie (Menrad u. König [4.1])

Methanol ist eine wasserhelle Flüssigkeit mit charakteristischem Geruch.

Molekulargewicht			32,04	
Verdunstungszahl (Ether = 1)			6,3	
Schmelzpunkt	°C		−98	
Flammpunkt	°C		11	DIN 51 755
Zündtemperatur	°C		455	DIN 51 794
Brechungsindex n_0^{20}			1,3290	
MAK-Wert	ppm		200	
	mg/m³		260	
Gefahrenklasse			B	
Methanolgehalt	Gew.-%		99,9	gaschromatographisch
Dichte bei 20 °C	kg/l		0,792	ASTM-D-941/DIN 51 757
Wassergehalt	Gew.-%	max	0,05	ASTM-D-1364
Siedepunkt bei 1 013 mbar	°C	64,5		ASTM-D-1078
Siedeintervall	°C	max	0,5	ASTM-D-1078
Säuregehalt (als Essigsäure)	%	max	0,005	ASTM-D-1613
Abdampfrückstand	mg/l	max	10	ASTM-D-1353
Permanganatzahl	Min.	min	60	ASTM-D-1363
Acetonzahl	Gew.-%	max	0,001	gaschromatographisch
Eisen, flüchtig	mg/l	max	0,02	photometrisch
H_2SO_4-Test	APHA	max	50	Federal Specification
Geruch	charakteristisch, milde			
Farbe	APHA	5		

Tabelle 3.4. Allgemeine Anforderungen an Reinmethanol (Menrad u. König [4.1])

Reinheit	min 99,8 Gew.-%
Permanganattest	min 30 Minuten
Farbe	max 5 (APHA)
Gehalt an Äthanol	max 0,002 Gew.-%
Aceton	max 0,001 Gew.-%
Ketone und Aldehyde gesamt	max 0,003 Gew.-%
Chlor	max 2 ppm
Schwefel	max 2 ppm
Eisencarbonyl	max 1 γ/l
Carbonsäuren (ber. als Essigsäure)	max 0,005 Gew.-%
Basen (ber. als Ammoniak)	max 0,003 Gew.-%
Nichtflüchtiges	max 0,001 Gew.-%
Wasser	max 0,1 Gew.-%

Tabelle 3.5. Physikalische Daten von Dimethylether

Molgewicht	46,1
Siedepunkt 760 mm °C	−24,9
Schmelzpunkt °C	−141
Löslichkeit in Wasser bei 18 °C	3 700 cm^3 (3,7 Liter in 100 g Wasser)
Zündpunkt °C	190
Explosionsgrenzen Vol.-%	2,0–27
Spez. Gewicht (flüssig)	0,661
Druck	55 kp/cm^2
Kritische Temperatur °C	127
Litergewicht im Gaszustand (°C, 760 mm)	2,11 g

3.1 Die Lurgi-Methanolsynthese [3.1]

Die erste Katalysatorgeneration bestand aus einem Gemisch von Zinkoxid-Chromoxid im Molverhältnis etwa 70:30. Vor der Reaktion wurde der Katalysator vorsichtig mit Wasserstoff reduziert. Solche Kontakte sind nicht sehr reaktiv, benötigen eine Reaktionstemperatur von 360–380 °C und wegen der Gleichgewichtsreaktion hohen Druck von 250–300 bar. Sie sind nicht sehr schwefelempfindlich. Das technische Synthesegas enthält vorteilhaft einen kleinen Überschuß an Wasserstoff und besteht aus einem CO/H_2-Gemisch 1:2,2. Es muß einige Prozente CO_2 enthalten, da sonst die Synthese nicht abläuft. Der Katalysator muß völlig frei von Alkali sein, sonst bilden sich höhere Alkohole als Nebenprodukte. Die Synthesetemperatur darf die angegebenen Werte nicht wesentlich übersteigen, weil sonst durch Rekristallisationserscheinungen im Katalysator (Spinell-Bildung) Aktivitätsverluste auftreten. Die Temperaturhaltung wurde durch Kaltgaszufuhr an verschiedenen Stellen

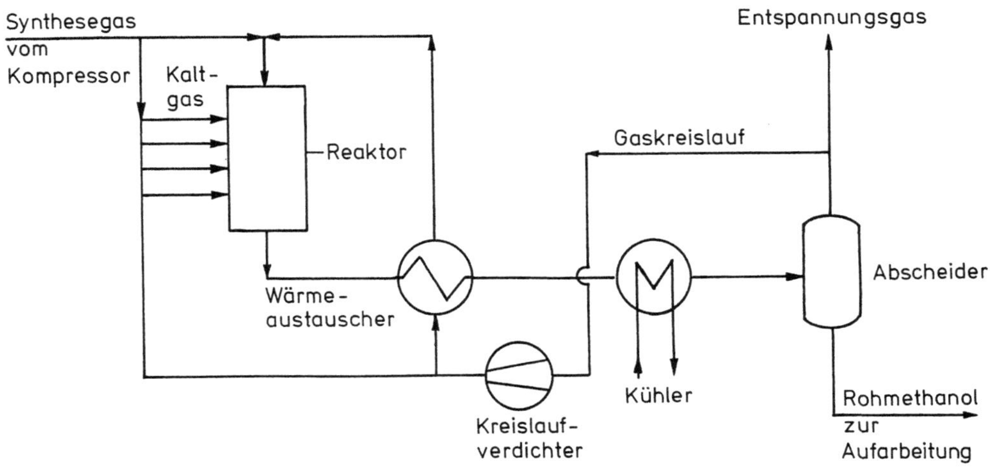

Abb. 3.1. Prinzipschema der Methanol-Synthese

des Katalysatorbettes bewerkstelligt und Abb. 3.1 zeigt das Prinzipschema der früheren Arbeitsweise.

Der Gasumsatz bei einmaligem Durchgang durch den Ofen betrug 5,5–6,0 % und das Verhältnis von Frischgas:Kreislaufgas in etwa 1:8–10. Ein Teil des Kreislaufgases wird als Entspannungsgas ständig ausgeschieden (Purgegas), um den Inertenspiegel auf etwa 15 % zu halten, was aber mit Verlust an CO/H_2-Gemisch verbunden ist. Man kann dieses Gas, das besonders bei Anwendung der Kohlevergasung nach dem Lurgi-Prozeß stark methanhaltig ist, entweder völlig methanisieren und nach außerhalb als Heizgas abgeben, wodurch die Wirtschaftlichkeit der Methanolproduktion verbessert wird, man kann aber auch das Purgegas in eine besondere Synthesegasherstellung eingeben und so rezirkulieren. Ein anderer Teil kann, wenn nötig, in der eigenen Anlage für Heizzwecke eingesetzt werden. Dann wäre das Rauchgas schwefelfrei. Das Prinzip zeigt Abb. 3.2.

Tabelle 3.6. Typische Gasezusammensetzung in Vol.-% eines Methanolsynthesegases, eines Purgegases und des daraus hergestellten SNG (Lurgi)

Komponenten	Rohgas	Reingas	Purge-Gas zur Methanisation	SNG
CO_2	29,7	3,3	4,4	1,5
CO	18,9	22,9	5,6	0,0
H_2	39,1	57,3	33,4	1,8
CH_4	11,3	15,6	54,8	94,8
Inerte	1,0	1,0	1,8	1,9
Druck (bar)	30,6	15	76	74
Temperatur °C	375	15	45	30

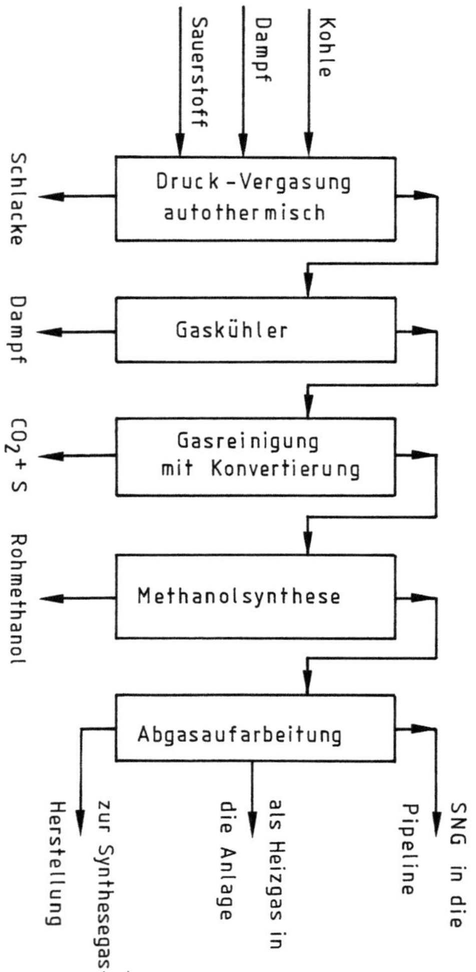

Abb. 3.2. Aufarbeitungsmöglichkeiten des Purgegases einer Methanolsynthese

Tabelle 3.6 gibt die Zusammensetzung von Purgegas und dessen Methanisierungsprodukt an. Abbildung 3.3 zeigt die Verbesserung des Wirkungsgrades in einem Schema an.

Es war schon bekannt, daß kupferhaltige Methanolkatalysatoren wesentlich aktiver sind und bei deutlich milderen Temperaturen und deshalb auch milderen Druckbedingungen arbeiten. Sie kamen aber wegen ihrer großen Schwefelempfindlichkeit und der seinerzeit nicht ausreichend leistungsfähigen technischen Entschwefelung nicht zum Zuge. Solche Katalysatoren wurden dann insbesondere durch die ICI und Lurgi weiter entwickelt (z. B. CuO-ZnO-Al_2O_3-Kontakte) und konnten nun mit einem Synthesegas betrieben werden, dessen Schwefelgehalt auch im technischen Maßstab durch den Rec-

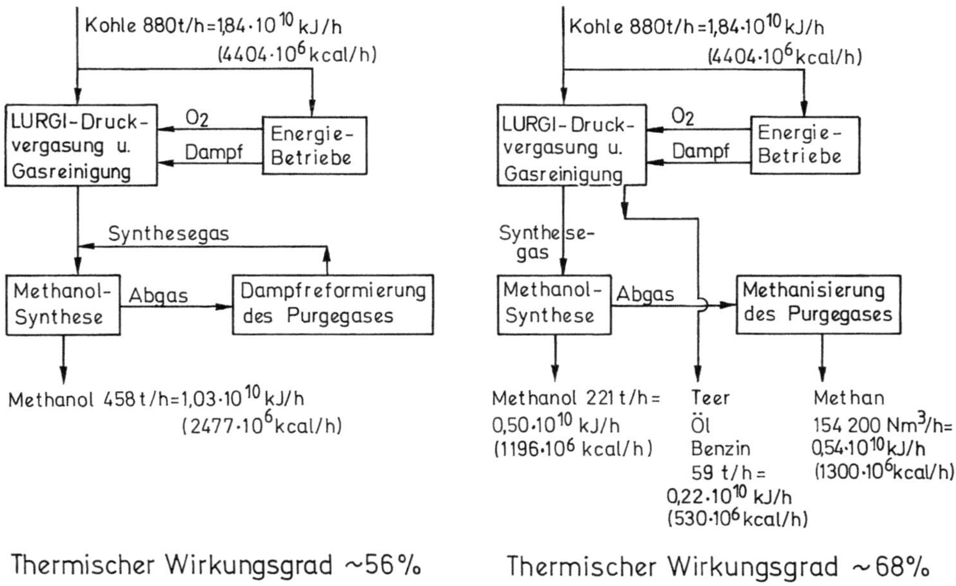

Abb. 3.3. Verbesserung des thermischen Wirkungsgrades bei der Methanolsynthese durch Einkoppelung der Vergasungsnebenprodukte und von Methan aus Purgegas (Lurgi)

tisolprozeß auf unter 0,1 ppm herabgesetzt wurde. Man konnte dann bei 50 bar und etwa 250 °C produzieren. Die sogen. Niederdruck-Methanol-Synthese sollte Niedertemperatursynthese heißen, weil erst dadurch auch der niedrige Arbeitsdruck ermöglicht wird (vgl. die Gleichgewichtsverhältnisse).

Das Kupfer liegt im Katalysator als Metall vor und die Tamann-Temperatur, bei der eine beginnende Beweglichkeit im Kristallgitter festgestellt werden kann, liegt bei 190 °C; oberhalb 270 °C beginnt eine schnelle Rekristallisation des Kupfers mit deutlicher Alterung und Aktivitätsverlust.

Die Temperaturhaltung in den Reaktoren ist deshalb besonders von Bedeutung. Die Wärmeabführung wird gewährleistet durch den Einsatz des Siederohrreaktors, den Lurgi bereits für die Temperaturhaltung in FT-Synthese-Konvertern mit Festbett-Arbeitsweise einführte. Der Katalysator befindet sich dabei in Röhren, die in ihrer ganzen Länge von siedendem Wasser umspült werden. Das Wasser wird über einen oberhalb des Reaktors angebrachten Dampfkessel, einer sog. Dampftrommel zirkuliert. Die Temperaturhaltung geschieht durch ein Dampfdruckkontrollventil, das so eingestellt ist, daß sich ein Druck ergibt, der der Solltemperatur im Reaktor entspricht. Wenn das Speisewasser dieses Systems auf 42 bar eingestellt ist, erhält man auf 1 t produziertes Methanol 1,4 t Dampf von 42 bar. Der abgehende Dampf wird in einem Überhitzer auf 380 °C gebracht und in eine Dampfturbine eingespeist, die den Kreislaufkompressor der Anlage betreibt. Der Niederdruckdampf aus dieser Turbine wird für die Methanoldestillation verwendet. Der Durchmesser der Rohre, die den Katalysator beinhalten, ist so bemessen, daß zwischen der Druckwassertemperatur und der Maximaltemperatur im Katalysator eine

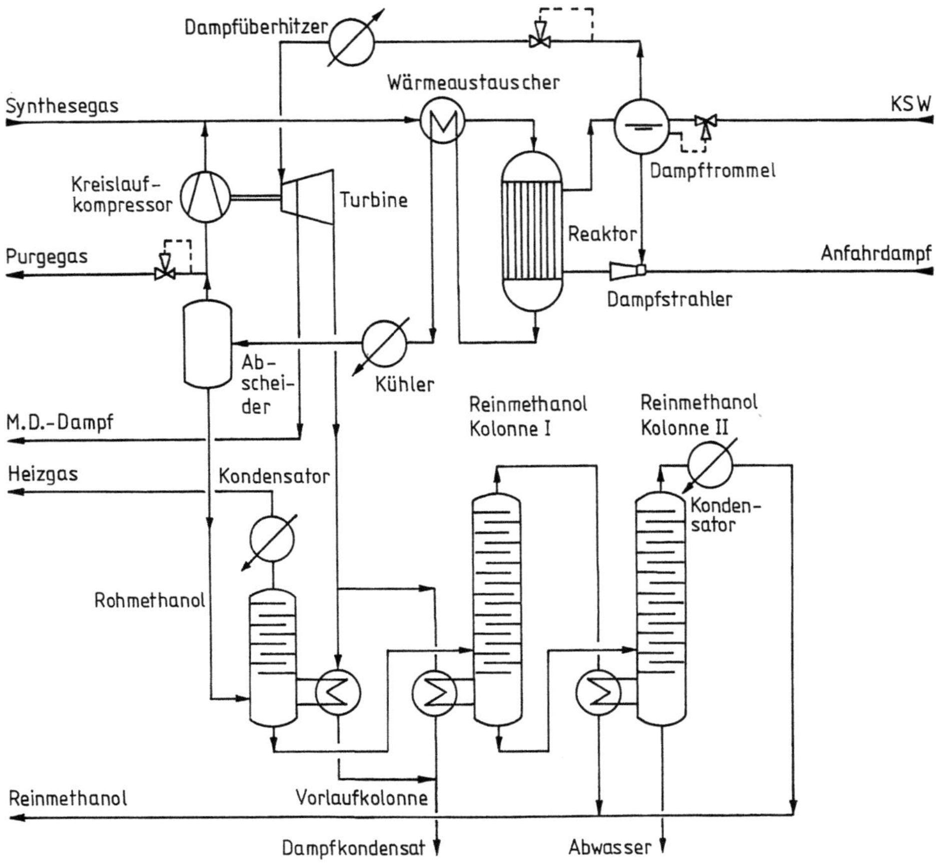

Abb. 3.4. Lurgi-Niederdruck-Methanol-Synthese

Differenz von nicht mehr als 10 °C besteht und man hat auch unter extremen Bedingungen fast isotherme Verhältnisse, was für die zu erwartenden Mammutanlagen von besonderer Bedeutung ist. Auch andere Firmen gehen neuerdings auf dieses System über [3.8]. Die Abb. 3.4 zeigt das Prinzip der Arbeitsweise von Lurgi für große Methanolsynthese-Einheiten.
Die Methanolsynthese, die praktisch das gleiche Ausgangsgas verwendet wie die FT-Synthese, hat den Vorteil einer etwa 20mal höheren Raumzeitausbeute unter Bildung eines einheitlichen Reaktionsproduktes, das durch einfache Destillation von kleinen Anteilen Ameisensäuremethylester, Dimethylether und Ethanol, die im Rohprodukt dank der niederen Synthesetemperatur nur etwa im Verhältnis 880:150:150 ppm vorliegen, befreit werden kann. Auch kann man für viele Verwendungszwecke das Rohmethanol selbst einsetzen.

Der ursprünglich erhoffte Vorteil einer Verbilligung der Methanolsynthese durch Einsparung einer Kompressionsstufe bei Durchführung der Kohlevergasung unter Druck und Ausgleichung kleinerer Druckdifferenzen durch Kreiselkompressoren, hat sich nicht ganz erfüllt. Man geht heute wieder auf Drucke von 80–100 bar, wodurch zwar höhere Investitionskosten entstehen, die aber im Vergleich zum Vorteil höherer Umsätze bei einfachem Durchgang durch den Reaktor nicht sehr erheblich sind. Die große, in der Zeiteinheit anfallende Wärmemenge kann durch die hervorragende Wärmeabfuhr im Lurgi-Reaktor beherrscht werden.

Das Purgegas beträgt, wenn ein Inertspiegel von 15 % eingehalten werden soll, 4,5 % des Frischgases.

Die Gasbelastung bei der Methanolsynthese mit $Cu/Zn/Al_2O_3$-Katalysatoren beträgt theoretisch 2 100 Nm^3 CO + 2 H_2. Für 1 t Methanol benötigt man praktisch 2 330 Nm^3 Syngas pro m^3 Kat./h ohne Kreislauf.

Pro m^3 Katalysator und Stunde sind in einer Methanolanlage 1,4–2,0 Mio kcal (5,8–8,3 Mio kJ) Wärme abzuführen, daher ist die Frage nach dem besten Kühlsystem unter Rückgewinnung des größten Teiles der Reaktionswärme von großer Bedeutung (vgl. S. 78).

Pro Liter Katalysator, dessen Schüttgewicht im Durchschnitt 1,2 beträgt, erhält man 1,1–1,2 kg Methanol/h. Ein Reaktor mit einem Kontaktvolumen von 200 m^3 liefert pro Stunde etwa 230 t Methanol. Die Jahresproduktion unter Berücksichtigung des allmählichen Aktivitätsverlustes des Katalysators beträgt dann bei 8 000 Stunden etwa 1,65 Mio t.

Mit dem neuen Katalysator S-3-85 erhielt man bei der BASF pro Liter Katalysator und Stunde 1,5 kg Methanol. Die Ausbeute nach 4 000 Stunden Laufzeit betrug noch immer 1,23 kg. Das angebotene Gas enthielt 75 Vol.-% H_2, 20 Vol.-% CO und 5 Vol.-% CO_2. Die Belastung betrug 10 000 Liter Synthesegas (Normaldruck)/Liter Katalysator/h. (vgl. S. 82).

Die Zusammensetzung des Rohmethanols, das nur noch die erstaunlich geringe Menge von 700 ppm organischer Nebenprodukte enthält, gibt Tabelle 3.1 auf S. 58 an.

3.2 Methanolsyntheseanlagen. Größe, Kosten, Methanolbedarf und Verbrauch

Die zur Zeit für optimal angesehene Kapazität für Methanolanlagen beträgt etwa 5 000 tato, das entspricht etwa 1,6 Mio jato (320 Arbeitstage pro Jahr). Zur Erreichung höherer Kapazitäten werden dementsprechend mehrere Module installiert. Ein Lurgi-Reaktor für 5 000 tato ist 10 m hoch (7 m Siederohrhöhe) und hat einen Durchmesser von 5 m. Für eine vollintegrierte Methanolanlage auf Basis von Kohle als Rohstoff betragen die Reaktorkosten weniger als 1 % der Gesamtkosten, und bei Erdgas als Ausgangsprodukt etwa 1,5 %. Die „offsites“ bis zu einer Leistung von 30 000 tato können einsträngig errichtet werden.

Der eigentliche Syntheseteil samt der Kompressionsanlage macht in den Anlagekosten kaum 10 % aus. Die prozentuale Aufteilung der Anlagekosten für eine Methanolfabrik sind nachfolgend sowohl für Erdgas als auch für Kohle als Basis zusammengestellt:

A) Auf Erdgasbasis	
1. Kosten der Reformingsstufe des Erdgases (CO_2-Zugabe)	45 %
2. Gaskompression	25 %
3. Synthesestufe	15 %
4. Destillation für Reinmethanol	15 %
Summe	100 %

B) Auf Kohlebasis (Wentworth u. Othmer, [3.12])	
1. Gasherstellung, Konvertierung und Reinigung	39 %
2. Sauerstoffherstellung	26 %
3. Wärmerückgewinnung, Energiehilfsmittel	19 %
4. Synthesestufe (der teuerste Teil bei der Synthesestufe sind der Reaktor und das Wärmeaustausch-System)	10 %
5. Kohlevorbereitung und Handling	4 %
6. Schwefelreinigung	2 %
Summe	100 %

Tabelle 3.7 gibt die Kostenanteile verschiedener Anlagenteile einer Methanolfabrik auf Kohlebasis wieder.

Tabelle 3.7. Anlagekosten einer Methanolfabrik auf Basis Kohle in %, Gesamtkosten bei einer Tagesproduktion von 3 175 tato (CEP *1980* (März) [3.1])

Kohlepräparation	11,0
Kohlevergasung	12,7
Asche- und Kohlesystem	3,1
CO-Konvertierung	3,6
Entfernung der sauren Gase	7,6
Methanolsythese und Kompression	7,6
Schwefelgewinnung	4,6
Dampfkesselanlage	18,3
Energieversorgung	9,2
Lufttrennung (Sauerstoff)	7,2
Nebenanlagen (Abfallentsorgung)	15,1
Summe	100,0
Produktionsanlage Summe	46,0
Energieanlage Summe	54,0
Summe	100,0

Tabelle 3.8 gibt den Materialverbrauch und die Anfallprodukte bei der Produktion von 1 Mio t Methanol pro Jahr nach dem Lurgi-Verfahren auf Basis von Steinkohle und 333 Arbeitstagen an.

Tabelle 3.8. Materialverbrauch und Anfallsprodukte bei der Produktion von 1 Mio jato Methanol nach dem Lurgi-Verfahren. (1 Jahr = 333 Arbeitstage) Rohkohle: 20 % Asche, 10 % Wasser, 1,5 % Schwefel $H_0 = 35\,600$ kJ/kg (w. a. f.)

Einsatzstoffe	t/h	t/Tag	t/Jahr mit 8 000 h
Kohle w. a. f.	150	3 600	1 200 000
Rohkohle	214	5 143	1 714 826
Rohwasser	662,5	15 900	5 300 000
Produkt			
Reinmethanol	125	3 000	1 000 000
Asche	42,8	1 027,2	342 400
Schwefelprodukte als Elementarschwefel	1,5	36	12 000
Schwefelimmission (via Rauchgas)	0,75	18	6 000

Abbildung 3.5 faßt in einem Blockdiagramm die einzelnen Prozeßanlagen und die Hilfs- und Nebenbetriebe übersichtlich zusammen, während Abb. 3.6 über den thermischen Wirkungsgrad der Methanolsynthese auf Braunkohlenbasis Bescheid gibt.

Wenn Erdöl und Erdgas knapper und teurer werden, wird die Methanolproduktion wegen der immer universelleren Verwendungsmöglichkeiten des Methanols stark ansteigen. Die größte Menge Methanol wurde bisher von der chemischen Industrie verarbeitet und hier erwartet man weltweit eine Steigerung von 1 Mio t/Jahr. Die eigentliche große Zukunft des Methanols liegt im Energiesektor. Hier kann sich, je mehr das Jahrhundertende heranrückt, ein dramatisches Wachstum auf Basis von Kohle ergeben, das die Errichtung von Mammutanlagen rechtfertigt. Die Schätzungen für den weltweiten Methanolbedarf für 1985 geben etwa 70 Mio t an und für 1990 beträgt der Wert bereits 90 Mio t. Davy-Power-Gas hat unlängst für 1990 einen möglichen maximalen Bedarf an Methanol von 200 Mio t angenommen und Tabelle 3.9 zeigt auch

Tabelle 3.9. Schätzungen von Davy-Power-Gas für den Methanolbedarf 1990 in 10^6 Tonnen (ohne Chemiebedarf)

Verwendung	Niedere Werte	Höhere Werte
Stahlindustrie (Reduktionsgas)	74	95
Motorkraftstoffe	10	80
Boilerheizung, Gasturbinen	5	15
NH_3-Synthese (Wasserstoff)	4	5
Single Cell Protein	2,5	5
Summe	95,5	200*

* 120 Anlagen à 5 000 tato Methanol, Kohlebedarf 260 Mio t SKE

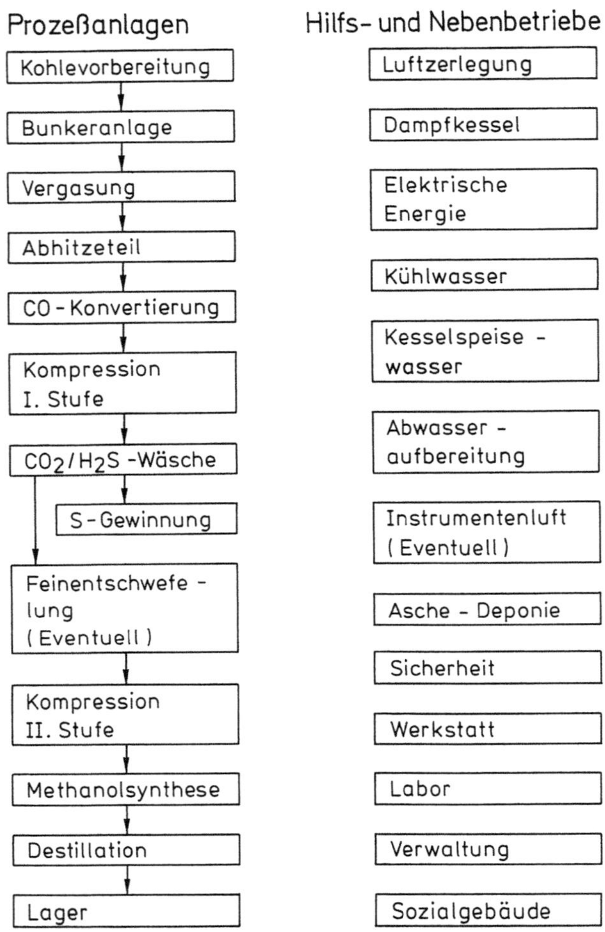

Abb. 3.5. Blockdiagramm über die Prozeßanlagen und die Hilfs- und Nebenbetriebe einer integrierten Methanolanlage auf Kohlebasis (Uhde)

Tabelle 3.10. Welt-Methanolproduktion 1990 (geschätzt)

Verwendung von Methanol	tato
Chemierohstoff	50 000
Synthesegasanlagen (USA)	57 000
Gasturbinen (USA Ostküste)	40 000
Gasturbinen (Japan)	13 000
Eiweiß (Weltbedarf)	33 000
Benzinsubstitut (USA Ostküste)	13 000
Boiler-(Kessel)-Heizung (USA Ostküste)	12 000
Boilerheizung (Japan)	30 400
Benzinadditiv (USA Ostküste)	762
Summe	249 162 tato 90 Mio jato

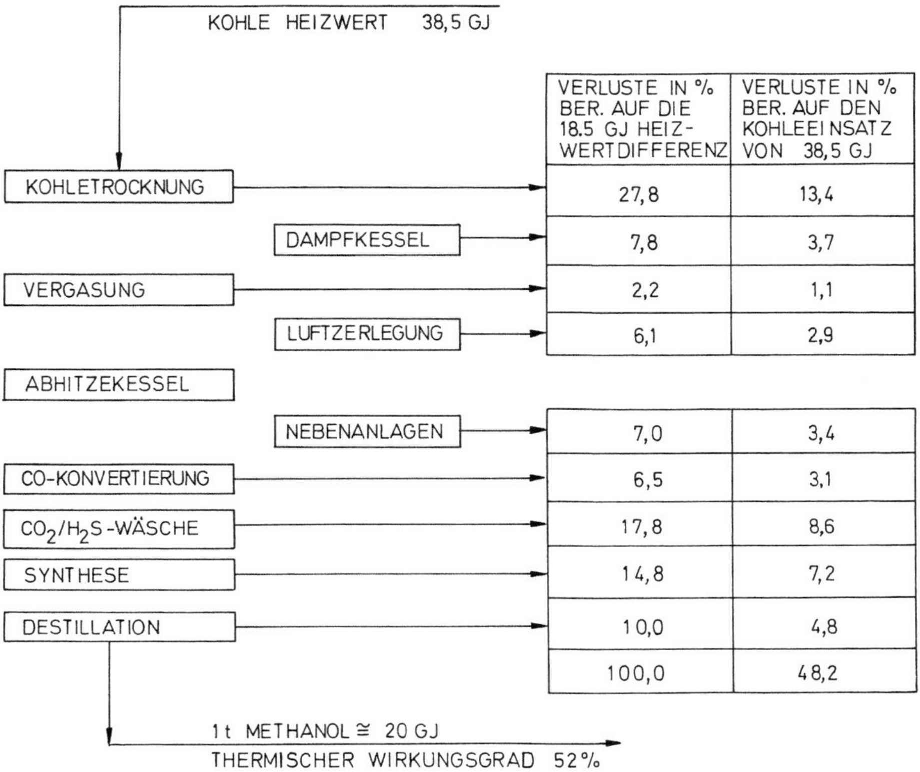

Abb. 3.6. Thermischer Wirkungsgrad bei der Methanolherstellung auf Basis Braunkohle (Nitschke u. Keller [3.1])

die wichtigsten Sparten an, die diese Mengen aufnehmen würden, wenn sie geliefert werden könnten.

Die Tabellen 3.10 bzw. 3.11 zeigen das Ergebnis anderer Schätzungen für den Weltbedarf an Methanol bzw. eine Voraussage für den Methanolbedarf bis 1990 in Westeuropa.

Eine so gut informierte Stelle wie die BEICIP in Frankreich (Bureau d'Etudes Industrielles et de Cooperation Paris) schätzt den Methanolbedarf für 1985 auf 95–200 Mio jato und zwar in erster Linie für den Energiesektor. Andere Stellen nehmen an, daß bereits 8mal soviel Methanol benötigt würde, als die derzeitige Weltproduktion von 14 Mio jato beträgt.

Weitere Schätzungen, die manchmal weit auseinandergehen, lassen erkennen, daß dem Methanol seit den Ölkrisen in den großen Industriestaaten, insbesondere den USA und der Sowjetunion, ein wichtiger Platz auf dem Energiesektor zugewiesen wird.

Es zeigt sich, daß Methanol auf Basis billiger Kohle im Hinblick auf die gesamte Energiekette unter Berücksichtigung von Verlusten bei der Umformung, Speicherung, Verteilung etc. am besten abschneidet. Besser als Synthesebenzine, die es beim Fahrzeugbetrieb als kostengünstigeres Einsatzprodukt übertrifft.

Tabelle 3.11. Voraussage für den Methanolbedarf in Westeuropa in 1 000 t (Sherwin, [3.1])

A. Für Produkte die vor 1975 hergestellt wurden	1979	1985	1990
Formaldehyd	1 590	1 840	2 080
DMT	160	185	200
MMA	110	130	150
Methylhalide	110	145	175
Methylamine	155	180	210
Verschiedenes	807	990	1 170
Summe	2 932	3 470	3 985

B. Produkte die nach 1975 dazu kamen	1979	1985	1990
MTBE	70	180	240
MTBE (Mischkomponente)	30	75	100
Benzinzumischung	200	200	200
Essigsäure	25	260	550
SCP	2	160	550
Summe	327	875	1 640
Insgesamt	3 259	4 345	5 625

Voraussage für den Bedarf und die Produktion an CH_3OH für Westeuropa

	1979	1985	1990
Produktion	1 873	3 665	4 335
Bedarf	3 259	4 345	6 625
Importmenge	386	680	1 290

Abbildung 3.7 gibt den Methanolpreis als Funktion des Energiepreises einer hypothetischen Großanlage an.

Um den zahllosen Interessenten die Methanolverwendung zu ermöglichen, muß zwischen den Anbietern, dem Handel und den Verbrauchern die Gewißheit bestehen, daß eine gesicherte, ständig sich vergrößernde Lieferfähigkeit vorhanden ist, die den rasch expandierenden Methanolbedarf befriedigen kann. Nur so kann ein retardierendes Ei-Henne-Problem vermieden werden. Mit anderen Worten [3.2]: Produktion und Verwendung müssen Jahre vorher in Übereinstimmung gebracht werden, und in diesem Fall wäre, bis sich der komplizierte Mechanismus eingespielt hat, eine Unterstützung staatlicher Stellen sehr wertvoll. Wenn nur ein 3prozentiger Methanolzusatz zum Benzin angeordnet würde, der keinerlei Umstellungen in den Autos nötig macht, wären für Westeuropa bzw. für die BRD die in Tabelle 3.12 aufgeführten Methanolmengen nötig.

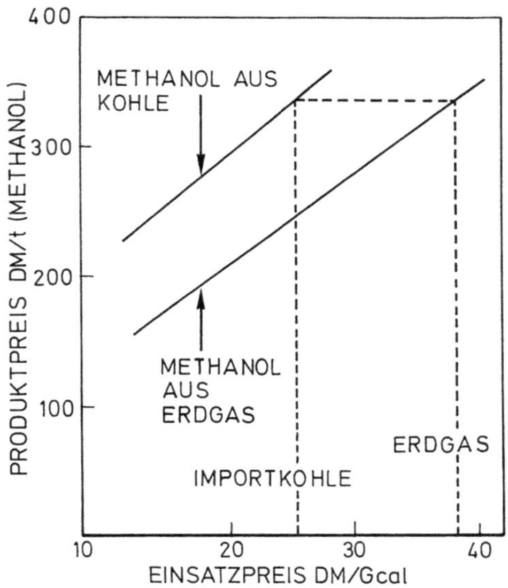

Abb. 3.7. Methanolpreis als Funktion des Energiepreises einer hypothetischen Großanlage mit 16 000 tato Kohledurchsatz bzw. 11 Mio m^3/Tag Erdgas (Runge u. Misbach [3.3])

Tabelle 3.12. Bedarf an zusätzlichen Mengen Methanol für Westeuropa bzw. für die BRD bei Zusatz von 3 bzw. 15 Vol.-% zum Benzin (Sherwin [3.1])

Gebiet	Westeuropa		BRD	
Jahr	1979	1990	1979	1990
Bedarf an VK in Mio t	99	120	22,7	27,1
a) 3 Vol.-% Methanolzusatz zum Benzin in Mio t	3	3,6	0,73	0,88
b) 15 Vol.-% Methanolzusatz zum Benzin in Mio t	15	18	3,82	4,61

Vergleicht man die Methanolkosten in der BRD in Abhängigkeit von den Rohstoffpreisen von 1981, so ergeben sich die Werte der Tabelle 3.13.
Die Verteilung der Herstellungskosten von Methanol zeigen deutlich, daß Kohle der billigste Rohstoff für die Methanolerzeugung ist. Der wesentlich höhere Preis des Endproduktes kommt von der sehr unterschiedlichen Kostenstruktur der Verfahren, wie Tabelle 3.14 ausweist.
Der Rohstoffkosten-Anteil beträgt bei der Methanolherstellung aus Kohle 38 %, während er bei der Herstellung aus Erdgas oder Schweröl bis auf 65 % ansteigt. Die Kapitalkosten differieren weniger, die Betriebskosten zeigen die größten Unterschiede. Daraus geht hervor, daß die Kosten des Methanols auf Kohlebasis und der z. B. daran angeschlossene MTG-Prozeß, weniger stark von einer Verteuerung des Rohstoffes Kohle [3.4] abhängen, als das bei der

Wahl anderer Rohstoffe der Fall ist. Der Kostenindex von Methanol auf Basis der verschiedenen möglichen Rohstoffe in Abhängigkeit vom Erzeugerland (gültig für 1982), ist in Tabelle 3.15 angegeben.

Tabelle 3.13. Methanolkosten in Abhängigkeit von den Rohstoffpreisen 1981 in der BRD (v. Velsen u. Klieber, [3.4])

Rohstoffpreis in DM/GJ	in DM/t bzw. DM/m^3	Methanolkosten in DM/t
Schweröl 11 DM/GJ	451 DM/t	624
Importkohle 7 DM/GJ	173 DM/t	702
Erdgas 9 DM/GJ	0,3 DM/N m^3	429
Methanol 27 DM/GJ	Marktpreis 1981	527

Tabelle 3.14. Kosten der Methanolherstellung auf Basis verschiedener Rohstoffe (v. Velsen u. Klieber [3.4])

Ausgangsprodukt	Importkohle	Schweröl	Erdgas
Methanolkosten DM/GJ H_u	36	32	22
Betriebskosten	31 %	9 %	13 %
Kapitalkosten	31 %	26 %	25 %
Rohstoffkosten	38 %	65 %	62 %

Tabelle 3.15. Kostenindex von Methanol auf Basis verschiedener Rohstoffe in Abhängigkeit vom Erzeugerland

Erzeugerland	Basis Erdgas	Basis Steinkohle	Basis Braunkohle
Canada	50	—	—
Mittelosten	50	—	—
Niederlande	60	—	—
USA	62	56	60
BRD	64	98	64
Zentralamerika	78	—	—
Südafrika	—	61	—
UK	—	65	—
Australien	—	81	—

Die Investitionskosten jeder Kohlekonversionsanlage sind wegen des aufwendigen Verfahrensganges zur Erzeugung von Kraftstoffen aus dem Feststoff Kohle fast 5–6mal höher als für die Anlagen zur Kraftstoffherstellung in einer

Mineralölraffinerie. Daher muß schon aus diesem Grunde zur Erreichung einer Rentabilität der Kalorienpreis der Kohle ganz wesentlich unter dem des Rohöl-, Erdgas- oder Schwerölpreises liegen.

Die Tabellen 3.11 und 3.12 zeigen, daß bei einem 15prozentigen Methanolzusatz zu Benzin 1990 in Westeuropa die nötigen Methanolmengen bereits die heutige Weltproduktion übersteigen würden.

Ein Blick in die fernere Zukunft läßt erkennen, daß Methanol auf Basis billiger Kohlen aller Art so universell und sinnvoll wie kein anderer Rohstoff als Chemie- und Energierohstoff eingesetzt werden kann.

Was von den weit überhöhten Schätzungen des Methanolbedarfs während der Ölkrise durch die derzeitige Öl- und Gasschwemme übrig geblieben ist, zeigt ein neuer Versuch, die Welt-Methanol-Kapazität zu ermitteln.

Die Tabelle 3.16 faßt die neuesten Schätzungen der Methanolkapazität der wichtigsten Erzeugungsländer zusammen.

Tabelle 3.16. Schätzung der Methanolkapazität 1989 bei den wichtigsten Erzeugerländern (Kroeg u. Herz [3.5])

Nord- und Südamerika	9 808 000 jato
RGW-Staaten*	5 770 000 jato
Westeuropa	3 410 000 jato
Afrika und Mittelosten	3 325 000 jato
Asien und Pazifik	2 850 000 jato
Summe	25 163 000 jato

* Rat für gegenseitige Wirtschaftshilfe

Die Schätzung des künftigen Methanolbedarf ist verhältnismäßig einfach beim sogen. „Chemiemethanol“ [3.5]. Man nimmt an, daß die jährliche Zuwachsrate etwa 1 Mio t beträgt.

Der Aufbau der großen Methanolkapazität wird also erst beim Durchbruch des sogen. Energiemethanols und beim Fuel-Methanol erwartet.

Alle Schätzungen sind von mehreren Imponderabilien, insbesondere vom Erdölpreis abhängig und vom Bedarf an Ausgangsprodukten für die petrolchemische Industrie, insbesondere für den Kunststoffsektor. Wenn nur ein kleiner Teil der heute auf der Erde verbrauchten etwa 650 Mio t Vergaserkraftstoff mit 3 Vol.-% Methanol versetzt würden, ergäben sich bereits enorme Bedarfsmengen an Methanol.

Der größte Methanolproduzent wird in Zukunft die Sowjetunion werden [3.6]. In der Nähe von Tomsk wurde mit dem Bau einer Anlage mit einer Kapazität von 800 000 t begonnen und eine andere Anlage ist in Gubakha mit gleicher Kapazität im Bau. Neue Anlagen sind in Kotlas, im europäischen Teil der Sowjetunion, in Sibirien, Astrachan im Nordural usw. geplant. Durch die Gründung einer Spezialorganisation SOYUSMETHANOL soll diese Sparte stark forciert werden. Der Minister für die chemische Industrie der Sowjetunion sagte einer Gruppe von westlichen Journalisten, daß die Sowjetunion, wenn möglich, 30 Mio jato Methanol bis Ende des Jahrhunderts produzieren möchte, das sei aber ohne westliche Hilfe nicht möglich. Auf die Befürchtung, daß dann der Westen durch Kompensationsgeschäfte mit Methanol überflutet würde, sagte der Minister, daß die Sowjetunion das Methanol dringend selber benötige [3.6].

Auch in den Staaten des Nahen Ostens werden in Zukunft immer mehr

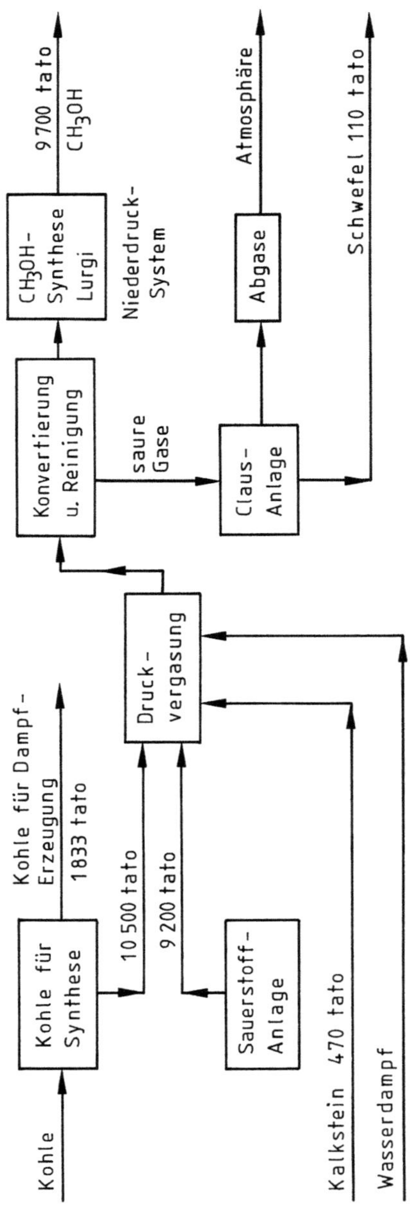

Abb. 3.8. Blockschema einer Single-Train-Anlage für die Methanolsynthese (Plan von Badger für US Dept. of Energy, Changelian [3.8]). Geplant sind 6 Anlagen mit je 9 700 tato Methanol = ~21 Mio jato

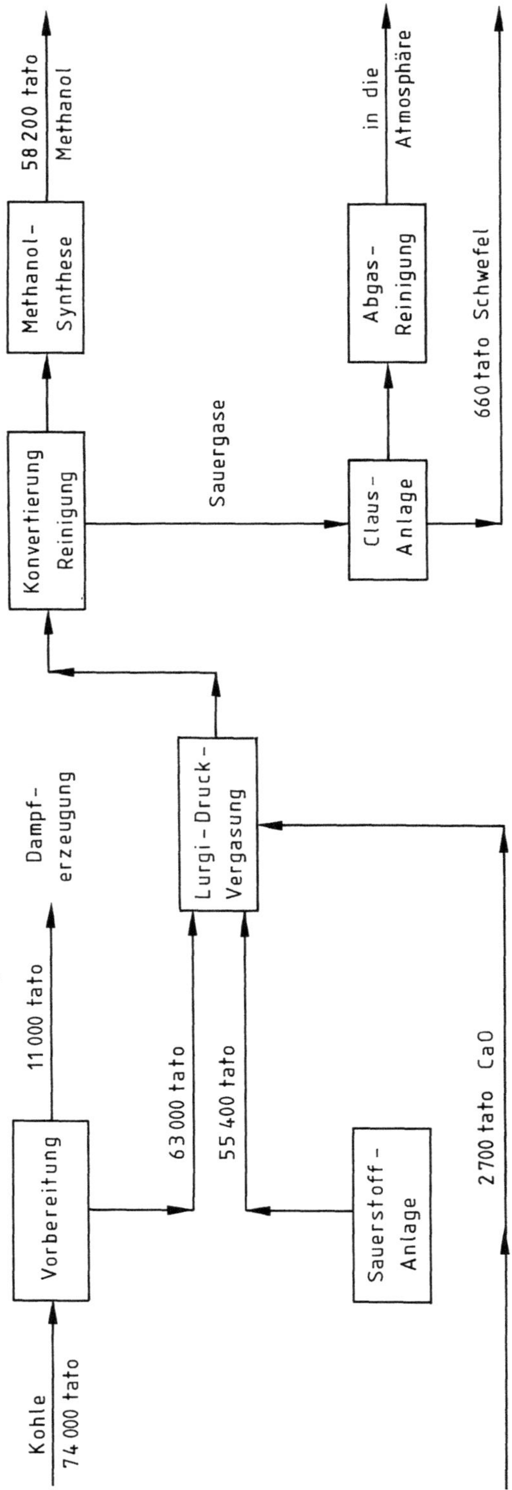

Abb. 3.9. Ausgangsmaterial für die Produktion von 58 200 tato (21 Mio jato) Methanol in 6 Anlagen zu je 9 700 tato (Changelian [3.8])

Kohle als chemisches Rohmaterial	63000 tato	23 Mio jato
Kalkstein	2700 tato	985000 jato
Sauerstoff 99,5 %ig	55400 tato	20,2 Mio jato
Kohle für die Erzeugung von 130000 tato = 47 Mio jato Dampf	11000 tato	4,0 Mio jato

Dampftemperatur 480 °C, Druck 105 bar
Abgas aus Schornstein 200 ppm SO_2
für 1 t CH_3OH 1,28 kg Kohle
Wärmeausbeute etwa 59 %
Riesen-Methanolanlagen in Verbindung mit SNG-Anlagen

Abb. 3.10. Ausgangsmaterialien für die Produktion von 21 Mio. jato Methanol in 6 Anlagen zu je 9 700 tato

Methanolkapazitäten vorhanden sein [3.7]. Die SABIC (Saudi Basic Industry Corporation) wird z.B. etwa 1,25 Mio t Methanol herstellen. Eine Anlage produziert in Al Jubail etwa 600 000 t, die andere in Yanbu etwa 650 000 t. Es besteht dabei ein Zusammenhang zwischen den Aktivitäten der Celanese Chemical Co. und der Texas Eastern Arabian Ltd. bzw. der Japan-Saudi Arabian Methanol Co. Andere Joint ventures können auf Basis billigen Erdgases erwartet werden.

Kohlepräparation:	Einsatz von gepulverter Kohle
Kalksteinpräparation:	Einsatz von gepulvertem Kalkstein
Sauerstoffherstellung 99,5 % rein:	12 Anlagen, 1 Mio PS für dampfbetriebene Kompressoren

Dampferzeugung in 4 Anlagen mit Wasseraufbereitung und Kondenswasser-Rückführung.

Kohlevergasung:	System-Badger, Temp. 1650 °C, Druck 32-42 bar, 43,6 m Höhe, 7,3 m Durchmesser
Konvertierung:	Temp. 205 °C, Dampf: Trockengas = 1:1, Synthesegas $CO:H_2$ = 1:2,08
Gasreinigung:	Rectisolprozeß-Lurgi-Linde
Claus-Anlage:	System Amoco-Production-Company
Methanolsynthese:	Lurgi Rohrreaktor, Temp. 250 °C, Druck 53 bar
Methanolreinigung:	Destillation
Gesamtwärmeausbeute:	59,2 %

Abb. 3.11. Wichtigste Teilschritte der Methanolsynthese

Überführung des Gesamtmethanols aus 6 Anlagen von insgesamt 21 Mio t in Benzin, nach dem derzeitigen Mobil-Oil-Prozeß ergibt 8,4 Mio t VK, 520000 m^3 fl. Propan und 841000 m^3 fl. Butane.

Die Tagesproduktion von Benzin aus 58200 t Methanol beträgt 200000 Barrel, d.s. 73 Mio Barrel/Jahr oder 11,6 Mio m^3 bzw. bei Annahme der Dichte des Benzins von 0,729 g/cm^3, 8,4 Mio t.

Für 23 Mio t VK (BRD-Bedarf) benötigte man 57,5 Mio t Methanol und 74 Mio t Kohle.

Für 1 kg Benzin benötigt man also 3,2 kg Steinkohle. Die USA würden bei einem Bedarf an 300 Mio t VK etwa 1 Mia t SKE benötigen.

Weltbedarf zur Zeit 650 Mio t VK. Dafür wären zur Zeit etwa 2 Mia t SKE nötig. Aus 2,4 Liter Methanol erhält man 1 Liter Benzin.

Abb. 3.12. Ungefähre Mengen Benzin und LPG aus 21 Mio. t Methanol nach dem Mobil MTG-Prozeß

Das Department of Energy (DOE) in den USA hat der Firma Badger Plants Inc. in Cambridge (Mass.) die Projektierung einer Anlage für etwa 20 Mio jato Methanol auf Kohlebasis in Auftrag gegeben [3.8]. Sie projektierte eine Fabrik mit 6 Strängen von je 9 700 tato Methanol, was einen Gesamtausstoß von 58 200 sh.t. täglich bzw. 20 Mio sh.t. pro Jahr bedeutet (sh.t. = short ton = 0,907 t). Abbildung 3.8 zeigt den Materialbedarf für einen Strang der Anlage. Jeder Strang benötigt pro Tag 12 330 t Kohle, 452 t Calciumoxid, 9 234 t 99,5proz. Sauerstoff. Der Dampf für die Kohlenvergasung stammt aus dem Prozeß selbst. Als bestgeeigneter Reaktor wurde von Badger der Lurgi-Reaktor für die Methanolsynthese ausgewählt. Die Gasreinigung soll nach dem Rectisol-Verfahren und die Schwefelwasserstoff-Aufarbeitung nach dem Claus-Amoco-Verfahren geschehen, für die Gasherstellung selbst ist ein Schlacken-Abstichgenerator nach Badger oder nach Lurgi-BGC vorgesehen.

Abbildung 3.9 gibt einen Überblick über die Gesamt-Rohstoffsituation der geplanten Methanolanlage pro Tag, während die Abbildungen 3.10 bis 3.13 nochmals die Ausgangsmaterialien für die Produktion von 21 Mio t Methanol, die wichtigsten Teilschritte, die Überführung des Methanols in VK und die Bilanz über den Kohlenbedarf für die Benzinsynthese über die Methanolstufe zusammenfaßt. Aus 74 000 t Kohle im integrierten Betrieb werden schließlich etwa 52 800 t Methanol, was einem Verbrauch von 1,4 t Kohle für 1 t CH_3OH entspricht, erhalten.

1 t Methanol benötigt 1,5 t SKE.

1 t Methanol liefert nach dem Verfahren der Mobil Oil 374 kg hochwertigen VK für PKW. ROZ 93.

Für 2,3 Mio t VK benötigte man etwa 9,2 Mio t SKE. Auf Basis von Braunkohle, durch Einkoppelung von HTR-Wärme bis zu 40% Kohleersparnis.

Abb. 3.13. Vergaserkraftstoff auf Basis Methanol

3.3 Die Wärmeabführung bei der Methanolsynthese [3.9–3.12]

Im Laufe der Zeit haben sich eine Anzahl von Firmen bzw. Institutionen mit der Konstruktion neuer Reaktortypen, mit der Entwicklung spezieller Katalysatoren und mit Verfahrensfragen, insbesondere mit der Wärmeabführung bei der sehr exothermen Methanolsynthese befaßt und im folgenden sind die wichtigsten Firmen aufgeführt.

1. Lurgi
2. ICI
3. Haldor-Topsøe
4. Davy McKee
5. Linde
6. Chem Systems
7. IFP (Institut Francais du Petrole)
8. Snam-Progetti
9. Polimax
10. Wentworth Brothers
11. BASF
12. Mitsubishi Gas Chemical
13. Japan Gas Chemical
14. Catalyst and Chemical Inc.
15. Uhde
16. Casale
17. Alberta Gas Chemicals

Großtechnisch haben sich bisher nur die Verfahren von Lurgi und von ICI durchgesetzt.

An mehreren Stellen sind Neuentwicklungen im Gange, deren Zweckmäßigkeit sich erst in Jahren erweisen wird. Die Fragen der Wärmeabführung und der Auffindung von hochreaktiven, wenig schwefelempfindlichen und temperaturstabileren Katalysatoren stehen an erster Stelle.

Die beste und einfachste Abführung der Reaktionswärme unter größtmöglichster Rückgewinnung der freigesetzten Wärme ist von besonderer Bedeutung, weil einerseits die heutigen Katalysatoren temperaturempfindlich sind, andererseits nach immer größeren, leistungsfähigeren Anlagen mit möglichst hohem Ausstoß an Methanol pro Katalysatormenge und bestmöglichem Wärmehaushalt gestrebt wird. Pro m^3 Katalysator und Stunde sind in einer Methanolanlage 1,4–2,0 Mio kcal (5,8–8,3 Mio kJ) Wärme abzuführen und daher ist die Frage nach dem besten Kühlsystem unter Rückgewinnung der Reaktionswärme besonders in Mammutanlagen von besonderer Bedeutung.

Beim Quenchreaktor, dem ältesten Kühlsystem, wird die Reaktionswärme durch Eingabe von kaltem Frisch- und Kreislaufgas auf verschiedenen Ebenen in das Katalysatorbett beherrscht.

Im Lurgi-Röhrenreaktor findet die Reaktion in Röhren statt, die von heißem Wasser umflossen sind, dessen Temperatur durch einen vorgegebenen Druck eingestellt wird. Hier wird die Wärme am Entstehungsort abgeführt.

Der Topsøe-Prozeß arbeitet mit 3 hintereinander geschalteten Öfen mit Zwischenkühlung vor dem Eintritt in den nächsten Ofen, wodurch die Wärmebildung und die Wärmeabfuhr getrennt sind.

Das Linde-Variobar-Verfahren beruht auf einem Synthesekreislauf-Verfahren, bei dem Kühlrohre in die Katalysatorschüttung eingebettet sind. In die Kühlrohre wird Kesselspeisewasser eingepumpt. Es liegen praktisch die umgekehrten Verhältnisse wie beim Lurgi-Verfahren vor. Die Wärmeübertragung soll gegenüber geraden Rohren fast doppelt so groß sein und erlaubt eine Verringerung der Heizfläche. Bei Anhebung des Druckes von 60 auf 120 bar nimmt bei einem gegebenen Reaktor die Produktion fast um das Dreifache zu, was die Tendenz zur Anwendung höherer Drücke erklärt. Man kann die

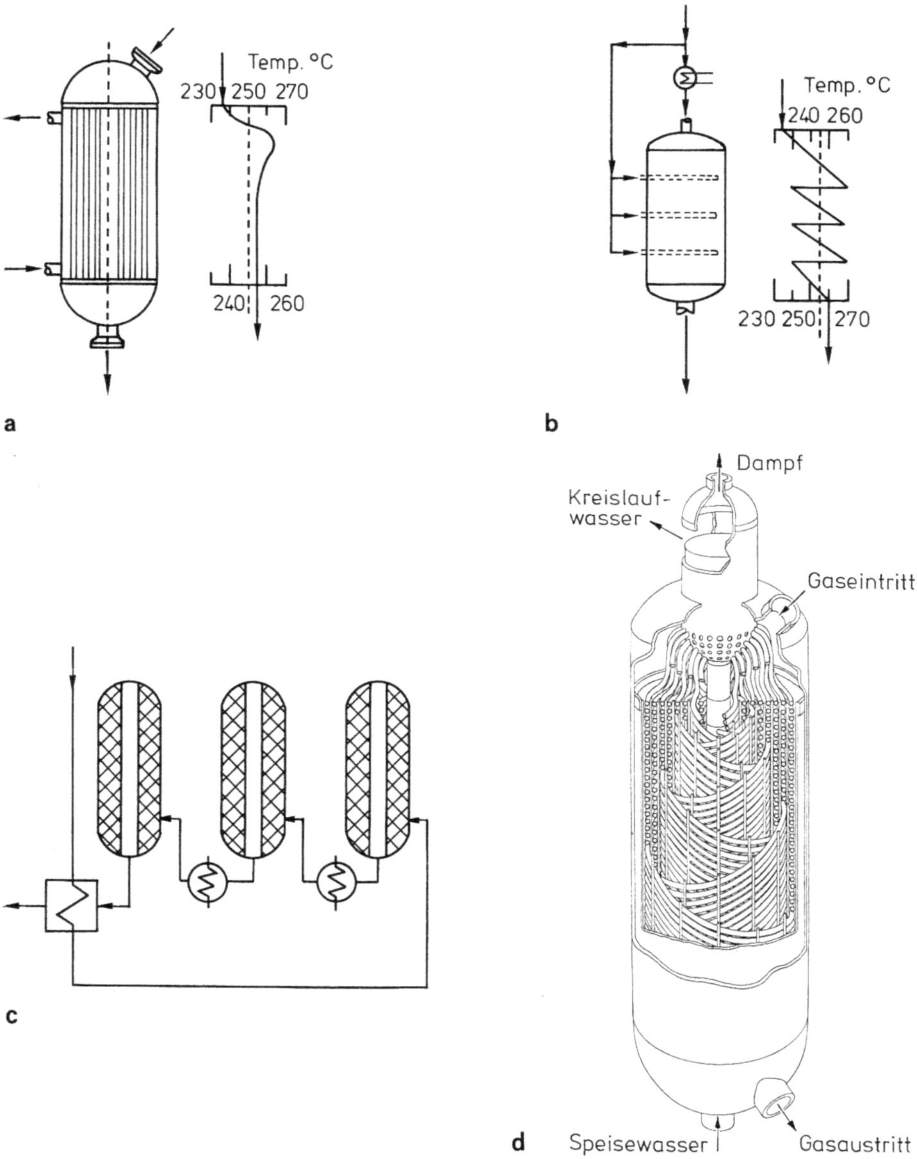

Abb. 3.14a–d. Schematische Darstellung des Röhren-, Quentsch- und Variobar-Reaktors und des Kühlsystems nach Haldor Topsøe. **a** Röhrenreaktor, **b** Quenchreaktor [3.9], **c** Kühlsystem nach Haldor Topsøe [3.10], **d** Linde Variobar-Reaktor [3.11]

Produktion bei guter Wärmeführung von 1600 tato auf 4500 t steigern (deswegen der Name Variobar-Verfahren). Das Verfahren wurde von der BASF in ihrer Methanolanlage in Ludwigshafen geprüft und ist praktisch einsetzbar.

Die vorher beschriebenen Reaktoren sind in Abb. 3.14a–d schematisch dargestellt.

Das Verfahren der Firma Wentworth Brothers in Cincinnati ist in letzter Zeit durch eine neuartige Gasführung durch mehrere Betten mit verschiedenen Katalysatoren bei verschiedenen Temperaturen so verbessert worden, daß sofort ein Energiemethanol anfällt, das zu 97 % aus Methanol, zu etwa 1 % Wasser und zu 2 % aus höheren Alkoholen besteht (vgl. S. 163). Das Wärmerückgewinnungssystem wurde so ausgebildet, daß damit nicht nur sämtlicher Wärmebedarf für den Betrieb der auf Kohle basierenden vollintegrierten Anlage gewonnen werden kann, sondern darüber hinaus noch ein beachtlicher Überschuß zum Verkauf zur Verfügung steht. Der Gesamtwirkungsgrad konnte so verbessert werden, daß 5 % weniger Kohle als bei konventionellen Systemen verbraucht werden, die Gesamtkosten der Methanolherstellung konnten um 2,2 % gesenkt werden.

Vor der Ölkrise benötigte man allgemein 9–9,5 Mio kcal für 1 t Methanol (37,7 Mio kJ–39,8 Mio kJ), *1983* nur noch 7,2–7,4 Mio kcal (30,1–31,0 Mio kJ). Weitere Verbesserungen werden erwartet.

Das Verfahren der Chem Systems ist von den konventionellen Verfahren völlig verschieden, es beruht auf der Arbeitsweise in der „flüssigen Phase". Das Verfahren soll mit jeder Gaszusammensetzung arbeiten können und die Wärmeabführung durch umlaufendes Öl soll ausgezeichnet sein.

Davy McKee will den mixed-flow-reactor, den die Firma Casale für die Ammoniaksynthese konstruiert hat, für die Methanolsynthese einsetzen. Er soll 5 000 tato produzieren können. Der mixed-flow-reactor erlaubt, einen axialen und radialen Gasstrom über den Synthesereaktor zu führen und bedingt dadurch einen niedrigeren Druck- und Energiebedarf.

3.4 Die Katalysatoren der Methanolsynthese [3.13]

Die Katalysatorentwicklung auf dem Gebiet der Methanolsynthese wird nach wie vor ständig vorangetrieben. Insbesondere werden solche Kupfer-Zinkoxid-Kontakte entwickelt, die höhere Temperaturen vertragen, etwas schwefelfester sind und die sich für die Synthese von Fuel Methanol besonders gut eignen, mit denen man also Methanol und höhere Alkohole bis etwa C_6 gemeinsam produzieren kann. Hierbei soll die Möglichkeit bestehen, das Verhältnis von Methanol zu den höheren Alkoholen in bestimmten Grenzen zu verändern und die Bildung von Reaktionswasser so weit wie möglich zu vermeiden.

Diese Wasserbildung soll auch bei der Produktion von Energie-Methanol vermieden werden, da es sich hier nicht lohnt, wie etwa beim Chemie-Methanol, das ganze Rohprodukt zur Entfernung des Wassers zu destillieren. Man braucht eventuell nur eine Stabilisierung vorzunehmen. Auch bei der Methanolsynthese mit Umlauföl zur Wärmeabfuhr oder mit „flüssigem Katalysator", sogen. Katalysator-Slurry, mit der man praktisch Synthesegase jeder Zusammensetzung verarbeiten kann, gibt es noch eine Zahl von Problemen zu lösen. Es kann sein, daß die künftigen Katalysatoren alle Kupfer enthalten werden, deshalb findet sich eine Literaturzusammenstellung, die die wichtigsten Publikationen und Patente auf dem Gebiet der Kupfer enthaltenden Katalysatoren zur Methanolsynthese der Jahre 1920–1983 zusammenfaßt, am Ende dieses Kapitels.

Im Laufe der Besprechung der einzelnen Verfahren zur Herstellung von Fuel- und Energiemethanol wird auch so weit wie möglich auf die betreffenden Katalysatorprobleme eingegangen und auch dort auf die Spezialliteratur verwiesen.

Der alte Methanolkatalysator, ein Gemisch aus Zinkoxid und Chromoxid, mit einem Zn/Cr-Verhältnis von 70:30, der 1923 in der ersten Methanolfabrik der Welt, in Leuna, eingesetzt wurde und der gegen Katalysatorgifte erstaunlich resistent war, arbeitete bei 300 bar und 380–400 °C. 30 ppm Schwefelwasserstoff im Synthesegas waren noch zulässig. ZnO bildet, im Unterschied zu Kupfer, bei 200–300 °C Methanol, und zeigt die beste Selektivität für die Methanolbildung. Die dem ZnO zugesetzten Oxide wirken als Aktivatoren oder Promotoren und als Rekristallisationshemmer. Zwar verringert sich die Selektivität des ZnO durch diese Zusätze, aber man erkauft sich dadurch, wie dies oft bei Mischkatalysatoren der Fall ist, eine längere Lebensdauer, d.h. eine bessere Stabilität. Die Nebenproduktbildung steigt jedoch an.

Man nimmt an, daß bei den Kupferkatalysatoren, im Gegensatz zum ZnO-Einsatz, eine bereits bei niedrigeren Temperaturen eintretende Adsorption von CO vor sich geht, wodurch am Zinkoxid die Methanolbildung beschleunigt wird. Das Zinkoxid ist im Unterschied zum Kupfer erst bei Temperaturen über 300 °C dazu fähig, genügend CO zu aktivieren. Wasserstoff wird bei 200 °C an Kupfer und ZnO dissoziiert und auf diese Weise für die Methanolbildung aktiviert.

Die Herstellung einfacher Kupfer-Zinkoxid-Katalysatoren geschieht durch gemeinsam Fällung von Kupfer- und Zinknitrat aus wässriger Lösung mit z.B. Alkalicarbonaten, Waschen des Niederschlages, Trocknen, Kalzinieren und schließlich Reduzieren mit Wasserstoff. Die Fällung kann auch mit Natriumaluminat ausgeführt werden, wenn der Katalysator Al_2O_3 enthalten soll. Nikkel und Eisen, die in Form von Carbonylen in den Reaktor eingeschleppt und als Metall auf den Katalysator niedergeschlagen werden können, müssen vorher mittels Molekularsieben (früher verwendete man Aktivkohle) aus dem Synthesegas ausgeschieden werden. Ein starkes Katalysatorgift sind Chlorverbindungen, die ebenfalls durch die Molsiebe zurückgehalten werden. Chlor bewirkt eine rasche Rekristallisation der Kupferkristallite. Dabei ist flüchtiges Oxichlorid wirksam. Die prozentuale Zusammensetzung des neuesten, großtechnisch eingesetzten Methanolkatalysators S-3-85 der BASF zeigt Tabelle 3.17.

Dieser Katalysator wurde von Bröcker und Gründler [3.13] in umfangreichen Versuchen entwickelt. Sie fanden, daß bei der Variation des Cu:Zn-Verhält-

Tabelle 3.17. Zusammensetzung des Katalysators S-3-85 der BASF (nach Bröcker und Gründler, S. 92 [3.13])

CuO	37,5 Gew.-%	Cu	41,4 Atom-%
ZnO	47,5 Gew.-%	Zn	53,0 Atom-%
Al_2O_3	3,5 Gew.-%	Al	5,6 Atom-%
Glühverlust	11,5 Gew.-%	—	—

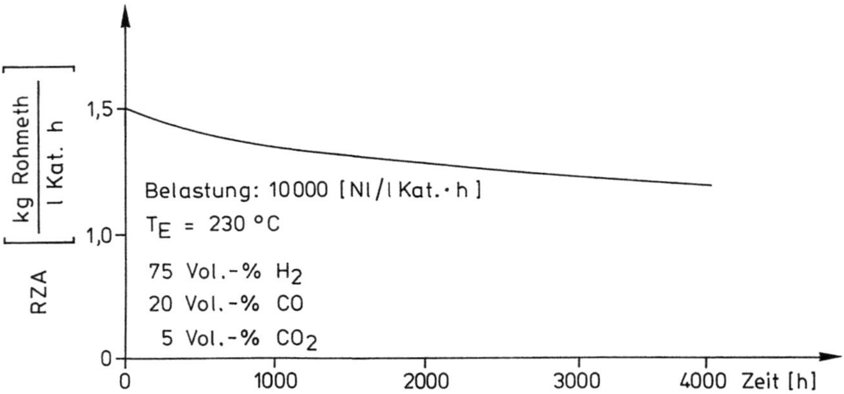

Abb. 3.15. RZA in Abhängigkeit von der Betriebszeit (Bröcker u. Gründler, S. 92 [3.13])

nisses im Methanolkatalysator manche Proben eine besonders hohe Aktivität aufweisen. Es zeigte sich durch Röntgenuntersuchungen, daß bei den aktiven Katalysatoren Reflexe auftreten, die dem Malachit bzw. dem Zinkhydroxidcarbonat zuzuordnen waren und die bei den weniger aktiven Kontakten fehlten. Dazwischen traten Linien der Mischkristalle auf, die entsprechend dem Atomverhältnis von Cu:Zn verschoben sind. Diese Mischkristalle bestehen aus sehr viel kleineren Kristalliten der Aktivkomponenten Cu und ZnO, dadurch wird eine bessere Verteilung und eine höhere Aktivität erzielt.

Aufgrund der ähnlichen Ionenradien von Cu^{2+} und Zn^{2+}-Ionen, sind je nach dem Cu : Zn-Verhältnis Cu^{2+}-Ionen im Malachitgitter statistisch durch Zn^{2+}-Ionen, bzw. im Zinkhydroxidcarbonat Zn^{2+}-Ionen durch Cu^{2+}-Ionen teilweise ersetzt. Es entsteht bei diesen speziell ausgearbeiteten Fällungen kein Gemisch aus den Hydroxiden bzw. Carbonaten, sondern es bilden sich einheitliche Mischkristalle. Als Promotor wurde Aluminiumoxid am günstigsten befunden.

Malachit $Cu_2(OH)_2CO_3$ und Zinkhydroxidcarbonat $Zn_5(OH)_6(CO_3)_2$ geben während der speziell auszuführenden Fällung als Katalysatorvorläufer den Mischkristall $Cu_{2,2}Zn_{2,8}(OH)_6(CO_3)_2$, der Al_2O_3 als Promotor enthält. Nach der anschließenden Aufarbeitung und hydrierenden Aktivierung besteht das Oxidgemisch aus 2,2 CuO · 2,8 ZnO (vgl. Tabelle 3.16).

Durch die Minimierung aller sekundären Vergiftungsmöglichkeiten erhielten Bröcker et al. schließlich einen Katalysator mit langer Lebensdauer und hoher Raum-Zeit-Ausbeute, wie die Abb. 3.15 zeigt. Die anfängliche hohe Aktivität von 1,5 kg Rohmethanol/Liter Katalysator, sinkt, allerdings erst nach 4 000 Stdn., allmählich auf 1,25 kg ab. Dieses Beispiel einer Katalysatorentwicklung für die Methanolsynthese läßt noch weitere Fortschritte erhoffen.

3.5 Zum Reaktionsmechanismus der Methanolsynthese

Die Tatsache, daß die Methanolsynthese mit einem reinen CO/H_2-Gemisch ohne CO_2 nicht abläuft, aber mit einem reinen Gemisch aus CO_2/H_2 glatt, wenn auch langsamer vor sich geht, hat schon frühzeitig zu Spekulationen über den Mechanismus der Synthese Anlaß gegeben. Vor kurzem haben Chinchen und zahlreiche Mitarbeiter von der ICI den Ablauf der Methanolsynthese abermals untersucht, um die Frage zu klären, ob die Synthese über CO oder CO_2 verläuft, in welchem Zustand sich der Kupferkatalysator während der Umsetzung befindet, welche Rolle das Zink- bzw. das Aluminiumoxid spielen etc.

Die bereits früher aus Versuchen von Rosovsky et al. [3.14] erkannte Tatsache, daß die Synthese in erster Linie über CO_2 abläuft, konnte von den Wissenschaftlern der ICI bestätigt werden (Chinchen et al. [3.14]). Rosovsky et al. hatten mit markiertem CO_2 den Reaktionsweg nachgewiesen, Chinchen et al. fanden, daß besonders bei hohen Gasgeschwindigkeiten (10 000 und 240 000 Liter/Liter Kat./h) bei 50 bar und 250 °C keine Rekonvertierungsreaktion $^{14}CO_2 + H_2 \rightleftarrows {}^{14}CO + H_2O$, eintritt. Diese Rekonvertierung läuft wesentlich langsamer als die Methanolsynthese ab. Sie fanden ferner, daß, wie aus anderen Arbeiten schon bekannt war, ein Zusammenhang zwischen der Kupferoberfläche des Katalysators und seiner Leistungsfähigkeit besteht. Darüber hinaus stellten sie fest, daß bei der Reduktion des Katalysators mit Wasserstoff oder mit Kohlenmonoxid unter Standard-Reduktionsbedingungen immer ein Teil von etwa 30 % der Kupferoberfläche oxidiert bleibt und daß diese Erscheinung auch bei technischen Kontakten zu beobachten ist.

Man fand, daß die Menge an oxidierter Kupferoberfläche eine Funktion des Verhältnisses von $CO:CO_2$, von Wasserstoff zu Wasserdampf und von der Temperatur ist, und daß sie sich in einem dynamischen Zustand befindet.

Die Autoren nehmen an, daß die oxidierte Kupferoberfläche wenigstens teilweise aus Stellen besteht, die von Sauerstoff O (ads.) bzw. von Hydroxylgruppen OH (ads.) besetzt sind. Die Re-Reduktion von solchen Katalysatoren ergab einen geringeren Anteil an oxidierter Kupferoberfläche, die Gesamtoberfläche vergrößerte sich aber. Es konnte gezeigt werden, daß nur die Kupfermetall-/Kupferoxid-Oberfläche, möglicherweise sogar nur die Metalloberfläche allein, die geschwindigkeitsbestimmenden Größen sind.

Die Oxide des Zinks und Aluminiums haben überraschenderweise keine besonderen Anteile an der Aktivität des Cu-Katalysators für die Methanolsynthese.

Sie promotieren nur durch die Vergrößerung der Kupferoberfläche, wenn man von der Verbesserung der Stabilität der Katalysatoren im vorliegenden Zusammenhang absieht. Allerdings darf das Adsorptionsvermögen des ZnO und des Al_2O_3 im Methanolkatalysator nicht vernachlässigt werden.

Mit modernen Methoden wie TPD und TPRS (Temperaturprogrammierte Desorption und Temperaturprogrammierte Reaktionsspektroskopie) konnte man bei 50 bar, 220 °C und CO_2/H_2-Eingasung an der Kupferoberfläche die Bildung einer Formiat-Spezies beobachten. Die gleiche Formiat-Spezies trat aber auch auf, beim Versuch unter sonst gleichen Bedingungen, jedoch bei

100 °C, einer Temperatur, bei der kein Methanol gebildet wird und keine Rekonvertierung abläuft. Die Pomotoren adsorbieren beide CO_2 und können dieses an der Berührungsfläche auf das Kupfer übertragen. Addition von Wasserstoff führt zu Formiat. Der geschwindigkeitsbestimmende Schritt bei der Methanolsynthese dürfte also die Hydrogenolyse der Formiat-Spezies zu Methanol sein.

Zusammenfassend kann man die Methanolsynthese auf Basis Synthesegas CO/H_2 folgendermaßen formulieren:

$$CO^-_{2\,ads} + H_{ads} \rightarrow HCO^-_{2\,ads} \quad \text{Formiat-Spezies,}$$

$$HCO^-_{2\,ads} + 3\,H_{ads} \rightarrow CH_3OH + O^-_{ads}.$$

Als Folge dieses Reaktionsmechanismus muß das Kupfer oxidiert werden.

Die Oxidation des CO durch den O^-_{ads} zu CO_2 geht deutlich schneller als die Reduktion des adsorbierten Sauerstoffes durch Wasserstoff. Die frühere Annahme, daß die CO_2-Bildung durch Konvertierung des CO nach der Gleichung $CO + H_2O \rightarrow CO_2 + H_2$ gebildet wird, scheint damit unzutreffend.

3.6 Der Transport von Methanol

Methanol ist sowohl mit Pipelines als auch mit Riesentankern unkompliziert und wegen seiner Mischbarkeit mit Wasser wesentlich ungefährlicher zu transportieren als Rohöl oder Weißprodukte. Deshalb wird immer wieder diskutiert, Erdgas in Form von Methanol zu transportieren. Es wird heute als LNG (flüssiges Erdgas) bei −161 °C in teuren Spezialtankern verschifft. Dazu bedarf es spezieller Verflüssigungsanlagen in den Häfen, in die das Erdgas durch Pipelines von der Fördergasquelle oft viele 100-Kilometer geleitet werden muß. Auch die Lagerung am Anlandungsort bringt besondere Probleme mit sich. Man rechnet für die Verflüssigung von Methan und den Transport etwa 25 % Verluste, während die Umwandlung in Methanol mit etwa 33 % Verlust verbunden ist. Transport und Lagerung des Methanols sind wesentlich billiger. Für Flüssigkeiten, die leicht zu lagern sind, kann man eine Art „Flüssigprämie“ fordern, für Methan nicht. Der Gastransport über lange Strecken wird in Zukunft etwa 7mal so teuer sein wie der Öltransport und auch Methanol ist ganz erheblich billiger zu transportieren als Erdgas. So hat man ausgerechnet, daß für den Transport einer bestimmten Erdgasmenge, die bei einem Druck von 40 bar fortgeleitet werden soll, etwa 100 mal soviel Energie nötig ist wie für den Transport einer äquivalenten Wärmemenge in Form von Methanol bei gleichem Rohrquerschnitt (Supp [3.15]).

D.F. Othmer [3.16] nimmt ebenfalls zum Transport von Erdgas in Form von Methanol Stellung. Die Umstellung von Kesselanlagen, die vorher mit Gasöl beheizt wurden, auf Methanol gelingt durch einfache Änderung der Brennermundstücke. Verbrennungsturbinen haben einen höheren thermischen Wirkungsgrad, verglichen mit einem kohlegefeuerten Kessel. Die heißen Abgase aus der Verbrennungsturbine erzeugen nämlich zusätzlich Dampf, der wiederum in einer Dampfturbine Energie liefert, wodurch der thermische

Wirkungsgrad von 32 auf 46%, also um etwa ⅓, heraufgesetzt wird. Für jede Betriebsart, nämlich Grund- und Spitzenlast, erhält man ein schwefelfreies Abgas. Geringwertiges Erdgas oder solches, welches viele 1 000 km transportiert werden soll, wird besser in Methanol überführt, das in wesentlich kleineren Pipelines oder Standard-Tankern transportiert wird. Die Kapitalkosten sind geringer und die gelieferte Energie größer.

Zwei Beispiele zeigen dies. Die Erdgas-Pipeline von Alaska nach Süden – 7 500 km – mit 45 Mia $ Kosten, ist sehr viel teurer als ein Methanolsystem. Das Gleiche ist der Fall mit der sibirischen Erdgasleitung aus Urengoi nach Deutschland.

Othmer sagt: Bei der Projektierung der Erdgasleitung von Alaska nach dem Süden war leider kein Ingenieur anwesend. Es sind 56,6 Mio Nm^3 Erdgas/Tag zu verarbeiten. Dieses besitzt 22 % CO_2 und leichtere Kohlenwasserstoffe. Das Gas muß von CO_2 gereinigt werden und von Kohlenwasserstoffen, die bei der enormen Kälte kondensieren könnten. Gerade dieses Gas wäre mit 22 % CO_2 ideal geeignet, auf allothermischem Wege in Synthesegas überführt zu werden, weil man dem Methan ohnehin CO_2 zusetzen müßte.

Methanol vom Schmelzpunkt −96 °C kann glatt und ohne Störungen in einer Pipeline transportiert werden, z. B. in der bereits für Rohöl aus Alaska nach Süden führenden Ölpipeline, die ohnehin zu großzügig ausgelegt ist.

3.7 Zur Giftigkeit von Methanol [3.17]

Immer mehr Menschen kommen, insbesondere in den nächsten Jahren, mit Methanol oder seinen Mischungen in Berührung. Es ist daher von Bedeutung, über die physiologischen Wirkungen dieses Alkohols informiert zu sein.

Tabelle 3.18. Dosis letalis von Methanol für Menschen in Gramm

Beobachter	Gramm	Literaturangabe
Puka et al.	15 –250	1
Moeschlin	30 –100	2
Paul	39,5– 79,5	3
Cleason	55 –225	4

1. J. Puka und J. M. Szajewski, Acute Methanol Poising, Pol. Arch. Med.
2. S. Moeschlin, Klinik und Therapie der Vergiftungen, Thieme, Stuttgart
3. J. K. Paul (Herausgeber), Methanol Technology and Application in Motor Fuels, Noyes Data Corporation, Park Ridge N.Y. *1978*
4. M.N. Cleason, Clinical Toxicology of Commercial Products 3e Auflage, Williams and Wilkins, Baltimore 1969

Diese Information erfolgt hauptsächlich anhand einer Literaturzusammenstellung.

Die Angaben über die Toxizität gehen außerordentlich weit auseinander. Dies zeigt z.B. Tabelle 3.18 über die Dosis letalis von Methanol für Menschen in Gramm.
Methanol ist biologisch gut abbaubar. Die Vergiftungen erfolgen hauptsächlich durch perorale Aufnahmen, aber auch durch Einatmen von größeren Dosen über längere Zeit hindurch können Vergiftungserscheinungen auftreten. Als MAK-Werte gelten zur Zeit 200 ppm. d. s. 260 mg/m^3. Tabelle 3.19 gibt geschätzte Toleranzwerte für Methanol an.

Tabelle 3.19. Geschätzte Toleranzwerte für Methanol (Paul [3.17])

Einfache und nicht wiederholte Aussetzung	Geschätzte Toleranz in ppm
1 Stunde	1 000
8 Stunden	500
24 Stunden	200
40 Stunden	200
168 Stunden	50
30 Tage	10
60 Tage	5
90 Tage	3
alle 24 Stunden 1 Stunde	500
alle 24 Stunden 2 Stunden oder 2 × 1 Stunde	200

Literatur zu Kapitel 3

Allgemeine Literatur zum Methanolproblem

3.1. Chemie Technik *11* (2), 81 [1982]. Neue Methanolanlage der UK Wesseling in Betrieb (400 000 t Kapazität, erbaut von Lurgi)

Uzardi, U. (Casale-Lugano): Hydrocarbon Processing *1982*, August, S. 129–133, Reviews this development in ammonia and methanol reactors

Europ. Chem. News *1982*, 8. Februar, S. 11. Methanol contracts remain stedy while spot prices weaken

Chemie Technik *12* (2), 108 [1982]; Chemie für Labor und Betrieb *33* (10), 452 [1982], Die Hydrierung von CO_2

Erdöl und Kohle *35* (4), 156 [1982]. Niederdruck-Methanolsynthese von Lurgi bei Union Rheinische Braunkohlen Kraftstoff AG, Wesseling.
Einstrangige Anlage mit 400 000 jato CH_3OH

Moll, A. J., Dickenson, R. L.: Oil Gas J. *1984*, 12. März, S. 68–73. Synthesis Gas: An exiting future expected.

Quig, R. H.: CEP (Chem. Eng. Progr.) *1980* (März) S. 49 Coal as an Energy Source

Sherwin, M. B. Hydrocarbon Processing 1981 März, S. 79–84: Chem Systems Intern. Ltd.-Studie. Methanol as a raw material for chemical synthesis

Howard, M. R.: Oil Gas Journ. *1982*, 22. Mai, S. 169

Methanol wird in wenigen Jahren ein in größten Mengen gehandeltes Commodity werden, wenn die Großanlagen an den Stellen des Vorkommens der billigen Kohlen in Gang kommen. Diese werden dann den Preis relativ niedrig halten.

Haggin, J.: Chem. Eng. News *1982*, Juli, S. 41–42. Methanol future fuel for electric utilities

Wentworth, Th. O., Othmer, D. F.: CEP (Chem. Eng. Progress) vom August *1982*, S. 29. Producing Methanol for Fuels

Chem. Eng. News *1981*, 5. Oktober, S. 32

Methanol als Kraftstoff und Brennstoff wird die größte Anwendung haben. „Oxinol“ der Atlantic Richfield ist ein Gemisch aus CH_3OH und *tert.*-Butanol. Die Wachstumsrate für Methanol in den USA wird in den kommenden Jahren zu etwa 20 % angenommen. Die dominierenden Kosten für die Synthese sind die Synthesegaskosten. Bei diesen sind die Stromkosten, die überwiegend durch den Sauerstoffbedarf bedingt sind, hoch. Auf die CO_2-Abtrennung entfallen 16–39 %.

Nitschke, E., Keller, J.: Chemie Technik *9* (3), 121 [1980]. Betrachtung über die Energieumwandlung bei der Produktion von Methanol aus Kohle

Hiller, H., Marschner, F. (Lurgi): Hydrocarbon Processing *1970*, Sept., S. 281–285. Lurgi makes low pressure Methanol

Othmer, D. F.: Chem. Eng. *1981*, 19. Mai, S. 180–181. A big boost for methanol

Dalla Betta, R. A., Ushiba, K. K.: Hydrocarbon Processing *1980*, Nov., S. 157. Incentive for sulfur tolerant methanol catalyst

Hiller, H., Garkisch, O. L. (Lurgi): Convert Coal Now, Hydrocarbon Processing *1980*, Sept., S. 238–242 Methanolsynthese, Thermischer Wirkungsgrad 49 %. Bei Methanol und SNG aus dem Purgegas 62 %

Supp, E., Bierbach, H.: Oil Gas Journal *1980* vom 16. Juni, S. 73. Methanol from coal uses proven steps

Nach neuesten Angaben der Autoren werden für 1 t Methanol 1,4 t Kohle benötigt.

Pinto, A., Rogerson, R. L. (ICI): Chem. Eng. Monographs; Large Chem. Plants *1979* (10), S. 45–53. The impact of high fuel cost on methanol plant design

Sherwin, M., Blum, D.: Liquid Phase Methanol, EPRI (*E*lectric *P*ower *R*esearch *I*nstitute) Report AF-693 vom Mai *1978* und AF-202 August *1976*.

Der Katalysator befindet sich in einem inerten flüssigen System (vgl. Slurry-Verfahren bei FT-Synthese). Gute Temperaturhaltung. Riesenanlagen sollen möglich sein. Verfahren soll wirksamer sein als ND-Synthese. Die Gefahr für die Veränderung der Flüssigkeit, in der der Katalysator aufgeschlämmt ist und die für die Wärmeabführung sorgt, ist gegeben.

EPRI-Report AF-687 vom Februar *1978*, Catalytic Associates Inc. Evaluation of sulphur tolerant Catalytic Process producing Peak Shaving Alcohol Fuels.

Wenn der Katalysator statt 0,1 ppm Schwefel 5 ppm vertragen könnte, wäre eine 1 proz. Kostenverminderung für das Methanol gegeben.

Golembiewski, F.: Erdöl und Kohle, Erdgas-Petrochem. *29* (2), 61 [1976] Erfahrungen mit der ND-Lurgi-Methanolsynthese.

Neuwirth, O.: Erdöl und Kohle, Erdgas-Petrochem. *29* (2), 57 [1976]. Technische Entwicklung der Methanolsynthesen in der Nachkriegszeit

Garvie, I. H., Nimmo, N. M.: Design Aspects of the World Largest Methanol Plant, Alcohol Fuels Conf. Sydney 9.–11. August 1978, 3–7

Bradley, J. R., Robinson, I. S.: Alcohol Fuels Conf. Sydney, 9.–11. August *1978*, 5–7. Methanol Production in Australia – ITS Potential and Economics

McIntosh, A. C. P.: Alcohol Fuels Conf. Sydney 9.–11. August 1978. ICI Low Pressure Methanol Process

Supp, E.: Chemsa 1978, S. 194–197. Production of Methanol and Motor Fuels

Hamilton, C. J.: Alcohol Fuels Conf. Sydney 9.–11. August 1978, 5–1. Methanol from Coal via the Lurgi Route

Sherwin, M. B., Blum, D. B.: Am. Chem. Soc. Div. Fuel Chem. 170th Natl. Meeting, Vol. *20* (3), *1975*, S. 146. Methanol Synthesis in a three Phase Reactor

Burke, D. P.: Chem. Week *1975*, vom 24. September, S. 33–42, Methanol

Takahashi, H., Tado, Y.: CEER *6* (11), 21–25 [1974]. Methanolprozess der Mitsubishi-Gas-Company

Humphreys, G., Ashman, D. J., Harris, N. (Davy Power Gas): The ICI-Methanol-process – Past, Present and Future

Kotowski, W.: Chem. Techn. (DDR) *15* (4), 204–205 [1963]. Betriebserfahrungen mit einem Kupfer-Katalysator bei der Methanol-Synthese

Kat. nach Prof. Blasiak, Pol.-Pat. 34 000, 62,5 % Cu, 25 % ZnO, 7,5 % Al_2O_3, 5 % H_2O; 1 m^3 liefert 30 t Methanol/Tag. Für 2 000 t Methanol/Tag benötigt man 66 m^3 Kontakt. Dichte 4,6–4,7 g/cm^3, Schüttgewicht etwa 1,2. Der Blasiak-Katalysator erreicht die höchste Leistung bei Anwesenheit von 4,5–5,5 Vol.-% CO_2 im Synthesegas. Für 1 t CH_3OH benötigt man 3 300 Nm^3 Synthesegas, 64,5 % H_2, 24 % CO, 5,5 % CO_2, daneben 6 % CH_4 und N_2. Der Kontakt arbeitete mit einem Gas mit 1–2 mg Schwefel/m^3. Seine Laufzeit betrug deshalb nur 3–5 Monate, er lieferte aber 1,25 t Methanol/m^3 Katalysator/h.

3.2. Sperling, D.: Alcohol Fuels and the Chicken and Egg Syndrom. VI International Symposium on Alcohol Fuels Technolgy 21.–25. Mai *1984*, Ottawa (Canada), D-29, S. 2-393 bis 2-399

3.3 Runge, H. C., Misbach, P.: Erdöl-Erdgas-Zeitschrift *97*, Mai 1981, S. 161–166. Chancen und Grenzen der Kohleveredlung in der Bundesrepublik Deutschland

3.4. von Velsen, G. W., Klieber, H.: Chem. Ind. *1983*, Februar, S. 91–93, Wirtschaftlichkeit von Kohleveredlungsprozessen.

3.5. Kroeg, F. I., Herz, H.: Erdöl und Kohle *36* (5), 237–238 (1983). Methanolverfügbarkeit nach Wirtschaftsregionen.

3.6. European Chem. News *1982*, 20. Sept., S. 23–24, Sowiet Union places to become a majorforce in methanol, vgl. Chem. Week *1982* vom 2. Juni, S. 38–43. Growing warwies over bug-back deals

3.7. Keim, W.: Erdöl und Kohle *36* (8), 389 (1983). Die petrochemische Herausforderung der arabischen Staaten

3.8. Changelian, G. P.: CEER (Chem. Econ. Eng. Rev.) *11* (7), 11 [1979]. Conceptual Design of a Coal-to-Methanol Plant

3.9. ICI-Verfahren A.C.P. McIntosh. Low Pressure Methanol Process. Alcohol Fuels. Sydney *1978.*

Zardi, U.: Hydrocarbon Processing *1982*, August S. 129–133. Review these developments in ammonia and methanol reactors

Hamilton, C. J.: Methanol from Coal via the Lurgi route. Alcohol Fuels, Sydney, *1978.*

Supp, E.: Hydrocarbon Processing, *1981*, März, S. 70–75. Improved Methanol Process.

3.10. Haldor Topsøe A/S Dänemark, Firmenschrift, Methanol from Coal Technology.

Dybkjaer, I. B.: CEER (Chem. Econ. Eng. Rev.) *13* (6), 17–25 (1981). Topsøe Methanol Technology

3.11. CEER (Chem. Econ. Eng. Rev.), *15* (4), 14–16 (1983). The Linde-Vario-Bar-Process for the Production of Methanol with the New-Isothermal Reactor.

Smith, R. E. et al.: Hydrocarbon Processing, *1984*, Mai, S. 95–100. Optimize large methanol plants.

3.12. Szymakowiak, J.: Chem. Ing. Techn., *1961*, S. 243–245. Industrielle Wärmeübertragungsmedien für Temperaturen bis 400° (z. B. Diphyl = 26,5 % Diphenyl und 73,5 % Diphenylenoxid).

Singh, J. (Badger B. V. Niederlande): Heat Transfer Fluids and Systems for Process and Energy Applications. 296 Seiten, Januar 1985. Marcel Dekker, Inc. New York.

Mehta, D. D.: Hydrocarbon Processing *1976*, Mai, S. 165–168. Use methanol converter reaction heat

8 verschiedene Verfahren zur Abführung der Reaktionswärme bei der CH_3OH-Synthese werden miteinander verglichen und ein Urteil über die einzelnen Verfahren angegeben. Für sehr große Anlagen sind die Quenchkonverter am günstigsten.

Supp, E.: Hydrocarbon Processing *1981*, März, S. 71–75. Improved Methanol Process (Lurgi)

Chem. and Ind. 1981, S. 580. Methanol production set for massive increase

Chem. Week, *1982*, 24. November, S. 48. A better way to synthesize methanol (Linde-Variobar-Prozeß)

Wentworth, TH. O., Othmer, D. F.: Chem. Eng. Progress (CEP) *1982*, August, S. 29–35. Producing Methanol for Fuels

Verbesserungen im Prozeß und im Anlagenbau sowie im Katalysatorsystem erlauben Kostenreduktionen, die das Methanol als Kraftstoff für Autos, Lastwagen, Lokomotiven und elektrische Generatoren tragbar machen), U.S. Pat. 4.235.799 vom 30. November 1980, Wentworth-Brothers, Cincinnati (Ohio)

Keller, J.: Chem. Ind. *34*, Mai, S. 315–317 (1982) Anlagenkonzepte von Methanol aus Kohle

Kruis, B.: Methanol-Vortragsveranstaltung im Haus der Technik, Essen 3. November 1983. Neuentwicklungen für die großtechnische Methanolsynthese

(Linde-München, Variobar-Verfahren) vgl. Chemie Technik 15, S. 66, 1986 Herstellung von Methanol mit dem Isothermreaktor (Linde)

Berty, J. M.: Chem. Eng. Progress (CEP) *1983*, Juli, S. 64–67. Scaledown of a Methanol Reactor. (It is possible to define operating conditions for pilot plants and development labs by scaling down a commercial reactor)

Thiagarajan, N., Lingner, H., Heck, G., Lienerth, I. Hydrocarbon Processing *1984*, März, S. 89–91. Minimum energy pure Methanol (Low energy distillation process)

Supp, E.: Methanol-Vortragsveranstaltung im Haus der Technik, Essen, 3.–4. November 1983. Methanol und Benzin aus Erdgas oder Kohle

Uematsu, SH.: CEER (Chem. Econ. Eng. Rev.) *15* (4), 5–13 (1983). Methanol Technology and Demand Trends and Their Future Prospects

Zardi, U. (Casale-Lugano): Hydrocarbon Processing *1982*, August, S. 129–133. Review these developments in ammonia and methanol reactors

CEER (Chem. Econ. Eng. Rev.) *1983*, April, S. 14–16. The Linde-Variobar Process for the Production of Methanol with the New Isothermal Reactor

Smith, R. E., Humphreys, G. C., Griffiths, G. W.: Hydrocarbon Processing *1984*, Mai, S. 95–100. Optimize large methanol plants (Davy McKee, London)

Besprochen werden Quenchreaktor, Casale-Reaktor, Röhrenreaktor, Wirbelbettreaktor etc, deren Wirkungsweisen und Herstellung sowie Vergleiche der einzelnen Anlagen. Die Firma Davy McKee, London bietet jetzt den Casali-mixed-flow Ammoniakofen für die Methanolsynthese an. Die Firma gibt an, daß man mit einigen Veränderungen mindestens 5 000 tato Methanol pro Einheit erzeugen kann. Davy McKee behauptet, daß man einen Lurgi-Röhrenreaktor für sehr große Kapazitäten nicht zweckmäßig verwenden kann. Die Reaktorlänge wäre fixiert und die Vergrößerung der Röhrendurchgänge würde unlösbare Probleme mit sich bringen.

Chem. Week *1984*, 25. April, S. 22. A new methanol process

Air Products and Chemicals hat eine 5 tato Methanolanlage angefahren, um den vom Chem Systems ausgearbeiteten Prozeß der Dreiphasen-Arbeitsweise mit suspendiertem Katalysator zu testen.

Kobayashi, K.: CEER (Chem. Econ. Eng. Rev.) *1984*, Juni, 32–38. International Trends in Methanol

Literatur über Methanolkatalysatoren, die Kupfer enthalten

3.13. *1920–1930*

Brit. Pat. 308.181 (1929), BASF

Fenske, M. R., Frolich, P. K.: Ind. Eng. Chem. *21*, 1052 (1929)

Frolich, P. K. et al.: J. Am. Chem. Soc. *51*, 187–193 (1929); Chem. Zentralbl. 1929, I, S. 1780. Studien über Cu-Katalysatoren, die aus gefällten Hydroxiden dargestellt sind. II. Vergleich von Natriumhydroxid und Ammoniak als Fällungsmittel.

Brown, R. L., Galloway, A. E.: Ind. Eng. Chem. *20*, 960–966 (1928) (Zinkchromat)

F. Pat. 644.189, ICI: Zink-Chrom (Chem. Zentralb. *1929*, I, 178 (1924))

E. Pat. 300.142, British Celanese Ltd. Zinkkatalysator allein; Chem. Zentralb. 1929, I, 1174

F. Pat. 652.898, I.G. Farbenindustrie. Cu-Katalysatoren, z. B. $CuO + MgO$; Chem. Zentralb. 1929, I, 2945

E. Pat. 301.806, Du Pont de Nemour Co. Zn-Cu-Cr-Katalysator; Chem. Zentralb. C 1929, I, 1645

Storch, H. H.: Moniteur Produits Chim. *12* (Nr. 120), 9–10: Chem. Zentralb. C 1929, I, 2372

1930–1940

Pospechoff, D. A.: J. appl. Chem. (UdSSR) *20*, 1182 (1937); J. Chem. Ind. (UdSSR), *14*, 24–26 (1937)

Plotnikoff, A. V., Ivanoff, K. N., Pospechoff, D. A.: J. Chem. Ind. (UdSSR), *8*, 472 (1934)

Dolgoff, B. N.: Chem. fester Brennstoffe (UdSSR) *3*, 185 (1932)

Ivanoff, K. N.: Acta physicochim. (UdSSR) *1*, 493 (1934)

Eguchi, T.: Fuel Economist *11*, 417 (1938)

1940–1950

Blasiak, E.: Poln. Pat. 3400 (1947); vgl. Kotowski, W.: Chem. Techn. (DDR), *15* (5), 204 (1963), *17* (12), 210 (1965); Kotowski, W. et al.: Chem. Ing. Techn. *55* (11), 871–877 (1983)

1950–1960

Japan Hydrogen Industries, Jap. Pat. 505 (1952)

Natta, G.: Catalysis, Bd. 3, Kap. 8, Herausgeber: P. H. Emmett, Reinhold, New York *1955*

1960–1970

Japan Gas Chemical Co, U.S. Pat. 3.256.208 (1966)

Imperial Chemicals Industries, U.S. Pat. 3.326.956

Kotowski, W.: Chem. Techn. (DDR) *15* (4), 204–205 (1963). Betriebserfahrungen mit dem Blasiak-Katalysator bei der Methanolsynthese (62,5 % CuO, 25,0 % ZnO, 7,5 % Al_2O_3, 5 % H_2O)

Baron, G. B., Bechtold, H., Batzler, K., Liebgott, H., Erhard, H.: D.B. Pat. 1.300.917 vom 14. August 1969, C.A. *P* 101294v (1970), Metallgesellschaft Frankfurt/Main

Münzing, E.: Chem. Techn. (DDR) *16* (2), 98–104 (1964), *17* (8), 460–463 (1965). Zur technischen Synthese von Methanol und ihren Katalysatoren. Cr_2O_3 + ZnO-Kat.

Herbert, R., Liebgott, H.: DOS 1.930.702 vom 18. Juni *1969*, C.A. *74*, 76009h (1971); C.A. *74* 63903v (1971), Metallgesellschaft, Frankfurt/Main

DOS 1.930.003 (1969); 2.026.165 (1970); 2.056.612 (1970); C.A. *74*, 63903v (1971), F. J. Bröcker et al., BASF

DOS 1.950.007 (1969), Brit. Pat. 1.082.298, C.A. *68*, 6812s (1970). Catalyst and Chemicals Inc, Louisville (KJ)

Bolton, D. H.: Chem. Ing. Techn. *41* (3), 129–134 (1969).

1970–1980

Bröcker, F. J. et al: DOS 1.930.000, D.B. Pat. 2.026.165 (1970); 2.026.182 (1970); 2.056.612 (1970)

Magoon, E. F.: DOS 2.163.317 (1971). Shell International Research Maatschappij, Den Haag

DOS 2.165.378 (1971), Terao, I., Uda, A.: Mitsubishi Gas Comp., Tokyo

Liebgott, H., Herbert, W., Baron, G.: Erdöl und Kohle *25* (2), 75–80 (1972)

Tsybina, E. N. et al.: Chem. Ind. (UdSSR) *1973* (4), 227–229

DOS 2.302.658 (1973) Collins, B. M.: Imperial Chemicals Industries (London)

CEER (Chem. Econ. Eng. Rev.) *3* (9), 17–22 (1971) Nissui-Topsøe

Bondar, P. G. et al.: Chem. Ind (Moskau) *1972* (2), 80–82; C.A. *91*, 4928k (1970)

Herbert, R. Liebgott, H.: Metallgesellschaft, Frankfurt/Main C.A. *74*, 76009 (1971); *74*, 76020 (1971)

Dybkjaer, I. B.: CEER *1981*, S. 17–25, Topsøe Methanol-Technologie

1980–1985

Dalla Betta, R. A., Ushiba, K. K.: Hydrocarbon Processing *1980* (11), 157–160. Incentive for sulfur-tolerant methanol catalyst

Marsden, W. L., Wainright, M. S., Friedrich, J. B.: Ind. Eng. Chem. Prod. Res. Dev. *19* (4), 551–556 (1980); C.A. *93* (21), 629 (1980). Zinkpromotierte Raney-Kupfer-Katalysatoren für die Methanolsynthese

Baglin, E. G., Atkinson, G. B., Nicks, L. J.: Ind. Eng. Chem. Prod. Res. Dev. *20,* 87–90 (1981), Ref. Erdöl und Kohle *34* (12), 572 (1981). Methanol-Synthesis Catalyst's from Thorium-Copper Intermetallics. Preparation and Evolution.

Bröcker, F. J., Gründler, K. H.: Vortragsveranstaltung 3. November 1983, Haus der Technik, Essen Methanol: Chemierohstoff und Energieträger. Katalysatoren für die Methanolsynthese (S. 3–85) der BASF

Stiles, A. B.: Catalyst Manufacture: Laboratory and Commercial Preparation, Marcel Dekker Inc., New York 1983, 176 Seiten, Rezension Chem. Eng. *1984,* 25. Juni, S. 183

Wentworth, T. O., Othmer, D. F.: Chem. Eng. Progress *1982*, August, S. 29–35. Producing Methanol for Fuels

Wentworth, T., Stiles, A. B.: Wentworth-Brothers Inc. Cincinnati/Ohio U.S. Pat. 4.235.799 vom 25. November 1980. Production of Methanol.

In diesem Patent sind die Synthesen und die Zusammensetzung der von Wentworth-Brothers entwickelten neuen Katalysatoren für die Methanolsynthese mit drei verschiedenen Katalysatoren in einem Reaktionsgang angegeben.

J. Haggin, Chem. Eng. News *1984*, 16. Juli, S. 31–35
World Methanol Situation Poses Challenge in Process Design

M. J. Greene, (Chem Systems), Chem. Eng. Progress *1982*, August, S. 46–51 Alcohol-Based Fuels from Syngas

Die umfangreichen Versuche zur Auffindung wirksamer Katalysatoren für die Fuel-Alkohol-Synthese, die im Slurry-Reaktor ausgeführt werden soll, werden angegeben.

Kotowski, W. et al.: Chem. Ing. Techn. *35* (11), 871–877 (1983), Optimierung des Cu-Katalysators zur Methanol-Synthese durch einen Zusatz von Mangan.

Cu-Zn-Mn-Katalysator: Ausfällung der Hydroxide aus den Nitratlösungen mit Natriumaluminat und NaOH.

Trifiro, F. et al.: Heterog. Katal. *1983*, 5th. Pt II, 303–307; C.A. *100*, 145656m (1984). Preparation and charakterization of Copper-Zinc-Aluminum mixed oxides for low temperature methanol syntheses.

Tamaru, K. et al.: Chem. Soc. Japan, Chem. Letters *553*, 144 (1983); Appl. Catal. *9* (1), 144 (1984). Methanol aus CO/H_2 über einen Rutheniumkatalysator

Vytnowa, L. A., Lin, I. G., Yanukowa, A. M., Rosovsky, A. M.: Konferenz über nichtstationäre Prozesse bei katalytischen Materialien, (UdSSR) 2. Allunionskonferenz, Nowosibirsk 14.–16. Dez. *1982*, Publ. (1983), (CH_2), 13–16. Ref. Jorn. Chem. *1984,* Abstr. Nr. 2, B_4, 225; C.A. *100*, 145686w (1984). Tranformations of active centers of Methanol-Synthesis-Catalyst

Tanaka, Y. et al.: Appl. Catal. *8* (3), 325–333 (1983); C.A. *100*, 71016d (1984). A novel Catalyst for Methanol Synthesis

Der Katalysator wurde hergestellt durch Erhitzen von Kupfer- und Zinknitrat in einer Ethylenglykollösung auf 160 °C bis zum Ende der NO_2-Entwicklung. Das Kupfer-Zink-Gemisch wurde dann 1 Stunde bei 300 °C kalziniert und anschließend bei der gleichen Temperatur 1 Stunde reduziert. Dieser Katalysator war weit aktiver als ein durch Fällung von Kupfer-Zink mit Soda aus wässriger Lösung und anschließender gleicher Behandlung wie oben erhaltener (Cu:Zn in beiden Fällen 1:1).

Ryan, R. CH., Slough, L. H.: European Pat. Appl. E.P. 101.622; C.A. *100,* 145740j (1984). Modified copper- and zinc containing catalyst and process for producing methanol using this catalyst

Cu-Zn-Katalysatoren, die seltene Erden wie Lanthanide, Actinide und Gemische davon enthalten, werden beansprucht

Journ. Applied Catal. *9* (2), 282 (1984)

(Das API (*A*merican *P*etroleum *I*nstitute) veröffentlicht ein neues Bulletin, das wöchentlich erscheint und die Katalysatoren für petrolchemische Prozesse etc. sowie für Prozesse, die sich mit der Reinhaltung der Luft beschäftigen, zusammenfaßt.

Von 200 Journalen der ganzen Welt bzw. von Vorträgen bei Tagungen, werden Referate angefertigt.

Anschrift: American Petroleum Institute, Central Abstracting and Idexing Service, 156 William Street, New York, NY 10038)

Friedrich, J. B. et al.: Chem. Eng. Commun. *1984*, 26 (1–3), 163–171; C.A. *100,* 141152w (1984). Optimization of the preparation of Raney Copper-Zinc Catalyst for Methanol Synthesis

Mochalin, V. P., Lin, G., Rosovsky, A. Ya.: Chem. Ind. (Moskau *1984* (1), 11–13; C.A. 123151r (1948). Kinetic model of methanol synthesis on the catalyst SNM-1

Del Piero, G., Trifiro, F., Vaccari, A.: J. Chem. Soc. Chem. Commun. *1984,* S. 656. Non stoichiometric Zn-Cr-spinel as a active phase in the catalytic synthesis of methanol.

Chem. Week, *1984*, 7. November, S. 28–29.

(Von besonderer Bedeutung für die Synthese des Methanols im Gemisch mit höheren Alkoholen ist die Feststellung der Dow Chemical, daß Molybdänsulfid als Katalysator verwendet werden kann und daß die Menge an Schwefelwasserstoff im Synthesegas die Zusammensetzung des Alkoholgemisches regulieren kann.)

Ratke, J. W. (Argonne National Lab.): Chem. Week *1984* (Oktober) S. 51–52. The new route from CO to Methanol via water.
Neue Katalysatoren sind Blei-titanat-wolframat-molybdat- und vanadat

3.14. Chinchen, G.C. et al: Amerikan Chem. Society Division of Fuel Chemsitry Symposium on Methanol and Synthetic Fuels. Philadelphia (Pa) Meeting August 1984. The Activity of Cu—ZnO—Al_2O_3 Methanol Synthesis Catalysts

Rosovsky, A. Ya. et al.:

Kin. in Katal. *18* (3), 691 (1977), Englische Übersetzung der sowjetischen Originalarbeit

3.15. Supp, E. (Lurgi): Erdöl und Kohle, Compendium. 24. Haupttagung der DGMK vom 30. September–3. Oktober 1974, S. 331–339 bzw. 338–339. Herstellung von Substitutionsbrennstoffen

Blythe, B. M., Wartley, W.: Wellman Power Gas Inc. Lakeland, Florida 33803, Firmenmitteilung. Methanol for the International Transportion of Energy

Europ. Chem. News *1974* vom 29. Nov., S. 18. Methanol fuel viable over long shipping distance

Winter, Ch., Kohll, A.: Chem. Eng. *1973* vom 12. Nov., S. 233–238 (Simon Carves Ltd.). Energy Imports LNG Versus MeOH

Soedjanto, P., Schaffert, F. W.: Oil Gas Journal *1973* vom 11. Juni, S. 88–91. Transporting Gas-LNG Versus Methanol

Backhaus, H., Linderer, W.: Energiewirtschaftliche Tagesfragen, I. Teil *23* (5), 208–219 [1973]. Methanol aus Übersee-Erdgas. Eine Kostenrechnung für Flüssiggas- und Methanolketten II. Teil *24* (3), 108–116 [1974]. Umweltfreundliche Energieträger und kostengünstige Einsatzstoffe

Bourguet, J. M.: Hydrocarbon Processing *1981*, Januar, S. 167–172. LNG cold: Still a Problem

Erdöl und Kohle *35* (4), 157 [1982]. LNG-Transport durch Pipelines, per Tanker und mit Großunterseebooten.
LNG: 1968 wurden bereits 1,5 Mia m^3 transportiert, 1972 10 Mia, 1980 50 Mia und 1996 soll das dreifache Volumen verschifft werden. Großunterseeboote mit 450 m Länge und 30 m Höhe, die für den Transport von 140 000 m^3 LNG unter der Antarktis dienen, sollen 25% billiger transportieren als eisbrechende Tanker und 40% billiger als Pipelines.

Royal, M.J., Nimmo, N.M.: Oil Gas J. *71* (6), 52 (1973). Big methanol plant offer cheaper LNG alternatives

Chem. Eng. *80* (6), 25 (1973). Naturgas versenden als Methanol

Dutkiewicz, B.: Oil Gas J. *71* (18), 166 (1973). Methanol competitive with LNG on long haul

Europ. Chem. News *1973*, 16. Februar, S. 25–26. LNG beats methanol fuel on overall costs

Chem. Engng. *1974*, vom 11. Nov., S. 71. Attractiveness of tankering energy as LNG instead of methanol is enhance marketly

Stokes, C. A.: Chem. Week *1982*, 16. Juni, S. 5. Assessing the methanol alternative
Es wird diskutiert, ob das Alaska-Naturgas als solches oder in Form von CH_3OH transportiert werden soll.

Stoll, R. D., Kleine M.: Erdöl und Kohle *34* (6), 242–250 (1981). Trans-Alaska-Pipeline

Hydrocarbon Processing *1982*, März, S. 13. Natural gas pipe-lined to lower 48 from Alaska is closer than ever to reality

Oil Gas J. *1982*, 9. August, S. 61. *Angts* (*A*laska *N*atural *G*as *T*ransportion *S*ystem) seen top option for Alaskan gas
(Das Methanolprojekt wird ebenfalls diskutiert.)

3.16. Othmer, D. F.: Chem. Eng. News vom 30. August *1982*, S. 3; ferner Oil Gas Journal *1982* vom 9. August, S. 61 und vom 1. Nov., S. 84–86

3.17. D'Eliscu, P.: Environmental Consequences of Methanol Spills and Methanol Emissions on Terrestrial and Freshwater organisms. Third International Symposium of Alcohol Fuels Technology, Asilomar California, 28.–31. Mai 1979

Ferry, D., Queen, E.: Toxicity of Methanol-Petrol-Mixtures. Third International Symposium of Alcohol Fuels Technology, Asilomar, California 28.–31. Mai 1979

Toxikologie für Ärzte, Naturwissenschaftler und Apotheker. Herausgegeben von W. Wirth und Ch. Gloxhuber, Verlag Georg Thieme, Stuttgart, New York *1981*

Delbrück, W. R., Kluge, A., Täuber, U.: Wirkung von Methanol auf Mensch und Tier DGMK-Forschungsbericht 260-07 (1982); Erdöl und Kohle *36* (10), 484 (1983), gleiches Thema

Wimer, W. W., Russell, I. A., Kaplan, H. L.: Alcohols Toxicology *1983.* Noyes Data Corporation Park Ridge NY

Blank, M. L. et al.: Res. Commun. Subst. Abuse *1983*, 4 (3), 259-62, C.A. *100,* 30810q. Methanol-toxicity and elevated formate levels in the marmoset.

Wimer, W. W., Russel, I. A., Kaplan, H. L.: Alcohol Toxicology Proceedings Communications, VI. Internat. Symposium on Alcohol Fuels Technology, 21.–25. Mai *1984*, Ottawa (Canada), Vol. II, B-11, S. 2-75 bis 2-84 (1984)

Ecklund, E. E.: Status and Direction of the Use of Alcohols and other Oxygenated Hydrocarbons in North America. VI. International Symposium on Alcohol Fuels Technology Proceedings Communications, Vol. II, D-5, S. 2-269 bis 2-274, 21.–25. Mai, Ottawa (Canada), *1984*

Quadflieg, H.: Legislation, Safety and Health-Requirements for an Implementation of Methanol Fuels E. G. in Germany. VI International Symposium on Alcohol Fuels Technology Proceedings Communications, Vol. II, D-22, S. 2-347 bis 2-352, 21.–25. Mai, Ottawa (Canada) 1984

Paul, J. K. (Ed.): Methanol Technology und Applications in Motor-Fuels, Noyes Data Corp. Park Ridge Ny 1978, dort S. 102, vgl. auch Methanol für den Straßenverkehr, Studie des BMFT, Dezember 1984 (Arbeitsentwurf) S. 46–47

4 Methanol als alternativer Kraftstoff [4.1]

4.1. Methanol in Benzin [4.2]

Die Möglichkeit, Methanol dem Benzin zuzumischen, wurde schon vor dem zweiten Weltkrieg bei der damaligen I.G. Farbenindustrie in Oppau und Leuna untersucht. Während reines Benzin und absolut trockenes Methanol, insbesondere wenn das Grundbenzin aromatenreich ist, mischbar sind, genügt bereits bei niederen Methanolanteilen eine kleine Wassermenge zur Entmischung. Nachteilig ist ferner, daß bei Zumischung von Methanol zu einem Benzin, dessen Dampfdruck durch Zugaben von z. B. Butan auf den nötigen Wert von RVP 6 eingestellt wurde, die Flüchtigkeit der niedrigsiedenden Komponente ansteigt. Es handelt sich hier um die Bildung von Azeotropen. Schon 1% Methanol kann den RVP auf 9 ansteigen lassen, wodurch ein Großteil des Butans ausgetrieben wird, was auch vom wirtschaftlichen Standpunkt nachteilig ist. Anders liegen die Verhältnisse, wenn man im Zweistoffbetrieb arbeitet, d. h. mit 2 Kraftstofftanks und 2 Kraftstoffpumpen. Man kann als Benzin dann ein billiges Grundbenzin verwenden, dessen Zumischung nur nötig ist, wenn es der Betriebszustand des Motors erfordert.

Heute haben sich 3 Alternativen unter wirtschaftlichen Aspekten durchgesetzt, doch wird ihre Einführung in die Praxis noch vielen Schwierigkeiten begegnen.

Der Mischkraftstoff M 3, mit 3 % Methanol und 2–3 % Lösungsvermittlern bzw. von Korrosionsinhibitoren ist ohne Änderung an Fahrzeugen und Vertriebssystemen einsetzbar und gehört heute zum Stand der Technik. In der BRD laufen etwa ⅓ der Kraftfahrzeuge mit M 3.

Der Mischkraftstoff M 15, mit 15 % Methanol und Löslichkeitsverbesserern, erfordert bereits eine Anpassung der Motoren, des Kraftstoffsystems und mehrerer Kunststoffbestandteile an den Kraftstoff, der wegen seiner aggressiven Eigenschaften, besonders bei aromatenreichen Benzinen, sonst nicht verwendet werden kann [4.1]. Hat man die Wagen an den M 15 Kraftstoff angepaßt, muß man mit einem Mehrverbrauch von etwa 4–5 Vol.-% rechnen, da Methanol nur etwa den halben Heizwert des Ottokraftstoffes besitzt. In der Praxis hat sich jedoch immer wieder ergeben, daß einem Liter VK nicht etwa 2 Liter Methanol, sondern nur etwa 1,65 Liter äquivalent sind.

Umfangreiche Arbeiten über den Einfluß von M 15 Kraftstoffen auf Kunststoffe wie Kautschuk und andere Elastomere, Schläuche, Lacke, auf Metalle und Legierungen, Einlaß-Systeme, Pumpen, Dichtungen etc. haben ergeben, daß es keine unüberwindlichen Probleme gibt, wenn auch hier der nötige Korrosionsschutz und wegen anfallender Schmierölprobleme ein erhöhter Detergentieneinsatz gewährleistet ist.

Die M 15 Kraftstoffe werden in den kommenden Jahren an Bedeutung gewinnen, da sie eine OZ-Verminderung weitgehend verhindern können, die sich aus dem Verzicht von bleihaltigen Kraftstoffzusätzen ergibt.

Der Mischkraftstoff M 100 besteht aus einem Gemisch von etwa 90 % Methanol und 10 % eines Kohlenwasserstoffgemisches, das in erster Linie der Verminderung der Kaltstartschwierigkeiten dient. Meist verwendet man Gemische aus *i*-Pentan und *n*-Butan, aber auch Petrolether eignet sich.

Das gesamte Auto muß einer Anpassung für M 100 unterzogen werden, eine Aufgabe, der sich seit Jahren hervorragende Spezialisten widmen. Durch die hohe Verdampfungswärme und den hohen Sauerstoffgehalt ergeben sich jedoch Probleme. Man muß das Kraftstoff-Luftverhältnis zur Abmagerung verändern, die Zündanlage und den Brennraum anpassen etc. Die Anpassungen wirken sich positiv aus, weil nicht nur eine 20–25 % energetische Kraftstoffeinsparung, sondern auch Leistungssteigerungen von 20 % gegenüber baugleichen Benzinfahrzeugen bewirkt werden. Man kann das Verdichtungsverhältnis nämlich auf 1:13 bis 1:14 anheben und damit eine höhere Energieausbeute erreichen.

Die hohe Verdampfungsenthalphie ist auch ein Vorteil des Methanols. Die starke Abkühlung des Luft-Methanolgemisches ergibt eine niedrige Verbrennungstemperatur im Motor, und damit wird eine Verminderung der Wandwärme- und Abgaswärme-Verluste erreicht, was sich auch günstig auf die Zusammensetzung der Abgase auswirkt.

Tabelle 4.1 zeigt die Kenndaten von M 100 im Vergleich zum Superbenzin und Tabelle 4.2 die Kraftstoffeigenschaften.
Wie vorstehend angeführt, sind die Werkstoff- und Materialprobleme für den Einsatz von M 15 und M 100 weitgehend gelöst bzw. in intensiver Bearbeitung.

Tabelle 4.1. Kenndaten von M 100 im Vergleich zu Benzin (Müller u. Keim [4.4])

Kennwerte	M 100	Superbenzin
Chemische Analyse	C 39,7 %	C 85,7 %
	H 13,1 %	H 14,3 %
	O 47,4 %	O –
Heizwert *u*	21,35 MJ/kg	43,95 MJ/kg
	5 102 kcal/kg	10 504 kcal/kg
Dichte 15 °C	0,785 g/cm³	0,745 g/cm³
Verdampfungswärme 20 °C	1 109 kJ/kg	350 kJ/kg
Verdampfungswärme 20 °C	265 kcal/kg	83,6 kcal/kg
Oktanzahlen		
ROZ	110	98
MOZ	92	88

Tabelle 4.2. Stoffeigenschaften von Kraftstoffen (Pischinger u. Adams [4.42])

		Methanol	Ethanol	Normal-benzin	Dieselöl
Dichte (20 °C)	g/cm^3	0,791	0,789	0,740	0,840
unterer Heizwert	MJ/dm^3	15,78	21,16	32,50	35,70
Gemischheizwert[a]	kJ/m^3	3,175	3,318	3,439	3,475[b]
stöchiometrischer Luftbedarf	$\frac{kg/Luft}{kg/Kraftstoff}$	6,4	9,0	14,9	14,6
Verdampfungswärme (1,013 bar)	kJ/kg	1,104	841	330	250
Siedepunkt/Bereich (1,013 bar)	°C	64,7	78,5	30...190	170...360
Dampfdruck bei 37,8 °C	bar	0,37	0,21	0,6...0,9	—
Oktanzahlen: ROZ	—	110	100	92	—
MOZ	—	92	89	84	—
Cetanzahl	—	3	8	15	45...55
Sauerstoffgehalt	Gew.-%	50	35	~0	~0

[a] $\lambda = 1$, $p = 1$ bar, $t = 20$ °C
[b] auf angesaugtes Luftvolumen bezogen

Die Spezialisten der Firma Ford in den USA lehnen M 15 zwar nicht ab, fordern aber die Ausarbeitung akzeptabler Standards für seine Verwendung. Sie bevorzugen aber M 100. Von deutschen Spezialisten sowie Experten von BP, Aral, des BMFT wird mitgeteilt, daß 22 Industriebetriebe und 15 Institute an den Untersuchungen auf dem M-15- und M-100-Gebiet beteiligt sind und die Ausgaben sich lohnen werden, wenn der Methanolpreis nicht höher als der Benzinpreis sein wird. Dies könnte der Fall sein, wenn endlich der Methanoleinsatz im Zusammenhang von Energiesektor und Synthesegasbedarf gesehen wird und Methanol als Clean Fuel den Durchbruch erzielt.

Es werden dann immer noch eine Menge schwieriger Fragen zu lösen sein, die nicht mehr mit technischen Problemen zusammenhängen, sondern mit der Infrastruktur, der Steuergesetzgebung, dem grenzüberschreitenden Verkehr etc. Deshalb könnte es sein, daß in Grenzen einheitlicher Wirtschaftsgebiete wie den USA oder der UdSSR M 100 früher zum Zuge kommt als im EG-Raum. Für das als Alternative zu M 100 aus Methanol herstellbare MTG-Benzin, das teurer kommt als Methanol, benötigt man keine eigene Kraftstoffverteilung, keinen größeren Aufwand bei der Verteilung, keine eigenen Handelsgesellschaften usw.

So ist für die energische Weiterentwicklung eines Konzeptes zur Einführung von M 100, aber auch M 15 bei den internationalen Ölgesellschaften und verschiedenen Behörden noch immer kein größeres Interesse vorhanden.

Die Zusammensetzung von M 100, wie es im deutschen Großversuch verwendet wurde, gibt Tabelle 4.3 an.

Die Tabelle 4.4 zeigt im Zusammenhang mit anderen alternativen Kraftstof-

Tabelle 4.3. Spezifikation von Methanolkraftstoff M 100 im deutschen Großversuch nach Müller und Keim ([4.4] und in [4.1])

		Spezifikation Winter	Sommer
Methanol	ca.	91,5 Gew.-%	94,5 Gew.-%
Isopentan	ca.	8,5 Gew.-%	5,5 Gew.-%
d_{15}	ca.	0,779 g/cm³	0,785 g/cm³
Dampfdruck	ca.	900 mbar	700 mbar
Heizwert	ca.	21,98 kJ/kg	21,35 kJ/kg
Wassergehalt	max	1 000 ppm	1 000 ppm
Abdampfrückstand	max	10 mg/l	10 mg/l
Methylformiat	max	5 ppm	5ppm
Ameisensäure	max	10 ppm	10 ppm
Alkalität	max	1 ppm	1 ppm
Gesamtsäure	max	20 ppm	20 ppm
Trübungspunkt		− 15 °C*	

* Bei 10 Gew.-% H_2O-Zugabe

Tabelle 4.4. Aufteilung der Herstellungskosten von „M 100" im Vergleich zu Mineralölbenzin und Benzin aus der direkten Kohlehydrierung in Prozent

Vergaser-kraftstoff	M 100	Hydrier-benzin	Mineralöl-benzin
Rohstoff	45 %	55 %	85 %
Kapital	41 %	38 %	10 %
Betrieb	14 %	7 %	5 %

fen, daß aus Kostengründen Methanol die größten Chancen hat, einmal als eigener Vergaserkraftstoff angewandt zu werden.
In einem Optimierungsmodell wurden die Herstellungskosten für Methanol aus verschiedenen Rohstoffen den Herstellungskosten von konventionellen Kraftstoffen gegenübergestellt. Die Preise des Jahres 2000 wurden geschätzt. Tabelle 4.5 faßt die Resultate zusammen. Die Kosten für die Umrüstung bzw. Anpassung der Fahrzeuge und für das Verteilungssystem wurden nicht berücksichtigt.
Die Untersuchungen kamen zu folgendem Ergebnis: Die zu erwartenden Preissteigerungen für Rohöl und Naturgas werden zu einem verstärkten Einsatz von Methanol führen, das auf Basis importierter Kohlen inländisch hergestellt oder als Importmethanol bezogen werden wird. Daraus wird sich eine wertmäßige Entlastung oder Diversifikation der Energieimporte ergeben. Der Einsatz von heimischer Kohle führt zu teurem Methanol. Die wirtschaftliche Verwendung von heimischer Braunkohle wird durch die begrenzte Verfügbar-

Tabelle 4.5. Kostenvergleich des Einsatzes von Methanol als Alkoholkraftstoff M 100 auf Basis verschiedener Rohstoffe (Erdöl u. Kohle *36* (Synopse) [4.2])

Rohstoffe	Naturgas	Erdöl-Rückstände	Braunkohle	Steinkohle
Rohstoffeinsatz in t/t Methanol	0,82	0,93	4,7	1,4
Rohstoffpreis in DM/t (1981)	320	475	25	220
Rohstoffpreis in DM/t (2000)	640	590	52	360
Verfahrenskosten DM/t Methanol	60	85	200	180
Methanolkosten DM/t (1981)	322	527	318	488
Methanolkosten DM/t (2000)	585	634	445	685
100 Kostenindex*				
OK 1981 = 100	75	115	74	107
OK 2000 = 100	90	83	72	104

* Der M-100-Kraftstoff bezieht sich auf die für den Ersatz von Ottokraftstoff notwendige Menge an Methanolkraftstoff (1,7 t M 100 je t OK) und auf einen OK-Preis von 1981: 810 (DM/t) und 2000 1180 (DM/t). M 100 entspricht einem Gemisch von 93 Vol.-% Reinmethanol und 7 Vol.-% OK.

Tabelle 4.6. Vorteile eines M-100-Kraftstoffes in einem optimal auf Reinmethanol abgestimmten Motor bei folgenden Bedingungen:

Voraussetzungen

1. Methanolresistente Materialien für alle Bestandteile, die mit dem Kraftstoff in Berührung kommen.
2. Anpassung des Gemischbildungssystems (Vergaser, Saugrohr) an den Kraftstoff.
3. Verminderung der Kaltstartschwierigkeiten durch Heizvorrichtungen zur Vorwärmung des Gemisches, oder Zumischung einer leichten Komponente von 5 % (bei −22 °C) bzw. 10 % (bei −34 °C) wie *i*-Pentan oder *n*-Butan etc.
4. Vergrößerung des Tanks zur Erzielung der gleichen Reichweite, wie vorher mit Benzinmotoren.
5. Üblicher Nachreaktions-Katalysator für die Eliminierung von Formaldehyd.

Auswirkungen

6. Hohe Verdampfungswärme, durch Abkühlung des eintretenden Methanol-Luftgemisches und niedrigere Verbrennungstemperaturen, sowie Verringerung der Wandwärme- bzw. Abgaswärmeverluste. Reduktion der NO_x-Emission im Abgas.
7. Hohe Oktanzahl des Methanols (> 110), dadurch Verdichtungserhöhung (1:12) möglich, die mit Effektivitätssteigerung verbunden ist.
   Als Vorteil ergibt sich ein 15–20 % geringerer spezifischer Energiebedarf, als bei Benzinmotoren ähnlicher Bauart und gleicher Leistung, Tankraumvergrößerung nur etwa 65 %.
8. Magere Zündgrenze, dadurch besserer Wirkungsgrad.

keit eingeengt und es wird daher zur Freisetzung von Braunkohle ein verstärkter Ausbau der Kernenergie gefordert.

So wird sich zunächst eine Nutzung von Methanol als Kraftstoff nur auf Basis von Importen ergeben, die in Zukunft sicher reichlich zur Verfügung stehen werden.

Die wichtigsten Vorteile von M-100-Kraftstoff in einem optimal für Methanol abgestimmten Motor faßt Tabelle 4.6 zusammen.

Seiffert und Bernhardt [4.43] gaben kürzlich bekannt, daß die praktische Erprobung von Kraftfahrzeugen für alternative Kraftstoffe soweit gediehen ist, daß aufgrund der zahlreichen Erkenntnisse die geeigneten Fahrzeuge bereits in Serie hergestellt werden könnten, wenn der dazugehörige Kraftstoff in genügenden Mengen billig zur Verfügung stünde. Dabei handelt es sich um Fahrzeuge, die sowohl mit Autogas, Methanol und Ethanol, sowie Alkohol-Diesel-Mischkraftstoffen betrieben werden können.

Dabei werden dem Methanol als neuem, umweltfreundlichen Kraftstoff besondere Chancen zugebilligt, wenn es gelingt, das Methanol nicht nach Volumen, sondern nach seiner Leistungsfähigkeit in Beziehung zu Benzin zu versteuern.

Alkohol-Kraftstoff-Fahrzeuge werden von VW insbesondere nach USA, Kanada, Mexico, Norwegen, Schweden, Neuseeland und Südafrika geliefert.

4.1.1 Sicherheitsvorkehrungen beim Einsatz von M 15 und M 100 [4.3]

Die Zugabe von niederen Kohlenwasserstoffen wie *n*-Butan und *i*-Pentan zu M 100 bzw. von Methanol zu Benzinen (M 15) setzt den Dampfdruck der Gemische herauf (vgl. S. 118) wodurch die obere Explosionsgrenze herabgesetzt wird. Es bildet sich ein hochmethanolhaltiges Kraftstoffgemisch, das allerdings weniger gefährlich ist als ein konventionelles Benzin. Es tritt auch keine Verschlechterung in der Explosivitäts-Charakteristik ein.

Inzwischen sind Regeln und Verordnungen über „Anlagen zur Lagerung und Abgabe von Methanol-Benzin-Mischkraftstoffen, Brennbare Flüssigkeiten“ erlassen worden, so daß beim DAbF (Deutscher Ausschuß für brennbare Flüssigkeiten) keine sicherheitstechnischen Bedenken gegen Tanklager für M 15 und M 100 Kraftstoff bestehen [4.4].

4.1.2 Das Formaldehydproblem

Sollte M 100 eines Tages allgemein eingeführt werden, wird das Formaldehydproblem wiederum von verschiedenen Stellen aufgegriffen werden. Eine Zusammenstellung der neuesten Literatur auf diesem Gebiet zu einer näheren Information über die derzeitige Lage und das Hin und Her ist deshalb aufgeführt [4.5].

Bei von verschiedenen industriellen und unabhängigen wissenschaftlichen Instituten ausgeführten langzeitlichen Versuchen über die kanzerogene Wirkung des Formaldehydes beim Menschen sind bisher nur negative Resultate erhalten worden. Die Untersuchungen gehen jedoch weiter.

Eine befriedigende Problemlösung für die seit 65 Jahren vielfältig genutzte Großchemikalie Formaldehyd ist nur zu erreichen, wenn man in völliger Objektivität die erforderlichen Untersuchungen durchführt und es vermieden wird, vor deren Abschluß mit der Veröffentlichung von vorläufigen Teilergebnissen die Bevölkerung zu verunsichern.

Der derzeitige Nachreaktionskatalysator, der sich in Zukunft in den meisten Autos befinden wird, entfernt neben den üblichen Schadstoffen den Formaldehyd aus den mit M 100 fahrenden Autos bis in die Nähe der Nachweisgrenze. Eine sich anschließende Literaturübersicht gibt dem interessierten Leser einen Überblick über die Arbeiten aus den letzten Jahren auf dem Gebiet der Autoabgasentgiftung [4.6].

4.2. Das Fuel-Methanol

Als Fuel-Methanol bezeichnet man jenes Methanol, das für die Energieerzeugung verwendet wird und nicht die Reinheit des „Chemie-Methanols“ zu haben braucht [4.7]. Man unterscheidet dabei zwei Sorten. Einmal jenes, das dem Benzin zur Erhöhung der Oktanzahl zugesetzt werden soll, wenn das Blei allmählich vermindert oder völlig eliminiert werden wird. Es besteht aus einem Gemisch aus Methanol und einem in seiner Zusammensetzung mehr oder weniger kontrollierten Prozentsatz von höheren Alkoholen C_2—C_5. Es muß soweit wie möglich technisch wasserfrei sein. Das Fuel-Methanol, welches als Ausgangsmaterial für die Kesselheizung und als Brennstoff für Gasturbinen etc. benutzt werden soll, kann dagegen sogar vorteilhafterweise etwas Wasser und auch kleine Mengen an höhermolekularen Alkoholen enthalten.

Nachfolgend wird jenes Fuel-Methanol behandelt, das dem Benzin in bestimmten Prozentsätzen für den Betrieb von Ottomotoren zugesetzt werden soll.

In den Mischungen mit Benzin hat Methanol die Aufgabe, durch seine hohe Oktanzahl den Verlust an Klopffestigkeit auszugleichen, der auftreten wird, wenn das Blei aus den Kraftstoffen eliminiert wird. Methanol ist nach dem Tetraethylblei der billigste Oktanzahlverbesserer. Benzin-Methanolgemische haben jedoch verschiedene Nachteile. Einmal ist durch die geringe Wassertoleranz die Gefahr gegeben, daß durch Feuchtigkeit oder kleinste Wassermengen bereits Phasentrennung eintritt, bei der die obere Schicht wenig Alkohol, die untere viel Alkohol enthält.

Ein höherer Aromatengehalt im Vergaserkraftstoff mildert die Gefahr einer Entmischung etwas, erhöht aber die Korrosionswirkung des Methanols gegenüber Metallen und Metallegierungen sowie den Angriff auf Kunststoffteile aller Art, die mit dem Kraftstoffgemisch in Berührung kommen. Die Wassertoleranz des Methanols in Mischungen mit Benzin kann aber durch Zugabe höherer Alkohole von C_2—C_5, sogenannten Kosolventien, verbessert werden, und die Korrosionswirkung ist durch geeignete Inhibitoren zu verhindern. Der Zusatz von höheren Alkoholen zu den Methanol-Benzin-Mischungen ist jedoch sehr teuer. Tabelle 4.7 gibt einen Einblick in die Preise von Alkoholen im Jahr 1984 in der Bundesrepublik Deutschland.

Tabelle 4.7 Preise von Alkoholen 1984 in DM/t

Methanol	450
100 % Ethanol	1 600–1 700
Isopropanol	1 200
n-Butanol	1 300
tert.-Butanol	1 500–1 600

Man versucht nun, die Methanolsynthese so abzuwandeln, daß neben Methanol gleichzeitig auch höhere Alkohole entstehen. Lange bekannt ist die Tatsache, daß bei der Alkalisierung des alten Chromoxid-Zinkoxid-Methanolkatalysators neben Methanol auch höhere Alkohole, in erster Linie Isobutylalkohol, gebildet werden (Isobutylöl-Synthese). Sie wurde mehrere Jahre technisch ausgeführt und lieferte neben Isobutanol die höheren Alkohole – bis C_{12} und höher – in Form verzweigter primärer Alkohole.

Der Katalysator und die Reaktionsbedingungen konnten in letzter Zeit soweit verändert werden, daß die Bildung höherer Alkohole bei etwa C_6 gestoppt werden kann und ihr Verhältnis zum Methanol in breiten Grenzen variierbar ist. Obwohl diese Fuel-Alkohol-Synthese teurer ist als die konservative Methanol-Synthese, stehen die so erzeugten höheren Alkohole wesentlich billiger zur Verfügung, als wenn sie dem Methanol aus vom Markt zugekauften Alkoholen beigegeben würden. Es dürfte wohl kein Zweifel darüber bestehen, daß die Fuel-Alkohol-Gemische in den kommenden Jahren in sehr großen Mengen für die Herstellung hochoktaniger bleifreier Vergaserkraftstoffe weltweit benötigt werden.

Die Mischung von Benzin mit Methanol und höheren Alkoholen stellt einen Kompromiß zwischen dem Einsatz von M 100 und der Herstellung von MTG-Mobilbenzin dar, da sich beide auf Methanol gründen. Einem allgemeinen Einsatz von M 100 stehen mehrere Behinderungen entgegen, wie Verteilungsprobleme, Einrichtung eigener Tankstellen, Umstellung der Autoproduzenten zum Bau von „Methanolautos" etc. Mobilbenzin, das diese Schwierigkeiten zwar nicht zu überwinden hat, ist zur Zeit zu teuer.

Der Einsatz der Alkohol-Benzinmischungen ist auch als Zwischenlösung deswegen von Interesse, weil er die Methanolproduktion auf der Grundlage von minderwertigen, Stickstoff und Kohlensäure enthaltenden „offshore"-Erdgasen, Erdölrückständen, billigen Kohlen und Torf fördert und auf einem Gebiet, dessen technologische Bedeutung für die Zukunft nicht hoch genug eingeschätzt werden kann, zu weiteren Entwicklungen führt.

Weltweit wird man in absehbarer Zukunft vor der Frage stehen: Mit welchen Mitteln kann die Oktanzahl im Benzin ausgeglichen werden, wenn allmählich eine völlige Entbleiung erfolgen soll?

Die europäischen Länder des EG-Raumes sollen 1986 die Bleikonzentration auf 0,15 g Blei/Liter verringern, ein Minimum, das in der BRD bereits seit 1976 eingehalten wird. Schließlich muß das Blei aus dem Kraftstoff völlig entfernt werden, denn die Edelmetalle in Abgaskatalysatoren werden durch das Blei ihrer katalytischen Wirksamkeit für die Reinigung der Abgase beraubt.

Der Zusatz von 0,15 g Blei/Liter führt zu einer Steigerung der Oktanzahl um 3 Punkte bei beiden OZ und ihre Verminderung bei Vollastdrehzahl findet im gleichen Maße, aber in unterschiedlichem Umfang statt. Das Absinken der Oktanzahl durch die völlige Entbleiung könnte wenigstens teilweise durch Anhebung des Aromatengehaltes im Benzin ausgeglichen werden. Dies erforderte aber die Erhöhung der Severity bei verschiedenen Verarbeitungsprozessen des Erdöls, z. B. bei den Reforming- und Crackprozessen, wodurch nicht nur Verluste durch erhöhte Vergasung, sondern auch durch Mehrverbrauch an Heizmaterial eintreten würden. Der größte Prozentsatz der so herzustellenden, hochoktanigen Komponenten umfaßt die BTX- und die C_9-Aromaten.

Toxikologische Gründe sprechen aber dagegen, insbesondere das kanzerogene Benzol im Benzin noch höher anzureichern. In der Schweiz, in Finnland und Schweden ist die Benzolkonzentration im Benzin auf 5 %, in Norwegen auf 1 % begrenzt.

Eine Senkung der OZ unter das bisherige Niveau wäre aber mit einem höheren Kraftstoffverbrauch verbunden, da die Kompression verringert werden müßte, wodurch die Ausnutzung der Kraftstoffenergie sinkt.

Gerade die Einführung von Tetraethylblei in die Vergaserkraftstoffindustrie hat es ermöglicht, Reformer und Cracker bei milderen Temperaturen zu betreiben und an Erdöl und dessen Fraktionen zu sparen. Allerdings ist der relative Verbesserungsgrad bei der Oktanzahlerhöhung durch Bleizusatz um so größer, je niedriger die OZ des zu verbessernden Produktes ist.

Die Erhöhung der Produktion von hochoktanigen Alkylat- und Polymerbenzinen ist ebenfalls mit einer erheblichen Verteuerung der Vergaserkraftstoffe verbunden.

Letztlich müßte wahrscheinlich auch der TIP-Prozeß (Totalisomerisierungsprozeß) beim Naturgasbenzin wieder aktiviert werden, bei dem man zuerst die *n*-Paraffine von den Isoparaffinen mit Molsieben abtrennt, letztere dem Benzin zusetzt und erstere einer katalytischen Isomerisierung unterwirft usw.

Wollte man die in Kap. 4.2.1 angegebene Verwendung von sauerstoffhaltigen Verbindungen zur Aufrechterhaltung der OZ nach Entbleiung der Benzine vermeiden, müßten zusammengefaßt in den Raffinerien folgende Maßnahmen getroffen werden:

1. Erhöhung der Severity beim katalytischen Cracken und bei Reformingprozessen.
2. Vermehrte katalytische Alkylierung.
3. Vergrößerung der Polymerbenzinproduktion.
4. Hydrierung von Kokereibenzinen als Ausgangsmaterial für Reformeranlagen.

5. TIP-Verarbeitung von Naturgasbenzin und straight run-Leichtbenzinfraktionen.

4.2.1 Sauerstoffhaltige Verbindungen als hochoktanige Komponenten zu Erhaltung der Oktanzahl von Benzinen

Die zur Zeit als Vergaserkraftstoffkomponenten wichtigsten sauerstoffhaltigen Verbindungen und ihre Mischoktanzahlen sind in Tabelle 4.8 angegeben [4.8].

Tabelle 4.8. Mischoktanzahlen von sauerstoffhaltigen Verbindungen, die als Mischkomponenten für Vergaserkraftstoffe zur Erhöhung der Oktanzahlen in Frage kommen

Produkt	ROZ	MOZ
MTBE (*M*ethyl-*tert.*-*B*utyl*e*ther)	118	101
GTBA (*G*asoline-*tert.*-*B*utyl*a*lkohol) „Acronol“	105	91
50 % GTBA + 50 % Methanol „Oxinol“ (von ARCO)	117	98
Methanol	130	101

Tert.-Butanol ist das Hydratisierungsprodukt von Isobutylen [4.9]. Es wird auch als Nebenprodukt bei der Herstellung von Propylenoxid aus Propylen und Isobutanhydroperoxid erhalten [4.10].

MTBE wird durch Addition von Methanol an Isobutylen hergestellt (vgl. S. 136) und ist zur Zeit die beste Mischkomponente für Vergaserkraftstoffe. Mit 10 Vol.-% kann eine Verringerung der OZ von 2 Punkten aufgefangen werden, die eintritt, wenn der Bleigehalt von 0,4 auf 0,15 g/Liter gesenkt wird. Das MTBE hat eine Mischoktanzahl von 110–130, in Abhängigkeit von der Zusammensetzung des Grundbenzins.

Wenn in Westeuropa von den zur Zeit verbrauchten 100 Mio t Benzin nur 35–40 Mio t in ihrem Bleigehalt von 0,4 auf 0,15 g/Liter gesenkt werden sollten, wäre eine Zumischung von 3,5–4,0 Mio t MTBE erforderlich um die OZ trotz der Senkung des Bleigehaltes aufrechtzuerhalten. In den USA werden dem unverbleiten Benzin zur Zeit 1,3–1,4 Mio t MTBE zugesetzt, das etwa 20–25 % teurer ist als Superbenzin. Das Produktionsvolumen an MTBE ist allein abhängig vom Angebot an Isobutylen. Es reicht in keiner Weise aus. Die Eigenschaften eines Benzin-MTBE-Gemisches aus 80 % Benzin und 20 % MTBE zeigt Tabelle 4.9.

Weniger teuer als MTBE, aber auch nur in begrenzten Mengen herstellbar, ist GTBA, dessen Produktion von der Firma ARCO (*A*tlantic *R*ichfield *Co.*) besonders forciert wird und der als Mischung mit Methanol etwa im Verhält-

Tabelle 4.9. Eigenschaften eines Benzin-MTBE-Gemisches aus 80% Benzin und 20% MTBE (Harrington et al. [4.12])

	Basis-Otto-kraftstoff	Mischkraftstoff mit 20 % MTBE
Dichte bei 15 °C/g/ml	0,739	0,741
Dampfdruck (Reid) kPa	64,1	62,1
ROZ	97,7	100,2
MOZ	89	90,2
Luftbedarf (kg Luft/kg Kraftstoff)	14,55	13,99
Heizwert kcal/kg (kJ/kg)	10600 (44300)	10100 (42866)

nis 1:1 als „Oxinol" vertrieben wird. Die ARCO betreibt eine Anlage in Bottlek bei Rotterdam, die auf 450000 t erweitert werden soll. Zusätzlich soll eine neue 450000 t-Anlage gebaut werden, um die stark steigende Marktnachfrage befriedigen zu können [4.11].

Methanol ist unter den hochoktanigen Komponenten mit Abstand die billigste. Eine Zumischung von 3 Vol.-% kann ohne jede Schwierigkeit erfolgen, bei 15 % müssen jedoch Änderungen im Auto vorgenommen werden. Bei M 100 muß mit Korrosionen, Anschwellen oder Erweichen einer Anzahl von Kunststoffen und Gummis im Kraftstoffsystem etc. gerechnet werden. Aluminium sowie Aluminium-Kupfer-Silicium-Legierungen, wie sie im Vergaser vorhanden sind, zeigen Korrosionen, die durch Spuren von Wasser im Kraftstoff noch verstärkt werden. Das gleiche Verhalten tritt bei Eisen, sowie Blei-Zink-Legierungen im Fahrzeugtank auf [4.17].

Wenn diese und noch andere Nachteile beseitigt sind, ist in einem „Methanolauto" Methanol der beste alternative und additive Vergaserkraftstoff.

Die zweite wichtige Mischkomponente, das Oxinol der ARCO, wird dem Benzin in den USA zu 9,5 % zugesetzt. Diese Menge ist begrenzt durch die Bestimmung, daß Benzin nach der Mischung nicht mehr als 3,5 % Sauerstoff enthalten darf.

Deshalb darf Methanol allein zur Zeit in den USA überhaupt nicht zugemischt werden. Eventuell sind 0,3 Vol.-% als Enteisungsmittel erlaubt. Höhere Mengen können nur gemeinsam mit höheren Alkoholen dem Benzin zugesetzt werden. Atlantic Richfield und Tennessee Valley Authority wollen versuchsweise in den USA eine Flotte von 250 Autos 15 Monate lang mit Benzin betreiben und Oxinol, das mehr Methanol als bisher enthält, als Mischkomponente verwenden. Gemische aus Methanol:GBTA = 2:1 und 3:1 sollen eingesetzt werden [4.14].

Tabelle 4.10 gibt die Mengen an sauerstoffhaltigen, hochoktanigen Zusätzen an, die dem Benzin zugemischt werden können, ohne daß der Sauerstoffgehalt über 3,5 % ansteigt.

Die sauerstoffhaltigen Komponenten oder Gemische, die dem Benzin zur

Tabelle 4.10. Mengen an sauerstoffhaltigen Komponenten, die dem Benzin zugesetzt werden können, ohne den Sauerstoffgehalt über 3,5 % zu steigern

Methanol	7 %
Ethanol	10 %
tert.-Butanol	16 %
MTBE	19 %
Oxinol	10 %

OZ-Erhöhung zugesetzt werden sollen, müssen folgenden Anforderungen entsprechen:

1. Die Anwesenheit von geringen Wassermengen darf nicht zu einer Phasentrennung zwischen Benzin und OZ erhöhenden Komponenten führen.
2. Der Dampfdruck nach Reid darf nicht so weit erhöht werden, daß die C_4-Kohlenwasserstoffe aus dem Benzin verdrängt werden.
3. Die im Leerlaufbereich bewirkte Erhöhung der MOZ soll auch bei hoher Motordrehzahl erhalten bleiben.
4. Der Siedeverlauf des Gemisches und dessen Dichte müssen der DIN-Vorschrift über unverbleite Otto-Kraftstoffe entsprechen.
5. Das Verhalten des Gemisches gegenüber Metallen und Kunststoffen darf nicht ungünstiger sein, als das eines unvermischten Benzins.
6. Die Kosten für das Alkohol-Benzin-Gemisch sollen nicht höher liegen als jene, die der gleichen Kilometerleistung einer äquivalenten Menge an unverbleitem Superbenzin entsprechen.

4.2.2 Die Wassertoleranz von Alkohol-Benzin-Mischungen [4.16, 4.1]

Die Wassertoleranz einer Methanol-Benzin-Mischung liegt äußerst ungünstig. Die Löslichkeit der Alkohole im Wasser nimmt mit steigendem Kohlenwasserstoffanteil ab, im Benzin jedoch zu. Methanol ist wasserlöslich und benzinlöslich. Besonders kritisch sind Methanol-Benzin-Mischungen, bei denen schon bei geringen Wassermengen Phasentrennung eintritt. Die Entmischungsneigung ist auch abhängig von der Zusammensetzung des Basiskraftstoffes, insbesondere von dessen Aromatengehalt und von der Temperatur. Auch ist die Art der Aromaten von Bedeutung. Die Wasseraufnahmefähigkeit wird um so günstiger, je höher der Anteil an niedrigen Aromaten wie Benzol und Toluol ist.

So nehmen katalytische Reformingbenzine, die im allgemeinen reich an Aromaten sind, bei einer gewissen Methanolverdünnung wesentlich mehr Wasser auf als z.B. Alkylate aus *i*-Butan und Butenen oder Benzine aus katalytischen Crackanlagen und Polymerbenzine, die entweder keine oder nur we-

nig Aromaten enthalten. Solche Benzine lösen bei Raumtemperatur Methanol nicht mehr, auch wenn völlige Wasserfreiheit besteht. Ein Beispiel möge dieses Verhalten demonstrieren (Tab. 4.11).
Tabelle 4.12 zeigt den Einfluß der Zusammensetzung eines 15 Vol-% Metha-

Tabelle 4.11. Einfluß der Zusammensetzung des Grundbenzins und des Alkoholgemisches auf die Mischungs- bzw. Entmischungstemperatur eines Gemisches aus 10 % Alkohol und 90 % Benzin (Greene [4.15])

Benzinzusammensetzung Rest auf 100 : Olefine		Trübungspunkt °C Zusammensetzung des Alkoholgemisches			
% gesättigte Kohlenwasserstoffe	% Aromaten	100 % CH_3OH	80 % CH_3OH 20 % *i*-Propanol	70 % CH_3OH 30 % C_2—C_5-Alkohole	20 % CH_3OH 80 % C_2—C_4-Alkohole
100	0	+27	+22	—	—
65	21	+ 7	−16	−37	−51
43	2	− 7	−39	—	—
20	78	−16	−41	—	—

Tabelle 4.12. Einfluß der Zusammensetzung eines 15 Vol.-% Methanol enthaltenden Kohlenwasserstoffgemisches auf die Trennungstemperatur (Crowley [4.15])

Komponenten	Kohlenwasserstoff-Typen Vol.-%*			Temperatur der Phasentrennung
	Paraffine	Olefine	Aromaten	°C
Alkylate	100	0	0	> +20
Straight Run Kopfprodukt	94	1	5	> +20
Polymerbenzin	9	82	9	+19
Raffinat	92	1	7	+15
Katalytisches Crackbenzin	29	19	52	+10
Kopfprodukt vom katalytischen Crackbenzin	61	26	13	+ 8
Schwere Aromaten	0	2	98	− 6
Kopfprodukt vom Pyrobenzin	35	64	1	−35
Reformingbenzin	44	0	56	−35
Schweres Reformingbenzin	14	1	85	> −50

* Alle Gemische enthalten 15 Vol.-% Methanol und etwa 0,07 % Wasser

nol enthaltenden Gemisches von technischen Benzinen auf die Trennungstemperatur. Alle Gemische enthalten 15 Vol.-% Methanol und etwa 0,07 Gew.-% Wasser.
Setzt man Gemische von Methanol und höheren Alkoholen dem Benzin zu, wird die Wassertoleranz dieser Kraftstoffgemische sofort günstiger. Deshalb ist die gemeinsame Herstellung von Methanol mit solchen Alkoholen in einer technischen Anlage auf Basis von CO/H_2-Synthesegas von großer praktischer Bedeutung. Tabelle 4.13 zeigt die Gewichtsprozente an Kosolventien in Form von höheren Alkoholen an, die nötig sind, um die Wasserabscheidung bei 20 °C zu verhindern, wenn man ein Methanol-Benzingemisch mit einem Gehalt von 38,5 Gew.-% Aromaten und 5,3 Gew.-% Methanol mit steigenden Wassermengen versetzt (Cloud point-Bestimmung nach ASTM/D 2500-66)
Wie man aus den Tabellen erkennen kann, hat Methanol die kleinste Wassertoleranz und erst die Gemische mit höhermolekularen Alkoholen (Kosolventien), können die Wassertoleranz bis auf 1 % verbessern.

Bei Zusatz von 2 % Methanol zum Benzin – einem Gemisch, das ohne Veränderung im Motor etc. als Kraftstoff eingesetzt werden kann – kommt es bei −10 °C bereits bei einem Gehalt von 0,01 % Wasser zur Phasentrennung. Der flüssige Kraftstoff muß jedoch bei Lagerung und Verteilung sowie beim motorischen Betrieb und bei allen Witterungsbedingungen seine einheitliche Phase behalten, was die Kosolventien garantieren.

Bei Verwendung von Alkoholgemischen tritt bezüglich der Wassertoleranz oft ein Synergismus auf. So zeigt eine Mischung aus 10 % Methanol und 90 % Benzin ein Wasseraufnahmevermögen von 0,17 %, eine Mischung von 90 % des gleichen Benzins mit 10 % *tert.*-Butanol von 0,25 %. Setzt man dem Benzin 10 % eines Gemisches aus 50 % Methanol und 50 % *tert.*-Butanol („Oxinol") zu, so liegt das Wasseraufnahmevermögen bei 0,35 % [4.17].

Bei Steigerung der Methanolkonzentration im Benzin, z. B. bei M 15, verringert sich zwar die Entmischungsgefahr durch Wasser und es werden geringere Mengen an Kosolventien benötigt, jedoch macht sich jetzt der bereits erwähnte erhöhte Angriff auf die Elastomerenwerkstoffe stark bemerkbar und zwingt zu Korrekturen.

Tabelle 4.13. Gew.-% an höheren Alkoholen, die als Kosolventien nötig sind, um die Wasserabscheidung bei 20 °C zu verhindern, wenn ein Gemisch aus Methanol und Benzin mit einem Gehalt von 38,5 Gew.-% Aromaten und 5,3 Gew.-% Methanol mit steigenden Wassermengen versetzt wird (Arlie et al. [4.31])

	Wassergehalt in Gew.-% 0,1	0,2	0,3
Konsolvent	notwendiger Alkoholzusatz in Gew.-%		
n-Butanol	1,58	3,40	5,27
tert.-Butanol	1,98	4,04	5,80
C_2—C_6-Alkoholgemische	2,01	4,15	5,70

4.2.3 Charakteristik der als Benzinmischkomponenten möglichen Alkohole und Ether

In Tabelle 4.14 (S. 112 und 113) sind die wichtigsten Eigenschaften der verschiedenen niedermolekularen Alkohole und Ether angegeben [4.18].

Tabelle 4.15 faßt die Oktanzahlen der Alkohole zusammen. Die Mischoktanzahlen sind den direkt im Labor gemessenen Oktanzahlen nach FAM (*F*ach*a*usschuß *M*ineralöl und Brennstoffnormen) gegenübergestellt. Die direkten Messungen liefern geringere Werte. Die Beeinflussung der Oktanzahlen durch die Zumischung von Alkoholen zu Benzin wurde 1983 abermals von Hinkamp eingehend untersucht [4.19].

Tabelle 4.16 zeigt die Erhöhung der Oktanzahl eines Benzins mit der ROZ

Tabelle 4.15. Klopffestigkeit von Alkoholen (Marhold u. Lanik [4.18])

Direkte Bestimmung nach FAM				Mischoktanzahlen			
Alkohol	ROZ	MOZ	Sensitivity	Alkohol	ROZ	MOZ	Sensitivity
Methanol	108,7	88,6	20,1	Methanol	111,4	94,6	16,8
Ethanol	108,8	89,7	18,9	Ethanol	111,4	94,0	17,4
Isobutanol	106,3	90,7	15,9	Isobutanol	110,7	90,1	20,6

Das Benzin enthielt 23,5–25,5 Vol.-% Aromaten und war ein Handelsprodukt. Ein Benzin mit 38 Vol.-% Aromaten gab die gleichen Resultate.

Tabelle 4.16. Erhöhung der Oktanzahlen eines Benzins mit der ROZ 91,4 und der MOZ von 83,3 durch Zumischung von 5 bzw. 10 Vol.-% verschiedener Alkohole (Hinkamp [4.19])

Alkohole	C_1	C_2	*i*-C_3	*n*-C_3	*tert.*-C_4	*n*-C_4	*n*-C_6	*n*-C_8
Zunahme der ROZ								
5 Vol.-%	2,1	2,2	1,5	1,3	0,8	0,1	−1,8	−3,7
10 Vol.-%	4,1	4,0	2,8	2,7	1,8	0,4	−3,6	−6,4
Zunahme der MOZ								
5 Vol.-%	0,7	0,8	0,7	0,5	0,6	−0,2	−2,1	−3,1
10 Vol.-%	1,7	2,1	1,3	0,7	1,0	−0,5	−3,7	−5,6

$C_1 = CH_3OH$; $C_2 = C_2H_5OH$; *i*-$C_3 = CH_3CHOHCH_3$; *n*-$C_3 = CH_3CH_2CH_2OH$;

$$\textit{tert.}\text{-}C_4 = CH_3-\underset{\displaystyle CH_3}{\overset{\displaystyle CH_3}{\overset{|}{\underset{|}{C}}}}-OH;\quad n\text{-}C_4 = CH_3CH_2CH_2CH_2OH;\quad n\text{-}C_6 = C_6H_{13}OH;$$

n-$C_8 = C_8H_{17}OH$.

91,4 und der MOZ 83,3 durch Zumischung von 5 bzw. 10 Vol.-% verschiedener Alkohole.

Tabelle 4.17 unterrichtet über die Mischoktanzahlen verschiedener Alkohole auf Basis des in Tabelle 4.16 angeführten Benzins.

Aus Tabelle 4.16 geht hervor, daß die dem Methanol als Kosolvent zugesetzten oder gemeinsam mit ihm hergestellten höheren Alkohole nicht wesentlich über C_4 liegen sollten.

Ein neuer Oktanzahlverbesserer wurde von der Firma Shell Oil auf den Markt gebracht. Er soll Aromaten, MTBE, Methanol, Ethanol und Alkylat ersetzen. Der Verbesserer PDP-5400 ist ein öllösliches aliphatisches Polyamin, das noch zwei andere Verbindungen enthält; er ist niedermolekularer Natur und soll ein unverbleites Benzin mit der OZ 87 auf Superbenzinqualität mit der OZ 92 verbessern [4.20].

In den USA, in denen der Zusatz von Methanol allein in Benzin verboten ist, wurde auch die Zumischung anderer Alkohole bzw. von Methanol-Alkoholgemischen in Mißkredit gebracht [4.21]. Manche Stellen sollen dem Benzin einen solchen Überschuß an Methanol und Ethanol (Gasohol) zusetzen, daß angeblich in Ohio und Michigan schon starke Schäden an Autos angerichtet worden seien. Einige Staaten der USA, die auf Methanolzusätze große Steuererleichterung gewährt hatten, verlangen jetzt Steuernachzahlungen. Man bezichtigt aber andererseits die Presse und die Öl-Lobby, für die meisten solcher Meldungen verantwortlich zu sein. Mit ihnen sollen die zu großen Erfolge der Alkoholzumischung relativiert werden.

Man verzeichnet einen jährlichen Zuwachs der Alkoholzusätze von 12–15 % und nimmt an, daß dieser Zuwachs noch stark steigen wird, wenn bis 1985 der Bleizusatz in den USA von 1,1 g/Gallone (3,78 l) auf 0,5 und in 1986 auf 0,2 g/Gallone zurückgehen wird. Ab 1990 soll dann nur bleifreies Benzin verkauft werden dürfen [4.22].

Um eine Vorstellung zu bekommen, wieviel Benzin verbleit und wieviel bleifrei hergestellt wird, sei ein Beispiel aus dem Jahre 1980 in der Tabelle 4.18 angeführt.

Die Situation auf dem Gebiet des Zusatzes sauerstoffhaltiger Verbindungen zu Vergaserkraftstoffen zum Zwecke des Ausgleiches der OZ-Verminderung bei allmählicher Entbleiung verwirrt viele. Im Hinblick darauf, daß die Verei-

Tabelle 4.17. Mischoktanzahlen verschiedener Alkohole auf Basis eines Benzins mit der ROZ 91,4 errechnet aus Tabelle 4.16 (Hinkamp [4.19])

Alkohole	C_1	C_2	i-C_3	n-C_3	*tert.*-C_4	n-C_4	n-C_6	n-C_8
ROZ Mischoktanzahl								
5 Vol.-%	134	135	122	117	108	94	56	18
10 Vol.-%	132	132	120	118	110	96	56	26
MOZ Mischoktanzahl								
5 Vol.-%	98	100	96	92	94	80	41	21
10 Vol.-%	100	104	96	90	93	78	46	27

Tabelle 4.14. Wichtigste Eigenschaften der verschiedenen niedermolekularen Alkohole und Ether nach Marhold und Lanik [4.18]

Alkohole – chemisch/physikalische Daten

		Methanol CH_3OH	Ethanol C_2H_5OH	Isopropanol C_3H_7OH	Isobutanol C_4H_9OH	Tertiärbutanol C_4H_9OH	Benzin (INDOLEN) C_nH_{2n+1}
Molekulargewicht		32	46	60	74	74	—
C	%	37,5	52,2	60	64,9	64,9	~86,6
H	%	12,5	13	13,3	13,5	13,5	~13,4
O	%	50	34,8	26,7	21,6	21,6	—
Dichte bei 15 °C	g/ml	0,796	0,793	0,790	0,803	0,792	0,715–0,780
Heizwert	kcal/kg	5 145	6 892	7 745	8 476	8 363	10 530
	kJ/kg	21 528	28 835	32 407	35 465	34 992	44 100
	kJ/l	17 136	22 866	25 602	28 478	27 713	31 550
Siedepunkt/-bereich	°C	65	78,5	82,4	108	82,2	30–190
Verdampfungswärme	kJ/kg	1 174	880	701	618	589	~335
Stöch. Luft/Kraftst. Verh.		6,5:1	9,0:1	10,4:1	11,2:1	11,2:1	14,6:1
RVP	bar	0,32	0,18	—	0,04	0,07	~0,06
ROZ		108,7	108,7	—	—	—	97,7
MOZ		88,6	89,7	—	—	—	89,0
ROZ Misch		~120–130	~106–111	~116–120	~102–110	103–108	—
MOZ Misch		~91–94	~89–92	~98	~85–89	~95–96	—

Fortsetzung Tabelle 4.14

Ether – chemisch/physikalische Daten

		MTBE $CH_3OC_4H_9$	ETBE $C_2H_5OC_4H_9$	TAME $CH_3OC_5H_{11}$	Benzin (Indolen) C_nH_{2n+1}
Molekulargewicht		88	102	102	—
C	%	68,2	70,6	70,6	~86,6
H	%	13,6	13,7	13,7	~13,4
O	%	18,2	15,7	15,7	—
Dichte bei 15 °C	g/cm^3	0,745	0,756	0,774	0,715–0,780
Heizwert	kcal/kg	9150	9415	9410	10530
	kJ/kg	38275	39390	39375	44100
	kJ/l	28500	29780	30475	31550
Siedepunkt/-bereich	°C	55,2	73,1	86,3	30–190
Verdampfungswärme	kJ/kg	322	312	327	~335
Stöch. Luft/Kraftst. Verh.		11,8:1	12,2:1	12,2:1	14,6:1
RVP	bar	0,56	—	—	~0,66
ROZ Misch		~113–120	~112	—	—
MOZ Misch		~95–101	~109	—	—

Tabelle 4.18. Benzinverbrauch der wichtigsten westlichen Industrieländer 1980 in 10 000 t (Uematsu [4.23])

Land	verbleit	bleifrei	Summe
USA	12 880	10 120	23 000
8 EG-Länder	6 362	1 774	8 136
Japan	102	2 460	2 562
Summe	19 344	14 354	36 698

Tabelle 4.19. Voraussichtlicher Einsatz von sauerstoffhaltigen Verbindungen in das europäische Benzin bis 1990 (European Chem. News 1982 [4.25])

Gew.-% sauerstoffhaltiger Verbindungen im Benzin	0	5	10
MTBE	0	0,6	1,0
Oxinol = 50 % GTB 50 % CH_3OH	0	0,6 + 0,6 = 1,2	1 + 1 = 2
Methanol und höhere Alkohole	0	1,83	4,25
Benzinanteil in Tonnen	72,5	68,87	65,25
Superbenzinbedarf in Tonnen	72,50	72,50	72,50

nigten Staaten fast die Hälfte des VK-Bedarfes der Erde benötigen, wäre es auch für andere Verbraucher hilfreich, wenn durch bindende Vereinbarungen weltweit die starke Fluktuation auf dem Gebiet der Mischkomponenten vereinheitlicht werden könnte.

Der Kampf amerikanischer Ölfirmen gegen das Methanol geht aber weiter. Verschiedene Firmen haben an ihren Tankstellen Plakate angebracht „no methanol“ und von Seiten der Raffinerien wird dafür plädiert, die Severity bei allen dafür geeigneten Prozessen zu erhöhen und die Herstellung von technischem Isooctan und Polymerbenzin hochzufahren [4.24] (vgl. S. 104). Der illegale Zusatz von Alkoholen, weit über das erlaubte Maß hinaus, führte in Einzelfällen zu Skandalen, die die junge Industrie des Fuel-Methanols arg in Mißkredit gebracht haben.

In Europa beabsichtigt man, in 3 Etappen sauerstoffhaltige Verbindungen dem Benzin zuzusetzen, so daß sich schließlich bis 1990 ein Gehalt von 10 % ergeben wird [4.25] (vgl. Tab. 4.19).

4.2.4 Der Heizwert der Alkohole

Alkohole weisen wegen ihres Sauerstoffgehaltes einen geringeren Heizwert als das Benzin auf. Methanol, der erste Alkohol der homologen Reihe, hat mit seinem Sauerstoffgehalt von 50 % den geringsten Heizwert. Die Tabelle 4.20 faßt den Sauerstoffgehalt der für den Kraftstoffsektor wichtigsten sauerstoffhaltigen Verbindungen zusammen und Tabelle 4.21 vergleicht die Heizwerte von Alkohol- und Ether-Mischkomponenten mit dem Heizwert eines Superkraftstoffes.

Die Heizwerte steigen mit dem Molgewicht an, die Leistungsausbeute nimmt dementsprechend zu, bleibt aber immer noch geringer als bei Kohlenwasserstoffen, wie Tabelle 4.20 ausweist.
Bei einer Zumischung von 15 Vol.-% Methanol ist ein Liter Ottokraftstoff etwa 1,09 Litern des mit Methanol verdünnten „Methylkraftstoffes" gleichzusetzen. Setzt man z. B. 10 % Alkohol dem Benzin zu, variiert die Volumen-

Tabelle 4.20. Sauerstoffgehalt von Alkoholen und Ethern (Menrad u. König [4,7 dort S. 65])

Verbindung	Gew.-% Sauerstoff
Methanol	50,0
Ethanol	34,7
i-Propanol	26,6
i-Butanol	21,6
tert.-Butanol	21,6
MTBE, Methyl-*tert.*-Butylether	18,2
ETBE, Ethyl-*tert.*-Butylether	15,7

Tabelle 4.21. Heizwerte von Alkohol- und Ether-Mischkomponenten im Vergleich zu Ottokraftstoff in kJ/kcal je kg bzw. Liter (Menrad u. König [4.7] dort S. 66)

Alkohol- und Ether-Mischkomponenten	kJ/kg (kcal/kg)	kJ/Liter (kcal/Liter)	% vom Otto-kraftstoff (Super)
Methanol	19 660 (4 694)	15 630 (4 093)	47,6
Ethanol	26 770 (6 392)	21 150 (5 318)	64,5
tert.-Butanol TBA	33 070 (7 897)	26 790 (6 612)	81,6
Isobutanol IBA	32 500 (7 761)	26 130 (6 801)	79,6
Isopropanol IPA	30 060 (7 178)	23 630 (6 130)	72,0
Methyl-*tert.*-Butylether MTBE	35 171 (8 398)	26 044 (6 805)	79,4
Ethyl-*tert.*-Butylether ETBE	36 050 (8 608)	26 691 (7 111)	81,4
Normalkraftstoff	ca. 42 700 (10 196)	ca. 31 400 (7 534)	95,7
Superkraftstoff	ca. 43 500 (10 387)	ca. 32 800 (7 832)	–

energie von 96–97%, bezogen auf die bei reinem Benzin gemessenen Energien, in Abhängigkeit von der Alkoholzusammensetzung. Die 3–4% Verluste können aber durch die höhere OZ, die die Alkohole dem Gemisch verleihen, aufgefangen werden, so daß sich keine signifikante Vergrößerung des Kraftstoffverbrauches (gemessen in km/Liter) ergibt.

Der Gemischheizwert, das ist der Heizwert pro Volumeneinheit Kraftstoff-Luftgemisch, ist für die Leistungsausbeute von Verbrennungsmotoren wesentlich. Der Gemischheizwert wird meistens auf einen m^3 stöchiometrisches Gemisch bezogen (15°, 735 mm Hg, $\lambda = 1$). Da die Alkohole mit ihrem niedrigeren Heizwert einen kleineren Luftbedarf haben, wird sich der Heizwert eines Volumenteiles Kraftstoff-Luftgemisch von dem bei Kohlenwasserstoffen nicht wesentlich unterscheiden. Die zur Zeit mit Benzin laufenden Wagen wären mit Methanol allein nicht zu betreiben, weil das stöchiometri-

Tabelle 4.22. Stöchiometrische Oxidation von Methanol bzw. Isooctan mit Sauerstoff bzw. Luft (Paul. [3.17] dort S. 41)

$CH_3OH + 1{,}5\,O_2 \rightarrow CO_2 + 2\,H_2O$
$C_8H_{18} + 12{,}5\,O_2 \rightarrow 8\,CO_2 + 9\,H_2O$

Brennstoff	Methanol		Isooctan		Methanol		Isooctan	
Oxidans	Sauerstoff		Sauerstoff		Luft		Luft	
Brennstoff	Mole	kg	Mole	kg	Mole	kg	Mole	kg
	1	1	1	1	1	1	1	1
Oxidationsmittel	1,5	1,498	12,5	3,501	7,295	6,549	60,789	15,306
Reaktanden	2,5	2,498	13,5	4,501	8,295	7,549	61,789	16,306
Oxidationsprodukte	3,0	2,498	17,0	4,501	8,795	7,549	65,298	16,306
% Volumenzuwachs	20,0	—	25,9	—	6,0	—	5,7	—

Unter der Annahme einer Luftfeuchtigkeit von 50 % ergibt sich folgende Luftzusammensetzung: 76,658 % N_2, 20,563 % O_2, 1,826 % Wasser, 0,917 % Argon und 0,032 % CO_2.
Molmasse CH_3OH = 32,042 und Isooctan 114,233.
Molmasse der Luft = 28,763.

Tabelle 4.23. Luftbedarf von Kraftstoffen und Komponenten in kg/kg

kg Kraftstoffe oder Komponenten	kg Luftbedarf
Methanol	6,4
Ethanol	9,0
Propanol	10,3
Butanol	11,4
Benzin	14,8

sche Verhältnis von Kraftstoff zu Luft bei Benzin für Methanol viel zu mager wäre. Ein Prozentgehalt von Methanol mit höheren Alkoholen im Benzin bis etwa 20 % würde aber noch zufriedenstellendes Arbeiten erlauben.

Tabelle 4.22 gibt die Verhältnisse bei der stöchiometrischen Oxidation von Methanol bzw. Isooctan mit Sauerstoff bzw. Luft an.

Der Luftbedarf von Kraftstoffen und Komponenten in kg/kg ist in Tabelle 4.23 angegeben.

Aufgrund der Daten von Heizwert, Luftbedarf und Gemischheizwert der Alkoholkraftstoffe ergibt sich, daß der niedrigere Heizwert eines Kraftstoffes nicht auch eine niedrigere Motorleistung bedeuten muß. Vielmehr können etwa gleiche Werte für die Leistung aus der motorischen Verbrennung erwartet werden. Bezieht man den Luftbedarf nicht auf die Kraftstoffmenge, sondern auf den Energieinhalt für eine bestimmte Leistungsausbeute, so ist der Luftbedarf für alle Kraftstoffe praktisch gleich und liegt zwischen 3,8–4 kg Luft für 10 000 kJ oder 14–15 kg für 10 000 kcal.

4.2.5 Die Verdampfungswärme der Alkohole

Unter Verdampfungswärme versteht man die Energie, die z. B. einer Flüssigkeit zugeführt werden muß, um sie ohne Temperaturänderung vom flüssigen in den gasförmigen Zustand zu überführen. Alkohole haben eine höhere Verdampfungswärme als Kohlenwasserstoffe, wie Tabelle 4.24 anzeigt.

Methanol hat die höchste Verdampfungswärme. Bei praktischer Anwendung wird während einer Gemischbildung zwischen Kraftstoff und Luft eine Abkühlung stattfinden, die umso größer ist, je höher die Verdampfungswärme des Kraftstoffes ist. Bei Benzin beträgt die Abkühlung bei der Herstellung eines stöchiometrischen Kraftstoff-Luftgemisches und adiabatischen Verhältnisses etwa 20 K. Der Wert für ein Gemisch aus 20 % Methanol und 80 % Benzin beträgt etwa 33 K und reines Methanol kühlt sich bei stöchiometrischen Verhältnissen um etwa 122 K ab. Bei Verwendung von M 100 kann dies dazu führen, daß sich im Ansaugsystem flüssiger Kraftstoff bildet, was insbesondere bei Vergasermotoren zu intensiver Vorwärmung zwingt. Bezieht man die Verdampfungswärme auf den Energieinhalt des Kraftstoffes, so ergibt sich, daß Methanol etwa die 7fache Wärmemenge benötigt, die erforderlich ist um

Tabelle 4.24. Verdampfungswärme von Alkohol- und Ether-Mischkomponenten in kJ/kg im Vergleich zum Ottokraftstoff (Menrad u. König [4.7] dort S. 67)

MTBE, Methyl-*tert.*-Butylether	322
Ottokraftstoff	335
TBA, *tert.*-Butanol	544
IBA, Isobutanol	680
IPA, Isopropanol	700
Ethanol	910
Methanol	1 100

jene Menge Benzin zu verdampfen, die die gleiche Leistung wie das Methanol erbringt.

Andererseits ist eine hohe Verdampfungswärme von Vorteil, da die Zylindertemperaturen sinken. Das ist mit einer wesentlichen Senkung der NO_x-Bildung verbunden.

4.2.6 Der Dampfdruck von Alkoholen und von Alkohol-Benzingemischen

Alle Alkohole besitzen einen niedrigeren Dampfdruck als die Benzin-Kohlenwasserstoffe. Bei 20 °C beträgt der Dampfdruck des Methanols etwa die Hälfte des Benzindampfdruckes. Mit steigender Zahl Kohlenstoffatome im Alkohol nimmt der Dampfdruck weiter ab, dies kann sich ungünstig auf das Kaltstartverhalten auswirken.

Die Siedekurve der Benzinkohlenwasserstoffe beginnt weit unterhalb des Methanolsiedepunktes von ~ 65 °C und der Dampfdruck des Methanols liegt bei Umgebungstemperatur mit etwa 0,32 bar deutlich unter dem des Benzins mit etwa 0,66 bar.

Mischt man Methanol oder Ethanol mit Benzin, so tritt eine drastische, nicht lineare Erhöhung des Dampfdruckes auf, wie Tabelle 4.25 ausweist. Die Dampfdruckerhöhung ist darauf zurückzuführen, daß das Methanol mit den niedrigsiedenden Kohlenwasserstoffen des Benzins Azeotrope mit Minimumsiedepunkt bildet, wie Tabelle 4.26 anzeigt. Diese recht unangenehme Erscheinung zwingt dazu, leichte Anteile aus dem Basisbenzin, wie insbesondere das Butan, teilweise herauszunehmen, um den Siedeverlauf des Benzins nicht unerlaubt zu verschieben.

Etwa 5 Vol.-% Methanol steigern den Dampfdruck des Basisbenzins um 200–240 mbar. Der Zusatz von höheren Alkoholen, insbesondere von den Butanolen aufwärts, kann den durch Methanol hervorgerufenen Dampfdruckanstieg ausgleichen, ja sogar verringern. Der Anstieg des Dampfdruckes von

Tabelle 4.25. Einfluß der Zumischung von jeweils 10 % verschiedener Alkohole bzw. Derivate auf den Reid-Dampfdruck des Mischkraftstoffes (zum Vergleich die Werte für die reinen Komponenten) (Menrad u. König [4.7] dort S. 78)

Mischkomponenten	Dampfdruck des Mischkraftstoffes in bar bei 10 % der Komponente	Dampfdruck der reinen Komponente
Methanol	0,81	0,32
Ethanol	0,70	0,18
tert.-Butanol	0,64	0,07
Isobutanol	0,63	0,04
Methyl-*tert.*-Butylether MTBE	0,65	0,56
Ottokraftstoff, zum Vergleich	–	0,66

Tabelle 4.26. Azeotrope aus Methanol mit Benzinkohlenwasserstoffen (Sdp. des Methanols 64,5 °C bei 760 mm) (Schmidt [4.26])

Kohlenwasserstoff	Siedepunkt °C	Siedepunkt des Azeotrops	Methanolgehalt %
Pentan	36,1	30,4	16,0
Hexan	69,0	50,0	26,9
Heptan	98,4	59,1	51,5
Oktan	125,8	63,0	28,0
2,2-Dimethylbutan	49,7	39,6	17,0
2-Methylhexan	90,0	57,1	44,0
2,3-Dimethylhexan	106,8	61,0	60,0
Benzol	80,1	58,3	39,5
Toluol	110,6	63,7	27,6
Cyclopentan	49,3	38,8	14,0
Cyclohexan	81,4	45,2	38,2

Tabelle 4.27. Beeinflussung des Dampfdruckes von Normalbenzin vom Dampfdruck 0,575 kg/cm² nach Reid (DIN 51754) durch Zumischung von Methanol allein und von Methanol gemeinsam mit Kosolventien (Unzelmann [4.27])

Gemischzusammensetzung Gew.-%	Dampfdruck kg/cm²
Normalbenzin	0,575
90 Gew.-% Normalbenzin + 10 Gew.-% Methanol	0,703
90 Gew.-% Normalbenzin + 5 % Methanol + 5 % MTBE, Methyl-*tert.*-Butylether	0,678
90 % Normalbenzin + 5 % Methanol + 5 % *n*-Propanol	0,628
100 % Normalbenzin + 5 % Methanol + 2,5 % MTBE + 5 % sec.-Butanol	0,661

Methanol-Benzingemischen erreicht sein Maximum zwischen 10–15 %. Da aber so hohe Methanolkonzentrationen nicht eingesetzt werden können, muß das normalerweise dem Basisbenzin zugesetzte Butan stark reduziert werden.

Die Tabelle 4.27 zeigt die Beeinflussung des Dampfdruckes von Normalbenzin durch Zumischung von Methanol allein und von Methanol mit Kosolventien. Setzt man dem Benzin soviel Oxinol (50 % *tert.*-Butanol + 50 % Methanol) zu, daß das Gemisch 5,5 % Sauerstoff enthält, so erlaubt der Dampfdruck einen höheren Prozentsatz an Butan im Benzin zu belassen als vor dem Oxinolzusatz möglich war.

Bei der Temperatur, bei der von einem Normalbenzin während der Siedeanalyse 12,5 Vol.-% abdestilliert sind, sind bei einem Gemisch aus 90 % Normalbenzin und 10 % Methanol unter sonst gleichen Bedingungen schon

36,5 Vol.-% abdestilliert; für Superkraftstoff betragen die Werte 11 Vol.-% (ohne Methanol) und 36,5 Vol.-% mit Methanol.

Das Destillat enthält das Methanol, ein Umstand, der auf die Front/End-Oktanzahl einen erheblichen Einfluß ausübt, weil das Methanol die höchste Oktanzahl hat. Gemische aus Methanol und Kosolventien sind also auch erforderlich, um das Methanol in den Mengen dem Benzin zumischen zu können, die notwendig sind, um die Senkung der Klopffestigkeit durch die fortschreitende Entbleiung des Benzins auszugleichen.

Der nichtlineare Anstieg des Dampfdruckes bei Zugabe von Alkoholen, insbesondere von Methanol zu Benzin hat großen Einfluß auf die Kosten der OZ-Verbesserung von bleiarmen oder bleifreiem Benzin, besonders wenn die Konzentration der Kosolventien ansteigt. Die Kostenschätzung für die Verbesserung der OZ unter Verwendung von Alkoholgemischen oder Ethern ist komplizierter als bei Einsatz von Tetraethylblei, da das Butan mit einer hohen OZ in Gegenwart von Methanol bzw. Ethanol nicht mehr in dem Maße für die Einstellung des Dampfdruckes im Benzin berücksichtigt werden kann, obwohl es preisgünstiger ist als das Endbenzin. Unzelman [4.27] hat kürzlich eine Gegenüberstellung der Preise für Super- und Normalbenzin mit den Preisen für Mischkomponenten für USA-Verhältnisse 1984 versucht (Tabelle 4.28). Die Ashland Development Co. stellte einen Kostenvergleich von Mischkomponenten an, der sich ergibt, wenn je Barrel Benzin (159 Liter) die ROZ bzw. MOZ nur um einen Punkt angehoben werden soll (Abb. 4.1) [4.28]. Methanol allein ist in dieser Aufstellung nicht angegeben, da es ohne Zusatz von höheren Alkoholen auch in niederen Konzentrationen in den USA vorerst nicht angewendet werden darf.
Auch unter Berücksichtigung in der Zukunft noch eintretender Änderungen in den Preisverhältnissen kann angenommen werden, daß das Preisverhältnis von Methanol:Benzin wie 1:2 bestehen bleiben wird.

Wenn in den USA die Erlaubnis für die Zumischung von auch nur 1 % Methanol zum Benzin gegeben werden würde, wäre sofort die derzeitige Überkapazität an diesem Commodity beendet [4.29]. Trotz der Schwierigkeiten im

Tabelle 4.28. Kosten für Benzin und mögliche Mischkomponenten in Cents pro Gallone (3,78 l) bzw. in $ pro Barrel (159 l) 1984 (Unzelmann [4.27])

Benzin bzw. Mischkomponenten	$/Gallone	$/Barrel
Unverbleites Superbenzin	80,0	33,6
Unverbleites Normalbenzin	76,0	31,92
Methanol	40,0	16,80
Ethanol	176,0	73,92
Acronol = *tert.*-Butylalkohol	100,0	42,0
Oxinol (50 % Methanol + 50 % *tert.*-Butylalkohol)	70,0	29,4
MTBE, (Methyl-*tert.*-Butylether)	100,0	42,0
Toluol	105,0	44,10
n-Butan	54,0	22,68

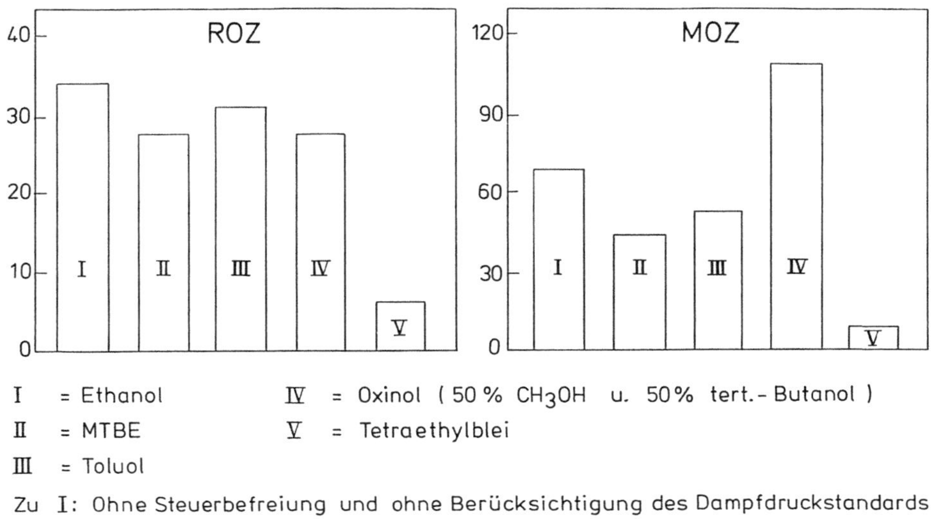

Abb. 4.1. Kostenunterschiede bei Oktanzahlverbesserern in Cents pro Oktanzahlerhöhung um einen Punkt pro Barrel (Chem. Engng. News 1982 [4.28])

derzeitigen Methanolabsatz nimmt man an, daß der Markt für Fuel-Methanol jährlich um 50 % anwächst und der Bedarf 1995 in den USA bereits 40 % der gesamten Methanolnachfrage ausmachen wird. Zur Zeit ist MTBE der potentielle Methanolverbraucher, da es ohne staatliche Regelung dem Benzin zugemischt werden kann.
Aus allen bisher über Methanol als OZ-Verbesserer erhaltenen Erkenntnissen (Wassertoleranz, Dampfdruckausgleich etc.) ergibt sich, daß größere Mengen an Methanol nicht ohne Kosolventien in Form höhermolekularer Alkohole dem Benzin zugesetzt werden können. Daher ist die gemeinsame Herstellung von Methanolgemischen mit höheren Alkoholen auf Basis Synthesegas von entscheidender Bedeutung und im nächsten Kapitel werden die entsprechenden Arbeiten besprochen.

4.3 Die Herstellung des Fuel-Methanol

Die Versuche zur gemeinsamen Herstellung von Gemischen aus Methanol und höheren Alkoholen, etwa bis C_6, auf Basis von Synthesegas haben den Zweck, Benzinzusätze zu produzieren die imstande sind, die Oktanzahlverluste auszugleichen, die durch allmähliche Entbleiung von Vergaserkraftstoffen auftreten. Am besten dafür geeignet ist Methanol, das aber die im vorhergehenden Kapitel etwas eingehender geschilderten Nachteile hat. Es wurde gezeigt, daß durch Zumischen von höheren Alkoholen viele Unzulänglichkeiten des Methanols ausgeglichen, ja sogar überkompensiert werden können.

Man erreicht durch den Einsatz höherer Alkohole:

1. Einen wesentlich geringeren Anstieg des Dampfdruckes des Benzins als er durch reines Methanol hervorgerufen wird, dadurch kann mehr Butan im VK belassen werden.
2. Ein besseres Fahrverhalten.
3. Eine erhöhte Löslichkeit des Methanols im Benzin.
4. Eine deutlich verbesserte Wassertoleranz.
5. Einen höheren volumetrischen Heizwert als durch den Einsatz von Methanol allein.

Die in fast allen Staaten der Erde zu erwartenden Gesetze zur vollen Entbleiung des Benzins haben die wissenschaftlichen und technischen Bemühungen zu Verfahrensentwicklungen für die Erzeugung von Methanol-Alkoholgemischen verstärkt.

4.3.1 Die Isobutylölsynthese [4.30]

Die erste Synthese von Methanol im Gemisch mit höheren Alkoholen war die „Isobutylölsynthese", die längere Jahre technisch in den Leunawerken der früheren „I. G. Farbenindustrie" ausgeführt wurde. Diese Synthese arbeitete mit alkalisierten Zink-Chromkatalysatoren, ähnlich denen, die damals in nicht alkalisierter Form für die Synthese von „reinem" Methanol verwendet wurden. Sie verlief bei etwa 425 °C und einem Druck von etwa 325 bar. Die Gasbelastung betrug gegenüber der konventionellen Methanolsynthese nur etwa ein Drittel. Auch war der CO-Gehalt des Synthesegases höher und die Verweilzeit des Gases war etwa 3–4mal länger. Die Wärmeentwicklung je m^3 umgesetztes Idealgas betrug etwa 600 kal (2 512 kJ) gegenüber 470 kcal (19 678 kJ) bei der konventionellen Methanolsynthese. Der Wasseranfall betrug etwa 25 %. Die Produktzusammensetzung in Gew.-% zeigt Tabelle 4.29.
Die methanol- und wasserfreie Alkoholfraktion setzte sich wie in Tabelle 4.30 angegeben zusammen.

Tabelle 4.29. Zusammensetzung des Rohproduktes der Isobutylölsynthese in Gew.-% (Hanisch [4.30])

Komponente	Gehalt (Gew.-%)
Wasser	25
Dimethylether	2–3
Methanol	48–52
C_2-Fraktion	1
Propanole	1,6–2
Isobutanolfraktion	11–14
Amylalkoholfraktion	2–3
C_6—C_7-Alkohole	2–3
Fraktion 160°–200°	1
Fraktion 200°–300°	1

Tabelle 4.30. Zusammensetzung der methanol- und wasserfreien Alkoholfraktion aus der Isobutylölsynthese (Hanisch [4.30])

Komponenten	Gehalt (Gew.-%)	
Ethanol	4,19	72,79
n-Propanol	11,59	
Isopropanol	3,69	
n-Butanol	1,99	
i-Butanol	46,55	
Isoamylalkohol	4,79	
Alkohole bis 180°	19,43	27,21
Alkohole über 180°	7,78	
Summe	100,0	

Das Verfahren erhielt den Namen Isobutylölsynthese, weil unter den Alkoholen C_2—C_6 der Isobutylalkohol mit dem höchsten Prozentsatz vorhanden ist. Die weit über dem Isobutanol siedenden Isoalkohole (Isohexyl-, Isoheptyl-, Isooctylalkohole etc.) fanden früher wegen ihrer ausgezeichneten Löseeigenschaften z. B. in Form ihrer Essig- oder Propionsäureester als sogen. Intra- und Polysolvane in der Lackindustrie vielfache Verwendung.

Das Isobutanol selbst war eine zeitlang das technische Ausgangsprodukt für Isooctan, das damit praktisch auf Synthesegas-Basis für den Betrieb der Jagdflugzeuge hergestellt wurde.

$$CO/H_2 \xrightarrow[\text{Druck}]{\text{Kat.}} \text{Isobutylalkohol} \xrightarrow[\text{sierung}]{\text{Dehydrati-}} \text{Isobutylen} \xrightarrow[\text{sierung}]{\text{Dimeri-}}$$

$$\text{Diisobutylen} \xrightarrow[\text{rung}]{\text{Hydrie-}} \text{Isooctan}.$$

4.3.2 Der Prozeß des IFP zur gemeinsamen Herstellung von Methanol und Alkoholen C_2—C_6

Bei der Synthese des IFP (Institut Francais du Petrole [4.31]) werden hochaktive Katalysatoren bei 230 °C–320 °C und 60–100 bar eingesetzt, die neben Methanol 30–50 % höhere lineare Alkohole (C_2—C_6) produzieren. Diese Katalysatoren bestehen aus Kupfer und Kobalt als Schlüsselelementen, in die mindestens eines der nachfolgend angeführten Metalle (M) und wenigstens eine Metallverbindung aus dem Alkali- oder Erdalkalibereich (A) eingearbeitet wurden [4.32]:

M = Al, Ce, Cr, Fe, La, Mn, Pr, Nd, Y, Zn
A = Na_2CO_3 bzw. K_2CO_3.

Der Gehalt an höheren Alkoholen im Syntheseprodukt hängt ab vom im Kobalt-Kupfer-Kontakt enthaltenen Metall M und von der Art und Konzentration des alkalischen Anteils. Die Selektivität für Ethanol ist z. B. abhängig vom Cu/Co-Verhältnis und vom Verhältnis des Co zu Al, Cr, Zn. Der Katalysator ist ein homogenes Gemisch der Oxide. Es wird kalziniert, und hernach zur Aktivierung einer Wasserstoffbehandlung unterworfen. Er ist mechanisch außerordentlich beständig und kann auch unter erschwerten Bedingungen, wie z. B. in Riesel- oder Flüssigphasenanlagen, eingesetzt werden.

In einer Neuentwicklung konnte gezeigt werden, daß alkalisierte Kupfer-Katalysatoren bei 380 °C und 150 bar neben Methanol auch 20–30 % höhere Alkohole bilden; die Lebensdauer solcher Kontakte ist aber wegen der hohen Arbeitstemperatur gering.

Von großer Bedeutung für die Syntheseergebnisse ist die Wärmeabführung, da die Bildung höherer Alkohole aus Synthesegas mit einer signifikant größeren Wärmefreisetzung verbunden ist als die Synthese von Methanol in konventionellen Methanolsyntheseanlagen. Tabelle 4.31 zeigt dies deutlich. Die Reaktionswärme ist hier fast halb so groß wie bei der Hydrierung von Synthesegas zu Methan.

Bei der Synthese von höheren Alkoholen aus Synthesegas werden pro mol Alkohol soviel mol Wasser minus 1 gebildet, als der Alkohol Kohlenstoffatome enthält. Bei der Bildung von Amylalkohol entstehen also 4 Mol Wasser.

$$m\,(CO + 2\,H_2) \rightarrow C_nH_{2n+1}OH + (n-1)\,H_2O.$$

Tabelle 4.31. Reaktionswärme bei der Bildung höherer Alkohole bei der katalytischen Umsetzung von Synthesegas (Arlie et al. [4.31])

Alkohole	H^0_{298} kJ/mol	H^0_{298} kJ pro C in der Kette
C_1	− 90,47	− 90,47
C_2	− 254,98	− 127,50
n-C_3	− 408,09	− 136,03
n-C_4	− 572,37	− 143,09
CH_4	− 205,95	− 205,95

Tabelle 4.32. Durchschnittliche Zusammensetzung der Produkte der Alkoholsynthese des IFB (Arlie et al. [4.31])

Alkohole	Gew.-%
CH_3OH	50–70
C_2H_5OH	16–23
n-C_3H_7OH	8–14
n-C_4H_9OH	4–7
n-$C_5H_{11}OH$	2–3
höhere Alkohole, C_6 +	1,5–3

Tabelle 4.32 gibt einen Einblick in die durchschnittliche Zusammensetzung der Produkte der Alkoholsynthese des IFP, bei der auch gasförmige Kohlenwasserstoffe und geringe Mengen Ketone und Ester gebildet werden.
Zusammensetzung der gasförmigen Nebenprodukte aus dem Purgegas nach Abtrennung von $CO + H_2$:

CH_4	70–72 %
C_2-Kohlenwasserstoffe	13–16 %
C_3-Kohlenwasserstoffe	6–9 %
C_4—C_5-Kohlenwasserstoffe	2–3 %

Die Zusammensetzung des Synthesegases ist von Bedeutung. Ein Verhältnis $CO:H_2 = 1:4$ verringert die Bildung höherer Alkohole; ist das Verhältnis $CO:H_2$ größer als 1, geht der Gesamtumsatz zurück. Die Reaktionsbedingungen bei der IFP-Alkoholsynthese sind in Tabelle 4.33 angegeben.
Beim IFP-Verfahren werden 2 Reaktoren mit Quenchkühlung hintereinander geschaltet. Hinter dem ersten Reaktor ist eine Kondensationsstufe angeordnet.

Die Wasserbildung im Reaktor ist abhängig von der Konzentration an höheren Alkoholen ab C_2 im Reaktionsgemisch und dem CO_2-Gehalt des Synthese-Eingangsgases. Je nach Gehalt an CO_2 im Kreislaufgas kann der Wassergehalt des Syntheseprodukts 5–35 Gew.-% betragen. Die Wasserabtrennung erfolgt durch Extraktivdestillation mit DEG (Diethylenglykol, Sdp. 244 °C) (vgl. Abb. 4.2).
In der Kolonne I werden die 3 ersten Alkohole mit einem Teil des Butylalkohols nach Zusatz von DEG abdestilliert (*n*-Butanol 117 °C, *i*-Butanol 108 °C, *tert.*-Butanol 82,2 °C). Die zurückbleibenden höheren Alkohole werden gemeinsam mit Wasser in Kolonne II abdestilliert (*n*-Amylalkohol 139 °C, *n*-Hexanol 158,8 °C). Das Kopfprodukt trennt sich in der Vorlage. Die alkoholreiche Phase wird in der Kolonne III, die wasserreiche Phase in der Kolonne IV destilliert. Das DEG aus Kolonne II wird im Wasserstoffstrom in einer geschlossenen Apparatur (in der Skizze nicht angegeben) völlig getrocknet.

Berechnet man den Alkoholpreis auf das Ausgangsmaterial, in diesem Fall

Tabelle 4.33. Reaktionsbedingungen bei der IFP-Synthese von Methanol mit höheren Alkoholen (Arlie et al. [4.31])

Gaszusammensetzung	$H_2:CO = 2–2,5$ $CO_2CO:CO_2 = 10–10\,\%$
Temperaturbereich	260–320 °C
Druckbereich	60–100 bar
Kontaktbelastung bei Normaldruck	3 000–6 000 Vol/Vol/h
CO-Umsatz pro Durchgang	12–18 % Gesamtumsatz 90 %
Selektivität für Alkohole	70–75

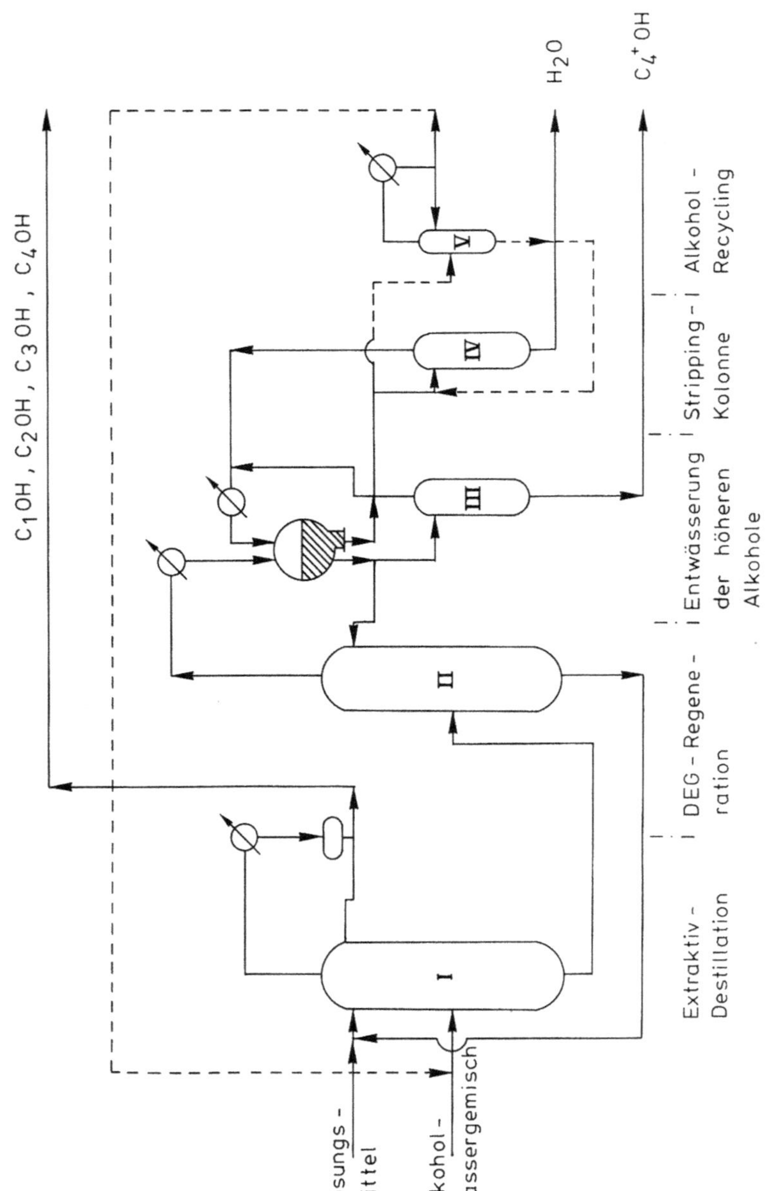

Abb. 4.2. Schema der Entwässerung des Alkoholgemisches mit Diethylenglykol nach IFP (Courty el al. [4.31])

Erdgas, errechnen sich die Kosten (Stand: Mitte 1983) für 1 t C_1—C_6-Alkohole zu 400 $ gegen 1 t Methanol zu 233 $, wie Tabelle 4.34 ausweist.

Die Kosten für die gemeinsame Herstellung von Methanol und höheren Alkoholen sind höher als die Kosten für die Synthese von Methanol allein wegen:

1. der teuren Abtrennung des Wassers
2. des höheren Synthesegasbedarfs. So werden z.B. bei der Methanolsynthese

Tabelle 4.34. Produktionskosten von Methanol und Gemischen von Methanol mit 30 % höheren Alkoholen (C_2—C_6) mit Naturgas als Ausgangsmaterial nach dem IFP-Verfahren. Produktion 600 000 jato (330 Tage) Preise für Westeuropa, Mitte 1983 (Arlie et al. [4.31])

Kosten in Mio $	Methanol rein	Methanol und Alkohole C_2—C_6
Anlagekosten	121	220
Nebenanlagen	43	78
Summe des Fixkapitals	164	298
Produktionskosten $/t (Betrieb, Instandhaltung, Kontrollabor)	4,4	7,2
Naturgaskosten bei 45 $ pro 1 Mio BTU = 255 000 kcal	139,1	222,8
Katalysatoren, Chemikalien, Energieversorgung	6,0	18,6
Plant overhead (80 % der Gesamtproduktionskosten)	3,5	5,8
Steuern und Versicherung (2 % vom Fixkapital)	3,5	9,9
Amortisation (Abschreibung) 10 % vom Fixkapital	27,3	49,6
Nettokosten in $/t	185,8	213,9
Verkaufspreis in $/t bei 15 % DCF	233	400

für 1 m³ Methanol 1 750 m³ Synthesegas, dagegen für 1 m³ Propanol 2 753 m³ benötigt.

3. des höheren Wasserstoffbedarfs. Die Synthesegaszusammensetzung für Methanol ist: $CO:H_2$ etwa 1:2,2, jene für C_2—C_6-Alkohole etwa 1:2,5. Die letzten beiden Kostenfaktoren sind eine Funktion der Stöchiometrie und der Produktselektivität.

4.3.3 Der „MAS"-Prozeß von Snamprogetti-Topsøe-Anic (Mixed Alkohol Solvents) [4.33]

Ein Verfahren zur Herstellung eines Gemisches aus Methanol mit höheren Alkoholen, das von den in der Überschrift genannten Firmen ausgearbeitet wurde, wird zur Zeit in einer halbtechnischen Anlage mit einer Kapazität von 12 000 jato in Pisticci in Italien betrieben. Es liefert in Abhängigkeit von den Syntheseparametern Methanolgemische in einem Verhältnis Methanol zu höheren Alkoholen von 90:10 bis 60:40. Ein Mischungsverhältnis von 70:30 wird als günstigster Kompromiß sowohl hinsichtlich der Erzeugungskosten als auch bezüglich der Verwendungsfähigkeit der Gemische als Benzinzusatz angesehen. Verwendet man das Gemisch als Benzinzusatz, so kann man z. B. durch Zugabe von 5–10 Vol.-% des MAS-Produktes den Butangehalt im Benzin auf 35–40% des Wertes erhöhen, der mit Methanol allein möglich wäre.

Tabelle 4.35. Vergleich von MAS 70/30 mit Methanol (Tontonati et al. [4.33])

	MAS	Methanol
Dichte bei 15 °C kg/Liter	0,804	0,796
RVP bar	0,230	0,356
Siedebeginn/Endpunkt °C	63/189	65/65
Vol.-% verdampft bei 70°/100°/150°	61/85/95 Vol.-%	100 Vol.-%
H_u in kJ/kg	24560	19945
Wassergehalt K.F.	≦ 0,1 %	—
ROZ (Mischwert)	124–130	120–140
MOZ (Mischwert)	93–103	90–100

Die Arbeitsweise der technischen Anlage weicht von der konventionellen Methanolsynthese nicht sehr signifikant ab. Der Druck beträgt 50–100 bar (5–10 MP), die Temperatur ist höher, der Katalysator wurde neu entwickelt. Der Rohalkohol muß wie beim IFP-Prozeß entwässert werden.

Die Entwässerungsanlage besteht hier aus 3 Kolonnen. In der ersten Kolonne wird Methanol mit einer kleinen Menge Ethanol abdestilliert. In der dritten Kolonne, in der die Azeotropdestillation mit Cyclohexan ausgeführt wird, besteht der Sumpf aus C_{3+}-Alkoholen. Das Wasser wird in der zweiten Kolonne im Sumpf abgenommen.

Zusammensetzung des MAS Vol.-%: 70 % CH_3OH
2 % Ethanol
3 % Propanol
15 % *i*-Butanol
10 % C_{4+}

Tabelle 4.35 vergleicht die Produkte aus dem „MAS"-Verfahren 70/30 mit dem Methanol nach einem konventionellen Methanolverfahren.

Die Kosten für das MAS-Produkt sind etwa 30 % höher als die des konventionell erzeugten Methanols. Bezieht man die Kosten auf den Energieinhalt der Produkte, so betragen die Mehrkosten aber nur 6 %. Da für die „MAS-Produktion" etwa 25 % mehr Synthesegas als für die reine Methanolproduktion benötigt werden, hängt der Preisvergleich stark vom Preis des für die Synthesegasherstellung zur Zeit eingesetzten Naturgases ab.

4.3.4 Die Synthese von Fuel-Methanol ohne Wasserbildung, Verfahren der Lurgi-Kohle- und Mineralöltechnik GmbH [4.34]

Die Lurgi hat einen Fuel-Methanol-Prozeß entwickelt, der bei 270 °C bis 310 °C und 50–100 bar mit einem abgewandelten kupferhaltigen Methanol-Katalysator ein Gemisch mit etwa 45 % höheren Alkoholen und nicht mehr als 0,3 % Wassergehalt liefert. Das Syntheseprodukt kann nach Stabilisation vom geringen Gasanteil und von Niedrigsiedern direkt dem Benzin zugesetzt werden. Man spart dadurch die teure und umständliche Wasserabtrennung.

Bei diesem Prozeß sind die Kosten nur etwa 18 % höher als beim Prozeß für chemisch reines Methanol.

Wichtig sind die Einhaltung einer speziellen Gas-Stöchiometrie (unterstöchiometrische Gaszusammensetzung, bezogen auf Wasserstoff) und die laufende Entfernung von Kohlensäure aus Frisch- und Kreislaufgas.

Durch die Änderung der Katalysatorstruktur (etwa 20 verschiedene Versionen wurden untersucht) erhielt man Kupferkatalysatoren, deren Aktivität bei 300 °C sehr hoch ist und die zufriedenstellende Raum-Zeit-Ausbeuten bei einem Druckniveau unterhalb 100 bar ergaben. Die besten Katalysatoren unterscheiden sich nicht grundsätzlich vom Lurgi-Standardkatalysator.

Während der Synthese des Methanols bildet sich theoretisch kein Wasser, obwohl technisch immer mehr oder weniger Wasser im Methanol anfällt. Hingegen wird bei den Fuel-Methanol-Synthesen (vgl. S. 124) Wasser, in Abhängigkeit von der Kettenlänge der Alkohole gebildet:

$$4\,CO + 8\,H_2 \rightarrow C_4H_9OH + 3\,H_2O\,.$$

Bei der Synthese entstehen daher enorme Wassermengen. Dadurch wird die Konvertierung von CO zu CO_2 und Wasserstoff begünstigt.

$$CO + H_2O \rightleftarrows CO_2 + H_2\,.$$

Verwendet man ein Synthesegas mit hohem CO-Gehalt, verläuft die Konvertierungsreaktion durch das Wasserangebot nach rechts und das Wasserstoffdefizit des Synthesegases wird wesentlich verringert. Wäscht man das gebildete CO_2 sorgfältig aus dem Frisch- und Kreislaufgas aus, dann wird aufgrund des Konvertierungsgleichgewichtes das bei der Alkoholsynthese entstehende Wasser eliminiert.

Bereits beim konventionellen Lurgi-Niederdruck-Methanol-Verfahren lassen sich 17 % höhere Alkohole mit dem Methanol erzeugen, wenn man mit unterstöchiometrischen Wasserstoffgehalten im Synthesegas arbeitet. Andrerseits kann man auch mit dem neuen, auf die Synthese der höheren Alkohole hin entwickelten Fuel-Methanol-Kontakt Methanol produzieren, wenn man das für die konventionelle Methanolsynthese notwendige CO/H_2-Verhältnis wieder auf etwa 1:2,2 einstellt. Das Produkt enthält zwar noch etwa 3 000 bis 4 000 ppm höhere Alkohole, die können aber durch Destillation leicht entfernt werden. Dadurch sind sowohl für vorhandene Methanolanlagen, als auch für neu entwickelte Fuel-Methanol-Anlagen hohe Flexibilitäten gewährleistet, da ihre Betriebsart wechselweise auf die jeweils gewünschten Produkte eingestellt werden kann. Tabelle 4.36 gibt die Zusammensetzung des Lurgi-Fuel-Methanols in Gew.-% an.

Vergleichende fahrzeugtechnische Untersuchungen ergaben, daß ein Zusatz von 4,4 % des Fuel-Methanols der Lurgi im Benzingemisch (entsprechend einem Methanolgehalt von 3 % im Gesamtgemisch) einer Zumischung von 6 % Oxinol entspricht. Sowohl Dichte als auch der Reid-Dampfdruck liegen dabei im gleichen Bereich. Beide Oktanzahlen, ROZ und MOZ, werden um etwa 3 Punkte gesteigert.

Tabelle 4.36. Zusammensetzung des Fuel-Methanols der Lurgi-Mineralöltechnik GmbH in Gew.-% (Hiller u. Supp [4.34])

Methanol	53,5	Hexanol+	14,8
Ethanol	3,9	weitere Sauerstoffverbindungen, Ketone, Ester, Aldehyde	10,1
Propanol	3,1		
Butanol	6,2	C_{5+}-Kohlenwasserstoffe	4,3
Pentanol	3,8	Wasser	0,3

Abbildung 4.3 zeigt das Schema der wasserfreien Fuel-Methanol-Synthese der Lurgi.

Die Arbeitsweise der Fuel-Methanol-Anlage nach Lurgi ist durch den Einbau einer Kohlensäurewäsche besonders gekennzeichnet. Dabei werden Frischgas und Kreislaufgas gemeinsam der Kohlensäurewäsche unterworfen. Das bis auf 1–2 % CO_2-freie Gas wird über einen Wärmeaustauscher in den Röhrenreaktor geleitet, dessen Arbeitsweise bekannt ist (vgl. S. 63). Das Gas aus dem Reaktor wird in den Wärmeaustauscher geleitet, der das Eingangsgas (Frisch- und Kreislaufgas) vorheizt. Danach wird es in einem Endkühler abgekühlt und in einem Separator in Gas und Flüssigkeit getrennt. Das Kreislaufgas wird nach Abnahme einer gewissen Menge Purgegas mit dem Frischgas vereint und in die Kohlensäurewäsche geleitet.

Das Rohmethanol wird von Gasen und leicht siedenden Nebenprodukten in einem Stabilisator getrennt. Das so erhaltene Sumpfprodukt kann sofort dem Benzin zugemischt werden. Der Wasseranteil des Rohproduktes von 0,3 % kann auch mit Molekularsieben auf 200 ppm gesenkt werden.

Man kann in der Stabilisationskolonne aber auch in einem Seitenstrom einen Teil des Methanols abnehmen, das dann auf Chemie-Methanol-Reinheit aufdestilliert werden kann.

Dadurch ist es sehr einfach möglich, den Prozentsatz an höheren Alkoholen im Fuel-Methanol beliebig zu steigern.

Geht man für die Synthesegasherstellung von Erdgas aus, das in den kommenden Jahren in Europa dem Schweröl und der Kohle noch überlegen sein wird, dann kann man die Kohlensäure aus der CO_2-Wäsche gleich vorteilhaft in den allotherm arbeitenden Reformer leiten. Dadurch wird die Wasserstoffmenge verringert, was wichtig für das erforderliche Arbeiten mit unterstöchiometrischen Synthesegasverhältnissen ist. Man kann auch das Lurgi „Combined-Verfahren“ anwenden (vgl. S. 14).

Sollte das Synthesegas auf Basis billiger Kohle hergestellt werden, können vorteilhaft die Rohgase der modernen Prozesse aus autothermen Vergasungsprozessen der Zweiten Generation, die bis zu 60 % CO enthalten, verwendet werden.

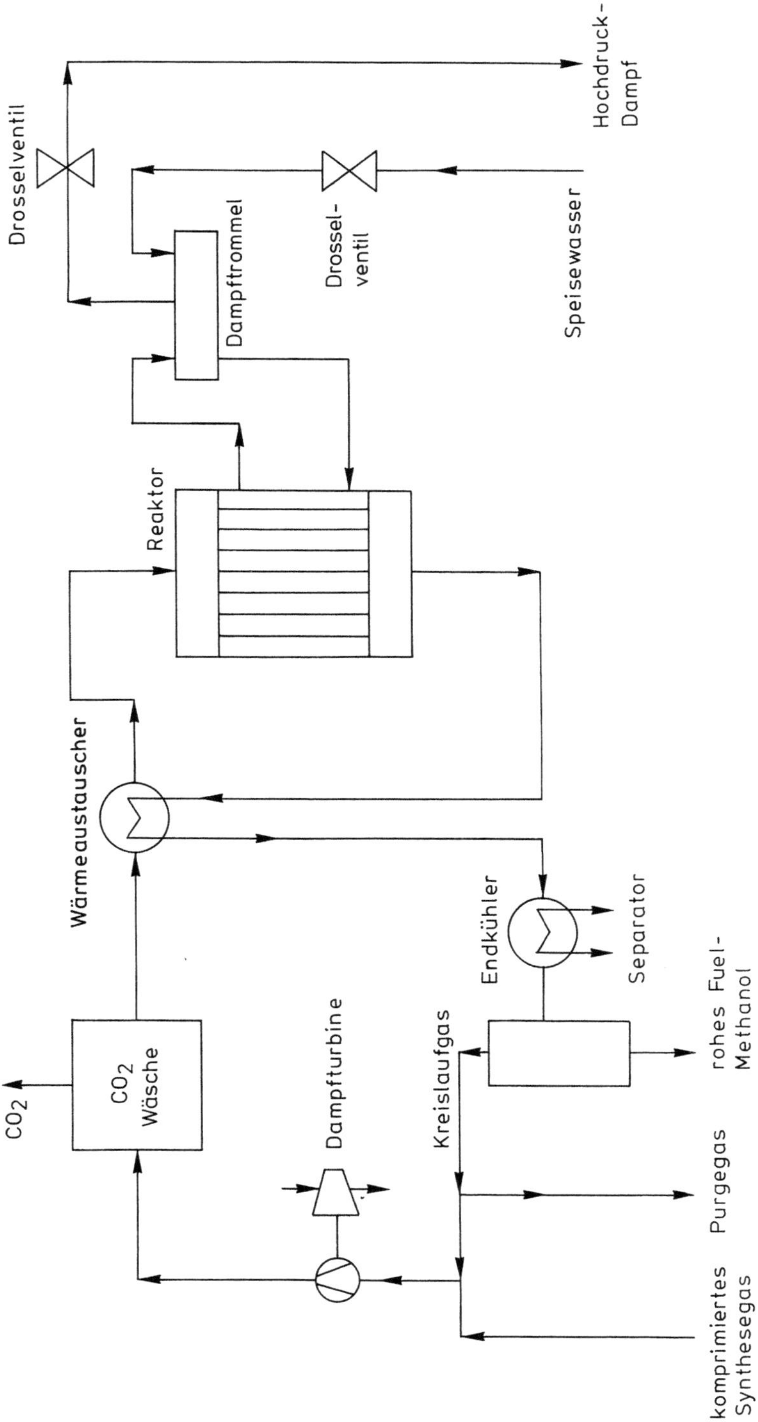

Abb. 4.3. Schema der wasserfreien Fuel-Methanol-Synthese der Lurgi (Hiller u. Supp [4.35])

Für eine Kostenbetrachtung des Lurgi-Fuel-Methanol-Prozesses wird als Ausgangsgas Erdgas und als Endprodukt ein Produkt mit einem Anteil von 45 % höheren Alkoholen angenommen. Dabei werden die Erzeugungskosten auf gleiche Heizwertmengen abgestellt. Man führt dazu eine Art Methanoläquivalent ein. Fuel-Methanol hat einen Heizwert von 25 000 kJ/kg (5 975 kcal/kg), Methanol von 20 000 kJ/kg (4 780 kcal/kg).

Bezogen auf das Methanoläquivalent ist die Erzeugung von Fuel-Methanol durch die Waschanlage für CO_2 und dessen Rückführung in die Synthesegasanlage, trotz Einsparung der Wasserentfernung aus dem Roh-Fuel-Methanol, bei Verwendung von Erdgas teurer als eine Reinmethanolherstellung. Für den Bau einer Anlage muß man mit 40 % Mehrkosten rechnen. Der thermische Wirkungsgrad liegt bei Erdgaseinsatz um 13 % höher als bei der Reinmethanolsynthese.

Für eine Anlage, die täglich eine dem Heizwert von 2 000 t Reinmethanol entsprechende Menge Fuel-Methanol herstellen kann, ergeben sich aus den Werten für Anlagekapital und Primärenergie Kosten, die um etwa 18 % höher liegen als bei der Erzeugung von Reinmethanol.

Neuerdings wurde von der Dow Chemical bekanntgegeben [4.38], daß die Firma einen neuen Prozeß für Fuel-Methanol ausgearbeitet hat, der Molybdänsulfid als Katalysator verwendet und sich dann besonders für die Verarbeitung von hochschwefelhaltigen Erdölrückständen als Rohmaterial für Synthesegas eignet. Mit dem variierenden Gehalt an Schwefelwasserstoff im Synthesegas lassen sich die Anteile an höheren Alkoholen im Gemisch mit Methanol regulieren. Je größer die H_2S-Konzentration im Gas ist, desto geringer ist der Methanolgehalt im Alkoholgemisch. Der Methanolanteil kann von fast Null auf 90 % steigen.

Wenn der Methanolgehalt vermindert wird, steigen die höheren Alkohole, insbesondere Ethanol und die Propanole, an. Aber auch Butanole kann man in größeren Prozentsätzen erhalten. Etwa 15 % des Kohlenstoffs werden in Kohlenwasserstoffe bis C_5 übergeführt. Sie werden in den Kreislauf zurückgegeben.

Der Wassergehalt ist wegen der Verwendung unterstöchiometrischer Mengen an Wasserstoff im Synthesegas ($CO:H_2 = 1{,}2:1$) und der Entfernung der Kohlensäure nur 1–2 %. Dieser Rest läßt sich mit Molekularsieben entfernen.

Der Katalysator besteht aus Molybdän und kleinen Mengen von Metallen der VIII. Gruppe (Eisen, Nickel und Kobalt). Er ist mit Kaliumcarbonat alkalisiert und wird in Form von Pellets, oder auf Aktivkohle aufgebracht, verwendet. Der Gasumsatz pro Durchgang soll 20–25 % betragen. Die Lebensdauer wird aufgrund der Ergebnisse in einer Pilotanlage mit einer Kapazität von 1 t Synthesegas pro Tag mit 1–2 Jahren angegeben.

4.3.5 Die gemeinsame Herstellung von Methanol und höheren Alkoholen nach dem Verfahren der Chem Systems [4.35]

Bereits bei der Besprechung des Verfahrens zur Herstellung von Methanol aus Synthesegas in Kombination mit dem Einsatz des Gases zur Feuerung von Gasturbinen ist auf Versuche hingewiesen worden, das Flüssigphase-Verfahren der Chem Systems mit mobilem Katalysator und umlaufendem Inertöl auch für die Herstellung von Methanol-Alkoholgemischen einzusetzen. Abschließende Ergebnisse werden bald erwartet.

Tabelle 4.37. Katalysatorkombinationen zur Herstellung von Gemischen aus Methanol und höheren Alkoholen nach dem Verfahren der Chem Systems (Greene [4.35])

Gruppe I	Cu, Zn, Cr, Co und Alkali
Gruppe II	Gruppe I ohne Zn, Co oder Cr
Gruppe III	Modifizierte Methanolsynthesekatalysatoren
Gruppe IV	Katalysatoren der Gruppe I, in denen Cr durch andere Metalle (Fe, Mn, Ti, Th, etc.) ersetzt wird
Gruppe V	Katalysatoren der Gruppe I, II oder IV, die auf inerte Oxide wie SiO_2, TiO_2 oder MgO aufgetragen sind
Gruppe VI	Mit Kobaltcarbonyl und Kalium imprägnierter Methanol-Synthese-Katalysator
Gruppe VII	Ternärer Katalysator, der Cu, Co und K enthält
Gruppe VIII	Binärer Katalysator, enthaltend Cu oder Cr und K

Tabelle 4.38. Zusammensetzung in Gew.-% und Oktanzahlen eines Alkohol-Kohlenwasserstoffgemisches, wie es bei Verwendung der Katalysatoren der Gruppe IV in Tabelle 4.37 nach dem 3-Phasen-Verfahren der Chem Systems anfällt (Greene [4.35])

Methanol	19,4 %
Ethanol	28,5 %
n-Propanol	13,7 %
n-Butanol	6,2 %
n-Pentanol	3,6 %
Summe	71,4 %
n-Pentan	21,8 %
n-Hexan	3,3 %
n-Heptan	1,9 %
n-Oktan	1,1 %
n-Nonan	0,4 %
n-Dekan	0,1 %
Summe	28,6 %
ROZ	102
MOZ	86,6
Straßenoktanzahl $\frac{R+M}{2}$ = RdON	94,3
Aus den RdON der Komponenten berechnete RdON der Mischung	77

Zuerst arbeitete man in einem Berty-Reaktor im Festbett, dann in einem Rohrreaktor im geraden Durchgang mit einem Gasgemisch $CO:H_2 = 1:2$ und einem Gehalt von 10 % CO_2. Die Temperatur betrug 240 °C bis 370 °C, der Druck 40–100 bar und die Kontaktbelastung 1 000–10 000 Liter/Liter Kat./h.

Die dabei erzielten Ergebnisse wurden anschließend mit den Resultaten aus Testversuchen mit der 3-Phasenarbeitsweise mit mobilem Katalysator und Umlauföl verglichen.

Wesentlich für die Synthese war die Katalysatorenentwicklung. Die Katalysatoren enthielten die charakteristischen Elemente der FT-Synthese und der Methanol-Synthese. Sie bestanden aus den vier Schlüsselelementen, Cu, Co, Cr, Zn in verschiedenen Atomverhältnissen. Zu allen Mischungen wurden Kaliumverbindungen zugegeben. Die Formulierung der Katalysatoren erfolgte nach der Edisonian-Methode. Die Tabelle 4.37 faßt die 8 Klassen der Katalysatoren in Gruppen zusammen.

Besonderes Interesse fanden Katalysatoren der Gruppe I und III. Die Katalysatoren der Gruppe III produzieren 50–75 % Methanol und 25–50 % C_2—C_6-Alkohole, und Spuren von höheren als C_6. Daneben entstehen Paraffinkohlenwasserstoffe C_4—C_{10}, die im Alkoholgemisch löslich sind. Sie führen im Gemisch zu einer wesentlich höheren OZ, als sie sich nach der Mischungsregel ergeben würde.

Das Reaktionsprodukt mit Katalysatoren der Gruppe IV besteht aus etwa 77 % Alkoholen (davon 45 % Methanol, 55 % C_2—C_6-Alkohole) und 23 % Kohlenwasserstoffen. Die Zusammensetzung der Reaktionsprodukte in Gew.-% und die Oktanzahlen der Gemische sind in Tabelle 4.38 angegeben.

Fast alle der aufgeführten Katalysatoren geben Gemische von Methanol und höheren Alkoholen, sowie CO_2 und Wasser. Das Wasser wurde im angegebenen Beispiel durch Azeotropdestillation entfernt.

4.3.6 Das französische Carburolprogramm [4.36]

Als Carburole werden in Frankreich jene Flüssigkeiten bezeichnet, mit denen Fahrzeugmotoren betrieben werden können, und die keine Kohlenwasserstoffe sind. Die Carburole sind reine oder gemischte sauerstoffhaltige Verbindungen wie Alkohole, Ketone, Ether etc. Sie können rein oder auch mit Kohlenwasserstoffen gemischt angewendet werden. Je größer ihr Anteil ist, um so mehr müssen zum Beispiel die Vergasereinstellungen und schließlich das gesamte Kfz verändert werden. Bis zu einem Zusatz von 10 % ist eine Modifikation des Motors nicht nötig.

Die Hauptcarburole sind Methanol, Ethanol, Mischungen von Methanol mit höheren Alkoholen bis C_6, *tert.*-Butanol, und das „Butylaceton", ein Gemisch aus Ethanol, Butanol und Aceton wie es im Verhältnis von etwa 10:60:30 aus biologischem Material hergestellt werden kann.

Im übrigen sind für diese Mischungen aus Benzin und Alkoholen die gleichen Bedingungen, wie Wassertoleranz und Dampfdruck, einzuhalten, über die bereits berichtet wurde. Die Bemühungen des IFP zur gemeinsamen Herstellung von Gemischen aus Methanol und höheren Alkoholen auf der Basis von Synthesegas wurden ebenfalls bereits erörtert.

„Butylaceton" weist die gleiche OZ wie Superbenzin auf und besitzt etwa 75 % dessen Heizwertes. Die gemeinsame Synthese von Ethanol, Butanol und Aceton kann auf Basis von Stroh, Mais, Topinambur, Zuckerrohr, Zuckerrüben, von Futterpflanzen wie z. B. Luzerne etc., durchgeführt werden. Beim Einsatz von Stroh und ähnlichen Rohstoffen findet eine enzymatische Hydrolyse von Lignozellulose mit genetisch verbesserten Enzymen statt, deren Weiterentwicklung ebenfalls vom IFP bearbeitet wird. „Butylaceton" ist ein ausgezeichnetes Kosolvent und die Gefahr von Vapor-lock, die bei Verwendung von Methanol allein im Benzin besteht, ist praktisch eliminiert.

In Frankreich sind zur Zeit folgende Zusätze von sauerstoffhaltigen Verbindungen zu Benzin erlaubt:

3 % Methanol + 2 % andere Lösungsmittel
5 % Ethanol + 2 % andere Lösungsmittel.

Die Produktion von Ethanol wird erst in zweiter Linie in Betracht gezogen. Um die zur Ausnutzung der o. a. Zumischungsmöglichkeit in Frankreich benötigte Menge zu erzeugen, müßten von den 30 Mio Hektar kultiviertes Land, über das Frankreich verfügt, etwa 2 Mio Hektar für diesen Zweck zur Verfügung gestellt werden.

Außerdem benötigt man nach dem Stand der heutigen Technik für die Ethanolherstellung die gleiche Energiemenge, die dann das fertige Carburol enthält. Die Gestehungskosten sind 2 bis 3mal höher als die für Superkraftstoff.

Das „Butylaceton" hat schon einmal eine Rolle als Lösungsmittel gespielt. Die Commercial Solvents Co. in Peoria (USA) verarbeitete z. B. Stärke mit dem von C. Weizmann entwickelten Verfahren durch *Bacterium clostridium acetobutylicum* direkt zu Butanol-Aceton-Ethanol-Gemischen.

Das Carburolprogramm von 1980, nach dem 1,5 Mio jato umgesetzt werden sollten, ist nach unten revidiert worden.

4.3.7 Das Texaco-Verfahren zur Herstellung von Alkohol-Ester-Gemischen aus Synthesegas als Mischkomponenten für Benzin [4.37]

Bei der Texaco wurde ein Verfahren zur Herstellung von Alkoholen mit 1–3 C-Atomen und ihren Acetaten ausgearbeitet, das in homogenen Salzschmelzen bei hohen Drucken von 450 bar und Temperaturen von 200–250 °C arbeitet. Man verwendet zur Herstellung der Katalysatoren Ruthenium-(IV)-Oxid oder Trirutheniumdodecacarbonyl in einem geschmolzenen quaternären Phosphonium- oder Ammoniumsalz und Tetrabutylphosphoniumbromid oder Tetrabutylphosphoniumjodid. Letztere stellen die Lösungsmittel für den aktiven Rutheniumkatalysator dar. Wahlweise kann man Cokatalysatoren beigeben, wie z. B. halogenfreie Titan- oder Zirkonverbindungen, Kobaltacetat, Mangancarbonat und Rheniumverbindungen, und spezielle Verbindungen wie Kobaltcarbonyl, Tetramethoxytitan, Rheniumcarbonyl etc.

Den eigentlichen Katalysator läßt man zweckmäßig erst im Reaktor entstehen, indem man Ruthenium-(IV)-oxid-hydrat mit Tetrabutylphosphoniumhalogenid und Synthesegas unter Druck erhitzt.

Solche Katalysatoren wurden bereits für die Herstellung einer breiten Palette von sauerstoffhaltigen Verbindungen wie Alkohole, Ester, Diole und Carbonsäuren verwendet.

Die Zusammensetzung der Alkohol-Ester-Gemische ist abhängig von der Katalysatorzusammensetzung. So ist Ethanol das Hauptprodukt bei Verwendung von $RuO_2 \cdot Bu_4PI$. Ruthenium- und Titan-Bu_4PBr-Kombinationen produzieren C_1—C_3-Alkohole in einem mehr ausgeglichenen Verhältnis. Methanol ist das Hauptprodukt beim Einsatz von Ruthenium, gemeinsam mit Rheniumcarbonyl oder Mangancarbonat. Mit letzterer Kombination erhält man etwa 85 Gew.-% Methanol in einer Ausbeute von 24 Mol/g Atom Ru/pro Stunde.

Von Bedeutung sind auch die Lösungsmittel für Katalysatorkombinationen, sowie die Zusammensetzung des Synthesegases. In einem Experiment, bei dem 10264 ppm Ruthenium in Form von Rutheniumdodecacarbonyl, gelöst in 47 % Tetrabutylphosphoniumiodid (Rest Methanol) bei 240 °C und 476 bar Druck mit einem Synthesegas der Zusammensetzung $CO:H_2 = 1:1$ zur Reaktion gebracht wurden, erhielt man bei 20 cm^3 Katalysatorlösung und einer Synthesegasmenge von 421 Liter/pro Stunde (Normaldruck) eine Produktmenge von 40,8 g/pro Stunde. Das Produkt war eine Mischung von 49,6 Gew.-% Methanol, 29,6 % Ethanol, 3,6 % Propanol, 2,1 % Methylacetat und 3,0 % Ethylacetat. Der Einsatz solcher Gemische im entbleiten Normalbenzin (10 Vol.-%) ergab eine ROZ von 92 und eine MOZ von 82, mit einer Sensibility von 85.

4.4 Die Überführung von Methanol in den Methyl-*tert.*-Buthylether (MTBE) [4.39]

Isobutylen aus den katalytischen Crackanlagen der Erdölraffinerien oder der C_4-Fraktion der Leichtbenzinpyrolyse (Steamcracker) der chemischen Industrie, setzt sich praktisch quantitativ mit Methanol zu MTBE um, wenn man beide Komponenten bei milden Temperaturen über saure Ionenaustauscher leitet.

$$(H_3C)_2C{=}CH_2 + CH_3OH \rightarrow (H_3C)_3C{-}OCH_3 + 36{,}8\ kJ/mol$$

MTBE ist wegen seiner hohen ROZ bzw. MOZ ein ausgezeichnetes Additiv für Blei in Vergaserkraftstoffen. Die Weltproduktion und damit der Methanolbedarf für diese Zwecke steigen ständig an und die erzeugten Mengen sind in erster Linie vom Isobutylenangebot abhängig.

Die Dehydrierung von Isobutan zu Isobutylen bzw. die Isomerisierung von

Tabelle 4.39. Wichtige Kennzahlen des MTBE (Obenaus u. Droste [4.39])

Siedepunkt 760 mm	55,3 °C
Gefrierpunkt	−108,6 °C
Dichte bei 20 °C	0,7404 g/cm^3
Molgewicht	88,16
Verbrennungswärme H_u	`35 000 kJ/kg (Methanol 20 000 kJ/kg)
Verdampfungswärme beim Siedepunkt	80,5 kcal/kg (336,8 kJ/kg)
Explosionsgrenzen/Luft	1,65–8,4 Vol.-%
Entzündungstemperatur	460 °C
ROZ	117
MOZ	101
Dampfdruck RVP	0,55 bar

n-Butan zu Isobutan sowie der *n*-Butene zu Isobutylen werden wieder diskutiert [4.40].

Tabelle 4.39 faßt die wichtigsten Kennzahlen des MTBE zusammen.
Für 1 t MTBE benötigt man stöchiometrisch 360 kg Methanol und 640 kg Isobutylen. MTBE ist in jedem Verhältnis mit allen Kohlenwasserstoffen mischbar. Es ist bei 20 °C zu etwa 4 % in Wasser löslich und die Wasserlöslichkeit in MTBE ist bei 20 °C 1,3 %.

MTBE bildet mit Methanol ein Azeotrop, das 14 % Methanol (38,5 Mol-%) enthält und die Aufarbeitung im technischen Prozeß erschwert. Ein Überschuß an Methanol ist beim Umsatz mit dem isobutylen-haltigen C_4-Gemisch notwendig, um praktisch alles Isobutylen in MTBE überzuführen und möglichst reine unumgesetzte n-Butene zu erhalten. Die Trennung von MTBE und Methanol geschieht daher nach Entfernung des Restes an C_4-Fraktion, als MTBE-CH_3OH-Azeotrop. Reines MTBE bleibt als Destillationsrückstand zurück und das Azeotrop wird in den Reaktor zurückgeführt. Man erhält ein Fertigprodukt mit einem Gehalt an etwa 99,4 % MTBE, 0,4 % Methanol, 0,2 % *tert.*-Butanol. Der Rest besteht aus C_{4+}-Kohlenwasserstoffen. Da sich der Methanolgehalt im Azeotrop mit steigendem Druck vergrößert, arbeitet man beim „Hülser-Verfahren“ bei 8 bar [4.39]. Dadurch wird die Menge MTBE, die mit dem Methanol zurückzuführen ist, auf die Hälfte reduziert.

Die Umsetzung der isobutylen-haltigen C_4-Fraktion mit Methanol muß bei möglichst niedriger Temperatur vor sich gehen, um Oligomerisierung des Isobutylens zu vermeiden und die Rückreaktion von MTBE zu Isobutylen und Methanol zurückzudrängen. Die Bildung kleiner Mengen *tert.*-Butanol kommt von der Feuchtigkeit der C_4-Fraktion.

Abbildung 4.4 zeigt das Schema der Arbeitsweise des „Hülser-Prozesses“.
In einem Röhrenreaktor, der intensiv mit Wasser gekühlt wird, wird die Hauptreaktion ausgeführt. Das Produkt strömt von oben nach unten und wird hernach zur Vervollständigung der Umsetzung in einen zweiten Reaktor, der bei tiefer Temperatur arbeitet, geleitet. Von dort wird das Reaktionsprodukt in einer Kolonne von der isobutylen-freien C_4-Fraktion getrennt und dann in

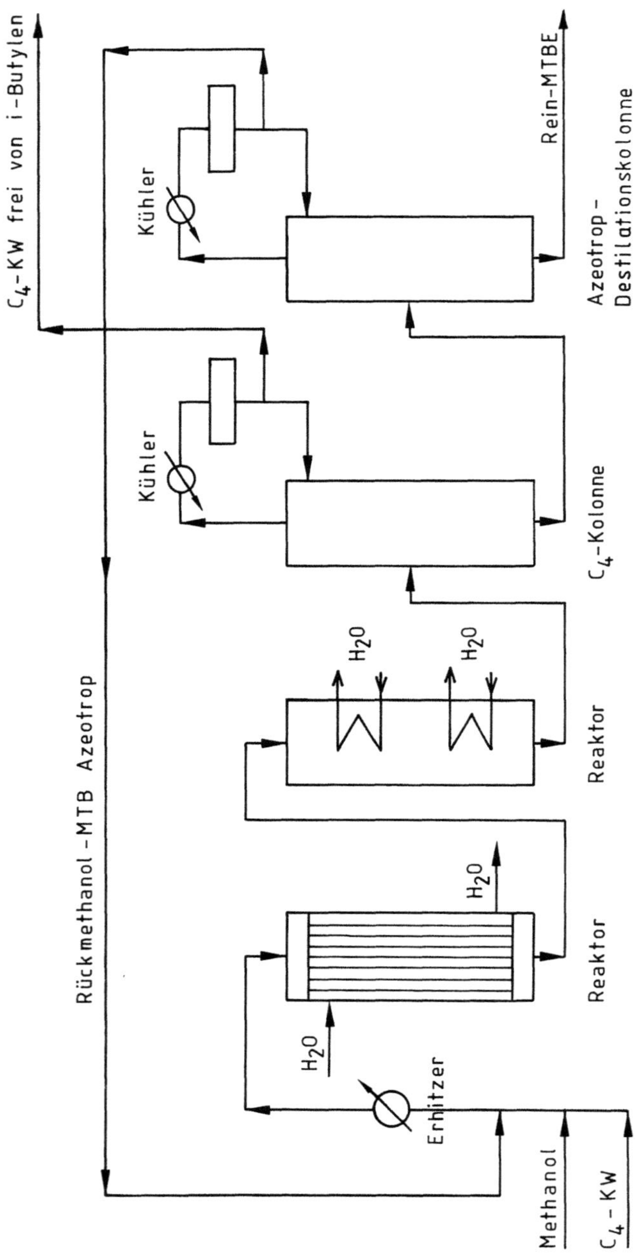

Abb. 4.4. Schema der Arbeitsweise des „Hülser Prozesses" zur Produktion von MTBE (Obenaus u. Droste [4.39])

die Methanol-MTBE-Azeotropkolonne befördert, wo die Trennung in MTBE und MTBE-Methanol-Azeotrop geschieht. Letzteres wird in den ersten Reaktor zurückgeführt. In letzter Zeit wird MTBE zur Herstellung von Reinisobutylen verwendet. Es läßt sich durch thermische Crackung in Methanol und Isobutylen spalten [4.41].

Durch Addition von Methanol an geeignete Isoamylene der C_5-Fraktion, z. B. aus FCC-Anlagen, entsteht TAME (*Tert.*amyl-methylether), der wie MTBE als Kraftstoffkomponente eingesetzt werden kann.

In Europa ist die Kapazität für MTBE durch das Isobutylen-Angebot auf etwa 500 000 jato limitiert, eine Menge, die gerade den Markt Großbritanniens befriedigen könnte, wenn MTBE alleiniger Oktanzahlverbesserer werden soll. Man nimmt an, daß in Europa etwa 3 Mio jato MTBE benötigt werden. Das dafür nötige Isobutylen steht derzeit nicht zur Verfügung, zumal die Atlantic-Riechfield in Rotterdam 400 000 t *tert.*-Butanol aus Isobutylen produziert und diese Menge verdoppeln möchte, um ihre Oxinol-Produktion zu vergrößern. Eine Möglichkeit, dem Isobutylenmangel abzuhelfen, bestünde in der Dehydrierung von Isobutan bzw. in der Isomerisierung von *n*-Butan zu Isobutan auf Basis der Nordseegasflüssigkeiten, die allerdings teuer sind.

Die Weltkapazität an MTBE betrug 1983 etwa 2 Mio t pro Jahr und bis 1990 wird ein Anstieg auf etwa 2,4 Mio t erwartet, eine Menge, zu deren Herstellung man etwa 900 000 t Methanol benötigt. Die Kapazität von LPG wird zwischen 1982–1990 um 30 % ansteigen und dann weltweit etwa 120 Mio t ausmachen.

Die Menge MTBE, die nötig ist, um eine Gallone (3,78 Liter) Benzin mit der ROZ von 98 bereitzustellen, kostet 9,6mal mehr als die gleiche Oktanzahlerhöhung mit Blei, für die 0,4 g Blei/Liter benötigt würden. Mit *tert.*-Butanol ergäbe sich ein Kostenverhältnis von 16:1, mit Ethanol von 11:1, mit Methanol von 5,2:1 und mit Toluol von 6,3:1.

Man sagt, daß MTBE mit 1 $ pro Gallone (3,78 Liter) erzeugt werden kann und daß das Oxinol, ein Gemisch aus 50:50 Methanol und *tert.*-Butanol, mit 83 Cents/Gallone einstehen wird.

Die Saudi Basic Industries Corp. (SABIC), die Arab Petroleum Investment Corp. (APICORP), die finnländische NESTE OY und die italienische AGIP wollen in einem joint venture gemeinsam MTBE, Butadien und Buten-(1) in Saudi-Arabien herstellen. Die MTBE-Menge soll dabei 500 000 jato betragen. Es ist die derzeit größte in Bau befindliche Anlage, sie sollte im Jahre 1985 zu arbeiten beginnen und 1988 in ihrer Kapazität verdoppelt werden. Die wichtigsten Arbeiten auf dem MTBE-Gebiet der letzten 3 Jahre sind im Zitat [4.41] aufgeführt.

4.5 Der Ersatz von Dieselöl durch Methanol [4.42]

Die Cetanzahl (CZ) von Methanol liegt bei etwa 3, die eines normalen Ottokraftstoffes bei etwa 14 und ein durchschnittliches Dieselöl weist eine CZ von 45–55 auf. Methanol hat also sehr schlechte Selbstzündungseigenschaften und ist daher allein als Dieselkraftstoff ungeeignet. Direkte Mischungen aus Dieselöl und Methanol lassen sich nicht herstellen und auch die Zuhilfenahme von Hilfslösungsmitteln oder von Emulgatoren bietet keine einfache technische Lösung.

Man kann aber bei Dieselmotoren das Methanol durch das Luftansaugrohr bis zu einem gewissen Anteil in die Brennkammer einführen, wodurch die

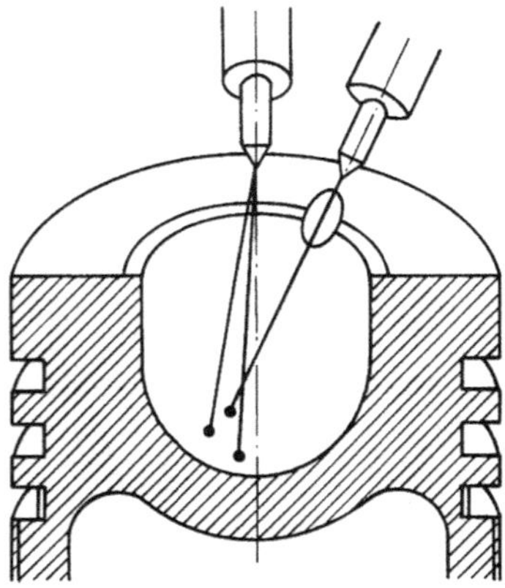

Abb. 4.5. Prinzip der Anordnung der Einspritzdüsen bei Methanol-Gasöl-Zweistoffbetrieb (nach F. Pischinger [4.42])

Rußbildung des Dieselmotors vermindert wird. Durch die hohe Verdampfungsenthalpie des Methanols wird, wie beim Ottomotor, eine intensive Innenkühlung erreicht, die zusätzlich eine Reduktion der NO_x-Emission bewirkt. Nur beim Start und im Leerlauf arbeitet der Zweistoffmotor als reiner Dieselmotor, so daß die methanolspezifischen Schwierigkeiten vermieden werden. Im mittleren und oberen Lastbereich wird Methanol eingespritzt.

Durch Methanol kann man heute bis zu 80 % des Gasöls in Dieselmotoren ersetzen, wenn man nach F. Pischinger mit dem Zündstrahlverfahren arbeitet, das eine Fremdzündung vermeidet (vgl. Abb. 4.5). Der Wagen ist mit 2 Tanks und 2 Einspritzpumpen ausgestattet. Der Vorgang im Zylinder spielt sich so ab, daß gegen Ende der Kompression des Methanol-Luft-Gemisches durch eine eigene Düse eine kleine Menge Gasöl mit hoher CZ von 45– 55 eingespritzt wird, die als Zündstrahl wirkt, der bei allen Betriebspunkten eine Zündung des Gesamtgemisches hervorruft. Gestartet wird mit reinem Dieselöl mit hoher CZ. Das Dieselöl kann man z. B. aus dem gleichen Ausgangsmaterial wie Methanol, nämlich aus Synthesegas $CO + 2\,H_2$, nach der FT-Synthese (Arge-Verfahren) mit festangeordnetem Kontakt produzieren. Durch das Methanol wird nicht nur eine rußfreie Verbrennung, sondern auch eine Herabsetzung des Motorengeräusches und eine wesentlich verbesserte Emission bewirkt.

Trotz des höheren Bauaufwandes wird dieses Verfahren besonders interessant werden, wenn einmal Methanol nicht nur genug verfügbar, sondern Öl knapp und teuer geworden ist. Besonders im Stadtverkehr wären Omnibusse und andere Großfahrzeuge wegen der Abgasvorteile mit Methanolbetrieb angebracht.

Neueste Untersuchungen von Pischinger et al. zeigen, daß durch Zusatz von Zündbeschleunigern auch mit Methanol allein ein Dieselfahrzeug betrieben werden kann. Man benötigt dafür 5–20%, je nach Art des verwendeten Beschleunigers. Man kann aber auch hier das Zündstrahlverfahren verwenden. Es ist dann nicht nötig, den Gesamtalkohol mit Zündbeschleuniger zu versehen, sondern nur einen Bruchteil davon, der als Zündstrahl die Hauptalkoholmenge zur Zündung bringt.

Dabei zeigt sich, daß im Mittel über den gesamten Betriebsbereich nur etwa $\frac{1}{8}$ der beim Einstoffbetrieb nötigen Menge Zündbeschleuniger erforderlich ist. Die ersparte Menge Beschleuniger wiegt die Kosten für die Einspritzanlage wertmäßig bei weitem auf. Die Einleitung der Verbrennung des Alkoholkraftstoffes erfolgt am besten durch eine Glühkerze, die eine bestimmte Lage im Brennraum für einen optimalen Leerlaufbetrieb haben muß.

Literatur zu Kapitel 4

4.1. Dieses Gebiet wird in dem ausgezeichneten Buch von H. Menrad und A. König, Alkoholkraftstoffe (Innovative Energietechnik), Springer-Verlag, 279 Seiten, 167 Abbildungen (1982) abgehandelt. (Vgl. Rezension Erdöl und Kohle *36* (4), 161 (1983) F. J. Kroeg.)

Owens, E. C., Marbach, H. H. et al.: SAE (Society of Automotive Engineers Inc.). 800857 Effect of Alcohol Fuel on Engine wear.

Owens, E. C.: Methanol Fuel Effect on Spark Ignition Engines Lubrication and Wear. Second International Symposium on Alcohol Fuels Technology Wolfsburg, Germany 21.–23. November (1977).

Malcolmson, R. W. (Du Pont): Elastomers for cars, Chemtech *1983*, Mai, S. 286–292

Fluorelastomere sind sehr stabil gegen eine große Zahl von Alkoholkombinationen und Benzin. Insbesondere bei Kraftstoffeinspritzungen sind diese Kunststoffe erfolgreich zu verwenden.

Retamoso, R. C., Cortes, P. A., Lozano, L. S. J.: Rev. Ion *7* (1), 31–41 (1983), Bogota Columbia C.A. *100*, 54126x (1984). Preliminary study of the corrosive properties of ethanol-gasolines and methanol-gasolines fuel mixtures

Wolff, H. C., Bandel, J. P., Seidel, G. H. (B.P. AG, Hamburg): Proc. Am. Pet. Inst. Refining DEP *1983*, *62*, 176–195, C.A. *100*, 54129a (1984). German field test results on methanol fuels M 100 and M 15.

von Eberan-Eberhorst, C. C. A., Geldern, L., Pischinger, F., Seidel, G.: Erdöl und Kohle *37* (2), 69–80 (1984). Mineralölprodukte und deren Anwendung

Hinweise auch auf Schmieröle für Methanolmotoren.

Drake, D. A. et al.: Distribution System Lank Lining. Material Compatibility with Gasolines. Containing Methanol and *tert.*-Butylalkohol. VI Internat. Symposium on Alcohol Fuels Technology, 21.–25. Mai, Ottawa (Canada), Vol. II, 2-262 bis 2-268 (1984).

Chem. Week *1984*, März, S. 13. Resines fortunes ride with Autos

Erdöl und Kohle *36* (3), 138 (1983), (Synopse) Einsatz von Alkohol- und Alkoholmischkraftstoffen

Wirtschaftliche und rohstoffpolitische Aspekte

Keim, K.-H. et al.: Entwicklungslinien für Kraftfahrzeuge und Kraftstoffe. BMFT-Forschungsbilanz 1982, S. 557

4.3. Amadi, S. I., Graham, E. E.: Ind. Eng. Chem. Prod. Res. Devel. *1983* (22), 500–505. Explosibility of Higher Methanol Fuel Blends.

4.4. Anlagen zur Lagerung und Abgabe von Methanol-Benzin-Mischkraftstoff, Brennbare Flüssigkeiten 1980/1, B. Arb. B. Teil Arb.-Schutz, Nr. 3, März 1980, S. 62–64.

vgl. auch Bohl, P., Fiala, H., Kleiner, H.: DGMK-Forschungsbericht 260-05, Brandschutz beim Umgang mit Methanolkraftstoffen.
vgl. ferner: Alternative Energien für den Straßenverkehr „Methanol". Voraussetzungen für die Einführung von Alkoholkraftstoffen, BMFT Verlag TÜV-Rheinland GmbH, Köln *1983.*

Nierhauve, B., Keil, W., Gondermann, H.: Erdöl und Kohle, Erdgas-Petrochemie, Compendium 82/83, S. 278. Methanol-Benzin-Mischkraftstoffe mit Methanolgehalten zwischen 30 und 70 %.

Müller, H., Keim, K.-H.: Erdöl und Kohle, Erdgas-Petrochemie, Compendium 82/83, S. 280. Methanol-Kraftstoff M 100. Entwicklung und Technologie.

Reders, H. K., Hooks, R. W., Tanburn, J. P.: Erdöl und Kohle, Erdgas-Petrochemie, Compendium 82/83, S. 282. Methanol-Mischkraftstoffe, Heißverhalten und Spezifikation.

Decker, G., Menrad, H.: Erdöl und Kohle, Erdgas-Petrochemie, Compendium 82/83, S. 285. Erfahrungen mit VW/Audi-Fahrzeugen aus dem BMFT-Forschungsprogramm.
Überaus positive Ergebnisse. M 15 ist Ende 1982, M 100 Ende 1983 abgeschlossen. Von Seiten der Betreiber ein überwiegend positives Bild.

Halter, H. J., Knaak, M.: Erdöl und Kohle, Erdgas-Petrochemie, Compendium 82/83, S. 288. Prüfstandsuntersuchungen hinsichtlich Sauberkeit und Verschleiß in alkohol-optimierten Motoren.

Campbell, K.: Erdöl und Kohle, Erdgas-Petrochemie, Compendium 82/83, S. 292. Zusammenhang zwischen Autotests und Laboratoriumstest mit Alkohol enthaltendem Benzin.

Nasch, H. (Wintershall): Erdöl und Kohle *35* (5), 261 [1982]. M 15 und M 100 Kraftstoffe. Untersuchungen an standardisierten Motoröl-Prüftesten

Maly, R. et al.: Erdöl und Kohle *35* (5), 260 [1982] (Synopse). Möglichkeiten zur Beeinflussung des Brennprozesses alternativer Kraftstoffe (Ottomotoren)

Dabelstein, W. E. A.: Erdöl und Kohle *35* (7), 350 [1982]. Der Fahrzeugmotor und sein Kraftstoff

Sajontz, J., Burmeister, W., Weidenbach, G.: Erdöl und Kohle, Erdgas-Petrochem. *35* (1), 188 [1982]. Verbesserung des Betriebsverhaltens von Ottomotoren

Howard, M.: Oil Gas Journal *1982* vom 22. März, S. 166. Chemistry from synthesisgas step by step and the future role of coal.
Ein Alkoholgemisch, bestehend aus 50% Methanol und 50% tert.-Butanol und Korrosionsinhibitoren, kann zu 7% dem Benzin zugesetzt werden, ohne Wagenmodifikationen.

Chem. Week *1981* vom 24. Juni, S. 52–58 Alcohol Fuels: Ethanol's good Methanol's better

Hertz, H., Böhm, E.: Erdöl und Kohle *34* (12), 565 [1981]. Wirtschaftliche und rohstoffpolitische Aspekte des Einsatzes von Alkoholkraftstoffen.
Methanol als VK für Verhältnisse in der BRD noch nicht wirtschaftlich. Verhältnisse für 1980: Für 1 Mio t Benzin benötigt man als Ersatz 1,78 t Methanol. 1 t Methanol kostet 440,– DM, 1,78 t kosten 780,– DM, 1 t Benzin kostet 700,– DM.

Seiffert, U., Held, W. (VW): Chem. Ing. Techn. *53* (2), 82–88 [1981]. Alternative Kraftstoffe: Chancen und Aufgaben

Kampen, W. H.: Hydrocarbon Processing *1980*, Februar, S. 72–73, Engines run well on alcohol

European Chem. News *1981*, 2. Nov., S. 27. Frankreich bevorzugt Methanol für den zukünftigen Ersatz von Benzin

4.5. In letzter Zeit wurde Formaldehyd wegen angeblicher kanzerogener Wirkung diskutiert und einige Zitate belegen, daß Formaldehyd entlastet ist.

Europ. Chem. News *1982*, 1. März, S. 19, US bans UF insulation citing cancer link fears. UFFI (*U*rea-*F*ormaldehyd-*F*oam-*I*nsulation) in schools and residential buildings

Chem. Eng. News *1982*, 1. März, S. 5. Urea-Formaldehyd foam insulation banned

Hanson, D. J.: Chem. Eng. News *1982*, 29. März, S. 34–37. Effects of foam insulation ban far reaching

Richter, Th. et al.: Compendium 82/83. Aldehydemissionen aus PKW mit Ottomotoren bei Alkololantrieb

Chemie für Labor und Betrieb *23*, 294 [1981]. Formaldehyd und Kosmetika

Chemie für Labor und Betrieb *31* (4), 154 [1980]. Formaldehyd aus Spanplatten

Chem. Ind. *34*, 443 [1982]. Formaldehyd und Epichlorhydrin entlastet

Chemistry and Industry *1982*, 19. Juni, S. 380. No cancer formaldehyd link say report

Chem. Eng. News *1982*, vom 31. Mai, S. 21. U.S. studies fail to indetify cancer risks of formaldehyde

Ito, K., Yano, T.: Formaldehyde Emission From a Spark Ignition Engine Using Methanol. Proceeding 3. International Symposium on Alcohol Fuels Technology *1979*, Publ. *1980* (12 Seiten). Asilomar (Calif.), 28.–31. Mai.

Ein wichtiges Ergebnis besteht in der Feststellung, daß die meiste Formaldehydbildung erst durch Oxidation des unverbrauchten Methanols im Abgasstrom entsteht und sich im Abgas anreichert. Die Hauptoxidation des dort befindlichen Methanols findet dann bei Temperaturen von 400 °C oder höher statt.

Chem. Eng. *1981*, 9. Februar, S. 20.

Der NRDC (*N*ational *R*esources *D*efense Council) in den USA klagte die EPA (*E*nvironmental *P*rotecting *A*gency) an, weil sie Formaldehyd nicht unter die krebserregenden Verbindungen einreihte, da dieses bei Ratten und Mäusen Tumore hervorbringt.

Chem. Week *1983*, 20. April, S. 14–15. Formaldehyde makers score big in Court.

Chem. Eng. News *1983* vom 5. September, S. 20. Urea-formaldehyde foam insulation ban over

Chem. Eng. *1983*, 8. August, S. 20. C. Results are in on a British formaldehyde study.

Bisher ist kein Zusammenhang zwischen Formaldehyd und Nasenkrebs bzw. Todesfällen überhaupt festgestellt worden. Es wird trotzdem weitergeforscht. Die britischen Untersuchungen, die in einer sachlichen Atmosphäre ausgeführt werden, sind in diesem Zusammenhang ebenso wertvoll wie seinerzeit die Untersuchungen zum Saccharinproblem.

Chem. Eng. *1983*, 3. Mai, S. 23

Die Biodynamics haben Formaldehyd als harmlos bezeichnet, nach Untersuchungen an Ratten, Hamstern und Eseln die langjährig Formaldehyd inhaliert hatten. Trotzdem behaupten die „United Autos Workers", daß jeder 10. Arbeiter, der Formaldehyd bei einem Limit von 3 ppm ausgesetzt ist, an Krebs stirbt.

Chemistry and Industry *1984*, 16. April, S. 277 Formaldehyde-cancer link loosened.

Waring et al., P.: The Application of Formaldehyde Emission Measurement to the Calibration of Engines Using Methanol as Fuel. VI. International Symposium on Alcohol Fuels Technology. Proceedings Communications, Vol. II, B-8, S. 2-53 bis 2-60, Ottawa (Canada), 21.–25. Mai, *1984*.

Chem. Eng. News *1984*, 30. April, S. 17–26. Cancer Risk of Formaldehyde Reamins Controversial.

Chem. Week *1984*, 30. Mai, S. 10–12. Formaldehydes run for life on the „fast track".

European Chem. News *1984*, 4. Juni, S. 13. EEC hit by paraformaldehyde dumping.

4.6. Koberstein, E., Völker, H.: Chem. Ing. Techn. *50* (12), 905–910 (1978). Wirkungsweise und Charakterisierung multifunktioneller Autoabgas-Katalysatoren

Koberstein, E., Völker, H.: MTZ (Motortechn. Zeitschrift) *41* (4), 147–151 (1980). Weiterentwicklung katalytischer Systeme zur Einhaltung verschärfter Abgasstandards für Automobilmotoren

Koberstein, E.: Catalysis to meet future European automobile emission-standards. Engineering and Science Proceedings, Vol. 2 (5–6) (1980) Copyright by the American Ceramic Society

Koberstein, E., Pletka, H. D., SAE (Society of Automotive Engineers Inc.): Technical Paper Series. Internat. Congress and Exposition Detroit/Michigan, 22.–26. Februar 1982. Exhaust purification with small 2-stroke engines – a challenge for catalytic systems

Oil Gas J. *1983*, S. 58–59. API (American Petroleum Institute) Seeks more data on gasoline vapor risks

Kägler, S. H., Westphal, I.: Erdöl und Kohle *36* (5), 230. Ameisensäure in gebrauchten Motorölen aus methanolkraftstoffbetriebenen Fahrzeugen (M 100)
FAZ (Frankfurter Allgemeine Zeitung) vom 9. August 1983, G. Lingnau. Platin im Auspuff (was die Abgasentgiftung kostet)

Europa Chemie *1983*, S. 467. Platin reicht für Abgaskatalysatoren aus

Allgemeine Lösung: Dreiweg-Katalysator und bleifreies Benzin. Dreiweg bedeutet Umwandlung von CO, CH und NO_x. Jeder Katalysator enthält 1–1,5 g Platin, das noch mit etwas Rhodium vermischt ist. Blei muß aus dem Benzin zu 100 % entfernt sein. Der Katalysator, eine Monolith-Ausführung, besteht aus einer Vielfalt von feinsten parallelen Kanälen. Er wird mit einer Oxidschicht überzogen, wodurch seine Oberfläche und seine Wirkung auf ein Vielfaches vergrößert werden.

Neuer Abgaskatalysator

Erdöl und Kohle *36* (3), 109 (1983). Ein bleiunempfindlicher Katalysator aus London

Die Firma Johnson Matthey (London) hat einen 50000 km Test mit einem bleiunempfindlichen Katalysator erfolgreich abgeschlossen. 20% des Bleis werden vom Katalysator adsorbiert, 80% gehen flüchtig. Da in wenigen Jahren alle Benzine entbleit werden müssen, sind diese interessanten Ergebnisse schon wieder überholt.

Gröschel, B., Renshof, P., (Aral): Erdöl und Kohle *37* (1), 24–26 (1984). Einfluß der Zusammensetzung von Autoabgasen auf die Schademission, den Verbrauch und die Leistung

Europa Chemie *1984*, S. 163. Degussa baut bei Abgaskatalysatoren aus.
Degussa, der einzige Abgaskatalysator-Hersteller auf dem europäischen Festland, produziert im Werk Rheinfelden zur Zeit einige hunderttausend Katalysatoren pro Jahr für den Einbau in Exportfahrzeuge und auch für die große Produktion von Abgaskatalysatoren nach Inkrafttreten der Gesetzgebung über die obligatorische Ausrüstung von Autos mit Abgaskatalysatoren. Die Firma produziert solche Katalysatoren auch in den USA und Canada.

Koberstein, E. (Degussa): Chemie in unserer Zeit *18* (2), 37–45 (1984). Katalysatoren zur Reinigung von Autoabgasen
Eine ausgezeichnete Darstellung des Gesamtgebietes

4.7. Auch dieses Gebiet wird in dem ausgezeichneten Buch von H. Menrad und A. König, Alkoholkraftstoffe (Innovative Energietechnik), Springer-Verlag, 279 Seiten, 167 Abbildungen (1982) abgehandelt. (Vgl. Rezension Erdöl und Kohle *36* (4), 161 (1983) F. J. Kroeg.)

4.8. European Chem. News, Petrochemical Supplement *1981*, 4. Dezember, S. 28, 32, 34. Lower lead limit spurs market for chemical octane boosters.

4.9. Asinger, F.: Die Petrolchemische Industrie Bd. II, S. 1081, Akademie-Verlag Berlin 1971.

4.10. Asinger, F.: Die petrolchemische Industrie, Bd. II, S. 1006 Akademie-Verlag Berlin 1971.

4.11. Hydrocabon Processing *1983*, 17. Februar, S. 17. More use of alcohol blends over next few years.
Chem. Eng. *1984* vom 6. Februar, S. 23. Fuels expected to use more alcohols.
Man schätzt, daß in den USA bis 1995 das Methanol im Benzin sich gegen heute verfünffachen wird. Bei 3% Zusatz würden 9 Mio Tonnen Methanol benötigt.
Chem. Eng. *1984*, 19. März, S. 28
Nach Ruckelshaus von EPA (Enviromental Protecting Agency) wird in 1–2 Jahren das meiste Blei aus den USA-Benzinen entfernt sein.

4.12. Harrington, J. et al.: Evaluation of Methyl-Tertiary-Butyl-Ether as a gasoline Blending Component. Third International Symposium of Alcohol Fuels Technology. Asilomar California 28.–31. Mai *1979.*

4.13. Uematsu, S.: CEER. (Chem. Econ. Eng. Rev.) *1983* (15 (4) 513

Deyovine, J. M., et al.: Oil Gas J. *1983*, 14. Februar, S. 87–94 (Atlantic Richfield and Sun Oil). Gasoline show varied response to alcohols
In dieser Arbeit wird Oxinol eingehend untersucht als Additiv für die verschiedensten Benzine. Den Benutzern von Oxinol werden Ratschläge gegeben.

Petzet, G.A.: Oil Gas J. *1982*, 2. September, S. 35–38. Alcohol blends claim smal but rizing share of U.S. motor fuel market.

Oil Gas J. *1983*, vom 14. November, S. 85–86. Alcohol use as motor fuel ends stady climb.

4.14. Davis, B.C., Douthit, W.H.: The use of alcohol mixtures as Gasoline Additives. NPRA Paper AM-80-47, NPRA-Meeting New Orleans, März 23.–25., *1980*

Davis, B. C., Driscoll, G. H.: Handling Alcohols in a Gasoline distribution System. NPRA Paper AM-81-38, NPRA Annual Meeting San Antonio 29.–31. März *1982.*

Guetens, E.G. jr., Dejovine, J.M., Yogis, G.J.: The use of oxinol blending component. Blends of methanol and GTBA in Gasoline, NPRA Paper AM-82-5-7, NPRA Annual Meeting San Antonio 29.–31. März *1982.*

4.15. Crowley, A. W.: Methanol-Gasoline-Blend, ASTM-D 2500-66 SAE (Society of Automotive Engineers Inc.), Paper 740419 (1975).

Greene, M. I.: CEP (Chem. Eng. Progress) *1982*, August, S. 46–51 (Chem Systems Inc.). Alcohol-Based Fuels from Syngas.

Hoffmann, H.L.: Hydrocarbon Processing *1980*, Februar, S. 57–59, Components for unleaded Gasoline.

4.16. vgl. Haq, M.A.: Hydrocarbon Processing *1981*, Mai, S. 159–162 (Petroleum Institut Tobruk, Libyen)

Die Wassertoleranz von Methanolmischungen (20–80% Methanol) wurde bestimmt mit Zusätzen von Benzol, Toluol, *o*-Xylol, 4-Methylpentan, Butanol-(2), Butanol-(1) und Ethanol.

4.17. Nierhauve, B., Giere, H. H. (Aral): Erdöl und Kohle *34* (11), S. 500–505, *1981.* Anpassungsmaßnahmen bei Ottokraftstoffen als Folge von Methanolbeimischungen.

Giere, H. H., Nierhauve, B., Gondermann, H.: Erdöl und Kohle *34* (3), S. 129, *(1981).* Anwendungstechnische Untersuchungen von Ottokraftstoffen mit sauerstoffhaltigen Komponenten I. Mitt. Auswirkung auf die Kraftstoffqualität. II. Mitt. Anwendungstechnische Erfahrungen und Kenntnisse.

Giere, H. H., Nierhauve, B., Gondermann, H.: Mineralöltechnik, Heft 7 und 8, *1980.* Anwendungstechnische Untersuchungen von Ottokraftstoffen mit sauerstoffhaltigen Komponenten.

4.18. Marhold, A., Lanik, A.: Erdöl-Erdgas-Zeitschrift 98, Mai 1982, S. 160–168. Alternative Kraftstoffkomponenten.

Wolf, W.: Compendium 74/75, Ergänzungsband zu Erdöl und Kohle 1974, S. 666–686. Alkohole und ihre motorische Verbrennung.

4.19. Hinkamp, J.B.: Oil Gas J. *1983*, vom 12. Sept., S. 170–178. Study rates alcohols as octane blending agent. Weitere Literatur zum Problem Alkohole im Benzin: DGMK-Forschungsbericht 260-09; D-2000 Hamburg Nordkanalstraße 28. Erdöl und Kohle *36* (3), 138, *1983.*

Keller, J.L.: Hydrocarbon Processing *1979*, Mai, S. 127–138. Alcohols as Motor Fuel.

Tanatarov, M. A. et al.: Chem. Technol. Brennstoffe und Öle (Chem. Technol. Topl. Masel, UdSSR) *1983* (12), S. 16–17. Study of antiknock characteristics of Oxygencontaining compounds.

Der Einfluß von 10 Vol.-% eines Gemisches von Methanol und Isopropanol 1:1 auf die MOZ eines Naturgaskondensates wurde untersucht.

4.20. Chem. Week *1984*, 11. April, S. 38. A new contender in the octane race, vgl. U.S. Pat. 4.357.148.

4.21. Oil Gas J. *1984*, 16. April, S. 52–53. Misblending Jolts U.S. Alcohol Fuel Industry.

Hydrocarbon Processing *1983*, März, S. 13. Is it okay to put methanol in unleaded gasoline?

Chem. Week *1983*, 17. August, S. 20. A nasty fight brews over methanol Gas.

Chem. Week *1983*, 21. September, S. 41 und 44. Why celanese is pushing methanol as an Auto Fuel?

Chem. Eng. *1983*, 3. Oktober, S. 39. Methanol-car tests speeding along.

Chem. Eng. *1982*, 1. November, S. 30–33. Details über Methanol in Autokraftstoffen.

European Chem. News *1983*, 25. April, S. 14. Methanol for test in cars.

Oil and Gas J. *1983*, 16. Mai, S. 37–38. Key motor fuel role seen for methanol.
Bei einem Meeting sagten die Ford-Motor-Spezialisten voraus, daß Methanol als Ersatz für Benzin bzw. Dieselöl in Zukunft der vorherrschende Kraftstoff sein wird. Es sind noch einige Probleme zu lösen, die aber nicht prohibitiv sind. Die Meinung der deutschen Spezialisten hierzu und die im Gange befindlichen Großversuche werden erörtert.

Hydrocarbon Processing *1983*, 23. Dezember, S. 23. GAO (General Accounting Office) report covers removal of methanol's markt barriers.

E. Anderson, Chem. Eng. News, 11. Juni, S. 14–16, *1984*. Methanol touted as Best Alternative Fuel for Gasoline.
Beim 7. Internationalen Alcohol Fuels-Symposium 1984 in Ottawa (Canada) waren sich die Experten aus den USA und der BRD und anderen Ländern einig darüber, daß Methanol der beste Kraftstoff von verschiedenen alternativen Kraftstoffen der Welt ist. Andererseits ist erkannt worden, daß der freie Markt allein einen Kraftstoff von diesen Dimensionen nicht einführen kann. Zur Überwindung des Ei-Henne-Problems muß staatliche Mithilfe gesucht werden. Alle daran beteiligten Firmen wie die Autohersteller, die Kraftstoffverteiler, die Tankstellen etc., müssen aufeinander eingestimmt werden, dies kann fast 20 Jahre dauern.

Anderson, E. V.: Chem. Eng. News, vom 16. Juli *1984*, S. 9–16. Large-Volume Fuel Market Still Eludes Methanol.
Dieser lesenswerte Artikel berührt alle Probleme, die mit der Zumischung von Alkoholen, insbesondere Methanol, zum Benzin in den USA zur Zeit verbunden sind.

European Chem. News *1983*, 3. Oktober, S. 26. Ford Starts methanol fuel test program.
Das größte Testprogramm für Methanol als Kraftstoff für Automobile wurde von Ford gestartet. 1500 1,6 Liter-Maschinen wie sie im Escort-Programm verwendet werden, werden modifiziert. Dies schließt ein, neue Zylinderköpfe und Kolben um die Kompressionsrate steigern zu können und die Verwendung von Nickelvergasern. Die Brennstoffleitungen und die Tanks werden korrosionsfest gemacht. 587 Wagen werden mit M 100 betrieben (90 % Methanol + 10 % bleifreies Benzin), andere Wagen mit 3–4 % Methanol und 0–3 % höheren Alkoholen als Kosolventien. Tests werden ausgeführt in Schweden, den Niederlanden und Norwegen. Die Firmen Celanese und Southland haben ein gemeinsames Testprogramm für Methanol, da man annimmt, daß in der

nächsten Dekade mit großen Veränderungen auf dem Kraftstoffsektor zu rechnen ist und daß Methanol der Kraftstoff der Zukunft ist.

Chem. Week *1984*, 18. Juli, S. 12.
Die Firma Du Pont hat bei der EPA (Enviromental Protecting Agency) im Juli 1984 ein zweites Waiver eingereicht, nach dem das erste abgelehnt wurde. Es wird beansprucht, ein Gemisch aus 5% Methanol und 2,5% Konsolventien dem Benzin zusetzen zu dürfen. Das Gemisch enthält einen Korrosionsinhibitor. An die Erteilung dieses Ersuchens setzt man große Hoffnungen. Es ist bereits genehmigt worden (Chem. Week 30. Januar 1985, S. 22–23).

Chem. Eng. News *1984*, 9. April, S. 13–14. Additives Wider Refiners Option in Making Gasolines.

Chem. Week *1984*, 27. Juni, S. 7. Backfire on a Methanol-TBA additive gasoline.
Oxinol wird von zahlreichen Stellen angegriffen. Sie behaupten, ihre Autos wären schwer beschädigt worden.

4.22. Chem. Eng. News *1982*, 5. April, S. 21. Groth slows for alcohol as octance boosters.

European Chem. News *1982*, 31. Mai, S. 14, 19. Oxygenates set for major impact on European refinery sector.

McCallum, R. W. et al: CEP (Chem. Eng. Progress) *1982*, August, S. 52–59. Alcohol Fuel for Highway Vehicles.

Espino, St. A., Pefley, R. K.: Alternative Fuel Influences on Emission Test Procedure. Symposium on chemistry of oxygenates in Fuels, presented before The Division of Petroleum Chemistry Inc. American Chemical Society. Kansas City Meeting vom 12.–17. September *1982.*

Chui, G. K., Nichols, R. J.: Development of Experimental Vehicles for Methanol Fuel, Symposium on Chemistry of Oxygenates in Fuels presented before The Division of Petroleum Chemistry Inc., American Chemical Society, Kansas City Meeting 12.–17. September *1982.*

Deyovine, J. M. et al: Performance Testing of Gasolines Blended with Methanol and Gasoline-Grade *tert.*-Butanol (GTBA = Gasoline grade *tert.*-Butanol) Symposium on Chemistry of Oxygenates in Fuels presented before The Devision of Petroleum Chemistry Inc., American Chemical Society, Kansas City Meeting 12.–17. September *1982.*

Chem. Week *1984*, 28. März, S. 18–20. EPA (Enviromental Protecting Agency) to speed leaded fuels phaseout.

Oil Gas. J. *1984* 30. Juni, S. 65. Refiners in W. Europe braced for move to unleaded gasoline.

Erdöl und Kohle *37* (2), S. 89, *1984.* Bleifreies Benzin: Technisches Einführungskonzept.

Hydrocarbon Processing *1984*, Januar, S. 13. Legislated lead phasedown in Gasoline is projected.

Lehnert, G., Szadkowski, D.: Die Bleibelastung des Menschen, Verlag Chemie GmbH Weinheim. (Chem. Ing. Techn. *56* (1), A 8, *1984.*)

4.23. S. Uematsu, CEER (Chem. Econ. Eng. Rev.) *1983*, April, S. 5–13. Methanol Technology and demand Trends and their future prospects.

4.24. Chem. Week *1984*, 29. März, S. 27–28. Octane boosting: BTX.vs. Oxygenates.

4.25. European Chem. News *1982*, 31. Mai, S. 14.

4.26. Schmidt, A.: Erdöl und Kohle *31* (7), 312–316, *1978*. Lösungsverhalten, Siedeverlauf und Dampfdruck von Vergaserkraftstoff-Methanolgemischen.

Keller, J. L.: Hydrocarbon Processing 1979, Mai, 127–128. Alcohol as motor fuel?.

Horsley, L. H.: Azeotropic Date III, Am. Chem. Soc. Advances in Chemistry Series Nr. 116, *1973*

4.27. Unzelman, G. H.: Oil Gas J. *1984*, 2. Juli, S. 59–65. Problems hinder full use of oxygenates in fuel.

4.28. Chem. Eng. News *1982*, 5. April, S. 21. Ashland Development Company. Growth slows for alcohols as octance boosters.

4.29. Anderson, E. V.: Chem. Eng. News *1983*, 20. Juni, S. 20–21. Global overcapacity will get worse. Ferner: European Chem. News *1983*, 19. September, S. 10.

Vervalin, C. H.: Hydrocarbon Processing *1983*, Nov., S. 15–17. Methanol: What role in Energy Future.

4.30. Hanisch, H.: Die Isobutylölsynthese. In Winnacker-Küchler: Chemische Technologie, Bd. 3, S. 425 (1959), Carl Hanser Verlag München, II. Auflage.

Anderson, R. B., Feldman, J., Storch, H. H.: Ind. Eng. Chem. *44* (10), S. 2418–2424, (1952), Synthesis of Alcohols by Hydrogenenation of Carbon Monoxide.

Runge, F., Zepf, K. H.: Brennstoffchemie, *35* 167, (1954). Anonym, Chem. Engng. *61* (12), 140, (1954)

4.31. Courty, P., Arlie, I. P., Convers, A., Mikitenko, P., Sugier, A.: 11. Welterdölkongress *1983*, London, The I.F.P. Process for Production of C_1—C_6-Alcohols from Synthesis Gas.

Arlie, I. P., Cariou, I. P., Courty, P., Forestiere, A., Travers, P. H.: VI. International Symposium on Alcohol Fuels Technology, Vol. II, C_2, S. 2-92, 2-99, 21.–25. Mai *1984*, Ottawa (Canada). Procedes IFP de Synthese D'Alcools C_1—C_4 et de Synthese du Methanol en Phase Liquide.

4.32. U.S. Patent 4.122.110 (Katalysatorpatent des IFP), ferner A. Sugier und E. Freund, D. B. Patent 2.748.097 vom 11. Mai 1978 (Prozess für die Herstellung von Alkoholen aus Synthesegas.)

Klennemann, A. et al.: Ind. Eng. Chem. Prod. Res. Dev. *21*, S. 418–424 (1982). Aus Synthesegas und Ruthenium-Katalysatoren erhält man bei Drücken von 3000 bar gesättigte langkettige Alkohole C_2—C_9, gemäß der Schulz-Flory-Verteilung.

European Chem. News *1983*, 12. Sept., S. 25. IFP details synthesis gas to higher alcohols process.

4.33. Tontonati, A., Marchesi, G., Bargagna, M.: Blending „MAS" in Gasoline Volatility Effects and Hot Weather Driveability Response. VI International Symposium on Alcohol Fuels Technology, 21.–25. Mai 1984, Ottawa (Canada), Proceedings Communications, Vol. A 64, S. 378–384 (1984).

Paggini, A., Lagana, V., Fattore-Assoreni, V.: 13.–18. Mai 1982, Fifth Internat. Alcohol Fuel Symposium „Snamprogettis' Process" for higher alcohol Synthesis in an industrial plant.

European Chem. News *1983*, vom 19. Dezember, S. 10–12, Methanol supply to outstrip demand until at least 1990; Methanol's future lies in fuel use.

Sposini, M., Pea, R., Ancillotti, F., Ghezzi, P.: 5. Intern. Alcohol Fuel Symposium, Assoreni 13.–18. Mai 1982. Engine performance and water tolerability of Gasoline containing the Alcohol-Mixture obtained by the Snamprogretti-Process.

4.34. Baron, G., Möller, F. W., Supp, E.: Methanolsynthese und Möglichkeiten der Fuel-Methanol-Herstellung. Vortrag bei der Tagung von VW in Wolfsburg 21.–23. November 1977.

Kastens, M. L., Dudley, J. F., Troeltzsch, J.: Ind. Eng. Chem. *40* (12), S. 2230–40 (1948), Synthetic Methanol Production.

Bereits seit langer Zeit weiß man, daß, wenn der CO_2-Gehalt im Methanolkreislaufgas vermindert wird, das im Rohmethanol anfallende Wasser stark zurück geht. Man vermindert die Möglichkeit der Reaktion $CO_2 + 3H_2 \rightarrow CH_3OH + H_2O$. Normalerweise fällt ein Rohmethanol mit 15–20 % Wasser an. Wäscht man das CO_2 aus dem Frisch- und Kreislaufgas aus, was gemeinsam erfolgen kann, erhält man weniger als 5 % Wasser und wenn man noch dazu mit für den Wasserstoff unterstöchiometrischen Verhältnissen von $CO:H_2$ arbeitet, kann man den Wassergehalt auf unterhalb 1 % vermindern.

Hilsebein, W., Supp, E.: Technical Improvements and Developments in Methanol Production and Conversion Technologies, Lurgi Kohle und Mineraöltechnik GmbH, VI. International Symposium on Alcohol Fuels Technology, Vol. II, C_{13}, S. 2-140 bis 2-146, 21.–25. Mai *1984*, Ottawa (Canada).

Hiller, H., Supp, E.: Erdöl und Kohle *38* (1), 19–22, (1985). Octamix-Verfahren – eine moderne Variante der Lurgi-Methanol-Technologie

Hiller, H., Supp, E.: Vortrag am 23. Oktober 1984 auf der Gemeinschaftstagung der DGMK-ÖGEW Innsbruck. Fuel Methanol – eine moderne Variante der Lurgi-Technologie.

Supp, E.: AICHE (American Institute of Chemical Engineers) Spring Meeting 20–23, Mai 1984, Anaheim Californien. Lurgis, Improvement and Developments in Methanol Production and Conversion Technology (New process to produce Fuel Methanol)

Haggin, J.: Chem. Eng. News, *1984*, 16. Juli, S. 31–35. World Methanol Situation Poses Challenge in Process Design.

4.35. Greene, M. I. CEP (Chem. Eng. Progress) *1982*, August, S. 46–51 Alcohol Based Fuel from Syngas.

Park, K. J. et al.: Hwahak. Konghak. *1983*, 21 (6), 293–304 (Korea), cit. in: Chem. Abstr. *100*, 85216/f, (1984), Study on the synthesis of alcohols with copper-cobalt-chrom-catalysts.

Methanol und höhere Alkohole werden durch Hydrierung von CO über Komplexkatalysatoren aus $CuO + CoO + Cr_2O_3$ hergestellt. Die Bildung der Alkohole C_2—C_6 nimmt rasch zu, wenn die Temperatur unterhalb von 300° sinkt.

Leonov, V. E. et al.: Chemische Industrie (UDSSR), Moskau, *1983* (10), 590–951, cit. in: Chem. Abstr. *24*178/I, (1984). Effect of process condition on characteristics of the Formation of methanol and higher Alcohols.

4.36. European Chem. News *1984*, 16. Januar, S. 17. Technip wins contract to built gasoline substitute pilot plant.

Beabsichtigt ist 1 tato Butylaceton auf Basis von biologischem Material herzustellen).
Vergleiche hierzu Chem. Eng. *1984*, 6. Februar, S. 10, France expands their carburol-Program for Synfuels with a contract to Technip.
In Frankreich sollen 30 tato Methanol auf Syngasbasis durch Holzvergasung, 10 tato Ethanol aus der Fermentation von Rüben und Artischocken sowie 1 t „Butylaceton" durch enzymatische Hydrolyse von biologischem Material hergestellt werden.

Jerusalmi, L. et al.: Eur. J. Appl. Microbiol. Biotechnol. *1983*, *18* (5), S. 279–286, C.A. *100*, 66585 (1984). Variation of solvent yield in Aceton-Butanol-Fermentation.

Oil and Gas J. *1984*, 6. Februar, S. 84.

Gabriel, C. L.: Ind. Eng. Chem. *20*, 1063 (1928), Gabriel, C. L., Crawford, T. M.: Ind. Eng. Chem. *22*, 1163 (1930). Waksman, S. A., Kirsh, D.: Ind. Eng. Chem. *25*, 1036 (1933), Williams, A. C.: Australien J. Pharm. *31*, 7–8 (1950).

4.37. Knifton, J. F. Grisby, R. A. jr., Herbstman, S.: Hydrocarbon Processing *1984,* Januar, S. 111–115. Make alcoholester fuels from syngas (Texaco Chemical Co, Austin/Texas).

Knifton, F. I.: J. Am. Chem. Soc. *103*, 3959 (1981).

Knifton, F. I.: U.S. Pat. 4.265.828 (1981), Texaco Development Corp.

Knifton, F. I.: J. Catal. *76*, 101 (1982); vgl. auch Knifton, F. I., Lin, I. I.: U.S. Pat. 4.332.915 (1982), Texaco Development Corp.

Knifton, F. I.: U.S. Pat. 4.332.914 (1982), Texaco Development Corp.

Knifton, F. I.: J. Amer. Chem. Soc. *103*, 3959 (1981).

4.38. Chem. Week, *1984*, 7. November, S. 28–29, Europ. Pat 0119609 vom 16. 9. 1984; Quaderer, G., Kochran, G. (Dow Chem. Corp.): Catalytical Process for Producing mixed alcohols from H_2 and CO (37 S.)

4.39. Marceglia, G., Oriani, G.: CEER (Chem. Econ. Eng. Rev.) *1982*, April, S. 35–39, The „MTBE"-Market. Potential MTBE demand, MTBE Production option

CEER (Chem. Econ. Eng. Rev.) *1982*, Mai, 37–42. Die Snamprogetti/Anic-MTBE-Technologie

Chase, J. D., Galvez, B. B.: Hydrocarbon Processing *1981*, März, S. 89–94. Maximize blend ethers with MTBE and TAME

Erdöl und Kohle *34* (11), 474 [1981]. Neues MTBE-Verfahren der Erdölchemie, Dormagen

Vergleiche ferner Smith, L. A., Huddleston, M. N.: Hydrocarbon Processing *1982*, März, S. 121–123. New MTBE Design now commercial

Sherwin, M. B.: Hydrocarbon Processing *1981*, März, S. 79

Chase, J. D., Woods, H.: Oil Gas Journal *1979*, 9. April, S. 149

Dartnell, P. L., Campell, K.: Oil Gas Journal *1978*, vom 13. November, S. 205

Csikos, R., Pallay, I., Laky, J., Radcsenko, E. D., Englin, B. A., Robert J. A.: Hydrocarbon Processing *1976*, Juli, S. 121

Obenaus, F., Droste, W.: Erdöl und Kohle *33*, 271 [1980]

Europ. Chem. News *1981*, 14. Dezember, S. 28, 32, 34. Special Report: Lower Lead Limit Spurs Market for Chemical Octane Boosters

Chem. Eng. *1979* vom 5.November, S.56. Petrotex begann ihre 100 000-jato-Anlage für MTBE auszuweiten, vgl. auch Chem. Eng. vom 21.Mai *1979*, S.91–93

4.40. Schmitt, G.: Chem. Ing. Techn. *54* (11), 1023 [1982].
Die Dehydrierung des Isobutans kann nach dem Oleflex-Prozeß der UOP bzw. nach dem STAR (*St*eam *A*ctivated *R*eforming)-Verfahren der Phillips Petroleum Chemicals ausgeführt werden. Auf diese Weise kann das Isobutylendefizit einigermaßen ausgeglichen werden.

Hydrocarbon Processing *1980*, Sept., S. 168–169, Butamer- und C_4-Isomerisation

Smirnowa, I.M. et al.: Industrie der synthetischen Monomeren des Kautschuks, (6), 11–14, (1980) (UdSSR) zit. in C.A. *94*, 3699/m (1981). Entwicklung der Skelettisomerisierung von *n*-Butenen zu Isobuten und n-Pentenen zu Isoamylenen

Clementi, A., Oriani, G., Ancillotti, F., Pecci, G., (ENI, Mailand): Hydrocarbon Processing *1979*, Dezember, S.109–113. Upgrade C_4's with MTBE-Process

4.41. Fattore, V., Oriani, G., Paret, G.: Hydrocarbon Processing *1981*, August, S.101–106. Crack MTBE for Isobutylene

Convers, A., Yuguin, B., Tork, B.: Hydrocarbon Processing *1981*, März, S.95–98. Make pure Butenes via MTBE

Reynolds, R. W. et al.: Am. Chem. Soc. Atlantic Meeting 8.–13. Sept. 1974, S.255–270, Methyl ethers as motor fuel component; vgl. Oil Gas J. *1975*, 16.Juni, S.50–52. Methylethers scores well as high-octane gasoline component

Chem. Eng. *1977*, 31.Januar, S.56C–56F. New additive gives boost to unleaded fuel in Europe

Pecci, G., Floris, T. (Snamprogetti): Hydrocarbon Processing *1977*, Dez., S.98–102. Ethers ups antiknock of gasoline

Obenaus, F., Droste, W.: Oil Gas J. *1979*, vom 1.Januar, S.76. Methyl-*tert.*-butylether process can help separation all C_4-fraktion

Theuner, F.W.: CEER (Chem. Econ. Eng. Rev.) *11* (7), 23–25 (1979). MTBE a key to flexibility in C_4's

Smith, L.A., Parker, K.E.: Oil Gas J.1980, 11.Aug., 124–127. MTBE aids efficency of refinery C_4's

Csikos, R., Laky, J., Peterfy, L.: Chem. Ing. Techn. *52* (7), 594–595 (1980). Herstellung von Methyl-*tert.*-Butylether aus der C_4-Fraktion der Benzinpyrolyse

Davis, R.N., Andre, R.S.: Oil Gas J. *1980*, 30.Juni, S.76–80. MTBE production can compliment alkylation

European Chem. News *1981*, 7. Sept., S.24. Erdölchemie and Lurgi offer new low cost MTBE and TAME process

Tork, B., Convers, A., Chauvel, A.: Chem. Eng. Progress (CEP) 1982, Aug., S.36–45. Methanol for motor fuel via the ethers route

Bitar, L.S., Hazbun, E.A., Piel, W.J. (Arco-Chem. Co.): Hydrocarbon Processing *1984*, Okt., S.63–66, MTBE production and economics

Zum Problem der Herstellung von MTBE auf Basis des LPG durch Dehydrierung oder Isomerisierung vgl. folgende Literatur:

Berg, P. C., Vora, B. V., Mowry, J. R. (UOP): Oil Gas J. *1980*, 10. Nov., S.191–197. Catalytic LPG dehydrogenation fits in 80's outlook.

Die katalytische Dehydrierung von C_3- und C_4-Paraffinen mit Hilfe des UOP-Prozesses zu Olefinen und deren Überführung in Alkylate, Polymerbenzin und MTBE werden eingehend erörtert.

Muddaris, G. R., Pettman, M. J.: Hydrocarbon Processing *1980*, Okt., S. 91–95. Now MTBE from butane

Isomerisierung von *n*-Butan zu Isobutan und anschließende Dehydrierung zu Isobuten

Chem. Eng. *87* (14), 67 (1980), 14. Juli
MTBE direkt aus Naturgasflüssigkeiten

Heck, R. M. et al.: Hydrocarbon Processig *1980*, April, S. 185–191. Better use of butanes for high octane gasoline

Kombination von Hydroisomerisierung und MTBE-Prozess

Pujado, P. R. et al. (UOP): Oil Gas J. *1983*, 28. März, S. 71–74. LPG a direct source of C_3—C_4-olefins

Oleflex-Prozess der UOP (Universal Oil Products Co.) zur Dehydrierung von *i*-Butan zu *i*-Butylen für MTBE

Brinkmeyer, F. M. et al. (Phillips Petroleum Co): Oil Gas J. *1983*, 28. März, S. 75–78. Process boasts 95 % selectivity for LPG

Isobutandehydrierung zu *i*-Butylen für MTBE

Herwig, J., Schleppinghoff, B., Schulwitz, B.: Erdöl und Kohle, Compendium 82/83, S. 195–196. Neue Methode zur Entfernung von kleinen Mengen von Methanol aus kohlenwasserstoffhaltigen Reaktionsgemischen durch Adsorption, erläutert am Beispiel eines MTBE-Prozesses.

Vitenius, R.: Chemie-Technik *1983* (4), 47–48. Eine Übersicht über die Möglichkeiten des Hüls-MTBE-Verfahrens

Anderson, E.: Chem. Eng. News *1983*, 18. Juli, S. 9–10. New raw-material source looms forcast-rising octane-boosters

Layman, P. L.: Chem. Ing. News *1983*, 4. April, S. 7–13. Use of lead in gasoline in Europe. Heads for possible phaseout

European Chem. News *1983*, 7. Nov., S. 26. Sabic to form MTBE venture shortly

Ring, T. A., Bowers, K. E., Mc Govern, L. J. (Bechtel): Oil Gas J. *1984*, 30. April, S. 47–52. MTBE could compete with alkylate for isobutylene

Eine eingehende Arbeit, in der alle Vorteile der Herstellungen von MTBE aus Isobutylen und Methanol gegenüber der Alkylierung von *i*-Butan mit Isobutylen herausgestellt sind

Hydrocarbon Processing *1984*, Juli, S. 25. MTBE growth potential increases with push to lead free gasoline

Herwig, J., Schleppinghoff, B., Schulwitz, B.: Hydrocarbon Processing *1984*, Juni, S. 86–88. New low energy process for MTBE

Hydrocarbon Processing Handbook *1984*, April, S. 111

Butamer Prozeß zur Isomerisierung von *n*- zu *i*-Butan, UOP, S. 114, C_4-Isomerisierung (B.P.-International), S. 118. Der Catofin-Prozeß der Air Products and Chemicals Inc. zur Dehydrierung.

4.42. Hilger, U., Pischinger, F., Havenith, C.: Erdöl und Kohle, Compendium 82/83, S. 256–258. Möglichkeiten zur Verwendung von Alkoholen als Alternativkraftstoff bei Dieselmotoren

Chem. Eng. News *1981*, vom 23. Febr., S. 32. Methanol in dieselfuel ups mutagen risk

Pischinger, F.: Erdöl und Kohle, Erdgas-Petrochem. Compendium 78/79, Bd. 1, 694–710. Möglichkeiten des Einsatzes von Kraftstoffen auf Kohlebasis – für Dieselfahrzeuge – Eine Übersicht (Dort zahlreiche Literatur)

Pischinger, F., Havenith, C., Finsterwalder, G.: ATZ *81* (6), 271–275 [1979]. Methanol-Direkteinspritzung bei Fahrzeugdieselmotoren

Pischinger, F., Havenith, C.: Asilomar Californien, III. Internat. Symposium Alcohol Fuels Technology 28.–31. Mai 1979, Vol. II. A New Way of Direct Injection of Methanol via Diesel Engine

Pischinger, F., Havenith, C.: Alcohol-Fuels for Diesel Engines by using the Direct-Injection Method. Proc. of the IV. Internat. Symposium on Alcohol Fuels Technology 6.–8. Oktober 1980, Guaruja-Brasilien, 619–25

Pischinger, F.: MTZ *27*, 10 [1966]. Ein neues Brennverfahren für Fahrzeugdieselmotoren

Pischinger, F.: VDI-Zeitschrift *111* (7), 430 [1969]. Der Verbrennungsablauf im Dieselmotor aus neuerer Sicht

Pischinger, F., Havenith, C., Finsterwalder, G.: VDI-Berichte *370*, 331–338 (1980). Eignung verschiedener dieselmotorischer Brennverfahren für die Nutzung in Alkoholkraftstoffen

Finsterwalder, G., Saftig, G.: 6. Statusseminar „Kraftfahrzeuge und Straßenverkehr" des Bundesministers für Forschung und Technologie (BMFT), Aachen, vom 5.–7. Sept. *1978*. Einzylinder- und Vollmotoruntersuchungen mit Direkteinspritzung von Methanol

Finsterwalder, G., Küpper, H., Pischinger, F., Havenith, C.: Gasöl-Methanol-Dieselmotor. 8. Statusseminar „Kraftfahrzeuge und Straßenverkehr" des Bundesministers für Forschung und Technologie (BMFT), Malente, 11.–13. Sept. *1980*, Verlag TÜV-Rheinland GmbH

Berg, P. S., Holmer, C., Bertilson, B. J.: MTZ *42* (7/8), 293–296 (1981). Verwendung verschiedener Kraftstoffe im Dieselmotor mit zwei Einspritzsystemen

Starke, K.: Ethanol- bzw. Methanol-Mischkraftstoffe für Dieselmotoren, 8. Statusseminar „Kraftfahrzeuge und Straßenverkehr" des Bundesministers für Forschung und Technologie (BMFT), Malente vom 11.–13. Nov. 1980, Verlag TÜV-Rheinland GmbH

Wasserfreies Ethanol mischt sich mit den meisten Dieselkraftstoffen, aber ohne Lösungsvermittler treten mit Wasser-Spuren oder bei tiefen Temperaturen Entmischungen ein. Die obere Grenze für die Zugabe von Alkoholen scheint bei 25–30 % zu liegen.

Mitschke, A., Hardenberg, H. O.: ATZ *82* (12), 633–638 [1980]. Aspekte alternativer Kraftstoffe für Dieselmotoren

Zur Erhöhung der Zündwilligkeit von Dieselölen kann man neben dem bereits verwendeten Kerobrisol (Cyclohexanolnitrat) auch Diethylenglykoldinitrat DEGDN $NO_2—O—CH_2—CH_2—O—CH_2—CH_2—O—NO_2$ zusetzen. Seine Explosionsbereitschaft ist allerdings oft prohibitiv.

Pischinger, F., Havenith, C., Stützenberger, H.: 6. Statusseminar „Kraftfahrzeuge und Straßenverkehr" des Bundesministeriums für Forschung und Technologie (BMFT) in Aachen, vom 5.–7. Sept. 1978, Verlag TÜV-Rheinland GmbH. Einzylinder-Untersuchung mit Saugrohr und Direktspritzung von Methanol

Desikan, P. et al.: Cetane number improver for diesel fuels. Res. Ind. *1979*, *24* (1), 19–22, C.A. *92*, 131752u (1980), C_2H_5—O—CH_2—CH_2—O—NO_2 (CETOL „E")

0,3 Vol.-% zum Dieselöl zugesetzt, verleiht diesem eine höhere Cetanzahl als andere bisher verwendete Verbindungen. Cetol „E" verbessert auch das Kaltstartverhalten; die Lagerfähigkeit und die Oxydationsstabilität sind besser als bei anderen Präparaten.

Alternative fuels utilization report. DOE (Department of Engergy) CS-0022/7, Nr. 7, Januar *1981*

Es wird über Gemische aus Alkoholen und Benzin berichtet, ferner über M 100 und 100 % Ethanol, sowie über den Ersatz von Dieselöl durch Alkohole

Frederiksen, P., Nielsen, O. B.: Report *1982*, DTH-LET-RE-82-1, Order Nr. DE 83750688, 72 Seiten (Dänisch), Avail NTIS (US Sales only) From Energy, Res. Abstr. *1983*, 8 (21), Abstr. Nr. 51583; C. A. *100*, 71233x (1984). Low-pressure injection of methanol into dual-fueled diesel engines

Bandel, W., Schäfer, A. J., Hardenberg, H. O.: Gemeinschaftsveranstaltung BMFT/DGMK/VDI, Berlin, Februar 1983, Dieselmotorisch geeignete Alkoholkraftstoffe

Chmela, F., Neitz, A.: Gemeinschaftsveranstaltung BMFT/DGMK/VDI, Berlin, Februar 1983, Fremdzündung durch Zündkerzen

Pischinger, F., Adams, W.: Tagung im Haus der Technik, Essen am 3. November 1983. Alkoholkraftstoffe für Fahrzeugmotoren

Kumar, D., Pundir, B. P.: Combustion and performance characteristic of a methanol fueled DT diesel engien. VI. International Symposium on Alcohol Fuels Technology vom 21.–25. Mai *1984*, Ottawa (Canada), Proceedings Communications, Vol. I, A–37, S. 252–258

4.43. Seiffert, U., Bernhard, W.: Erdöl und Kohle, 38 (2), 66–69 (1985). Die Bedeutung von Alternativ- und Ergänzungskraftstoffen für die Automobile von Morgen.

5 Das Energiemethanol

Man kann das heute produzierbare Methanol nach seinem Hauptverwendungszweck in drei Kategorien einteilen. Das Methanol dieser drei Kategorien unterscheidet sich nicht nur durch das beabsichtigte Einsatzgebiet, sondern auch in seiner Zusammensetzung und Qualität.

1. *Das Chemiemethanol*
   Es wird als Chemierohstoff verwendet und ist das reinste Produkt, da es bestimmte Qualitätsanforderungen erfüllen muß. Es wird deshalb durch Destillation besonders gereinigt.
2. *Das Energiemethanol*
   Es soll für Heizzwecke in Kesselanlagen etc. verwendet werden, eignet sich aber auch insbesondere zur Feuerung von Gasturbinen.
   Es dient ferner als Rohstoff für die Herstellung von SNG, Wasserstoff, Reduktionsgas für die Stahlindustrie, Stadtgas etc. und soll bei der Synthese gleich so rein anfallen, daß es für die obigen Zwecke sofort verwendet werden kann. Es darf geringe Mengen Wasser, höhere Alkohole und organische Verunreinigungen enthalten. Es ist wie alle anderen Methanolsorten absolut schwefelfrei.
3. *Das Fuel-Methanol*
   Das Fuel-Methanol ist ein Gemisch aus Methanol mit höheren Alkoholen und kann ohne aufwendige Reinigung mit möglichst geringem Wassergehalt direkt als Benzinzusatz zum Ausgleich der OZ bei der Benzinentbleiung eingesetzt werden.
   Die Energiemethanolprodukte können, wenn nötig, auch auf Chemiequalität aufdestilliert werden.

   Das Chemiemethanol wurde in Kapitel 1 angesprochen und seine Verwendung wird in Kapitel 9 abgehandelt werden; im vorliegenden Kapitel werden jene Verfahren besprochen, die zu Energiemethanol führen.
   Hier hat eine Entwicklung eingesetzt, deren endgültige Beurteilung erst in den nächsten Jahren möglich sein wird.

Von besonderer Bedeutung ist die für große Energieanlagen, wie z.B. Elektrizitätswerke, mögliche Kopplung des Einsatzes von Synthesegas für den Betrieb von Gasturbinen und für die Synthese von Methanol. Das Gas trägt die Grundlast und das produzierte und zwischengelagerte Methanol deckt den Spitzenbedarf ab. Beispiele aus den USA zeigen diese Entwicklungstendenz [5.1].

Die großen Elektrizitätsgesellschaften stellen sich die immer dringlichere Frage, wie der Betrieb ihrer Anlagen mit „Clean Fuel" losgelöst von Versorgungsschwierigkeiten in die eigenen Hände genommen und auf Basis von billiger heimischer Kohle realisiert werden könnte. Eine Lösung des Problems sieht man in der Koproduktion von Synthesegas und Methanol auf Basis billiger Kohle. Dabei strebt man z.B. bei einem einfachen Durchgang des Synthesegases durch den Methanolreaktor einen Umsatz von etwa 25 % an, wobei zwar eine Reinigung des Gases von Schwefel, aber keine Konvertierung und kein Gaskreislauf nötig sind. Das aus dem Reaktor austretende Gas wird vom Methanol befreit und danach in einer Gasturbine verfeuert [5.2]. Beide Brennstoffe sind nicht nur schwefelfrei, sie erfüllen auch bezüglich anderer Emissionen alle gesetzlichen Bestimmungen. Das produzierte, leicht lagerbare Methanol wird zur Spitzenbedarfsdeckung (peak shaving) eingesetzt, ein Vorschlag, der vor langer Zeit bereits von Lurgi gemacht wurde, weil eine Methanolanlage flexibler zu betreiben ist als eine Kohlevergasungsanlage.

Die Entwicklung von Methanolreaktoren, die hohe Gasbeaufschlagung ermöglichen, weil die Temperaturhaltung durch eine besondere Wärmeabführung ermöglicht wird, wird in den USA von EPRI (Elektric Power Research Institute), Chem System und DOE (Department of Energy) seit Jahren verfolgt.

Betrachtet man nur die Kosten der Herstellung des schwefelfreien Synthesegases, des sogen. „Medium Btu-Gases" (MBG), zur Verwendung als Heizgas oder als Gas zur Feuerung von Gasturbinen, teilen sich diese folgendermaßen auf: 45–50 % entfallen auf die Kohleverarbeitung, die Energieanlagen und die Sauerstoff-Fabrik, etwa 33 % auf die eigentliche Vergasung, die Wärmerückgewinnung, die Kondensationswasserreinigung, das Asche- und Ruß-System, und etwa 20 % auf die Gasentschwefelung und die Überführung des dabei anfallenden Schwefelwasserstoffes in elementaren Schwefel (vgl. Abb. 5.1).

Für die Verwendung dieses Gases für eine konventionelle Methanolsynthese muß, je nach der Verfahrensweise, eventuell noch eine Konvertierung angeschlossen werden.

EPRI hat mit Chem Systems an einer Methanolsynthese in flüssiger Phase gearbeitet, von der man sich wegen der guten Wärmeabführung Erfolge verspricht.

Für die Synthesegas-Verarbeitung hat man 3 Vorschläge diskutiert:

1. In einem Single-pass-System wird Synthesegas zu 25 % in Methanol überführt. Das Gas wird nur vom Schwefel gereinigt. Eine Konvertierung im Gaskreislauf erübrigt sich. Das Abgas aus dem Reaktor wird zur Befeuerung von Gasturbinen verwendet. Dem gleichen Zweck dient das erzeugte Methanol.
2. Das aus der Vergasung kommende Rohgas wird in 2 Teile geteilt. 30 % werden nach Konvertierung und Entschwefelung in einer konventionellen Methanolanlage vollständig umgesetzt, 70 % des Rohgases werden entschwefelt und in Gasturbinen verfeuert. Das Methanol wird wieder für die Spitzenbedarfsdeckung eingesetzt.

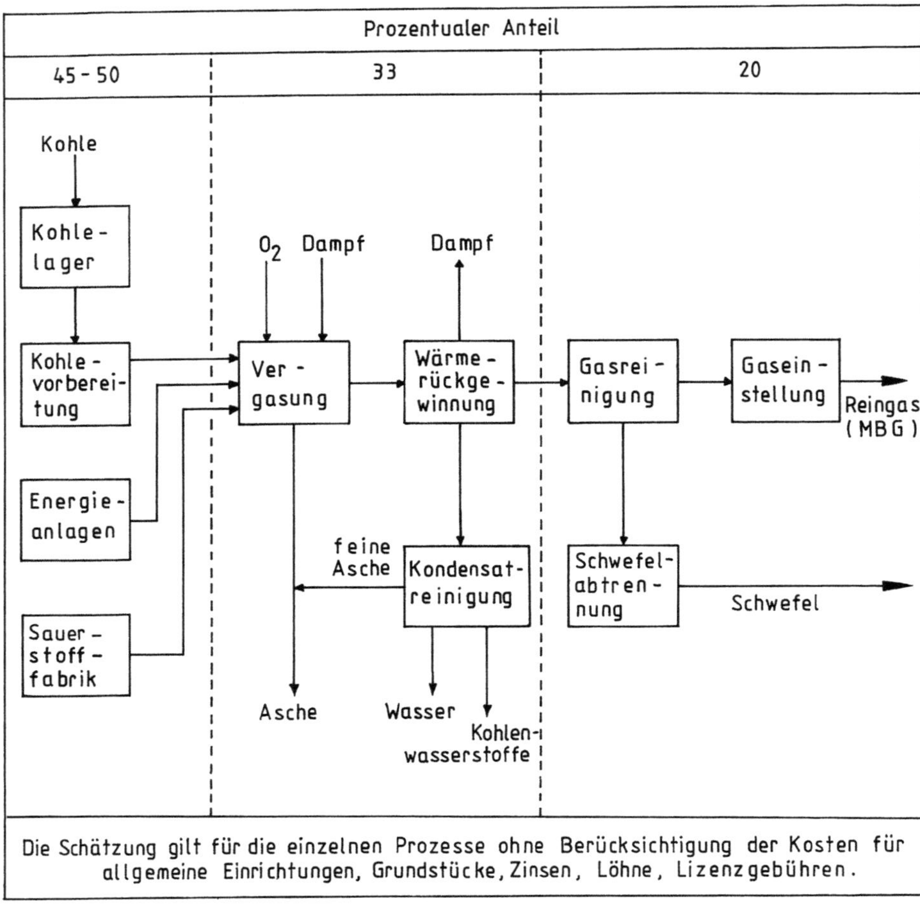

Abb. 5.1. Ungefähre Kostenaufteilung der Gaserzeugung aus Kohle (in %) Greene [5.17]

3. In einer auf Kohle basierenden Methanolanlage wird das gesamte konvertierte und vom Schwefel gereinigte Gas in einer konventionellen Anlage zu Methanol umgesetzt.

Von allen Experten wurde übereinstimmend angegeben, daß eine Koproduktion von „Methanol und Gas" unter den jeweils günstigsten Bedingungen für ein Kraftversorgungsunternehmen am wirtschaftlichsten ist und daß man etwa ⅓ der Summe erspart, die man ausgeben müßte, wenn man für den gesamten Energieaufwand Methanol von außerhalb beziehen würde. Arbeitet man beim Einsatz von Gasturbinen nach dem Cyclingverfahren, kann die Ersparnis sogar 40% betragen.

1984 sollte eine Demonstrationsanlage mit 1000 kW nach dem Verfahren der Chem Systems angefahren werden.

Bei einer Single-pass Anlage ist der thermische Wirkungsgrad, berechnet auf die Kohle, etwa 68,8 %, also höher als bei konventionellen Anlagen und man kann jede Gaszusammensetzung bei einmaligem Durchgang verarbeiten.

Zur Zeit werden 2 Prozesse auf ihre technische Anwendungsmöglichkeit in einer integrierten Anlage auf Basis von Kohle untersucht [5.3]. Man kann die Anlagen sowohl für die Single-pass-Arbeitsweise als auch für die volle Überführung des Synthesegases in Methanol betreiben.

Der erste Reaktortyp von Chem Systems ist ein Fixed-Fluidized-Bed-Reaktor (FFB), der in Abb. 5.2 sehr vereinfacht dargestellt ist. In diesem Reaktor sind Katalysatorkugeln mit einem Durchmesser von 3–6 mm aufgeschichtet. Von unten wird ein inertes Öl eingepumpt, das zur Wärmeabführung über einen Wärmeaustauscher gelangt und zirkuliert wird. Gleichzeitig wird, ebenfalls von unten, das Synthesegas eingeführt. Dadurch entsteht im Katalysatorbett eine Turbulenz, die zu einer Ausdehnung der festen Phase um 30–70 % führen kann, ohne daß Katalysatorteilchen das Reaktionsbett verlassen. Öl und Gas werden durch den Katalysator gut verteilt (3-Phasenreaktor) [5.3].

Der Ölumlauf führt zu einer sehr guten Temperaturkontrolle, so daß das Reaktoraustrittsgas bis zu 15–16 Vol.-% Methanol gegenüber 5–6 % bei konventionellen Verfahren enthalten kann.

Der Katalysatorabrieb ist dabei wesentlich geringer als er es ohne die Ge-

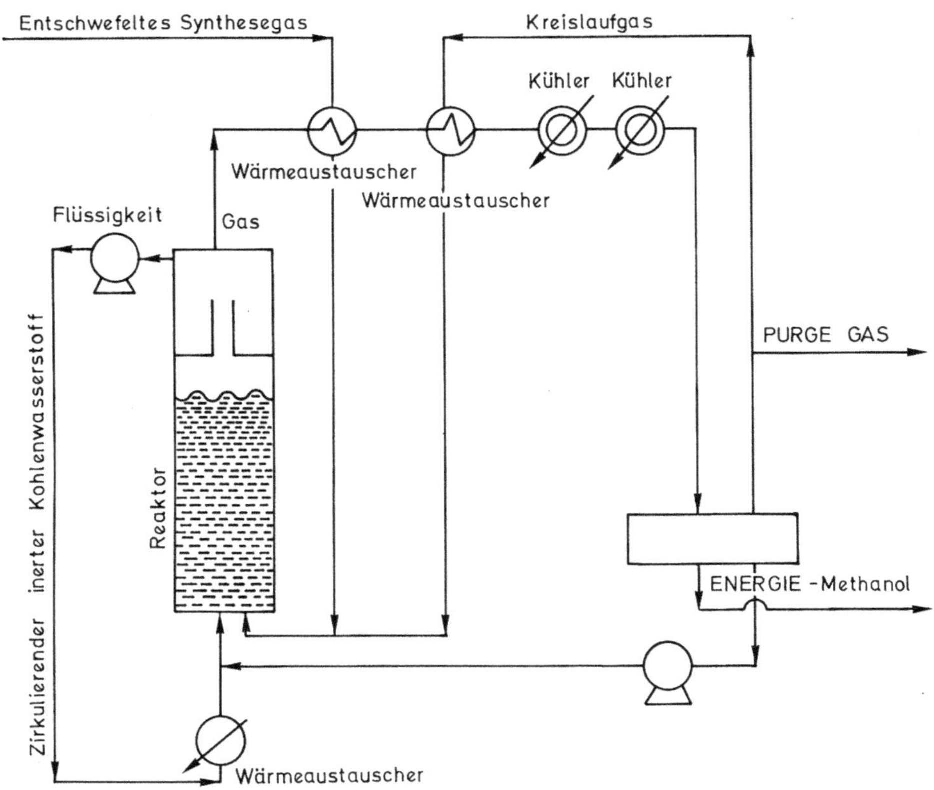

Abb. 5.2. Schema der Methanolsynthese mit umlaufendem inerten Kohlenwasserstoff nach Chem Systems (Sherwin u. Frank [5.3])

genwart des Öls wäre. Während des Betriebes kann Katalysator zugegeben und abgenommen werden. Der Kontakt besteht entweder aus einem konventionellen Cu-Zn-Niedertemperatur-Kontakt oder aus einem von Chem Systems entwickelten Katalysator, der im Single-pass einen 24 %-igen Gaszusatz ermöglicht.

Das am oberen Ende des Reaktors abgehende Reaktionsgas wird zuerst in Wärmeaustauscher geführt, wo es seine Wärme an Frisch- und Kreislaufgas abgibt, dann werden Wasser und Methanol kondensiert. Etwas verdampftes Kreislauföl aus der Anlage scheidet sich dabei mit ab. Es wird in den Reaktor zurückgeführt [5.5]. Aus dem Kreislaufgas wird Purgegas abgezweigt.

Bei Koproduktion von Methanol und Gas gibt es keinen Kreislauf, denn das nach Kondensation des Methanols abgehende Gas wird zur Feuerung der Gasturbinen verwendet.

In Tabelle 5.1 ist ein Vergleich der 3-Phasen-Arbeitsweise mit einer konventionellen Methanolanlage angegeben.

Die 3-Phasenarbeitsweise wurde auch vom Institute Francais du Petrole (IFP) untersucht. Die Methanolsynthese wurde dabei aber anders konzipiert als in den USA. IFP verwendet auch ein Festbett, doch Öl und Gas werden von oben aufgegeben, ähnlich wie bei einer Rieselölanlage. Die Wärmeabführung geschieht durch Öl, das Methanol wird aus dem Kreislaufgas abgeschieden. Das Interesse an dieser Arbeitsweise liegt für IFP im geringeren Energiebedarf, der besseren Temperaturkontrolle, der Einfachheit des Reaktors und der optimalen Wärmerückgewinnung.

Die Arbeitsbedingungen des IFP Flüssigphasenprozesses und die Leistung der Anlage gehen aus Tabelle 5.2 hervor.

Tabelle 5.1. Vergleich der Ergebnisse einer Konventionellen Methanolanlage mit der 3-Phasen-Arbeitsweise von Chem Systems (Sherwin u. Frank [5.3])

Reaktor-System	3-Phasen-Reaktor	Adiabatischer Multibett-Quench-Reaktor
Kapazität in Tagestonnen	1800	1800
Druck in bar	80	105
Gasbelastung des Reaktors, m^3 pro Stunde	4000	6000
Verhältnis von Frischgas zu Kreislaufgas	1:1	1:5
Methanolkonzentration im Reaktorausgangsgas (Mol.-%)	14,5	5,0
Leistungsbedarf (MW)		
Kompression des Reaktoreintrittsgases	—	1,92
Gaskreislauf	0,28	2,77
Ölzirkulation	0,455	—
Kessel-Speisewasser	0,24	0,24
Summe	0,975	4,93
Relative Kapitalkosten	0,77	1,0

Tabelle 5.2. Reaktionsbedingungen der Methanolsynthese mit umlaufendem Öl zur Wärmeabführung (Courty et al. [4.31])

Zusammensetzung des Eingangsgases	$H_2:(2\,CO + 3\,CO_2) = 0{,}8-1{,}3$ $CO:CO_2 = 5-15$
Temperatur/°C	220–270
Druck	5–10 MPa (50–100 bar)
Gasbelastung (Vol.) ber. auf Normaldruck	5 000–10 000 Vol./Vol./h
*Typische Leistung der Anlage**	
Methanolproduktion	0,7 kg/Liter/Kat./h
Kohlenstoffausbeute $100 \times \frac{\text{erzeugtes Methanol in Mol}}{(CO + CO_2)\ \text{Eingang}}$	95–97 %
Methanolreinheit 2fache Destillation	chemisch rein

* Druck 8 MPa (80 bar) $CO/CO_2 = 10$, Inerte 0,5% Stöchiometrisches Gas

Auch die Sasol in Südafrika ist an dieser Arbeitsweise für die Durchführung der FT-Synthese interessiert und hat eine Pilotanlage in der Konstruktionsplanung [5.6].

Beim Flüssigphasenreaktor der Chem Systems mit Katalysatorsuspension (Slurry-Arbeitsweise) wird feinst gemahlener, in einem inerten Öl aufgeschlämmter Katalysator in einer Mischtrommel in Bewegung gehalten und im Kreislauf umgewälzt, wie dies die einfache Skizze 5.3 zeigt.
Die Katalysatorsuspension zirkuliert durch den Reaktor. Die Reaktionswärme wird vom Öl aufgenommen und wie üblich durch ein Wärmeaustauschersystem in Dampf überführt (in der Skizze nicht extra angegeben).

Gas und Katalysator können im Gleich- oder Gegenstrom geführt werden. Als inertes Öl wählt man ein C_{14}-C_{21}-Paraffinkohlenwasserstoffgemisch. Die Wärmeabführung ist ausgezeichnet, so daß sich nur verhältnismäßig kleine Temperatursteigerungen ergeben, weshalb man dem Reaktor in der Zeiteinheit mehr Synthesegas anbieten kann als bei konventionellen Systemen. Man kann etwa 16 % des Gases bei einfachem Durchgang umsetzen, gegen etwa 6 % bei konventionellen Anlagen [5.7].

Die Untersuchungen mit einem suspendierten Katalysator im 5 t/Tag-Maßstab haben bisher sehr befriedigende Resultate ergeben [5.8]. In einem single-pass-System mit 3–4 Konvertern erwartet man im Großmaßstab einen 3–4mal größeren Umsatz als bei konventionellen Systemen. Die Umsetzung soll bei 35 bar ablaufen. Das Rohmethanol kann sofort als Energiemethanol verwendet werden [5.9].

Tabelle 5.3 faßt die Unterschiede zusammen, die sich zwischen den Verfahren mit Fließbett (FFB) Katalysator bzw. mit Suspensionskatalysator ergeben. Die Verfahren lassen sich auch für die gleichzeitige Synthese von Methanol und höheren Alkoholen anwenden, worüber an anderer Stelle berichtet wird.

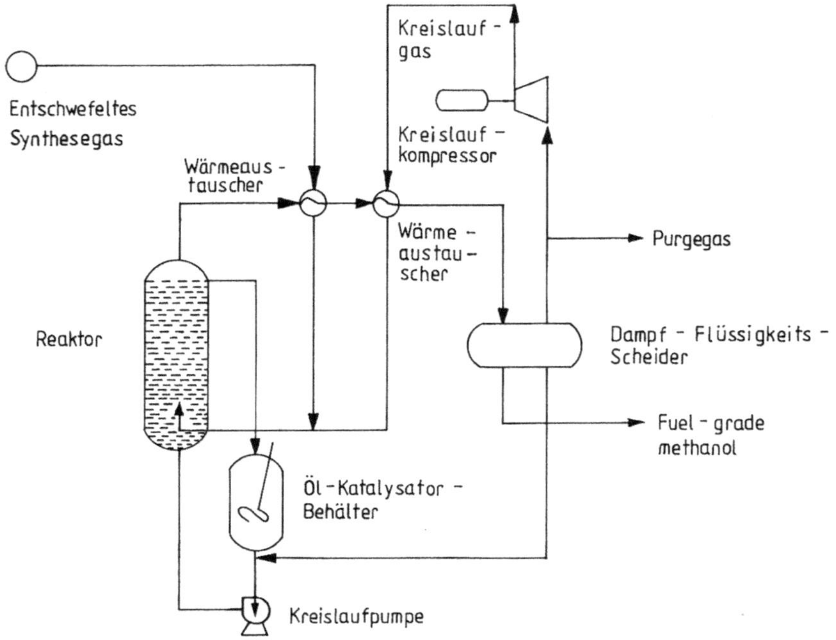

Abb. 5.3. Skizze der Methanolsynthese mit dem Flüssigphasenreaktor der Chem Systems (Frank [5.7])

Tabelle 5.3. Preisunterschiede der beiden Flüssigphasenprozesse der Chem Systems. Produktion: 3 000 tato, Gasführung im geraden Durchgang mit etwa 24 Mio m^3 Synthesegas/Tag für die Anlage mit bewegtem Katalysator und etwa 15 Mio m^3/Tag Gas für die Anlage mit Suspensionsarbeitsweise. Der Synthesegaspreis ist in die Preisgestaltung nicht einbezogen (Frank [5.7])

Kosten in $	Fließbett-katalysator	Suspendierter Katalysator
Fixkosten 1980 in Mio $	60,0	36,3
Hauptanlagen	50,0	30,3
Nebenanlagen	10,0	6,0
Jährliche Produktionskosten in $ pro Tonne Methanol	9,5	2,4
Katalysator	2,3	2,1
Energieversorgung		
Dampf	(11,2)	(11,6)
Kesselspeisewasser	0,3	0,3
Elektroenergie	0,4	0,6
Summe	(10,8)	(10,5)
bei 30 % Zinsen und Tilgung	18,8	10,8

5.1 Energiemethanol nach dem Verfahren der Wentworth-Brothers Inc.

In den letzten Jahren hat die Firma Wentworth-Brothers (Cincinnati, Ohio) versucht, auf neue, möglichst billige Weise ein Methanol in Mammutanlagen zu erzeugen, das ohne weitere Reinigung sofort für Energiezwecke eingesetzt werden kann und nicht mehr als 1 % Wasser und etwa 2–3 % höhere Alkohole enthält [5.10]. Die Bildung von nur 1 % Wasser im Gegensatz zu früheren konventionellen Anlagen erspart Wasserstoff.

Bedeutende Fortschritte wurden durch die Einführung von hitzebeständigen Katalysatoren mit langer Lebensdauer erzielt. Dazu werden mehrere Katalysatoren, die bei verschiedenen Temperaturen arbeiten, eingesetzt. Das Verfahren zeichnet sich weiterhin aus durch eine besondere Gasführung, eine neue Art des Wärmeaustausches und durch Anwendung eines Druckes von 300 bar [5.11].

Das Gas wird im 1. Katalysatorbett durch die dort stattfindende Reaktion auf die optimale Temperatur für das zweite Bett aufgeheizt und mit abermals höherer Temperatur tritt das Gas in das dritte Bett ein. Es wird dort auf die maximal zulässige Temperatur erhitzt und dann in einem Wärmeaustauscher abgekühlt. Hierauf folgen Umsetzungen in zwei weiteren Betten und dann wird dem Gas in einem Wärmeaustauscher wieder die meiste Wärme entzogen. Anschließend wird gekühlt und das Methanol kondensiert. Das Kondensat ist ohne weitere Aufarbeitung verwendungsfähig (vgl. Abb. 5.4).

Setzt man Braunkohle mit einem Wassergehalt von etwa 35 % ein, dann benötigt man für einen Modul mit 4 500 tato Leistung etwa 12 500 t. Bei 5 Modulen ergibt sich eine Produktion von 22 000 tato oder in 333 Tagen insgesamt etwa 7,5 Mio t Methanol jährlich. Bezogen auf die eingesetzte Braunkohlenmenge beträgt die Ausbeute etwa $\frac{1}{3}$ Methanol. Die Trocknung des Lignits vor der Vergasung soll künftig nicht mehr nötig sein, wie neue Patente beanspruchen [5.12].

Wenn man den in den Wärmeaustauschern anfallenden Hochdruckdampf mit dem in der Kohlevergasungsanlage erhaltenen kombiniert, dann gewinnt man die Energie, die für die gesamte integrierte Anlage einschließlich der Kohlepräparation und der Luftzerlegung nötig ist. Zusätzlich kann man noch einen beachtlichen Überschuß nach außen abgeben.

Im Endgas einer solchen Anlage ist gegenüber einer konventionellen Anlage die dreifache Menge Methanol (16–18 %) enthalten. Die prozentuale Aufteilung der Anlagekosten einer Wentworth-Methanol-Anlage werden, wie in Tabelle 5.4 gezeigt, angegeben.

Die prozentuale Aufteilung der Produktionskosten faßt Tabelle 5.5 zusammen.

Das Prinzip der Arbeitsweise geht aus Abb. 5.4 hervor, die nur eines der möglichen Prozeßführungsbeispiele darstellt.

Aus ihr ist ersichtlich, daß Frisch- und Kreislaufgas vermischt und über die insgesamt 5 Katalysatorbetten geleitet werden, die jeweils verschiedene Mengen an Katalysatormaterial enthalten und bei verschiedenen Betriebstempera-

Tabelle 5.4. Anlagekosten einer Wentworth-Methanol-Anlage in Prozent der Gesamtausgaben (Wentworth u. Othmer [5.13]).

Luftzerlegung	26 %
Gaskonvertierung und Reinigung	21 %
Wärmerückgewinnung und Stromerzeugung	19 %
Gasherstellung	18 %
Methanolsynthese	10 %
Kohlebehandlung und Vorbereitung	4 %
Schwefelgewinnung aus H_2S	2 %
Summe	100 %

Tabelle 5.5. Produktionskosten einer Wentworth-Methanol-Anlage in Prozent der Gesamtkosten (Wentworth u. Othmer [5.13])

Betriebsanlage	56 %
Kohleanlage	12 %
Kohlebergwerk und Lieferung	12 %
Betrieb, Verwaltung, Labor, Zinsenanteil am Arbeitskapital	10 %
Instandhaltung, Materialien	7 %
Versicherung und Steuern	2 %
Katalysatoren und Chemikalien	1 %
Summe	100 %

turen arbeiten. In jedem der 5 Katalysatorbetten finden 20 % des Gesamtumsatzes statt. Das Austrittgas aus dem letzten Katalysatorbett (12) enthält 7,48 Mol.-% Methanol, das entspricht einer Gleichgewichtseinstellung von 35 %. Von ihm aus geht es in Wärmetauscher, in denen seine Wärme zur Einkopplung in den Prozeß genutzt wird. Im darauffolgenden Separator wird das Methanol abgenommen. Es enthält kleine Mengen Dimethylether, Wasser und höhere Alkohole. Einzelheiten über die Betriebsdaten, insbesondere die Katalysatormengen und Temperaturen der einzelnen Reaktionsbetten, sind der Abb. 5.4 zu entnehmen.

Besondere Aufmerksamkeit muß beim Wentworth-Methanol-Verfahren der Reinigung des Synthesegases gewidmet werden. Neben Schwefel müssen alle Metalle aus dem Frischgas ausgeschieden werden. Eisen und Nickel können als flüchtige Carbonyle in den riesigen Gasmengen enthalten sein und mit eingeschleust werden. Sie müssen auf ppm-Konzentrationen reduziert werden, was z. B. durch verbrauchten C_1-Katalysator geschehen kann, der noch als Adsorbens für Gifte zu verwenden ist. Die Metalle würden bei den Katalysatoren Methanbildung und die Bildung höher molekularer Kohlenwasserstoffe hervorrufen, was unbedingt verhindert werden muß. Die Anlagenteile, die bei den hohen Drücken und niederen Temperaturen zur Carbonylbildung

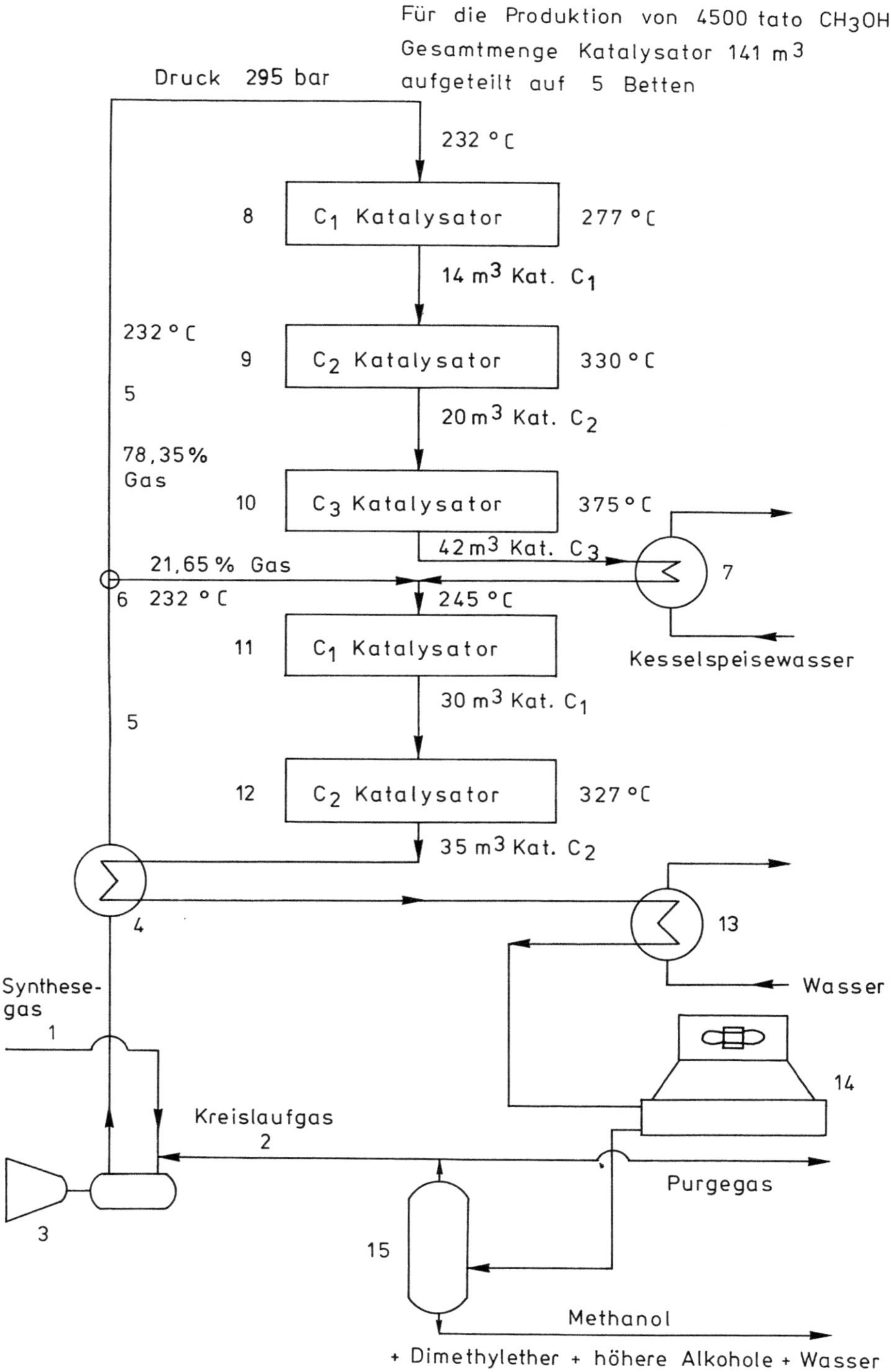

Abb. 5.4. Prinzip der Arbeitsweise des Wentworth-Methanol-Verfahrens (Wenthworth u. Stilles [5.14])

führen können, werden daher wie bei der früheren Methanol-Hochdruck-Synthese mit Zink-Chrom-Katalysatoren aus Kupfer, Zink oder anderen nichtcarbonyl-bildenden Materialien hergestellt oder mit Polytetrafluorethylen, Polycarbonaten etc. ausgekleidet.

5.1.1 Die Katalysatoren beim Verfahren der Wentworth-Brothers Inc. [5.14]

Die in Abb. 5.4 als C_1, C_2 und C_3 bezeichneten Katalysatoren müssen bei folgenden Temperaturen arbeiten:
C_1 von 177–280 °C
C_2 von 250–330 °C
C_3 von 300–400 °C.
Der C_1-Katalysator besteht aus Kupfer-Zink-Kombinationen von Cu : Zn = 6:1 bis 8:1 neben Stabilisatoren und Promotoren. Man kann dafür Aluminiumoxid aber auch die Oxide von Chrom, Magnesium, seltene Erden wie Lanthan, ferner Zirkon, Titan, Silicium etc. verwenden.

Der C_2-Katalysator besteht ebenfalls aus Kupfer-Zink-Kombinationen. Wegen der höheren Temperaturen muß aber ein höherer Prozentsatz an thermischen Stabilisatoren von 65 % oder höher, berechnet auf das Gesamtgewicht des Katalysators, eingearbeitet werden.

Der C_3-Kontakt, der gegen die höchsten Temperaturen der Synthese beständig sein soll, besteht aus Kupfer, Zink und Chrom im Verhältnis 1:2:3. Das Verhältnis von Kupfer zu Zink kann bis 1:6 verändert werden, wobei der Chromanteil angepaßt werden muß. Statt Chrom als Stabilisator kann man auch Aluminium, Magnesium und Tantal etc. verwenden.

Besonders bevorzugt sind Katalysatoren der Zusammensetzung 1 Cu : 2 Zn : 0,5 Al, alle als Oxide, in denen das Aluminium durch Cer, Zirkon und gemischte Oxide der seltenen Erden ersetzt werden kann.

Bei den C_2- und C_3-Katalysatoren steigt bei einem Manganzuschlag der Anteil an höheren Alkoholen bemerkenswerterweise an [5.15]. Zugabe von Alkalien, wie Natrium und Kalium als Carbonate, Permanganat, Chromat oder Silikat wirken ebenfalls als Promotoren für die Bildung höherer Alkohole.

Mit ihrem Verfahren will die Firma Wentworth-Brothers gemeinsam mit einer großen Kohle- und einer großen Chemiefirma 1,2 Mia Dollar (Preis von 1984) in eine 5 000 tato-Anlage (1,5 Mio jato) investieren. Die Anlage soll auf der Basis einer hochschwefelhaltigen Kohle, die sonst kaum eine andere Verwendung finden kann, Methanol produzieren. Als Vergasungsverfahren wurde der Texaco-Prozeß gewählt. Bei einem Rohölpreis von $ 29,00 pro Barrel soll das Methanol aus Kohle bereits wirtschaftlich sein [5.16, 5.17].

5.2 Methanol als Brennstoff für Gasturbinen [5.18]

Außer als Vergaserkraftstoff und zum Betrieb von Dieselmotoren, hat Methanol als Brennstoff für Gasturbinen, insbesondere für Spitzenleistungen in E-Werken in städtischen Gebieten, eine große Zukunft. Es ist schwefelfrei, leicht zu lagern und die NO_x-Emissionen sind infolge seiner niedrigeren Verbrennungstemperatur klein.

Auch für Turboprop-Flugzeuge hat Methanol heute wieder potentielles Interesse.

Methanol wurde als Brennstoff in Kraftwerken in Japan und den USA (New Orleans mit 500 000 kW) mit ausgezeichneten Resultaten erprobt. Eine Spitzenlast-Anlage in einem Kraftwerk ist etwa nur $\frac{1}{3}$ der Zeit ausgelastet. Man könnte solche Kraftwerke im Mittellastbereich betreiben und in Spitzenbedarfszeiten den Ausgleich durch methanolgefeuerte Gasturbinen, die rasch angefahren werden können, erzeugen (Peak-Shaving). Methanolgefeuerte Gasturbinen liefern, berechnet auf den Heizwert, etwa 8 % mehr Energie als ölgefeuerte, die außerdem die Bestimmungen bezüglich der NO_x-Emissionen nicht ganz erfüllen. Die niedrigeren Arbeitstemperaturen bei Methanol betriebenen Gasturbinen schonen die Turbinenschaufeln. Das Problem schädlicher Metallspuren, wie bei der Verwendung von Öl, entfällt ebenfalls. Besonders von amerikanischer Seite wird dem Methanol als Gasturbinenbrennstoff eine große Zukunft vorausgesagt und weitere Entwicklungsarbeiten können die Attraktivitäten des Methanols für diese Zwecke noch weiter verbessern.

Zusammengefaßt sind die Vorteile der Verwendung von Methanol als Brennstoff für Gasturbinen folgende:

1. Es läßt sich leicht lagern und pumpen.
2. Es hat eine niedere Flammentemperatur.
3. Es verbrennt schnell und rein (Clean fuel).
4. Es hat keinerlei Verunreinigungen, die Korrosionen oder Ablagerungen in den Turbinen oder in den Wärmerückgewinnungssystemen verursachen.
5. Es erzeugt keine SO_2- und ganz wenig NO_x-Emissionen.
6. Es ist gut verfügbar und zuverlässig.
7. Es verursacht geringe Lagerkosten.
8. Es kann leicht katalytisch reformiert und auch als gasförmiger Brennstoff eingesetzt werden.

Der derzeitige Bedarf an Methanol für diese Zwecke wird in den USA achtmal höher geschätzt als lieferbar ist. Das Problem ist, daß jene Firmen, die sofort auf Methanol zum Betrieb von Gasturbinen übergehen würden, die Gewißheit haben müssen, kontinuierlich diesen Brennstoff zu erhalten. Sonst sind sie nicht gewillt, die damit verbundenen technischen Änderungen bestehender Anlagen zu investieren. Für die Feuerung von mit Gasturbinen betriebenen Generatoren mit kombiniertem Cycle-power-System werden in größeren Anlagen 100 000 Barrel/Tag Methanol benötigt, das sind im Jahr etwa 4,5 Mio t, für deren Produktion etwa 6,7 Mio t Steinkohle oder etwa 24 Mio t Rohbraunkohle nötig sind.

Ein Vorschlag der Lurgi besteht darin, bei Verwendung von Kohle als Rohprodukt für den Gasturbinenbetrieb, Synthesegas als Antriebsmittel zu verwenden und bei Spitzenbelastung Methanol einzusetzen.

Bei Mittellast wird der Gasüberschuß in Methanol überführt, dieses gespeichert und zu gegebener Zeit als Brennstoff verwendet. Die Gasproduktion, die nicht sofort auf hohe Belastungen umstellbar ist, arbeitet dann mit konstanter

Beaufschlagung. Die Methanolfabrik ist wesentlich flexibler. Eine andere Möglichkeit wäre die Untergrundspeicherung von gereinigtem Synthesegas.

Die Vorteile des Methanoleinsatzes in Kraftanlagen zur Stromerzeugung wirken sich am besten aus in kombinierten Cycle-Anlagen. In ihnen wird Methanol in einer Gasturbine verbrannt. Aus den heißen Abgasen der Gasturbine wird in einem Dampfkessel Dampf für eine Dampfturbine erzeugt. Der von dort abgehende Dampf hat das Druckniveau eines Prozeßdampfes. Der thermische Wirkungsgrad in sogen. Kombianlagen ergibt sich bis zu 46 %, gegen 32 % nach konventionellen Verfahren, wie Langzeitversuche mit einer 26 MW-Turbine ergaben. Die erste Verwendung von Methanol wird für die Stromerzeugung im „peak loading"-Stadium erfolgen.

Der Vergleich einer kohlegefeuerten Dampfturbine mit einer methanolgefeuerten Kombianlage zeigt folgendes:

1. Die Kapitalkosten sind etwa nur halb so groß.
2. Der Bau der Anlage benötigt nur die halbe Zeit.
3. Der thermische Wirkungsgrad ist etwa um ⅓ größer (46 % gegen 32 %).

Für die Erzeugung von 1 MW benötigt man etwa 9–10 t Methanol.

Die NO_x-Emissionen sind wesentlich herabgesetzt, verglichen mit öl- oder gasgefeuerten Turbinen. Bei gleicher Wasserzugabe betrug bei Methanol die NO_x-Emission nur 13 % derjenigen von Erdöldestillaten und 26 % derjenigen von Erdgas.

Bei einem Langzeitversuch in einer 52 MW Anlage mit Methanol und Was-

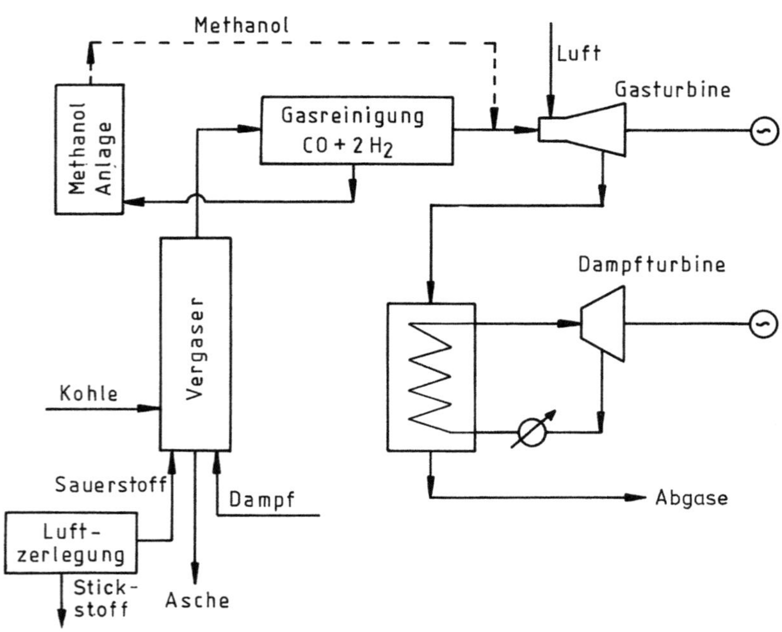

Abb. 5.5. Schema einer kombinierten Gas-Dampf-Turbinenanlage

ser als Kraftstoff während 523 Stunden, wurde der NO_x-Ausstoß um 80 % verringert gegenüber Destillatöl und um 65 % gegenüber Naturgas.

Methanol gibt dabei bessere Werte als Heizöl Nr. 2 (ein dem Dieselöl sehr ähnliches Öl), weil bei der Verbrennung von Methanol 1 Mol Wasser mehr entsteht, was die Wärmeausbeute um etwa 10 % verbessert. Der Wasserdampf wird dann in die Dampfturbine geleitet, wo wieder mehr Kraft erzeugt wird als mit Heizöl Nr. 2. So ergibt z. B. die Gasturbine eine Kraftausbeute von 105 400 kW, verglichen mit 95 700 kW bei Verwendung von Heizöl Nr. 2 und die Dampfturbine 51 500 kW mit Methanol gegen 49 200 kW mit Heizöl Nr. 2.

Der Wirkungsgrad einer Gasturbine ist direkt proportional der Einlaßtemperatur des Gases, so daß die Entwicklung hochtemperaturbeständiger Materialien eine zentrale Aufgabe ist, um steigende thermische Wirkungsgrade zu erzielen. Wertvollste Entwicklungen bei den Kombianlagen erfolgen durch die Entwicklung hochtemperaturbeständiger Legierungen und von Turbinenschaufeln aus keramischem Material [5.19]. Man schätzt, daß 1985 mit einer Eintrittstemperatur von 1 200 °C gearbeitet werden kann und die Temperatur in den kommenden Jahren durch neue keramische Materialien auf 1 370 °C und mehr erhöht werden kann. Das könnte dann einen fast 50 % thermischen Wirkungsgrad von Kombianlagen ermöglichen. Man denkt sogar daran, die kritischen Teile der Turbinen mit Wasser zu kühlen und hofft so, die Gaseinlaßtemperatur auf 1 650 °C steigern zu können.

Abbildung 5.5 zeigt in einem Schema die Arbeitsweise der Kombination einer Gas- mit einer Dampfturbine.

5.3 Methanol als Brennstoff zur Wärmeerzeugung (Overfiring-Concept) [5.20, 5.21]

Die breite Verwendung von Methanol für die Kesselheizung, aber auch die Haushaltsheizung etc. ist nur noch durch den Preis gehemmt. Großtechnische Erprobungen haben immer wieder den Beweis erbracht, daß Methanol allen anderen Brennstoffen, wie Erdölfraktionen aber auch Erdgas, bezüglich der Luftreinhaltung beträchtlich überlegen ist. Als Kesselbrennstoff kann 100prozentiges Methanol als hervorragend geeignet bezeichnet werden, und auch bei dieser Verwendung liegen die NO_x-Emissionen, verglichen mit anderen Brennstoffen, um 50% niedriger. Die Emission an SO_2 ist Null. Das Methanol ist aber z.B. in den USA, berechnet auf den Energieinhalt, immer noch teurer als erdölstämmige Brennstoffe und Erdgas.

Seine allgemeine Verwendung für Heizzwecke ist durch die Ungewissheit über die Entwicklung der Öl- und Gaspreise, die zur Zeit immer noch schwankende Tendenz aufweisen, wieder in die Ferne gerückt. Auf gleiche Energieinhalte bezogen, ergeben sich die Preise zur Zeit wie folgt: Methanol 100; Destillatöl 66,6; Rückstandsöl 61,1 und Naturgas 53,9.

Da das Methanol zur Zeit preislich noch zu hoch liegt und wegen des kleineren Heizwertes größere Mengen benötigt werden (zur Erzeugung von

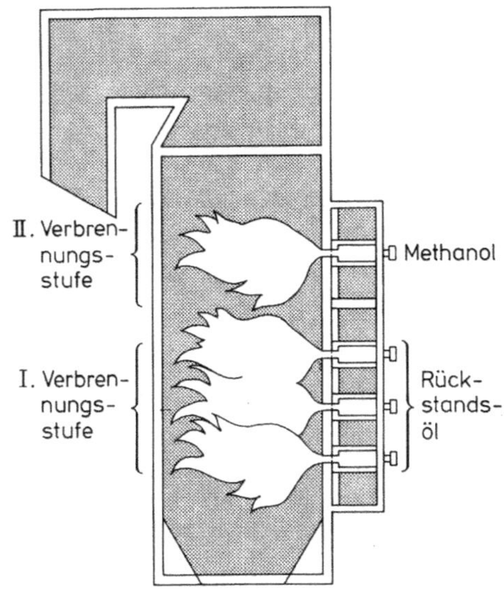

Abb. 5.6. Methanol Overfiring Concept (Bemis et al. [5.20])

1000 MW Energie werden täglich 10000 t Methanol gebraucht), wurde, um die Vorteile der Methanolfeuerung zu nutzen, auch das „Overfiring Concept" eingeführt. Man beheizt dabei eine Anlage haupsächlich mit Öl und spritzt in den oberen Teilen der Feuerung Methanol ein, wie die Abb. 5.6 zeigt.

Dabei wird das restliche Destillatöl vollkommen verbrannt, die NO_x- und SO_2-Emissionen werden stark reduziert und die Bildung von Festteilchen (Ruß etc.) auf ein Minimum zurückgedrängt. Die Verminderung der NO_x-Emission durch das zugespritzte Methanol kann 20–30% betragen. Es werden dazu etwa 10 % Methanol benötigt.

Durch das Methanol-Overfiring tritt als weiterer wertvoller Effekt ein, daß man bei niedrigerem Sauerstoffüberschuß arbeiten kann, ohne Rußbildung befürchten zu müssen.

Die Californische Ernergy Commission (CEC), die Southern Californian Edison Company (SEC) und das *E*lectric *P*ower *R*esearch *I*nstitute (EPRI) haben die potentielle Rolle untersucht, die Methanol als Kesselheizmedium für die Stromerzeugung leisten kann. Die Resultate waren äußerst befriedigend. Der NO_x-Ausstoß betrug nur 60 % der NO_x-Emission einer Heizöl- oder Erdgasfeuerung.

Literatur zu Kapitel 5

5.1. Haggin, J., Chem. Eng. News 1982, 19. Juli, S. 41–42

Haggin, J., Chem. Eng. News 1984, 16. Juli, S. 31–35

Proc. Intern. Energy Convers. Eng. Conf. *15* (2) (1980). Chem Systems Liquid-Phase-Methanolprocess.

Kafarov, V.V., Iwanov, V.A., Yabrodski, S., Leonov, V.E.: Theoret. Found. Chem. Techn. (UdSSR), *16*, 644 (1982).

Deckwer, W. D., Schumpe, A.: Chem. Ing.-Techn. *55* (8), S. 591–600, (1983). Transportmischungen im Dreiphasenreaktoren mit fluidisiertem Feststoff.

Chem. Week *1980* 5. März, S. 35. Fall River enery park would make electricity and Methanol from coal.

Das schwefelfreie Synthesegas wird zum Teil in combined-cycle-turbines zur Stromerzeugung verfeuert und der restliche Teil wird zur Methanolherstellung herangezogen. Methanol kann für peak shaving-Zwecke verwendet werden.

5.2. Christ, H.: Chem. Ind. *36* (7) 400–403 (1984). Synthesegas für Heizkraftwerke?

5.3. Sherwin, M. B., Frank, St. E., (Chem Systems Inc.): Hydrocarbon Processing *1976*, Nov., S. 122–124. Make Methanol by three phase reaction.

U.S. Pat. 4.031.123 (1977), Espino, R. E., Petzke, T. S., Frank, M. E., vom 21. November 1975, Originalpatent Chem Systems

5.4. Serpemen, Y., Deckwer, W. D.: NATO ASI Ser., Ser. E. 1983, C.A. *100*, 36118/s (1984). Mass Transfer Chemical Reaction Multiface Systems. Influence of nonuniform catalyst distribution on the performance of the bubble column slurry reactor.

Eine ähnliche Arbeitsweise mit umlaufendem Öl zur Wärmeabführung und fest angeordnetem Katalysator wurde bereits 1939 bei der CO/H_2-Umsetzung mit Eisenkatalysatoren zur Olefinsynthese patentiert. Vgl. Asinger, F.: „Paraffin Chemistry and Technology“, Pergamon Press 1965, p. 151, Ref. 80 p. 186.

5.5. Duftschmid, F., et al.: U. S. Patent 2.159.077 (1939), Chem. Abstr. *33*, 6872 (1939); U.S. Patent 2.318.602, Chem. Abstr. *37*, 6111 (1943).

Chem. Week 1984, 25. April, S. 22. Die Firma Air-Products and Chemicals hat in Laporte/Texas eine Anlage angefahren, die nach dem Verfahren von Chem Systems 5 tato Methanol erzeugen wird.

Ein Slurry-Prozess zur Umsetzung von CO/H_2-Gemischen mit im Öl aufgeschlemmten Eisenstaub wurde bereits frühzeitig von der Firma Rheinpreussen untersucht. Vgl. Asinger, F.: „Paraffin Chemistry and Technology“, Pergamon Press 1965, p. 153, Ref. 82, p. 186.

5.6. Kelkar, B. G., Shah, Y. T., Carr, N. L.: Ind. Eng Chem. Proc. Des. Dev. *1984*, (23), 308–313. Hydrodynamics and Axial Mixing in a Three-Phase Bubble Column Effects of Slurry properties.

5.7. Vgl. hierzu Espino, R. L., Petzke, T. S.: U.S. Patent 4.031.123 vom 21. November 1975, U.S. Patent 4.122.110 (Chem Systems).
Serpemen, Y., Deckwer, W. D.: Mass Transfer Chemical Reaction Multiphase System Influence of Nonuniform Catalyst Distribution on the Performance of the Bubble Column Slurry Reactor, Chem. Abstr. *100*, 36118/s, (1984).
Deckwer, W. D.: Coal Liquefaction via indirect routes. NATO ASI. Ser. Ser. E 1983.
Multiphase Syst. v2 287–349 engl. 96 Zitate. A review on the engineering enviromental impact and economic incentive of indirect coal liquefaction.

Frank, M. E. VI.-Intern. Symposium von Alkohol Fuels Technology 21.–25. Mai *1984*, Ottawa (Canada) Vol. III. C-11, 3–425

5.8. Chem. Eng. *1984*, 25. Juni. Outlook is promising for methanol routes.

5.9. Proceedings Intersoc. Eng. Convers. Conf. *15* (2) (1980)

5.10. Stiles, A. B.: AICHE (American Institute of Chemical Engineering) J. *23*, (3), 362, (1977).

Stiles, A. B., Wentworth, T. O.: AICHE 47th Annual Meeting New Orleans Nov. *1981*, Paper S. 8–12. The Wentworth Process for the production of methanol.

Wentworth, T. O., Othmer, D. F.: CEP (Chem. Eng. Progress) *1982*, August S. 29–35. Producing Methanol for fuels.

Othmer, D. F.: Methanol-Production Costs From Sulfur Coal and Mileage Costs as Auto fuel. VI. International Symposium on Alcohol Fuels Technology Ottawa (Canada) 21.–25. Mai (1984), Vol. II C-23, S. 2–192 bis 2–198.

5.11. U.S. Patent 4.235.799 vom 25. Nov. 1980. Wentworth, T. O., Stiles, A. B.: Production of Methanol.

Haggin, J.: Chem. Eng. News, *1984* Juli, S. 31–35; World Methanol Situation Poses Challenge in Process Design. Siehe Othmer, D. F.: Chem. Eng. News *1982*, 30. August.

5.12. Othmer, D. F.: U.S. Patent 4.251.227 vom 17. Februar 1981 und 4.329.156 vom 11. Mai 1982.

5.13. Wentworth, T. O., Othmer, D. F.: CEP (Chem. Eng. Progress) *1982*, August, S. 29–35,
Producing Methanol for fuels.

5.14. Eine genaue Beschreibung der Charakteristik und Herstellung der C_1-, C_2- und C_3-Katalysatoren findet sich im U.S. Patent 4.235.799 vom 25. November *1980*. Wenthworth, T. O., Stiles, A. B.: Production of Methanol, S. 4, 5, 6 und besonders 21, 22, 23, und 24, Beispiel 8, 9 und 10.

5.15. Vgl. Beispiel 10, S. 24 des U.S. Patents 4.235.799, (Zit. 5.14)

5.16. Chem. Eng. 25. Juni *1984*, Seite 31. Outlook is promising for methanol routes.

5.17. Greene, C. R.: Hydrocarbon Processing, *1982*, Juni, S. 77–82. Synfuels: What's economical?

5.18. Tart, K. R., Rampling, T. W. A.: Hydrocarbon Processing *1981*, April, S. 114–118, Coal gasification with combined cyclo power generation

Steinegger, R., (Gebrüder Sulzer): Erdöl und Kohle *34* (6), 250 [1981]. Gasturbinen verbessern Wirkungsgrad von Energiezentralen (Kombianlagen)

Chem. Week *1977* vom 21. Dez., S. 38–39, Methanol burns to be a fuel Nachteile für Gasturbinen. Methanol hat eine niedere Schmierwirkung, deswegen müssen einige Vorsorgen getroffen werden.)

Krieb, K. H.: Clean fuel from coal Symposium *1975*, Chicago, 2 p. 101. Combined cycle steam turbine process with Lurgi coal pressure gasification

Vgl. Seglem, C. E.: 13th Middel Atlantic Regional Meeting of the ACS, New Fuels Adv. Combust. Technol. Symp. Pap. *1979*, S. 95–118. Performance of Combined Cycle Power Plants Fueld by Methanol

Huellmantel, L. W., Liddle, S. G., Hammond, D. C., jr.: Future Automat. Fuels Prospects, Performance, Perspect. (Proc. Symp.) *1975* Publ. 1977, S. 235–62. Combustion of Methanol in an Automotiv Gas Turbine

Pullman, J.: Soc. of Automotive Engineers *1978*, Nr. 78 101, Techn. Paper Series Aerospace Meeting Town and Country, San Diego Nov. 27.–30. 1978. Methanol Ethanol and Jet Fuel Emissions from a smal Gas Turbine

Teyer, A. A.: New Fuels Adv. Combust. Technol. Symposium Paper *1979*, 141–151. Development of Gas Turbines Fuels and Combustion. EPRI (Electric Power Research Instiute) Test and evaluation of methanol in a gas turbine, EPRI Report Nr. A.P.-1 712, Palo Alto, Februar *1981*

California Commission Clean Coal Fuels *1981*, Consultant Report, Executive Summary, Sacramento/California, Juli *1981*.

California Energy Commission Clean Fuels Appendix I. CEC Report Nr. P. 500 82 036 (1982), ferner CEC Report Nr. P 500 82 037 (1982).

von KleinSmid, W. H. et al.: ASME Paper 81, GT 6A, New York *1981*, Methanol combustion in a 26 MW gas turbine

Chem. Week *1977*, 21. Dez., S. 37. Methanol burns to be a fuel.
25 000 tato Methanol auf Basis Nord Dakota Lignit als Brennstoff für Gasturbinen

Campbell, P. R., Chappelear, P. S.: Hydrocarbon Processing *1978*, April, S. 104–108. Power cycle recovers lost energy

Harkins, H. L.: Hydrocarbon Processing *1980*, Juli, S. 73–76. Combined cycles today and tomorow

Moreau, M.: Erdöl-Erdgas-Zeitschrift *96* (12), 456–458 (1980). Alkohol und seine Anwendung als Treibstoff in der Industrie-Gasturbine T.H.M.
Ethanol mit 15 % Wasser verhielt sich als Brennstoff für Gasturbinen der HISPANO-Suiza ohne Anpassung der Turbinen an den neuen Brennstoff einwandfrei.

Buch

Bohn, Th., Kunze, N., Kehlhofer, R., Lehmann, J., Schuler, K. H.: Energieerzeugung-Versorgung, Bd. 7. Verlag TÜV-Rheinland, 500 Seiten. Gasturbinen, Kombi-Heiz- und Industriekraftwerke

Chem. Week *1983*, 26. Januar, S. 29–30. How gasturbines will make better use of Btu's

Dunning, J. W. jr.: ASTM Spec. Techn. Publ. *1983*, 809, S. 38–39. Stationary Gas Turbine Alternat. Fuels. (C.A. *100,* 36 706g (1984)) Gasturbine fuel processing costs and on-site clean up options.

Goyal, A. et al.: ASTM Spec. Techn. Publ. *1983*, 809, S. 233–254. Stationary Gas Turbine Alternat. Fuels; C.A. *100,* 36 562g (1984). Coal gasification for stationary gas turbine application.

Chem. Eng. *1984*, 16. April, S. 28–29. California promotes methanol fuel
Ein 1 000-Stunden-Test mit Methanol als Kraftstoff wurde von der Universität Davis ausgeführt. Man bezeichnet Methanol als den zweckmäßigsten Kraftstoff für Gasturbinen. Die NO_x-Emission ist wesentlich geringer als bei sonstigen Brennstoffen. (Vgl. Chem. Eng. *1982*, 1. Nov. S. 30)

Laquaniello, G. et al.: Hydrocarbon Processing *1984*, August, S. 57–66. Integrate gas turbine cogeneration with fired heaters.

5.19. Gregory, G.: CEER (Chem. Econ. Eng. Review) *1984*, Mai. S. 23–26. Fine ceramics: Basis material for Japans next industrial structure.

Fremery, M.: Chem. Rundschau *1985*. Die Renaissance der Kohle

Chem. Eng. *1985*, 19. Febr., S. 30. New ceramic units seek high-temp. applications

5.20. Bemis, G.R., Mizutani, C.Y., Wang, J.K.: Use of methanol a clean fuel for utility and industrial equipment. VI. International Symposium on Alcohol Fuels Technology, 21.–25. Mai *1984*, Ottawa (Canada), Vol. II, B-1, S. 2–2 bis 2–8.

Smith, K.D. et al.: The California State Methanol Program Creating a Market, VI. Internat. Symposium on Alcohol fuels Technolgy, 21.–25. Mai *1984*, Ottawa (Canada), Vol. II, D-26, S. 2-373 bis 2-383.

Weir, A., von KleinSmid, W.H., Danko, E.A., Kertamus, N.J.: Investigation of methanol as boiler fuel for electric power generation. EPRI (Electric Power Research Institute), Report Nr. A.P. 2554 (1982)

California Energy Commission (CEC) *1983*, Clean fuel use in the south coast air basin. CEC-Report Nr. P 500-83-007, Sacramento/California, Januar *1983*

5.21. Smith, K.O.: Ultra-low NO_x combustion concept for methanol firing ASME Paper 83-GT-29

Proceedings of the *1982* Joint Symposium on Stationary. Combustion NO_x Control 1983, Vol. I, Utility Boiler Applications, S. 18-1 bis 18-23
Evaluation of methanol as a boiler fuel for electric power generation. EPRI, Electric Power Research Institute, Report Nr. AP. 2554, Palo Alto/Californien, August *1982*

Bemis, G.R. et al.: Clean fuels for Californias electric utility industry, 77th Annual Meeting of the Air Pollution Control Association, Juni *1984*

Oil Gas J. *1982*, 7. Juni, S. 82. Methanol fuel use urged as way to trim surplus

King, H.H., Williams, R. jr., Stokes, Ch.A.: Hydrocarbon Processing *1978*, Juni, 141–145. Methanol – fuel or chemical?
Die Autoren geben dem Methanol auf allen Gebieten, insbesondere dem der Energieerzeugung, große Zukunftschancen.

Othmer, D.F. The Chemical Engineer *1981*, Januar, Nr. 364, S. 19–22. Alcohols as fuel and feedstock

Stokes, C.A.: Chem. Week *1982* vom 16. Juni, S. 5. Assessing the Methanol-Alternative

Chem. Eng. *1981* vom 29. Juni, S. 29. Methanol ist ein vielversprechendes Kesselheizmedium

Chem. Eng. News *1981* vom 5. Oktober, S. 32–33. Methanol boom will require new technology

Stinson, St.C.: Chem. Eng. News *1979* vom 2. April, S. 28–30. Methanol primed for future engergy role

Duhl, R.W.: Chem. Eng. Progress (CEP) *72* (7), 75–76 [1976], C.A. *86* (8), 45406/d [1977]. Methanol as a boiler fuel

6 Die Überführung von Methanol in Gemische von Paraffinkohlenwasserstoffen, Olefinen und von Aromaten

6.1 Die Überführung von Methanol bzw. Dimethylether in Benzin durch den MTG-Prozeß der Mobil Oil Corp. [6.1]

6.1.1 Der MTG-Prozeß als Festbett-Verfahren

Vor längerer Zeit gelang es der Mobil Research and Development Corp., einen Prozeß zur Herstellung von Benzin auf Basis von Methanol auszuarbeiten. Methanol wird dabei über einen speziellen Zeolith-Katalysator ZSM-5 (vgl. Kap. 6.5), bei 400 °C in Wasser und ein Kohlenwasserstoffgemisch gespalten, dessen größter Teil im Benzin-Siedebereich liegt. Die Reaktion ist stark exotherm, es sind etwa 400 kcal (1 675 kJ) pro kg umgesetztes Methanol abzuführen. Der Mobil-Prozeß, auch MTG-Prozeß (Methanol to Gasoline) genannt, kann sowohl im Festbett als auch in der Wirbelschicht ausgeführt werden. Beim Festbett-Verfahren arbeitet man vorzugsweise in zwei Stufen unter einem Druck von etwa 20 bar.

Abbildung 6.1 zeigt ein vereinfachtes Schema einer 2-Stufen-Festbettanlage zur Umwandlung von Methanol in Benzin nach dem MTG-Prozeß der Mobil Oil Corp.

In der ersten Stufe wird das Methanol über einen Dehydratisierungskatalysator bei etwa 300 °C in das Gleichgewichtsgemisch $CH_3OH + CH_3OCH_3 + H_2O$ übergeführt (etwa 75 % Methanolumsatz). Dabei werden schon etwa 20 % der Wärme aufgefangen. Der Katalysator hat eine Standzeit von 18 Monaten. In der zweiten Stufe, dem Benzinierungsreaktor, der von oben beaufschlagt wird, befindet sich ein Zeolith der ZSM-Familie.
Die Reaktionswärme wird hier durch Einführung von kaltem Recyclegas in das Katalysatorbett beherrscht. Man kann die Reaktion auch in einem Siedewasser-Reaktor ausführen, wie er bereits beim Lurgi-Verfahren der Methanolherstellung erwähnt wurde.

In der zweiten Stufe ist jeweils nur ein schmales Katalysatorband wirksam, das von oben nach unten wandert. Wenn der Kontakt nach etwa 3 Wochen durch Verkokung unwirksam wird, wird er durch Abbrennen des Kokses regeneriert. Dies geschieht durch ein Stickstoff-Luftgemisch, mit dem die Temperatur gut beherrscht werden kann. Das ist notwendig, um den Katalysator nicht zu schädigen.

Die Kosten der Methanol-Benzinierung werden auf etwa 10–15 % der Kosten geschätzt, die für die gesamte Methanolsynthese (von der Kohlevergasung bis zum fertigen Methanol) anfallen.

Nach der Benzinierungsstufe werden die gasförmigen Kohlenwasserstoffe vom Benzin getrennt. Die bei der Stabilisierung anfallenden, unter Normalverhältnissen gasförmigen olefinischen Produkte, wie Propylen und die Butene, werden in einer Alkylierungsanlage mit *i*-Butan aus der Anlage zu Alkylatbenzin umgesetzt und mit dem Benzin vermischt. Das Rohbenzin wird mit Butan zur Dampfdruckeinstellung versetzt.

Tabelle 6.1 zeigt die typische Kohlenwasserstoffverteilung bei der Benzinherstellung aus Methanol nach dem Festbett-Verfahren und die Eigenschaften des Benzins [6.2].

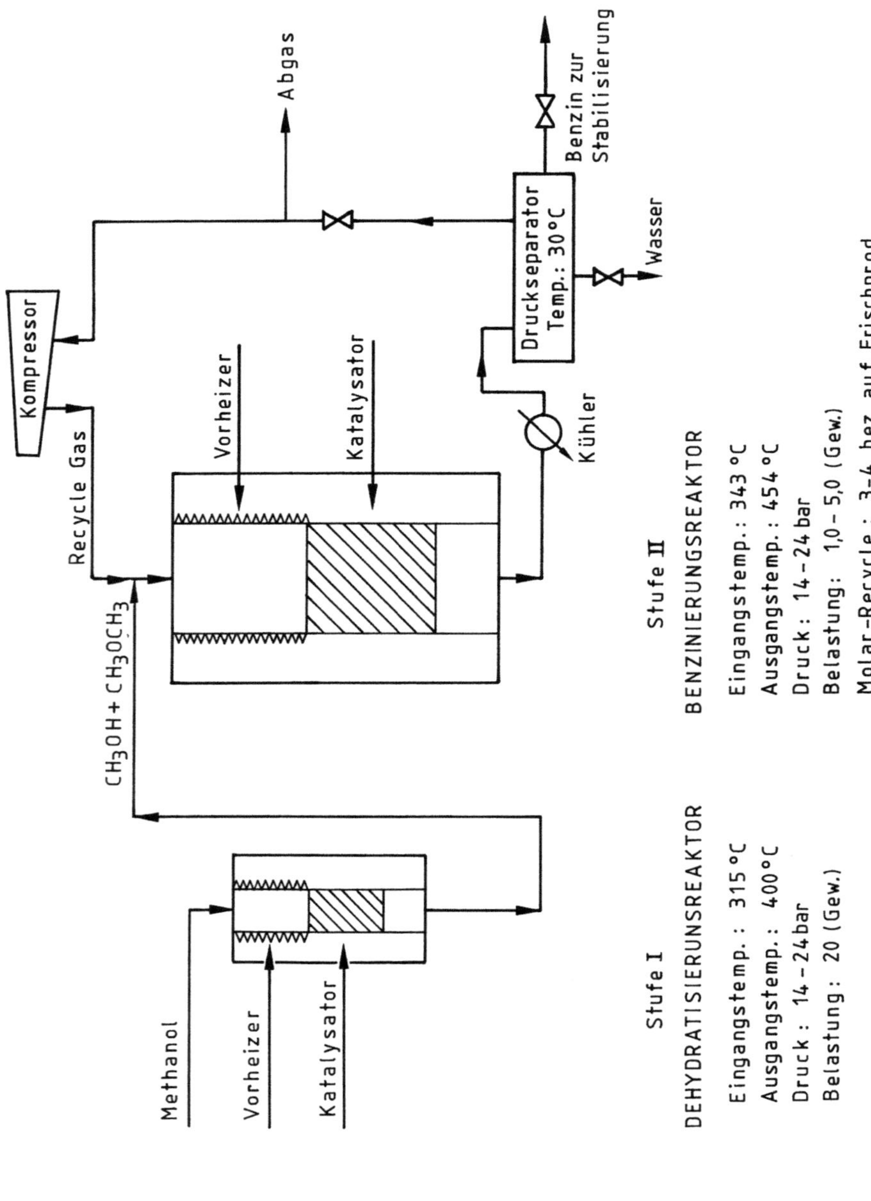

Abb. 6.1. Prinzip-Schema und Arbeitsbedingungen einer 2-Stufen Festbettanlage (Mobil-Oil-Prozeß) zur Umwandlung von Methanol in Benzin (Chang et al. [6.2])

Tabelle 6.1. Typische Kohlenwasserstoff-Verteilung bei der Benzinherstellung aus Roh-Methanol (17 % H_2O) nach dem Mobil-Prozeß in Gew.-% (Chang et al. [6.2]) 2-Stufen-Synthese mit Gasrückführung in der zweiten Stufe.
Temperatur dort 370°–470 °C, Druck 15 bar, Festbettreaktoren.

Methan + Ethan + Ethylen	1,5
Propan	5,6
Isobutan	9,0
n-Butan	2,9
Propylen + Butene	4,7
C_{5+}-Aliphaten	49,0
Aromaten	27,3
C_{5+}-Aliphaten + Aromaten	76,3
+ Alkylatbenzin + Butan	88,8
Durol	4,2

Eigenschaften des Benzins:
RVP = 9,0; ROZ clear 94,6; 3 g Blei pro Gallone ROZ 100,3; Dichte 0,729 g/cm^3
Mol.-Gew. 93,8

90 % des Benzins sieden bis 166 °C. Es ist völlig schwefel- und stickstofffrei und enthält etwa 51–53 % Paraffine, 12–13 % Olefine, 7–8 % Naphthene und 28 % Aromaten.

Die Tabelle 6.2 gibt die aufgeschlüsselte Zusammensetzung der Produkte der Benzinsynthese nach dem MTG-Verfahren wieder. Das Benzin enthält in der Aromatenfraktion viel Durol (1,2,4,5-Tetramethylbenzol) vom Schmp. 79 °C. Obwohl Durol eine hohe OZ besitzt und noch etwa im Benzinsiedebereich siedet (197 °C), muß es wegen des hohen Schmelzpunktes auf einer Konzentration im Benzin unterhalb von 4 % gehalten werden, um seine Abscheidung im Kraftstoffsystem, z. B. im Vergaser, zu vermeiden.

Die Durolbildung kann durch Anwendung eines nicht zu hohen Drucks kontrolliert werden. Man kann aber auch Benzin aus Erdöl mit sehr niedrigem Durolgehalt zumischen und so die Konzentration einstellen.

Besonders soll in diesem Zusammenhang auf Bemühungen der Chemiker der Socony Vacuum Oil Co. (vgl. U. S. Patent 2.456.584 (1948)) zur Verwertung von Dimethylether hingewiesen werden. Bereits vor etwa 40 Jahren fanden sie, daß dieser beim Überleiten über einen Tonerde-Kieselsäure-Katalysator in Kohlenwasserstoffgemische überführt werden kann [6.3], die als Benzin geeignet sind.

Eine Festbettanlage ist leicht zu vergrößern. Aus diesem Grund wurde die erste großtechnische MTG-Mobil-Anlage ın Neuseeland, die seit Oktober 1985 in Betrieb ist, nach dieser Version errichtet. Das Prozeßschema dieser Anlage ist in Abb. 6.2 dargestellt.

Tabelle 6.2. Betriebsdaten und Zusammensetzung der Produkte der Benzinsynthese aus Methanol (MTG-Verfahren der Mobil Oil) (Chang et al. [6.2])

Betriebsdaten	
Temperatur (Eingang)	360 °C
Temperatur (Ausgang)	450 °C
Druck (bar)	21
Kreislauf-Verhältnis	9,0
Belastung kg/kg/h	2
Ausbeuten ber, auf Rohmethanol mit 15 % Wasser	**Gew.-%**
Methanol + Dimethylether	0,0
Kohlenwasserstoffe	36,2
Wasser	63,2
$CO + CO_2$	0,3
Koks + Sonstiges	0,3
Summe	100,0
Gebildete Kohlenwasserstoffe	**Gew.-%**
$C_1 + C_2$	1,4
Propan	5,5
Propylen	0,2
i-Butan	8,6
n-Butan	3,3
Butene	1,1
C_{5+} (Benzinfraktion)	79,9
Summe	100,0
Benzin incl. Alkylat	85,6
LPG	13,6
Heizgas	1,0
Gesamtsumme	100,0

Die Anlage arbeitet unter ähnlichen Bedingungen, wie sie in Abb. 6.1 angeführt sind.

Das Gemisch aus Dimethylether, Wasser und Methanol wird bei 400 °C und etwa 21 bar in die parallel geschalteten adiabatisch arbeitenden Reaktoren eingegeben, die mit einem Pentasil Mobil-Katalysator gefüllt sind. Ein solcher Zeolith mit einem Porendurchmesser von etwa 6 Å ist gerade so groß, daß C_{5+}-Kohlenwasserstoffe etwa bis C_{10}-C_{11} entstehen können. Diese treten nach der Reaktion des Methanols bzw. des Dimethylethers aus dem Katalysator aus, während höhermolekulare Produkte dazu nicht mehr in der Lage sind und weiteren Reaktionen unter Verkleinerung der C-Zahl unterliegen.

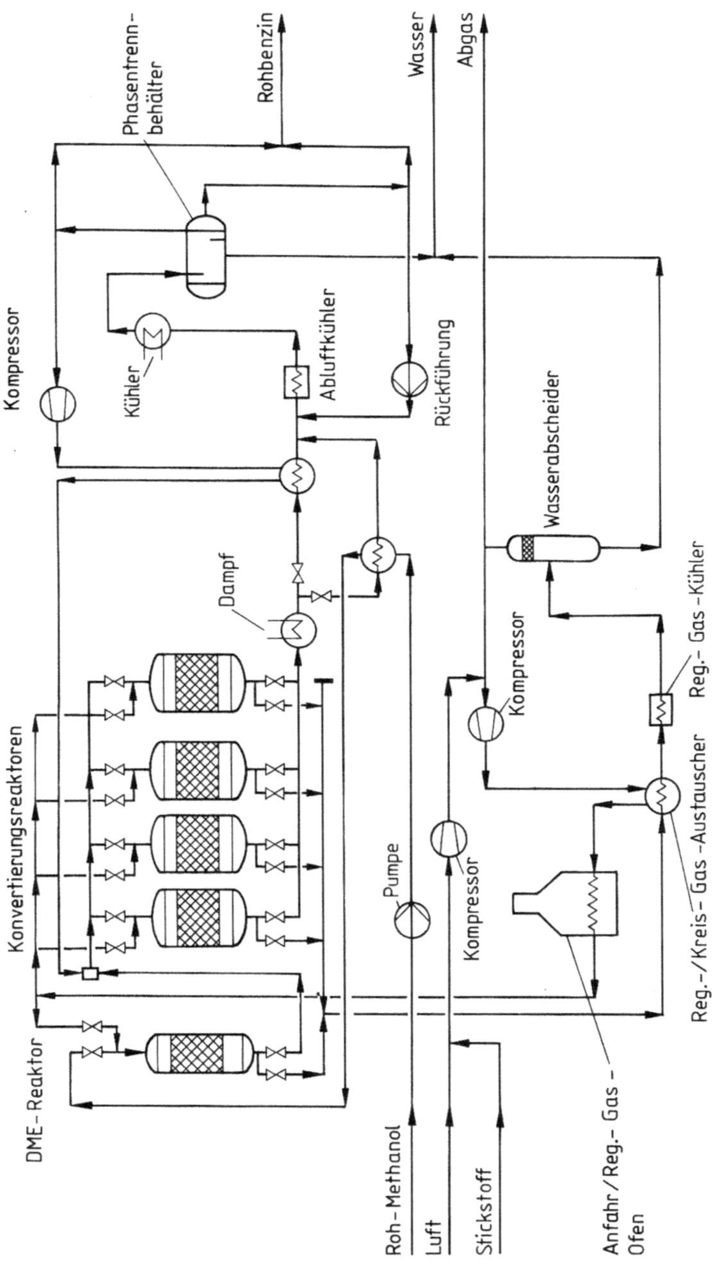

Abb. 6.2. Prozeß-Schema einer technischen Festbettanlage für das 2-Stufen-Verfahren der MTG-Benzinherstellung (nach Berry [6.4])

Die Wärmehaltung wird durch Kreislaufgas aus der Synthese im Verhältnis 7:9 Mol auf 1 Mol Methanol bewerkstelligt.

Dieses Gasgemisch wird gemeinsam mit dem Methanol in die Reaktoren eingepreßt, in denen die Umsetzung des Methanols zu Aromaten, Olefinen und Paraffinen stattfindet.

In Abb. 6.2 sind 4 Reaktoren dargestellt. Ihre Anzahl ist abhängig von Anlagenkapazität und Regenerationszeit. Bei der vorbeschriebenen Arbeitsweise befindet sich ein Reaktor immer in Regeneration.

Die Reaktionsprodukte werden am unteren Ende der Reaktoren abgenommen und tauschen ihre Wärme zuerst in einem Dampfkessel, in dem Dampf von 42 bar erzeugt wird, aus. Dann wird das in die Anlage eintretende Methanol vorgeheizt, die Recyclegase nehmen in einem weiteren Wärmeaustauscher einen weiteren Teil der Wärme auf. In einem anschließenden Luft- und später einem Wasserkühler, werden Benzin und Wasser weitgehend verflüssigt. Das Gemisch niedermolekularer Kohlenwasserstoffe, das gasförmig bleibt, wird als Recyclegas zur Kühlung der Reaktoren zurückgeführt. Wasser und Benzin werden in einem Separator voneinander getrennt. Das Benzin wird stabilisiert und die Stabilisatorgase werden in die Alkylierungsanlage überführt. Das Benzin-Alkylatgemisch wird anschließend mit *n*-Butan auf den erforderlichen Dampfdruck eingestellt.

Der Zeolithkatalysator hat eine Lebensdauer von über 1 Jahr, der Methanolumsatz beträgt 100 %, die Benzinausbeute über 85 % der Theorie. Die Energieausbeute, inklusive der Prozeßenergie, liegt bei 92–93 %.

Die Tabelle 6.3 faßt die Prozeßbedingungen zusammen.
Die Wirtschaftlichkeitsanalyse einer Festbett-Anlage für die Produktion von Mobilbenzin auf Braun- bzw. Steinkohlebasis hat unlängst H. Staege [6.5] angegeben. Er hat die Betriebszahlen und die Gesamtkosten für ein komplettes, integriertes Anlagensystem zur Produktion von 550 000 jato Mobil-Benzin für westeuropäische Verhältnisse (Preisbasis 1983) geschätzt.

Die Braunkohle soll 36 % Asche, auf wasserfreies Produkt gerechnet, die Steinkohle 20,5 % enthalten. Die Vergasung wird nach dem Koppers-Totzek-Verfahren ausgeführt.

Die Betriebszahlen enthalten auch die Kosten der eigenen Energieerzeugung und die der gesamten Wasserwirtschaft. Für die Wirtschaftlichkeitsanalyse wurden 7 884 Betriebsstunden/Jahr in einer Anlage angenommen, die auf der „grünen Wiese“ errichtet wurde, mit einer Bauzeit von 7 Jahren (1983–1990). Die Gesamtkosten sind in Tabelle 6.4 aufgeführt.

Tabelle 6.3. Prozeßbedingungen bei der Festbett-MTG-Synthese nach dem Mobil-Oil-Verfahren (Berry [6.4])

Temperatur	370–410 °C
Belastung in kg Methanol/kg Katalysator/h	1–2
Druck in bar	21
Rückführungsverhältnis Mol Gas/Mol Einsatzmethanol	7–9
ROZ des Fertig-MTG-Benzins	93
MOZ des Fertig-MTG-Benzins	83
Kapazitätsvorschlag	700 000 jato
Methanolbedarf pro Jahr (333 Tage)	1,8 Mio t
Methanolbedarf pro Tag	5 300 t
Kohlebedarf pro Tag	8 100 t
Kohlebedarf pro Jahr (333 Tage)	2,7 Mio t

Tabelle 6.4. Gesamtkosten für die Errichtung einer Festbett-MTG-Synthese-Anlage auf der „grünen Wiese" (Staege [6.5])

Gesamtkosten in Mio Deutsche Mark	
1. Investitionskosten	
Vorplanungen, Vergasungsversuche, Engineering	315 Mio DM
Engineeringleistungen und Projektleitung beim Kunden, Lizenzen	85 Mio DM
Vorbereitung der Baustelle, Schaffung der Infrastruktur usw.	60 Mio DM
Einrichtungen, Transport, Bauarbeiten, Montage	2 200 Mio DM
Unvorhergesehenes	100 Mio DM
Summe 1.	2 760 Mio DM
2. Inbetriebnahmekosten	
Betriebskapital	45 Mio DM
Personalschulung und Vorversuche	15 Mio DM
Kosten für Personal, Kohle, Verbrauchsmaterial usw.	90 Mio DM
Summe 2.	150 Mio DM
3. Zinsen und Preissteigerungen während der Bauzeit	
Preissteigerungen von 1984–1990	465 Mio DM
Zinsen und Finanzierungskosten	585 Mio DM
Summe 3.	1 050 Mio DM
Gesamtkosten = Summe 1.–3.	3 960 Mio DM

Tabelle 6.5. Zusammenfassung der Betriebszahlen einer Festbett-MTG-Anlage (Staege [6.5])

Einsatzkohle	Braunkohle	Steinkohle
für Vergasung t/a	8 050 000	2 185 000
Kohle für Energieerzeugung t/a Dampf und Wasser	2 900 000	782 000
Summe t/a	10 950 000	2 967 000
Zusatzwasser 10^6 m^3/a	14,5	14,5
Kosten für Katalysatoren und Chemikalien Mio DM/a	3,6	3,6
Personalbedarf Personen	840	820
Schwefel t/a	45 800	12 670
Kohle-Heizwerte insgesamt in 10^9 GJ	71,4	71,3

Die Betriebskosten umfassen Löhne und Gehälter, Ersatzteile, Verbrauchsmaterial, Werkzeuge, Verwaltung, Verkauf, Versicherung etc., für sie werden 240 Mio DM auf der Preisbasis von 1983 angenommen. Tabelle 6.5 faßt die Betriebszahlen zusammen.

Die unterste Grenze der Wirtschaftlichkeit ist gegeben, wenn je t Benzin zum Preis von DM 1 000 (27 DM/GJ) ein Kohlepreis von nicht mehr als 3 DM/GJ angenommen wird. Dieses Verhältnis von 9:1 wäre heute nur bei Verwendung von billiger Braunkohle möglich.

Nachfolgend sind die Umwandlungsgrade und die spezifischen Kohleverbräuche von autarken Anlagen zur Methanolsynthese, bzw. dem MTG-Verfahren der Mobil Oil Co. angegeben:

1. Indirekte Kohleverflüssigung mit dem Ziel einer maximalen Methanolproduktion:
   a) thermischer Wirkungsgrad: 48–49 %
   b) Spezifischer Wärmeverbrauch GJ/GJ Methanol = 2,04–2,08
   c) Spezifischer Kohleverbrauch in t SKE/t Methanol = 1,4–1,5.
2. Methanolsynthese, kombiniert mit dem Mobil-Prozeß zur Benzinherstellung:
   a) Thermischer Wirkungsgrad im allgemeinen um 10% niedriger als bei der Methanolsynthese = 44–45 %
   b) Spezifischer Wärmebedarf GJ/GJ Produkt = 2,2–2,6
   c) Spezifischer Kohleverbrauch t SKE/t Produkt = 3,17–3,25.

Auf Basis billiger, als Heizmaterial schlecht geeigneter Kohle hergestelltes Methanol hat preislich schon mit Methanol auf Basis Naturgas und Vacuumrückständen der Erdöldestillation gleichgezogen.

Für eine Produktion von 50 000 Barrel MTG-Benzin pro Tag benötigt man 15 000 tato Methanol. Dies ist bereits die gesamte zur Zeit in den USA pro Tag hergestellte Methanolmenge. 15 000 t Methanol geben theoretisch 6 555 t Kohlenwasserstoffe und praktisch 5 775 t (88 %) Benzin. Beim spez. Gew. des Benzins von 0,729 g/cm^3 sind dies 7 921 000 Liter oder 49 817 Barrel Mobil-Benzin.

Das MTG-Verfahren der Mobil Oil mit fest angeordnetem Katalysator kann ohne vorherige Umwandlung eines Teiles des Methanols in Dimethylether zur besseren Temperaturhaltung direkt im Lurgi-Röhren-Reaktor ausgeführt werden. Dabei erzielt man eine deutliche Verbesserung im Energieverbrauch und eine Vereinfachung der Anlage (Supp, [6.6]).

Zur Abführung der Wärme kommt man mit einer wesentlich geringeren Kreislaufgaskühlung aus. Auch wird die Lebensdauer des Katalysators verlängert. Der Röhrenreaktor wird dabei nicht wie üblich von Wasser, sondern von einem Wärmeübertragungsmedium durchflossen, das dann die Wärme extern in einem Wärmeaustauscher an Wasser abgibt. Lurgi gibt an, daß eine Vergrößerung des Röhrenreaktors mit dem Faktor 1 000 unproblematisch ist, während bei der Auslegung des Wirbelschichtreaktors für eine großtechnische Anlage noch verschiedene Fragen zu lösen sind.

6.1.2 Der MTG-Prozeß als Wirbelschichtverfahren

Die Fließbettarbeitsweise des MTG-Prozesses der Mobil Oil Corp. mit dem ZSM-5-Katalysator geht aus Abb. 6.3 hervor [6.7]. Die Anlage arbeitet bei 1,5 bar mit kontinuierlicher Katalysatorregenerierung, wodurch dauernd eine gleiche Katalysatoraktivität gewährleistet ist.

Methanoldampf und feingepulverter Katalysator strömen im Reaktor aufwärts, wobei die Umsetzung vor sich geht. Die Produkte werden in einen Abscheider geführt, in dem Gas und Feststoff getrennt werden. Der Katalysator wird durch den Ablauftrichter in das Wirbelbett zurückgeführt, ein Teil wird ständig im Regenerator mit einem Luft-Stickstoffgemisch vom Koks befreit und über einen Katalysatorbehälter rezirkuliert. Das Verhältnis der beiden Katalysatorströme wird durch Ventile geregelt.

Die Reaktionswärme wird durch Kaltmethanoleinspritzung beherrscht. Die Aufarbeitung des gasförmigen Reaktionsproduktes geschieht so, daß nach

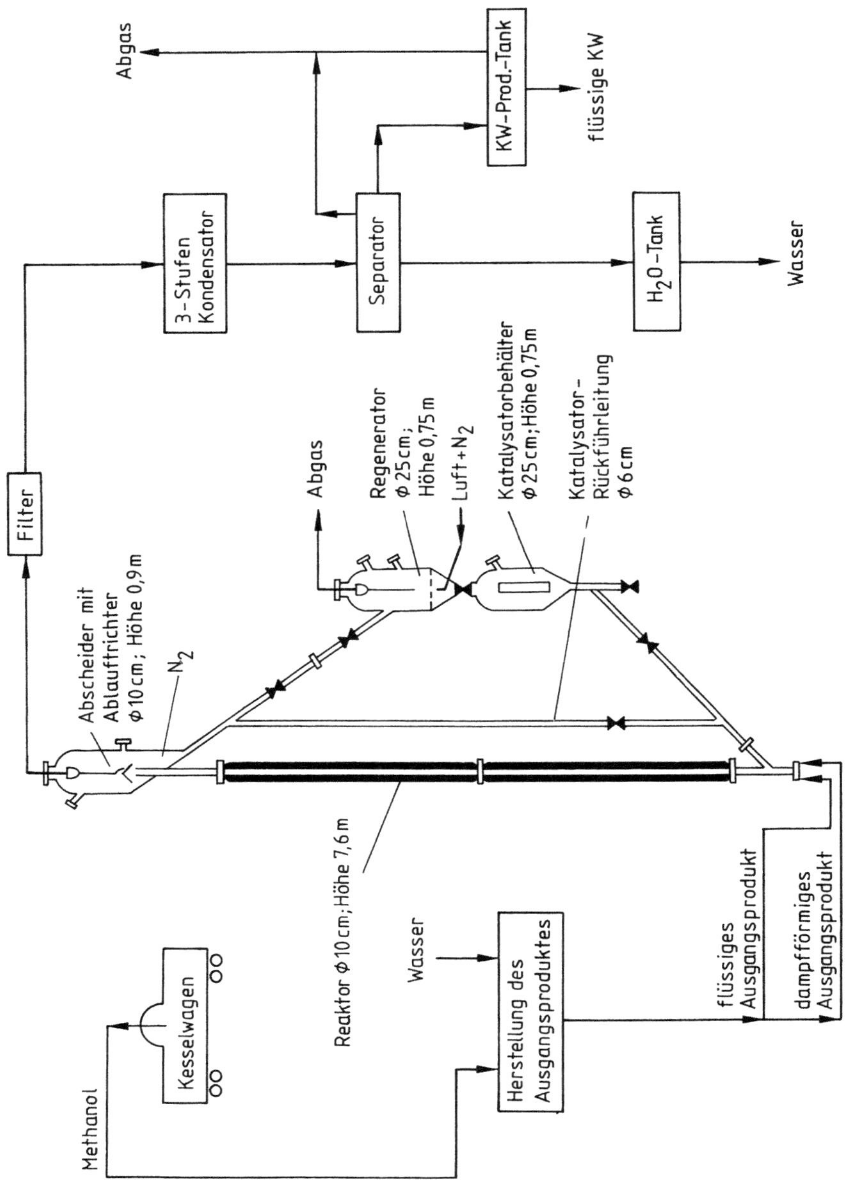

Abb. 6.3. Schema der Fließbett-Arbeitsweise beim MTG-Prozeß der Mobil Oil zur Überführung von Methanol in Benzin (nach Lee et al. [6.8])

Tabelle 6.6. Ergebnisse einer Fließbett-Anlage zur Überführung von Methanol in Benzin nach dem Mobil-Verfahren (Lee et al. [6.8])

Kat.-Temp. im Durchschnitt °C	413
Druck, bar	1,7
Katalysatorbelastung in kg/kg/h	1,0
Ausbeute, bez. auf Methanoleinsatz in Gew.-%	
$CH_3OH + CH_3OCH_3$	0,2
Kohlenwasserstoffe	43,5
Wasser	56,0
$CO + CO_2$	0,1
Koks + Sonstiges	0,2
Summe	100,0

Tabelle 6.7. Verteilung der Produkte im Kohlenwasserstoffanfall bei der Überführung von Methanol in Benzin nach dem Mobil-Fließbett-Verfahren in Gew.-% (Lee et al. [6.8])

Leichte Gase < C_3	5,6
Propan	5,9
Propen	5,0
i-Butan	14,5
n-Butan	1,7
Butene	7,3
Rohbenzin C_{5+} höher	60,0
Summe	100,0

Tabelle 6.8. Endausbeute an Benzin aus Methanol nach dem Mobil-Fließbett-Verfahren in Gew.-% (Lee et al. [6.8])

Benzin einschl. Alkylat mit Dampfdruck von 0,65 bar nach Reid und ROZ 96,8 clear	88,0
Flüssiggas	6,4
leichte Gase	5,6
Summe	100,0
Bestandteile des Fertigbenzins Gew.-%	
Butan	3,2
Alkylat	28,6
Rohbenzin C_{5+}	68,2
Summe	100,0

Passieren eines Filters zur Zurückhaltung von Katalysatorstaub das Gas in einem Kondensator in Benzin, Wasser und leichte Gase getrennt wird.

Das Geschehen im Fließbett ist etwas verschieden von dem bei der Festbettarbeitsweise. Bei ersterem ist die Ausbeute an Rohbenzin geringer, dafür ist die Bildung von Isobutan und Alkylierungskomponenten wesentlich höher, was zu einem größeren Anteil an Alkylat mit hoher OZ führt. Die Ausbeuten an Wasser und Kohlenwasserstoffen sind fast stöchiometrisch.

Aus Tabelle 6.6 sind die Ergebnisse einer Fließbettanlage zur Überführung von Methanol in Benzin nach dem Mobil-Oil-Verfahren zu ersehen [6.8]. Tabelle 6.7 gibt die Verteilung der entstehenden Kohlenwasserstoffe an, aus der deutlich hervorgeht, daß die Rohbenzinausbeute geringer ist als bei der Festbettarbeitsweise.
Die Endausbeute an Gesamtbenzin nach der Alkylierung und Einstellung des Dampfdruckes gibt Tabelle 6.8 an.
Die Kennzahlen und die Zusammensetzung des Fertigbenzins aus der Fließbett-Synthese sind aus Tabelle 6.9 zu ersehen.
Vergleicht man M-15-Kraftstoff mit dem MTG-Benzin, ergeben sich folgende Vorteile: kein Ersatz von methanolempfindlichen Autoteilen. Dies ist bei der nur 15 % Methanolzumischung bereits nötig und kommt relativ teuer. Das Transport- und das Verteilungssystem bleiben bestehen. Die Butankonzentration im Benzin kann aufrecht erhalten bleiben, es findet keine azeotrope Verdrängung durch Methanol statt.

Tabelle 6.9. Zusammensetzung und Kennzahlen eines Benzins aus Methanol nach dem Mobil-Fließbett-Verfahren (nach Harney u. Mills [6.1])

Benzin-Zusammensetzung, Gew.-%	
Paraffine	56
Olefine	7
Naphthene	4
Aromaten	33
Summe	100,0

Oktanzahlen	ROZ	MOZ
Unverbleit	96,8	87,4
0,84 g Blei als Tel/Liter	102,6	96,8
Dampfdruck nach Reid	0,62 bar	
Dichte 15 °C	0,73 g/ml	
Gesamtschwefel	0,00	
Gesamtstickstoff	0,00	
Durol	3,8	
Siedegrenzen 10 % bis 47 °C	90 % bis 170°	

Tabelle 6.10. Verteilung der Reaktionsprodukte beim MTG-Verfahren (Festbett- bzw. Wirbelschicht-Arbeitsweise) (Harney u. Mills [6.1])

Verfahrensweise	Festbett	Wirbelschicht
Kohlenwasserstoffverteilung in Gew.-%	100	100
Leichte Kohlenwasserstoffe	1,4	5,6
Propan	5,5	5,9
Propylen	0,2	5,0
Isobutan	8,6	14,5
n-Butan	3,3	1,7
Butene	1,1	7,3
C_{5+}-Benzin	79,9	60,0
Produktverteilung Gew.-%	100	100
Benzin + Alkylat	85,0	88,0
LPG	13,6	6,4
Heizgas	1,4	5,6

Tabelle 6.11. Eigenschaften von Alkoholen, verglichen mit Superbenzin (Kampen [4.4])

Alkohole bzw. Benzin	CH_3OH	C_2H_5OH	Superbenzin
Oktanzahl clear ROZ	112	110	96
Oktanzahl Motor MOZ	92	90	84
$\frac{\text{MOZ} + \text{ROZ}}{2}$	102	100	90
Verdampfungswärme kcal/kg	286	215	208
Verdampfungswärme kgJ/kg	1 109	902	864
Flammentemperatur bei 1 bar, °C	470	392	478
Maximale Flammen-Geschwindigkeit in m/s	0,48	0,4	0,33
Sauerstoffgehalt	49,9	34,7	0,0
Kraftstoff/Luft (stöchiometrisch)	0,155	0,111	0,069

Tabelle 6.10 gibt eine Gegenüberstellung der Verteilung der Reaktionsprodukte von Festbett- und Wirbelschicht-Arbeitsweise und die Tabelle 6.11 vergleicht die Eigenschaften der Alkohole als Kraftstoffe mit Superbenzin.

6.1.3 Der MTG-Prozeß als Fließbettverfahren im Pilot-Maßstab [6.9]

Die technische Entwicklung des Festbettverfahrens der Mobil Oil Corp. ist abgeschlossen. In Neuseeland ist auf Basis von dort vorkommendem Erdgas eine großtechnische Anlage mit einer Kapazität von etwa 570 000 jato errichtet worden. Sie ist seit Oktober 1985 in Betrieb und deckt dort etwa ⅓ des VK-Bedarfes (vgl. Kap. 6.1.2).

Das Fließbettverfahren wurde mit Erfolg vorerst im Pilotmaßstab bei der Union Rheinische Braunkohlenkraftstoff AG in Wesseling (BRD) erprobt. Diese Pilotanlage wurde gemeinsam mit der Mobil Research and Development Corp. und der UHDE GmbH Dortmund errichtet und betrieben. Das Bundesministerium für Forschung und Technologie (BMFT) in der BRD sowie das Department of Energy (DOE) in den USA förderten das Projekt mit je $\frac{1}{3}$ der Kosten.

Man hoffte, durch die üblichen Vorteile der Fließbettarbeitsweise, wie bessere Temperaturverteilung, bessere Temperaturkontrolle und kontinuierliche Katalysatorregeneration, eine einfachere Prozeßführung zu erreichen. Auch sollte das Verhalten des Katalysators bezüglich der Lebensdauer und Errosionsbeständigkeit etc. geprüft werden. Aus 3100 t Methanol sind insgesamt 1100 t C_{5+}-Benzin zu erhalten. Die Menge setzt sich zusammen aus 840 t Rohbenzin und 260 t Alkylat, das aus den gebildeten Kohlenwasserstoffgasen errechnet wurde.

Die laufenden Verbesserungen führten dann schließlich zu einem Umsatz von 97% und einer praktischen Gesamtausbeute von 90%. Aus 2,5 kg Methanol wurden im Durchschnitt 1 kg Benzin gebildet, das sind bei Annahme eines spezifischen Gewichtes von 0,729 g/cm^3 etwa 1,35 l. Dieses Benzin übertrifft in seinen Werten die Anforderungen an deutsches Normalbenzin und ergibt bei Zusatz von 0,15 g Blei/l, bzw. 5% eines Gemisches aus 50%. TBA und 50% Methanol, Superbenzin mit den Oktanzahlen: ROZ 99,0, MOZ 90,2. Bis zu 200 Barrel (etwa 31000 l) wurden pro Tag in einer Anlage umgesetzt, die mit einem Reaktor von 60 cm Innendurchmesser und 13,2 m Höhe ausgestattet war. Eine kommerzielle Anlage müßte mindestens um den Faktor 100 größer sein, d.h. 20000 Barrel pro Tag Methanol verarbeiten und etwa 390000 jato Benzin produzieren.

Die Umwandlung des Methanols erfolgte an einem speziellen, von der Mobil Research and Development Corp. entwickelten ZSM-5-Katalysator vom Pentasil-Typ. Theoretisch bilden sich bei vollständigem Methanolumsatz 56 Gew.-% Wasser und 44 Gew.-% Kohlenwasserstoffe.

In der halbtechnischen Anlage wurde nur das sog. Rohbenzin, das ist das C_{5+} siedende Reaktionsprodukt, isoliert. Von den gasförmigen Produkten wurde nur die Zusammensetzung ermittelt.

Der Anteil an Alkylatbenzin im Gesamtbenzin beträgt etwa 25–30%, der

Tabelle 6.12. Günstigste Reaktionsbedingungen für die halbtechnische Fließbettanlage der Mobil Oil Corp. zur Überführung von Methanol in Benzin (MTG)

Reaktionstemperatur	407° (380–420)
Reaktordruck	4–5 bar
Belastung des Reaktors WHSV	1,1 Gew.-Teile Methanol/1 Gew.-Teil Katalysator/h
Regeneration des Katalysators	kontinuierlich
Katalysatoraustrag/Tag (Make-up-rate)	0,5 Gew.-% pro Tag, bezogen auf das Füllvolumen

Aromatengehalt etwa ⅓ bei einem Benzolgehalt unterhalb 1 %. Der Alkylatanteil kann aber bis auf 45 % steigen. Die ASTM-Destillation ergibt einen Siedeverlauf, bei dem etwa 10 Vol.-% bei 47° und 90 Vol.-% bei 169° sieden. Die günstigsten Reaktionsbedingungen gibt Tabelle 6.12 an.
Die Temperaturführung in der Wirbelschicht ist praktisch isotherm (Gradient etwa 2 °C). Mit der Temperaturerhöhung nimmt die Bildung von gasförmigen Kohlenwasserstoffen zu und damit auch der Anteil an Alkylatbenzin, während die Menge an Rohbenzin (C_{5+}-Kohlenwasserstoffe ohne Alkylat) abnimmt. Niedrigere Temperaturen führen zu einer höheren Rohbenzinmenge, die Oktanzahlen werden aber niedriger und die Durolkonzentration nimmt zu. Die Rohbenzinmenge steigt mit dem Druck an, ohne Verringerung des Alkylatbenzinanteils. Allerdings sinken die ROZ und die MOZ ab, während der Durolgehalt zunimmt. Bei konstantem Druck werden höhere Rohbenzinausbeuten bei niedrigeren Temperaturen erhalten, die Oktanzahlen sinken und der Durolgehalt steigt an.

In den Tabellen 6.13 und 6.14 sind der Einfluß von Druck und Temperatur auf die Benzinausbeute und Qualität, gemäß den graphischen Darstellungen von Keim et al. [6.9] numerisch zusammengefaßt.
Ein sehr vereinfachtes Schema zur Umwandlung von Methanol in Benzin in einer Demonstrationsanlage nach dem Mobil-Oil-Fließbett-MTG-Verfahren zeigt Abb. 6.4.

Verdampftes Methanol *1* wird in einem Steigrohr von unten dem Wirbelbettreaktor *2* zugeführt, indem sich ein Zeolith der ZSM-5-Familie im

Tabelle 6.13. Einfluß des Druckes bei konstanter Temperatur auf die Ausbeute und Qualität des Benzins (Rohbenzin + Alkylat) aus der halbtechnischen Fließbettanlage des Mobil-MTG-Prozesses (nach Keim et al. [6.9])

	Niedriger Druck	Höherer Druck
Druck	1,7 bar	3,2 bar
Benzinausbeute	87,5 %	89,5 %
ROZ	96,3	95,6
MOZ	87,3	86,3
Durolgehalt	3,5 %	5,0 %

Tabelle 6.14. Einfluß der Temperatur bei konstantem Druck auf die Ausbeute und Qualität des Gesamtbenzins (Rohbenzin und Alkylat) aus der Fließbettanlage des Mobil-MTG-Verfahrens (nach Keim et al. [6.9])

Temperatur	Niedrigere Temperatur	Höhere Temperatur
Benzinausbeute	88,5 %	85,5 %
ROZ	94,6	97,5
MOZ	85,3	87,4
Durolgehalt	6,5 %	3,0 %

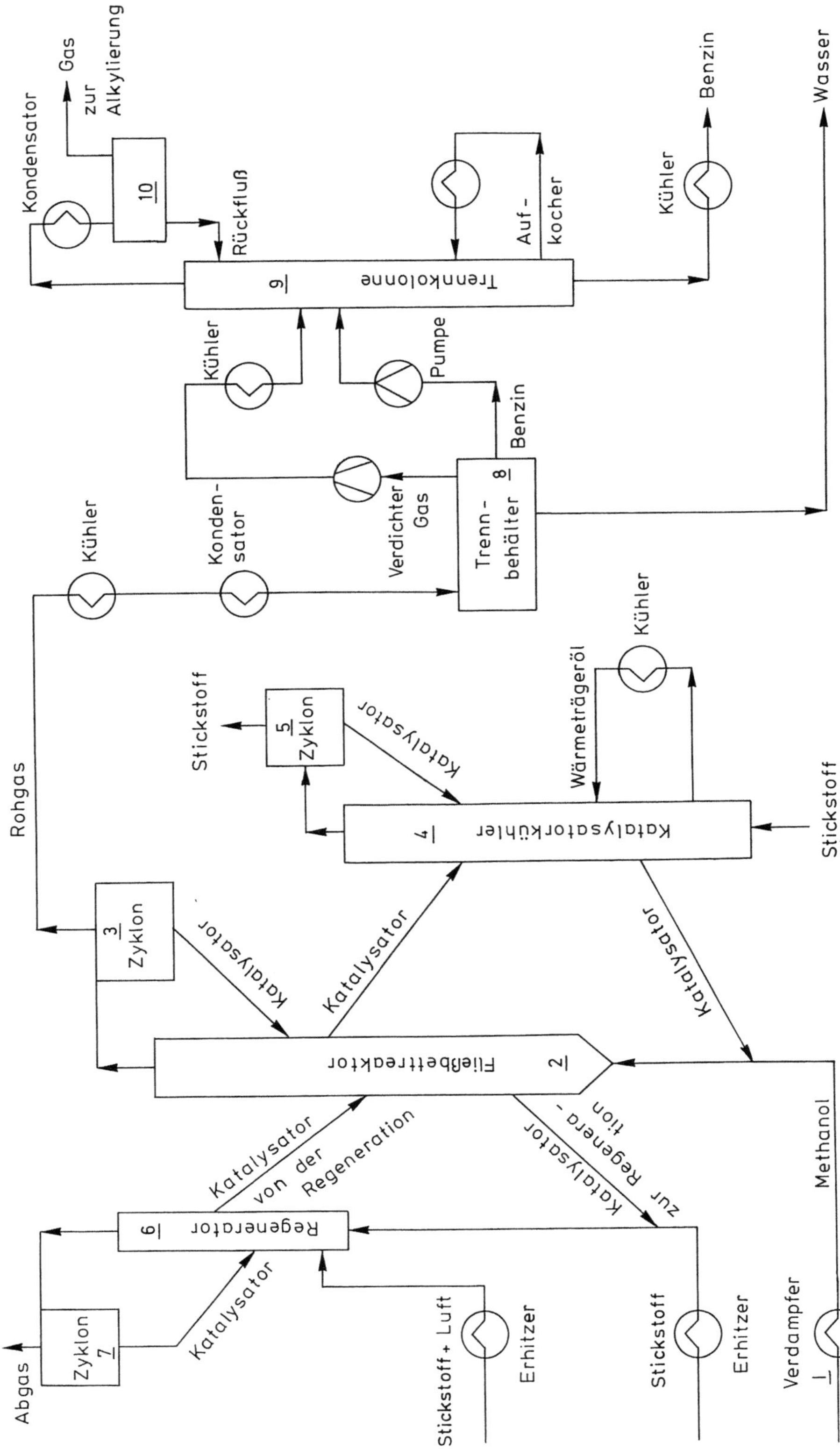

Abb. 6.4. Schema zur Umwandlung von Methanol in Benzin nach dem Mobil-Oil-Fließbett-MTG-Verfahren

Schwebezustand befindet und der bei einem Druck von 4 bis 5 bar und einer Temperatur von 380–420 °C arbeitet.

Um die bei der Reaktion anfallende Wärme von etwa 1750 kJ/kg bzw. 418 kcal/kg umgesetztes Methanol dem Reaktor zu entziehen, wird ständig ein Teil des Katalysators extern oder intern in einem Wärmeaustauscher *4* abgekühlt und wieder zurückgeführt. Die Anlage mit intern im Reaktor angeordnetem Wärmeaustauscher befindet sich erst im Versuchsstadium [6.9a].

Im Austauscher *4* wird als Kühlmedium ein Wärmeträgeröl verwendet. Der Katalysator wird durch Stickstoff in Bewegung gehalten. Mit dem austretenden Stickstoff mitgeführter Katalysator wird in einem Zyklon *5* aufgefangen und in den Kühler zurück geführt.
Das aus dem Fließbettreaktor austretende Gas nimmt ebenfalls einen kleinen Teil des Katalysators mit sich, der in einem Zyklon *3* abgeschieden und in den Reaktor zurückgeführt wird.

Der Katalysator wird laufend regeneriert, nur 0,5 Gew.-% werden pro Tag ausgeschleust, ein Zeichen, daß die mechanische Festigkeit des Katalysators ausgezeichnet ist. Zur Regeneration wird der Katalysator durch einen Stickstoffstrom in den Regenerator *6* geleitet, dort durch Abbrennen des Kokses mit einem Stickstoff-Luftgemisch vom Koks befreit und wieder in den Reaktor zurückgegeben. Die durch das Abgas mitgeführten Anteile an Katalysator werden im Zyklon *7* zurückgehalten und in den Reaktor eingeführt.

Das Reaktionsprodukt, das praktisch keinen Alkohol mehr enthält, wird kondensiert und in einem Trennbehälter *8* vom Wasser befreit. Hierauf wird in einer Trennkolonne *9* das Benzin stabilisiert und über Kühler abgezogen.

Die gasförmigen Reaktionsprodukte werden weiter aufgearbeitet. Ein Teil wird in die Alkylatanlage abgegeben. Der andere wird als Heizgas verwendet. Die aus der Alkylierung kommenden Paraffine stellen LPG dar. (Die Gasaufarbeitung ist in der Skizze nicht angegeben.)

Das Endprodukt besteht aus Rohbenzin und Alkylatbenzin und hat etwa die in der Tabelle 6.15 angegebene Zusammensetzung.
Die Abnutzung von Reaktorbestandteilen in Fließbettanlagen, Katalysator-Transferleitungen, Kontrollventilen und Zyklonen usw. durch Errosionen bedarf noch einiger Aufmerksamkeit. Man versucht, durch Einsatz von keramischem Material längere Standzeiten zu erreichen.

Tabelle 6.15. Zusammensetzung des MTG-Benzins aus der halbtechnischen Fließbettarbeitsweise in Gew.-%

i-Paraffine	44,6
n-Paraffine	9,2
Olefine	16,5
Naphthene	5,0
Aromaten	24,7
Summe	100,0

Tabelle 6.16. Zusammensetzung der Produkte bei der Fließbett- bzw. Festbettsynthese des MTG-Verfahrens der Mobil Oil Corp. in Gew.-%

Verfahren	Fließbett	Festbett
Benzin (Rohbenzin + Alkylat)	88	85
LPG	6,4	13,6
$C_1 + C_2$ Kohlenwasserstoffe	5,6	1,4
ROZ	97	93

Zum Erreichen eines völligen Methanolumsatzes hat die Mobil Oil Corp. eine Zweistufen-Arbeitsweise mit einer Kombination von Wirbelschicht- und Festbettverfahren vorgeschlagen. In der Wirbelschichtanlage wird das Methanol zu 80 bis 95 % umgesetzt, der vollständige Umsatz erfolgt in einer angeschlossenen Festbettanlage. Die Temperatur kann so in der Wirbelschicht niedriger gehalten werden, wodurch sich eine bessere Wärmeabführung und ein geringerer Gaskreislauf ergeben. Dies führt neben einer höheren Ausbeute auch zu einer höheren OZ, vor allem wegen eines höheren Anfalls von Alkylatbenzin. Eine Gegenüberstellung zwischen der Produktzusammensetzung von Fließbett- und Festbettbenzin zeigt Tabelle 6.16.

Für die Herstellung von 1 kg MTG-Benzin benötigt man etwa 2,5 kg Methanol, für 1 l etwa 2,4 l Methanol. Das kg Methanol kostet zur Zeit etwa 0,44 DM, man benötigt also für 1 kg MTG-Benzin 1,11 DM Rohstoffkosten. Bei einem Marktpreis von 1 kg Superbenzin von 0,80 DM hat also das MTG-Benzin in der BRD zur Zeit noch keine wirtschaftlichen Chancen. Vergleicht man MTG-Benzin mit M-100-Kraftstoff, schneidet das Methanol preislich günstiger ab. M 100 besteht zu 93 % aus Methanol und im Durchschnitt aus 7 % Benzin, eine gemittelte Zahl, die sich dadurch ergibt, daß im Winter 8,5 % und im Sommer nur 5,5 % leicht siedende Kohlenwasserstoffgemische zugesetzt werden.

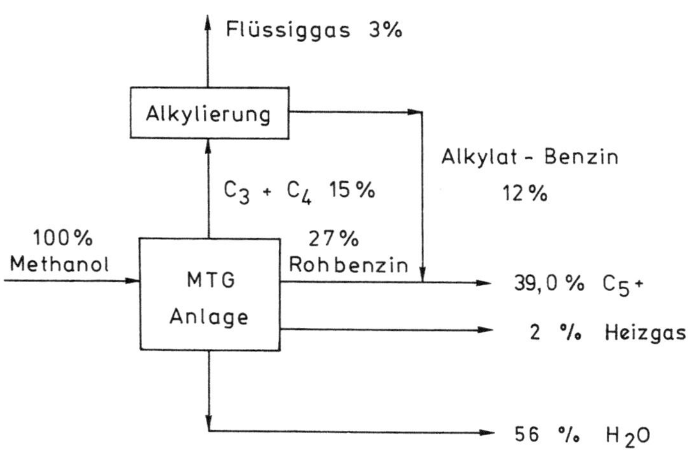

Abb. 6.5. Ausbeuten an Reaktionsprodukten des MTG-Prozesses der Mobil Oil Corp.

Um einigermaßen exakte Zahlen zu erhalten, muß man die 7 % Benzin aus Methanol hergestellt betrachten. Es bleibt also bei Verwendung von 100 l M 100 zu berechnen, wieviel Methanol für die Herstellung von 7 l Benzin benötigt werden. Aus den obigen Zahlen errechnen sich etwa 17 l Methanol. Es verbleiben also 83 l Methanol. Diese entsprechen 50 l Superbenzin zu dem die 7 l Leichtbenzin addiert werden müssen, so daß sich ein Äquivalent von 57 l Superbenzin ergibt. Aus 100 l Methanol erhält man aber nur 42 l MTG-Benzin.

Abbildung 6.5 faßt die Ausbeuten an einzelnen Reaktionsprodukten beim MTG-Prozeß der Mobil Oil in Gew.-% zusammen.

6.2 Die Überführung von Methanol bzw. Dimethylether in Olefine mit dem MTO-Verfahren der Mobil Oil Corp. [6.10]

Beim Überleiten von Methanoldampf oder Dimethylether über Katalysatoren vom ZSM-5-Typ bei höherer Temperatur mit möglichst kurzen Verweilzeiten, um Sekundärreaktionen zu vermeiden, werden unter Normalbedingungen gasförmige Olefine gebildet, wie Ethylen, Propylen und Butene. Dies sind Ausgangsprodukte der ersten Generation für die organisch-chemische Großindustrie, die bisher in erster Linie durch Pyrolyse von Leichtbenzin in Steamcrackern produziert wurden. Das Verhältnis der Olefine zueinander kann durch Modifikation des Katalysators z. B., durch Dotierung mit verschiedenen Metallen oder durch Vermehrung der sauren Zentren usw., in gewissen Grenzen verändert werden.

Vergleicht man die Ausbeuten an Ethylen und Propylen aus Methanol bzw. straight-run-Benzin, ergeben sich die folgenden Werte der Tabelle 6.17.
Aus den vielen Arbeiten und Patenten der letzten Jahre über die Umwandlung von Methanol in Olefine mit Hilfe von ZSM-5-Katalysatoren, läßt sich zusammenfassend folgendes sagen:

1. Zur Überführung von Methanol in hauptsächlich niedermolekulare Olefine soll der Zeolith eine hohe SiO_2-Konzentration aufweisen ($SiO_2:Al_2O_3$ größer als 30:1) und hydrophobe Eigenschaften zeigen.
2. Die beiden bevorzugten Zeolith-Typen für die Konversion von Methanol

Tabelle 6.17. Vergleich der möglichen Olefinausbeuten, ausgehend von Methanol oder Leichtbenzin (Sherwin [3.1])

Ausgangsmaterial	Methanol	Leichtbenzin
Reaktionstemperatur/°C	325–425	850
Ethylenausbeute/%	30–60	26–32
Ethylen + Propylen/%	70–80	44–50
Dampf/t/h	0–1,0	0,5–0,8

zu niederen Olefinen sind die kleinporigen Vertreter wie z. B. ZSM-34 (3–6 Å) und jene mit größeren Poren (größer als 5 Å), wie Vertreter der ZSM-5-Zeolithe.
3. Die engporigen Zeolithe vom Typus der ZSM-34-Familie geben wenig Aromaten und weniger Methan als die anderen Zeolithe.
4. Die Zeolithe vom Typus der ZSM-5-Familie geben wenig Methan aber wesentlich höhere Ausbeuten an Aromaten mit einem hohen Prozentsatz an *p*-Xylol in der C_8-Fraktion.
5. Verdünnung des Methanols oder des Dimethylethers mit Wasserdampf erhöht die Selektivität für niedere Olefine und verlängert die Katalysatoraktivität für beide Zeolith-Typen.
6. Die Olefinbildung bei Verwendung von Zeolithen mit großen Poren kann erhöht werden durch Dotation mit Antimon, Bor, Magnesium, Palladium, Phosphor oder Zink, jeweils allein oder in Kombinationen.
7. Die Olefinbildung bei Verwendung von großporigen Zeolithen kann ferner verbessert werden, wenn das Diffusionsverhalten durch Verwendung großer Kristallite oder durch Einbau von amorphem Siliziumdioxid abgeschwächt wird.

Einige Beispiele können die vorstehenden Punkte ergänzen: Antimonoxid + ZSM-5 gibt Kohlenwasserstoffe, die reich an leichten Olefinen und Aromaten sind. Das Verhältnis der Olefine zu den Aromaten kann durch Variation des Antimonoxides verändert werden. Leider wird das Sb_2O_3 mit der Zeit ausgetragen, eine Erscheinung, die durch Sauerstoff verlangsamt wird [6.11].

Modifikation von ZSM-5 mit Bor, Magnesium und Phosphor oder Zink, Palladium und Magnesium gibt niedere Olefine und eine kleine Aromatenfraktion, deren C_8-Anteil reich an *p*-Xylol ist [6.12].

Ähnliche Effekte können erhalten werden durch Einarbeitung von amorphem SiO_2 in die interkristalline Struktur [6.13].

Auch die Verdünnung mit inerten Trägern und deren Partikelgröße beeinflussen die Olefinausbeute durch die Verlangsamung der Diffusionsvorgänge [6.14].

Die Erionit-Offretit-Chabasit-Familie wie ZSM-34 mit engen Poren von kleiner als 4,5 Å zeigen eine viel höhere Selektivität für die Erzeugung niedermolekularer Olefine mit wenig Methan und Aromaten als die großporigen ZSM-5-Zeolithe [6.15].

In fast allen Fällen sind die ZSM-5-Katalysatoren sehr stabil gegen Wasserdampf-Desaktivierung. Sie werden durch Schwefel- und Stickstoffverbindungen wenig beeinflußt, obwohl Pyridin und Chinolin Störungen hervorrufen können [6.16].

Maximale Olefinausbeuten werden auch erhalten durch Arbeiten bei niederen Drucken des Methanols, z.B. durch Zugabe inerter Verdünnungsmittel wie Stickstoff, Helium, leichte PKW. Am vorteilhaftesten ist Wasserdampf [6.17].

Bereits 1963 fanden Matyuschenskii und Freidlin, daß beim Überleiten von Dimethylether bei 50–150 °C über Ton bei einem Druck von 1,5 bar mit

85–100 % Ausbeute Ethylen entsteht, bezogen auf umgesetzten Ether. Sie beanspruchten eine staatliche Autorenbescheinigung, die sie unter der Nr. UdSSR 186 444 „Verfahren zur Herstellung von Ethylen" auch erhielten [6.18].

Tabelle 6.18. Bevorzugte Olefinbildung durch Umsetzung von Dimethylether bei extrem kurzen Verweilzeiten über HZSM-5-Katalysator bei 1 bar und 427 °C (nach Lago [6.20])

Belastung in Liter/Liter/h	1080	360
Umsetzung pro Durchgang durch den Ofen in %	6,1	11,3
Kohlenwasserstoffzusammensetzung Gew.-%		
Methan	1,9	2,0
Ethan	—	—
Propan	—	—
Butane	12,9	4,0
Ethylen	20,4	27,0
Propylen	64,8	63,0
Butene	—	—
Summe der C_2—C_4-Olefine	85,2	90,0
C_{5+}	—	3,1

Tabelle 6.19. Einfluß des Umsatzes auf die Olefinbildung bei der Umwandlung von Methanol über HZSM-5-Katalysatoren (nach Lago [6.20])

Katalysator	HZSM-5 + SiO_2
Temperatur	343 °C
LHSV/l/l/h	10
Methanolumsatz	58 %
Ausbeute in Gew.-%	
Ethylen	26
Propylen	24
Butene	10
Summe C_2—C_4-Olefine	60
C_8-Aromaten	7
C_{9+}-Aromaten	4
C_1—C_8 PKW	8
C_{5+} PKW + Olefine	21
Summe	100 %

Sie verwendeten einen Ton aus Elenovka, der in einem Schamottwerk verarbeitet wurde. Zusammensetzung: $Al_2O_3 + TiO_3$: 39,1–43,4 %, Fe_2O_3: 0,8–0,95 %, MgO: 0,15–0,3 % und Spuren Cu. Ursprünglich wollten sie eine katalytische Spaltung von Dimethylether zu Methanol studieren, $CH_3OCH_3 + H_2O \rightleftarrows 2\ CH_3OH$, weil in den sowjetischen Methanolanlagen diese Rückspaltung erwünscht war. Eine Veröffentlichung erfolgte 1967 [6.19].

Im folgenden wird anhand einiger Beispiele gezeigt, wie weit die Bildung niederer Olefine auf Basis von Methanol bzw. Dimethylether mit ZSM-5-Katalysatoren variiert werden kann. Tabelle 6.18 zeigt, wie unter extrem kurzen Verweilzeiten die Ausbeuten an C_2—C_4-Olefinen in den Vordergrund gerückt werden [6.20].

Tabelle 6.19 läßt erkennen, daß bei der Erhöhung des Umsatzes die Olefinausbeuten geringer werden und bereits höhermolekulare Kohlenwasserstoffe auftreten.

6.2.1 Der Einfluß von Wasser auf die Olefinbildung beim MTO-Verfahren

Wasserzusatz während der Umsetzung des Methanols zu niedermolekularen Olefinen hat einen günstigen Einfluß, wie die Tabellen 6.20, 6.21, 6.22, 6.23 zeigen. Wasser reduziert den Partialdruck des Methanols und hält den Katalysator durch Behinderung der Koksbildung länger aktiv.

Zum Einsatz von Wasser bei der Umsetzung von Methanol zu Olefinen seien weitere Beispiele angeführt:

In einer Patentanmeldung der BASF (U. S. Pat. 3.111.041) wird bei einer Temperatur von 400 °C und einem Druck von 1,15 bar, ein CH_3OH—H_2O-Gemisch von 6:1 über den HZSM-5-Katalysator umgesetzt. Umsatz 100 %, Zusammensetzung in Gew.-%: 37,9 C_2H_4; 29,9 C_3H_6 und 13,0 C_4H_8. C_2—C_4-Olefine 80,8 %; Methan 2,0 %; C_2—C_4-Paraffine 17,0 %; Aromaten 0,0 %; andere Kohlenwasserstoffe 0,2 %.

Eine Offenlegungsschrift der gleichen Firma beansprucht die Herstellung von Olefinen aus CH_3OH bzw. CH_3OCH_3 über mit Eisen dotierte Silicate. Temperatur 380 °C, Umsatz 95–100 %, Druck 1,4 bar. Verdünnung mit Wasser: 30 Gew.-%. Dabei wurden erhalten in Gew.-%: 5,2 C_2H_4; 39,1 C_3H_6; 20,9 Butene; C_2—C_4-Olefine 65,2; CH_4 1,2; C_2—C_4-Paraffine 6,5; Aromaten 0,0; andere Kohlenwasserstoffe 27,1.

Von F. A. Wunder et al. (Hoechst AG [6.25]) wurden Chabasit und Erionit mit Mangan dotiert und über diesen Zeolithen Methanol in Gegenwart von Wasser wie folgt umgesetzt:

Temperatur 450 °C; Druck = Atmosphärendruck; Umsatz 82 %. Einsatz: 30 Vol.-% Wasser im CH_3OH. Ergebnis in Gew.-%: 35,7 C_2H_4; 38,2 C_3H_6; 5,2 C_4H_8; C_2—C_4-Olefine 79,1; 6,9 CH_4; C_2—C_4-Paraffine 13,9; C_1—C_4-PKW 20,8; andere Kohlenwasserstoffe 7,8 %.

Tabelle 6.20. Einfluß des Wassers auf die Ausbeute an niedermolekularen Olefinen aus Methanol nach dem Prozeß der Mobil Oil Corp. unter Verwendung des HZSM-34-Katalysators. Druck 1 bar, 30 Gew.-% Methanol + 70 Gew.-% Wasser (Givens et al. [6.21])

Temperatur (Eingang-Ausgang) (°C)	346–374	340–386	336–387	345–390
Gesamtbelastung kg/kg/h	3,6	3,6	2,9	2,9
Belastung für Methanol kg/kg/h	0,86	1,0	0,81	0,76
Belastung für Wasser kg/kg/h	2,7	2,6	2,1	2,1
Umsatz des Methanols Gew.-%	96,0	65,4	37,1	33,8
Produkte ohne Rückmethanol (Gew.-%)				
Dimethylether	1,9	19,3	47,2	57,2
Wasser	55,5	48,7	37,8	33,8
Kohlenwasserstoffe	42,6	32,0	15,0	8,9
Zusammensetzung der Kohlenwasserstoffe in Gew.-%				
Methan	1,8	3,0	4,9	7,5
Ethylen	48,8	56,0	52,9	53,7
Propylen	26,8	27,2	27,7	25,8
Butene	7,8	6,5	6,5	6,0
Summe der C_2—C_4-Olefine	83,4	89,7	87,1	85,5
Ethan	1,8	0,4	0,0	0,0
Propan	7,1	0,0	0,0	0,0
Butane	3,3	4,7	3,6	4,5
Pentane	2,6	2,2	4,5	2,6
Summe der Paraffine C_1—C_5	16,6	10,3	13,0	14,6
Gesamtsumme	100	100	100	100

Tabelle 6.21. Einfluß des Partialdruckes des Methanols auf die Bildung von niedermolekularen Olefinen beim Mobil-Oil-Prozeß (Givens et al. [6.21])

Kat. HZSM-34, Druck 1 bar, Temp. 377 °C
I nur CH_3OH, II CH_3OH + 70 % H_2O Gew.-%

	I	II
Ausgangsprodukt	CH_3OH	$CH_3OH + H_2O$
Belastung kg Ausgangsprod./kg Katalysator/ Stunde	2	3,6
Belastung für CH_3OH	—	1,2
Belastung für H_2O	—	2,4
Molverhältnis $H_2O:CH_3OH$	—	3,4:1
Umsatz des Methanols	88,2	72,2
Produkte in Gew.-%		
CH_3OCH_3	36,9	3,9
Wasser mit Ausschluß des eingeführten H_2O	40,3	54,7
Kohlenwasserstoffe	22,4	41,4
Zusammensetzung in Gew.-%		
Methan	2,1	1,6
Ethylen	42,5	59,7
Propylen	26,1	23,6
Butene	6,7	5,8
Pentene	—	1,4
Summe der Olefine	75,3	90,5
Ethan	0,4	1,1
Propan	1,8	5,2
Butane	3,8	1,3
C_{5+}	16,5	0,3

Tabelle 6.22. Einfluß des Wassers auf die Ausbeute an niedermolekularen Olefinen aus Methanol nach dem Mobil-Oil-Verfahren (Givens et al. [6.21])

Katalysator	1	2	3	4	5
Temperatur °C	366–382	216–378	349–389	294–388	351–370
Gew.-% CH_3OH	100	30	100	30	100
Gew.-% Wasser	—	70	—	70	—
Belastung in kg/kg/h	—	4,5	—	3,5	—
$CH_3OH + H_2O$					
CH_3OH	2,8	1,0	2,8	0,82	2,9
Umsatz Methanol Gew.-%	82,8	91,8	81,4	79,4	83,2
Produkte Gew.-%					
Wasser	32,1	54,1	31,4	52,4	40,9
Dimethylether	65,3	5,6	65,8	10,9	42,9
K.W.-Phase	2,4	40,6	1,6	36,7	16,1
Zusammensetzung in Gew.-%					
Ethylen	20,2	28,9	19,8	40,2	13,1
Propylen	20,2	18,1	18,6	21,1	16,4
Butylen	16,8	6,5	14,8	6,0	10,9
Summe C_2—C_4-Olefine	57,2	53,5	53,2	67,3	40,4
Methan	8,6	4,2	12,7	7,1	1,6
Ethan	0,0	0,7	0,0	1,4	0,0
Propan	0,0	14,8	0,0	12,3	0,0
Butane	20,9	8,0	20,5	9,1	9,0
C_{5+}	12,6	18,8	12,4	2,5	48,9
Summe PKW	42,1	46,5	45,6	32,4	59,5
Gesamtsumme	99,3	100,0	98,8	99,7	99,9

1 + 2 + 3 + 4 = H-Offretit
5 = TMA-Offretit

Tabelle 6.23. Einfluß des Wassers auf die Bildung niedermolekularer Olefine durch Umsetzung von Methanol nach dem Mobil-Oil-Corp.-Prozeß (Givens et al. [6.21])

Katalysator	1	1	2	2
Temp. °C (Eing.-Ausg.)	345–382	316–377	366–380	227–377
Gesamtbelastung kg/kg/h	—	3,4	—	3,4
ber. auf CH_3OH	2,8	1,0	2,6	0,8
ber. auf Wasser	—	2,4	—	2,6
Umsatz in Gew.-%	49,0	40,9	64,8	31,0
Reakt.-Prod. Gew.-%				
Wasser	32,2	41,7	35,2	40,0
Dimethylether	62,6	37,2	63,8	41,4
K.W.-Phase	4,5	21,1	0,9	18,6
Zusammensetzung in Gew.-%				
Ethylen	36,7	51,6	54,8	53,1
Propylen	33,0	32,7	23,5	27,5
Butylene	11,4	5,5	0,0	1,7
Summe der C_2—C_4-Olefine	81,1	89,8	78,3	82,3
Methan	2,8	2,8	11,2	2,3
Ethan	0,9	3,6	0,0	2,0
Propan	0,0	0,0	0,0	2,8
Butane	8,4	2,1	8,1	9,3
C_{5+}	6,1	1,7	0,0	1,3
Wasserstoff	0,6	—	2,5	—
Summe der PKW + Aromaten + H_2	18,8	10,2	21,8	17,7
Gesamtsumme	99,9	100,0	100,1	100,0

Katalysator 1: Natur-Erionit in die H-Form überführt, mit $Ca(NO_3)_2$ ausgetauscht und wieder in die H-Form zurückverwandelt.
Katalysator 2: Zinkform des Natur-Erionits wie bei 1, aber nicht wieder in die H-Form zurückverwandelt.

6.2.2 Der Einsatz von dotierten ZSM-5-Katalysatoren für die Olefinherstellung mit dem MTO-Verfahren

Über die Art und Weise der Dotation wird im Kapitel 6.5, Zeolithe, berichtet.

Die Olefinbildung mit Zeolithen mit größeren Poren kann durch Dotation mit Antimon, Bor, Magnesium, Zink, Mangan, Phosphor etc. allein oder in Kombination erhöht werden.

Die Dotation mit Antimon geschieht z. B. so, daß man nach DOS 2 633 881 das Metall in Form von Trimethoxyantimon einbringt. 6,5 g $Sb(OCH_3)_3$ werden in 75 ml *p*-Xylol gelöst, mit 10 g HZSM-5-Katalysator versetzt und 16 Stunden lang unter Rückfluß erhitzt. Hernach wird filtriert und mit 100 ml Toluol, dann je 100 ml Methanol und Pentan gewaschen, an der

Tabelle 6.24. Beispiel für die Umwandlung von Methanol in hauptsächlich gasförmige Olefine und Aromaten über einen antimondotierten Zeolith. Angaben in Gew.-% (nach Butter [6.11])

Katalysator: HZSM-5 mit 24 Gew.-%. Antimon als Sb_2O_3, aufgebracht als Antimontrimethoxyd
Druck: 1 bar, Belastung: 4fach

Temperatur °C	300	350	400
Wasserstoff	0,05	0,34	0,81
Kohlenmonoxid	0,85	1,70	1,86
Kohlendioxid	0,20	0,75	0,78
Methan	0,58	1,07	2,93
Ethan	0,23	0,44	0,78
Ethylen	35,90	27,05	24,15
Propylen	36,92	29,79	20,43
Butylene	13,55	10,18	9,59
Summe C_2—C_4-Olefine	86,37	67,02	54,17
Propan	4,55	3,32	3,07
Butane	4,24	2,11	2,24
C_5-Aliphaten	2,92	3,21	4,49
C_6-Aliphaten	0	1,14	3,56
C_{7+}-Aliphaten	0	4,24	3,89
Benzol	0	0,37	0,63
Toluol	0	1,77	2,20
Xylole	0	8,61	12,81
C_9-Aromaten	0	2,50	3,77
C_{10+}-Aromaten	0	1,41	2,00
Gew.-% K.W.	7,47	19,17	39,92
CH_3—OCH_3	50,07	32,30	3,56
CH_3—OH	13,90	13,84	6,33
H_2O	28,56	34,70	50,19

Luft getrocknet und bei 300 °C kalziniert (Antimongehalt 24 %). Die Arbeitsweise eines solchen Katalysators zeigt Tabelle 6.24, während Tabelle 6.25 die Resultate mit einem HZSM-5-Katalysator demonstriert, der mit Magnesium und Bor dotiert ist.
Besonders beim ZSM-5-Zeolith hat der Einbau von Phosphor bzw. von Siliziumverbindungen einen günstigen Einfluß auf die Olefinbildung. Tabelle 6.26 gibt die Resultate wieder, die beim Einsatz von phosphor-modifizierten ZSM-5-Katalysatoren (3,48 % *P*) bei der Olefinbildung, ausgehend von Dimethylether, erhalten wurden (II) und vergleicht die Ergebnisse der

Tabelle 6.25. Einfluß der Temperatur auf die Zusammensetzung der Reaktionsprodukte bei der Umsetzung von Methanol mit einem mit Magnesium (10,5 %) und Bor (0,9 %) dotierten HZSM-5-Katalysator (Kaeding [6.22])

Temperatur °C	350	400
WHSV (kg/kg/h)	3,3	3,1
Umsatz Gew.-%	3,4	35,3
Zusammensetzung der Reaktionsprodukte (Gew.-%)		
$CO + CO_2$	1,4	0,2
Ethylen	56,5	22,5
Propylen	31,4	21,8
Butene	6,3	13,3
Summe der C_2—C_4-Olefine	94,2	57,6
Methan	1,1	1,4
Ethan + Propan	1,9	2,2
Butane	1,4	3,7
C_{5+}-PKW	0,0	17,5
Summe der PKW	4,4	24,8
Benzol	0,0	1,3
Toluol	0,0	2,2
Ethylbenzol	0,0	0,9
p-Xylol	0,0	9,8
m-Xylol	0,0	0,2
o-Xylol	0,0	0,0
höhere Aromaten	0,0	3,0
Summe der Aromaten	0,0	17,4
Gesamtsumme	100,0	100,0

Umsetzung von Methanol mit dem phosphor-freien ZSM-5-Zeolith (I). Eine Zurückdrängung der C_{5+}-Bildung bei der Olefinherstellung aus Methanol kann auch durch Dotierung des ZSM-5-Katalysators mit z. B. Titan oder Zirkon erfolgen, wie die Tabelle 6.27 zeigt.

Zeolithe mit kleineren Poren als die ZSM-5-Vertreter aufweisen, wie sie z. B. im Offretit und Erionit (4–5 Å) vorliegen und in die noch Fremdatome durch erschöpfenden Austausch mit den entsprechenden Salzlösungen eingebaut wurden, zeigten bei IR-Aufnahmen, daß sich die Brönstedtsäure-Zentren, je nach Zeolithtyp sowohl in der Anzahl der Banden als auch in deren Absorptionsintensität unterscheiden [6.24]. Dadurch konnte ein Einblick in die chemische Beschaffenheit der inneren Zeolithoberfläche gewonnen werden. Die kleinporigen Zeolithe Chabasit und Erionit weisen in der H-Form drei energetisch verschiedene Banden auf.

Diese sauren Zentren können außer durch den üblichen Austausch des Natriums im Zeolith durch Ammonium und Kalzinierung, auch durch Austausch mit multivalenten Kationen gebildet werden. Die Protonenbildung

Tabelle 6.26. Umsetzung von Methanol mit ZSM-5-Katalysator (I), bzw. von Dimethylether mit phosphor-modifiziertem ZSM-5-Katalysator (II), P = 3,48 % (nach Kaeding u. Butter [6.23])

Reaktionsbedingungen	I		II		
Temperatur/°C	400	500	400	500	600
Bei allen Versuchen Normaldruck	—	—	—	—	—
Belastung/kg/kg/h	1	1	2,3	2,3	2,3
Umsatz in Gew.-%	100	100	80,9	100	100
Reaktionsprodukte in Gew.-%					
Methan	0,7	4,1	0,9	2,7	3,9
Ethan	0,2	1,2	0,2	0,4	0,6
Propan	6,9	14,9	0,2	0,7	1,3
Butane	20,1	19,3	1,0	1,6	1,2
Gesamt C_2—C_4 PKW	27,2	35,4	1,4	2,7	3,1
Ethen	3,4	6,8	2,5	2,8	16,2
Propen	3,9	7,3	29,4	34,6	38,7
Butene	9,6	6,4	36,4	21,6	19,7
Gesamt C_2—C_4-Olefine	16,9	20,5	68,3	59,0	74,6
C_5—C_{10}-Aliphaten	39,9	15,5	24,1	33,2	13,1
Aromaten	15,3	24,5	4,3	2,4	5,3
Gesamtkohlenwasserstoffe	100,0	100,0	100,0	100,0	100,0
Verhältnis von C_2—C_4-Olefinen zu C_2—C_4 PKW	0,62	0,58	48,8	21,9	24,1

nimmt z.B. von Ba^{2+} zum $Lanthan^{3+}$ zu und damit auch die Katalysatoraktivität [6.24].

Ganz ähnliche Verhältnisse liegen auch beim ZSM-5-Zeolith vor. Zwischen den beiden Typen treten aber sehr deutliche Unterschiede in der Methanolverarbeitung auf.
Tabelle 6.28 zeigt die große Olefinselektivität des Chabasits bzw. Erionits,

Tabelle 6.27. Einfluß der Gerüstatome von Ti und Zr auf die Selektivität des ZSM-5-Katalysators (Dettmeier et al. [6.24])

Katalysator	Al-ZSM-5	Zr-Al-ZSM-5	Ti-Al-ZSM-5
C_2—C_4-Olefin-Selektivität %	56	65	64
C_{5+}-Selektivität	23	14	13

Tabelle 6.28. Produktverteilung bei der Umsetzung von Methanol über verschiedene Zeolithe in Abhängigkeit von der Porengröße des Katalysators (Dettmeier et al. [6.24])

Zeolith	Produktverteilung (Selektivität)				
	C_1—C_5-Alkane	Ethylen	Propylen	Butene	C_{5+}
H-Chabasit	14	41	38	7	< 1
La^{3+}-Chabasit	17	30	43	8	< 1
La^{3+}-Erionit	13	48	28	8	< 2
H-ZSM	18	24	27	8	22

Tabelle 6.29. Herstellung niedermolekularer Olefine aus Methanol mit Hilfe von dotierten Zeolithen mit großen Poren (nach Wunder et al. [6.25])

Kat.: Molsieb 13 X mit Magnesium- und Manganpropionat imprägniert. Temp.: 400 °C, Druck: 1 bar
Umsatz des Methanols: 90,1 %

Zusammensetzung des Reaktionsproduktes Gew.-%		
Ethylen	46,9	81,4 % (Ethylen, Propylen, Butene)
Propylen	29,2	
Butene	5,3	
Methan	12,3	
Ethan	3,7	
Propan	0,5	
Butane	2,1	

Tabelle 6.30. Überführung von Dimethylether in vorzugsweise Olefine über HZSM-5-Katalysator (65 % in einer Al_2O_3-Matrix von 35 %) und kurzer Verweilzeit bei 427 °C und 1 bar (Chang et al. [6.26])

Belastung/kg/kg/h*	428
Umsetzung in % pro Durchgang	23,1
Reaktionsprodukte/Gew.-%	
Olefine	
Ethylen	13,64
Propylen	29,57
Butene	18,39
Gesamtsumme C_2—C_4-Olefine	61,60
Amylene	6,22
C_1—C_5-Paraffine	19,06
PKW C_{6+}	6,79
Aromaten	6,33
Gesamtsumme	100,00 %

* kg Dimethylether pro kg Katalysator pro Stunde

Tabelle 6.31. Überführung von Methanol in niedere Olefine und Benzin über den HZSM-5-Katalysator, vermischt mit Al_2O_3 nach dem Verfahren der Mobil-Oil-Corp. (Lago [6.27]). Druck: 1 bar, Temp.: 345 °C, Belastung: 10 (Vol), Methanolumsatz: 58 %

Komponenten	Gew.-%
Ethylen	26
Propylen	24
Butene	10
C_8-Aromaten	7
C_{9+}-Aromaten	4
C_1—C_4-Paraffine	7
C_{5+}-Paraffine und Olefine	21

Tabelle 6.32. Herstellung von niedermolekularen Olefinen aus Dimethylether nach dem Verfahren der Mobil-Oil-Corp. (Lago [6.27]). Katalysator HZSM-5 mit Al_2O_3 vermischt. Temp.: 343 °C, Druck: 1 bar. Belastung: 42,8 Dimethylether-Umsatz 23,1 % je Durchgang

Zusammensetzung der Reaktionsprodukte in Gew.-%		
Olefine C_2	13,63	67,81
C_3	29,57	
C_4	18,39	
C_5	6,22	
Paraffine C_1—C_5	19,07	
Nichtaromaten C_{6+}	6,79	
Aromaten	6,33	

wenn man diese z. B. mit Lanthan dotiert. Große Beachtung verlangt dabei die Tatsache, daß zwischen La^{3+}-Chabasit und La^{3+}-Erionit, die fast gleiche Porenöffnungen haben, die Ausbeute an Ethylen bzw. Propylen sehr verschieden ist. La^{3+}-Erionit ergibt fast 50 % Ethylen, während La^{3+}-Chabasit nur 30 % bildet. Dafür ist die Propylenbildung beim La^{3+}-Erionit signifikant kleiner als beim La^{3+}-Chabasit [6.24].

Daß man aber auch Zeolithe mit großen Poren, wie Molsiebe, für die Umwandlung von Methanol in niedermolekulare Olefine verwenden kann, wenn sie nur passend dotiert sind, zeigen ebenfalls Arbeiten von Wunder et al. [6.25] bei der Hoechst AG. Den Autoren gelang es, mit dem Zeolith 13 X durch Dotation mit Mangan und Magnesium ein überraschend enges Produktspektrum mit hohem Anteil an Ethylen und Propylen zu erhalten.

Für die Zusammensetzung des Katalysators sei ein Beispiel angeführt:

200 ml eines handelsüblichen Molsiebes 13 X der Summenformel Na_{86} $(Al_2O_3)_{86}$ $(SiO_2)_{105} \cdot 276\,H_2O$, Porendurchmesser 10 Å und 36 % Wasseraufnahme, dotiert mit Manganbutyrat bzw. Magnesiumpropionat, enthielt 1,3 % Mg und 6,5 % Mn nach dem Kalzinieren.

Über diesen Katalysator wurde pro Stunde bei 400 °C und 1 bar Methanol geleitet und ein Umsatz von 90,1 % erzielt. Die Leistung eines solchen Katalysators ergibt sich aus Tabelle 6.29.

Häufig werden HZSM-Zeolithe für die Olefinherstellung aus Methanol in eine Aluminiumoxid- oder SiO_2-Matrix eingebettet und die Tabellen 6.30–6.32 geben einen Einblick in die Resultate, die mit Al_2O_3- und die Tabellen 6.33–6.34 in jene, die mit SiO_2-Mischungskomponenten erhalten wurden.

Tabelle 6.33. Herstellung von niedermolekularen Olefinen aus Methanol nach dem Verfahren der Mobil-Oil-Corp. (Lago [6.27]). Katalysator HZSM-5 mit SiO_2 vermischt. Temp.: 343 °C, Belastung: 30 kg/kg Kat/h, Methanolumsatz: 54 %. Zusammensetzung des Reaktionsproduktes in Gew.-%

Äthylen	23
Propylen	20
Butene	8
C_8-Aromaten	6
C_{9+}-Aromaten	5
C_1—C_4-Paraffine	9
C_{5+}-Paraffine und Olefine	29
Summe	100

Tabelle 6.34. Einfluß des Umsatzes auf die Olefinbildung bei der Umwandlung von Methanol über HZSM-5-Katalysatoren mit SiO_2 (Lago [6.27])

Katalysator	HZSM-5 + SiO_2
Temperatur	343 °C
LHSV/l/l/h	10
Methanolumsatz	58 %
Ausbeute in Gew.-%	
Ethylen	26
Propylen	24
Butene	10
Summe C_2—C_4-Olefine	60
C_8-Aromaten	7
C_{9+}-Aromaten	4
C_1—C_8 PKW	8
C_{5+} PKW + Olefine	21
Summe	100 %

Als praktisches Beispiel für eine eventuelle technische Herstellung von C_2—C_4-Olefinen auf Methanolbasis lassen sich unter anderem aufgrund der Patente von E. Givens et al. [6.15] bzw. der Ergebnisse der Arbeiten von C. H. Lechthaler et al. [6.28] folgende, in Tabelle 6.35 zusammengestellten Zahlen zur Orientierung angeben.

Die Verbrauchszahlen bei der Olefinherstellung, ausgehend von Kohle über Methanol, werden von Schulze und Schmidt wie in Tabelle 6.36 angeführt [6.29].

Tabelle 6.35. Simuliertes praktisches Beispiel für die Produktion von C_2—C_4-Olefinen auf Basis Methanol mit der größtmöglichen Ausbeute von Ethylen (nach Givens et al. [6.15], sowie Lechthaler [6.28])

Ethylen	Produktionshöhe: 454 000 jato
Stream Factor	0,9
Ausgangsprodukt: Rohmethanol	83 % CH_3OH + 17 % H_2O
Ethylen-Fertigprodukt	99,97 % rein
Verfahren	Wirbelschicht
Dampf als Verdünnungsmittel	1 Mol H_2O/1 Mol CH_3OH
Reaktionstemperatur	370 °C
Katalysator	ZSM-34
Katalysatordichte	10 l wiegen 8 kg
Belastung/kg/kg/h	0,9 bezogen auf CH_3OH
Methanolumsatz pro Durchgang %	94,5
Selektivität, bez. auf den C-Gehalt des Methanols %	
Dimethylether	4,4
Methan	1,5
Ethan	1,6
Propan	6,3
Butane	3,0
C_{5+} PKW	2,1
Ethylen	47,7
Propylen	25,8
Butene	7,6
Summe C_2—C_4-Olefine	81,1

Tabelle 6.36. Verbrauchszahlen der Olefinerzeugung aus Kohle über Methanol (Schulze u. Schmidt [6.29])

Einbringen	Ausbringen
Methanolsynthese aus Kohle	
1,5 t Steinkohle (SKE)	1,0 t Methanol
44 GJ (10,5 Gcal)	19,7 GJ (4,7 Gcal), η_{th} = 45 %
Kohlenwasserstoffsynthese aus Methanol	
1,0 t Methanol	0,56 t Wasser
1,5 t Steinkohle (SKE)	0,01 t Koks, Gas
	0,43 t Kohlenwasserstoffe, davon
	0,30 t C_2—C_4-Olefine
	0,13 t Nebenprodukte
2,33 t Methanol	1,0 t Kohlenwasserstoffe,
3,50 t Steinkohle (SKE)	davon
	0,70 t C_2—C_4-Olefine
	0,30 t Nebenprodukte
3,33 t Methanol	1,0 t C_2—C_4-Olefine, plus
5,00 t Steinkohle (SKE)	0,43 t Nebenprodukte

Tabelle 6.37. Vergleich verschiedener Katalysatoren für die Methanolspaltung zu Olefinen (nach Hu [6.31])

Katalysator	13 ×-Molsieb + Mangan (Hoechst [6.32])	Chabasit-Ionen ausgetauscht mit Chloriden seltener Erden [6.33]	Phosphathaltiger Zeolith [6.34] Mobil	ZSM-34 mit Aluminiumsilikat [6.35] Mobil
Temperatur °C	350	416	370	370
Druck	1 bar	1 bar	—	2 bar
Einsatzprodukt	Methanol	Methanol + CS_2	Methanol	Methanol
Umsetzung in %	90,1	90,0	—	94,5
Ethylen	46,9	35,0	7,5	50,0
Ethan	3,7	11,0	0,0	2,0
Propylen	29,2	23,0	28,0	27,0
Propan	0,5	22,0	0,0	7,0
Butene	5,3	—	4,2	8,0
Butane	2,1	—	3,9	3,0
Gesamtolefine C_2—C_4	81,4	58,0	39,7	85,0
Gesamtparaffine C_2—C_4	6,3	33,0	4,2	12,0

Die Badische Anilin- und Sodafabrik (BASF) betreibt zur Zeit eine Pilotanlage, in der mit 180 t Jahreskapazität Ethylen und andere Olefine auf Methanolbasis hergestellt werden [6.30].

In Tabelle 6.37 werden zum Abschluß verschiedene Katalysatoren in ihrer Wirksamkeit für die Methanolumsetzung zu Olefinen miteinander verglichen [6.31].

6.3 Die Überführung von Methanol bzw. Dimethylether in aromatische Kohlenwasserstoffe mit dem MTA-Verfahren [6.36]

Die Überführung von Methanol oder Dimethylether am ZSM-5-Katalysator in höhersiedende Kohlenwasserstoffe mit einem verhältnismäßig hohen Gehalt an Aromaten geht am besten bei längeren Verweilzeiten, höheren Temperaturen und unter Druck vor sich, Bedingungen, die für Sekundärreaktionen günstig sind.

Wie aus Tabelle 6.38 hervorgeht, enthält das Benzin auf Methanolbasis bis zu 4 % und mehr Durol.

Tabelle 6.39 zeigt deutlich, daß der ZSM-5-Katalysator mit Erhöhen der Temperaturen bei gleichbleibendem Druck von 1 bar einen sinkenden Anteil der Aliphaten im C_{5+}-Anteil bis schließlich unterhalb 10 % liefert. Gleichzeitig steigt der Aromatengehalt bis 90 % an.
Bei 538 °C und einer Volumenbelastung von 0,8 Liter Methanol/Liter Katalysator erhält man 25 Gew.-% C_2—C_4-Olefine und etwa 36 % C_6—C_{10}-Aromaten, bei 454 °C fällt der Anteil an C_2—C_4-Olefinen auf etwa 5 % zurück, die C_6—C_{10}-Aromaten steigen auf etwa 45 % an.

Das gleiche Bild ergibt sich aus Tabelle 6.39. Auch hier wird bei zu hoher Temperatur der Aromatengehalt in der C_{5+}-Fraktion auf 36 % vermindert, während bei Temperaturen von 370–450 °C die günstigsten Ausbeuten von etwa 45 % erhalten werden.

Der Druckeinfluß macht sich bei gleichbleibender Reaktionstemperatur in erster Linie beim Durolgehalt der Aromaten und bei der Aliphaten-Fraktion bemerkbar, wie Tabelle 6.40 zeigt.
Die Umsetzung von Methanol zu Aromaten wird geringer, je mehr die stark sauren Anteile im Zeolith abnehmen, und je mehr die Diffusionsresistenz in den Kanälen zunimmt. Die Konzentration an Benzol und Toluol sinkt gleichzeitig ab, während die höheren Aromaten zunehmen. Auch steigt die Selekti-

Tabelle 6.38. Einfluß der Reaktionsbedingungen auf die Zusammensetzung der Reaktionsprodukte bei der Umsetzung von Methanol in Gegenwart eines Molekularsiebes nach dem Verfahren der Mobil-Oil. Reaktionsbedingungen (Givens et al. [6.15])

Temperatur [°C]	370	540	370
Belastung [Liter CH_3OH pro Liter Katalysator pro Stunde]	0,8	0,8	1,5
Druck [bar]	20	20	25
Methanolumatz [Gew.-%]	99	98	97
Produktzusammensetzung [%]			
$CH_4 + C_2H_6$	4,1	13,0	1,6
Propan	13,7	12,6	9,6
n-Butan	4,4	2,1	2,5
i-Butan	16,8	7,4	13,8
C_2—C_4-Olefine	2,6	25,4	2,7
C_{5+}-Aliphaten	14,3	3,5	24,3
C_6—C_{10}-Aromaten	41,8	35,9	44,9
C_{11}-Aromaten	2,6	0,1	0,6
Gesamt KW C_{5+}	58,7	39,5	69,8
Zusammensetzung der Gesamt-KW C_{5+} [%]			
Aromaten	75,6	91,2	65,2
Aliphaten	24,4	8,8	34,8
Durol	8,0	3,0	9,5

Tabelle 6.39. Einfluß der Temperatur auf die Zusammensetzung der Produkte der Methanolumwandlung in Benzin nach dem Mobil-Oil-Prozeß (Druck: 1 bar, Festbett) (nach Cattanach [6.36])

Temperatur [°C]	316	371	454	538
Volumenbelastung [Liter CH_3OH/Liter Kat.]	0,7	0,8	0,8	0,8
Umsatz [%]	73	99	99	98
Kohlenwasserstoff-Verteilung im Reaktionsprodukt [Gew.-%]				
Methan + Ethan	1,1	4,1	6,0	13,0
Propan	11,5	13,7	22,0	12,6
n-Butan	3,2	4,1	4,7	2,1
Isobutan	16,4	16,8	12,7	7,4
C_2—C_4-Olefine	2,5	2,6	4,9	25,4
C_{5+}-Aliphaten	26,9	14,3	4,9	3,5
Aromaten C_6—C_{10}	36,8	41,8	44,6	35,9
Aromaten C_{11+} incl. Naphthalin	1,6	2,6	0,2	0,1
Gesamtmenge C_{5+}-Aliphaten + Aromaten	65,3	58,7	49,7	39,5
Durol	6,1	0,8	0,3	0,3
Zusammensetzung der Gesamt-KW C_{5+}				
Aromaten	58,1	75,6	89,7	91,1
Aliphaten	41,9	24,4	10,3	8,9

vität für *p*-Xylol in den Xylolisomeren und von *p*-Ethyltoluol. Die Kohlenwasserstoffrückstände in den Zeolithkanälen steigen an, weil durch das Absinken der stark sauren Anteile Crack- und Aromatisierungsreaktionen zurückgedrängt werden. Das führt zum Einschluß von langkettigen Kohlenwasserstoffen in den Kanälen [6.37].

Die Aromatenbildung und ihre Verteilung ist auch abhängig vom verwendeten ZSM-5-Katalysator, wie Tabelle 6.41 ausweist [6.38].
Tabelle 6.42 gibt die Zusammensetzung der Aromatenfraktion eines 38 % Aromaten enthaltenden MTG-Benzins an.
Die Aufarbeitung eines aromatenhaltigen Benzins auf reine BTX-Aromaten geschieht folgendermaßen:

Zuerst wird das Benzin durch Stabilisation von den C_1—C_4-Kohlenwasserstoffen befreit. Hierauf wird die Fraktion C_5—C_8 abgenommen, und die C_{9+}-Aromaten werden einem Benzin als Mischkomponente zugesetzt. Die C_5—C_8-Fraktion wird dann in einem zweistufigen Hydro-Treater unter Bedingungen von den Olefinen befreit, die die Aromaten noch nicht hydrieren. Anschließend wird die Fraktion mit einem selektiven Lösungsmittel (N-Me-

Tabelle 6.40. Einfluß des Druckes auf die Zusammensetzung der Produkte der Methanolumwandlung nach dem Mobil-Oil-Prozeß (Temp.: 371 °C, Festbett) (Butter et al. [6.36])

Druck in bar	0	4,2	11,0	25,0	51,0
Belastung [kg CH_3OH/kg Kat.]	1,0	1,5	1,5	1,5	1,5
Umsatz [%]	99	98	97	97	99
Kohlenwasserstoff-Verteilung im Reaktionsprodukt [Gew.-%]					
Methan + Ethan	1,0	1,0	1,3	1,6	1,6
Propan	8,7	8,0	8,8	9,6	5,8
n-Butan	4,6	5,0	4,9	2,5	1,4
Isobutan	17,3	13,9	13,6	13,8	9,0
C_2—C_4-Olefine	1,7	0,6	0,7	2,7	2,5
C_{5+}-Aliphaten	30,5	35,8	32,8	24,3	44,9
Aromaten C_6—C_{10}	35,7	35,6	37,6	44,9	34,8
Aromaten C_{11+} (incl. Naphthalin)	0,5	0,1	0,3	0,6	
Gesamt C_{5+}-Aliphaten + Aromaten	66,7	71,5	70,7	69,8	79,7
Durol	3,2	4,4	9,4	9,5	20,5
Zusammensetzung der Gesamt-KW C_{5+}					
Aromaten	54,3	49,9	53,6	65,1	43,6
Aliphaten	45,7	50,1	46,4	34,9	56,4

Tabelle 6.41. Aromatenverteilung in Umsatzprodukten von Methanol über verschiedene ZSM-5-Katalysatoren in Gew.-% (Chang u. Silvestri [6.38])

Zeolith	Zusammens. Aromatenfraktion [%]	
	C_6—C_{11}	C_{11}—C_{12}
ZSM-5	99,0	1,0
ZSM-11	100,0	0
ZSM-35	100,0	0
ZSM-4	22,0	78,0
Omega-Mordenit	25,0	75,0

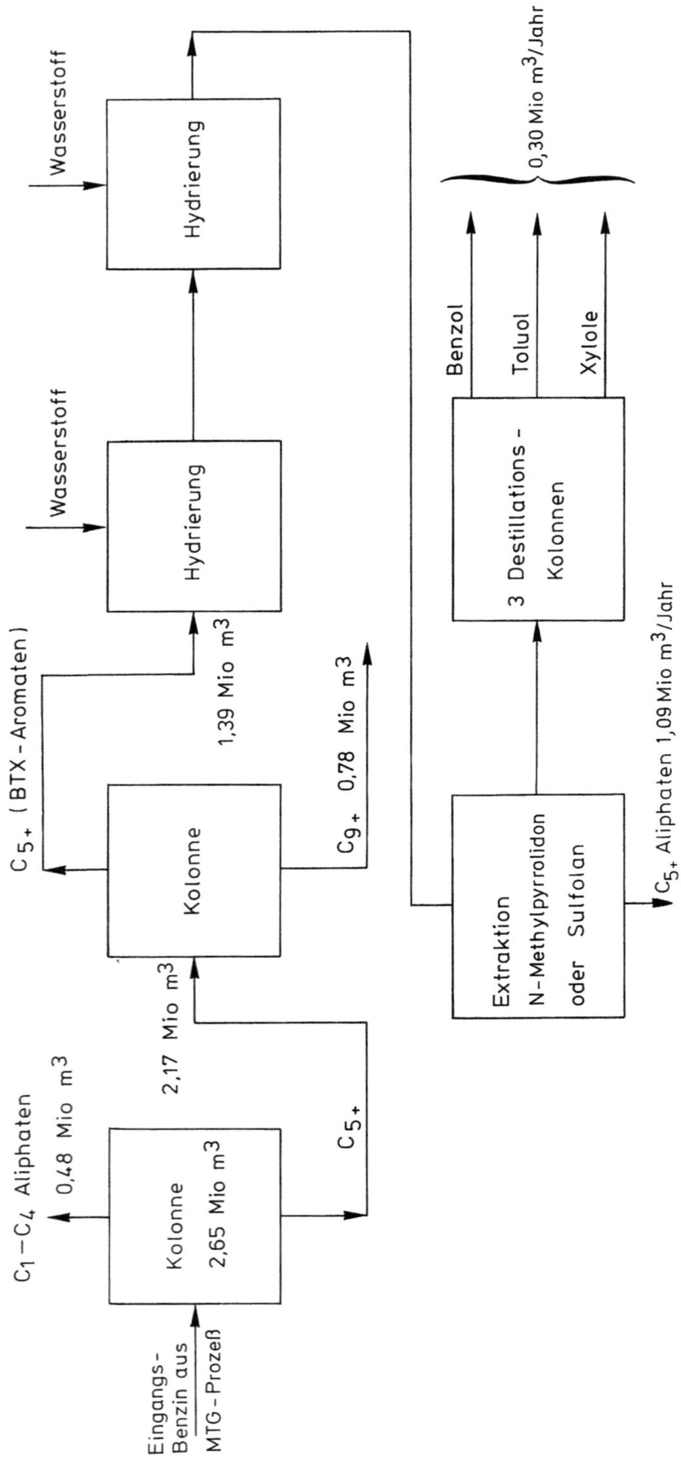

Abb. 6.6. Schema der BTX Aromatengewinnung von MTG-Benzin (nach Chang u. Silvestri [6.38])

Tabelle 6.42. Zusammensetzung der Aromatenfraktion eines MTG-Benzins (Chang u. Silvestri [6.38])

Benzol	4,1 %
Toluol	25,6 %
Ethylbenzol	1,9 %
o-Xylol	9,0 %
m-Xylol	22,8 %
p-Xylol	10,0 %
Trimethylbenzole	14,2 %
andere Aromaten	12,4 %
Summe	100,0 %

thylpyrrolidon, Sulfolan oder andere) für Aromaten behandelt. Das Raffinat (C_{5+}-Aliphaten) kann einem Benzin zugesetzt werden. Der Extrakt wird vom Lösungsmittel befreit und in einem 3 Kolonnen umfassenden Destillationssystem in Benzol, Toluol und das Xylol-Gemisch getrennt. Bei der Entaromatisierung eines normalen MTG-Benzins erhält man etwa 12 Vol.-% einer BTX-Fraktion, wie Abb. 6.6 zeigt.

6.4 Die Herstellung von Dieselöl über Olefine auf Basis von Methanol (Verfahrensweg der Lurgi GmbH)

Einen Prozeß zur Herstellung von Dieselöl auf Methanolbasis mit Hilfe eines käuflichen, nicht näher gekennzeichneten Katalysators, arbeitete die Lurgi GmbH aus.

Es gelingt, Methanol in ein Gemisch von Olefinen und Paraffinen zu über-

Tabelle 6.43. Ausbeute an Olefinen auf Methanolbasis nach dem Lurgi-Verfahren zur Herstellung von Dieselöl bzw. Benzin aus 1 000 kg Reinmethanol

Produkte	Gewicht in kg	Gew.-%
Ethylen	53,8	12,3
Propylen	210,8	48,2
Butene	91,4	20,9
Olefinausbeute	356,0	81,4
C_1—C_4-Paraffine	24,9	5,7
C_{5+}-Kohlenwasserstoffe	56,5	12,9
Gesamtsumme	437,4	100,0

Tabelle 6.44. Spezifikation des MOGD-Dieselöls

Spezifisches Gewicht	0,780
Bromzahl	2,0
Stockpunkt	− 54 °C
Trübungspunkt	− 54 °C
Cetan-Index	68 °C*
CZ	50
Flammpunkt	65 °C

* C. Zerbe, [6.38b]

führen, das 80% C_2—C_4-Olefine enthält. Hauptbestandteil des Olefin-Gemisches ist Propylen mit fast 50% (MTO-Prozeß der Lurgi GmbH [6.38a]). Aus 1000 kg Reinmethanol erhält man im Durchschnitt von 1000 Stunden Betriebszeit ein Olefingemisch, dessen Zusammensetzung die Tabelle 6.43 zeigt. Die Weiterverarbeitung der Olefingemische erfolgt durch Oligomerisation nach einem von der Mobil Oil Corp. ausgearbeiteten Verfahren, bei dem durch Variation der Prozeßparameter entweder Kohlenwasserstoffgemische erhalten werden, die zu fast 100% im Benzinsiedebereich liegen oder zu 80% aus Dieselöl neben 20% Benzin bestehen (MOGD-Prozeß = Mobil Olefins Gasoline Distillate Prozeß, [6.58]).

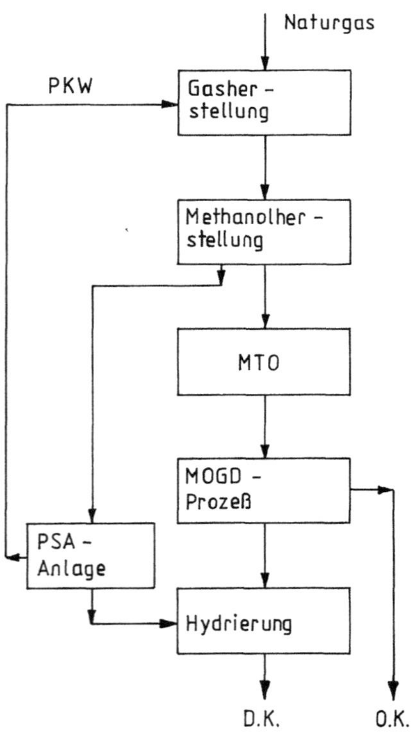

Abb. 6.7. Schema der Herstellung von Dieselöl und Benzin aus Methanol (Verfahrensweg Lurgi, Supp [6.38a])

Zur Steigerung der Dieselölausbeute kann man die bis 140 °C siedende Fraktion aus dem Oligomerengemisch wieder in den Prozeß zurückführen.
Das Dieselöl ist nach Hydrierung von ausgezeichneter Qualität. Es besitzt eine CZ von 50 und einen Stockpunkt unterhalb von −54 °C.
Das Benzin hat eine „ROZ clear“ von etwa 92.

Die Spezifikation des Dieselöls aus diesem Verfahren ist in Tabelle 6.44 angegeben. Das Verfahrensschema zeigt Abb. 6.7.
Naturgas wird mit dem Lurgi-Combined-Prozeß in Synthesegas überführt (vgl. S. 14), aus dem Methanol synthetisiert wird, aus welchem anschließend Diesel- bzw. Otto-Kraftstoffe hergestellt werden.

Das bei der Methanolsynthese anfallende Purge-Gas wird durch Pressure-Swing Adsorption (PSA) in Methan und Wasserstoff getrennt. Der Wasserstoff wird zur Hydrierung der Oligomerisate verwendet, das Methan kann in die Synthesegasherstellung zurückgeführt werden.

6.5 Die ZSM-5-Katalysatorfamilie [6.39]

Im Folgenden sollen kurz und in erster Linie mit Auswahl praktischer Problemstellungen die Zeolithe vorgestellt werden. Sie haben im allgemeinen die Zusammensetzung: $M_a^z \cdot (Al_2O_3)_m \cdot (SiO_2)_n \cdot XH_2O$, wobei M_a^z austauschbare Kationen der Ladung z bedeuten. Die Zeolithe sind Gerüstsilikate und haben ein dreidimensionales Aluminiumsilikat-Kristallgitter aus SiO_4- und AlO_4-Tetraedern. In ihnen besteht ein System von Hohlräumen, die durch Kanäle von definierten Durchmessern (Poren) miteinander verbunden sind.

Bei natürlich vorkommenden Zeolithen sind die Hohlräume mit Wasser gefüllt, das reversibel durch Erhitzen entfernt werden kann. Entwässerte Zeolithe nehmen wieder begierig Wasser, aber auch andere Verbindungen auf, deren Molekülgröße nicht wesentlich größer ist als die der Poren. Heute kennt man eine große Anzahl natürlicher, insbesondere aber synthetischer Zeolithe, jedoch nur wenige haben technische Bedeutung erlangt.

Der Vorteil der Synthese ist, daß Zeolithe mit abgestuften Porenweiten hergestellt werden können. Dabei können die spezifischen Eigenschaften gezielt verändert werden.

Natürliche Zeolithe sind der Faujasit mit Hohlräumen von etwa 13 Å Durchmesser und Poren von 7,4 Å. Die X- bzw. Y-Zeolithe haben praktisch die gleichen Porenweiten, unterscheiden sich aber durch das Verhältnis SiO_2/Al_2O_3. Erionit mit Porenweiten von etwa 4–5 Å ist ebenfalls ein natürlicher Zeolith. Diese Zeolithe werden heute auch synthetisch hergestellt.

Von besonderer Bedeutung sind jene Zeolithe, bei denen das $SiO_2:Al_2O_3$-Verhältnis, der sogenannte Modul, möglichst groß ist, also jene vom Pentasil- oder Silicalit-Typ. Der einzige natürliche Zeolith mit einem $SiO_2:Al_2O_3$-Verhältnis von 10:1 ist der Mordenit. Er bildete lange Zeit das Ausgangsprodukt für die Herstellung hochsilikatischer Zeolithe, z. B. durch Herauslösen eines Teiles der Aluminiumionen mit Ethylendiamintetraessigsäure, durch sorgfältige Säurebehandlung, oder auf hydrothermalem Wege.

Heute werden Zeolithe mit hohem SiO_2-Gehalt synthetisch hergestellt (ZSM-5, Silicalit etc.).

Die Eigenschaften der mit Molecular Engineering hergestellten Zeolithe sind abhängig:

1. von den molaren Verhältnissen der Ausgangsmaterialien,
2. von der Art und Konzentration des Alkalis,
3. vom Zusatz und der Art eines organischen, kationischen Amins (Schablone),
4. von der Kristallisationstemperatur und vom Druck,
5. von der Intensität der mechanischen Bewegung.

Von besonderer Bedeutung ist die strukturdirigierende Wirkung des organischen Kations (Schablone) [6.40].

Zwei Besonderheiten sind es vor allem, die die Eigenschaften dieser Zeolithe prägen und die durch ihr gemeinsames Zusammenwirken die Sonderstellung dieser Zeolithgruppe bedingen [6.41].

1. Der hohe SiO_2/Al_2O_3-Modul,
2. das uniforme Kanalporensystem mit Poren, die zwischen ZSM-5 und Faujasit liegen.

Der Modul bestimmt das Säurezentrum, und die Stabilität des Zeolithes gegen Säuren, hohe Temperaturen und Wasserdampf. Die hochsilikatischen Zeolithe, die Pentasile, sind gekennzeichnet durch die aus $[SiO_4]$-Tetraedern pentagonal aufgebaute Pentasil-Schicht [6.42].

Zu ihnen gehören die Katalysatoren der ZSM-5-Familie, die nur noch wenig Aluminium enthalten.

Den organischen Kationen werden für die Bildung des gewünschten Zeoliths bei der Synthese folgende Einflüsse zugeordnet [6.43]:

1. Sie initiieren eine Zeolith-Kristallisation aus einem Aluminiumsilicat-Gel, die ohne das organische Kation zu anderen Strukturen führen würde.
2. Es bildet sich bei Zusatz eines organischen Kations ein gleicher Zeolith-Typ, aber anderer chemischer Zusammensetzung aus. Der Zusatz eines bestimmten organischen Kations bewirkt in verschiedenen Synthesemischungen die Ausbildung von Zeolithen des gleichen Typs, aber unterschiedlicher chemischer Zusammensetzung.

Die organischen Kationen wirken gleichsam wie eine Schablone für das entstehende Kristallgitter.

Für die Bildung von ZSM-11, ZSM-12 und Silicalit verwendet man z. B. Tripropylammonium, für ZSM-8, ZSM-12, ZSM-20, ZSM-25, ZSM-35 Tetraethylammonium-Verbindungen usw.

Tabelle 6.45 zeigt Beispiele von einigen Schablonen, die zum Aufbau von Kristallgittern dienen.

Von ganz besonderem Interesse ist der Zeolith ZSM-5 wegen seiner hohen Acidität und seiner formselektiven Eigenschaften. Seine Porengröße liegt bei

Tabelle 6.45. Beispiele von Schablonen mit denen ZSM-5 Kristallgitter erhalten werden, (Bohres et al. [6.39], Dwyer u. Chu [6.40])

NH_4OH, $NH_2{-}(CH_2)_2{-}\overset{\overset{\displaystyle H}{|}}{N}{-}(CH_2)_2{-}NH_2$ (DETA) Diethylentriamin

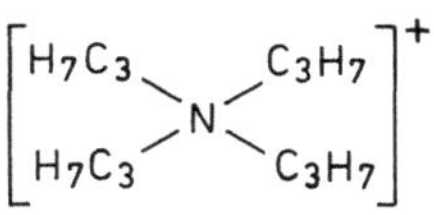

Br^- TPABr Tetrapropylammoniumbromid

$CH_3{-}NH_2$ Methylamin

$(C_3H_7)_4{-}\overset{+}{N}\ \overset{-}{Cl}$ TPACl Tetrapropylammoniumchlorid

$NH_2{-}(CH_2)_6NH_2$ 1,6-Hexandiamin

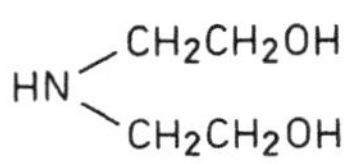

Diethanolamin

$C_2H_5{-}NH{-}(CH_2)_3{-}NH{-}C_2H_5$ N,N-Diethylpropandiamin

$NH_2(CH_2)_3{-}NH{-}(CH_2)_3{-}NH{-}(CH_2)_3{-}NH_2$ N_4-Amin

$NH_2(CH_2)_3NH{-}(CH_2)_3{-}NH_2$ Dipropylentriamin

$NH_2(CH_2)_2{-}NH{-}(CH_2)_2{-}NH(CH_2)_2{-}NH_2$ TETA Triethylentetramin

$\left[C_{12}H_{25}\underset{\underset{\displaystyle H}{|}}{\overset{\overset{\displaystyle H}{|}}{N}}{-}C_3H_7\right]^+$ Br^- Decyl-Propyl-Ammonium-Bromid

etwa 5,6 Å. Die Poren werden durch 10gliedrige Sauerstoffringe gebildet (Abb. 6.9).

Bei den Zeolithen vom X- bzw. Y-Typ (Faujasit, Mordenit etc.), die für Crack- und Reformingreaktionen verwendet werden, liegen Hohlräume mit einem Durchmesser von 13 Å vor, und die Poren besitzen eine Größe von bis zu 10 Å. Sie gestatten den Durchgang der meisten Moleküle. Sie werden von 12gliedrigen Sauerstoffringen gebildet (Abb. 6.8).

Bei Zeolithen vom Erionit-Typ haben die die Hohlräume verbindenden Kanäle (Poren) einen Durchmesser von etwa 4,5 Å, sind also sehr eng und werden durch 8gliedrige Sauerstoffringe gebildet (Abb. 6.8).

Zeolithe vom ZSM-5-Typ fehlten bisher. Die strukturdefinierenden einheitlichen Kanäle sind zweidimensional angeordnet. Die senkrecht verlaufenden Kanäle werden durch etwas kleinere, waagerecht verlaufende Kanäle zickzackartig verbunden (Abb. 6.9).

Aufgrund der Erkenntnisse aus den Arbeiten von Kokotailo et al. [6.44] besteht die Elementarzelle der ZSM-5-Zeolithe aus 14 SiO_4-Tetraedern, die zu acht 5-Ringen verbunden und zu Ketten zusammengesetzt sind. Die weitere Verknüpfung der Ketten erfolgt über 4-, 5- und 6-Ringe, so daß die Porenöff-

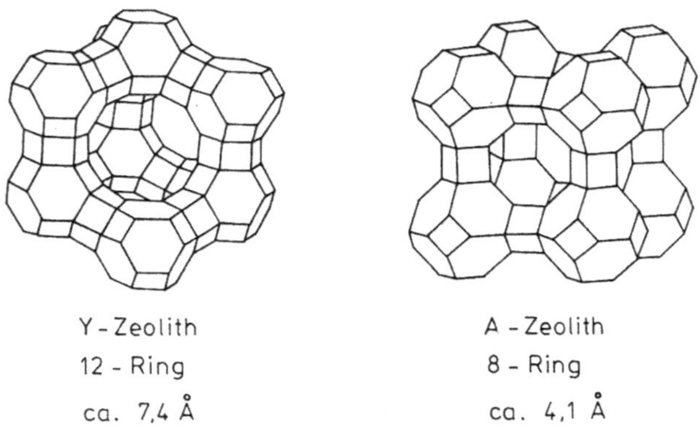

Abb. 6.8. Porenstruktur von Molekularsieben des Y- und des A-Typs (Hölderich u. Gallei [6.40])

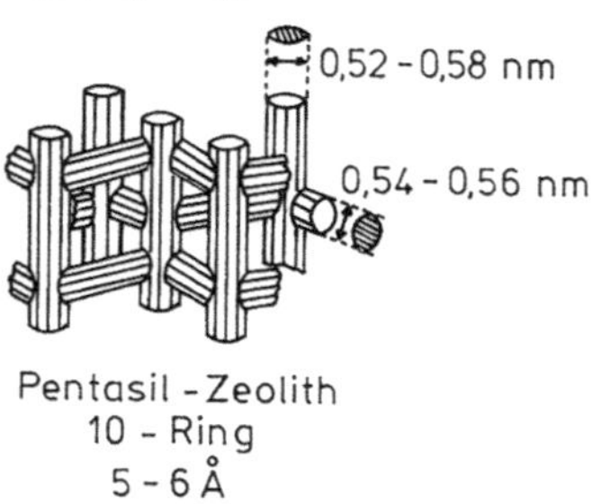

Abb. 6.9. Porenstruktur des ZSM-5-Zeoliths (Dwyer u. Chu [6.40])

nungen bzw. die Kanaldurchmesser durch zehn Sauerstoff-10-Ringe gebildet werden.

Die HZSM-Zeolithe sind stark sauer, und zwar variieren Zahl und Dichte der aciden Zentren mit dem Modul SiO_2/Al_2O_3. Sie liegen vorzugsweise im Inneren der Zeolithe und die IR-spektroskopischen Untersuchungen zeigen, daß die Brönstedt-Zentren verschieden stark sein können [6.45].

In Abhängigkeit vom SiO_2/Al_2O_3-Modul zeigen die hochsilikatischen Molekularsiebe hydrophobe Oberflächeneigenschaften, d. h. ihre Adsorptionskapazität für Kohlenwasserstoffe wird deutlich höher als für Wasser. Auch die Stabilität gegenüber Wasserdampf nimmt zu.

Während die Affinität zur Wasseradsorption eine wesentliche Eigenschaft der Zeolithe ist, adsorbieren hochsilikatische Molekularsiebe, besonders Silicalit, bevorzugt organische Verbindungen [6.46].

Zwei verschiedene Kennwerte charakterisieren die Molekularsiebeigenschaften bzw. die Formselektivität sowie den hydrophoben Charakter der SiO_2-reichen Zeolithe des Pentasiltyps gegenüber den kristallinen Aluminiumsilikaten mit höherem Al-Gehalt (T-Typ; Faujasit):
die Adsorption von Molekülen unterschiedlicher Größe (z. B. *n*-Hexan/Cyclohexan) und
die Wasseradsorption [6.47].

Zeolithe werden schon lange für Raffinerieoperationen verwendet. Auch hier spielt in Spezialfällen die Porenzugänglichkeit eine Rolle.

Ein Beispiel ist das Selektoforming des MDDW-Prozesses der Mobil Oil (*M*obil-*D*istillate-*D*e*w*axing). Er basiert auf der Anwendung eines Katalysators aus der ZSM-5-Familie mit engen Poren, um den hohen Stockpunkt durch Druckhydrierung zu erniedrigen. In die kleineren Poren des ZSM-5-Katalysators können praktisch nur n-Paraffine eindringen, die dann hydrierend gecrackt werden. Zeolithe mit Faujasitstruktur haben schon zu große Poren.

Auch die Hydrierung eines Gemisches aus Propen, *n*-Butenen und *i*-Buten über einen Katalysator auf ZSM-5-Grundlage verläuft so, daß während Propen und die *n*-Butene quantitativ in die entsprechenden PKW überführt werden, das *i*-Buten nur zu einem geringen Anteil hydriert wird.

Unter [6.48] sind im Literaturteil Arbeiten zum Einsatz von ZSM-5-Katalysatoren auf anderen als den hier erörterten Gebieten zusammengestellt.

Die ZSM-5-Katalysatoren besitzen Poren, die sie besonders geeignet für die Herstellung von Benzin aus Methanol machen. In den Poren des Zeoliths können nur Moleküle einer gewissen Größe, etwa bis C_{10} entstehen [6.49]. Größere Moleküle, die aus den Poren nicht desorbiert werden können, werden verkokt. Y-Typen oder Mordenit zeigen zwar anfänglich Aktivität für die Methanolumwandlung zu Benzin, diese geht aber durch die rasch eintretende Verkokung schnell zurück. Eine Regeneration müßte in für die Technik untragbar kurzen Zeitabständen erfolgen. Eine praktische Prüfmethode zur Feststellung der Eignung eines Zeoliths als Katalysator für die Überführung von Methanol in Benzin besteht darin, daß man dessen Crackwirkung gegenüber geradkettigen und verzweigten Paraffinkohlenwasserstoffen vergleicht und so seine Porenzugänglichkeit feststellt. Zeolithe mit passender Porengröße nehmen nur wenigverzweigte Paraffine auf, daher bleiben verzweigte Paraffine weitgehend unumgesetzt.

Praktisch stellt man die relative Crackgeschwindigkeit von z. B. Heptanen und Hexanen unter streng vergleichbaren Bedingungen fest.

Ein äquimolares Gemisch aus *n*-Hexan und 3-Methylpentan wird mit Helium im Verhältnis 1:4 verdünnt und zwischen 310–510 °C über einen Katalysator bei einer Belastung von 1 geleitet. Die Temperatur wird so gewählt, daß die Umsetzung 10–60 % beträgt. 20 Min nach Versuchsbeginn wird gaschromatographisch analysiert. Der Wert

$$\frac{\log[\text{noch verhandenes } n\text{-Hexan}]}{\log[\text{noch verhandenes 3-Methylpentan}]}$$

wird als Porenzugänglichkeit (constrained index, Frilette et al. [6.50]) bezeichnet. Der Wert soll für ZSM-5-Katalysatoren zwischen 2–7 liegen. Bei Erionit liegt der Wert bei 38. Je größer dieser Wert ist, desto kleiner sind die Poren und umgekehrt. TMA-Offretit hat den Wert von 3,7, amorphes $SiO_2—Al_2O_3$ einen von 0,6.

Tabelle 6.46 gibt die Werte der relativen Crackgeschwindigkeit von Heptanen und Hexanen an [6.51].

Man erkennt aus dieser Tabelle, daß in dem Maße, wie die Verzweigung ansteigt, die Crackgeschwindigkeit zurückgeht.

Tabelle 6.46. Relative Crack-Geschwindigkeiten von Hexan und Heptan

n-Heptan	1	*n*-Hexan	1
2-Methylhexan	0,52	2-Methylpentan	0,38
2,3-Dimethylpentan	0,09	2,3-Dimethylbutan	0,09

Das gleiche gilt auch für den Austritt aus dem Katalysator. Ein Zeichen dafür ist das typische Überwiegen des *p*-Xylols in der C_8-Aromatenfraktion des Mobil Oil Benzins. Sie geht weit über diejenige Konzentration hinaus, die normalerweise durch die Gleichgewichtskonzentration gegeben ist. Das langgestreckte Molekül ist gegenüber dem sperrigeren *o*- bzw. *m*-Xylol bezüglich der Desorption im Vorteil.

Die Formselektivität der Adsorption von Kohlenwasserstoffmolekülen in engporigen Zeolithen unterscheidet zwischen Molekülen mit einem Größenunterschied von 0,02 Å. Sie beruht auf dem Ausschluß von Molekülen mit größeren kritischen Durchmessern, z.B. von Monomethylparaffinen. Dagegen haben ZSM-5-Zeolithe einen breiteren Bereich der Formselektivität. Sie unterscheiden Moleküle mit 0,1 Å Differenz und sind sowohl für Monomethylparaffine als auch für bestimmte Alkylbenzole zugänglich. Dabei wird deren Beweglichkeit bzw. Diffusion mehr oder minder behindert, wie Abb. 6.10 vergleichend anzeigt. Dadurch wird eine spezielle Form der Formselektivität der Kohlenwasserstoffadsorption bewirkt [6.52].

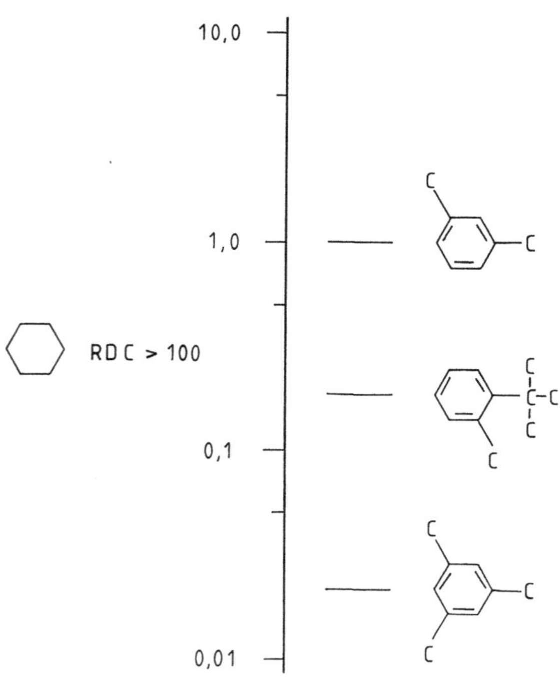

Abb. 6.10. Relativer Diffusionskoeffizient von alkylierten Benzolen am Mobil-Katalysator (nach Oil Gas J. [6.51])

Abbildung 6.10 zeigt, wie enorm die Sperrigkeit des Aromaten durch Methylsubstitution die Diffusion erschwert. Cyclohexan diffundiert zum Vergleich signifikant rascher. Die Diffusionsgeschwindigkeit ist stark temperaturabhängig [6.53].

Tabelle 6.47 faßt die Porenzugänglichkeit (constrained index) von einigen natürlichen und synthetischen ZSM-Zeolithen zusammen, Tabelle 6.48 gibt die Porenweite und den Modul von einigen natürlichen und synthetischen Zeolithen an.

Um wirksam zu sein, muß der ZSM-5-Katalysator wenigstens zum Teil in

Tabelle 6.47. Porenzugänglichkeit von einigen synthetischen und natürlichen Zeolithen (Kaeding [6.12])

Bezeichnung des Zeolithes	Porenzugänglichkeit
ZSM-4	0,52
ZSM-12	2,0
ZSM-38	2,0
ZSM-35	4,5
ZSM-5	8,3
ZSM-11	8,7
Saurer Mordenit	0,5
Amorphes SiO_2/Al_2O_3	0,6
TMA-Offretit	3,7
Erionit	38

Tabelle 6.48. Porenweiten und Module natürlicher und synthetischer Zeolithe

Zeolith-Typ	Porenweite in Å	Modul SiO_2/Al_2O_3
Faujasit	7,4	4–5
Chabasit	3,4	3–6
Erionit	3,6	6–8
Mordenit	6,7	8–10
Synthetische Zeolithe		
Zeolith-A	4,1	2
Zeolith-X (Faujasit-Struktur)	7,4	2–3
Zeolith-Y (Faujasit-Struktur)	7,4	3–6
synth. Mordenit	6,7	10
Zeolith ZSM-5	6,0	30

seiner H-Form vorliegen. Auch bei Dotation mit Metallkationen muß noch immer eine Teilacidität vorhanden sein. Ein völlig mit Natrium abgesättigter ZSM-5-Katalysator ist z. B. inaktiv.

Die H-Form von Zeolithen mit hohem SiO_2/Al_2O_3 Modul kann auch durch Einwirkung von Säuren auf die Na-Form direkt hergestellt werden. Sie wird z. B. durch Behandlung der Na-Form mit wäßriger Ammoniak-Lösung oder Ammoniumchlorid und anschließende Kalzinierung erhalten. Zur Herstellung dotierter Katalysatoren kann man auch die Ammoniumform mit dem Metallchlorid in wäßrigem Medium teilweise austauschen und dann kalzinieren.

Im folgenden sei ein beliebig gewähltes Beispiel für die Herstellung eines ZSM-5-Katalysators angeführt [6.54]:

42,2 kg Natriumsilikat und 52,8 kg Wasser bilden die Lösung A. 1,35 kg Aluminiumsulfat · 14 H_2O, 15,84 kg Natriumchlorid, 3,52 kg 96 proz. Schwefelsäure und 72,2 kg Wasser bilden die Lösung B. Beide Lösungen werden in einer Mischdüse gemischt und in einen Autoklaven gesprüht, der mit einem Schaufelrührer ausgestattet ist. Dann werden 2,84 kg Tri-*n*-propylamin und 2,44 kg *n*-Propylbromid eingegeben und das Gemisch 14 Std. bei 160 °C mit 120 Umdrehungen pro Minute gerührt. Dann wird filtriert, chloridfrei gewaschen und getrocknet.

10 g des Zeoliths ZSM-5 werden dann mit 500 ml einer 1 n-Ammoniumchloridlösung dreimal hintereinander behandelt, das erste Mal 2 Std. bei 100 °C, das zweite Mal 18 Std. bei Raumtemperatur und das dritte Mal 3 Std. bei 100 °C. Das Produkt wird nachher so kalziniert, daß die Temperatur pro Minute um je 1 °C gesteigert wird, bis 450 °C erreicht sind. Bei dieser Temperatur wird dann 10 Std. gehalten. Die H-ZSM-5-Form hat eine Kristallgröße von 1–2 µ.

Das zweite Beispiel stammt von Argauer und Landolt [6.55]: 18 Teile einer Natriumaluminatlösung, bestehend aus 2,4 Teilen NaOH, 10 Teilen Wasser und 1 Teil Al_2O_3 und eine Silicagel-Lösung, bestehend aus 30 Teilen SiO_2 und als Schablone 18 Teilen Tetrapropylammoniumhydroxid und 480 Teilen Wasser, werden zusammengegeben und man läßt die Mischung bei 150 °C 5 Tage kristallisieren. Die ungefähre Zusammensetzung der Kristalle ergibt sich zu:

$$Na_2[(C_3H_7)_4N]_4 \cdot [(AlO_2)_6 \cdot (SiO_2)_9] \cdot n\,H_2O.$$

Nach der Kalzination bei 540 °C im Luftstrom erhält man einen sehr stabilen Zeolith. Das organische Kation entweicht dabei und die Kristalle haben die Zusammensetzung $Na_2H_4[(AlO_2)_6 \cdot (SiO_2)_{90}]$. Nach der Behandlung mit 0,5 molarer Salzsäure bei 80 °C erhält man $Na_{0,1}H_{4,9}$ $[(AlO_2)_5 \cdot (SiO_2)_{91}]$. Man erkennt aus der Analyse, daß bei dieser Behandlung auch etwas Aluminium verlorengeht.

Ein weiteres Beispiel für die Herstellung von ZSM-5-Katalysator:
19,14 kg Natriumsilikat und 23,95 kg Wasser bilden „Lösung A".
0,61 kg $Al_2(SO_4)_3 \cdot 14\,H_2O$; 7,18 kg NaCl; 1,6 kg H_2SO_4 96,5prozentig, 32,75 kg Wasser bilden „Lösung B".

1,18 kg Wasser werden in einen passenden Autoklaven gegeben und die Lösungen A und B werden gleichzeitig durch Düsen bei Raumtemperatur in den Autoklaven eingesprüht und gut gemischt. Hierauf werden 1,29 kg Tri-*n*-propylamin und 1,11 kg *n*-Propylbromid zugesetzt und bei 160 °C 28,7 Std. gerührt. Durch Röntgenbeugung kann festgestellt werden, daß das feste Produkt ZSM-5-Katalysator ist. Nun wird abgekühlt, dekantiert und ionenfrei gewaschen. Hiernach wird im Stickstoffstrom bei 538 °C 3 Std. kalziniert. 444 g des Kalzinierungsproduktes werden mit 2 220 ml 1 n-Ammoniumnitratlösung 1 Std. bei Raumtemperatur behandelt, hernach im Vacuum filtriert und der Kationenaustausch wiederholt. Danach wird mit Wasser gewaschen und bei 121 °C getrocknet. Der Na-Gehalt im Endprodukt ist kleiner als 0,01 %.

6.6 Zum Reaktionsmechanismus der Umwandlung von Methanol in Benzin, Olefine und Aromaten

Der Reaktionsmechanismus der Umwandlung des Methanol in Benzine, niedere Olefine bzw. Aromaten ist noch nicht in allen Einzelheiten geklärt.

Man nimmt an, daß zuerst aus dem Methanol oder dem Dimethylether ein Carben gebildet wird, das zu Ethylen kombiniert.

$$CH_3OH \longrightarrow :CH_2 + H_2O$$
$$CH_3OCH_3 \longrightarrow CH_3OH + :CH_2$$
$$2\,:CH_2 \longrightarrow CH_2{=}CH_2 .$$

Carben addiert sich an das Ethylen unter Bildung des Cyclopropanringes, der dann zu Propylen isomerisiert wird.

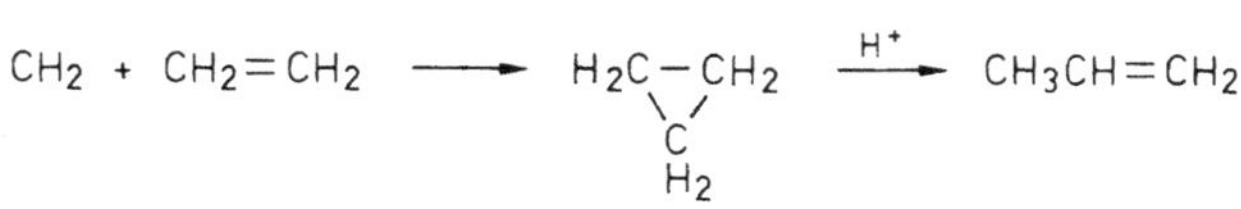

Das Propylen tritt wieder mit Carben in Reaktion, wodurch Buten entsteht usw. Die Olefine bis C_5 bilden sich in guten Ausbeuten bei kurzen Verweilzeiten (hohe Kontaktbelastungen), weil für Weiterreaktionen wenig Zeit bleibt.

Bei Verlängerung der Verweilzeit finden Oligomerisationsreaktionen, Wasserstoffübertragungs- und Zyklisierungsreaktionen unter Bildung von Naphthenen und schließlich Dehydrierung zu Aromaten statt. Diese Reaktionen sind gut bekannt und wurden von den Laboratorien der Raffinerieindustrie eingehend studiert und aufgeklärt. Durch Regulierung der Kontaktbelastung, durch Temperaturkontrolle und durch Modifikation der Katalysatoren lassen sich gute Ausbeuten an bestimmten Produkten erhalten.

Neben dem Carbenmechanismus wird von einigen Forschern auch dem Carbeniumionen-Mechanismus gewisse Wahrscheinlichkeit zugewiesen. Aus Dimethylether entsteht in den sauren Zentren unter Methanolbildung ein Methylcarbeniumion, das eine Reihe von weiteren Reaktionen auslöst.

$$
\begin{aligned}
&CH_3OCH_3 + H^+ &&\longrightarrow CH_3OH + CH_3^+\\
&CH_3^+ + CH_3OCH_3 &&\longrightarrow CH_3OH + CH_3CH_2^+\\
&CH_3CH_2^+ &&\longrightarrow CH_2{=}CH_2 + H^+\\
&CH_3OCH_3 + CH_3CH_2^+ &&\longrightarrow CH_3CH_2CH_2^+ + CH_3OH\\
&CH_3CH_2CH_2^+ &&\longrightarrow CH_3CH{=}CH_2 + H^+ .
\end{aligned}
$$

Daneben kann sich folgende Umsetzung abspielen:

$$
\begin{aligned}
&CH_3CH_2^+ + CH_2{=}CH_2 &&\longrightarrow CH_3CH_2CH_2CH_2^+\\
&CH_3CH_2CH_2CH_2^+ &&\longrightarrow CH_3CH_2CH{=}CH_2 + H^+ \quad \text{usw.}
\end{aligned}
$$

Die weiteren Umsetzungen verlaufen dann analog wie oben.

Tabelle 6.49. Alkylierung von Propylen mit Dimethylether über P-ZSM-5-Katalysator (3,7 % P) bei Normaldruck und äquimolaren Mengen an Komponenten (Kaeding u. Butter [6.56])

$C_3H_6 + CH_3OCH_3$ ergibt $C_4H_8 + C_5H_{10}$
A B C D

Umsetzung in %		Temp. °C	Belastung kg/kg/h	Selektivität Gew.-%	
A	B			C	D
< 1	< 1	250	2	100	0
3	1	300	2	85	13
21	40	350	2	45	18
42	100	400	2	33	21

Tabelle 6.50. Alkylierung von Buten-(2) mit Dimethylether über phosphor-modifiziertem ZSM-5-Katalysator (3,7 % P) und äquimolaren Mengen der Komponenten (Kaeding u. Butter [6.56])

$CH_3{=}CHCH_3 + CH_3OCH_3$ ergibt $C_5H_{10} + CH_3-C(CH_3){=}CHCH_3$
A B C D

Umsetzung in %		Temp. °C	Belastung/ kg/kg/h	Selektivität/Gew.-%	
A	B			C	D
30,5	22,6	300	4,8	40,6	74,5
52,9	45,1	325	4,8	32,4	67,3
58,0	58,1	350	4,8	37,6	61,9
78,3	88,8	375	4,8	29,3	56,2
79,0	94,9	400	4,8	27,5	60,9

Die Konzentration von 2-Methylbuten-2 im Gemisch der Pentene beträgt im thermodynamischen Gleichgewichtszustand bei 300 °C 60 % und bei 400 °C 51 %.

Kaeding und Butter konnten nach Verstärkung der sauren Zentren durch Behandlung von ZSM-5 mit Trimethylphosphit wie in Tabelle 6.49 ausgewiesen, die Bildung der niedermolekularen Olefine stark erhöhen [6.56].

Schließlich haben Derouane et al. noch einen weiteren und durch Experimente wahrscheinlich gemachten Mechanismus vorgeschlagen [6.57]. Dabei reagieren unter dem Einfluß der aciden Zentren des Zeoliths Methanol und Dimethylether miteinander unter Bildung von Methylethylether. Der wird dann zu Ethylen und Methanol gespalten. Aus Ethylen und Dimethylether entsteht Methylpropylether, der in Methanol und Propylen gespalten wird usw.

$$CH_3OH + CH_3OCH_3 \xrightarrow{H^+} CH_3OCH_2CH_3 + H_2O$$

$$CH_3OCH_2CH_3 \xrightarrow{H^+} CH_3OH + CH_2{=}CH_2$$

$$CH_3OCH_3 + CH_2{=}CH_2 \xrightarrow{H^+} CH_3OCH_2{-}CH_2CH_3$$

$$CH_3OCH_2CH_2CH_3 \xrightarrow{H^+} CH_3OH + CH_3CH{=}CH_2 .$$

Tabelle 6.49 gibt ein Beispiel für die Alkylierung von Propylen mit Dimethylether über einen phosphor-dotierten ZSM-5-Katalysator, während Tabelle 6.50 die Umsetzung von Buten-(2) mit Dimethylether unter gleichen Bedingungen zeigt.

Literatur zu Kapitel 6

6.1. Le Blanc, I. R., O'Moore, D., Cover, A. E. (Kellogg): Hydrocarbon Processing *1981*, Juni, S. 133–137. Coal can be gasoline

Morgan, Ch.R., Warner, J.P., Yurchak, S.: Ind. Eng. Chem. Prod. Res. Dev. *1981* (1), 185–190, Gasoline from alcohols

Erdöl und Kohle *34* (3), 97–98 [1981]. Benzin aus Kohle über Methanol

Oil Gas Journal *1980* vom 14. Januar, S. 95–96. New Zealand methanol-to-gasoline process can be based on coal

Chem. Ing. Techn. *52* (4), A 174 [1980]. Hochoktaniges Benzin aus Kohle

Harney, B. M., Mills, G. A.: Hydrocarbon Processing *1980*, Februar, S. 67–71. Coal to gasoline via syngas

Wise, J. J., Silvestri, A. J.: Mobil Process for the Conversion of Methanol to Gasoline. Third Anual Internat. Conf. on Coal Gasification and Liquefaction, Univ. Pittsburgh, PA. 3–5, August *1976*

Chem System Inc. 747, Third Ave. New York 10017, Process Evaluation Res. Planing. Fourth Quaterly Report *1979*, Programm Juli *1980*, Update 427–441: Methanol-Gasoline

Chen, N. J., William, N. J., Reagan, J. (Mobil Oil U.S. Pat. 4.148.835 vom 10. April *1979*); Hydrocarbon manufacture from alcohols

Lechtaler, C. H. et al.: Society of Automotive Engineers Inc. *1978*, S. 476–481. New Technology for Conversion of Methanol and Synthesis Gas to Hydrocarbons

Liederman, D. et al. (Mobil Oil): Ind. Eng. Chem. Process Des. Dev. *17* (3), 340–346 [1978]. Process Variable Effects in the Conversion of Methanol to Gasoline in a Fluidbed Reactor

Ostby, M., Marsden, S. S.: Oil Gas Journal *1977* vom 7. November, S. 83–84. Gas-to-methanol conversion proposed for offshore gas fields

Chang, C. D., Silvestri, A. J.: J. Catal. *47*, 249–259 [1977]. The conversion of methanol and other O-compounds to Hydrocarbons over Zeolite-Catalysts

Meisel, S. L., McCullough, J. P., Lechthaler, C. H., Weisz, P. B.: Chemtech. *1976*, Februar S. 86. Gasoline from methanol in one step

6.2. Chang, C. D., Kuo, J. W., Lang, W. H., Jacob, S. M., Wise, J. J. Silvestri, A. J.: Ind. Eng. Chem. Proc. Des. Dev. *17* (3), 255–260 [1978]

6.3. Vgl. Hanisch in Winnacker-Küchler, Chemische Technologie, 2. Aufl., Bd. 3, Organische Technologie, S. 422, Carl Hanser Verlag, 1959

6.4. Gould, R. M., Kam, A. Y. Y.: Two-Stage Zeolite catalyzed process for the conversion of alcohols to hydrocarbons. Eur. Pat. Appl. 99.650 vom 1. Februar 1984, U. S. Appl. 400.161 vom 20. Juli *1982*, 22 Seiten, C.A. *100*, 141.987x (1984).

Chang, C. D.: Hydrocarbon from Methanol, M. Dekker-Verlag, New York 1983 Rezension: Chemistry and Industry vom 3. Oktober, 1983, S. 757.

Hölderich, W., Gallei, E.: Chem. Ing. Techn. *56* (12), 908–915 (1984). Industrielle Anwendung zeolithischer Katalysatoren bei petrochemischen Prozessen.

Berry, R. J.: Chem. Eng. *87*, 21. April 1980, S. 86. Gasoline or Olefins from Alcohol feed.

6.5. Staege, H.: Techn. Mitt. Krupp Werksberichte, Bd. 42 (3), 149–153 (1983). Motorenbenzin aus Kohle.

Titchner, A. L.: Chemistry and Industry *1982*, 6. Nov., S. 841–846 (20 Zitate). Alternative Fuel and Methanol in New Zealand.

Die Methanolanlage des „Liquid Fuels Trust Board“ von Neuseeland auf Basis von Erdgas und die verschiedenen Überlegungen, die dazu geführt haben, und die Beschreibung eines Anlagenschemas werden gegeben.

6.6. Supp, E.: Lurgi Improvements and Developments in Methanol Production and Conversion Technologies. Meeting des AICHE (American Institute of Chemical Engineers Inc.) in Anaheim (Calif.), 20.–23. Mai 1984

Hilsebein, W., Supp, E.: Technical Improvements and Developments in Methanol Production and Conversion Technologies. VI. International Symposium on Alcohol Fuels Technology, Vol. II, C 13, S. 2-140 bis 2-146, 21.–25. Mai 1984 Ottawa (Canada)

Chem. Week *1984*, 8. August, S. 32

Der Bau einer Anlage für die Herstellung von 20 000 Barrel MTG-Benzin nach der Neuseeland Version wird in Südafrika erwogen.

6.7. Lee, W., Maziuk, I., Weekman, V. W. jr., Yurchak, S.: Chem. Eng. Monographs (Large Chemical Plants), 1979, Nr. 10, S. 171–190. Mobil Methanol-To-Gasoline Process

Lee, W., Maziuk, I., Portail, Ch.: Petrole et techniques *263*, Juni–Juli 1979, S. 95–104. Nouveau procédé pour la conversion du charbon en essence

Berry, R. I.: Chem. Eng. 21. April 1980, S. 86. Gasoline or Olefins from an alcohol feed

Morgan, Ch. R., Warner, I. P., Yurchak, S.: Ind. Eng. Chem. Prod. Res. Dev. *1981*, 20, 185–90. Gasoline from Alcohols

6.8. Lee, W., Maziuk, J., Thiemann, W. K.: Erdöl und Kohle, Compendium 78/79, Bd. 1, S. 675–693 [1978]. Ein neuer Prozeß zur Umwandlung von Kohle in Otto-Kraftstoff.

6.9. Keim, K. H., Maziuk, J., Tönnesmann, A.: Erdöl und Kohle *37* (12). S. 558–562, *1984*. The Methanol-to-Gasoline (MTG) Process.

Dolkemeyer, W., Flatow, D., Thiagarajan, N., Gould, R.: Vortragsveröffentlichung 453, Haus der Technik, Essen, *1981*.

Edwards, M., Gierlich, H. H., Thiagarajan, N.: Vortragsveröffentlichung. Haus der Technik, Essen, *1983*.

Lee, W.: Status of the 100 PBD Fluid Methanol-to-Gasoline (MTG) Project. DOE Centractors Conference, Pittsburgh, *1982*.

Penick, J. E., Lee, W., Maziuk, J.: Chemical Reactions Engineering, American Chemical Society, Symposium Series 226. Washington D.C. *1983*.
Gegenüberstellung der Zusammensetzung von Fließbett- und Festbett-Benzin.

6.9a Während der Drucklegung dieses Buches erschien eine Synopse mit den neuesten Ergebnissen auf diesem Gebiet, insbesondere des Wärmeaustausches: Gierlich, H. H. et al. Chem. Ing. Technik 58(3)238, 1986

6.10. Berry, R.I.: Chem. Eng. *1980*, 21. April, S. 86, Gasoline or Olefins from an Alcohol feed

Keading, W. W., Butter, St. A.: J. Catal. *61, 155* [1980]. Prod. of Chemicals from Methanol

Wunder, F. A., Leupold, E. I.: Angew. Chem. *92* (2), 125 [1980]. Ein selektiver Weg zu Ethylen und Propylen aus Methanol

Chem. Age. *1980* vom 28. März, S. 21. Methanol as Feedstock for Olefins

Itoh, H. et al.: J. Chem. Soc. Chem. Commun. *1981*, S. 1091. Selektive Formation of Alkenes in the Conversion of Methanol into Hydrocarbons on Bariumion Exchanged Mordenite

Chem. Ing. Techn. *52* (10), 816 [1980]. Selektive Umwandlung von Methanol in C_2—C_5-Olefine an Zeolith-Katalysatoren

6.11. Butter, S. A.: U.S. Pat. 3.979.472 vom 7. Sept. 1976, Mobil Oil Comp., sowie Chen., N. J. Reagan, E. W. J., U.S. Pat. 4.049.735 vom 20. Sept. 1977

6.12. Kaeding, W. W.: U.S. Pat. 4.049.573 vom 20. Sept. 1977, Mobil Oil Comp.

6.13. Rodewald, P. G.: U.S. Pat. 4.100.219 vom 11. Juli 1978. Silica modified Zeolite Catalysts and Conversion Therewith (Mobil Oil Comp.)

Rodewald, P. G.: U.S. Pat. 4.060.568 vom 20. Nov. 1977. Silica modified Zeolite Catalyst and Conversion therewith (Mobil Oil Comp.)

6.14. Chen et al., N.J.: U.S. Pat. 4.148.835 vom 10. April 1979 (Mobil Oil) Zeolith-Katalysatoren, die Bor und Magnesium enthalten.

Lago, R. M.: U.S. Pat. 4.025.571 vom 24. Mai 1977, (Mobil Oil Comp.)

Lago, R. M.: U.S. Pat. 4.025.572 vom 24. März 1977, (Mobil Oil Comp.)

6.15. Chang, C. D. et al.: U.S. Pat. 4.062.905 vom 13. Dez. 1977 (Mobil Oil Comp.)

Givens, E. N. et al.: U.S. Pat. 4.079.096 vom 14. März 1978. Givens E. N. et al.: U.S. Pat. 4.079.095 vom 14. März 1978

6.16. Brit. Pat. 1.554.955 vom 31. Okt. 1979 (Mobil Oil Comp.), Catalytic conversion of lower alcohols to hydrocarbons

6.17. Chang, C. D. et al.: U.S. Pat. 4.025.576 vom 24. Mai 1977 (Mobil Oil Comp.)

Givens, E. N. et al.: U.S. Pat. 4.079.096 vom 14. März 1978 und 4.083.889 vom 11. April 1978 (Mobil Oil Comp.)

Rodewald, P. G.: U.S. Pat. 4.100.219 vom 11. Juli 1978

6.18. Matyushenski, B. V., Freidlin, G. N.: Autorenbescheinigung UdSSR 186.444, Verfahren zur Herstellung von Ethylen. Eingereicht am 28. Januar 1963, erteilt am 3. Oktober 1966, vgl. C.A. Vol. *66*, 115281x [1967]

6.19. Matyushenski, B. V., Freidlin, G. N.: Allunions Chem. Ges. (UdSSR) *12* (6), 710–711 [1967], C.A. *68*, 133.957qu [1968]

6.20. U.S. Pat. 4.025.571 vom 24. März 1977, R.M. Lago (Mobil Oil) New York

6.21. Givens, E.N., Plank, J.Ch., Rosinski, J.: U.S. Pat. 4.079.095 vom 14. März 1978

6.22. Kaeding, W. W.: U.S. Pat. 4.049.573 vom 20. Sept. 1977

6.23. Kaeding, W.W., Butter, St.: J. Catal. *61*, 155–164 [1980]. Low molecular weight olefins

6.24. Dettmeier, U., Litterer, H., Baltes, A., Herzog, W., Leupold, E. I., Wunder, F. A.: Chem. Ing. Techn. *54* (6), 590–592 [1982]; Erdöl und Kohle Compendium 82/83, S. 224–225

6.25. Wunder, F.A., Arpe, H.J., Hachenberg, H., Leupold, E.I.: DOS 2.755.229; C.A. *91*, 174.799m [1979]; Europ. Pat. Appl. 2.492 vom 22. Juni 1979

Wunder, F.A., Leupold, E.I.: Angew. Chem. *92* (2), 135 [1980]; DOS 2.755.229

Leupold, E. I., Litterer, H., Baltes, H., Herzog, W., Wunder, F. A.: Erdöl und Kohle Compendium 82/83, S. 224–225. Selektive Herstellung von C_2—C_4-Olefinen aus Methanol

6.26. Chang, C. D., Lang, W. H., Silvestri, A. J.: U.S. Pat. 4.052.479 vom 4. Okt. 1977 (Mobil Oil)

6.27. Lago, R. M.: U.S. Pat. 4.025.571 März 1977 (Mobil Oil)

6.28. Lechthaler, C. H.: Novel Technology for Conversion of Methanol and Synthesis Gas to Hydrocarbons. Paper presented at the Proceedings of the 13th Intersociety Energy Conversion Engineering Conference 13, *1*, 476–481 [1978]

6.29. Schulze, H., Schmidt, B.: Chem. Ind. *33*, 690 [1981]

6.30. Kobayashi, K.: CEER *1984*, 6. Juni, S. 33–38. International Trends in Methanol

6.31. Hu, Y. C.: Hydrocarbon Processing *1983*, Mai, S. 88–96, Unconventional olefin processes

6.32. U.S. Pat. 4.247.234 vom 27. Januar (1981), Hoechst AG, Wunder, F. A. et al.: DOS 2.755.229, C.A. *91*, 174799m (1979), Europ. Pat. Appl. 22.492 vom 22. Juni 1979. Wunder, F. et al.: Angew. Chem. *92* (2), 125–126 (1980).

6.33. Anthony, R. G., Singh, B. B.: Hydrocarbon Processing *1981*, März, S. 85–88. Olefins from coal via methanol

6.34. U.S. Pat. 3.972.832 (1976), Mobil Oil Corp. Olefins Preparation

6.35. U.S. Pat. 4.079.095, 4.079.096, Mobil Oil Corp., 14. März 1978. Manufacture of Light Olefins

Weitere Literatur über die Umwandlung von Methanol über Zeolithe in vorzugsweise niedermolekulare Olefine

Langner, B. E.: Appl. Catal. *2*, 289–302 [1982], Reaction of Methanol on Zeolites with different Poor-Structures

Europ. Chem. News *1982* vom 18. Januar, S. 15, Ethylene from Mobil Zeolite and FT-route economic by 1990

Inui, T., Takegami, Y.: Hydrocarbon Processing *1982*, Nov., S. 117–120. Olefins from Methanol by modified zeolites.

Es handelt sich um den Zeolith ZSM-34. Die Autoren haben einen Weg angegeben, auf dem der Katalysator rascher herzustellen ist als früher. Er wurde mit kleinen Mengen Rhodium oder Ruthenium dotiert. ZSM-34 hat eine kurze Lebensdauer und es wurde ein neuer Katalysator entwickelt, mit dem schließlich eine C_2—C_4-Olefinselektivität von 86 % erzielt werden konnte.

Anthony, R. G., Singh, B. B.: Hydrocarbon Processing *1981*, März, S. 85–88 Olefins from Coal via Methanol

Lin, F. N., Chao, J. C., Anthony, R. G.: Coal Process Technology *1978* (4), 72–75, C. A. *91* 4917 f [1979] Ethylene from coal based methanol.

Angewandt wurde ein Katalysator AW-500, ein Zeolith, der mit Lanthanoiden ausgetauscht war. Temperatur 407 °C, Umsatz 100 %, LHSV = 0,104, Selektivität für Ethylen 33,5; für Propylen 21,5. Mechanismus wird diskutiert.

Dwyer, F.G., Schwartz, A.B.: DOS 2.818.831 vom 16. Nov. 1978 Katalysator und dessen Verwendung.

Überführung von Alkoholen, besonders CH_3OH über ZSM-5-Katalysatoren die mit Lanthan, Cer, Praseodym etc. dotiert sind.

Anderson, J. R. et al.: J. Catal. *58*, 114, [1979]

Vorträge anl. 183. Tagung der American Chemical Society in Las Vegas (Newada) vom 28. März –1. April 1982, vgl. Erdöl und Kohle *35* (10), 477–479 (1983).

Occelli, M. L., Perrotta, A. J. (Gulf Res. and Developm. Co): Synthese und Charakterisierung eines neuen Zeolithes vom Offretit-Typ, o. a., S. 478.

Lok, B. M. et al. (Union Carbide): Modifizierung von Zeolithen – Direkte Fluorierung, o. a. S. 478

Chu, P., Dwyer, J. (Mobil Oil Co.): Ionenaustausch-Eigenschaften des Zeoliths ZSM-5 für anorganische Kationen, o. a. S. 478

Scherzer, J., Humphries, A. (Filtrol Corp.): Saure Eigenschaften dealuminierter Y-Zeolithe, o. a. S. 479

Inui, T., Takegami, Y. (Univ. Tokyo): Modifizierter Zeolith-Katalysator für die Synthese von Olefinen aus Methanol, o. a. S. 479

Garwood, W. E. (Mobil Oil Res. and Development Co): Umwandlung von C_2—C_{11}-Olefinen in höhere Olefine an dem synthetischen Zeolith ZSM-5, o. a. S. 479.

Whu, F. S., Hightower, J. W.: Prep. Am. Chem. Soc. Div. Pet. Chem *1983, 28* (5), 1165–1175; C.A. *100*, 141 773z.

Radioactive (carbon-14) tracer studies of methanol conversion over a Ni-ZSM-5 zeolite.

Es wurden 5 wichtige Beobachtungen gemacht:

Die Alkylierung leichter Olefine mit CH_3OH oder CH_3OCH_3 ist der Hauptschritt für die Bildung der höhermolekularen Olefine. Die PKW werden hauptsächlich durch Wasserstoffübertragung auf die korrespondierenden Olefine gebildet, d.h. auf jene, die das gleiche C-Skelett besitzen. Mit Ausnahme einer geringen Crackung sind die Praffine mit höherer C-Zahl als 7 stabile Produkte. Isomerisierung findet bei den Paraffinen bei 368 °C nicht statt. Leichte Olefine z. B. Ethylen, Propylen und die Butene, sind reaktive Zwischenprodukte für Aromaten. Diese können auch hergestellt werden durch Alkylierung von Benzol mit Methanol oder Dimethylether.

Inui, T., Takeuchi, G., Takegami, Y. T.: Appl. Catal. *4* (3), 211–221 (1982)

Ein zusammengesetzter, mit Hilfe eines neuartigen Verfahrens der Metallbeladung hergestellter Zeolith-Katalysator zur Olefin-Synthese wird beschrieben.

Vgl. Erdöl und Kohle *36* (8), 388 (1983) (Referat)

Dettmeier, U. et al.: Erdöl und Kohle *36* (8), 365–369 (1983). The selective production of C_2—C_4-olefins from methanol

Hydrocarbon Processing *1982*, Dezember, S. 19. Butylenes are feedstocks of 80s' concludes, De Witt's and Co. study

Die C_4-Olefine, insbesondere das *i*-Butylen, werden in großen Mengen in den 80iger Jahren benötigt, besonders *i*-Butylen für die Produktion von MTBE und das Buten-(1) für die Herstellung von Polymeren und Cyclopolymeren.

Bremer, H. et al.: Z. Chemie (DDR) *21* (2), 77–78, (1981). Acidität und Katalytische Eigenschaften des Zeoliths ZSM-5

Haggin, J.: Chem. Eng. News *1982*, 13. Dez., S. 9–15. Shape selectivity key to designed catalyst. (ohne Zitate)

Post, G. J., van Hoff, J. H. C.: Zeolites *1984*, *4* (1), 9–14; C.A. *100*, 109695q (1984). Acidity and activity of HZSM-5 measured with ammonia-TPD and *n*-hexane cracking

(TPD = *T*emperature-*P*rogrammed-*D*esorption)

(Die Experimente erwiesen 2 Typen von sauren Zentren im HZSM-5)

Ono, J.: Preprint Paper — Am. Chem. Soc. Div. Fuel Chem. *1983*, *28* (2), 142–145; C.A. *100*, 120444c (1984).

On the mechanism of methanol conversion over zeolite.

(Die autokatalytische Natur der Reaktion wird auf die Umsetzung von Methanol mit dem entstehenden Olefin zurückgeführt. Es ist wahrscheinlich das Carbeniumion, das als Zwischenprodukt auftritt.)

Chester, A. W., Chu, Y. F. (Mobil Oil Co.): U.S. Pat. 4.429.176 vom 31. Januar 1984 (9 Seiten); C.A. *100*, 145739r (1984). Active zeolite catalyst of improved stability

Kruissink, E. C., Scholten, J. J. F.: Appl. Catal. *9* (1), 146 (1984). Is γ-alumina an inert support-material?

Es sind Anzeichen vorhanden, daß das γ-Aluminiumoxid saure Eigenschaften zeigt.

Inui, T., Morinaga, N., Takegami, Y.: Appl. Catal. *1983*, *8* (2), 187–197 (englisch); C.A. *100*, 52036u (1984). Rapid synthesis of zeolite catalysts for methanol to olefin conversion by the precursor heating method

Baltes, H., Litterer, H., Leupold, E. I., Wunder, F. (Hoechst AG): DOS DE 3.217.324 vom 10. November 1983 (12 Seiten); C.A. *100*, 24013r (1984). Titanium-containing zeolites and their use.

Für die Herstellung von C_2—C_4-Olefinen aus Methanol

Baltes, H., Litterer, H., Leupold, E. I., Wunder, F. (Hoechst AG): DOS DE 3.217.322 vom 10. November 1983 (17 Seiten); C.A. *100*, 24014s (1984). Crystalline aluminosilicate zeolites and their use

Für die Herstellung von C_2—C_4-Olefinen auf Methanolbasis.

Baltes, H., Litterer, H., Leupold, E. I. und Wunder F. (Hoechst AG) DOS DE 3.217.323 vom 10. November 1983 (12 Seiten); C.A. *100*, 24015t (1984). Zircon- and/or hafnium-containing zeolites and their use

Für die Herstellung von C_2—C_4-Olefinen auf Methanolbasis.

Inui, T. et al.: Ind Eng. Chem. Proc. Des. Devel. *1983*, *22*, S. 26–30. Olefin synthesis from methanol on a modified zeolithe catalyst

Mole, T.: J. Catal. *1983*, *84* (2), 423–434; C.A. *100*, 34884q (1984). Conversion of methanol to ethylene over ZSM-5 zeolithe: a reexamination of the oxonium-ylyde hypothesis using carbon-13- and deuterium labeled feeds.

Der Oxonium-Ylide-Mechanismus für die direkte Bildung von Ethylen und für den H-Isotopenaustausch im Dimethylether wird noch immer als der beste Mechanismus angenommen.

Li, Beilu et al.: Cuihua Xuebao 4 (3), 248–252 (1983), zit. nach C.A. *100*, 34086f (1984). Conversion of methanol to lower olefins on modified ZSM-5 zeolite

Schramm, W. et al.: DOS DE 3.220.998 und 3.220.996 vom 8. Dezember *1983* (Linde AG); C.A. *100*, 52173n und 52174n (1984). Low molecular-weight-olefins

Die Reaktionswärme bei der Methanolcrackung wird für die Gewinnung von Hochdruckdampf z. B. für die Kompression der gasförmigen Produkte verwendet.

Schramm, W., Hofmann, K. H., Hildebrandt, V., Lahne, U. (Linde AG): DOS DE 3.220.997 vom 8. Dezember 1983 (18 Seiten) C.A. *100*, 86262e (1983) Low-molecular weight olefins (Methanolcrackung)

Haeussinger, P., Schramm, W., Riquarts H. P. (Linde AG): DOS DE 3.220.999 vom 8. Dezember 1983 (14 Seiten), C.A. *100*, 86263f (1984). Low-molecular-weight olefins (18 Seiten)

Baba, T., Ono, Y.: Appl. Catal. *1983*, *8* (3), 315–324; C.A. *100*, 71015c (1984). The conversion of methanol over copperII-dodecatungstenophosphate $Cu_3(PW_{12}O_{40})_2$

Dieses ist katalytisch hochaktiv für die Überführung von Methanol in Kohlenwasserstoffe, hauptsächlich mit 2-4 C-Atomen.

Yurchak, S., Lee, W. (Mobil Oil Co.): Eur. Pat. Appl. E.P. 96996 vom 28. Dezember 1983 (26 Seiten); C.A. *100*, 106451w (1984). Conversion of alcohols into petrochemicals

Wirbelschichtprozeß für die katalytische Dehydratisierung von Methanol zu niedermolekularen Kohlenwasserstoffen. ZSM-5, 399 °C und 275 kPa, Belastung für Methanol 2,1. Ausbeute für Kohlenwasserstoffe 32,5 % (Methanol rezirkulieren). Zusammensetzung der KW: C_1—C_2 12,1 %; C_3 19,9 %; C_4 19,7 %; C_5 48,3 %.

Jap. Pat. 58 199 714 (83 199 714), C.A. *100*, 71 057t (1984). Modified zeolite and hydrocarbon production with it as a catalyst

Michall, R. et al.: Ind. Eng. Chem. Proc. Design Developm. *22*, 532–538 (1983), vgl. Erdöl und Kohle *37* (2), 84 (1984) Referat. Kinetic model for methanol conversion to olefins

Literatur zu Aromaten aus CH_3OH durch Zeolithe

6.36. Chang, C.D., Kuo, J.W., Lang, W.H., Wise, J.J., Silvestri, A.J.: Ind. Eng. Chem. Proc. Res. Dev. *17* (3), 255 [1978], DOS 2.321.743 vom 31. Jan. 1975.

Cattanach, J.: DOS 2.344.564 vom 20. März 1975 (U.S. Pat. 3.756.942). Verfahren zur Herstellung aromatischer Verbindungen, Mobil Oil

Belg. Pat. 818.708, Chemtechn. *5* (10), 579 [1975], Mobil Oil. Herstellung von Aromaten aus Alkoholen, Zeolith + SiO_2, Temp. über 260 °C, Selektivität: 40–50 % Aromaten

Butter, St., Chang, C. D., Jurewitz, A., Kaeding, W. W., Smith, R. L.: DOS 2.438.252. Verfahren zur Herstellung aromatischer Verbindungen.

56 Seiten umfassendes Patent über die Überführung von sauerstoffhaltigen Verbindungen wie Acetaldehyd, Aceton, Methylformiat, Essigsäure, MEK, Ethylacetat, Methanol, Ethanol, Propanole, Ether etc., in Aromaten.

Butter, St. A., Chang, C. D., Jurewicz, A. Th., Kaeding, W. W.: U.S. Pat. 3.894.106, 3.894.107 und 3.984.103, C.A. *83*, 78810x (1975). Verfahren zur Herstellung von aromatischen Verbindungen aus sauerstoffenthaltenden Verbindungen

Bragin, O.V. et al.: *1983*, Welterdölkongreß (London). Aromatization of ethylen, ethane and methanol on metal-oxide and zeolite-catalysts.

Isagulyants, G. et al.: Neftechimia (Erdölchemie UdSSR) *1983*, 23 (6), 765–767; C.A. *100*, 10 5484x (1984). Aromatic hydrocarbons formed from synthesis gas on catalsts containing high-silica-zeolites

Synthesegas $CO:H_2 = 1:2$ wird beim Überleiten über Fe_2O_3, $Fe_2O_3 + Cr_2O_3$, $Fe_2O_3 + Cr_2O_3 + ZnO$ oder $CoO + Cr_2O_3$, bei 400 °C, einer Belastung von 360-720 Vol. Gas/Vol. Katalysator/Stunde und 2,5–2,7 MPa hauptsächlich in aromatische Kohlenwasserstoffe überführt. (C_7—C_9-Aromaten), in denen *m*- und *p*-Xylol sowie Pseudocumol vorherrschen.

Bragin, O. V.: Chem. Techn. (DDR) *34*, 82–85 (1982). Katalytische Reaktionen der Aromatisierung von niedermolekularen Olefinen und Alkanen.

6.37. Nayak, V. S., Choudhary, V. R.: Appl. Catal. *9*, 251–261 (1984). Selective poisoning of stronger acid sites on HZSM-5 in the conversion of alcohols and olefins to aromatics

Von den 3 „Giften“ zur Herabsetzung der Acidität von HZSM-5-Zeolithen, Ammoniak, Chinolin und Pyridin, ist das Letztere das aktivste.

6.38. Chang, C. D., Silvestri, A. J.: J. Catal. *47*, 249 (1977). Chemtech. *5* (10), 579 (1975) Belg. Pat. 818.708; 818.768.

Bohres, E., Borsdorff, H. W., Schmitz, K., Seipenbusch, R.: Herstellung aromatischer Kohlenwasserstoffe aus Methanol unter Verwendung spezieller Zeolithe. Expertengespräch und Statusseminar C_1-Chemie, Methanol- und Synthesegaschemie. FT-Synthese. 25.–26. Mai 1982. KFA Jülich GmbH im Auftrag des Bundesministers für Forschung und Technologie.

Die Autoren erarbeiteten einen Zweistufenprozeß zur Umwandlung von Methanol in Aromaten. In der ersten Stufe wurde bei 380 °C Methanol über einem mit Zink ausgetauschten ZSM-5-Katalysator in ein Gemisch aus Aromaten und gasförmigen Paraffinkohlenwasserstoffen überführt, die dann bei 500 °C über einem mit Ga^{3+} ausgetauschten ZSM-5-Kontakt weiter aromatisiert wurden. Die Gesamtaromaten-Ausbeute über beide Stufen betrug 65,6 Gew.-%, die BTX-Ausbeute 47,2 Gew.-%, bezogen auf den CH_2-Gehalt des eingesetzten Methanols.

6.38a Supp, E.: Hydrocarbon Processing *1984*, Juli, 34C–34J. Convert Methanol Oeconomically (Dieseloil from Methanol MOGD-Process, S. 34F)

Hilsebein, W., Supp, E.: Technical Improvements and Developments in Methanol Productions and Conversion Technology. VI. International Symposium on Alcohol Fuels Technology, Vol. II, C-13, S. 2-140 bis 2-146, 21.–25. Mai 1984, Ottawa (Canada)

6.38b Zerbe, C.: Mineralöle und verwandte Produkte, 2. Aufl. Teil 1, Springer-Verlag Berlin, Heidelberg, New York 1969, S. 69

Literatur über Zeolithe zur Umwandlung von Methanol in Benzin, Olefine und Aromaten

6.39. Bücher über Zeolithe und zusammenfassende Literatur

1. Imelik, B.: Catalysis by Zeolites, Elsevier Amsterdam *1980*
2. Venuto, P. B., Habib, E. T. jr.: Fluid Catalyt-Cracking with Zeolites, Dekker, New York *1979*
3. Barrer, R. M.: Zeolites and Clay-Minerals and Molecular Sieves, Academic Press, London *1978*
4. Rabo, J. A.: ACS-Mongraph 171, 1976, Am. Chem. Soc., 781 Seiten (Union Carbide)
5. Breck, D. W.: Zeolites Molecular Sieves, J. Wiley, New York 1974
6. Armond, J. W., Townsend, R. T.: The properties and Applications of Zeolites, Special Publication Nr. 33, Chem. Soc., London
7. Scott, J.: Zeolite Technology and Applications *1980*, Noyes Data Co, 381 Seiten, Referat Erdöl und Kohle *34* (10), 429 [1981]
8. Puppe, L.: Ullmanns Enzyclopädie der Technischen Chemie, 4. Aufl., Bd. *17*, 9

Grubner, O., Jiru, P., Ralek, M.: Molekularsiebe, VEB Deutscher Verlag der Wissenschaften, Berlin 1968

Zusammenfassende Arbeiten

Janowski, F., Bergk, K.-H.: Zeitschrift für Chemie 1982, August, S. 277–288. Hochsilikatische Molekularsiebe

Mengel, M. (Bayer AG): Chemie Technik *10* (11), 1135–1140 [1981], Molekularsiebe-Zeolithe

Derouane, E. G., Detremmerie S., Gabelica, Z., Blom, N.: Appl. Catal. *1*, 201–224 [1981]. Synthesis and Charakterisation of ZSM-5 Type Zeolites
Derouane, E. G. et al.: J. Catal *53*, 40–55 [1978]. Elucidation of the Mechanism of Conversion of Methanol and Ethanol to Hydrocarbons on a New Type of synthetic Zeolite

Lee, W.: Proceedings of the 4th International Symposium 17.–19. Oktober *1979* in Antwerpen, Chem. Eng. Monograph, Vol. *10*, 1979, 200 Seiten

Bohres, E. et al.: C_1-Chemie. Expertengespräch und Statusseminar, 25.–26. Mai 1982 Projektleitung Rohstofforschung KFA-Jülich/BMFT

Strack, H., Kleinschmitt, P.: Chem. Ztg. *104* (8), 1980

Schwochow, F., Puppe, L. (Bayer AG): Angew. Chem. *87* (18), 659 [1975]. Zeolithe-Herstellung und Struktur, Anwendung

Weisz, P. B.: Chem. Technology, Vol. 3 (8), 498–505 [1974] Zeolites – New Horizons in Catalysis

Patente zur Herstellung von ZSM-5-Katalysatoren

Originalpatent über die Herstellung von ZSM-5-Zeolith: Argauer, R. J., Landolt, G. R.: U.S. Pat. 3.702.886 vom 14. November 1972. Crystalline Zeolite ZSM-5 and method of preparation the same (Mobil Oil)
Vgl. ferner U.S. Pat. 3.894.106 [1975], U.S. Pat. 3.894.107 [1975], 3.928.483 [1975] (Mobil Oil)

Chu, P.: U.S. Pat. 3.709.979 vom 9. Januar 1973, (ZSM-21) (Mobil Oil)

Plank, Ch. J., Rosinski, E.-J., Rubin, M. K.: U.S. Pat. 4.046.856 vom 6. September 1977 (TEA Mordenit), DOS 2.749.024 vom 2. November 1977 (Mobil Oil)

Butter, St.: DOS 2.633.881 vom 28. Juli 1976 (Mobil Oil)

Lago, R. M.: U.S. Pat. 4.025.571 vom 24. Mai 1977 (Mobil Oil)

Herstellung verschiedener Zeolithe:

ZSM-4	U.S. Pat. 3.923.639
ZSM-5	U.S. Pat. 3.702.886, 4.066.714
ZSM-11	U.S. Pat. 3.709.979
ZSM-12	U.S. Pat. 3.832.449
ZSM-35	
ZSM-36	U.S. Pat. 3.140.252, 3.816.342
ZSM-21	U.S. Pat. 4.046.856, 3.709.979

Argauer, R. J., Pennington, O. D. H., Landolt, R. G.: DOS 1.767.235 vom 9. September 1981 (Mobil Oil). Verfahren zur Herstellung von Zeolithen (ZSM-5)

Rollmann, L. D., Valyocsik, E. W. (Mobil Oil): Europ. Pat. App. 80 300 463.9 vom 19. Februar 1980. Crystalline Zeolite materialis synthesis and use thereof (Mobil Oil)

Chu, P. (Mobil Oil): Europ. Pat. Appl. 80 302 113.8 vom 24. Juni 1980, veröffentlicht 28. Januar 1981. Method for preparation zeolite ZSM-48 the zeolite so prepared and its use as catalyst for organic compounds Conversion

6.40. Dwyer, F. G., Chu, P.: J. Catal. *59*, 263 [1979]. Bedeutung der strukturdirigierenden Wirkung von organischen Kationen

Hölderich, W., Gallei, E.: Chem. Ing.-Techn. *56*, 908–915 (1984). Industrielle Anwendung zeolithischer Katalysatoren bei petrochemischen Prozessen.

6.41. Kemball, C., Donder, D. A.: Catalysis, Vol. *3*, 203 [1980], London Chem. Society

Robson, H.: Chemtech. *8*, 176 [1978]

Flanigen, E. M.: Proceedings of the Fifth International Conference on Zeolites, Heyden and Sons, London, *1980*

6.42. Kokotailo, G. T., Meier, W. M.: Proceedings of the Conferece on the Properties and applications on Zeolites, Heyden and Sons, London 1980

6.43. Rollmann, L. D.: Adv. Chem. Series *173*, 387 [1978]

Flanigen, E. M.: Adv. Chem. Series *121*, 119 [1973]

6.44. Kokotailo, G.T., Chu, P., Lawton, S.L., Meier, W.M.: Nature (London), *275*, 119 [1978]; Nature (London), *272*, 272 [1978]

Kokotailo, G. T., Meier, W. M.: Chem. Soc. (London), Special Publ. *33*, 133 [1980]

Derouane, E. G., Gabelica, Z.: J. Catal. *65*, 486 [1980], *70*, 238 [1981]

6.45. Vendrine, J. C. et al.: J. Catal. *59*, 248 [1979]

Hatada, K. et al.: Z. Physik. Chem. NF *117*, 37 [1979]

Dejaifve, P. et al.: J. Catal. *70*, 123 [1981]

6.46. Flanigen, E. M. et al.: Nature (London) *271*, 512 [1978]

6.47. Le Van Mao, R.: React. Kin. Catal. Letters *12*, 69 [1979], *15*, 293 [1980]

6.48. *ZSM-5-Katalysatoren* für andere als im Textteil erörterte technische Zwecke: Die früher verwendeten üblichen Crackkatalysatoren vom Typ der sauren SiO_2—Al_2O_3-Zeolithe z. B. 13X, Mordenit, Faujasit etc. sind dreidimensional und gestatten den Durchgang fast aller Moleküle (vgl. z. B. W. Lee, Proceedings of the 4th International Symposium 17.–12. Oktober *1979* in Antwerpen, Chem. Engineering Monograph, Vol. *10, 1979,* 200 Seiten).
Solche Katalysatoren wurden in letzter Zeit in vielen Fällen von den neuen Zeolithen abgelöst und die folgende Zusammenstellung gibt Beispiele auf diesem Gebiet:

1. C_8-Aromaten, Isomerisierung zur Herstellung von p.Xylol.Ersatz des Pt-SiO_2—Al_2O_3 (Hughes, D.: Chemtech. *10,* 588 [1977]
2. Synthese von Ethylbenzol aus Ethylen und Benzol durch Alkylierung. Ersatz des $AlCl_3$—BF_3 (U.S. Pat. 3.756.506, 3.962.364)
3. Katalytische Entparaffinierung (Dewaxing) durch selektives Hydrocracking. Ersatz von Pt-H-Mordenit (U.S. Pat. 3.960.705, 3.968.024)
4. Toluoldisproportionierung zu Benzol und Xylolen. Kaeding, W. W., Chu, C., Joung, L. B., Butter, St.: J. Catal. *69*, 392 [1981], D. Hughes, Chemtech. *10*, 588 [1977]
5. Hydrierreaktionen ohne Edelmetallzusätze Flanigen, E. M.: Proceedings of the Fifths International Conference on Zeolites, Heyden and Sons, London 1980
6. Einsatz von ZSM-5 als Katalysator für die Chlorierung von Benzol zu Hexachlorcyclohexan Huizinga, T., Scholten, J. J. F., Wortel, T. M.: Tetrahedron Lett. *21*, 3809 [1980]

Vaughan, D. E. W.: Proceedings of the Fifth Conference on the Properties and Applications of Zeolites, Heyden and Sons, London 1979

Naccache, C., Ben Taarit, J.: Proceedings of the International Conference on Zeolites, Neapel *1980*

Rabo, J. A., Bezman, R. D., Poutsma, M. L.: Acta Phys. Chem. *24*, 39 [1978]

Weitkamp, J.: Erdöl und Kohle *31* (1), 13–22 [1978]. Hydrocracken, Cracken und Isomerisierung von Kohlenwasserstoffen (51 Zitate)

siehe ferner: Chem. Eng. *1968* vom 29. Juli, S. 139–142. Process Design with Molecular Sieves (Kat. Cracken, Friedel-Crafts-Reaktion, Paraffinisomerisierung)

Weitkamp, J., Schulz, H.: Erdöl und Kohle, Compendium 74/75, Bd. 1, S. 355–366, 367–368. Hydrocracken von *n*-Paraffinen an Edelmetall-Zeolith-Katalysatoren

Uspenskii, B. G., Budovskaya, L. V., Mirskii, Ya. V.: Neftepererabotka Neftechima (Erdölverarbeitung, Erdölchemie UdSSR), Moskau *1983* (12) 7–9; C.A. *100,* 54 122t (1984). Kristallisation von Zeolithen vom NaY-Typ in Gegenwart von verschiedenen Kristallisationskeimen

Es handelt sich um die Herstellung von synthetischem Faujasit als Crackkatalysator

Gelms, I. E., Nefedoff, B. K., Radschenko, E. D., Alieff, R. R.: zit. nach C.A. *100*, 54 119x (1984). Sammlung wissenschaftlicher Arbeiten: Allunions-Wissenschaftliches Forschungsinstitut zur Verarbeitung von Erdöl *1983*, 44, Teil 2, 113–129. Zeolith-Katalysatoren in der Petroleum-Raffinerie-Industrie

Dimitrov, Ch. et al.: Z. Chemie (DDR) *21* (11), 387–394 (1981). Anwendung der thermischen Analyse zur Untersuchung von A-X- und Y-Zeoliten

Messov, U.: Chem. Techn. (DDR) *35* (3), 144–147 (1983). Zur Adsorption von Paraffin-Olefingemischen an X- und Y-Zeolithen in flüssiger Phase. Teil III, Immersionswärmen von *n*-Alkanen und 1-Alkenen an NaX- und NaY-Zeolithen

Lutz, W. et al.: Chem. Techn. (DDR) *35* (5), 250–253 (1983). Untersuchung der hydrothermalen Stabilität von NaA- NaCaA- und NaMgA-Zeolithen

Szabo, J., Kaldi, P.: Hungarian J. Ind. Chem. (VESPREM) *11*, 185–192 (1983). Adsorption rate on natural Mordenit

Andronikasvili, T. G., Thamm, H.: Chem. Techn. (DDR) *36* (4), 135–139 (1984) (45 Zitate)

Bremer, H. et al.: Anorgan. Allgem. Chemie *1984*, 12–18; C.A. *100*, 109 702q (1984). Studien an Oxidkatalysatoren. 39. Mitt. Der Einsatz von sauren Trägern auf die katalytische Wirkung des Metalls

Geprüft wurden die Katalysatoren in ihrem Verhalten bei der Isomerisierung/ Dehydrierung, Hydrogenolyse etc. von Kohlenwasserstoffen

Onodera, T. et al.: Eur. Pat. Appl. EP 94.693 vom 23. November 1983; C.A. *100*, 24 018w (1984) Crystalline aluminiumsilicate zeolite

Der Zeolith hat ähnliche Eigenschaften wie ZSM-5 und ist sehr wirksam für Transalkylierungen.

Chemistry and Industry *1984*, 2. April, Nr. 7, S. 237–268 Zeolites for industry

1. Dwyer, J., Dyer, A.: Zeolites an introduction, S. 237–240
2. Dyer, A.: Uses of natural zeolites, S. 241–244 (117 Zitate)
3. Towsend, R. P.: Ion exchange in zeolites-basis principles S. 245–251 (32 Zitate)
4. Rees, L. V. C.: Adsorption and diffusion of gases in zeolites, S. 252–257 (37 Zitate)
5. Dwyer, J.: Zeolites structure composition and catalysis, S. 258–269 (100 Zitate)

6.49. Langner, B. E.: Appl. Catal. *2*, 289–302 [1982]. Reaction of Methanol on Zeolites with different Pore-Structures

Ono, J.: CEER (Chem. Econom. Eng. Rev.) 1980 vom 7. Okt., S. 7

Venuto, P.B., Landis, P.S.: J. Catal. *21*, 333 [1971]

Swabb, E.A., Gates, B.C.: Ind. Eng. Chem. Fund. *11*, 546 [1972]

Derouane, E. G., Detremmerie, S., Gabelica, Z., Blom, N.: Appl. Catal. *1*, 211–224 [1981]. Synthesis and charakterisation of ZSM-5 Type Zeolites

6.50. Venuto, P.B., Landis, P.S.: J. Catal. *21*, 333 [1971]

Swabb, E.A., Gates, B.C.: Ind. Eng. Chem. Fund. *11*, 546 [1972]

Frilette, V. J., Haag, W. O., Lago, R. M.: J. Catal. *67*, 218 [1981], ferner U.S. Pat. 3.894.104 bis 3.894.107

Hughes, D.: Chemtech. *10*, 588 [1977]

6.51. Oil Gas Journal 1980 vom 14. Januar, S. 95

6.52. Meisel, S.L., McCullough, J.P., Lechthaler, C.H., Weisz, P.B.: Chemtech. *6*, 86 [1976]

Chen, N.Y., Garwood, W.E.: J. Catal. *52*, 453 [1978]

Derouane, E.G., Vedrine, J.C.: J. Mol. Catal. *8*, 479 [1980]

Derouane, E.G., Gabelica, Z.: J. Catal. *65*, 486 [1980], *70*, 238 [1981]

6.53. Chen, N. Y., Garwood, W.E.: J. Catal. *52*, 453 [1978]

6.54. Lago, R.M.: U.S. Pat. 4.025.571 vom 24. Mai 1977 (Mobil Oil)

6.55. Argauer, R.J., Landolt, G.R.: U.S. Pat. 3.702.886 vom 14. November 1972

6.56. Kaeding, W.W., Butter, St.: J. Catal. *61*, 155 [1980]

6.57. Derouane, E.G., Nagy, J.B., Dejaifve, P., van Hooff, J.H.C., Spekman, B.P., Vedrine, J.C., Naccache, C.: J. Catal. *53*, 40–55 [1978]. Elucidation of the Mechanism of Conversion of Methanol and Ethanol to Hydrocarbons on a New Type of Synthetic Zeolite

Vgl. Kagi, D.: J. Catal. *69*, 242 [1981]; Chang, C. D.: J. Catal. *69*, 244 [1981];
Kaeding, W.W., Butter, St.: J. Catal. *61*, 155 [1980];
Anderson, J.R., Mole, T., Christov, V.J.: J. Catal. *61*, 477 [1980];
Derouane, E.G. et al.: Appl. Catal. *1*, 201–224 [1981];
Chang, C.D., Silvestri, A.J.: J. Catal. *47*, 249 [1977]

6.58. Während der Drucklegung dieses Buches erschien zum MOGD-Prozeß eine äußerst interessante Arbeit:
Tabak, S.A., Krambeck, F.J.: Hydrocarbon Processing 1985, Sept., S. 72–74 „Shaping process makes fuels“.
Durch den hier beschriebenen MOGD-Prozeß der Mobil Oil (Mobil Olefins Gasoline and Distillate-Prozess), werden C_2—C_4-Olefin-Gemische, z. B. aus FCC-Anlagen, mit speziellen ZSM-5-Katalysatoren durch selektive Oligomerisierung in zu 100% im Benzin-Siedebereich liegenden Kohlenwasserstoffen oder in ein Gemisch von Dieselöl und Benzin überführt. Je nach Bedarf kann durch Wahl der Prozeßbedingungen ein Verhältnis von Benzin zu Dieselöl von 100 zu 0, bzw. von 10 zu 90 erzielt werden. Bei Einhaltung ausreichend langer Verweilzeiten und ständig gleichen Druck- und Temperaturverhältnissen ist die Zusammensetzung der Reaktionsprodukte nur wenig abhängig vom Mischungsverhältnis der Ausgangsolefine, da sich dann bei der Reaktion ein Gleichgewicht einstellt.

7 Die Überführung von Methanol in technische Gase

Die Überführung von Methanol in reine Gase oder definierte Gasgemische wird in Zukunft eine besondere Rolle spielen. Neben den in Abb. 7.1 angegebenen Möglichkeiten der Rückverwandlung von Methanol in Synthesegas für die verschiedensten Verwendungen, zur Gewinnung von reinem Wasserstoff und reinem Methan, dient Methanol zur Spitzengaserzeugung z. B. in Stadtgasanlagen, zur Herstellung von Reduktionsgas für die Eisenhüttenindustrie usw.

7.1 Herstellung von reinem Wasserstoff aus Methanol

Methanol hat eine gute Zukunft als Quelle für Wasserstoff. Wasserstoff wird verwendet für die NH_3-Synthese, zum Entschwefeln von Erdölfraktionen, zum Hydrocracken von Vacuum-Gasöl, für die Kohlenhydrierung, die Erzreduktion und schließlich als aussichtsreiche Komponente für die Brennstoffzellen und die Hydridspeicher.

Derzeit wird Wasserstoff hauptsächlich durch allothermische Spaltung von Erdgas mit Wasserdampf über Nickelkatalysatoren, bzw. durch autotherme Partialoxidation von Erdölrückständen oder schweren Heizölen hergestellt. Zwischenprodukte sind CO/H_2-Gemische.

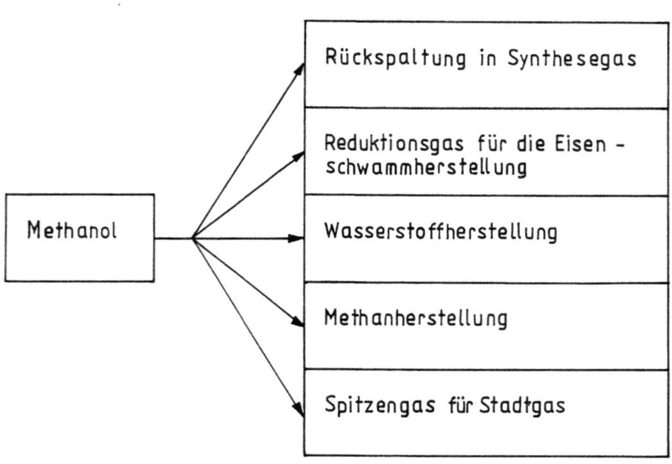

Abb. 7.1. Überführung von Methanol in technische Gase

Die Energiekosten haben dabei einen Anteil von über 70 % der Produktionskosten. Die Transport- und Lagerkosten von Wasserstoff sind hoch und wurden für große Anlagen noch gar nicht ermittelt.

Die Stromkosten für die Wasserelektrolyse sind erheblich und diese Verfahren werden erst bei technischer Anwendung der Kernverschmelzung wirtschaftlich werden. Dann allerdings hat Wasserstoff eine enorme Zukunft [7.1].

Stellt man Methanol auf Basis billiger Energie, z.B. aus schlechtem Erdgas, am Ort des Vorkommens her, kann das leicht zu transportierende und einfach zu lagernde Produkt Wasserstoffträger sein, da es sich auf einfache Weise in diesen überführen läßt.

Es ist bereits diskutiert worden (vgl. S. 84), Erdgas in Methanol zu überführen, das mit Schiffen oder Erdölpipelins zu verteilen ist und als Ausgangsmaterial für die verschiedensten Zwecke verwendet werden kann.

Leitet man Methanol bei 300–400 °C über einen z.B. aus Kupfer-Zinkoxid bestehenden Katalysator, läuft die der Methanolsynthese inverse Reaktion ab:

$$\text{I} \qquad CH_3OH \xrightarrow{\text{Kat.}} CO + 2\,H_2 .$$

In Gegenwart von Wasserdampf findet gleich eine Konvertierungsreaktion statt,

$$\text{II} \qquad CO + 2\,H_2 + H_2O \xrightarrow{\text{Kat.}} CO_2 + 3\,H_2 ,$$

so daß schließlich unter geeigneten Bedingungen die Gesamtreaktion folgendermaßen formuliert werden kann:

$$\text{III} \qquad CH_3OH + H_2O \longrightarrow CO_2 + 3\,H_2 .$$

Die Anwendung von Druck wirkt sich auf Reaktion I ungünstig aus, Reaktion II ist wenig druckabhängig. Man arbeitet bei 250–300 °C und einem Wasserüberschuß von $H_2O : CH_3OH = 1{,}5 : 1$.

Höhere Temperaturen können bereits zu etwas Methan-Bildung führen. Unter diesen Bedingungen erhält man bei einem 100proz. Methanolumsatz ein Gas, das aus Wasserstoff, CO_2, wenig CO und etwas Methan besteht. Das Gasgemisch wird z.B. durch Ethanolamin-Wäsche vom CO_2 gereinigt und anschließend in einem Reaktor über einem Nickelkatalysator durch Methanisierung von den letzten Mengen CO und CO_2 befreit. Das Gas enthält ohne weitere Anreicherung 99,5 % Wasserstoff. Es ist absolut schwefelfrei. Die Abwesenheit von CO ist besonders wichtig, wenn das Gas für den Betrieb von Brennstoffzellen dienen soll.

Eine große Anzahl von Reformingkatalysatoren wurde für diese Reaktion untersucht. So haben z. B. Polyanski und Roschdestvenski eine Anzahl von oxidischen Katalysatoren zur Spaltung von Methanol mit Wasserdampf geprüft (Cu/Cr), (Zn/Cr), (Mn/Cu), (Fe/Cr) und günstige Ergebnisse erhalten. Die besten Versuche ergaben bei 200 °C eine 93,3prozentige Selektivität für Wasserstoff [7.2].

Dezael und Prigent [7.3] erhielten mit Kupferchromit bei 220 °C aus $CH_3OH + H_2O$ ein Gas mit 74,6 % H_2; 24,8 % CO_2 und 0,6 % CO, das nach Aminwäsche zu 99 % aus H_2 bestand und noch 0,02 % CO_2 und 0,88 % CO enthielt.

Durch Hydrierung über Nickelchromit erhielten die Autoren ein Gas, bestehend aus 98 Vol.-% H_2, 0,001 Vol.-% CO_2, 0,001 Vol.-% CO. Der Rest bestand aus Methan und Wasser.

Im Reformingofen, der mit einem Wärmeüberträgeröl auf 220 °C beheizt wird, liegt auch der Hydrierungsofen und es wird die Abtreibung des CO_2 aus der Alkanolaminwäsche vorgenommen. Pro Stunde kann man mit einer solchen Vorrichtung 500 l Wasserstoff herstellen, der praktisch kein CO_2 und kein CO und nur noch 2 % Methan enthält.

Die Herstellung von technisch reinem Wasserstoff aus Methanol z. B. für die Erzreduktion oder für Heizzwecke ist besonders einfach, da der CO-Gehalt nicht stört. Benötigt man reinen Wasserstoff, z. B. für Brennstoffzellen die insbesondere gegenüber Kohlenmonoxid sehr empfindlich sind, können als Wasserstoffquellen Ameisensäure, Ammoniak, Hydrazin, aber auch technische Gase in Frage kommen, die mit Membranen, Pd-Ag-Legierungen etc. gereinigt werden. Am einfachsten wäre die Verwendung von Ameisensäure, die bereits bei der Berührung mit einem Edelmetall in Wasserstoff und CO_2 zerfällt. Sie liefert aber pro Gewichtsmenge zu wenig H_2. Hydrazin ist korrosiv und bildet explosive Gasgemische.

Flüssiges Ammoniak benötigt Druckgefäße und Naphtha wird aus mehreren Gründen von Methanol als Wasserstofflieferant übertroffen, weil die Niedertemperatur Dampf-Methanol-Reformingarbeitsweise am einfachsten ist. Methanol wird bei der Herstellung mit Wasser verdünnt, z. B. in einem Molverhältnis $CH_3OH : H_2O = 1 : 1{,}3$. Der Wasserzusatz bedingt zwar ein größeres Gewicht im Tank, aber mit dem H_2O-Überschuß wird eine CO-Bildung durch eine Konvertierungsreaktion sehr niedrig gehalten. Das Methanol-Wasser-Gemisch kann in Behältern aus dünnem Blech transportiert werden.

1979 wurde von I. B. Shefer am College der Universität von Arizona für sein Master Degree eine Arbeit eingereicht „An experimental study of methanol reformation“, die die Herstellung von Wasserstoff als Ausgangsmaterial für Brennstoffzellen zum Inhalt hatte. Das Ergebnis der Untersuchung war, daß Methanol für diese Zwecke das Rohmaterial par exzellence darstellt (Abb. 7.2).

Methanol kann für den Antrieb von Autos auf drei Arten verwendet werden. Einmal als M 100, einmal in Form von Synthesegas, das aus Methanol im Wagen erzeugt wird (Nissan Comp., Japan) und einmal über Brennstoffzellen, die mit Wasserstoff auf Methanolbasis und Luft betrieben werden. In der letzten Zeit hat LASL (*L*os-*A*lamos-*S*cientific-*L*aboratory) in einen Golf-Wagen eine Brennstoffzelle mit Erfolg eingebaut und betrieben. (Im Literaturteil ist unter 7.4 weitere Literatur über Brennstoffzellen zusammengestellt.)

Ein neuer Aspekt ergibt sich durch den Einsatz der Metallhydride [7.5]. Gewisse Metall-Legierungen können mit Wasserstoff bereits bei Raumtemperatur Hydride bilden, eine Reaktion, die mit Wärmeentwicklung verbunden ist. Zur Wasserstoff-Freisetzung aus den Hydriden muß wieder Wärme aufgebracht werden.

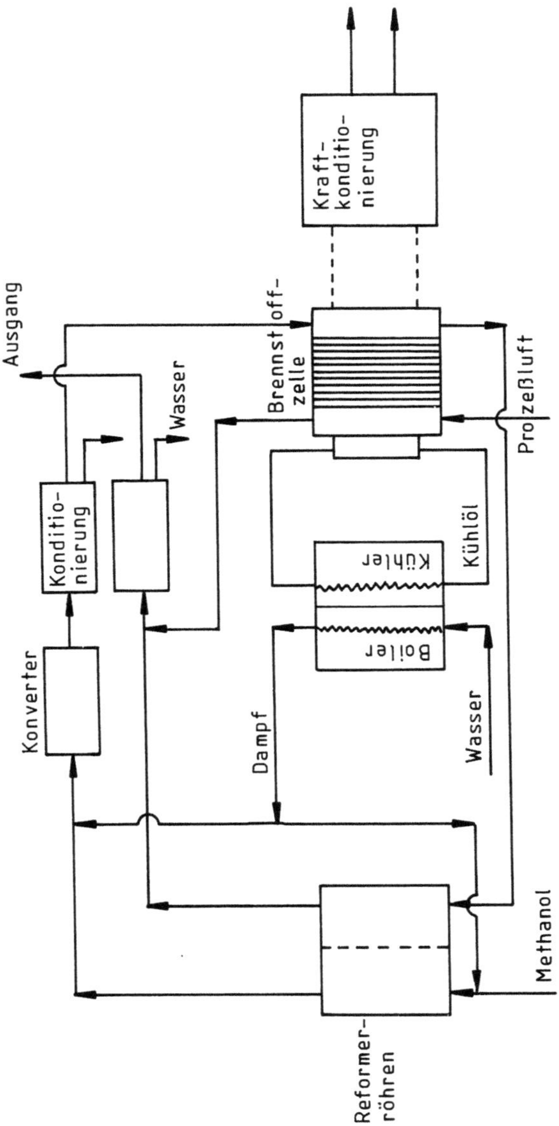

Abb. 7.2. Brennstoffzelle auf Basis Methanol

$$\text{Metallhydrid} + \text{Wärme} \underset{\text{Beladen}}{\overset{\text{Entladen}}{\rightleftarrows}} \text{Metall} + \text{Wasserstoff}.$$

Beide Wärmemengen sind gleich, woraus sich praktische Anwendungen ergeben werden.

Die Niedertemperatur-Metallhydrid-Speicher (vgl. Tabelle 7.1) arbeiten zwischen -20 bis $+60\,^{\circ}\mathrm{C}$ (Fe-Ti). Entnimmt man dem Speicher Wasserstoff ohne Wärmezufuhr, wird die Temperatur auf $-20\,^{\circ}\mathrm{C}$ abgesenkt, bei $+60\,^{\circ}\mathrm{C}$ ist der Speicher wasserstofffrei.

Die Hochtemperaturspeicher arbeiten zwischen 250–400 °C (z. B. MgNi, FeTiNi). Will man aus einem solchen Speicher Wasserstoff entnehmen, muß man ihn auf 250 °C erhitzen. Man kombiniert daher beide Speicher, so daß sich eine mittlere Gesamtspeicherkapazität von 3–4 Gew.-% H_2 ergibt. Für den Betrieb eines Autos mit einem 45-kW-Motor ergeben sich die in Tabelle 7.2 zusammengefaßten Verhältnisse.

Der Betriebsbeginn wird durch den Niedertemperaturspeicher bewerkstelligt, der Hochtemperaturspeicher wird durch die heißen Motorabgase zur H_2-Abgabe veranlaßt. Beim Betanken der leeren Speicher wird Wärme frei, die zu verschiedenen Zwecken ausgenutzt werden kann.

Von Bedeutung für spätere technische Zwecke ist die Tatsache, daß die Eisen-Nickel-Legierung, von Daimler Benz entwickelt, (Niederdruckspeicher) in der Lage ist, Wasserstoff aus wasserstoffarmen Gasen, z. B. H_2/CH_4-Gemischen, selektiv zu absorbieren und bei der Desorption Reinstwasserstoff zu liefern.

Methanol-Spaltanlagen [7.6] eignen sich auch für die Herstellung kleinerer Mengen Wasserstoff zwischen 500–5 000 Nm^3/h und sind außerordentlich fle-

Tabelle 7.1. Hydridspeicher. Druck- und Temperaturbereiche für den Betrieb von Nieder- und Hochtemperaturspeichern (Säufferer u. Buchner [7.5])

Metall + Wasserstoff ⇄ Metallhydrid + Wärme	
Niedertemperatur-Metallhydridspeicher	$\Delta H = \frac{30\ kJ}{Mol\ H_2}$
Temperaturbereich	– 20 bis +60 °C (Ti-Fe H_{2-x})
Druckbereich	– 1–60 bar
Speicherkapazität	– 1–2 %
Hochtemperatur-Metallhydridspeicher	$\Delta H = \frac{60-80\ kJ}{Mol\ H_2}$
Temperaturbereich	– 250–400 °C ($Mg_2Ni\ H_{4-x}$)
Druckbereich	– 1–5 bar (Fe_xTiNi_{1-x})
Speicherkapazität	– 3–6 %

Tabelle 7.2. Daten zur Fahrleistung eines Automobils mit Wasserstoff-Antrieb (Säufferer u. Buchner [7.5])

Ein 45-kW-Motor mit einem Fahrzeuggesamtgewicht von etwa 1,3–1,5 t und einem Gewicht des Metallspeichers von 200 kg bzw. einem Volumen von 65 l kann 200–250 km weit fahren.
Heizwert des 200 kg Metallhydridspeichers (6 kg Wasserstoff) 180 000 kcal (753 660 kJ). Dies entspricht etwa 18 kg bzw. 22 Liter Benzin. Maximale Reichweite später 400 km. Bei Vollast wird pro Sekunde etwa 1 g Wasserstoff benötigt.

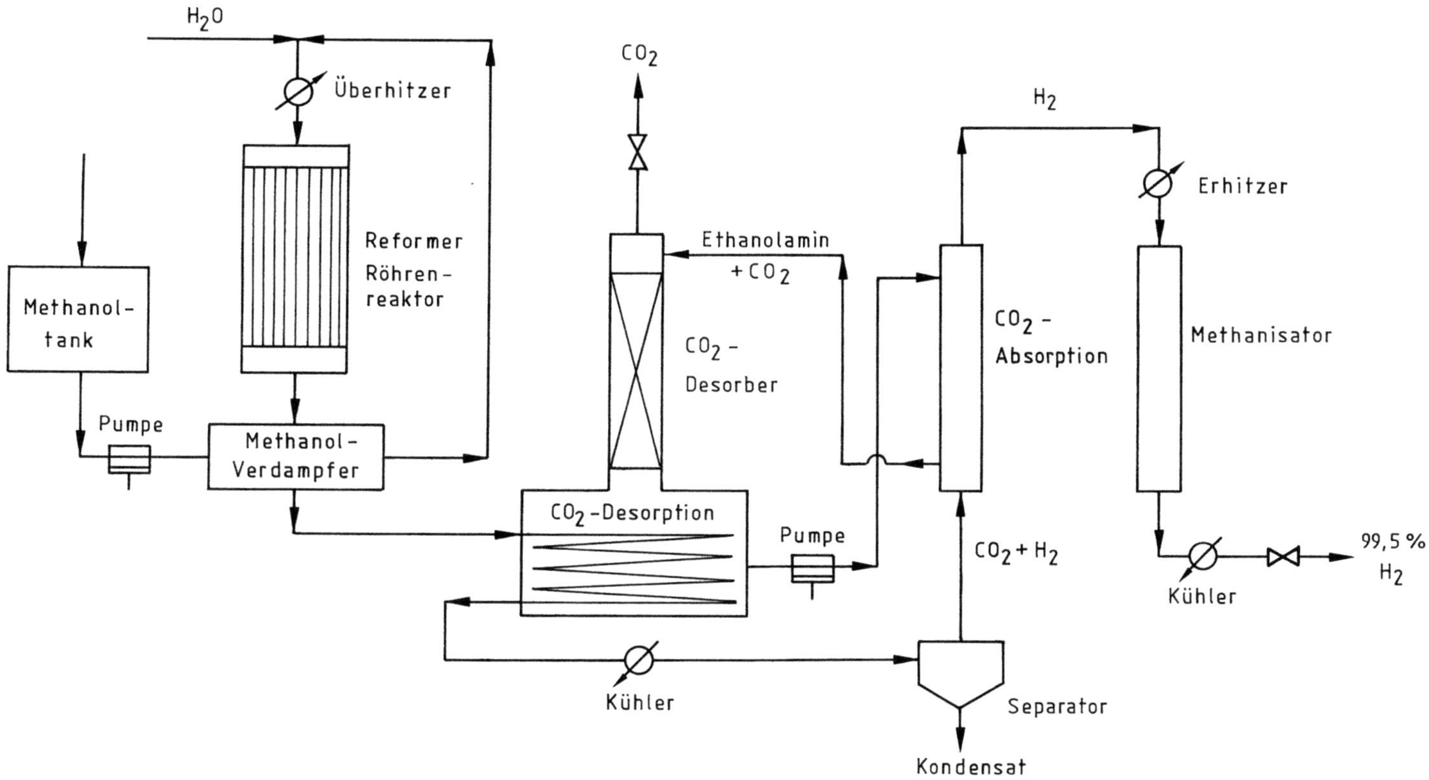

Abb. 7.3. Schema des Proximolprozesses der Lurgi-Umwelt und Chemotechnik GmbH, Frankfurt/Main (Chem. Ing. Techn. [7.6])

xibel. Sie können rasch von 20prozentiger auf 100prozentige Leistung und umgekehrt umgestellt werden. Sie werden automatisch kontrolliert und benötigen keine Betreuung durch Schichtarbeiter. Abbildung 7.3 zeigt das Schema des Proximolprozesses der Lurgi Umwelt- und Chemotechnik GmbH, Frankfurt/Main.
Methanol und Wasserdampf werden gemeinsam in einem Röhrenreaktor unter 30 bar Druck über den Katalysator geleitet. Die gesamte Reaktion ist endotherm und die Anlage wird mit einer Thermoölheizung (z. B. Marlotherm) von 300–310 °C Umlauftemperatur beheizt. Die aus dem Reformer austretenden Gase verdampfen zuerst das eintretende Methanol und treiben dann die Kohlensäure aus der Ethanolaminlösung aus. Anschließend wird gekühlt und die Kohlensäure in der Ethanolaminkolonne extrahiert. Das Gas wird anschließend von Resten CO_2 und CO durch Methanisierung befreit. Aus dem Gas läßt sich Wasserstoff von 99,999 % Reinheit herstellen, wenn man nach der Methanisierung eine Molsieb-Adsorption, die nach dem Pressure-swing-Verfahren arbeitet, anschließt. Die Ausbeute an Reinstwasserstoff beträgt etwa 75 %. Die Abgase bei der Regeneration des Molsiebes werden zum Heizen verwendet.

Eine sehr vorteilhafte Materialbilanz für das Methanol ergibt sich, wenn der Wasserstoff für die Ammoniak-Synthese und die Kohlensäure mit dem Ammoniak zur Produktion von Harnstoff eingesetzt werden:

$$CH_3OH + H_2O \longrightarrow CO_2 + 3\,H_2$$

$$N_2 + 3\,H_2 \longrightarrow 2\,NH_3$$

$$CO_2 + 2\,NH_3 \longrightarrow O{=}C(NH_2)_2 + H_2O$$

Die Zuwachsrate für Wasserstoff wird in den USA auf 6,5 % und mehr geschätzt, wobei etwa ⅔ in den indirekten Verbrauch, nämlich in die Herstellung von synthetischen Kraftstoffen gehen wird. Seine Herstellung wird sich immer mehr auf Basis Kohle verlagern, bis schließlich die Elektrolyse mit Atomstrom einspringen kann [7.7].

Die direkte Energieerzeugung aus Wasserstoff wird über Brennstoffzellen erwartet, die 1 000–10 000 kW für Spitzenleistungen liefern können. Dafür sind 500–5 000 Nm^3/h Wasserstoff notwendig, das entspricht einer Menge von 240–2 400 kg Methanol/h. Der Wasserstoffwirkungsgrad auf Methanolbasis beträgt etwa 90 %.

Für die Herstellung von 1 m^3 Wasserstoff aus Methanol benötigt man etwa 505 g Methanol. Für 3 000 m^3/h H_2 benötigt man etwa 1,52 t Methanol, das sind in 24 Std. etwa 36,4 t, also der Inhalt eines Kesselwagens.

Die Speicherung von Wasserstoff als $NH_{3liq.}$ liefert gewichtsmäßig die gleiche Menge Wasserstoff wie Methanol und man benötigt etwa die gleiche Menge Kohlenstoff zur Herstellung. Die Trennung des Ammoniaks in das sogenannte „Splittinggas“ und die Reinherstellung des Wasserstoffs daraus, bzw. die Lagerung des flüssigen Ammoniaks, ist aber aufwendiger und teurer.

Ultrareiner Wasserstoff, wie er z. B. in der elektrochemischen Industrie benötigt wird, kann z. B. nach einem Verfahren der Firma Haldor Topsøe durch Verwendung eines eigenen Katalysators (MDK-10) hergestellt werden [7.7]. Die Kapazität liegt bei 50–1 000 m³/h auf Methanolbasis.

Dieser Katalysator ist sowohl für die Methanolspaltung zu CO/H_2 (dissoziiertes Methanol), als auch für die Konvertierung des CO bei 275 °C aktiv (dampfreformiertes Methanol). Aus einem Methanol-Wassergemisch erhält man dann bei 20 bar ein Gemisch aus 75 Vol.-% Wasserstoff und 25 Vol.-% CO_2. Letzteres wird durch den PSA-Prozeß (*P*ressure-*S*wing-*A*dsorption) entfernt. Die Wärme für die Verdampfung des Methanol-Wassergemisches sowie für den endothermen Dampfreformingprozeß wird durch ein Thermoöl zugeführt. Die Anlagen, die als vormontierte Einheiten geliefert werden, sind automatisiert, die Produktionskosten je m³ Wasserstoff liegen bei 0,30–0,35 DM.

Von immer größerer Bedeutung wird auch die Herstellung von Reinstwasserstoff mit einer Reinheit von 99,999 %, die z. B. mit einer Diffusion durch Palladiummembranen erzielt werden kann.

Für die technische Reinigung von Wasserstoff aus Methanol-Purgegasen, von Synthesegas, von dampfreformiertem Methanolspaltgas, aus Gasen der Kohlehydrierung und der FT-Synthese, von Raffineriegasen, Koksofengasen usw., sind billige und leistungsfähige Verfahren nötig. Wegen der Wichtigkeit der Gastrennung für manche der im vorliegenden Buch erörterten Prozesse folgt hier eine kurze Anmerkung über Gastrennungsprozesse mit einer Zusammenfassung der wichtigsten Literatur über einzelne Verfahren.

Für eine kritische Auswahl der Verfahren müssen die Gaszusammensetzung, die aufzutrennenden Gasmengen und die abzutrennenden Gasbestandteile berücksichtigt werden.

Zu den teilweise lange bekannten Trennverfahren gehören:

1. Chemische Wäschen [7.8]
2. Physikalische Wäschen [7.8]
3. Absorptionsverfahren [7.8]
4. Adsorptionsverfahren [7.9]
5. Kryogene Auftrennung [7.10]
6. Diffusionsverfahren [7.11]
7. Gaspermeation [7.11]

Die Gaspermeation ist durch das Monsanto-Prism-Verfahren besonders aktuell geworden [7.11].

7.2 Methanol zur Gaserzeugung in Stadtgasanlagen

Spitzenlastdeckungen bei Stadtgasanlagen können z. B. durch Eindüsen von dampfförmigem Methanol in die Konvertierungsöfen einer Leichtbenzin-Hochdruckspaltanlage geschehen, wobei eine etwa 20proz. Steigerung der Nennleistung erzielt werden kann.

Dabei wird die Reaktionstemperatur bei etwa 440 °C gehalten, damit die Methanolspaltung weitestgehend nach der Gleichung

$$CH_3OH \rightarrow CO + 2\,H_2$$

abläuft und das entstandene Kohlenoxid gleich der Konvertierung zu $CO_2 + H_2$ unterliegt. Die Methanbildung soll dabei möglichst niedrig gehalten werden.

Man kann dem Konvertierungskatalysator auch einen Methanolsynthese-Katalysator vorschalten. Trotzdem sind etwa 30 % Methan im Gas enthalten [7.12].

Der Methanolumsatz beträgt über 98 %, der Rest wird durch die Gaskondensate, die zur Prozeßdampferzeugung rückgeführt werden, umgewandelt, so daß keine Verluste auftreten.

Ein neues Verfahren zur Abdeckung der auftretenden Spitzen bei Stadtgasanlagen, bei dem Methanol für sich in einer eigenen Anlage in ein Gas mit Stadtgasqualität übergeführt wird, ist das von der Lurgi-Kohle- und Mineralöltechnik GmbH ausgearbeitete Hochdruck-Methanolspaltverfahren (Hytanol-Prozeß).

Der Hytanolprozeß arbeitet bei 30 bar mit einem Methanol-Wasser-Gemisch im Gewichtsverhältnis 1:1 und einer Reaktionstemperatur > 600 °C in Gegenwart eines Spaltkatalysators von hoher Aktivität und gleichbleibenden Festigkeitseigenschaften (Gemeinschaftsentwicklung BASF und Lurgi).

Methanol und Wasser werden durch Wärmeaustauscher auf 200 °C vorgeheizt und dann in einem direkt gefeuerten Gemischüberhitzer auf eine Reaktoreintrittstemperatur von etwa 450 °C gebracht. Im Reaktor selbst erhitzt sich das Gemisch durch die exotherme Reaktion auf über 600 °C, wobei die Spaltgasbildung erfolgt. Das heiße Gas wird durch Wärmeaustauscher und schließlich durch einen Luftkühler auf 20 °C gebracht. 15 % des Gases werden in

Tabelle 7.3. Betriebsergebnisse beim Hochdruck-Methanolspaltverfahren (Hytanol-Prozeß der Lurgi-Kohle- und Mineralöltechnik GmbH) zur Spitzenerzeugung von Stadtgas bei der Nennleistung von 1 Mio m^3/Tag (Restin et al. [7.13])

Methanoleinsatz kg/h	33 980
Speisewasser m^3/h	39 250
Stadtgaserzeugung m^3/h	43 600
Brennwert kWh/m^3	4,95
Dichte (Luft = 1)	0,528
H_2	48,5 %
CH_4	28,2 %
CO	3,6 %
CO_2	19,7 %
Dampf/Methanolverhältnis kg/kg	1,16
Stadtgasausbeute m^3/kg	1,28
Spezif. Methanoleinsatz kg/m^3	0,781
Wirkungsgrad der Gaserzeugung %	88
Restmethanol im Gaskondensat	0,0
Heizölverbrauch im Gemischüberhitzer kg/h	2 413

einer Pottaschewäsche von 22 Vol.-% CO_2 auf 1,5% gebracht und mit dem anderen Teil vermischt.

Für eine Nennleistung von 1 Mio m^3 Gas pro Tag ergeben sich die in Tabelle 7.3 zusammengefaßten Werte [7.13].

7.3 Die Herstellung von Synthesegas ($CO + 2\,H_2$) aus Methanol

Durch Überleiten von Methanoldampf über den Synthesekatalysator, bei etwa 400 °C und 20 bar in einem Röhrenofen, tritt Rückspaltung ein nach der Gleichung

$$CH_3OH \rightarrow CO + 2\,H_2.$$

Mit Kupfer-Zink-Katalysatoren, die wirksamer sind, kann man die Temperatur auf 350 °C senken. Noch aktiver sind Zink-Kupfer-Vanadin-Kontakte 20–50:40–60:10–20, die schon bei 250–270 °C arbeiten [7.14].

Ein größerer Ofen für die Umsetzung von 1 t Methanol/h besteht aus 280 Röhren, die z. B. mit einem Katalysator gefüllt sind, der aus 78 % Zinkoxid und 22 Gew.-% Chromoxid zusammengesetzt ist. Die Röhren sind von einer Salzschmelze umgeben, die die Wärme für die endotherme Reaktion liefert. Das Salzgemisch aus 59 % Kaliumnitrat und 41 % Natriumnitrat schmilzt bei 140 °C.

Dem Methanol werden vor dem Eintritt in den Ofen etwa 10 Gew.-% Wasserdampf zugemischt, damit die CO_2-Bildung zurückgedrängt wird. Bei einem Druck von 22 bar und einer Temperatur von etwa 450 °C erhält man aus 1 t stündlich 2 065 m^3 Gas, bestehend aus 30,3 Vol.-% CO, 67,7 Vol.-% H_2 und 2,3 Vol.-% CO_2. Das Gasgemisch ist methanfrei. Die Trennung der Gase kann mit einem Molekularsieb, das für Wasserstoff durchlässig ist, geschehen, z. B. Zeolith Typ 155 der Bayer AG mit einem Porenvolumen 3–5 Å.

Dazu wird das aus dem Reformer kommende Gasgemisch von CO_2 gereinigt oder bei niedrigem CO_2-Gehalt sogleich nach dem Trocknen in den Adsorber gegeben. Sollte eine Vorreinigung nötig sein, wird bei 20 bar mit handelsüblichen Molsieben vom Wasser, Kohlensäure und Methan getrennt. Das Gas wird dann auf 3,4 bar entspannt und in 3 Adsorber gegeben. Jeder dieser Adsorber weist die gleichen Betriebszustände auf, aber jeder zu einem anderen Zeitpunkt. Die Adsorptionsperiode dauert 3 Minuten, die Desorptionsperiode (durch Pressure-Swing) die gleiche Zeit. Schließlich erhält man zwei Gase, von denen das eine zu 94,1 Vol.-% aus Wasserstoff und zu 5,9 Vol.-% aus CO besteht, das z. B. für die nachstehend beschriebene Erzreduktion verwendet werden kann. Das andere besteht zu 98 Vol.-% aus CO und zu 2 Vol.-% aus H_2.

Ein neuer Prozeß zur Abtrennung von Wasserstoff aus diesen enthaltenden Gasen wurde von der Monsanto entwickelt (PRISM-Prozeß) [7.15].

Man kann 99%igen Wasserstoff in einem Durchgang aus gemischten Gasströmen, die CO_2, CO, CH_4, O_2, H_2, ja sogar etwas Wasser und H_2S enthalten, abtrennen. Rohre aus semipermeabler Polysulfon-Hohlfaser mit einem Durchmesser von 300 μm, die mit einem von der Firma hergestellten Spezialüberzug versehen sind, lassen den Wasserstoff durch, während die anderen Bestandteile zurückbleiben.

Die Fasern widerstehen einem Druck von 30 bar.

7.4 Die Herstellung von Oxosynthesegas aus Methanol [7.16]

Bei der Umsetzung von Methanol über z. B. Kupfer-Zink-Katalysatoren bei 350 °C und 22 bar, erhält man CO/H_2-Gemische, die nach Abtrennung kleiner Mengen CO_2 ein CO/H_2-Verhältnis von etwa 1:2,1 haben und als typisches Synthesegas angesprochen werden können.

Will man aus diesem Gasgemisch ein Oxosynthesegas $CO:H_2 = 1:1$ herstellen, muß der Wasserstoffüberschuß entfernt werden, was durch Abtrennung eines Teils des Wasserstoffs z. B. durch Permeation oder durch sogen. Rückkonvertierung geschehen kann, indem ein entsprechender Teil CO_2 in CO überführt wird.

$$CH_3OH \rightleftarrows CO + 2\,H_2$$
$$CO_2 + H_2 \rightleftarrows CO + H_2O$$
$$\text{Nettoreaktion} \quad CH_3OH + CO_2 \rightarrow 2\,CO + 2\,H_2\,.$$

Eine ähnliche Rückkonvertierung wendet man auch bei der allothermen Reformierung von Erdgas mit Wasserdampf zu Synthesegas an. Nach der Gleichung $CH_4 + H_2O \rightarrow CO + 3\,H_2$ entsteht dabei sogen. „Spaltgas", das über zuviel Wasserstoff verfügt, um als Synthesegas $CO + 2\,H_2$ günstig eingesetzt werden zu können. Hier mischt man dem Methan gleich Kohlensäure zu, die bei der hohen Temperatur im Reformer in Gegenwart von Nickel als Katalysator zu CO reduziert wird und man erhält, wenn man das richtige Verhältnis von CH_4 zu CO_2 einstellt, Synthesegas.

Bei Verwendung von Methanol als Rohmaterial benötigt man 2 Reformer, da die Spaltung des Methanols zu Synthesegas $CO + 2\,H_2$ bei vergleichsweise milden Temperaturen vor sich geht, während die umgekehrte Konvertierungsreaktion fast 800 °C benötigt.

7.5 Die Herstellung von CO aus Methanol

Will man hauptsächlich reines CO auf Basis Methanol herstellen, muß man die Rückkonvertierung mit CO_2-Überschuß vornehmen, um so den Wasserstoffgehalt zu verringern.

Man verfährt dann so, daß man dem ersten Reformer bereits Kohlensäure zugibt.

Ein Beispiel für die Betriebsbedingungen und die Zusammensetzung des Ausgangsproduktes des ersten Reformers ist in Tabelle 7.4 angegeben.

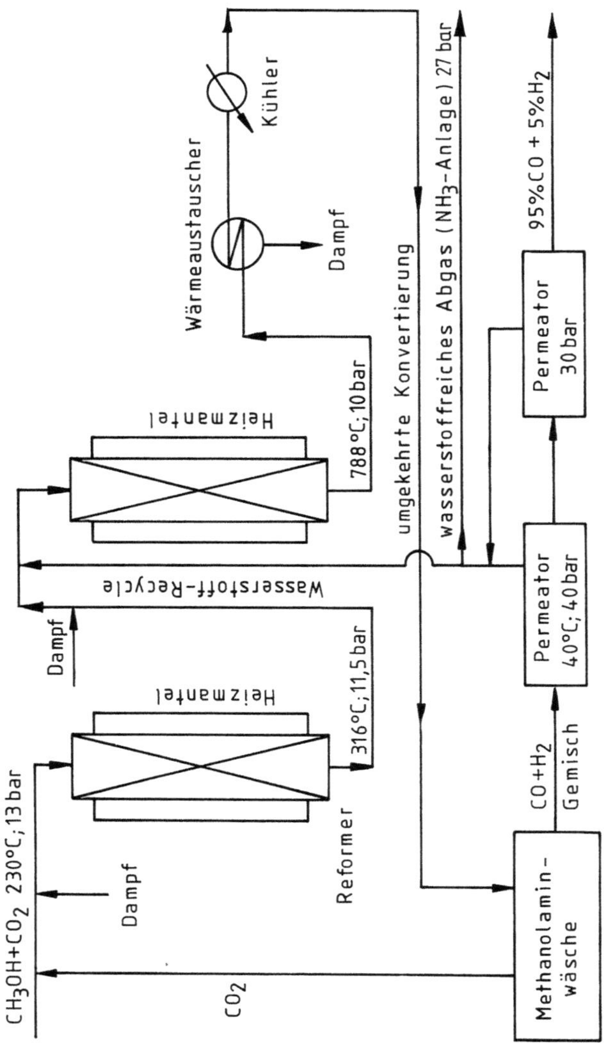

Abb. 7.4. Schema der Herstellung der größtmöglichen Menge CO auf Basis Methanol

Das am Reformerausgang anfallende Gasgemisch wird in die Rekonvertierungsreaktion eingesetzt.
Reformer und Konverter werden mit Wasserstoff aus den Permeatoren beheizt.

Das Austrittsgas aus dem Konverter wird vom CO_2 freigewaschen. CO_2 wird in den Reformer zurückgeführt. Nach dem Trocknen des Gases wird bei 30 bar in Permeatoren der Wasserstoff abgetrennt und man erhält ein CO mit noch 5% Wasserstoff (für weitere Gastrennungsmöglichkeiten s. S. 245).

Zur Herstellung von 23 000 t/Jahr CO benötigt man 31 000 t Methanol und das nötige CO_2. Man erhält 23 000 t CO (100%ig gerechnet; Theorie 27 000 t), das sind 86% der Theorie, ferner 185 t H_2 (Theorie 3 900 t, Differenzmenge wird im Reformer oder Konverter verheizt) (Abb. 7.4).

Tabelle 7.4. Betriebsdaten des ersten Reformers und des Konverters bei der Herstellung von CO aus Methanol und die Zusammensetzung des dabei entstehenden Gases

Komponenten	Mol-%
CO_2	26,4
CO	3,6
H_2	56,3
CH_3OH	Spuren
H_2O	13,7
Summe	100,0
Reformerbedingungen	
Umwandlung von Methanol	99,9 %
H_2O: Methanol, Molverhältnis	1,5
CO_2: Methanol, Molverhältnis	0,5
Druck am Reformerausgang	11,5 bar
Temperatur am Reformerausgang	316 °C
Bedingungen im Konverter	
Molverhältnis H_2O/CO_2	0,90
Temperatur im Ausgang	788 °C
Druck	10 bar
CO_2-Umsatz	62 %

Die getrennte Herstellung von CO und H_2 auf Methanolbasis über Methylformiat wird auf den Seiten 359 behandelt.

7.6 Erzeugung gasförmiger Spaltprodukte aus Methanol zum Einsatz als Motorkraftstoffe [7.17]

Es ist lange bekannt, daß hochkomprimierte, gasförmige Paraffinkohlenwasserstoffe wie Methan und Ethan, sowie sogen. „Flüssiggase" wie Propan und Butane, die sich ohne Kühlung nur durch Anwendung von niederen Drücken verflüssigen lassen, ausgezeichnete Vergaserkraftstoffe sind (LPG).

Versuche zur Herstellung von gasförmigen Kohlenwasserstoffen an Bord von Automobilen, z. B. aus Benzin, scheiterten an den drastischen Crackbedingungen von 700–800 °C in Gegenwart von Wasserdampf und an der unvermeidlichen Rußbildung. Wesentlich günstiger liegen die Verhältnisse bei der Verwendung von Methanol, das ja als höchstkomprimiertes Synthesegas in flüssig vorliegender Form betrachtet werden kann.

Dieses läßt sich bei verhältnismäßig niedrigen Temperaturen von 300–350 °C über Katalysatoren entweder in Synthesegas oder in ein Kohlensäure-Wasserstoffgemisch zerlegen.

$$CH_3OH \xrightarrow[300\,°C]{Kat.} CO + 2\,H_2 \quad („Dissoziiertes Methanol“)$$

$$CH_3OH + H_2O \xrightarrow[360\,°C]{Kat.} CO_2 + 3\,H_2 \quad („Dampfreformiertes Methanol“).$$

Dort, wo Kohlenoxid störend ist, wendet man die letztere Umsetzung an.

Das dampfreformierte Gas hat einen um 20 % höheren Heizwert als Methanol und kann beim Einsatz als Kraftstoff wegen seiner hohen Klopffestigkeit auf 1:14 bis 1:16 verdichtet werden.

Der Schadstoffausstoß ist äußerst gering, weil mit einem höheren Luftüberschuß gearbeitet werden kann.

Für die Ausführung der „Methanolvergasung“ kann die Wärme genutzt werden, die im Motor bei der Verbrennung frei wird und durch die heißen Gase im Wärmeaustausch übertragen wird [7.18].

Dies gilt sowohl für Automobile mit Vergasermotoren, als auch für Gasturbinen [7.19].

Für den Einsatz im Verbrennungsmotor wichtige Werte für Benzin, Methanol und Methanol-Spaltgas gibt Tabelle 7.5 an.

Zur Zeit führt das *S*olar *E*nergy *R*esearch *I*nstitute (SERI) in Golden (Colorado) ein Programm durch, in dem Automobile des Ford-Modells Escort mit M 100 betrieben werden.

Die dabei gewonnenen Ergebnisse sollen zum Vergleich herangezogen werden, wenn im nächsten Teil des Programms diese Wagen mit wasserstoffreichem Gas aus „dampfreformiertem Methanol“ betrieben werden. Der katalytische Spaltofen wird z. Z. entwickelt und soll das Gas an Bord der Wagen erzeugen [7.21].

Purohit und Houseman [7.19] haben in einer umfangreichen Arbeit die Resultate mitgeteilt, die sie beim Betrieb von PKW, Diesel-Lastwagen und dieselelektrischen Lokomotiven mit Methanol erhielten, wenn dieses vorher durch die Abgaswärme der Kraftwagen einer katalytischen Spaltung in wasser-

Tabelle 7.5. Vergleich zwischen Benzin, Methanol und Methanol-Spaltgas (Hirota [7.20])

Kraftstoff	Benzin	Methanol	Methanol als Dissociated Gas
Zusammensetzung	etwa C_8H_{18}	CH_3OH	67 Vol.-% H_2 33 Vol.-% CO
Unterer Heizwert kcal/kg	10 500	4 760	5 720
kJ/kg	43 950	19 940	23 940
Luftbedarf kg Luft/kg Kraftstoff	14,8	6,5	6,5
Magere Verbrennungsgrenze γ_{max}	etwa 1,3	etwa 1,5	etwa 7
Mögliche maximale Verdichtung	1:9	1:14	1:14

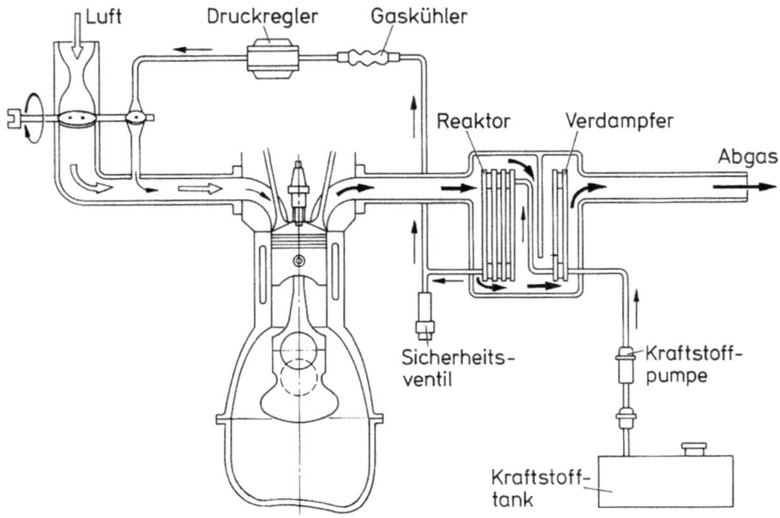

Abb. 7.5. Schematische Darstellung eines Motorkonzepts für Spaltgas (Inakagi et al. [7.17] bzw. Menrad u. König [7.17] dort S. 207)

stoffreiches Gas unterworfen wurde. Man erhielt 10–20% Verbesserung der Energieausbeute gegenüber den sonstigen Arbeitsweisen und auch die Abgasemissionen waren wesentlich verbessert. Die Abgase der verschiedenen Motoren hatten eine Temperatur von 400–600 °C und die katalytische Spaltung fand bei 230–290 °C statt.

Abbildung 7.5 zeigt die schematische Darstellung eines Motorkonzeptes für Spaltgas.

Die Vorteile, die sich bei dieser Arbeitsweise ergeben, sind folgende:

1. Die Motoren können mit reinen, wasserstoffreichen Gasen betrieben werden. Man benötigt dabei keinen Wasserstoff an Bord, sondern flüssiges Methanol.
2. Die Anwesenheit von Kohlenoxid im Gas vergrößert die Zündenergie, setzt die Flammentemperatur herab und verringert im Vergleich zu reinem Wasserstoff die Explosivität.
3. Das „dissoziierte Methanol" hat einen um etwa 20 % höheren Heizwert als Methanol. Da die Wärmemenge für die katalytische Spaltung des Methanols aus dem Motorabgas gewonnen wird, erhöht sich entsprechend die Nutzung der Energie des Methanols für den Motorantrieb.
4. Die extrem niedere Entflammbarkeitsgrenze des verdünnten Wasserstoffes erlaubt eine besonders magere Verbrennung, was den thermischen Wirkungsgrad erhöht und den NO_x-Ausstoß vermindert. Die Möglichkeit, die Kompression weiter zu erhöhen, verbessert den thermischen Wirkungsgrad zusätzlich.

Bei Dieselmotoren müssen zu Beginn des Betriebes, ähnlich wie bei der Verwendung von Methanol, etwa 5 % Dieselöl eingespritzt werden.

7.7 Der Betrieb von Verbrennungsturbinen mit Methanolspaltgasen [7.22]

Neueste Berichte aus dem Solar Energy Research Institute (SERI) in Golden (Colorado) bestätigten, daß eine Verbrennungsturbine, die sonst mit Destillatöl arbeitet, nach gewissen Modifikationen mit Methanol-Spaltgas befeuert werden kann. Es treten beim Einsatz des Gasgemisches aus Wasserstoff und CO_2 signifikante Verbesserungen des thermischen Wirkungsgrades und der Antriebskraft auf.

Das Spaltgas wurde durch Dampfreforming von Methanol mit Wasser über einen käuflichen Kupfer-Zink-Katalysator, der auf Aluminiumoxid aufgetragen war, hergestellt.

$$CH_3OH + H_2O \xrightarrow[\text{Wärme}]{\text{Kat.}} CO_2 + 3H_2 .$$

Die Wärme für den endothermen Spaltprozeß wurde den heißen Abgasen der Turbine entnommen und so in chemische Energie überführt, die zur Verbesserung des thermischen Wirkungsgrades beitrug.

Der Kupferkatalysator arbeitet bei Temperaturen zwischen 250–300 °C.

Ein sehr vereinfachtes Schema der Arbeitsweise einer Gasturbine mit einem „dampfreformierten Methanolgas" zeigt Abb. 7.6.

Ein Methanol-Wasser-Gemisch im Molverhältnis Kohlenstoff:Wasser = 1:1,56 wird über einen Filter in einen Kessel gepumpt, in dem es durch die etwa 650 °C heißen Abgase der Gasturbine auf 160 °C aufgeheizt wird.

Das Gemisch wird nun in einem Reformer, der durch einen Teil der Abgase aus der Gasturbine auf einer Arbeitstemperatur von 300 °C gehalten wird, und in dem sich der Katalysator befindet, umgesetzt. Das Gas verläßt den Reformer mit 316 °C und besitzt etwa folgende Zusammensetzung: $H_2 = 63$ %; $CO_2 = 19$ %; $H_2O = 16$ %, $CO = 1,8$ %, $CH_3OH = 0,5$ %. Die Kohlenstoffausnutzung beträgt 95 %.

Nach abermaliger Filtration der Reformergase werden diese in der Brennkammer mit komprimierter Luft verbrannt. Die Emissionswerte sind drastisch niedriger, zeitweise betrugen sie nur 10 % der bei Verwendung von Öldestillaten als Brennstoff auftretenden Emissionen. Die Arbeitsweise verlangt einen Wärmeaustauscher und einen Reformer, mit denen die Anlage zusätzlich ausgestattet werden muß.

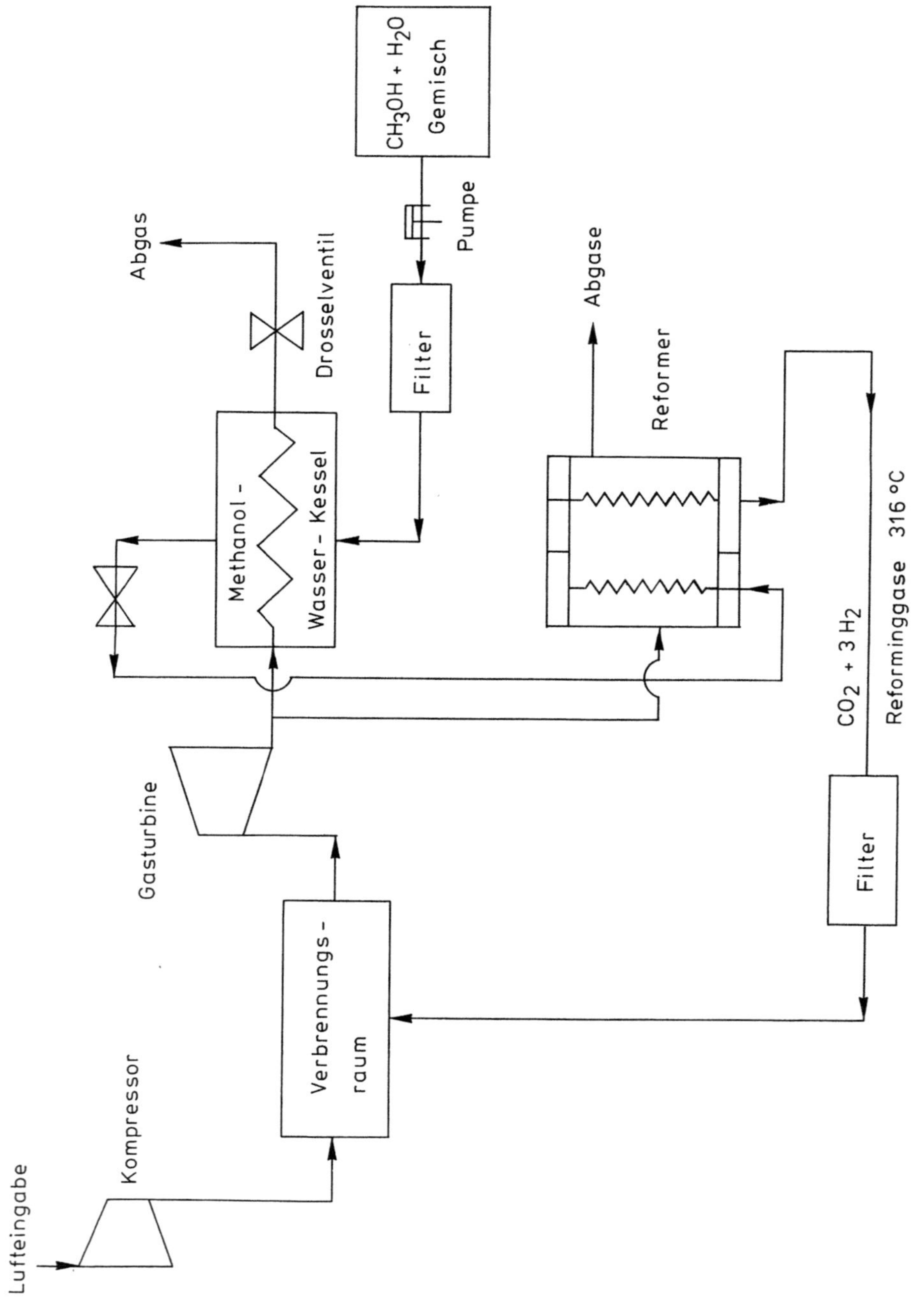

Abb. 7.6. Schema der Arbeitsweise einer Gasturbine mit $CO_2 + 3\,H_2$ aus einem katalytischen Methanol-Dampfreformer

7.8 Die Erzreduktion mit Reforminggas aus Methanol [7.23]

Die Direktreduktion des Eisenerzes mit Wasserstoff-Kohlenoxidgemischen unter Bildung von Eisenschwamm hat manche Vorteile und dürfte in den kommenden Jahren international immer größere Bedeutung erhalten.

Die Reduktion wird in Schachtöfen durchgeführt, in denen bis zu 95 % des Erzes reduziert werden. Die Weiterverarbeitung des Schwammes wird in Elektrostahlwerken vorgenommen, in denen der Schmelzvorgang und die Trennung von der Gangart erfolgen.

Das Reduktionsgas stammt bisher meistens aus Erdgas, das in Spaltanlagen in wasserstoffreiche CO/H_2-Gemische überführt wird. Die Reduktion des Erzes mit Wasserstoff ist endotherm, die mit Kohlenoxid exotherm.

$$Fe_2O_3 + 3\,H_2 \rightarrow 2\,Fe + 3\,H_2O \quad (-816\ \mathrm{kJ/kg\ Eisen})$$
$$Fe_2O_3 + 3\,CO \rightarrow 2\,Fe + 3\,CO_2 \quad (+289\ \mathrm{kJ/kg\ Eisen}).$$

Trotzdem wird ein möglichst hoher Wasserstoffgehalt im Reduktionsgas angestrebt, denn die Reduktion geht mit Wasserstoff schneller vor sich, die Gasausnutzung ist weitaus besser und außerdem kann der nicht umgesetzte Wasserstoff nach Auskondensation des Wassers wieder in den Prozeß zurückgeführt werden.

Der Wasserstoff ist gleichzeitig Wärmeträger und Reduktionsmittel. Er wird vor Eintritt in den Schachtofen durch Teilverbrennung auf 900 °C aufge-

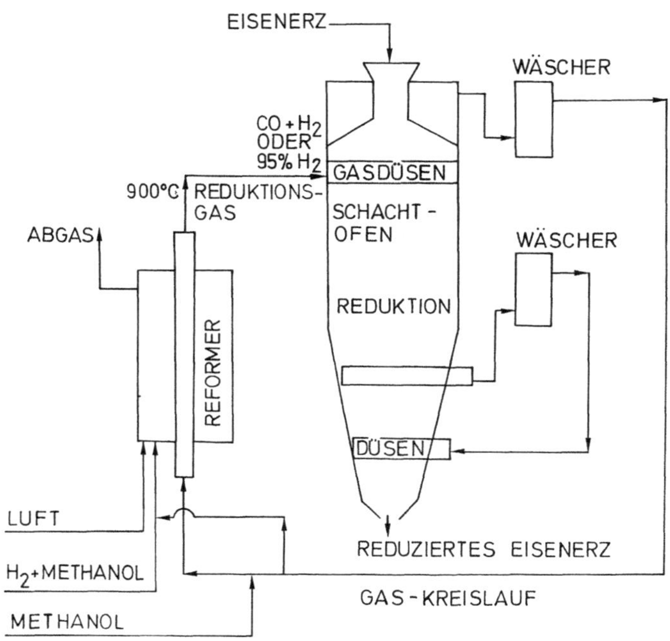

Abb. 7.7. Schema der Reduktion von Eisenerz mit $CO + H_2$ oder wasserstoffreichem Reforminggas

heizt. Damit wird die nötige Wärmemenge zur Verdampfung der Erzfeuchtigkeit, zum Aufheizen des Erzes auf die Reaktionstemperatur von 850–900 °C und zur Deckung der Reduktionswärme geliefert. Stöchiometrisch ergibt sich ein Wasserstoffbedarf von 610 Nm^3 auf 1 t Eisen, tatsächlich sind aber durch die oben angegebene Arbeitsweise 1070 Nm^3 H_2/t Eisen nötig. Durch dieses Verfahren ist es möglich, wenigstens in einem Teil der eisenschaffenden Industrie den völlig schwefelfreien, leicht zu transportierenden und zu lagernden Rohstoff Methanol einzusetzen.

Die Abb. 7.7 zeigt das Schema der Reduktion von Eisenerz mit $CO + H_2$ oder wasserstoffreichem Methanol-Reforminggas (~ 95 % H_2).

Die Verwendung von Methan (Erdgas) in Hochöfen ist wenig attraktiv, weil man dann den „Wind" mit erheblichen Mengen zusätzlichem Sauerstoff anreichern müßte.

Nach der konservativen Arbeitsweise benötigt man auf 1 t Roheisen etwa 350 kg Koks. Durch Einblasen von Reduktionsgas kann man leicht eine Menge von 150 kg Koks/t Roheisen einsparen. Die Koksersparnis kann auf 285 kg gesteigert werden, wenn man neben dem Reduktionsgas Schweröl einspritzt.

7.9 Die Herstellung von synthetischem Erdgas (SNG) aus Methanol [7.24]

Die Herstellung von synthetischem Erdgas (SNG) auf Kohlebasis erfolgt entweder durch direkte Kohlehydrierung mit Wasserstoff unter Druck (vgl. S. 282) oder indirekt auf Basis von Spaltgas $CO + 3\,H_2$. Letztere Arbeitsweise wird schon im großen Ausmaß in den USA ausgeführt, wo die natürlichen Erdgase immer knapper werden.

Tabelle 7.6 gibt einen Überblick über die Welterdgasreserven und die Fördermengen. Man erkennt daraus, daß die Sowjetunion über fast 36 % der gesamten, bisher festgestellten Erdgasreserven der Erde verfügt [7.25].

Besonders interessant sind die in den Perma-Frost-Regionen gelegenen riesigen Areale an Gashydrat-Vorkommen. Diese Hydrate können durch Zugabe von z. B. Methanol zerlegt werden und man erhält dann Propan usw. [7.26]. In den Hydraten binden 1 m^3 Wasser etwa 200 m^3 Gas.

Auch bei Mobilisierung dieser Erdgasreserven für die Industrieländer, besondere Bedeutung gewinnt hier die Erdgasleitung aus Urengoi/Sibirien für die Bundesrepublik Deutschland, wird es in Zukunft nötig sein, zusätzlich auf Basis Kohle SNC zu erzeugen.

Die Herstellung von SNG auf Basis von Spaltgas $CO + 3\,H_2$, das katalytisch zu Methan und Wasser umgesetzt werden kann,

$$CO + 3\,H_2 \xrightarrow{\text{Kat.}} CH_4 + H_2O$$

verlangt zuerst die Herstellung dieses Gasgemisches durch autotherme Vergasung von Kohle. Bei dieser wird die Wärme des endothermen Prozesses durch Verbrennen von Kohle mit Sauerstoff aufgebracht, was mit der Bildung von

Tabelle 7.6. Welterdgasreserven und Erdgasfördermengen im Jahre 1980.

Region	Bestätigte Reserven		Erdgasfördermengen	
	Mia m^3	%	Mia m^3	%
Westeuropa	4015	5,6	188,5	13,1
Afrika	5275	7,4	17,9	1,3
Naher Osten	20700	29,1	44,8	3,1
Nordamerika	7475	10,5	618,0	43,1
Mittel- und Südamerika	3195	4,5	50,8	3,5
Ferner Osten und Australien	3470	4,9	40,8	2,8
Summe Westliche Welt	44130	62,0	960,8	66,9
Osteuropa, UdSSR und China	27080*	38,0	479,6	33,1
Welt insgesamt	71210	100,0	1435,4	100,0

* Davon die UdSSR 26000 Mia m^3, d. s. 36 % der Weltreserven [7.25]

großen Mengen CO_2 verbunden ist. Weiteres CO_2 entsteht bei der Konvertierung des Gases auf das Spaltgasverhältnis $CO:H_2 = 1:3$, so daß dafür etwa bis zu 45 % der Kohle aufgewendet werden müssen. Bei dieser autothermen Arbeitsweise zur Überführung von Kohle in SNG, erhält man z. B. auf 500 Nm^3 SNG etwa 940 m^3 CO_2. Für 1000 Nm^3 SNG benötigt man bei der autothermen Arbeitsweise insgesamt 1,8 t Kohle, 3,2 t Wasserdampf und 0,9 t Sauerstoff.

Bei allothermer Arbeitsweise durch Einkopplung der Wärme aus HT-Kernreaktoren erhält man auf 500 Nm^3 SNG nur 400 Nm^3 CO_2. Diese Menge stammt fast ausschließlich aus der Konvertierungsreaktion. Man benötigt also für 1000 Nm^3 SNG hier nur noch 1,1 t Kohle und 2,9 t Wasser.

Über die Zweckmäßigkeit des Transportes von Erdgas in Form von LNG bzw. in Form von Methanol wurden in dieser Arbeit schon mehrmals die Ansichten von Fachleuten dargetan (vgl. S. 84).

Da eine Rückführung von Methanol in Methan technisch verhältnismäßig einfach durchzuführen ist, bietet es sich an, Erdgas wie im Kap. 2.1.2 ausgeführt, in Methanol umzuwandeln, dieses als Flüssigkeit zu transportieren, zu lagern und nach Bedarf daraus SNG herzustellen (Re-Gasifizierung).

Die Spaltung des Methanols erfolgt bei höheren Temperaturen über Nickelkatalysatoren. Dabei kommt es zum Ablauf verschiedener Reaktionen:

1. $CH_3OH \rightarrow CO + 2H_2$ endotherm
2. $CO + 3H_2 \rightarrow CH_4 + H_2O$ stark exotherm
3. $CO + H_2O \rightarrow CO_2 + H_2$ schwach exotherm (Konvertierung)
4. $CO_2 + 4H_2 \rightarrow CH_4 + 2H_2O$ exotherm
5. $2CO \rightarrow C + CO_2$ endotherm (Boudouard-Gleichgewicht).

Die Summengleichung für eine fast quantitative Methanbildung, die dann eintritt, wenn die Spaltgase in einem Methanisator katalytisch umgesetzt werden, ergibt

$$4CH_3OH \rightarrow 3CH_4 + CO_2 + 2H_2O.$$

Obwohl die Summengleichung die Bildung von Wasserdampf anzeigt, muß zur Verhinderung der Rußbildung, gegeben durch das Boudouard-Gleichgewicht, noch zusätzlicher Dampf in den Spaltreaktor eingesetzt werden. Praktisch arbeitet man mit einem Gewichtsverhältnis von Methanol:Wasser wie 1:1.

Es gibt verschiedene Möglichkeiten, die Temperatur der exothermen Gesamtreaktion im Spaltreaktor, in dem ein vollständiger Methanolumsatz angestrebt wird, zu halten. Eine davon ist die Recycle-Arbeitsweise (Abb. 7.8), die von Technikern als attraktivstes Verfahren der Praxis der Methanolumwandlung zu Methan angesehen wird.
Dabei werden die den Reaktor mit etwa 500 °C verlassenden Gase über Hochdruckkessel soweit abgekühlt, daß gerade noch keine Wasserkondensation erfolgt. Ein Teil dieses Gases wird durch einen Kreislaufgas-Kompressor in den Spaltgasreaktor zurückgeführt, wodurch dort fast adiabatische Verhältnisse erzielt werden. Gleichzeitig wird durch das „nasse" Kreislaufgas auch die Rußbildung verhindert. Das übrige Gas aus dem Spaltreaktor, bestehend aus etwa 20 % CO_2, 40 % H_2, 35 % Methan und 5 % CO, wird in die Methanisierungsstufe geleitet, in der der Wasserstoff die Kohlenoxide zu Methan reduziert. Dabei bleibt noch ein Rest an Kohlensäure über, der nach einem üblichen Verfahren abgetrennt wird. Das Gas wird anschließend getrocknet und besteht dann aus etwa 98 % CH_4.

Es gibt noch andere Ausführungsformen für die Transformierung von Methanol in SNG, so z. B. die Mehrstufengasifizierung, eine Arbeitsweise, bei der die Temperaturhaltung im Spaltreaktor nicht durch ein Recylclegas, sondern durch Verwendung von drei Reaktoren bewerkstelligt wird.

Hierbei werden Methanol und Wasserdampf in den ersten Reaktor geleitet, dessen Ausgangsgas dann durch Wärmeaustausch soweit gekühlt wird, daß noch keine Wasserkondensation eintritt. Dieses Gas wird mit neuem Methanol in den zweiten Vergaser gegeben usw. Auf diese Weise wird die exotherme Reaktion in den nötigen Grenzen gehalten. Man benötigt insgesamt drei Stufen, um die gleichen Vergasungswerte wie bei einer Stufe mit Kreislaufarbeitsweise zu erhalten. Hieran werden zwei Methanisierungsstufen angeschlossen (Abb. 7.9).

Beim Einsatz einer Methanolmenge von 264 t pro Stunde bzw. 6 336 tato mit einem spez. Gewicht von 0,798 max. und einem Heizwert von 5 326 kcal/kg (22 299 kJ/kg) erhält man 3,5 Mio m^3 SNG pro Tag (125 MM SCFD). Bei einem Einsatz von insgesamt 2,3 Mio t Methanol pro Jahr fallen etwa 1,3 Mia m^3 SNG mit folgender Zusammensetzung an:

Analyse des technischen Methans aus Methanol

	Vol.-%		Vol.-%	kcal/m^3
CH_4	97,85	CO	0,05	
H_2	2,05	H_0		8 800*
CO_2	0,10			

* (36,845 kJ/m^3)

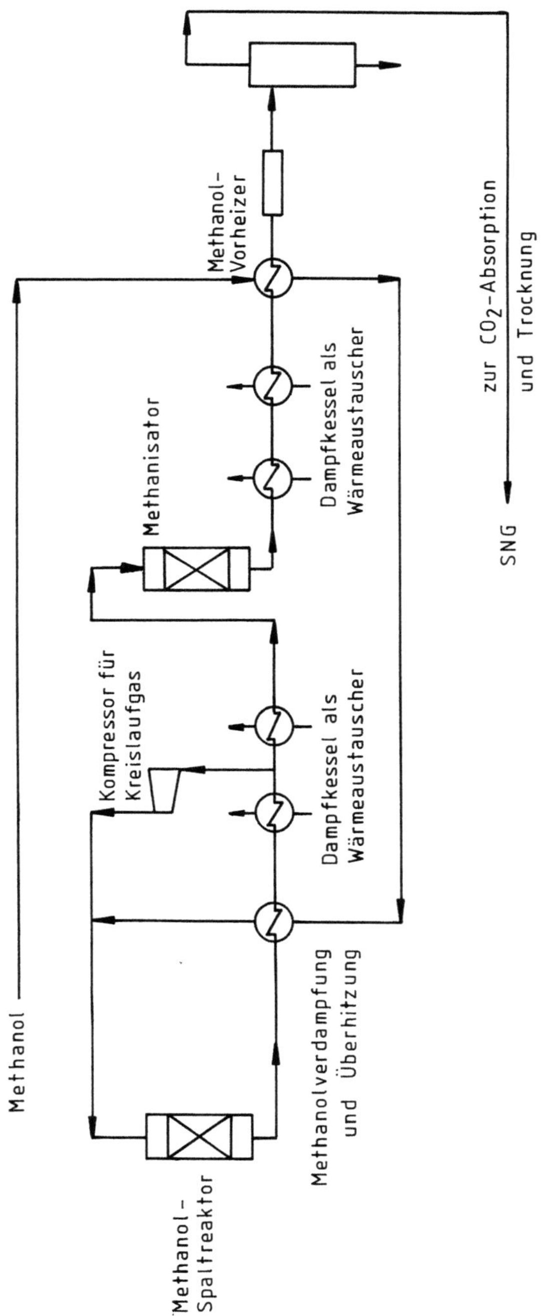

Abb. 7.8. Recycle-Arbeitsweise bei der Herstellung von SNG aus CH_3OH (Norman et al. [7.24])

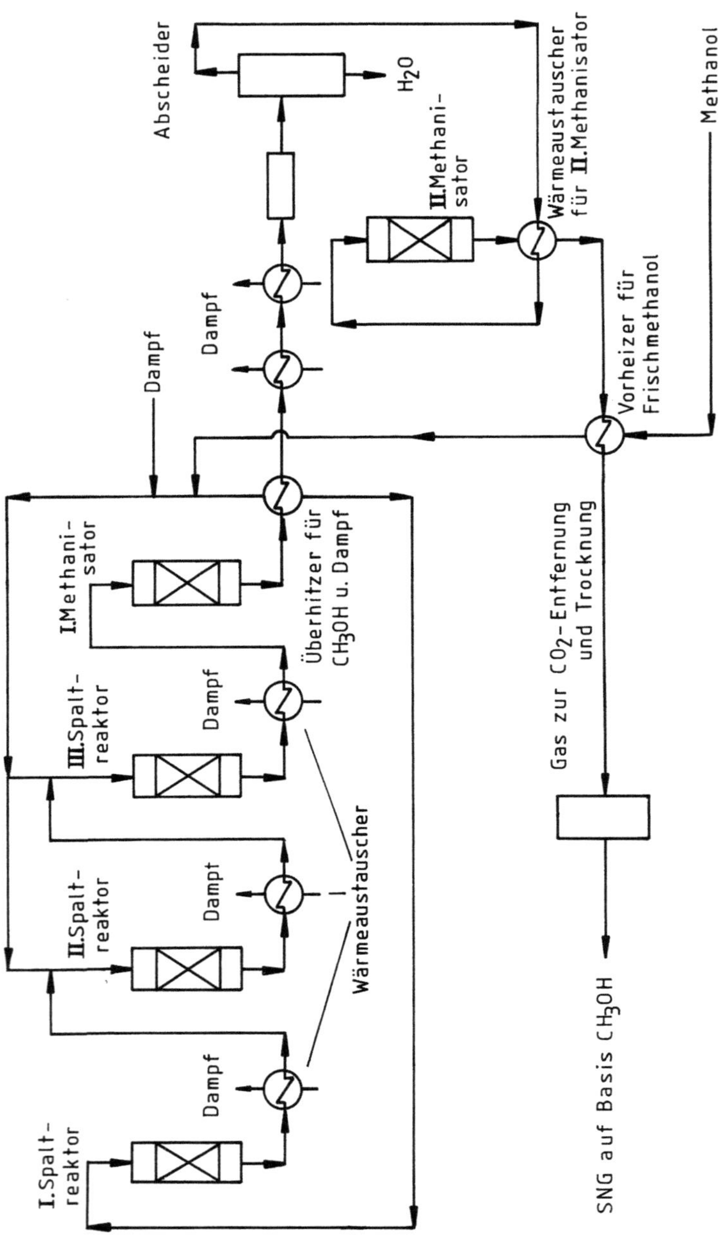

Abb. 7.9. Mehrstufen-Gasifizierung von Methanol zur Herstellung von SNG (Norman et al. [7.24])

Literatur zu Kapitel 7

7.1. Kelly, J.H., Escher, W., van Deelen, W.: Chem. Eng. Progress *1982*, Januar, S. 58. Hydrogen uses and demand through the year 2025. (Es werden dann 12–17 mal mehr H_2 benötigt als jetzt.)

7.2. Polyanski, A.B., Roschdestvenski, V.P.: Neftechimia (Erdöl-Chemie) UdSSR *14* (1), 120–124 [1976]. Die Umsetzung von Methanol mit Wasserdampf an oxidischen Katalysatoren

7.3. Dezael, C., Prigent, M.: DOS 1.957.293 vom 11. Juni 1970, ferner Franz. Pat. 1.549.206

Brennstoffzellen

7.4. Laig-Hörstenbrock, H. (Varta): Chem. Ing. Techn. *46* (3), 118 [1974], Gasversorgungsgeräte hoher Leistungsfähigkeit für ein 3,5 kW Brennstoffzellenaggregat (Methanol als Wasserstofflieferant)

Kurpit, S. S. et al.: Indirect Methanol-Air Fuel Cell Power Plant. Rec. Intersoc. Eng. Convers. Eng. Conf. 10th [1975], 222–228 bzw. U.S. Army Mobility Equipment Res. and Dev. Center, Fort Belair, Virginia

Sprengel, D. (Varta): Chem. Ing. Techn. *46* (3), 118 [1974], Über ein Brennstoffzellenaggregat im Gabelstaplerbetrieb für 3 kW, Nennleistung: Betrieb mit flüssigem Ammoniak

van den Broek, H., Hovestreydt, G., Alfenaar, M.: Erdöl und Kohle. Compendium 78/79, Bd. II, S. 725–740 [1978], 26. Tagung der DGMK 1978 in Berlin, Vehicles with Fuel Cells: Dream or Reality.

Lutz, I.H.: Hydrocarbon Processing, Juli *1981*, S. 81–84. Fuel Cells use Waste-Hydrogen (Anwendung von Brennstoffzellen in der Industrie)

Ragsdale, H.E., Rice, R.C., Hartley, G.R. (Bechtel): Oil Gas Journal *1981* vom 9. Nov., S. 226–231. Fuel cell show promise for pipelinestation power

V.D.I.-Nachrichten *35* (16), 2 [1981]: Chemie für Labor und Betrieb *32* (10), 480–481 [1981]. Neue Brennstoff-Aera in den USA in den 80iger Jahren.
Man hofft auf eine 1985 kommerziell einsetzbare H_3PO_4-Brennstoffzelle sowie bis 1995 auf eine flüssige Karbonatzelle.

Oil Gas J. *1982*, 19. Juli, S. 180. 40 kW fuel cell tested in Oregon (für Hausheizung)

Brennstoffzellen auf Methanolbasis. In Einsatzmöglichkeiten neuer Energiesysteme, Teil III, „Wasserstoff", S. 105–108, Herausgegeben vom BMFT, Bonn 1975, Verlag H.G. Weiss, Monschau-Imgenbroich, s. auch S. 285–295

Brennstoffzellen auf Methanolbasis: Neuen Kraftstoffen auf der Spur, S. 246–253 Herausgegeben vom BMFT, Bonn 1974, Vertrieb Gersbach und Sohn-Verlag, 8000 München 34, Barer Str. 30

Egorov, A.M., Recharsky, M.V., Berezin, I.V.: Chemistry International *1981* (5), 20–26. Coal derived liquid fuels provide H_2 for fuel cell power, vehicel propulsion (Lomonossow Univ. Moskau UdSSR) (CH_3OH bzw. HCOOH)

Platinum Metal Rev. *25* (1), 12–13 [1981]. The generation of pure Hydrogen for industrial Application (On site Production uses Silver-Palladium-Membranes) Basis für H_2 ist CH_3OH

Chemistry and Industry *1982* vom 3. Julj, S. 424. Fuel cell for on-side power in UK? Eine 4,8 MW Kraftstation ist in New York im Aufbau. Methanol wird als Kraftstofflieferant verwendet

CEER (Chem. Econ. Eng. Rev.) *1980*, Dezember, S. 41. Methanol fuel cell

CEER *1983*, Juni, S. 38–39, Practical Use fo Fuel Cell

Coleman, A. J. et al.: Composite Catalysts for Carbon Monoxide Resistent Fuel Cell Anodes. Extended Abstracts 83-1, 163 Spring Meeting of the Electrochemical Society, San Francisco, 8.–13. Mai *1983*, S. 1262–1263

Metallhydride

7.5. Buchner, H. (Daimler Benz AG): Energiespeicherung in Metallhydriden, Springer, Wien, New York *1982*, 294 Seiten (Inovative Energie-Technik)

Kaplan, L.: Chem. Eng. *1982*, 9. August, vgl. auch Chem. Eng. *1982*, 17. Mai, S. 51, Metallhydride entfernen selektiv Wasserstoff aus diesen enthaltenden Gasen. Man kann so Wasserstoff von Nebenprodukten reinigen

CEER *1983*, Januar/Februar, S. 11, Metal Stores Hydrogen

Osumi, Y.: CEER (Chem. Econ. Eng. Rev.), *1984*, Mai, S. 12–22, Trends in Development of Metal Hydrides at Home and Abroad
Eingehende Schilderung der modernen Entwicklung auf dem Metallhydridgebiet. Technologie zu Wasserstofflagerung und zum Transport. Metallhydride für Autobusse, PKW, Wärmespeicherung mit Metallhydriden etc.

Osumi, Y.: CEER (Chem. Econ. Eng. Rev.) *1982*, Mai, S. 15–24. Metalhydrides as New Energy Conversion material

Säufferer, H., Buchner, H. (Daimler Benz): Erdöl und Kohle, Compendium 78/79, Bd. I, S. 711–724. Wasserstoff als alternativer Kraftstoff
Wasserstoffantrieb bei Daimler-Benz. Das Daimler-Benz Hydridenergie-Konzept. Metallhydridspeicher als Wasserstofflieferanten.

Hydridspeicherung: Einsatzmöglichkeiten neuer Energiesysteme, Teil III, Wasserstoff, S. 285–297 [1975], Herausgegeben vom BMFT, Bonn, Verlag H. G. Weiss, Monschau-Imgenbroich

Hydridspeicherung in: Neuen Kraftstoffen auf der Spur, S. 285–295 [1974], Herausgegeben vom BMFT, Bonn, Vertrieb Gersbach und Sohn-Verlag, 8000 München 34, Barer Str. 30

Wasserstoff auf Methanolbasis

7.6. Gregory, D. P. et al.: Chemtech. Juli 1981, S. 442–444. The Economic of Hydrogen. Es wurden 5 Prozesse getestet

Chem. Week *1982*, 3. März, S. 42. The search for cheaper hydrogen

Mough, T. H.: Science *178* (4063), 849–852 [1972]. Hydrogen: Synthetic fuel of the Future

V.D.I.-Nachrichten *33* (39), S. 12 [1979]. Wasserstoff für Flugzeuge

Michaels, H. J., Leonard, H. T. (Koppers): CEP *1978*, August, S. 85–91, Hydrogen Production via Koppers-Totzek

Pollaert, T. J. (Lurgi): CEP *1978*, August, S. 95–98, Hydrogen form Coal

Chem. Ing. Techn. *45* (24), 1516 [1973]. Proximolverfahren der Lurgi-Apparatetechnik GmBH, Frankfurt/Main

Voeste, T. H.: Fette, Seifen, Anstrichmittel *75*, 360–362 [1973], Über ein neues Verfahren zur Herstellung von Wasserstoff aus Methanol (Proximolprozeß der Lurgi)

Salvi, G., Zanella, E., Parodi, E.: Riv. Combust *32* (7–8), 233–250 [1978], C.A. *90*, 171.155s [1979]. Automatic Generation of Hydrogen from Methanol. Problems of Purification of the Gas and constructive qualities

Fukami, K.: CEER (Chem. Econ. Eng. Rev.) *6* (1), 14–17 [1974]. Proximolprozeß unter Druck

Yamamoto, T.: CEER (Chem. Econ. Eng. Rev.) *13* (1–2), 11 [1981], C.A. *95*, 99905v [1981]. Wasserstoffherstellung aus Methanol

Jonchere, J. P.: Oil Gas Journal *74* (24), 71–73 [1976]; C.A. *86*, 6835 [1972], Methanol seen as Hydrogen source

Chem. Ind. *32* (5), 350 [1980]. Vom Methanol zum Wasserstoff

Wicke, E.: Chem. Ing. Techn. *54* (1), 41–52 [1982]. Wasserstoff-Energiewirtschaft aus kritischer Sicht

7.7. Chem. Ind. 36 (3), 156 (1984). Wasserstoff aus Methanol (Haldor Topsøe)

Europa Chem. *1982* (20), S. 341. Wasserstoff in extremen Reinheiten von 99,9999 %

Diffusion handelsüblicher Ware durch eine Membran aus Pd-Legierung.

Platinum Metals Review *27* (1), 18 (1983). The recovery of hydrogen from waste gas

Durch Silber-Palladium-Diffusions-Membranen bei 300 °C und 21 bar erhält man Wasserstoff mit 99,9999 % Reinheit, z. B. aus Ammoniak-Splittinggas, Methanolspaltgas oder CO_2/H_2-Gemischen aus „steamreformed“ Methanolgas
Vgl. hierzu Platinum Metals Reviews *1981, 25* (1), 12–13

7.8. Asinger, F.: Die petrolchemische Industrie, Bd. I, S. 130–149 (1971). Akademie-Verlag, Berlin 1971

Schmidt, H. W., Henrici, H. J.: Chem. Ztg. *96*, 154–164 (1977)

Hochgesand, G.: Chem. Ing. Techn. *40*, 432 (1968)

Riesenfeld, F. G., Kohl, A. L.: Gas Purification, Gulf Publishing Company, Houston 1974

Hochgesand, G.: Ind. Eng. Chem. *62* (7), 76 (1970)

Wolfer, W. et al.: Oil Gas J. *1980*, 21. Januar, S. 66–70. Solvent shows greater efficiency in sweeting of gas (Sepasolv-Verfahren der BASF)

Hoogendorn, J. C., Salomon, J.: Brit. Chem. Eng. *2*, 238–244 (1957). Das Rectisol-Verfahren der Firma Lurgi

7.9. Schmidt, H. W., Henrici, H. J.: Chem. Ztg. *96*, 154–164 (1972). Grundlagen und Verfahren der Reinigung von Synthesegas

Corr, F. (BASF), Dropp, F. (Wintershall-Lingen), Rudelsdorfer, E. (Union Carbide): Hydrocarbon Processing *1979*, März, 119–122. PSA-Adsorption produces low cost high purity hydrogen

Watson, A. M. (Linde): Hydrocarbon Processing *1983*, März, S. 91–95. Use PSA (Pressure-Swing-Adsorption) for low cost hydrogen

Osumi, Y.: CEER (Chem. Econ. Eng. Rew.) *1983*, Oktober, S. 7–14. Trend in demand for hydrogen gas and gas-separation technology

CEER *1983*, April, S. 43. Worlds largest PSA-plant for hydrogen

Die Union Rheinische Braunkohlenkraftstoff AG hat 1982 die damals größte Anlage zur Abtrennung von Wasserstoff nach dem PSA-Verfahren in Betrieb genommen. Stündlich werden 57000 Nm^3 mit 99,5 % Reinheit aus dem Dampf-Reformer bzw. dem Purgegas der Methanolsynthese gewonnen.

Werner, D. (BASF): Chem. Ing. Techn. *53* (2), 73–81 (1981). Gasreinigung für große Wasserstoffmengen

Mahler, G.: Gas Wärme International *32* (2/3), 80 (1983). Erfahrungen mit Adsorptionsanlagen zum Aufbereiten von Gasen und Vergleich mit alternativen Verfahren

Hydrocarbon Processing *1982*, April, S. 163, Hydrogen-Topsøe.

Deutsche Verfahren zur Trennung von Gasen mit Kohlenstoff-Molekularsieben

Reichenberger, J., Knoblauch, K., Jüntgen, H.: Erdöl und Kohle, Compendium 78/79, Bd. 2, S. 1046–1063 (Bergbauforschung, Essen). Adsorptive Wasserstoffgewinnung aus Primärgasen

Knoblauch, K.: Gas Wärme International *32* (2/3), 78/1983 Inertgaserzeugung aus Luft unter Einsatz von Kohlenstoffmolekularsieben

7.10. Hydrocarbon Processing *1982*, April, S. 158–159. Cryogenic upgrading

7.11. Special Report: Permeation-membrane separation, Hydrocarbon Processing *1983*, August, S. 43–63 (6 Arbeiten)

Burmeister, B. M., Carter, D. C.: Oil Gas J., 28. März, 90–93. Separator hikes methanol autput cuts cost (Aufarbeitung des Methanol-Purgegases mit dem Prism-Separator)

Narayan, R. S. et al: Chem. Ind. *34* (5), 318–320 (1982). Hohlfaser-Separatoren für die Wasserstoffgewinnung

Mac Lean, D. L., Graham, T. E. (Monsanto): Chem. Eng. 1980, 25. Februar, S. 54 Hollow fibres recover hydrogen

Chem. Eng. *1983*, 11. Juli, S. 90

Die Firma Monsanto wendet in ihrer Methanolsynthese in Texas City den Prism-Prozeß zur Trennung des Purgegases an. Der Wasserstoff wird in die zweite Stufe des Synthesegaskompressors eingegeben.

Chem. Eng. *1984*, 16. April, S. 14. Membranes wider roles in gas separation

Applegate, L. E. (Du Pont): Chem. Eng. *1984*, 11. Juni, S. 64–69. Membrane separation processes

7.12. Hedden, K., Hettenbach, U.: gwf-/Gas/Erdgas *116* (9), 367–370 [1975]. Untersuchungen zur Methanolspaltung an CO-Konvertierungskatalysatoren

7.13. Restin, K., Jurkat, P. A., Hiller, H.: gwf-Gas/Erdgas *123* (3), 105–111 [1982]. Spitzengas aus Methanol-(Hytanol-Prozeß)

Jurkat, P. A., Klapputh, S., von Walter, C.: gwf-Gas/Erdgas *116* (9), 370–377 [1975]. Methanol zur Spitzengaserzeugung in Stadtgasanlagen

Faleka, K., Kania, M., Naczynski, J.: Pol. Pat. 94.871. C.A. *90*, 74249/t [1979], Stadtgas aus Methanol mit viel Wasserstoff

7.14. für Katalysatoren zur Spaltung von Methanol zu Synthesegas $CO/H_2 = 1:2$, vgl. DB Pat. 1.930.702, U.S. Pat. 3.897,471

Belg. Pat. 884.720 vom 11. Februar 1981, C.A. *94*, 194.362d [1981]. $CO + H_2$ aus Methanol über CuO-ZnO

Jockel, H., Marschner, F., Moeller, F. W., Moertel, H. G.: DOS 2.918.405 vom 20. November 1980, Metallgesellschaft AG

Ymamoto, T.: CEER (Chem. Econ. Eng. Rev.) *4* (12), 50–57 [1972]. Synthesegas aus CH_3OH

7.15. Narayan, R. S., Horn, J. R., Patton, C. J.: Chem. Ind. *34*, 318–320 [1982]. Hohlfaser-Separatoren für die Wasserstoffgewinnung

Schell, W. J., Houston, C. D.: Hydrocarbon Processing *1982*, Sept., S. 249–252. Process gas with selective Membranes

Berry, R. I.: Chem. Eng. *1981* vom 13. Juli, S. 63–67. Membranes separate Gas

MacLean, D. L., Graham, T. E.: Chem. Eng. *1980*, 25. Februar, S. 54. Hollow-Fibers recover hydrogen

Chem. Week, Nov. 21. [1979]. New Hollow-Fibre device separates hydrogen from waste gas streams

Chem. Eng. *1979* vom 3. Dezember, S. 43. Hollow-Fibre: Ein neuer Prozeß zur Abtrennung von Wasserstoff

7.16. Ikahashi, T.: CEER (Chem. Econ. Eng. Rev.) *1980* vom 12. August, S. 31. Neuer MGC-Prozeß für hochreines CO und Übersicht über Derivate des Methylformiates

7.17. Inagaki, T., Hirota, T., Ueno, Z.: Combustion and emission of gaseous fuel from reformed methanol in automotive engines. Third International Symposium of Alcohol Fules Technology. Asilomar/California, 28.–31. Mai *1979*. Zit. in Menrad. H. u. König. A., Alkoholkraftstoffe, Springer Verlag Wien, New York 1982

VDI-Nachrichten *13* (6), 1981. Methanolgas-Motor arbeitet im Nutzfahrzeug

Zajontz, J., Burmeister, H., Weidenbach, G.: Erdöl und Kohle *35* (4), 188 (1982). Verbesserung des Betriebsverhaltens von Ottomotoren (Katalysatoren zur Erzeugung von Spaltgasen aus Alkohol)

Gleiche Autoren: Katalysatoren zur Erzeugung von Spaltgasen aus Alkoholen im Hinblick auf eine Verbesserung des Betriebsverhaltens von Ottomotoren. BMFT (Bundesministerium für Forschung und Technologie), Statusseminar, Bad Türkheim 11.–13. Nov. *1981*.

7.18. Kikuchi, E. et al.: Jap. Petrol. Inst. *23* (5), 328–333 (1980). Catalyst for on board reforming of methanol.

Finegold, J. G. et al.: System Design ISAFT Guaruja/Brasil *1980*. Demonstration of dissociated methanol as an automotive fuel.

Edo, T., Foster, D.: A computer simulation of a dissociated methanol engine. VI. International Symposium on Alcohol Fuels Technology, 21.–25. Mai *1984*, Ottawa (Canada), Vol. I, A-19, S. 1-139 – 1-147.

7.19. Purohit, G., Houseman, J.: Methanol decomposition bottoming cycle for IC engines. Record Intersociety Energy Conversion Engineering Conference 1019 (1975), 1176–1183, Copyright 1979. SAE (Society of Automotive Engineers Inc. (36 Zitate)

7.20. Hirota, T.: Study of methanol-reformed gas engine ISAE Review *1981*, 7–13. März

7.21. Chem. Eng. News *1983*, 5. Sept., S. 23. Methanol-powered cars undergoes tests

Muraki, H.: Kagaku Kogaku *1984*, *148* (1), 31–33; C.A. *100,* 142096t (1984). Automobile on-board reforming system

Clyde, R. A.: Energy Res. *1983*, 425–428; C.A. *100*, 142102s (1984). Decomposition of methanol and hydrogen production.
Methanol wird an Bord eines Autos in Wasserstoff und CO_2 gespalten. Wasserstoff gibt einen besseren Wirkungsgrad.

7.22. Kester, F. L., Konopa, A. J., Camara, E. H.: Rec. Intersoc. Energy Conversion Eng. Conf. 10th *1975*, 1175–83. C.A. *84*, 92633u [1976]. On board steam reforming of methanol to fuel the automotive hydrogenengine

DOS 2.640.456 vom 10. März 1977, C.A. *86*, 174.238z [1977]. H_2-Generator auf Methanolbasis für Explosionsmotoren. Nissan Motor Co. Ltd., K. Katuaki et al.

Houseman, J., Cerini, D. J.: Jet Propuls. Lab. Pasadena, Calif. Inst. of Technol. Proceedings Intersoc. Energy Convers. Eng. Conf. *1976*, 11, Vol. *1*, S. 6–16, C.A. *87*, 87504k [1977]. On Bord Hydrogen Generator für Automobils (Methanolbasis)

Hindin, S. G., Dettling, J. C.: U.S. Pat. 4.091.086, C.A. *90*, 44.495/c [1979], Engelhard Minerals and Chemicals Corp. 23. Mai 1978, Dampfreforming von Methanol über ThO_2—ZnO—Cu—Al_2O_3, 1:20:30:49 Gew.-%, ThO_2 ist Stabilisator

Hindin, S. G., Dettling, J. C.: DOS 2.756.559 vom 7. September 1978 (Engelhard Minerals und Chemicals Corp.), Verfahren zur Erzeugung von Wasserstoff

Hindin, S. G., Dettling, J. C.: DOS 2.759.341 vom 21. Dezember 1978 (Engelhard Minerals und Chemicals Corp., Iselin N.J.) U.S. Pat. 4.091.086. Katalysator zum Wasserdampfreforming von Methanol zu Wasserstoff und CO_2

Kobayashi, H., Takezawa, N., Minochi, C., Takahashi, K.: Chem. Letters *1980*, 1197. Dispersion of Copper, supported on Silica and Methanol Reforming Reaction

Takahashi, K.: Appl. Catal. *2*, 363–366 [1982]. The Mechanism of Steam-Reforming of Methanol over a Copper-Silica-Catalyst

Woodley, N. H. et al.: SERI, TR-11290-1 (1982). Reformed alcohol fuels for combustion turbines. Technical and Economic Feasibility Assessment. (*S*olar *E*nergy *R*esearch *I*nstitute), Golden/Colorado.

Finegold, J. G., Mckinnon, J. T.: SERI, TR-235-1582 (1982). Dissociated methonal tests results.

Finegold, J. G., Mckinnon, J. T., Karpuk, M. E.: SERI, TR-235-1559 (1982). Decomposing methanol as a consumable hydride for automobiles and gas turbines.

Davies, D. G., Fosterpegg, R. W., Woodley, N. H., Karpuk, M. E.: SERI, TR-235-1710. Improved combustion turbine efficiency with reformed alcohol fuels.
ASME 28th International Gas Turbine Conference, Phoenix/Arizona (1982).

Finegold, J. G., Voecks, G., Glinsky, G.: SERI, TR-235-2083. Dissociated methanol citation. Final Report (*S*olar *E*nergy *I*nstitute) Golden/Colorado *1983*.

Karpuk, M. E., Snell, D. J.: Tresting of a small combustion turbine burning reformed methanol. VI. International Symposium on Alcohol Fuels Technology vom 21.–25. Mai 1984, Ottawa (Canada), Vol. I, A-35, S. 1-236 – 1-241 (SERI, Solar Energy Research Institute, Golden/Colorado).

Tsuruno, S., Kaneko, J., Fujimoto, S.: Gas turbine cycle with decomposing methanol. VI. International Symposium on Alcohol Fuel Technology vom 21.–25. Mai *1984*, Ottawa (Canada), Vol. I, A-65, S. 1-385 – 1-390.

James, C. W.: Increasing gas turbine efficiency through the use of a wasteheat methanol reactor. Proceedings Intersociety Energy Conversion Eng. Conf., Vol. *2*, 1968–1972 (1979).

7.23. Nitschke, E., Keller, J. (Uhde): Erdöl und Kohle *26* (3), 132 [1973]. Erzeugung von Reduziergas für die Eisenherstellung

Decker, A., Poos, A.: Stahl und Eisen *92,* 1077 [1972]. Der Zusatz von reformierten Gasen zum Hochofen im Rahmen der allgemeinen Mittel zur Senkung des Koksverbrauches

Dessau, R. B.: Proc. Am. off shore Techn. Conf. *13* (1), 67–74 [1981]

Eisenerzreduktion mit Wasserstoff in: „Einsatzmöglichkeiten neuer Energiesysteme“. Programmstudie Sekundärenergiesysteme. Herausgegeben vom BMFT, Bonn, Teil III, Wasserstoff [1975], S. 81–89, Verlag H.G. Weiss, Monschau-Imgenbroich

7.24. Jones, F. L., Vorres, K. S.: Am. Chem. Soc. Div. Fuel Chem. Prepr. *18* (3), 100–110 [1973]. Clean Fuel from Coal Alternative to SNG. CH_3OH als Kraftstoff und Ausgangsmaterial für SNG

DOS 2.430.618 vom 16. Januar 1975. Normann, H., James, D.A., Shevels, Th.F.: Verfahren zur katalytischen Vergasung von Methanol. Davy Power Gas Ltd., London

Gent, C.W.: ICI, Brit. Pat. 1.437.957 vom 3. Juni 1976, C.A. *85,* 163.163z [1976]. CH_4 aus CH_3OH

U.S. Pat. 3.933.446 vom 20. Januar 1976, C. Timmins, British Gas Corp., C.A. *85,* 65550d [1976]. SNG aus Methanol

7.25. Erdöl und Kohle *35* (1), 48 [1982]. Sowjetunion, zweitgrößter Erdgasproduzent. Mit etwa 26000–30000 Mia m^3 Erdgasreserven verfügt die Sowjetunion über etwa $\frac{1}{3}$ der gesamten bisher festgestellten Erdgasvorräte der Erde

7.26. Oil Gas Journal *1979* vom 12. März, S. 49

8 Andere Verfahren der Kohleveredlung als Alternativen zum Methanol

8.1 Die direkte Hydrierung der Kohle

Die direkte Hydrierung der Kohle zu Methan (SNG) bzw. zu VK, DK und Heizölen war die erste und wichtigste C_1-Reaktion. Sie diente in erster Linie zur Erzeugung von VK und DK vor und im zweiten Weltkrieg im Deutschen Reich, und es wurden am Höhepunkt der Produktion etwa 4,5 Mio t Hydrierprodukte in 12 Werken erzeugt.

Bei der Kohlehydrierung entstehen in der Sumpfphase Öle, die etwa mit dem natürlichen Erdöl verglichen werden können. Sie führt auch zur Bildung von gasförmigen Paraffinkohlenwasserstoffen, die man näherungsweise wiederum mit dem Associated Gas vergleichen kann.

Seit Ende des Krieges wird nirgends mehr im großtechnischen Maßstab Kohle hydriert, die Forschungs- und Entwicklungsarbeiten hingegen haben in den Kohle besitzenden Ländern in letzter Zeit stark zugenommen.

Eine ausführliche Behandlung der verschiedenen, heute in Bearbeitung befindlichen Möglichkeiten zur Kohlehydrierung ist nicht Ziel dieser Arbeit. Vielmehr soll angedeutet werden, welchen Beitrag die Hydrierung für die chemische Industrie leisten kann, insbesondere für die Herstellung der ersten Generation der Petrolchemikalien: Ethylen, Propylen, Butene, Butadien und der BTX-Aromaten.

Für die Herstellung von Kraftstoffen auf Kohlebasis liegt in der vorliegenden Arbeit eine ausgedehnte Literaturzusammenstellung vor, die vor allem Publikationen der allerletzten Zeit umfaßt.

Das praktisch alleinige Ausgangsmaterial für die Kohlehydrierung ist die Kohle selbst, denn sie muß auch für die Herstellung des nötigen Wasserstoffs als Rohstoff dienen und als Energielieferant fungieren. Tabelle 8.1 zeigt die durchschnittliche Zusammensetzung von Braun- und Steinkohlen und gibt die Heizwerte an. Die Rohbraunkohle enthält 60 % und mehr Wasser und muß für die Hydrierung mindestens auf 2–5 % H_2O getrocknet werden. Dies erfordert bereits 14 % der in der Kohle enthaltenden Wärmeenergie.

Vergleicht man den Preis für gleiche Energieinhalte, so ist Steinkohle wesentlich billiger als Erdöl. Zur Zeit ist der Energieinhalt von Rohöl etwa 6× teurer als der rheinischer Braunkohle oder doppelt so teuer wie der heimatlicher Steinkohle. Die Importkohle liegt zwischen diesen Grenzen. Der Kostenvorteil der Kohle muß aber alle Nachteile, wie höhere Investitions- und Betriebskosten, höhere Umwandlungsverluste und andere, durch die Infrastruktur bedingte Kosten, kompensieren.

Tabelle 8.1. Zusammensetzung und Heizwerte von Kohlen

	Rohbraunkohle	TBK_{12} = Trockenbraunkohle mit 12 % Wasser	Roh-Steinkohle
C-Gehalt	26,48	56,65	63,70
H-Gehalt	1,95	4,17	3,73
O-Gehalt	10,7	22,9	10,19
N-Gehalt	0,46	0,98	1,09
S-Gehalt	0,17	0,37	1,37
Asche	1,34	2,93	10,92
H_2O-Gehalt	58,90	12,00	9,00
Summe	100,00	100,00	100,00
Heizwert			
H_u kcal/kg	2075	5110	5895
kJ/kg	8688	21395	24682
H_0 kcal/kg	2520	5390	6145
kJ/kg	10551	22567	25729

Tabelle 8.2. Typische Energieausbeuten bei der Umwandlung von Steinkohle in andere Energieträger (nach Runge u. Misbach [8.1])

	Thermischer Wirkungsgrad
Direkte Wärmeerzeugung in Industrie und Haushalt	80 %
Synthesegas (Kohledruckvergasung)	77%
SNG (Kohledruckvergasung H_2)	60 %
Methanol (Kohledruckvergasung)	56 %
Synthesegas (Atmosphärische Vergasung)	53 %
Kohlenwasserstoffe (Direkte Kohlenhydrierung)	45 %
Stromerzeugung (konventionell)	38 %
Strom Kombination Gas/Dampfturbine (Kohledruckvergasung)	42 %

Tabelle 8.2 zeigt die Energieausbeuten an, die bei der Umwandlung von Steinkohlen in andere Energieträger erhalten werden [8.1], und Tabelle 8.3 vergleicht die Wirtschaftlichkeitskriterien gasförmiger bzw. flüssiger Produkte aus Kohle mit solchen aus Erdöl [8.1]. Die Pfeile deuten Tendenzen an, die sich aus zukünftigen Entwicklungen ergeben können. Die Umwandlungsver-

Tabelle 8.3. Wirtschaftlichkeitskriterien beim Vergleich gasförmiger bzw. flüssiger Produkte aus Kohle gegenüber solchen aus Erdöl (Runge u. Misbach [8.1])

	Kohle-umwandlung	Erdölverarbeitung/Erdgas-bereitung	Gegenwärtiges Verhältnis Kohle : Öl/Erdgas
Investitionskosten	hoch ↓	niedrig ↑	2 bis 8 : 1
Betriebskosten	hoch	niedrig	2 : 1
Umwandlungsverluste (Primär- zu Sekundärenergie)	hoch ↘	niedrig ↗	3 : 1
Rohstoffkosten	niedrig ↗	hoch ↑	1 : 2–6

Die Pfeile deuten Tendenzen für zukünftige Entwicklungen an

luste bei der Kohleverarbeitung durch direkte Hydrierung sind dreimal so groß wie bei der Mineralölverarbeitung.

Dieser Unterschied wird sich allerdings in dem Maße abschwächen, in dem Rückstandsöle z. B. durch Hydrocrackprozesse auf Weißprodukte aufgearbeitet werden müssen (Conversion).

Für die direkte Umsetzung von Kohle bestehen bereits seit langem folgende Möglichkeiten:
die Entgasung bei über 1 000 °C unter Luftabschluß (Verkokung),
die Vergasung bei hoher Temperatur mit Wasserdampf zu CO/H_2-Gemischen und die direkte Hydrierung, wie sie in Abb. 8.1 dargestellt sind.

Der Verbrauch an VK in der BRD beträgt etwa 24 Mio jato, der an DK etwa 13 Mio t. Beide Verbrauchszahlen sind im Steigen begriffen. Nimmt man an, daß für je 1 t dieser Kraftstoffe 3 t Steinkohle in einer voll integrierten Hydrieranlage benötigt werden, wäre ein Gesamtbedarf an etwa 110 Mio jato Steinkohle nötig, also eine Menge, die die Eigenförderung beträchtlich übersteigen würde.

Die Substitution von 10 % des heutigen Weltverbrauches von etwa 3 Milliarden Jahrestonnen Erdöl durch Kohleprodukte ergibt bei einem Gesamtumwandlungsgrad von 65 % (Mischwert für Stadtgas – SNG – flüssige Kraftstoffe, Anlagentyp: Lurgi-Druckvergasung und FT-Prozeß) einen jährlichen Bedarf von 625 Mio t SKE.

Bei der derzeitigen Kohlenförderung von etwa 2,7 Mia t pro Jahr bedeutet dies, daß die Kohlenproduktion um ~25 % gesteigert werden müßte. Sollte außerdem der jährliche Mehrverbrauch von Rohöl durch Kohle ersetzt werden, so wären zusätzliche Maßnahmen erforderlich um den Rohölverbrauch bei 3 Mia t/Jahr einzufrieren.
Zum besseren Verständnis von Wirtschaftlichkeitsbetrachtungen bei Umwandlungsverfahren verschiedener Energieträger sind entsprechende Umrech-

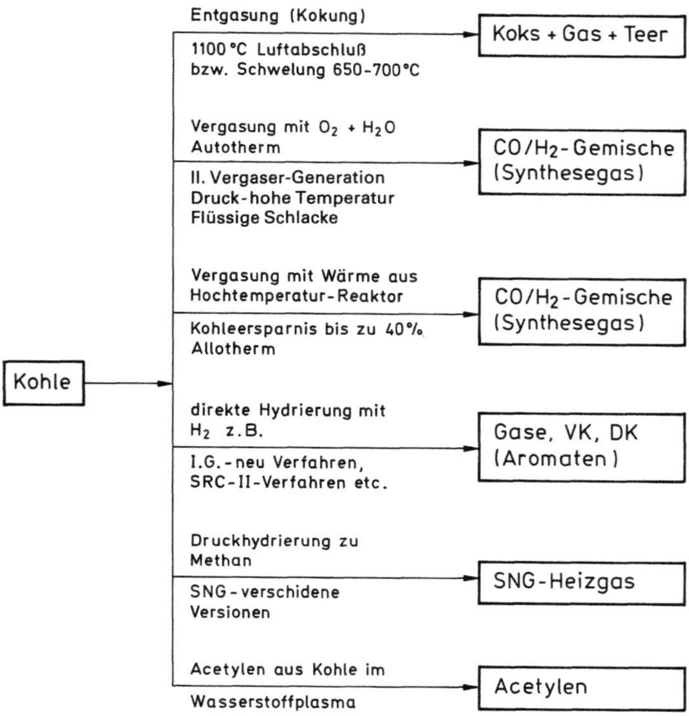

Abb. 8.1. Verarbeitung von Kohle direkt

nungsfaktoren für die Energieinhalte verschiedener Energieträger in Tabelle 8.4 zusammengestellt.

Der Aufwand in Hydrieranlagen ist beträchtlich. So benötigte man in den USA zur Produktion von 50 000 Barrel synthetischem Rohöl/Tag, das ist praktisch das Sumpfphasenprodukt beim I.G.-Alt-Verfahren, also für 2,5 Mio jato auf Kohlebasis, etwa 2 500 Arbeiter im Bergwerk und der Hydrieranlage. Bei einem Bedarf von 8 Mio Barrel/Tag, d. s. etwa 400 Mio jato bei Annahme von 340 Tagen/Jahr, wäre dann die Beschäftigung von 400 000 Menschen nötig.

Für die Herstellung der 50 000 Barrel/Tag benötigte man soviel Wasser, wie 75 000 Menschen pro Tag verbrauchen. Tabelle 8.5 gibt Zahlen für die Kohlenhydrierung bei verschiedenen Produktionshöhen an.

Mehrere Möglichkeiten der direkten Kohlehydrierung sind bis heute – oft zur Pilotanlagenreife – ausgearbeitet worden. In Deutschland wurde schon von der I.G.-Farben-Industrie ein Hydrierverfahren entwickelt, das schließlich zu VK und DK führte. Diese Hydrierung wurde in zwei Anlagen, der Sumpfphase- und der Gasphasenanlage, betrieben [8.3].

Tabelle 8.4. Umrechnungsfaktoren für Energiebilanzen

Energieträger	Mengen-einheit	Heizwert Kilojoule	Heizwert Kilokalorien	SKE-Faktor
Steinkohlen[a]	kg	29581	7065	1,009
Steinkohlenkoks	kg	28680	6850	0,979
Steinkohlenbriketts	kg	31401	7500	1,071
Braunkohlen[a]	kg	8605	2055	0,294
Braunkohlenbriketts	kg	20097	4800	0,686
Braunkohlenkoks (Inland)	kg	30145	7200	1,029
Braunkohlenkoks (Import)	kg	22609	5400	0,771
Staub- und Trockenkohlen	kg	21353	5100	0,729
Hartbraunkohlen	kg	14450	3450	0,493
Brennholz (1m³ = 0,7 Tonnen)	kg	14654	3500	0,500
Brenntorf	kg	14235	3400	0,486
Klärschlamm	kg	8499	2030	0,290
Erdöl (roh)	kg	42622	10180	1,454
Motorenbenzin, -benzol	kg	43543	10400	1,486
Rohbenzin	kg	43543	10400	1,486
Flugbenzin, leichter Flugturbinenkraftstoff	kg	43543	10400	1,486
Schwerer Flugturbinenkraftstoff, Petroleum	kg	42705	10200	1,457
Dieselkraftstoff	kg	42705	10200	1,457
Heizöl, leicht	kg	42705	10200	1,457
Heizöl, schwer	kg	41031	9800	1,400
Petrolkoks	kg	29308	7000	1,000
Flüssiggas	kg	45887	10960	1,566
Raffineriegas	kg	48358	11550	1,650
Kokereigas, Stadtgas	m³	15994	3820	0,546
Gichtgas	m³	4187	1000	0,143
Erdgas	m³	31736	7580	1,083
Erdölgas	m³	39775	9500	1,357
Grubengas	m³	15994	3820	0,546
Klärgas	m³	15994	3820	0,546
Rohbenzol	kg	39565	9450	1,350
Rohteer	kg	37681	9000	1,286
Pech	kg	37681	9000	1,286
Andere Kohlenwertstoffe	kg	40193	9600	1,371
Andere Mineralölprodukte	kg	38937	9300	1,329
Elektrischer Strom:				
a) in der Primärenergiebilanz[b]	kWh	9645	2304	0,329
b) in der Umwandlungsbilanz und beim Endenergieverbrauch	kWh	3600	860	0,123

[a] Dieser Durchschnittswert gilt nur für die Gesamtförderung.
[b] (Wasserkraft, Kernenergie, Müll und ähnliche für die Stromerzeugung sowie Stromaußenhandel), bewertet mit dem spezifischen Brennstoffverbrauch in konventionellen öffentlichen Wärmekraftwerken 1981.
Quelle: Energiebilanzen der „Arbeitsgemeinschaft Energiebilanzen“

8.1.1 Die Sumpfphase-Hydrierung

Die USA-Firmen hatten anfänglich nur an der Sumpfphase Interesse. Sie wollten auf Basis von hoch schwefelhaltigen Kohlen einen schwefelarmen Brennstoff für Kraftwerke und Industriefeuerungen erhalten, der weniger als 0,4 % Schwefel enthielt.

So wurde von der Gulf Oil zuerst das SRC-Verfahren (*S*olvent-*R*efined-*C*oal) ausgearbeitet, das ein Sumpfphasen-Verfahren darstellt. Es war in erster Linie dazu gedacht, hoch schwefelhaltige Kohle, z. B. Illinois-Nr. 6-Kohle mit fast 6 % Schwefel, die zwar billig ist, aber in Kraftwerken wegen der enormen Umweltprobleme nicht verheizt werden kann, in Gegenwart von Lösungs- und Wasserstoffübertragungsmitteln, aufzuschließen. Dadurch wurde ein Material erhalten, das etwa 0,4 % Schwefel enthielt, bei 180 °C schmolz und in gepulverter Form mit hohem Heizwert in Kraftanlagen verheizt werden konnte.

Die Sumpfphasenhydrierung wurde während des Krieges in Deutschland wie folgt durchgeführt: In erster Linie wurden aschearme Flammkohlen und Gasflammkohlen eingesetzt, die zur Bildung hochwertiger aromatenreicher Benzine führten. Am besten eignen sich zur direkten Hydrierung die Kohlen, die im Übergangsbereich von schlecht verkokenden Steinkohlen über sub-bituminösen Kohlen zu Braunkohlen liegen. Der Aschegehalt der Kohle sollte 5 % nicht übersteigen. Auch Braunkohlen wurden hydriert (Leunawerke) [8.9].

Die Kohle wurde auf eine Körnung von > 3 mm zerkleinert [8.4], in einer Flugstromapparatur bei Temperaturen von 150 °C getrocknet und in einer „Naßmahlanlage" mit dem Anreibeöl aus der Anlage im Verhältnis 1 Kohle : 1,5 Öl und 2 % Eisenkatalysator (z. B. Rotschlamm aus der Aluminiumfabrikation) auf eine Körnung von 0,2 mm gebracht. Der entstandene Brei konnte durch Breipressen befördert werden.

Brei und Wasserstoff wurden durch Wärmeaustauscher und schließlich über Spitzenvorheizer auf Betriebstemperatur gebracht und in mehreren hintereinandergeschalteten Reaktoren, die von unten nach oben durchflossen

Tabelle 8.5. Zahlen für die Kohlehydrierung bei Tagesproduktionen verschiedener Höhe (Johnson [8.2])

Produktion in Barrel pro Tag	500 000 Barrel	1 000 000 Barrel	2 000 000 Barrel
Produktion in Tonnen pro Tag	71 000 tato	142 000 tato	285 000 tato
Produktion in Tonnen pro Jahr (340 Tage)	24 Mio jato	48 Mio jato	96 Mio jato
Investitionen in Bergwerken und Verarbeitungsanlagen in $ (1979)	25 Mia	50 Mia	100 Mia
Kohleverbrauch pro Jahr	90–135 Mio t	180–270 Mio t	360–540 Mio t
Zahl der erforderlichen Anlagen mit einem Wert von je 4 Mia $ (1979)	7	14	27
Erforderliches Gelände in km^2	24	48	96
Wasserverbrauch pro Jahr	180–270 Mio t	360–540 Mio t	720–1 080 Mio t

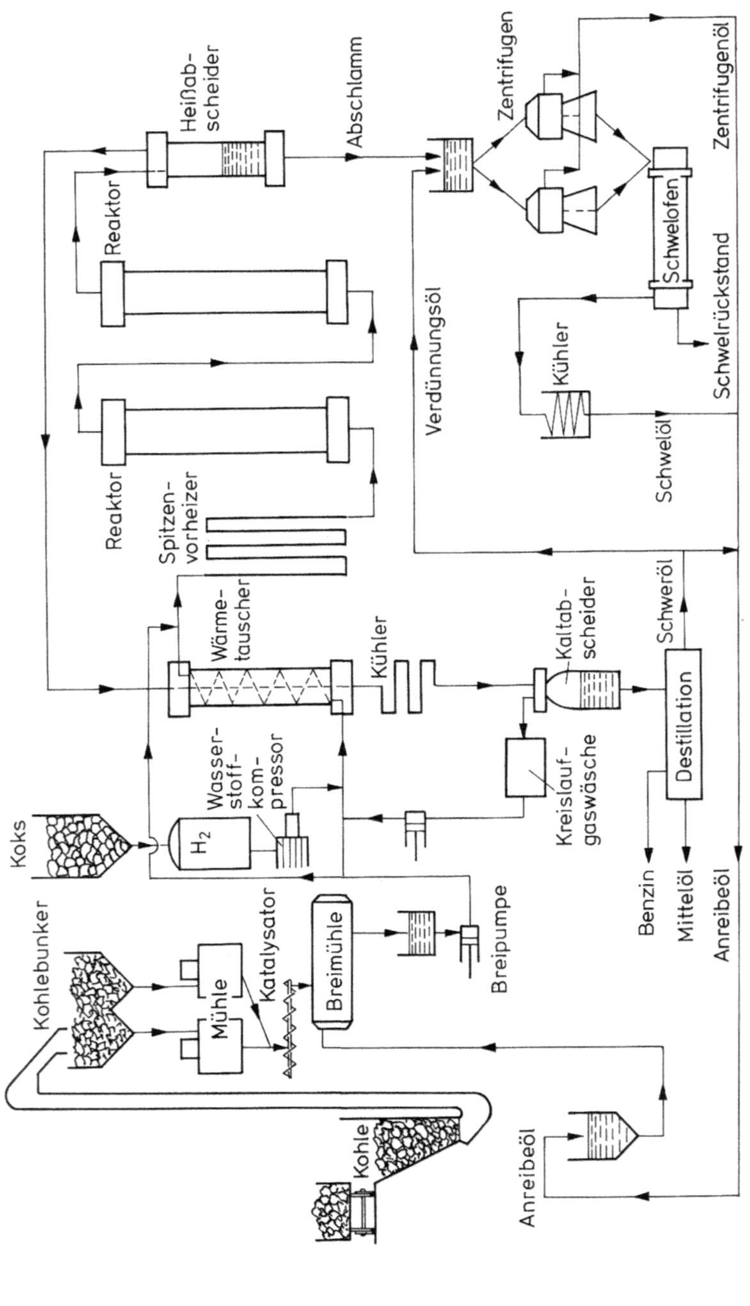

Abb. 8.2. Sumpfphaseprozeß der direkten Kohlehydrierung (I.G.-Alt-Verfahren) (Krönig [8.5])

wurden, umgesetzt (Sumpfphasenprozeß). Die Temperaturhaltung wurde bei diesem exothermen Prozeß durch Kaltgaseinspritzung an verschiedenen Stellen der Reaktoren gesteuert (vgl. Abb. 8.2).

In einem nachgeschalteten Heißabscheider erfolgt die Trennung in den schweren, feststoffhaltigen Abschlamm und die gas- bzw. dampfförmigen Reaktionsprodukte, die über Wärmeaustauscher geleitet und hernach in einem Kühler kondensiert und in einem sogenannten Kaltabstreifer in Gase und flüssige Anteile getrennt wurden. Die Gase gingen in eine Ölwäsche, wo die Paraffinkohlenwasserstoffe gelöst wurden, während der Wasserstoff als Kreislaufwasserstoff wieder in die Hydrieranlage zurückging.

Das flüssige Abstreiferprodukt wurde entspannt und das Benzin und Mittelöl (bis 325 °C) als „Ölgewinn" abgenommen. Das von etwa 325 °C bis 450 °C siedende Schweröl wurde als Anreibeöl für die Kohle verwendet [8.5].

Der Abschlamm, der die schweren, über 450 °C siedenden Anteile sowie noch nicht ganz umgesetzte Kohle, Asche und Katalysator enthielt, wurde nach Verdünnen mit Abstreiferöl in Schleudern in ein Schleuder- oder Zentrifugenöl und in einen Schleuderrückstand getrennt. Das Zentrifugenöl wurde in das Anreibeöl gegeben, der Zentrifugenrückstand wurde in Schwelöfen von noch vorhandenen schweren Produkten, Asphalten usw. befreit, die ebenfalls in das Anreibeöl gegeben wurden.

Für 2 Mio jato Hydrierprodukte wurden 200 Schleudern und 40 Schwelöfen (sogen. Kugelöfen) benötigt.

Durch diese Arbeitsweise wurde praktisch der ganze Asphalt, der zur Hydrierung äußerst drastische Bedingungen benötigte, in die Reaktoren zurückgeführt (I.G.-Alt-Verfahren).

Im I.G.-Neu-Verfahren, vgl. Abb. 8.3 wird der Abschlamm, der sich im Heißabscheider befindet, unter vermindertem Druck destilliert. Dies geschieht so, daß der 430 °C heiße Abschlamm von Betriebsdruck auf 20 Torr entspannt wird, wobei der Wärmeinhalt ausreicht, um 60 % des Abschlamms zu verdampfen, ohne daß die Temperatur unter 370 °C absinkt. Dadurch kann man auf eine Fremdbeheizung verzichten.

Der Rest des Abschlamms, der alle Asphalte enthält, wird in einer Texaco-Anlage in CO/H_2-Gemische überführt, aus welchen Wasserstoff für die Hydrierung gewonnen wird (etwa 75 % der nötigen Menge. Der Rest ist Fremdwasserstoff) [8.6].

Die Hydrierung beim I.G.-Neu-Verfahren kann nun unter 300 bar Druck ausgeführt werden, weil alle beim Prozeß gebildeten Asphalte aus dem Anreibeöl ausgeschieden sind. Der Kohledurchsatz kann auf diese Weise um etwa 50 % gesteigert werden.

Es handelt sich also um einen Ersatz der enormen Mengen an Zentrifugen beim I.G.-Alt-Verfahren durch eine Vakuumdestillation, bei der der Rückstand, der die schädlichen Asphalte enthält, anschließend zur Herstellung von Wasserstoff für die Synthese verwendet wird. Dadurch fallen auch die Schwelöfen des alten Verfahrens weg.

Das I.G.-Neu-Verfahren ist ein prinzipielles Vorbild für andere Hydrierungsverfahren geworden. Die Entwicklungsarbeiten gehen weiter und in einigen Jahren wird sich zeigen, welches der vielen Verfahren das Überlegene ist.

Tabelle 8.6 gibt einen Vergleich zwischen den Sumpfphase-Verfahren I.G.-Alt und I.G.-Neu.

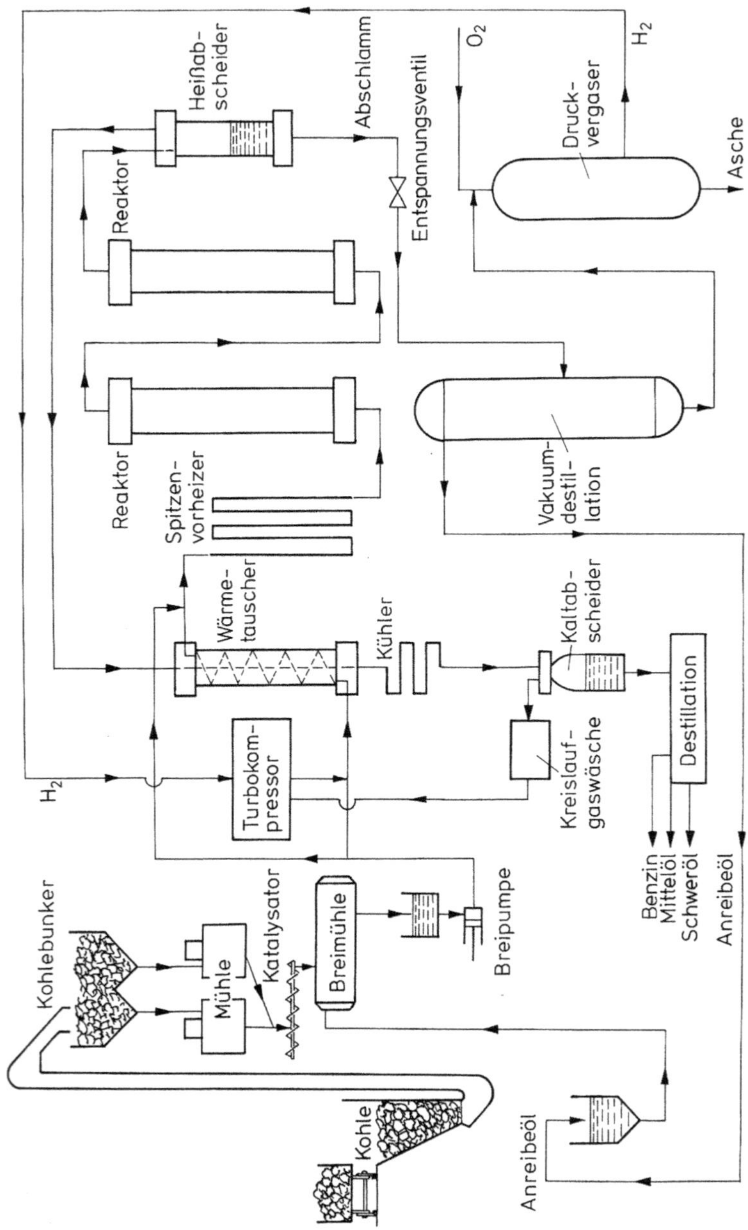

Abb. 8.3. Sumpfphaseprozeß der direkten Kohlehydrierung (I.G.-Neu-Verfahren) (Krönig [8.5])

Aus Tabelle 8.6 ergibt sich, daß die flüssigen Sumpfphase-Hydrierprodukte zu etwa 20 % aus Sumpfphase-Rohbenzin bis 200 °C Sdp. und 80 % Mittelöl und Schweröldestillat bestehen. Das Sumpfphase-Mittelöl (A-Mittelöl) wird durch eine Druckhydrierung in Benzin übergeführt.

Tabelle 8.6. Steinkohlenhydrierung: Vergleich I.G.-Alt- und I.G.-Neu-Verfahren (Krönig [8.5])

I.G.-Verfahren	Klassisch	Neu
Arbeitsdruck, bar	700	300
Temperatur, °C	450–490	475
Reaktor-Vol. m^3	160	133
Anreibeöl	Rückstandsöl	Destillatöl
H_2 chem. geb. $t\,h^{-1}$	7,30	5,50
H_2-Erzeugung aus	Kokerei-Koks	getopptem Abschlamm
in t/h	7,30	4,14
		Rest Fremdwasserstoff
Produktanfall in t/h		
Benzin	12,1	11,0
Mittelöl	31,4	19,0
Destillat-Schweröl	17,4	23,0
Summe	60,9	53,0
Gasförmige K. W. $t\,h^{-1}$		
Methan	5,28	4,20
Ethan	4,86	3,9
Propan	6,30	5,0
Butane	3,56	2,9
Summe	20,00	16,0

8.1.2 Der Gasphaseprozeß

Zur Überführung des von 200–325 °C siedenden Sumpfphase-Mittelöls in Benzin durch hydrierende Crackung wird dieses vorher einer sogenannten Vorhydrierung unterworfen. Diese geschieht in einer Anlage, die bei 400–410 °C und 300 bar das Mittelöl über z. B. Nickelsulfid-Wolframsulfid-Gemischen auf Aluminiumoxid unter Wasserstoffdruck von Stickstoff, Schwefel und Sauerstoff-Verbindungen befreit. Die Phenole und heterocyclische N- und S-Verbindungen würden den eigentlichen Benzinierungsvorgang stören. Hierbei wird auch das Sumpfphasen-Benzin zur Raffination mit eingesetzt. Aus dem Vorhydrierungsprodukt wird der Benzinanteil (bestehend aus dem raffinierten Sumpfphase-Benzin und einem Anteil an Benzin, der durch Spaltung von Mittelöl entstanden ist), abgetrennt und das Mittelöl nun in die eigentliche Benzinierungsstufe eingesetzt. Man verwendet WS_2 als Katalysator, aber diesmal auf einem sauren Katalysator wie z. B. Terrana aufgebracht, der große Spaltwirkung entfaltet. Dieser Katalysator ist gegen Stickstoffverbindungen empfindlich, weshalb diese in der oben angeführten Vorhydrierung ohne sauren Kontakt (Al_2O_3) entfernt werden. Das erhaltene Benzin wird abdestilliert

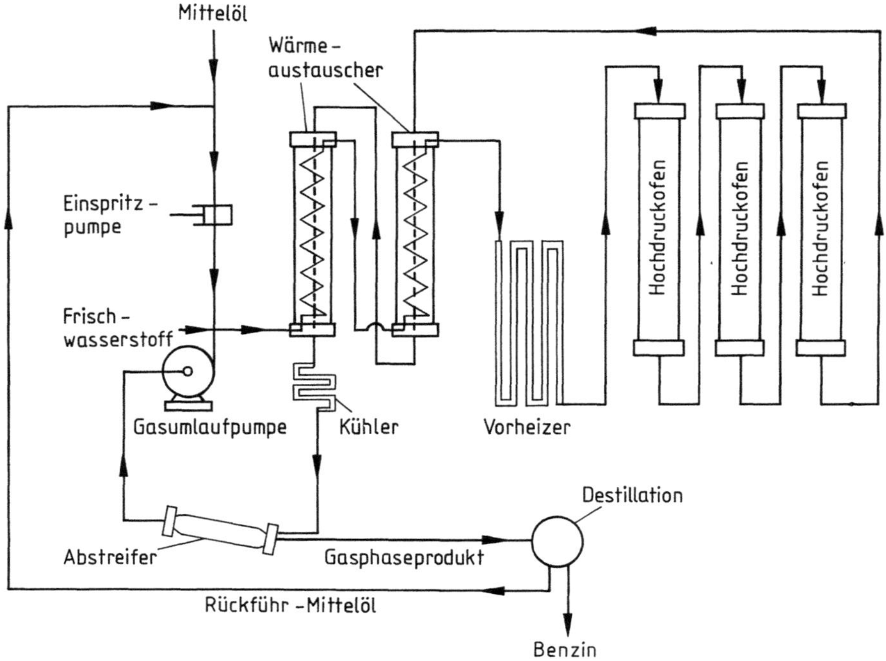

Abb. 8.4. Gasphasehydrierung von Mittelöl nach dem I.G.-Verfahren (Krönig [8.5])

und das nicht umgesetzte Mittelöl wieder in den Ofen zurückgeführt (vgl. Abb. 8.4).

Die gesamten Gase aus der Sumpfphase, der Vorhydrierung und der Gasphasehydrierung, werden gesammelt und gemeinsam aufgearbeitet. Etwa überschüssiges Destillatschweröl kann auf Mittelöl bzw. Benzin, z. B. nach dem Hydrocrack-Verfahren, aufgearbeitet werden.

Zur Herstellung von Dieselöl aus Mittelöl werden die Aromaten zu Hydroaromaten hydriert, die eine gute Zündwilligkeit aufweisen. Dabei werden einige aliphatische Spaltprodukte erhalten. Ein solches Dieselöl aus der Kohlehydrierung unterscheidet sich von einem auf Erdölbasis nur durch den hohen Naphthengehalt und eine höhere Dichte (CZ ~ 42).

Tabelle 8.7 zeigt chrakteristische Daten der Motorkraftstoffe aus der Kohlenhydrierung.

Die Arbeitsgänge bei einer Kohlehydrierung in einer autarken Anlage sind nachfolgend zusammengestellt:

1. Lagerung und Aufbereitung der Kohle
2. Anmaischung von Kohle mit Öl
3. Hydrierung mit Produktvortrennung in Heiß- und Kaltabscheidern (Sumpfphase)
4. Vakuumdestillation des Rückstandes

Tabelle 8.7. Charakteristische Daten der Motorkraftstoffe aus der direkten Kohlehydrierung (Eisenlohr u. Gaensslen [8.4])

Motorkraftstoff	Steinkohle	Braunkohle
Benzin		
Dichte g/l	0,82–0,85	0,81–0,82
Aromaten Gew.-%	70–75	70
Res. OZ, 0,15 ml TEL/Liter	98–100	97–98
Dieselöl		
Dichte g/l	0,855	0,83–0,85
Aromaten Gew.-%	8	unter 10
Naphthene Gew.-%	56	50–60
Paraffine Gew.-%	36	40–30
Cetanzahl	44–46	50

Tabelle 8.8. Einsatz, Prozeßbedingungen und Anfallsprodukte in der Pilotanlage Bottrop zur direkten Hydrierung von Kohlen nach der neuen deutschen Technologie (Wolowski u. Hosang [8.8])

Ausgangsmaterial	Tonnen/Tag
Kohle (waf)	200
Asche	10
Katalysator	8
Wasserstoff	12
Reaktionsbedingungen	
Druck	300 bar
Temperatur	485 °C
Spez. Durchsatz	0,5 t/m³/h
Konzentration an Feststoff im Slurry	42 %
Reaktionsprodukte	Tonnen/Tag
Gase C_1—C_4	40
Leichtöl	26
Mittelöl	66
Rückstand	80
H_2O, H_2S, CO, CO_2, NH_3	18
Summe	230 t

5. Vergasung des neuen Rückstandes, autotherm für die Wasserstoffherstellung z. B. nach Texaco (wenn möglich keine Extra-Wasserstoff-Synthese auf Kohlebasis)
6. Sauerstofferzeugung für Rückstands- und wenn nötig – auch für Kohlevergasung
7. Dampf- und Stromerzeugung
8. Wasserstoffkompression und Kreislaufführung
9. Gasreinigungen
10. Prozeßwasserreinigung (NH_3, S-organische Verbindungen)
11. Wasserstoffabtrennung (Kreislaufgas)
12. Destillation
13. Druckraffination von Leicht- und Mittelöl (Gasphase)
14. Destillation des Raffinationsproduktes
15. Hydrierung der Mittelölfraktion zu DK
16. Reformingprozess

Eine interessante Möglichkeit der Aufarbeitung der immer mehr zunehmenden Mineralölrückstände zu flüssigen Destillaten unter Umgehung einer eigenen Hydrocrack-Anlage besteht darin, solche Öle als Anreibeöle von Kohle zur Herstellung eines pumpbaren Kohle-Öl-Slurrys zu verwenden und auf

Tabelle 8.9. Eigenschaften der Benzine aus verschiedenen Herstellungsprozessen

Eigenschaften	Erdölbenzin Super	Direkte Hydrierung von Kohle, Super	MTG-Mobilprozeß
spez. Gew. 15°	0,715–0,755	0,810	0,730
Siedeverlauf nach ASTM			
5 %	33°	65°	67°
50 %	95°	120°	–
95 %	177°	180°	169°
Stoffklassen Vol.-%			
PKW	–	18	56
Naphthene	54	6	4
Olefine	14	0	7
Aromaten	32	76	33
Klopffestigkeit			
ROZ	99	101	96,8
MOZ	88	89	87,4

diese Weise die Rezirkulierung von höher siedenden Ölen aus der Kohlehydrierung zu umgehen (vgl. hierzu Abb. 8.12, S. 302). Durch diese Kombination könnte wahrscheinlich eine beachtliche Kostenreduktion bei der direkten Hydrierung von Kohle erzielt werden.

Die Firmen Lummus CREST und UOP (Universal Oil Products) wollten mit Unterstützung des DOE (Department of Energy) in den USA Ende 1984, 2 „bench-scale"-Anlagen starten, jede mit einer etwas anderen Technologie. Man nimmt an, daß bis Ende 1987 die Resultate beider Arbeitsweisen vorliegen [8.7].

Die erste Pilotanlage, in der, ausgehend von 200 tato Steinkohle (waf) nach der neuen deutschen Technologie ein „Kohleöl" erzeugt wird, wurde von den

Tabelle 8.10. Mögliche Synthesewege zu Vergaserkraftstoffen auf Kohlebasis

Vergaserkraftstoff	Vorteile	Nachteile	Zukünftige Aufgaben
Aus direkter Kohlehydrierung	Höchster thermischer Gesamt-Wirkungsgrad	Rohstoffe beschränkt auf junge, aschearme Steinkohlen oder Braunkohlen. Produktpalette beachtlich, bezogen auf Vergaserkraftstoff	Fortentwicklung in techn. Hinsicht. Günstigste Aufarbeitung der „Kohleöle" auf VK, DK, Jet Fuel und Aromaten
Aus FT-Synthese. Sasol-Synthol-Version	Alle Kohlen verwendbar	Benzinqualität nicht ausreichend. Muß verbleit werden. Breite Produktpalette, niedriger therm. Wirkungsgrad	Vergasung zurückdrängen. Reaktoren mit größerer Leistung
Methanol-Synthese. „M100"	Alle Kohlen einsetzbar. Hohe ROZ und MOZ. Motorwirkungsgrad hoch. Umweltfreundlich. Mammutanlagen möglich. Praktisch keine Nebenprodukte.	Einführung von M100 schwierig. Methanol-Kraftfahrzeuge notwendig. Kraftstoffverteilung teuer. Grenzüberschreitungsabkommen nötig. Spezialtankstellen nötig	Markteinführung. Neue Entwicklungen bezüglich Kunststoffverwendung etc. Neue Schmiermittel
Mobil MTG-Benzin	Alle Kohlen verarbeitbar. Hohe ROZ und MOZ. Hoher Motorwirkungsgrad. Umweltfreundlich	Thermischer Wirkungsgrad um 10 % niedriger als bei Methanolsynthese	Im Pilotmaßstab bewährtes MTG-Fließbettverfahren in Großanlagen überführen

Firmen Ruhrkohle AG und VEBA Öl AG, mit finanzieller Unterstützung des Ministeriums für Handel und Verkehr des Landes Nordrhein Westfalen, in Bottrop errichtet. Sie ist Ende 1981 in Betrieb genommen worden [8.8]. Die projektierte Leistung wurde bereits erreicht. Die Kohle wird auf ~ 1 mm zerkleinert und auf ~ 1 % Wassergehalt getrocknet, mit 4 % Katalysator und so viel Öl versetzt (bestehend aus 40 % Mittelöl und 60 % Schweröl aus dem Betrieb), daß ein Slurry mit ~ 40 % Feststoffanteil entsteht. Dieser wird auf ~ 0,2 mm weiter angerieben, hernach mit Wasserstoff bei 300 bar in 3 Reaktoren gepumpt, die in Serie arbeiten und in denen sich eine Temperatur von etwa 485 °C einstellt. Diese Temperatur wird durch Quenchen mit Kaltwasserstoff-Zugabe aufrechterhalten. Die Reaktoren sind 12 m hoch und haben einen Innendurchmesser von 80 cm. Die Verweilzeit beträgt etwa 45 Minuten. Tabelle 8.8 gibt die Resultate wieder, die mit der Anlage Bottrop erzielt wurden.
Weitere Großversuchsanlagen arbeiten in den USA [8.10]. Die Hydrierung in Baytown nach dem Exxon-Solvent-Process (EDS) verarbeitet 250 tato. Insgesamt wurden 60 000 t Kohlen hydriert und die Untersuchungen sind abgeschlossen. Das H-Coal-Verfahren der Hydrocarbon Research Inc. mit 200 tato Kohleeinsatz ist ebenfalls abgeschlossen und wird lizensiert.

Tabelle 8.9 faßt die Eigenschaften der Benzine aus verschiedenen Herstellungsprozessen zusammen und die Tabelle 8.10 skizziert die möglichen Synthesewege zu Vergaserkraftstoff auf Kohlebasis.

8.1.3 Synthetisches Erdgas durch direkte Hydrierung von Kohle (SNG)

Die gegenwärtigen Welt-Erdgasreserven werden mit etwa 83 000 Mia m^3 angegeben. Der jährliche Verbrauch beträgt etwa 1 700 Mia m^3. Damit deckt Erdgas zur Zeit etwa 20 % des Weltenergiebedarfes (Erdöl etwa 40 %) [8.11].

Bei der hydrierenden Druckvergasung spielen besonders Braunkohlen als reaktionsfähiges Ausgangsmaterial eine bedeutende Rolle. Halbtechnische Versuche der Rheinischen Braunkohlenwerke AG haben ergeben, daß man bei Drücken von 55–95 bar und Temperaturen von 850–1 000 °C in Wirbelschichtreaktoren einen Vergasungsgrad der Kohle bis zu 82 % und ein Gas von fast 50 % Methangehalt erreichen kann (Teggers [8.12]). Frische Braunkohle, die auf 10–20 % H_2O vorgetrocknet wurde, wird fein gemahlen (bis ~ 2 mm) und in einem Dralltrockner auf 2–5 % Wassergehalt nachgetrocknet. Frische Kohle reagiert mit Wasserstoff besonders glatt, die Umsetzungsfreudigkeit nimmt jedoch mit fortlaufender Vergasung ab. Der Kohlerest ist aber für die autotherme Vergasung mit Wasserdampf noch genügend reaktiv und liefert den für die Methanherstellung nötigen Wasserstoff. Ab 1990 soll eine Produktionsanlage mit einer Leistung von 1 Mia Nm^3/Jahr in Betrieb kommen, unter Beteiligung von Lurgi als Ingenieurfirma.

Das Arbeitsprinzip ist in Abb. 8.5 skizziert. Kohle wird in der Druckvergasungsanlage im Wirbelbettreaktor bei einer Verweilzeit zwischen 9–65 Minuten mit Wasserstoff umgesetzt. Der Restkoks wird in einer Vergasungsanlage

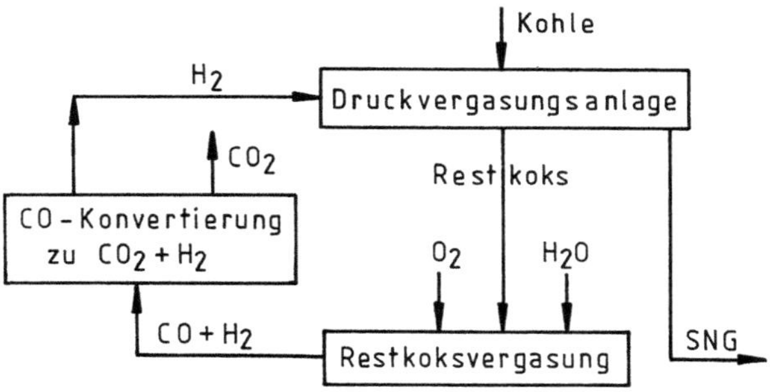

Abb. 8.5. Hydrierende Vergasung von Kohle zu SNG

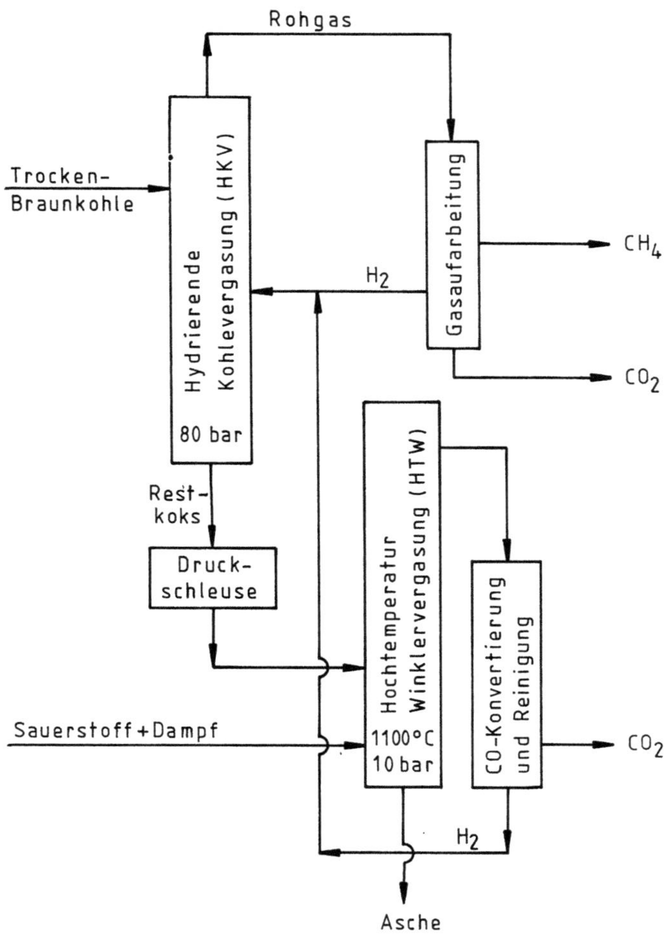

Abb. 8.6. Schema der autothermen Verfahrenskombination Hydrierende Kohlevergasung (HKV) mit Hochtemperatur Winklervergasung (HTW) (Franke [8.14])

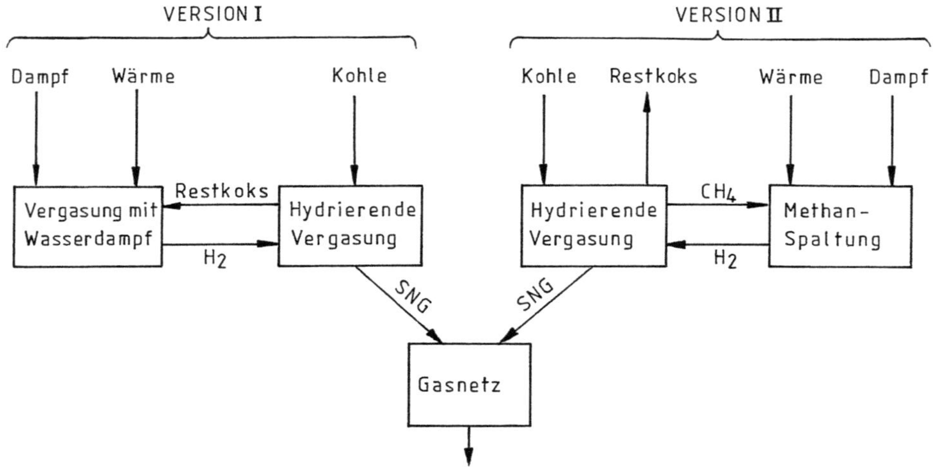

Abb. 8.7. Hydrierende Kohlevergasung zu Methan (Jüntgen u. v. Heek [8.15]) Version I Wasserstoffherstellung aus Kohle Version II Wasserstoffherstellung aus Methan

nach dem HTW-Verfahren autotherm in CO/H_2-Gemische überführt, die zu Wasserstoff konvertiert werden, welcher dann als Hydrierkomponente in den HKV-Prozeß (Hydrierende Kohlevergasung) eingesetzt wird [8.13].
Das abgehende Roh-Methan wird nach einer Gasreinigung in einer Tieftemperaturzerlegung in Wasserstoff, Rein-Methan, CO und N_2 zerlegt.

Abbildung 8.6 zeigt die Arbeitsweise der Verfahrenskombination HKV mit HTW, also hydrierende Kohlevergasung mit Hochtemperatur-Winkler-Vergasung des Restkokses zu Wasserstoff [8.15].

Eine andere Version besteht darin, daß man die Wasserstofferzeugung so vornimmt, daß man einen Teil des Methans opfert, dieses nach dem üblichen technischen Verfahren auf allothermen Wege durch Spaltung mit Wasserdampf über Nickelkatalysatoren in Wasserstoff überführt und diesen für die HKV einsetzt (Version II).

Der schwer umsetzbare Restkoks muß abgegeben werden [8.15] (vgl. Abb. 8.7).

In der Version I wird die exotherme Druckvergasung mit Wasserstoff auf Basis des Restkokses und einer autothermen Kohlevergasung betrieben. In der rechten Version II wird aus einem Teil des erzeugten Methans nach der bekannten allothermen Spaltung mit Wasserdampf über Nickelkatalysatoren Wasserstoff hergestellt und für die HKV verwendet.

8.2 Die Fischer-Tropsch-Synthese – indirekte Hydrierung der Kohle

Die indirekte Kohlehydrierung durch Umsetzung von CO/H_2-Gemischen über Eisenkatalysatoren wird seit 1955 in Südafrika in Sasolburg (SASOL = *S*uid-*A*frikaanse *S*teenkol, *Ol*ie en Gas Korporasie), in zwei Versionen tech-

nisch ausgeführt. Die eine Arbeitsweise, die Hochlastsynthese, wurde durch die Arbeitsgemeinschaft Ruhrchemie-Lurgi (Arge-Synthese) erstellt und ein sehr vereinfachtes Fließ-Schema zeigt Abb. 8.8
Die Arge-Synthese arbeitet mit gut wärmeleitenden, fest angeordneten Eisenkontakten bei einem Druck von 25 bar und einer Temperatur von 220–240 °C mit Lurgi-Siedewasser-Reaktoren zur Konstanthaltung der Temperatur bei der exothermen Reaktion.

Das CO/H_2-Gemisch wird etwa im Verhältnis 1:1,8 angewendet und die Syntheseprodukte sind in der Hauptsache höhermolekulare Paraffin-Olefin-Gemische, wie Benzin, aber insbesondere Gatsch und höhermolekulare Paraffine, wie Weich- und Hartparaffin. Tabelle 8.11 gibt die Zusammensetzung des Primärproduktes der Arge-Synthese an [8.18].

Die neuen Festbettreaktoren, von denen jeder im Jahr 130 000 t C_{3+}-Kohlenwasserstoffe herstellen kann, wovon mehr als 50 % über 350 °C sieden, sind 16 m hoch, haben 6 m Durchmesser und wiegen 600 t. Sie verfügen über 8 600 mit Katalysator gefüllte Rohre, die mit Siedewasser unter Druck gekühlt werden. Das Katalysatorvolumen beträgt 200 m³.

Das Synthesegas wird mit Lurgi-Druck-Vergasern hergestellt. Die Gasmengen, die solche Anlagen benötigen, sind enorm. Für die Synthese von z. B. 2 150 000 t C_{3+}-Kohlenwasserstoffe pro Jahr benötigt man 1 500 000 Nm³ Synthesegas pro Stunde, das entspricht 36 Mio m³/Tag bzw. 12 Mia m³ pro Jahr (330 Arbeitstage). 4 Rectisolstraßen zur Gasreinigung von je 400 000 Nm³ Gas pro Stunde, die bei 30 bar arbeiten, sind erforderlich.

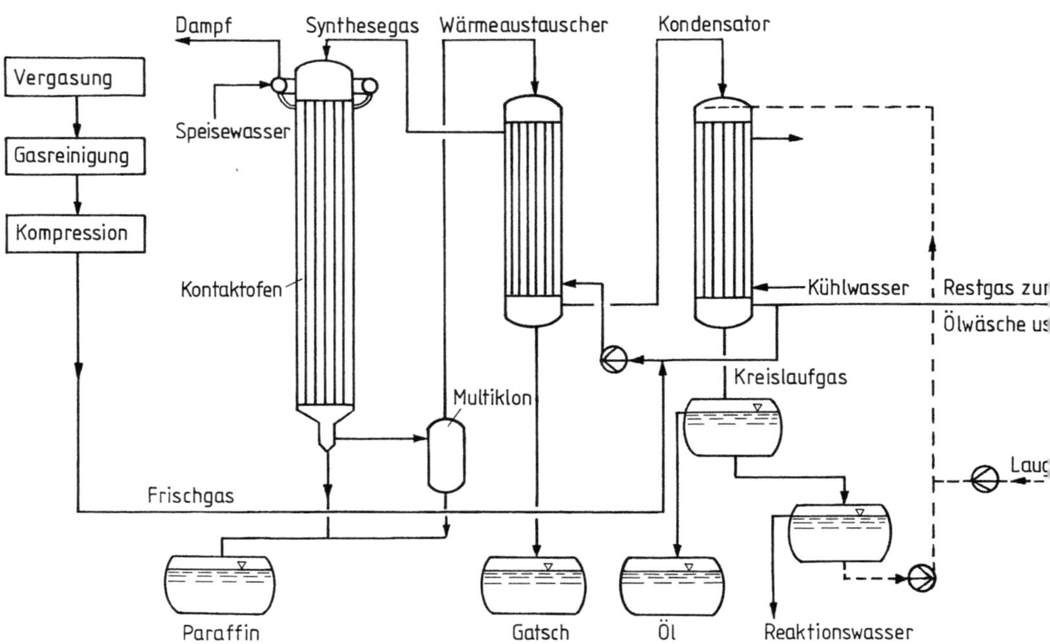

Abb. 8.8. Schema der Arge-Synthese (nach Schulze [8.17])

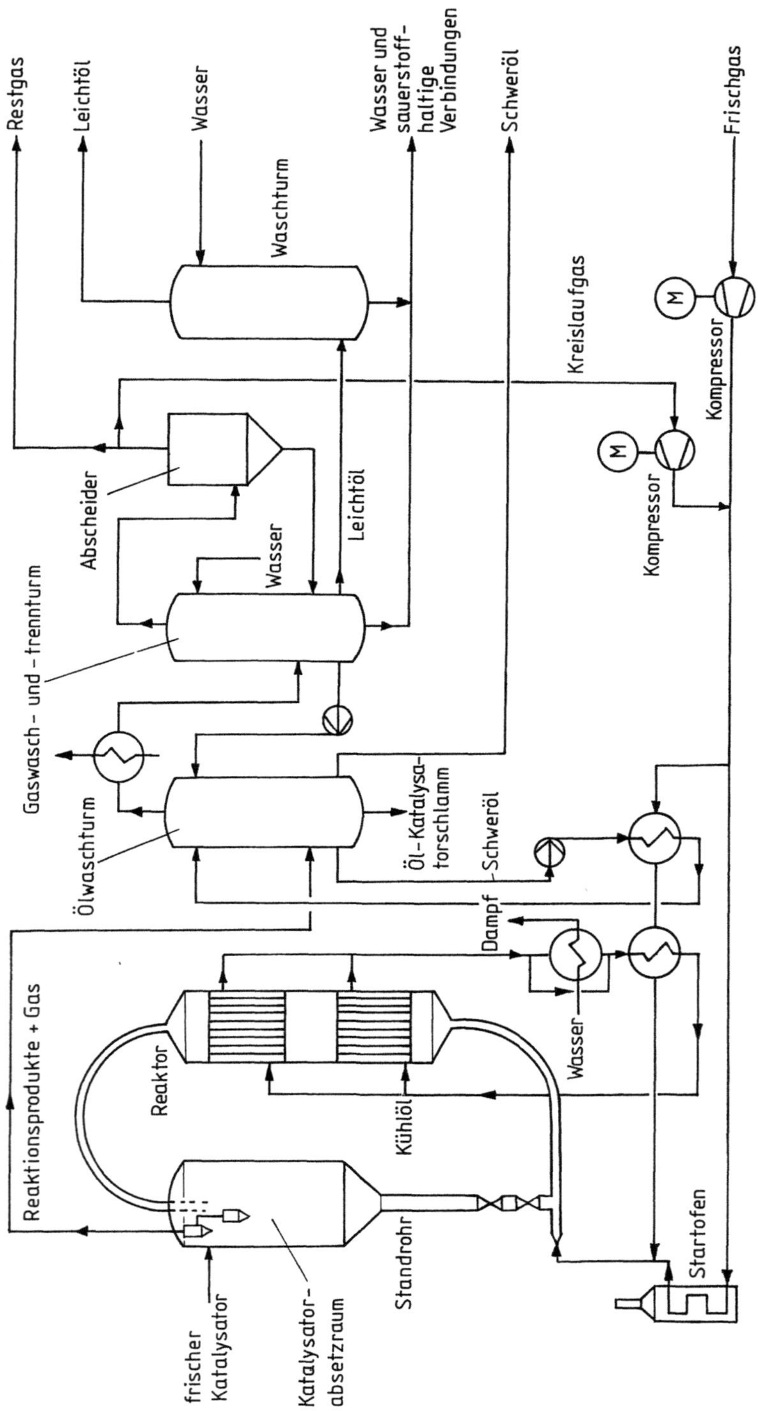

Abb. 8.9. Schema der Flugstaubsynthese (nach Schulze [8.17], Garza [8.29] S. 331)

Die Synthese wird in 3 Stufen ausgeführt. Das Gas wird in der ersten Stufe mit 16 Reaktoren zu 68 % umgesetzt. In der zweiten Stufe beträgt der Umsatz 61 % und in der dritten Stufe etwa 50 %, so daß sich ein Gesamtgasumsatz von 94 % ergibt, für den dann insgesamt 25 Reaktoren nötig sind.

Man erreicht diese hohen Umsätze durch eine Wasserkondensation zwischen der 1. und 2. bzw. der 2. und 3. Stufe. Man vermindert dadurch die Konvertierungsreaktion des Kohlenoxids und erhöht den Partialdruck des Synthesegases [8.16].

Die zweite Version der FT-Synthese ist die sogenannte Flugstaub-Synthese, auch Synthol-Synthese genannt.
Sie wurde von Kellogg-Sasol entwickelt und ist in erster Linie für die Herstellung von Benzin ausgelegt. Ein sehr einfaches Schema der Flugstaub-Synthese zeigt Abb. 8.9.
Der Eisenpulver-Katalysator wird durch das Reaktionsgas, entsprechend der hohen Strömungsgeschwindigkeit, in den Reaktionsraum getragen, dort stufenweise durch Umlauföl gekühlt und in einem Abscheider vom Endgas getrennt und rezirkuliert. In der Heißölwäsche werden die letzten Reste Katalysator abgetrennt. Das Kreislaufgas wird im Verhältnis 2:1 mit Frischgas gemischt und in den Reaktionsraum geführt.

Der Druck beträgt 25 bar, die Temperatur ist wesentlich höher als bei der Arge-Synthese (310–340 °C), wodurch die Bildung niedrigerer Kohlenwasserstoffe begünstigt wird. Insbesondere der Methananfall ist hoch. Das Verhältnis von H_2/CO beträgt etwa 6:1. Trotzdem ist der Olefinanteil groß, denn Eisen ist ein schlechter Hydrierkatalysator [8.17].

Tabelle 8.12 gibt die Ausbeuten und Kapazitätsdaten einer Flugstaub-Syn-

Tabelle 8.11. Zusammensetzung des Primärproduktes der Arge-Synthese (Eisenlohr und Gaensslen [8.18])

Syntheseprodukt	Gew.-%
Methan	5,49
Ethan	0,19
Ethylen	2,47
Propan	1,92
Propylen	2,82
Butane	2,88
Butene	2,19
C_5—C_{12}	21,77*
C_{13}—C_{18}	14,47**
C_{19+} (Gatsch + Hartparaffin)	39,46
O_2-Verbindungen	5,52
Säuren	0,82
Summe	100,00

* Mit 53 % Olefinen
** Mit 45 % Olefinen

Tabelle 8.12. Ausbeuten und Kapazitätsdaten einer FT-Flugstaub-Synthese-Anlage mit einer Produktion von 1 500 000 jato C_{3+} KW (nach Schulze [8.17])

	Ausbeute bez. auf C_{3+} Gew.-% KW	Kapazität t/h	Kapazität 10^3 t/Jahr
$C_1 + C_2$	34	63,7	509,6
davon			
CH_4	19,1	35,8	286,4
C_2H_4	6,4	12,0	96,0
C_2H_6	8,5	15,9	127,2
O-haltige Produkte ohne Säuren	10,6	19,9	159,2
davon			
Methanol	0,15	0,3	2,4
Ethanol	5,9	11,1	88,8
n-Propanol	1,5	2,8	22,4
i-Propanol	0,3	0,5	4,0
n-Butanol	0,45	0,8	6,4
i-Butanol	0,1	0,2	1,6
sec. Butanol	0,05	0,1	0,8
C_{5+}-Alkohole	0,2	0,4	3,2
Aldehyde	0,45	0,8	6,4
Aceton	1,1	2,1	16,8
Methylethylketon	0,3	0,6	4,8
Methylpropylketon	0,1	0,2	1,6
O-haltige Produkte: Säuren	1,5	2,8	22,4
$C_3 + C_4$	43,0	80,6	644,8
davon			
C_3H_6	18,7	35,0	280,0
C_3H_8	5,0	9,4	75,2
C_4H_8	14,6	27,4	219,2
C_4H_{10}	4,7	8,8	70,4
C_5—C_{11}	52,4	98,3	786,4
Kogasin	2,4	4,5	36,0
Gatsch	2,2	4,1	32,8
gesamte C_3 + KW	100,0	187,5	1 500,0

these-Anlage mit einer Produktion von 1 500 000 jato C_{3+}-Kohlenwasserstoffe an und in Tabelle 8.13 sind die Produktverteilungen bei der Arge- und der Flugstaubsynthese einander gegenübergestellt.

Tabelle 8.13. Produktverteilung bei der FT-Synthese mit Eisen-Katalysatoren (Büssemeier [8.31])

Prozeß	Arge-Synthese		Kellogg-Syntholprozeß	
Temperatur °C	220–240		320–340	
Druck in bar	26		22	
CO/H_2 Verhältnis	1:1,7		1:3	
Produktverteilung Gew.-%	Total	Gew.-% Olefine	Total	Gew.-% Olefine
C_1	7,8	—	13,1	—
C_2	3,2	33	10,2	43
C_3	6,1	64	16,2	79
C_4	4,9	51	13,2	76
C_5—C_{11}	24,8	50	33,4	70
C_{12}—C_{20}	14,7	40	5,1	60
C_{20+}	36,2	15	—	—
Alkohole + Ketone	2,3	—	7,8	—
Säuren	—	—	1,0	—

Jede Tonne Primärprodukt benötigt 3,5 t Steinkohle H_u = 29 300 kJ/kg (7 000 kcal/kg) oder 13 t Braunkohle H_u = 8 400 kJ/kg (2 000 kcal/kg)

Bei beiden Versionen, insbesondere aber bei der Flugstaub-Synthese, ist die Methanbildung sehr hoch [8.16]. Wird dieses im eigenen Bereich wieder in Synthesegas überführt, weil ein Absatz von SNG nicht möglich ist, wie dies z. B. in Sasolburg der Fall ist, muß eine eigene Reforming-Anlage für das Methan betrieben werden. Das belastet die Kosten des Benzins bei der Flugstaub-Synthese und diejenigen des Dieselöls bzw. des „Paraffins" bei der Arge-Synthese. Man hat dann 2 Anlagen für die Herstellung des Synthesegases zu betreiben, eine autothermische auf Kohlebasis und eine allothermische Methanreforminganlage [8.18].

Diese Betrachtungen sind wegen der Wirtschaftlichkeit der einzelnen Verfahren sehr wesentlich und gelten auch für die Methanolsynthese und die ebenfalls erörterte Synthese des Mobilbenzins nach dem MTG-Prozeß usw. [8.19].

Tabelle 8.14 zeigt, wie die thermischen Wirkungsgrade oft beträchtlich günstiger werden, wenn man das Methan als Ferngas absetzen kann. Besonders wenn man Synthesegas aus Lurgi-Anlagen verarbeitet, das ohnehin bereits Methan mitbringt, wirken sich solche Überlegungen günstig aus [8.20].
Die in Tabelle 8.15 angegebenen energetischen Wirkungsgrade sind definiert als der Quotient aus unterem Heizwert der Produkte und unterem Heizwert der als Rohstoff und zur Betriebsmitteldeckung verwendeten Kohle in Gcal Kohle pro Gcal Produkt. Sie liegen bei der Verwendung von Braunkohle durch den Aufwand für die Trocknung der Kohle etwas niedriger. Bei der Be-

Tabelle 8.14. Thermische Wirkungsgrade verschiedener Verfahren für die Herstellung von Energieträgern (Eisenlohr u. Gaensslen [8.19])

Verfahren	Wirkungs-grad % Basis H_u	Gcal Kohle pro Gcal Produkt
1 FT-Synthese		
1.1 Produktion von Motorkraftstoffen[a]	40	2,50
1.2 Produktion von Motorkraftstoffen + Ferngas	58	1,72
2 Methanolsynthese		
2.1 Produktion von Methanol	49	2,04
2.2 Produktion von Methanol + Ferngas	62	1,61
3 Methanolsynthese und Mobilprozess		
3.1 Benzin und Flüssiggas	45	2,22
3.2 Benzin, Flüssiggas und Ferngas	61	1,64
4 Wasserstoff-Erzeugung durch Vergasung[b]	57	1,75
5 Methansynthese durch Lurgi-Druckvergasung[b]	61	1,64
6 Hochdruckhydrierung Motorkraftstoffe	56	1,79

[a] Motorkraftstoffe: Benzin, Dieselöl und Flüssiggas
[b] Komprimiert auf 200 bar zur motorischen Verwendung

sprechung der direkten und indirekten Kohlehydrierung interessieren hier auch die energetischen Wirkungsgrade bei der Herstellung von VK und DK nach dem Hydrierungsverfahren und dem FT-Prozeß. Verglichen werden das Hydrierbenzin mit dem Benzin aus der Flugstaub-Synthese, sowie das Dieselöl aus der Kohlehydrierung und aus der FT-Arge-Synthese. Auch das Mobil-Benzin aus dem MTG-Prozeß ist in die Tabelle aufgenommen worden. LDV heißt *L*urgi-*D*ruck-*V*ergasung. Synthol ist das Benzin aus der Flugstaub-Synthese.

Die thermischen Wirkungsgrade beziehen sich wieder auf die Summe von Benzin, Dieselöl und Flüssiggas. Der thermische Wirkungsgrad bei der Steinkohlenhydrierung beträgt im Durchschnitt ewa 56 %, bei der Raffination von Roh-Erdöl auf VK, DK und LPG (Flüssiggas) etwa 85 %.

Abbildung 8.10 zeigt, wie in Sasolburg die Arge-Festbett-Synthese und die Flugstaub-Synthese untereinander verbunden waren. (vgl. Rousseau [8.29] S. 332)

Die Frage der direkten oder indirekten Kohleverflüssigung wird noch lange diskutiert werden und man wird in Abhängigkeit von der jeweiligen Rohstofflage zu gegebener Zeit wahrscheinlich beide Verfahren im bestimmten Umfang einsetzen müssen.

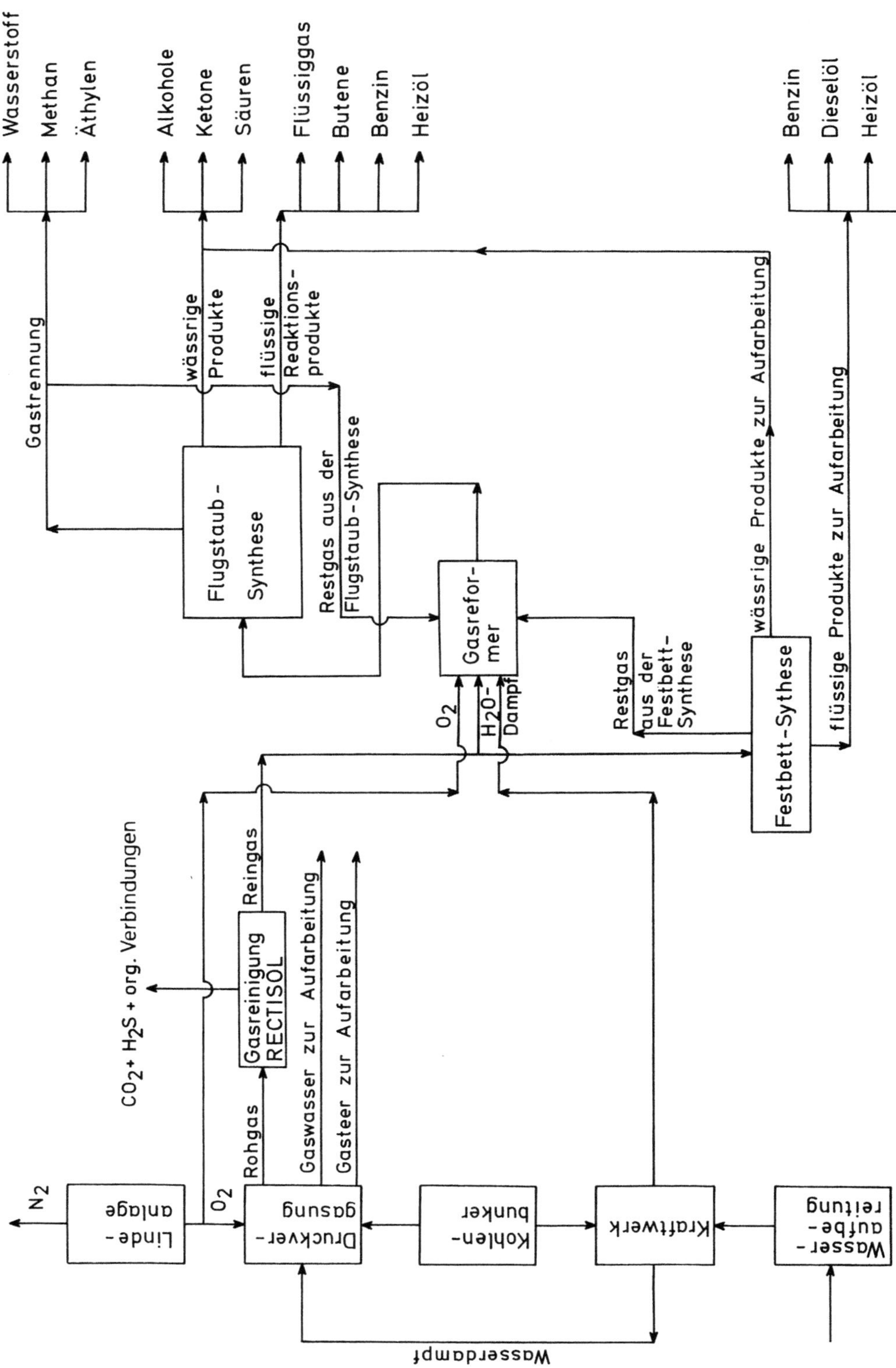

Abb. 8.10. Fließschema der Arbeitsweise der Sasolburg-Anlage (nach Rousseau [8.29] S. 332)

Tabelle 8.15. Vergleich der energetischen Wirkungsgrade bei der Herstellung von VK und DK auf Kohlenbasis nach verschiedenen Prozessen (Eisenlohr u. Gaensslen [8.18] u. Jüntgen et al. [8.8])

Hauptprodukt	Braunkohle		Steinkohle	
	aschearm	aschereich	aschearm	aschereich
Benzin	Hydrierung 48–52	Synthol 36–37 Mobil 43	Hydrierung 55–58	Synthol 33–38 Mobil 45
Dieselöl	Hydrierung 48–52	LDV + FT-Arge-Festbett 40–42	Hydrierung + FT-Arge-Festbett 51–53	LDV + FT-Arge-Festbett 44
Benzin + SNG	Hydrierung 60 LDV + Synthol 55 LDV + Mobil 57	LDV + Synthol 54–55 LDV + Mobil 55–57	Hydrierung 62 LDV + Synthol 57–58 LDV + Mobil 62	LDV + Synthol 57–59 LDV + Mobil 61
Dieselöl + SNG	LDV-FT-Arge-Festbett 55–56	LDV-FT-Arge-Festbett 55–56	LDV-FT-Arge-Festbett 56–58	LDV-FT-Arge-Festbett 56–58

LDV = Lurgi-Druckvergasungsverfahren

Die Optimisten sagen, der Ölpreis wird weiter steigen und der Kohlepreis wird sich einpendeln, Pessimisten sagen das Gegenteil. Wie schwierig, wenn nicht gar unmöglich es ist, im wirtschaftlichen Sektor bindende Voraussagen auf längere Zeit zu machen, zeigen die heutigen Prognoseversuche wissenschaftlicher Institutionen, ja sogar großer Industrieunternehmen. Sie sind meistens unzutreffend.

Die Kenntnis der Ergebnisse der direkten und indirekten Kohlehydrierung ist für die Beurteilung der Stellung des Methanols als Energierohstoff der Zukunft hilfreich.

In der DDR z. B. wird derzeit keine FT-Synthese geplant und man ist dort der Ansicht, daß die Umwandlung Kohle → Synthesegas → Benzin vom Grundstoffbedarf, sowie hinsichtlich der laufenden Kosten und des Personalaufwandes, die ungünstigste Lösung darstellt.

Die direkte Kohlehydrierung wird häufiger als wirtschaftlicher bezeichnet als der Weg über die Kohlevergasung zu Synthesegas mit anschließender FT-Synthese.

Man darf dabei allerdings nicht vergessen, daß die FT-Synthese als Rohmaterial minderwertige Kohlen mit hohem Asche- und Schwefelgehalt verwenden kann, während für die direkte Kohlehydrierung beste, aschearme und bituminöse Kohle benötigt wird.

Die Kosten für die Verarbeitung von Kohlehydrierölen, (Sumpfphasen-Produkte) auf VK und DK werden von Chevron mit 10–15 $/Barrel geschätzt.

Andererseits sind die früher schon vielversprechenden Arbeiten von Kölbel/Rheinpreussen [8.22] über die Ausführung der FT-Synthese mit Eisen-slurry, insbesondere durch Deckwer et al. wieder aufgegriffen worden, die sich für die Verbesserung der FT-Synthese alter Prägung, aber auch für die bevorzugte Herstellung niedermolekularer, unter Normalverhältnissen gasförmiger Olefine durch den Slurry-Prozeß interessieren [8.23].

Bekanntlich ist die FT-Synthese mit aufgeschlämmten Eisenkatalysatoren bei 260–300 °C und 12–24 bar hinsichtlich der Produktverteilung außerordentlich flexibel. Sie führt in geradem Durchgang zu hohen Umsätzen (90 %), so daß sich eine Kreislaufarbeitsweise erübrigt. Arbeitet man mit Katalysatoren auf Mangan-Eisen-Basis, erhält man viele niedermolekulare Kohlenwasserstoffe mit hohen Olefingehalten. Solche Kontakte tolerieren hohe CO-Gehalte im Gas, die die Olefinhydrierung weiter zurückdrängen. Synthesegase mit hohem CO-Gehalt fallen insbesondere bei den modernen Vergasern der zweiten Generation unter Druck und höheren Temperaturen an und können beim Arge- oder Synthol-Verfahren wegen erhöhter Konvertierungsreaktionen bzw. Rußbildung nicht verwendet werden.

Durch eine Weiterbehandlung der Olefine und Alkohole mit geeigneten ZSM-5-Katalysatoren kann man gemeinsam mit dem ohnehin anfallenden Benzin noch zusätzlichen VK erhalten, so daß sich für diese Produkte bis

Tabelle 8.16. Produktselektivitäten in den beiden Großanlagen für die FT-Synthese in Sasolburg in Gew.-% (Hoogendorn [8.16])

Reaktortyp	Festbett (Arge)	Flugstaub Synthol-Sasol
Druck MPa	2,7	2,3
Arbeits-Temperatur	220	325
H_2/CO-Verhältnis im Synthesegas	1,7	3,0
Produktfraktionen		
CH_4	2,0	10,0
C_2H_4	0,1	4,0
C_2H_6	1,8	4,0
C_3H_6	2,7	12,0
C_3H_8	1,7	2,0
C_4H_8	3,1	9,0
C_4H_{10}	1,9	2,0
C_2—C_4-Olefine	5,9	25,0
C_2—C_4-Paraffine	5,4	8,0
Summe C_1—C_4-Kohlenwasserstoffe	13,3	43,0
C_5—C_{11} (Benzin)	18,0	40,0
C_{12}—C_{18} (Dieselöl)	14,0	7,0
C_{19}—C_{23}	7,0	0,0
C_{24}—C_{35} (Weichparaffin)	20,0	4,0
C_{35} (Hartparaffin)	25,0	0,0
Wasserlösliche Säuren	0,2	1,0
Wasserlösliche nicht saure Produkte	3,0	5,0

zu 70% Ausbeuten ergeben können. Man könnte auf diese Weise eventuell die Herstellung von VK auf Basis von Synthesegas über den MTG-Prozeß umgehen.

Besonders vorteilhaft könnte es sein, wenn der Eisen-Slurry-Katalysator und der ZSM-5-Kontakt gleichzeitig im Reaktor vorhanden wären, obwohl dann zum Teil Oligomerisations-Vorgänge auch bei den C_5-C_{11}-Olefinen erwartet werden müßten, die dann Kohlenwasserstoffgemische teilweise im DK-Bereich liefern würden [8.24], [8.23].

Zum Verfahrensvergleich werden in Tabelle 8.16 die Produktselektivitäten der in Sasolburg bei den beiden FT-Synthesen anfallenden Kohlenwasserstoffen einander gegenübergestellt und Tabelle 8.17 zeigt die chemische Zusammensetzung von Benzin und Dieselöl, die bei den beiden Versionen der FT-Synthese entstehen. Von besonderer Bedeutung ist der große Unterschied in den Olefingehalten.
Tabelle 8.17 gibt die Zusammensetzung ausgewählter flüssiger und fester Produkte aus den verschiedenen Sasol-Reaktoren bekannt.

Tabelle 8.17. Zusammensetzung von flüssigen und festen Produkten aus den beiden Versionen der FT-Synthese in Sasolburg (Hoogendoorn [8.16] und [8.29] S. 330)

Reaktortyp		Festbett	Flugstaub
Produkt-Schnitt	Zusammensetzung in Gew.-%		
Benzin			
C_5—C_{11}	Olefine	32	65
C_5—C_{11}	Paraffine	60	14
C_5—C_{11}	Aromaten	0	7
C_5—C_{11}	Alkohole	7	6
C_5—C_{11}	Ketone	0,6	6
C_5—C_{11}	Säuren	0,4	2
C_5—C_{11}	% *n*-Paraffine in den Paraffin-Kohlenwasserstoffen	95	55
Dieselöl			
C_{12}—C_{18}	Olefine	25	55
C_{12}—C_{18}	Paraffine	65	10
C_{12}—C_{18}	Aromaten	0	10
C_{12}—C_{18}	Alkohole	6	4
C_{12}—C_{18}	Ketone	1	2
C_{12}—C_{18}	Säuren	0,05	1
C_{12}—C_{18}	% *n*-Paraffine in den Paraffin-Kohlenwasserstoffen	93	60
C_{12}—C_{18}	Cetanzahl	75	55
Weichparaffin C_{24}—C_{35}	Olefine	10	–

Die Arbeitsweise mit Flugstaub-Reaktoren (Synthol-Verfahren von Sasol-Kellogg), zur Herstellung von etwa 1,5 Mio jato Benzin auf Basis von Lignit, nimmt in Sasolburg den breitesten Raum ein. Den Aufwand an Menschen und Material zeigt die folgende Aufstellung (nach Hoogendoorn [8.16], Jüntgen et. al. [8.8]).

1. Es werden etwa 13 Mio jato Kohle mit einem Heizwert wf von 23,9 MJ/kg bzw. 3 700 kcal/kg eingesetzt.
2. Für die Dampferzeugung benötigt man 4,4 Mio jato Kohle, die in 6 parallelen Einheiten 3 240 stuto Dampf mit 430 °C bzw. 400 bar erzeugen.
3. Für den autothermen Vergasungsprozeß werden insgesamt 6 ebenfalls parallel arbeitende Sauerstoffanlagen mit einer Leistung von 13 800 tato (340 bar) betrieben.
4. Die Synthesegaserzeugung wird mit 36 parallel arbeitenden Lurgi-Druckvergasern von 4 m Durchmesser bewerkstelligt, die 8,4 Mio jato Kohle verarbeiten. Dampfbedarf: 1 230 stuto, Sauerstoffbedarf: 8 600 tato.
5. Rohgaserzeugung: 1,65 Mio m^3/h, Ascheanfall: 10 000 t/d, Prozeßwasserbedarf: 1 000 t/h.
6. In 4 parallelen Rectisoleinheiten werden aus dem Rohgas 1,1 Mio m^3 Synthesegas pro Stunde mit 84,1 % CO + H_2 erhalten. Daneben enthält das Gas 1,5 % CO_2, 13,5 % CH_4, 0,4 % C_nH_m, 0,5 % N_2 + Ar und 0,07 ppm Schwefel.
7. Die Synthese wird in 7 parallelen Synthol-Reaktoren ausgeführt, die pro Stunde mit insgesamt 1,1 Mio m^3 Gas beaufschlagt werden.
8. Das Kreislaufgas umfaßt insgesamt 0,8 Mio m^3/Stunde, davon befinden sich 0,55 Mio m^3 im äußeren Kreislauf und 0,25 Mio m^3 im inneren Kreislauf.
9. Die Restgasspaltanlage besteht aus 8 Einheiten, die stündlich 0,225 Mio m^3 90prozentiges Methan zu 0,550 Mio m^3 Synthesegas mit einem Restgehalt von 4 % Methan verarbeiten. Sauerstoffbedarf: 3 400 tato.
10. Das Kühlwassersystem besteht aus 4 Türmen mit 15 m Höhe und 105 m Durchmesser. Umlaufwassermenge: 0,165 Mio m^3/h.
11. Jahresproduktion in Mio t: 1,5 Motorkraftstoffe, 0,185 Ethylen, 0,086 Chemikalien, 0,180 Teerprodukte aus den Lurgi-Vergasern, 0,1 NH_3, 0,09 Schwefel. Summe: 2,14 Mio t.
12. Leistung einer einsträngigen Sasol-Syntheseanlage: z. Z. 400 tato C_{3+}, das sind 146 000 t/Jahr.
13. Analyse der Kohle für die Sasol-Anlagen II + III auf Trockenbasis:

% Asche	% C	% H_2	% O	% S
35,9	50,8	2,8	8,8	0,5

14. Flächenbedarf in ha:
Anlage: 196, Tanklager: 93, Zentrale techn. Dienste: 33, Verwaltung und Versand: 135, Abwasserbehandlung: 165, Aschedeponie: 180
15. Personalbedarf:
Technischer Stab: 160, Verwaltung: 400, Zeche: 700 Facharbeiter, 2 000 Arbeiter,

Anlage:
Produktion: 1000 Facharbeiter, Wartung und Reparatur: 1800 Facharbeiter, 1000 ungelernte Arbeiter, insgesamter Personalbedarf: etwa 7000 Personen.

Die Möglichkeiten, auf Basis von Kohle Kraftstoffe herzustellen, lassen sich folgendermaßen zusammenfassen:

1. Die Hochdruckhydrierungen von Stein- und Braunkohlen ergeben VK und DK. Die VK haben infolge des hohen Aromatengehaltes, besonders bei Verwendung von Steinkohlen, hohe OZ. Die DK entsprechen in der CZ den Anforderungen, haben aber eine hohe Dichte.
2. Die auf Basis Synthesegas beruhenden Verfahren der FT-Synthese liefern durch das Synthol-Verfahren (Flugstaub-Synthese) ein gutes Benzin.
3. Das FT-Arge-Verfahren liefert ein schlechtes Benzin, aber ein hervorragendes Dieselöl und viel „Paraffin".
4. Das Methanol kann mit Hilfe des MTG-Verfahrens der Mobil Oil Corp. in höchstwertiges Benzin überführt werden und liefert seit kurzer Zeit auch Kohlenwasserstoffgemische im Dieselölbereich mit ausgezeichneten Eigenschaften (MOGD-Prozeß vgl. S. 213).

Für die Synthesen 2, 3 und 4 sind Kohlen verwendbar, an die keine besonderen Anforderungen gestellt werden müssen, während für die direkte Kohlehydrierung 1 möglichst aschearme, bituminöse Kohlen benötigt werden.

Für die Synthese von DK, die immer wichtiger wird, weil die Zahl der Personenkraftwagen mit Dieselmotor prozentual ansteigt, kommt zur Zeit praktisch nur die FT-Arge-Synthese in Frage, die DK mit so hoher CZ liefert, daß diese sogar schlechteren Dieselölen zur Erreichung der nötigen CZ zugemischt werden können.

Zum abschließenden Vergleich sind die Umwandlungsgrade und die spezifischen Kohleverbräuche autarker Anlagen zur direkten und indirekten Kohleverflüssigung nachfolgend zusammengestellt (nach Jüntgen et al. [8.8]):

1. Direkte Kohleverflüssigung mit dem Ziel, eine maximale Menge Superbenzin und LPG* herzustellen:
   a) Thermischer Wirkungsgrad: 55–56 %
   b) Spezifischer Wärmeverbrauch in Gcal/Gcal Produkt: 1,79–1,82
   c) Spezifischer Kohleverbrauch in t SKE/t Produkte: 2,6–2,7
2. Indirekte Kohleverflüssigung zu Benzin und LPG (Synthol-Version):
   a) Thermischer Wirkungsgrad: 37–38 %
   b) Spezifischer Wärmeverbrauch in Gcal/Gcal Produkt: 2,6–2,7
   c) Spezifischer Kohleverbrauch in t SKE/t Produkte: 3,7–3,82
3. Indirekte Kohleverflüssigung nach dem Arge-Verfahren der FT-Synthese zur Herstellung von Dieselöl:

* Der spezifische Wasserstoffverbrauch in t H_2/t Produkt bei der direkten Hydrierung beträgt etwa 0,125 bis 0,145.

a) Thermischer Wirkungsgrad: 44
b) Spezifischer Wärmeverbrauch in Gcal/Gcal Produkte: 2,27
c) Spezifischer Kohleverbrauch: t SKE/t Produkte: 3,25–3,4

8.3 Herstellung maximaler Mengen von Dieselkraftstoffen aus den Produkten der Arge-Synthese

Eisenlohr und Gaensslen haben bei Lurgi kürzlich untersucht, nach welchen Verfahren die größtmögliche Ausbeute an DK auf Basis der Arge-Synthese erhalten werden kann [8.25]. In Abb. 8.11 ist das Schema der Aufarbeitung des Primärproduktes der FT-Synthese (Arge-Version) auf maximale Dieselölausbeute angegeben, wie es von den Autoren vorgeschlagen wurde.

Die Olefine in den Olefin-Paraffingemischen der C_3—C_4- und C_5—C_8-Fraktion werden für sich unter den jeweils günstigsten Bedingungen zu im Dieselölbereich siedenden Oligomerengemischen polymerisiert. Hierfür eignen sich Zeolithe oder saure Ionenaustauscher. Alle unterhalb 140 °C siedenden Produkte werden in den Prozeß zurückgeführt.

Die gesättigten Anteile aus der Oligomerisation der C_3—C_4-Fraktion, nämlich Propan und *n*- und *i*-Butan werden in das LPG gegeben, die gesättigten Anteile der C_5—C_8-Fraktion aus der Oligomerisation gehen in das Benzin.

Die höheren Fraktionen C_9—C_{12} und C_{13}—C_{18} liegen bereits im Siedebereich des Dieselöls (150–320 °C). Ihr hoher Olefinanteil wird durch Hydrierung verringert, was gleich gemeinsam mit den Oligomerisaten der C_3—C_8-Fraktion geschieht.

Die oberhalb C_{18} destillierende „Paraffin-Fraktion“, bestehend aus noch flüssigen Paraffin-Kohlenwasserstoffen, Paraffingatsch, Weich- und Hartparaffin, wird in einem Hydrocracker in Gegenwart eines Edelmetallkatalysators oder eines schwach sauren Zeolithen bei 100–150 bar und der jeweils günstigsten Temperatur so gespalten, daß die Dieselölfraktion Hauptprodukt wird. Das aus dem Hydrocracker kommende Produkt wird durch Abnahme von C_3- und C_4-Anteilen stabilisiert. Sie werden zum LPG gegeben. Die Fraktion bis 140 °C kommt in das Benzin. Die von 140–320 °C siedende Fraktion aus der Hydrocrack-Anlage wird mit jener aus der hydrierten Oligomer-Olefin-Fraktion vereinigt und stellt das gesamte Dieselölprodukt dar. Die höhersiedenden Anteile werden in den Hydrocracker zurückgeführt.

Das Benzin aus dem Hydrocracker wird mit dem Benzin aus der Oligomerisierung der C_5—C_8-Fraktion vermischt und unter Wasserstoffdruck über einen Edelmetallkatalysator zur Verbesserung der OZ hydroisomerisiert.

Schließlich werden die sauerstoffhaltigen Produkte aus der Arge-Synthese entwässert und über einem HZSM-5-Katalysator in Benzin überführt.

Das LPG aus der Oligomerisierung der C_3—C_4-Fraktion aus der Paraffin-Hydrocrackung, bzw. aus der Überführung der sauerstoffhaltigen Produkte der Arge-Synthese in Benzin mittels Mobil-Katalysatoren, kann nach Trennung in die C_3- und C_4-Fraktion für sich chemisch aufgearbeitet werden.

Dehydrierungs- und Isomerisierungsprozesse spielen dabei eine besondere Rolle [8.27].

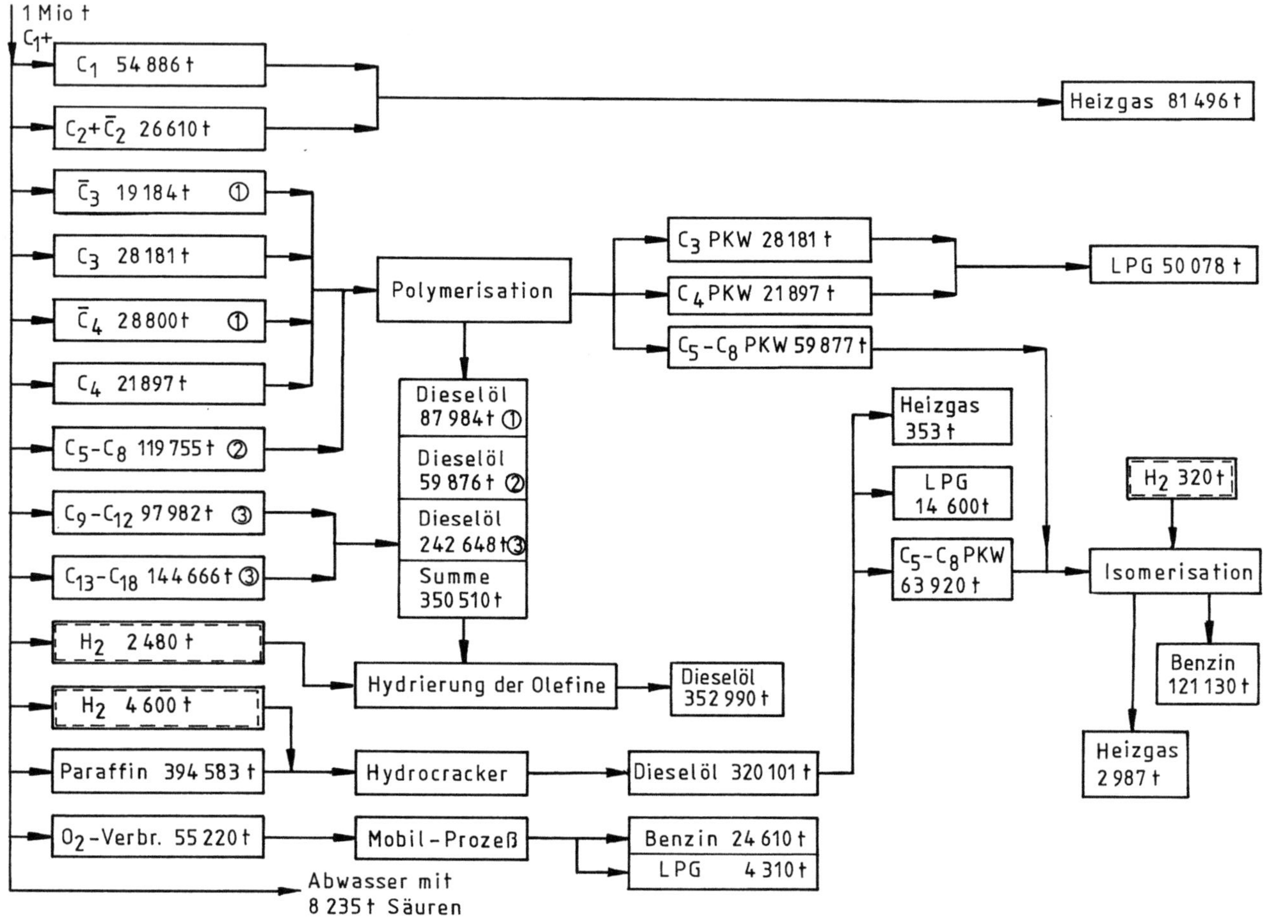

Abb. 8.11. Maximale Ausbeute an Dieselöl bei der FT-Synthese nach dem modernen Arge-Festbettverfahren (Lurgi-Ruhrchemie) (nach Eisenlohr und Gaensslen [8.25])

Tabelle 8.18. Bilanz der Aufarbeitung von 1 Mio t eines Primärproduktes aus der FT-Arge-Synthese (vgl. Tabelle 8.11, S. 287 und Abb. 8.8, S. 285) auf LPG, Benzin und die größtmögliche Menge an Dieselöl (nach K.-H. Eisenlohr und H. Gaensslen [8.25])

Methan*	54 886 t
Ethylen*	1 900 t
Ethan*	24 710 t
Heizgas	3 540 t
Flüssiggas (LPG)	68 988 t
Benzin	145 540 t
Dieselöl	673 101 t
Reaktionswasser	26 500 t
Säuren im Reaktionswasser	8 235 t
Summe	1 007 400 t
– 7 400 t Wasserstoff	1 000 000 t

* im Restgas der Synthese enthalten (Summe der Methan-, Ethylen- und Ethanmenge: 81 496 t)

Tabelle 8.18 gibt eine Bilanz über die in Abb. 8.11 zusammengestellte Verfahrensweise zur Herstellung der maximalen Mengen Dieselöl aus den Primärprodukten der Arge-Synthese.

8.4 Der G-B-Prozeß von Gulf-Badger [8.28]

Bei diesem im Untersuchungsstadium befindlichen Prozeß wird versucht, ausgehend von Naturgas über die FT-Synthese maximale Mengen an Dieselöl zu produzieren. Naturgas wird in Gegenwart von CO_2 zu Synthesegas reformiert und dieses über einen in seiner Zusammensetzung noch nicht veröffentlichten Katalysator zu Kohlenwasserstoffgemischen mit möglichst hohem Anteil an Dieselöl und möglichst niederem Anteil an C_{21+}-Fraktion umgesetzt.

Die bisherigen Ergebnisse, unter Einsatz von Siedewasser-Reaktoren oder von Fluidbed-Reaktoren zur besseren Abführung der Reaktionswärme, sind noch nicht sehr überzeugend, wenn man sie mit der Version der Dieselölerzeugung mit Hilfe der FT-Reaktion (Arge-Verfahren) von Eisenlohr und Gaensslen, ausgehend von Naturgas vergleicht. Tabelle 8.19 gibt die Resultate an, die Singleton und Regier in einer Festbettanlage erzielten.
Tabelle 8.20 zeigt die Ergebnisse der Arbeitsweise des G-B-Katalysators in einem Fluidbed-Reaktor (Pilotmaßstab) bei verschiedenen Prozeßbedingungen nach 25 Stunden Betriebszeit.

Tabelle 8.19. Typische Daten der Kohlenwasserstoffherstellung in einer Festbett-Pilotanlage nach dem G-B-Prozeß (nach Singleton u. Regier [8.28])

Temperatur °C	(210 °C) 200–225 °C
Druck bar	17,5
CO/H_2-Verhältnis	1:1,5–2,0
Gasgeschwindigkeit	500–1 000 h^{-1}
CO-Umsatz pro Durchgang	40–60 %
Selektivität für C_{5+} in % des umgesetzten Kohlenwasserstoffes	> 70
Ausbeuten an Kohlenwasserstoffen in Gew.-%	
CH_4	13,7
C_2H_4—C_4H_{10}	11,6
C_5—C_8-Naphtha	25,4
C_9—C_{20}-Destillat	33,5
C_{21+}-Wachs	14,2
Sauerstoffhaltige Produkte	1,7

Tabelle 8.20. Arbeitsweise des G-B-Katalysators in Abhängigkeit von der Temperatur, des Druckes, des H_2/CO-Verhältnisses und der Gasgeschwindigkeit (nach Singleton u. Regier [8.28])

Temperatur °C	Druck bar	H_2/CO	Syngas-Geschwindigkeit $cm^3/g/h$	CO-Konversion pro Durchgang	Selektivität für C_{5+}*
195	1,05	2,0	600	25	74
195	2,1	2,0	1 200	22	82
195	2,1	2,0	1 200	16	74
215	2,1	2,0	1 200	44	71
215	4,2	2,0	1 950	41	72
205	2,1	1,5	1 200	17	72
215	2,1	3,0	1 200	76	55
205	2,1	2,0	1 200	23	67
205	2,1	2,0	1 800	25	73
215	2,8	1,5	1 600	25	72

* in % vom umgesetzten Kohlenstoff

8.5 Die direkte und indirekte Kohlehydrierung als Grundlage für die Erzeugung von Grundchemikalien für die chemische Industrie

8.5.1 Die konkurrierende Herstellung von Aromaten (BTX) und niedermolekularen Olefinen aus Kohle und Mineralöl

Das Produkt der Sumpfphasen-Hydrierung von Kohlen wird, wie auf den Seiten 273 bis 277 geschildert, in Benzin von C_{5+} bis Sdp. 200 °C (etwa 20%) und ein Gemisch aus Mittelöl und Schweröl (80 %) vom Siedebereich 200–450 °C zerlegt.

Das Sumpfphasen-Benzin (A-Benzin) wird durch eine möglichst milde Hydrierung über schwefelfesten Katalysatoren von Schwefel-, Stickstoff und Sauerstoff-Verbindungen befreit. Aus dem Gemisch aus Mittelöl und Schweröl wird das Mittelöl bis 350 °C Endpunkt abdestilliert (A-Mittelöl) und hydrierend zu Benzin gespalten.

Diese spaltende Hydrierung benötigt einen schwefelfesten Katalysator, der aber wegen seines sauren Trägers gegen Stickstoffverbindungen besonders empfindlich ist. Man unterwirft das A-Mittelöl deshalb einer Vorhydrierung, die ebenfalls über schwefelfeste Katalysatoren vorgenommen wird, die aber keine sauren Träger, sondern Aluminiumoxid enthalten, also nur schwach spaltend wirken. Trotzdem wird auch bei der Vorhydrierung schon Benzin erhalten. Zweckmäßig raffiniert man das A-Benzin nicht für sich allein, sondern setzt es dem A-Mittelöl bei der Vorhydrierung zu.

Nach der Vorhydrierung und Abtrennung des Benzinanteils wird das Mittelöl in der sogenannten Gasphasen-Hydrierung über den sauren Spaltkatalysator „benziniert". Das gebildete Benzin wird abdestilliert und das nicht umgesetzte Mittelöl wieder in die Benzinierungsstufe zurückgeführt.

Die 3 Benzine (raffiniertes A-Benzin, Benzin aus der Vorraffination des A-Mittelöls und Benzin aus der hydrierenden Spaltung des vorraffinierten Mittelöls), enthalten wenig Aromaten, weil diese zum größten Teil zu Naphthenen aufhydriert wurden. Das Benzingemisch wird deshalb in einem Hydroformer katalytisch dehydriert, wobei eine Re-aromatisierung stattfindet. Das Reformingprodukt wird anschließend einer Aromatenextraktion (z.B. mit N-Methylpyrrolidon) unterworfen. Die Aromatenfraktion wird hernach in die einzelnen Komponenten Benzol, Toluol und Xylole aufdestilliert (Aromatengemische aus der direkten Hydrierung).

Das aromatenfreie Raffinat wird in einem Steamcracker bei 800 °C einer Totalpyrolyse unterworfen, wobei gasförmige aliphatische Kohlenwasserstoffe, in erster Linie Olefine, gebildet werden. Daneben bilden sich etwa 20 % und mehr Pyrolysebenzine, die bis zu 65 % Aromaten enthalten (Aromatenquelle aus der Raffinat-Pyrolyse). In der C_4-Fraktion des Steamcrackers finden sich etwa 40 % Butadien.

Man kann das Raffinat aus der Aromatenextraktion, das ziemlich große Mengen verzweigte Paraffinkohlenwasserstoffe enthält und deswegen eine verhältnismäßig hohe OZ aufweist, gegen eine straight-run-Leichtbenzinfraktion

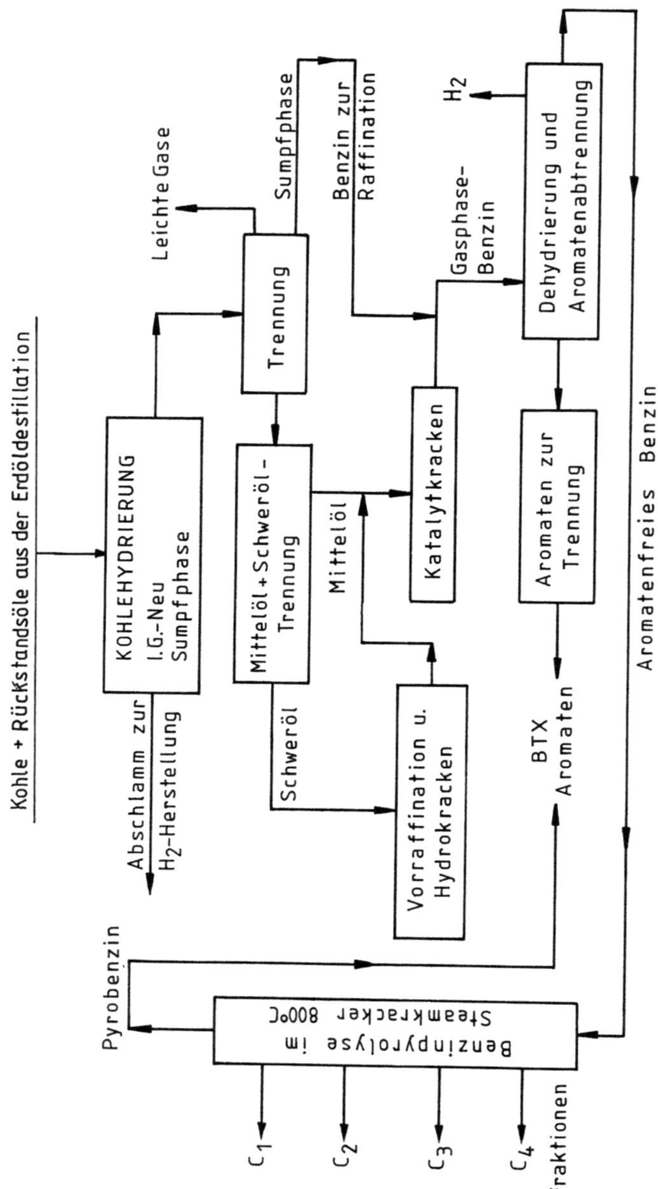

Abb. 8.12. Sehr vereinfachtes Schema der Kombination der Kohlehydrierung mit der Herstellung von Aromaten bzw. niedermolekularen Olefinen C_2—C_4 und der Verwendung von Rückstandsölen aus der Erdöldestillation als Anreiböl für die zu hydrierende Kohle

aus Erdöl austauschen. Diese hat eine niedrigere OZ, enthält also mehr *n*-Paraffine und gibt bei der Pyrolyse bessere Ethylenausbeuten.

Abbildung 8.12 faßt in einem sehr vereinfachten Schema die Kombination der direkten Kohlehydrierung und der Herstellung von Aromaten bzw. Olefinen zusammen.

Tabelle 8.21 gibt einen Einblick in die Produktverteilung an Aromaten und Olefinen, bezogen auf 1000 kg Ausgangskohle.

Zum Vergleich hierzu zeigt die Abb. 8.13 die durchschnittlichen Ausbeu-

Tabelle 8.21. Kombination von Kohlehydrierung und Olefinerzeugung (kg pro 1 000 kg reine Kohle)

Herkunft	Anfallsprodukte bei der Hydrierung der Kohle	Anfallsprodukte bei der Pyrolyse der Kohlehydrierungsprodukte	Summe
Wasserstoff	—	8,1	8,1
Methan	67,2	66,6	133,8
Ethylen	—	176,7	176,7
Propylen	—	57,4	57,4
Butadien	—	13,6	13,6
Butene	—	13,5	13,5
i-Butan	13,7	—	13,7
Benzol	44,7	12,7	57,4
Toluol	77,1	9,7	86,8
Xylole	60,9	3,5	64,4
Styrol	—	1,8	1,8
Autobenzinkomponente	20,3	29,4	49,7
Heizöl intern	—	8,3	8,3
Summe	289,9	401,3	685,2

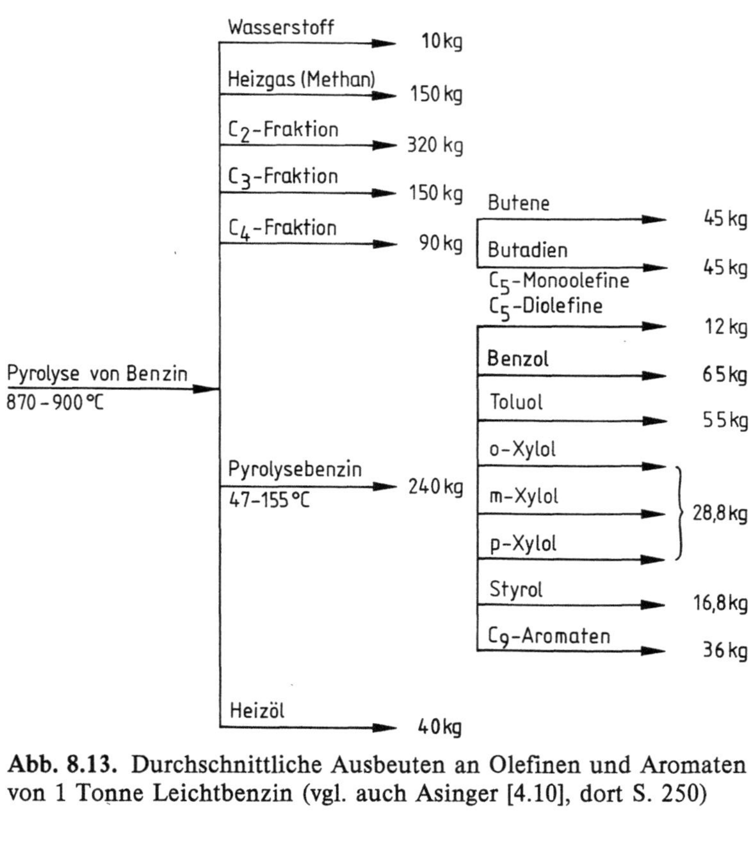

Abb. 8.13. Durchschnittliche Ausbeuten an Olefinen und Aromaten aus der Pyrolyse von 1 Tonne Leichtbenzin (vgl. auch Asinger [4.10], dort S. 250)

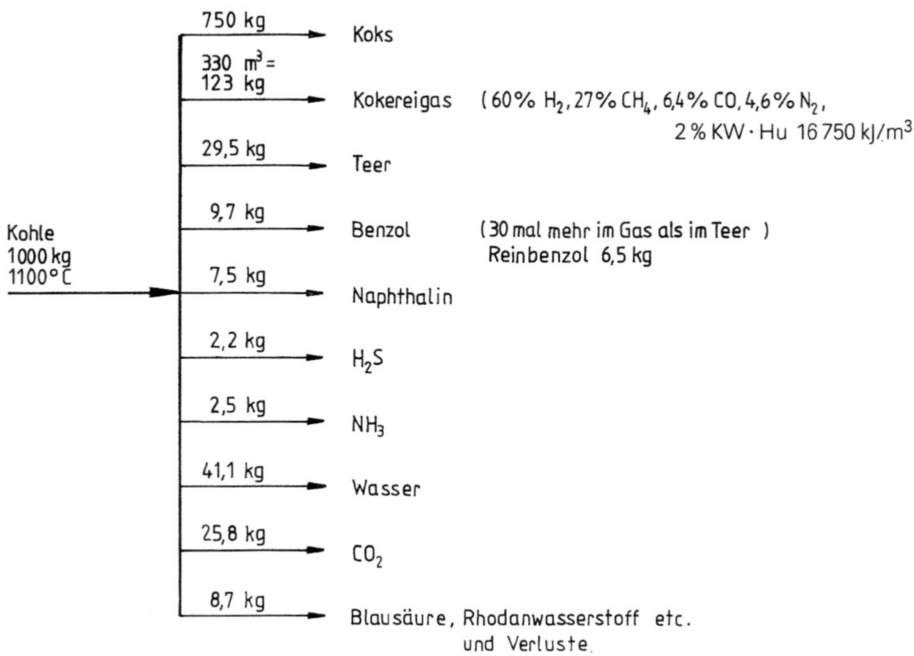

Abb. 8.14. Durchschnittliche Ausbeuten an Kokereiprodukten aus 1 Tonne Kohle

Tabelle 8.22. Ergebnisse der Pyrolyse von Naphtha und Vakuumgasöl

Pyrolyseprodukte	Gew.-% Ausbeute bei Pyrolyse von	
	Leicht-benzin	Vakuum-gasöl
Methan	16,7	9,1
Ethan	4,3	4,4
Ethylen	31,3	16,6
Propylen	16,2	13,3
n-Butene	1,9	3,2
Isobutylen	2,1	1,9
Butadien	4,7	4,1
Pyrobenzin C_5 −190 °C	17,9	17,3
Schweres Pyrolyseöl 190 °C +	1,5	27,3

Tabelle 8.23. Bedarf an Petrolchemikalien der ersten Generation in Westeuropa 1982 in Mio t (nach Europ. Chem. News [8.31])

Ethylen	13,0	Dafür werden benötigt 46 Mio t Rohbenzin.
Propylen	6,95	
Benzol	5,50	
o-Xylol	0,68	Für 1985 steigender Einsatz von Gasöl in den Steamcracker
p-Xylol	1,00	

Tabelle 8.24. Chemiebenzin-Bedarf in Westeuropa

1978 46 Mio t (36 Mio t für Olefine, 6 Mio t für Aromaten)
1985 60–68 Mio t (Gasöl-Crackkapazität etwa 3 Mio t)
Steamcracker bivalent ausgelegt für Naphtha bzw. Gasöl in Italien, Niederlande, Frankreich und Österreich

Im EG-Bereich
1978 41 Mio t Chemiebenzin
1985 48 Mio t Chemiebenzin
1990 54 Mio t Chemiebenzin

ten an Olefinen und Aromaten an, die bei der Pyrolyse von 1 000 kg Leichtbenzin erhalten werden und Abb. 8.14 zeigt die Anfallsprodukte bei der Verkokung von 1 000 kg Kohle.
Aus 1 Tonne Benzin erhält man unter den günstigsten Bedingungen der Pyrolyse (mit Rückführung der niederen Paraffine bei etwa 800 °C) 320 kg Ethylen, 150 kg Propylen, ferner Butadien und Butene sowie aus dem Pyrolyse-Benzin 65 kg Benzol, 55 kg Toluol usw. Mit dem durch Hydro-dealkylierung von Toluol gebildeten Benzol erhält man insgesamt etwa 108 kg Benzol. Früher wurde das Benzol aus der Kohleverkokung als Nebenprodukt erhalten. Aus 1 Tonne Kohle erhielt man bei der Entgasung bei 1 100 °C etwa 9,7 kg Rohbenzol und daraus nach Raffination und Rektifikation schließlich 6,5 kg Reinbenzol.

Der beste und noch immer im größten Ausmaß verwendete Rohstoff zur Produktion der gasförmigen Olefine und BTX-Aromaten, ist das straight-run-Leichtbenzin und der Bedarf an diesem Produkt steigt weltweit noch immer an.

Die Herstellung von Petrolchemikalien der ersten Generation erfolgte aber in den letzten Jahren zunehmend aus Gasöl, weil insbesondere in den USA

Tabelle 8.25. Kosten von Rohöl und Petrolchemikalien der ersten Generation in den USA vor 1973 und im Juni 1980

	Preis vor 1973	Preis Juni 1980
Rohöl-Preis $ Barrel	3,0	32,0
Preis in Cents pro pound für die Petrolchemikalien der ersten Generation		
Ethylen	3,0	24,0
Propylen	2,9	21,0
Butadien	4,7	32,5
Benzol	4,1	23,9
Toluol	2,4	18,4
p-Xylol	4,5	29,0

Leichtbenzin zu knapp geworden ist. Die Ethylenausbeute ist bei Verwendung von Gasöl bedeutend geringer, wie Tabelle 8.22 zeigt, und Tabelle 8.23 gibt den Bedarf an Petrolchemikalien der ersten Generation in Westeuropa in Mio t für 1982 an.

Die Menge „Chemiebenzin", straight-run-Leichtbenzin oder light naphtha, die in den nächsten Jahren für die Herstellung dieser Mengen Olefine und Aromaten in Westeuropa benötigt werden, wird in Tabelle 8.24 zusammengefaßt. Interessant ist, wie schon von 1973 bis 1980 der Preis dieser organischen Grundchemikalien gestiegen ist, vgl. Tabelle 8.25. Da der Preisauftrieb für diese Produkte anhält und nur zeitweise durch kurzfristige, angebotsbedingte Schwankungen gestoppt wird, ist erkennbar, daß es notwendig wird, neue Möglichkeiten zu finden, diese Grundstoffe für die org.-chemische Industrie in Zukunft auf Kohlebasis herzustellen.

8.5.2 Olefine aus der indirekten Hydrierung der Kohle (FT-Synthese)

Von den beiden heute ausgeführten Varianten der FT-Synthese kommt für die Herstellung niedermolekularer Olefine praktisch nur das Synthol-Verfahren (Flugstaub-Arbeitsweise) in Frage. Hierbei bilden sich bereits während der Synthese, die auf die Herstellung von Benzin ausgerichtet ist, etwa 22 % C_2—C_4-Olefine, bestehend aus 16 % Ethylen, 61 % Propylen und 23 % Butenen. Man trennt die Olefine von den Paraffinen gleicher C-Zahl ab und unterwirft diese der Pyrolyse, wodurch die Ethylenausbeute erhöht wird. Das Synthol-Benzin und die bescheidenen Mengen höhersiedender Nebenprodukte wie Kogasin und Gatsch, werden gemeinsam im Steamcracker pyrolysiert. Schließlich erhält man insgesamt 62 % niedere Olefine C_2—C_4 mit etwa 44 % Ethylen, 36 % Propylen und 20 % Butene und Butadien. Auch werden Aromaten aus den Steamcracker-Reaktionsprodukten gewonnen.

Die Leistungen der direkten und indirekten Kohlehydrierung für die Aromaten- und Olefinherstellung werden am anschaulichsten an einem simulierten Beispiel gezeigt [8.30]. Dabei wird vorausgesetzt, daß die wichtigsten Petrolchemikalien Ethylen, Propylen, Butene und Butadien sowie die BTX-Aromaten aus Kohlehydrierprodukten hergestellt werden müssen und es soll aufgrund der bisherigen Resultate abgeschätzt werden, wieviel die direkte und indirekte Hydrierung zur Bedarfsdeckung beitragen können und wieviel Kohle dafür gebraucht wird.

Als Ausgangspunkt für die Berechnung werden die in der Bundesrepublik Deutschland 1976 benötigten Mengen an Petrochemikalien der ersten Generation herangezogen (Kurth [8.30]):

Ethylen	2,8 Mio t
Propylen	1,9 Mio t
Butene + Butadien	0,6 Mio t
BTX-Aromaten	1,8 Mio t
insgesamt	7,1 Mio t

In Tabelle 8.26 sind Daten zum Verfahren zur Mobilisierung der Flugstaub-Synthese für die Olefinherstellung zusammengestellt.

Tabelle 8.27 enthält in Kurzfassung Neuentwicklungen auf dem Gebiet der FT-Synthese. Die Arbeiten werden ausgeführt, um aus einer gegebenen Menge passender CO/H_2-Gemische die höchstmögliche Ausbeute an

Tabelle 8.26. FT-Synthese als Lieferant für die petrolchemischen Rohstoffe der ersten Generation (keine Aromaten)

Nach heutigem Entwicklungsstand: Flugstaub-Synthese mit nachgeschalteter Pyrolyse der höheren Produkte. Dabei nur geringer Anfall von Aromaten. Bei der Flugstaub-Synthese fallen 22 Gew.-% niedere Olefine an. (16 % C_2H_4, 61 % C_3H_6, 23 % Buten-(1)) Bei Pyrolyse der *n*-PKW C_2—C_4 und von VK und „Ölen“ ergeben sich insgesamt 62 % niedere Olefine. (44 % Äthylen, 36 % Propylen, 20 % Butene und Butadien.)

Tabelle 8.27. FT-Synthese-Neuentwicklungen

Neue Entwicklungen auf dem Katalysatorgebiet (modifizierte Eisenkatalysatoren und Aktivatoren der 4.–7. Nebengruppe des Periodensystems der Elemente wie Titan-Vanadin-Molybdän-Mangan-Wolfram-Oxide) zeigen, daß in Abhängigkeit vom Gasumsatz das Primärprodukt C_{2+} zu 45–65 % aus niederen Olefinen besteht. Sie enthalten 30 % C_2H_4, 46 % C_3H_6, 24 % Buten-(1).
Durch nachgeschaltete Pyrolyse der PKW (C_2—C_4) und der höheren Anteile können schließlich 75–80 % niedere Olefine erhalten werden (insgesamt 45 % C_2H_4, 37 % C_3H_6, 18 % Butene und Butadien)
auf 100 t Ethylen entstehen
82 t Propylen
46 t Butene und Butadien
9 t Aromaten

Tabelle 8.28. Aromatenherstellung

Aromatenherstellung nur durch Hydrierung von Steinkohle. Dabei für die Chemie Aromatisierung des Primärproduktes und Pyrolyse der C_2—C_4 PKW und der Naphthafraktion nach Entaromatisierung,
auf 100 t Ethylen entstehen
36 t Propylen
11 t Butene und Butadien
284 t Aromaten

C_2—C_4-Olefinen zu bekommen (vgl. das nachfolgende Kapitel zur direkten Herstellung niedermolekularer Olefine aus Synthesegas.)

Zur Aromatenherstellung wird fast ausschließlich das direkte Hydrierverfahren auf Basis bituminöser Kohlen herangezogen werden müssen (Tabelle 8.28).

Die relative Verteilung der einzelnen Komponenten in den Produkten der FT-Synthese bzw. der Kohlehydrierung gibt Tabelle 8.29 an.

Aus Tabelle 8.30 ist zu entnehmen, welchen Beitrag die FT-Synthese bzw. die Kohlehydrierung jeweils leisten müßten, um losgelöst von Erdöl und Erdgas die wichtigsten Chemierohstoffe der ersten Generation für die chemische Industrie der Bundesrepublik Deutschland liefern zu können.

Tabelle 8.29. Relative Verteilung der Chemie-Rohstoffe in den Produkten der FT-Synthese und der Kohlehydrierung

Produkt	FT	Hydrierung
Äthylen	1,00	1,00
Propylen	0,82	0,36
Butene + Butadien	0,46	0,11
Aromaten	0,09	2,84

Tabelle 8.30. Verteilung des Ergebnisses der FT-Synthese von insgesamt 4,6 Mio t und der Kohlehydrierung von 2,5 Mio t Fertigprodukten auf die einzelnen Komponenten in Mio t (nach Kurth [8.30])

Fertigprodukte	FT-Verfahren	Kohle-hydrierung	Summe
Äthylen	1,9	0,6	2,5
Propylen	1,6	0,2	1,8
Butene und Butadien	0,9	0,1	1,0
Aromaten	0,2	1,6	1,8
Summe	4,6	2,5	7,1

Errechnet man den Rohstoff- und Energiebedarf, der erforderlich ist, um durch Kombination von FT-Verfahren und Kohlehydrierung 7,1 Mio t Olefine und Aromaten herzustellen, so ergibt sich für die FT-Synthese ein Kohlebedarf von 24 Mio t SKE (entsprechend etwa 85 Mio t Rohbraunkohle mit rund 8 370 kJ/kg), der auch durch jeden anderen anspruchslosen billigen Rohstoff ersetzt werden kann. Für die Kohlehydrierung benötigt man 7 Mio t SKE einer Kohle höchster Hydrierqualität.

Bei Kombination der FT-Synthese zur Herstellung von niedermolekularen Olefinen und der Kohlehydrierung zur Herstellung sowohl von Vergaserkraftstoffen als auch Chemierohstoffen (Aromaten), ergibt sich ein Kohlebedarf von 31 Mio t SKE.

Bei Einbindung von nuklearer Prozeßwärme eines HT-Reaktors ist eine Kohleeinsparung von 60 % für die Gasherstellung zur FT-Synthese möglich.

8.5.3 Arbeiten zur gezielten, direkten Herstellung niedermolekularer Olefine durch die Fischer-Tropsch-Synthese

Bei der FT-Synthese in der Synthol-Version durch das Flugstaub-Verfahren bilden sich nur wenig Kohlenwasserstoffe des Benzinbereiches, jedoch viel Methan und niedermolekulare C_2—C_4-Kohlenwasserstoffe. Tabelle 8.31 gibt übersichtlich die Verteilung der Reaktionsprodukte bei der Flugstaub-Synthese an.

Die C_2—C_4-Fraktion wird zu etwa 40 Gew.-% gebildet und enthält etwa 70 % Olefine. Rechnet man diese zu 100 %, bestehen sie zu 16 % aus Ethylen, zu 47 % aus Propylen und zu 37 % aus Butenen. Es gilt also für die Erzeugung größerer Mengen an C_2—C_4-Olefinen, die Flugstaub-Synthese so abzuwandeln, daß einmal das Kettenwachstum limitiert wird und noch mehr Olefine in der C_2—C_4-Fraktion mit einem größeren Ethylengehalt anfallen [8.37]. Die Selektivität der Synthese in Richtung kurzkettiger Olefine soll mindestens 50 % der Gesamtproduktion betragen [8.37].

Eine technische Synthese von C_2—C_4-Olefinen bei Verwendung von deutscher Braunkohle mit Erreichen eines Anteils von mehr als 50 % C_2—C_4-Olefinen im Produktgas, könnte bald wirtschaftlich sein [8.40]. An diesen Problemen wird zur Zeit sowohl in der Industrie als auch auf akademischer Seite intensiv gearbeitet. Allerdings mit fest angeordneten Katalysatoren und nicht mit dem Flugstaub-Verfahren. Auch Arbeiten nach dem Slurry-Prozeß von Koppers-Rheinpreussen wurden begonnen.

Es sind bereits beachtliche Anfangserfolge erzielt worden, doch sind die meisten Katalysatoren in ihrer Anfangsaktivität bald erschöpft, Ergebnisse von Langzeitversuchen liegen kaum vor und die Regenerationsfähigkeit der Katalysatorsysteme ist noch nicht genügend studiert. Gerade in interessanten Einzelfällen werden genaue Angaben über die Katalysatorzusammensetzungen noch nicht gemacht. In anderen Fällen ist man über Laborversuche nicht weit hinausgekommen und manchmal können Ergebnisse nicht reproduziert werden. Die Eignung von Katalysatoren mit guten Ergebnissen ist also noch zu erweisen und zwar in Groß- und Langzeitversuchen.

Bisher ist es nicht gelungen, Kobalt oder Nickel enthaltende Katalysatoren so zu aktivieren, daß von der bekannten Produktzusammensetzung, gegeben durch die Schulz-Flory-Verteilung, wesentlich abweichende Kohlenwasserstoffgemische erhalten werden [8.32]. Auch konnte die Hydrieraktivität, die zur Bildung von Paraffinen führt, nicht wesentlich eingeschränkt werden.

Eisen, so scheint es, muß unbedingt beibehalten werden. Dieses wurde mit den verschiedensten Aktivatoren aus den 4.–7. Nebengruppen des periodischen Systems versetzt, wobei Anfangserfolge erzielt wurden. Die Oxide des Titans, Molybdäns, Vanadiums, Wolframs und besonders des Mangans, bewirken sowohl eine Begrenzung des Produktspektrums bis C_5/C_6 als auch eine Erhöhung der Olefinbildung. Es tritt aber durch diese Aktivatoren ein allmählicher Produktionsabfall ein und die hohe Temperatur von über 300 °C führt allmählich zur Rußbildung durch die Boudouard-Reaktion [8.33].

Wenn man CO-reiche Gase verwendet, wird die ohnehin nicht sehr große

Tabelle 8.31. Ausbeuten und Kapazitätsdaten einer FT-Flugstaub-Synthese-Anlage mit einer Produktion von 1 500 000 jato C_{3+} KW (Schulz [8.17])

	Ausbeute bez. auf C_{3+} Gew.-% KW	Kapazität t/h	Kapazität 10^3 t/Jahr
$C_1 + C_2$	34	63,7	509,6
davon			
CH_4	19,1	35,8	286,4
C_2H_4	6,4	12,0	96,0
C_2H_6	8,5	15,9	127,2
o-haltige Produkte ohne Säuren	10,6	19,9	159,2
davon			
Methanol	0,15	0,3	2,4
Ethanol	5,9	11,1	88,8
n-Propanol	1,5	2,8	22,4
i-Propanol	0,3	0,5	4,0
n-Butanol	0,45	0,8	6,4
i-Butanol	0,1	0,2	1,6
sec. Butanol	0,05	0,1	0,8
C_{5+}-Alkohole	0,2	0,4	3,2
Aldehyde	0,45	0,8	6,4
Aceton	1,1	2,1	16,8
Methylethylketon	0,3	0,6	4,8
Methylpropylketon	0,1	0,2	1,6
o-haltige Produkte Säuren	1,5	2,8	22,4
$C_3 + C_4$	43,0	80,6	644,8
davon			
C_3H_6	18,7	35,0	280,0
C_3H_8	5,0	9,4	75,2
C_4H_8	14,6	27,4	219,2
C_4H_{10}	4,7	8,8	70,4
$C_5—C_{11}$	52,4	98,3	786,4
Kogasin	2,4	4,5	36,0
Gatsch	2,2	4,1	32,8
gesamte C_{3+} kW	100,0	187,5	1 500,0

Hydrieraktivität des Eisenkatalysators durch den niedrigen Wasserstoffpartialdruck weiter herabgesetzt und die Olefinbildung gefördert. Doch steht dieser Arbeitsweise die oben erwähnte, dann in den Vordergrund gerückte Rußbildung durch die Reaktion $2\,CO \rightarrow CO_2 + C$ entgegen, die abgesehen vom C-Verlust auch noch den Katalysator desaktiviert.

Hier ist die Slurry-Arbeitsweise nach Koppers-Rheinpreussen vorteilhaft. Bei dieser beträgt der Gasumsatz im einfachen Durchgang etwa 90 % bei 250–320 °C und 5–20 bar und bei CO-reichem Gas steigt der Olefingehalt im gesamten Kohlenwasserstoffanteil an. Aber auch hier wird durch die Rußbildung eine zunehmende Katalysator-Desaktivierung beobachtet.

Büssemeier et al. [8.34] konnten zeigen, daß mit dem konventionellen FT-Katalysator unter gewissen Zusätzen gasförmige Olefine C_2—C_4 in wesentlich höheren Ausbeuten als der Schulz-Flory-Verteilung entspricht, erhalten werden können.

Sie erhielten Gesamtausbeuten an C_2—C_4-Kohlenwasserstoffen von 88,5 % mit 70,9 % Olefinen (Gew.-%).

Eine Möglichkeit zur Verschiebung der Produktzusammensetzung in die Richtung nach kürzeren Kohlenwasserstoffen besteht in der partiellen Schwefelung von Eisenkatalysatoren, wie schon lange bekannt ist. Die Dotierung eines Eisen-Whisker-Katalysators mit Kaliumsulfid führte zur gewünschten Verminderung der Hydrieraktivität und der Methanausbeute bei gleichzeitiger Verschiebung des Produktspektrums zu kurzkettigen olefinischen Kohlenwasserstoffen [8.35].

Auch Mangan-Eisen-Katalysatoren mit 10–20 % Eisen arbeiten erstaunlich selektiv. Sie verarbeiten auch CO-reiche Gase ohne besondere Rußabscheidung. Sie können als Fällungs- oder Legierungskatalysatoren hergestellt werden [8.36]. Die Fällungskontakte werden aus den Mangan-II- und Eisen-III-Nitratlösungen durch gemeinsame Fällung mit Ammoniak erhalten. Dabei muß durch genaue Einhaltung des pH-Bereichs die Bildung von Mangan-Aminokomplexen verhindert werden. Der Niederschlag muß rasch aus dem Fällungsgefäß entfernt und aufgearbeitet werden [8.37]. Für die Reproduzierbarkeit müssen genaue Vorschriften eingehalten werden. Höhere Eisengehalte führen zu längerkettigen, stärker hydrierten Produkten. In einem Laborreaktor wurden ohne Kreislaufführung bis zu 120 g C_2—C_4-Kohlenwasserstoffe pro Nm^3 Synthesegas mit 50–70 %igem Olefinanteil erhalten. Theoretisch kann man pro Nm^3 Synthesegas etwa 208 g Reaktionsprodukt erwarten. Leider ist Propylen Hauptprodukt. Über die noch zu lösenden Fragen siehe Literatur [8.37].

Ergebnisse von Kölbel et al. mit manganhaltigen Eisenfällungskatalysatoren sind in Tabelle 8.32 aufgeführt.

Neuere Untersuchungen von Mohammed et al. mit einem Mangan-Eisen-Katalysator (Zusammensetzung nicht angegeben) im Festbettreaktor ergaben, ausgedrückt in g Produkt/Nm^3 umgesetztes Synthesegas, folgende Resultate (Tabelle 8.33).

Weitere neuere Untersuchungen liegen mit gemeinsam gefällten, geschwefelten Mangan-Eisen-Kontakten vor. Sie zeigen, daß das gesamte Produktspektrum in Richtung kurzkettiger Kohlenwasserstoffe verschoben wird [8.39]. Der Katalysator war ein Mangan-Eisen-Fällungskontakt mit 8,1 Gew.-% Eisen. Er wurde im CO-Strom bei 270 °C und 2 bar carbidisiert und nach Abkühlen beim gleichen Druck im Stickstoffstrom durch H_2S vergiftet. Bei einem Schwefelgehalt des Katalysators von 0,3 mg/g Katalysator ist unterhalb einer Temperatur von 290 °C ein Aktivitätsabfall gegenüber dem unbelegten Kon-

Tabelle 8.32. Ergebnisse der Olefin-Synthese auf Basis von CO/H_2-Gemischen mit manganhaltigen Eisen-Fällungs-Kontakten (Kölbel u. Ralek [8.37])

Produkt	Ausbeute		
	g/m³ $CO + H_2$ eingesetzt	g/m³ $CO + H_2$ umgesetzt	Anteil %
Methan	20,2	23,9	12,1
Ethylen	12,6	14,9	7,5
Ethan	8,2	9,7	4,9
Propylen	28,9	34,2	17,3
Propan	3,5	4,0	2,1
Butylen	25,4	30,1	15,2
Butan	5,1	5,6	3,1
C_2—C_4-Olefine	66,9	79,2	40,1
C_2—C_4-Paraffine	16,8	19,9	10,1
C_{5+}-Kohlenwasserstoffe und O-haltige Produkte	62,9		37,7
gesamt	166,8		100,0

Verfahrensbedingungen: Festbettsynthese, manganhaltige Fällungskatalysatoren, Druck 14 bar, Temperatur 290 °C, CO/H_2-Verhältnis 1,26, $(CO + H_2)$-Umsatz 84,5 %, Raumzeitausbeute 58,9 kg/m³ Katalysator/h

Tabelle 8.33. Resultate der Herstellung niederer Olefine aus CO/H_2-Gemischen über Eisen-Mangan-Fällungskatalysatoren (Mohammed et al. [8.38])

Synthesetemperatur	260 °C
Raumgeschwindigkeit h^{-1}	640
CO/H_2 im Synthesegas	1,0
Kontaktbelastung in m³ Gas pro kg Katalysator/h	1,1
CO/H_2-Umsatz %	32
C_2—C_4-Kohlenwasserstoffe	89
C_2—C_4-Alkene	72
C_2—C_4-Alkane	17

takt festzustellen. Oberhalb 290 °C bestehen etwa gleiche Aktivitäten. Jedoch ist die Hydrieraktivität des geschwefelten Katalysators beträchtlich, was mit einem starken Absinken des Olefinanteiles verbunden ist. Bei 0,7 mg Schwefel/g Katalysator sinkt der Umsatz von 80 % auf 25 % ab.

Eisen-Vanadin-Katalysatoren geben nach Bach et al. [8.40] etwa 60–70 g C_2—C_4-Olefine pro Nm³ umgesetztem Synthesegas. Eine genaue Zusammensetzung des Katalysators ist nicht angegeben [8.40]. Wesentlich ist, daß der

Katalysator in einem Technikumsreaktor von 2 m Länge und 35,5 mm lichter Weite mit einem Kontaktvolumen von 1,5 Liter 700 h gefahren wurde. Als Katalysatorverdünnungsmittel wurde z. B. Siliciumcarbid verwendet, dessen Wärmeleitfähigkeit dem Aluminiumoxid überlegen ist. Tabelle 8.34 zeigt die Leistungsfähigkeit eines mit SiC-verdünnten Eisen-Vanadin-Katalysators (10:1) in einem Technikumsreaktor mit 1 500-ccm-Kontakt.
Diese Resultate werden von den Autoren als bisher erreichbares Optimum zwischen Selektivität und Standzeiten eines Katalysators bezeichnet. Systeme von Eisen-Titan und Eisen-Mangan geben ebenfalls gute Ausbeuten an Wertprodukten, allerdings waren die Katalysatoren nur kurzzeitig wirksam und nicht reproduzierbar.

Unlängst haben Murchison und Murdick [8.41] berichtet, daß Molybdänkontakte auf Aluminiumoxid bei 70 bar und etwa 400 °C aus Synthesegas hauptsächlich Paraffin-Kohlenwasserstoffe C_2—C_4 produzieren [8.41]. Bevorzugte Mischungen sind 6–20 % Molybdän, 0,5–4 % Alkali als Kaliumkarbonat und der Rest Al_2O_3. Der Katalysator bildet unter den günstigsten Bedingungen 60–70 % Flüssiggas (bez. auf das Synthesegas), welches ein ausgezeichnetes Ausgangsmaterial für die Herstellung von Ethylen und Propylen durch Pyrolyse darstellt. Der Katalysator weist eine Toleranz gegen Schwefel auf (20 ppm H_2S) und der Prozeß lief 2 000 h in einem 2 000mal ver-

Tabelle 8.34. Leistungsfähigkeit eines mit SiC-verdünnten Eisen-Vanadin-Katalysators (SiC:Fe = 10:1) für die Olefinherstellung aus Synthesegas (Bach et al. [8.40])

Bedingungen:	
Temperatur (°C)	370–380
Druck (bar)	10
Raumgeschwindigkeit h^{-1}	1 000
Ergebnis: %	
CO/H_2 Umsatz %	80–85
CO Umsatz %	95
Ausbeute in g C_2—C_4-Olefine pro m^3 umgesetztes Synthesegas	58–63
Laufzeit in Std.	700
Produkt in gebildete Menge g/m^3 Synthesegas	
CH_4	30
C_2—C_4-Olefine	60–70
C_2—C_4-Paraffine	35
Sonstige organ. Produkte	90
Summe	210
Wasser	40
CO_2	400

Die C_2—C_4-Olefine bestehen zu je 25 % aus Ethylen und Butenen und zu 50 % aus Propylen

größerten Labormaßstab. Die C_1-Bildung ist um so größer, je geringer der Alkaligehalt im Kontakt ist.

Die Limitierung des Kettenwachstums bei der FT-Synthese wurde außer durch Aktivatoren auch durch den Einbau von Metallen in geeignete Zeolithe versucht [8.42]. Auch Aluminiumoxid mit verschiedenen Porengrößen kann verwendet werden [8.43].

Es wurden Kobalt-A-, Kobalt-Y- und Ruthenium-Y-Katalysatoren verwendet. Kobalt-A produziert bei 151 °C und 6 bar nur Propylen, Co-Y war bei 182 °C aktiv und bildete nur C_1—C_7-Produkte mit einem Maximum bei C_4—C_7.

Mit Eisen imprägniertes Silicalit, praktisch reines SiO_2, zeigt gute Selektivität für die C_2—C_4-Olefin-Bildung aus Synthesegas. Der Silicalit hat keine sauren Zentren, die kleinen Mengen Aluminiumoxid des Katalysators stammen aus Verunreinigungen und sind nicht imstande, ihm saure Eigenschaften zu verleihen ($SiO_2:Al_2O_3 = 860:1$).

Dotiert man ZSM-5-Katalysatoren der Mobil Oil mit Eisen, erhält man keine Olefine in der C_2—C_4-Fraktion aber ein hochoktaniges Benzin. Das Eisen wirkt in diesem Kontakt als Katalysator für die FT-Reaktion, der Zeolith sorgt mit seinen stark sauren Zentren für die Umwandlung der intermediär entstehenden niedermolekularen Olefine und sauerstoffhaltigen Produkte zu hochoktanigem Benzin [8.44] (Tabelle 8.35).

Die Aromatenbildung ist bei Verwendung von Silicalit fast vollständig unterdrückt, während sie in Gegenwart des eisendotierten ZSM-5-Katalysators beträchtlich ist, wodurch auch die hohe Klopffestigkeit des VK bedingt ist [8.45]. In Tabelle 8.36 sind die Resultate mit eisendotiertem Silicalit und mit eisendotiertem ZSM-5-Katalysator einander gegenübergestellt.

Für die Begrenzung der C-Zahl bei der FT-Synthese kann man auch gemischte Katalysatoren einsetzen, die dann eine bifunktionelle Aufgabe zu er-

Tabelle 8.35. Vergleich der Resultate einer FT-Synthese mit konventionellem Syntholkatalysator und einer Kombination von FT- und Mobil-Katalysator (nach Stowe u. Murchison [8.44])

Produkte Gew.-%	Synthol-Katalysator	Kombination Synthol- + Mobil-Katalysator
Leichtes Gas ($C_1 + C_2$)	23	21
LPG ($C_3 + C_4$)	29	5
Benzin (C_{5+}- 200 °C)	34	74
Heizöl	5	Spuren
Sauerstoffverbindungen	9	Spuren
Summe	100	100
C_{5+}- 200 °C OZ clear	55 (geschätzt)	84
C_{5+}- 200 °C Aromaten Gew.-%	5	1

füllen haben, wie dies bei der Mobil Oil versucht wurde. Der eine Katalysator produziert ein Gemisch an Kohlenwasserstoffen und Alkoholen (Fe), der andere (Zeolith) überführt den olefinischen Anteil des Kohlenwasserstoffgemisches und den alkoholischen Anteil in Benzin unter Begrenzung der C-Zahl auf C_{11} [8.46].
Solche Katalysatoren können durch intensives Vermischen von FT-Katalysator mit dem Zeolith erhalten werden. Wie sich solche Mischungen bei der

Tabelle 8.36. Resultate im Berty-Reaktor an ZSM-5 (Fe)- und Silikalit (Fe)-Katalysatoren (H_2:CO = 2; Druck 21 bar; Temperatur 280 °C) (Rao u. Gormley [8.45])

Katalysator	ZSM-5 mit 14,1 % Fe	Silikalit mit 13,6 % Fe
CO-Umsatz	50,8	39,4
H_2-Umsatz	33,0	16,5
Produktzusammensetzung		
CO_2	35,4	51,1
H_2O	39,3	22,1
O-haltige Produkte	25,3	26,9
Zusammensetzung + O-haltige Produkte		
CH_4	31,8	26,5
C_2H_4	0,0	2,5
C_2H_6	15,3	15,0
C_3H_6	0,0	10,8
C_3H_8	8,7	7,2
C_4H_8	0,0	4,8
C_4H_{10}	6,6	4,8
Summe der C_2—C_4-Olefine	0,0	18,1
C_{5+} O-haltige Verbindungen		
flüssige Produkte: Komponenten		
Aromaten	33,0	4,0
Olefine	34,0	41,0
Gesättigte	31,0	33,0
Sauerstoffhaltige Produkte	2,0	22,0
% Benzin bis 204 °C	92,0	77,0
ROZ Research-Oktanzahl	88,3	36,0
SiO_2/Al_2O_3 = 29 (ZSM-5), 860 (Silikalit)		

Tabelle 8.37. Vergleich der Wirkungsweise von eisen- und kaliumdotiertem Silicalit mit einem gefällten Eisen-Mangan-Katalysator (nach Rao u. Gormley [8.45])

Katalysator	Silicalit 7–8 % Fe + 0,9 % K	Eisen-Mangan-fällungskat. (Kölbel et al.)
Druck bar	21	14
Temperatur °C	280	290
H_2/CO-Verhältnis	0,9	0,8
Raumgeschwindigkeit/Vol/h	1 300	353
Produktzusammensetzung %		
CH_4	8,6	12,1
C_2H_4	8,2	7,6
C_2H_6	0,4	4,9
C_3H_6	19,3	17,3
C_3H_8	0,2	2,1
C_4H_8	8,6	15,2
C_4H_{10}	0,2	3,1
C_2—C_4-Olefine	36,1	40,1
C_2—C_4-Paraffine	0,8	10,1
C_{5+} und O-haltige Produkte	55,1	47,8

Flugstaub-Synthese verhalten, ist nicht geprüft. Beim Flüssigphasen-Verfahren im Slurry dürfte jedoch störungsfreier Betrieb gewährleistet sein.

Versetzt man den eisendotierten Silicalit noch mit Kaliumsalzen (7–8 % Fe + 0,9 % K) dann zeigt sich, daß dieser neue Katalysator die Bildung der C_1—C_4-Paraffine drastisch unterdrückt. Die Methanbildung wird um über 50 % vermindert, die C_2—C_4-Paraffinreaktion wird fast völlig unterbunden.

Die Tabelle 8.37 gibt die Resultate an, die mit dem Silicalitkatalysator (7,8 % Fe + 0,9 % K) erhalten wurden und stellt diesen Resultaten die von Kölbel et al. mit Eisen-Mangan-Fällungskatalysatoren erzielten gegenüber. Der Vergleich wurde angestrebt, weil Kölbels Resultate als sehr ergiebig für hohe Olefinausbeuten gelten [8.47]. Beide Resultate lassen sich gut vergleichen. Der Grund für die günstige Wirkung des Kaliums wurde für andere Eisenkatalysatoren diskutiert [8.48].

Deckwer hat sich intensiv mit dem lange Zeit unbearbeiteten aber erfolgsträchtigen Rheinpreussen-Koppers-Verfahren der FT-Synthese mit Suspensionskatalysator befaßt. Er hat sich auch mit der Olefinsynthese auf Basis dieses Verfahrens und der Kombination von FT-Flüssigphasen- und Mobil-Prozessen beschäftigt [8.49].

Von besonderem Interesse ist, daß man der Flüssigphase besonders hoch kohlenoxidhaltige Synthesegase einsetzen kann, wie sie bei der neuen Generation der Druckvergaser anfallen. Damit erspart man die Konvertierung und drängt durch den niederen Partialdruck des Wasserstoffes die Hydrierung der Olefine zurück. Man kann mit Synthesegas der Zusammensetzung CO/H_2 von 1,4–1,55 arbeiten. Bei Festbettreaktoren führen diese Gase rasch zur Rußabscheidung und Desaktivierung der Katalysatoren.

Die Kombination von FT-Synthese mit dem Mobil-Prozeß könnte es ermöglichen, ausgehend von Synthesegas direkt zu hochoktanigem Benzin unter Umgehung der Methanolstufe zu gelangen [8.50].

Sehr beachtenswert sind auch die Versuche, die zweistufige VK-Synthese (zuerst Olefin- und Alkoholsynthese mit FT-Katalysatoren und anschließend Überführung des Gesamtproduktes mit Mobil-Katalysatoren in VK) in einer einzigen Stufe ablaufen zu lassen. Dabei läßt man FT- und Mobil-Katalysatoren gemeinsam in einer Flüssigphasen-Anlage arbeiten [8.41]. Es treten jedoch viele Probleme auf. Zum einen sind die Arbeitstemperaturen der Kontakte nicht gleich. Zum anderen wird die Katalysatorregeneration sicher schwierig sein. Schließlich greifen die Mobilkontakte infolge ihrer äußerst sauren Eigenschaften eventuell das flüssige Medium für die Slurry-Phase an, d. h. sie könnten es cracken.

Ruthenium auf TiO_2 oder MnO aufgebracht, steigert die Ethylen- und Propylenbildung ungemein und erzeugt keine höheren Kohlenwasserstoffe. Die Hydrierung ist erstaunlich gering. Bei 350 °C, 1 bar, einem CO/H_2-Verhältnis von 1:0,5 bestand das Produkt in Gew.-% aus 20 % Methan, 30 % Ethylen, 8 % Ethan, 34 % Propylen und 7 % Butenen, insgesamt also aus 71 % Olefinen [8.51, 8.52].

8.6 Arbeiten zur direkten Umsetzung von Synthesegas in Essigsäure

Versuche zur Herstellung von Essigsäure direkt, wurden von der Celanese Corp. durchgeführt [8.53]. Die Reaktion erfolgte über Rhodium-SiO_2-Kontakten, die durch Tränken von Kieselgel mit z. B. Rhodiumchlorid erhalten worden waren. Auch Rhodium-Ruthenium-Kombinationen auf SiO_2 wurden eingesetzt. Es entstehen dabei Gemische von C_2-Produkten wie Acetaldehyd, Ethylalkohol, Essigsäure, Ethylacetat und etwas Methanol. Man erhält z. B. mit einem Katalysator, bestehend aus 2 % Rhodium und 0,44 % Ruthenium auf SiO_2, bei 234 °C und einem Druck von 35 bar, mit einem CO/H_2-Verhältnis von 3, mit einer Leistung von 43 g Flüssigprodukt pro Kontakt pro Stunde in Gew.-%: 0,2 % Methanol, 5,1 % Acetaldehyd, 8,8 % Ethanol, 12 % Ethylacetat und 32,2 % Essigsäure; insgesamt 58,1 % C_2.

Auch Union Carbide arbeitet mit ähnlichen Katalysatoren, die vor dem Einsatz einem oxidativen und reduktiven Prozeß unterzogen werden [8.54].

Bhasin und O'Connor [8.54] haben in einer Patentschrift die bisherigen Arbeiten anderer Autoren aus CO/H_2-Gemischen Essigsäure zu erhalten, diskutiert. In eigenen Arbeiten verwendeten Bhasin und O'Connor Katalysatoren mit 5 % Rhodium auf Kieselsäure und fanden, daß eine möglichst hohe Selektivität für Essigsäure und Acetaldehyd bei möglichst niedriger Arbeitstemperatur und niedrigem Wasserstoff-Partialdruck erreicht wird [8.54]. Ferner sollen die CO-Umsätze pro Durchgang kleiner als 20 % sein, was durch hohe Raumgeschwindigkeit erreicht wird (z. B.: 5400 l Gas je Liter Kontakt je Stunde). Der Katalysator muß absolut eisen- und schwefelfrei sein. So erreicht man z. B. bei einer Temperatur von 325 °C, einem 5 % Rhodium enthaltenden Kieselsäurekontakt, einem Druck von 175 bar, einem CO/H_2-Gemisch mit 76 % CO, ein Produkt aus: 18 % CH_4, 13 % CH_3OH, 16 % Ethanol und 45 % Essigsäure. Die Versuche wurden im Berty-Reaktor vorgenommen.

Insbesondere in den letzten Jahren haben Chemiker der Höchst AG die heterogenkatalysierte Herstellung von Essigsäure auf Synthesegasbasis eingehend untersucht [8.55].

$$2\,CO + 2\,H_2 \rightarrow CH_3COOH$$
$$\Delta H = -106\ kJ/Mol\ CO.$$

Sie verwendeten Rhodium-Trägerkatalysatoren und konnten durch besonders ausgewählte Promotoren und Aktivatoren die Reaktionstemperatur senken und dann insbesondere die Methanbildung weitgehend unterdrücken. Die Se-

Tabelle 8.38. Versuchsbedingungen und Ergebnisse bei der heterogen-katalytischen, direkten Umsetzung von Synthesegas zu Essigsäure nach dem Verfahren der Höchst AG (Dettmeier et al. [8.55])

Versuchsbedingungen:	
Druck	50 bar
Temperatur	290 °C
H_2/CO-Verhältnis	1,5
Verweilzeit	10 s
Versuchsdauer	1015 h
Katalysator	Rh, Yb, Li auf SiO_2
Versuchsergebnisse:	
Selektivität: %	
Essigsäure	36,0
Acetaldehyd	30,9
Ethanol	5,8
Ethylacetat	7,2
Σ O—C_2-Verbindungen	79,9
Methan	7,5
O—$C_{3,4}$-Verbindungen	3,6
Sonstige Produkte	9,0
Raum-Zeit-Ausbeute	200 g/l·h

lektivität für Essigsäure und Acetaldehyd wurde auf fast 70 % erhöht. Zur guten Temperaturhaltung verwendete man Rohrbündelreaktoren, die von Wasser umflossen waren, wie sie ähnlich bei der Methanolsynthese von Lurgi eingesetzt werden. Die katalytische Nachoxidation der sauerstoffhaltigen C_{2-4}-Verbindungen wurde in einer Blasensäule bei Normaldruck und 50–80 °C in Wasser ausgeführt. Die Carbonsäuren wurden aus dem Wasser mit Tri-*n*-octyl/Tri-*n*-decylamin extrahiert und wie üblich aufgearbeitet.

Als Werkstoff für den Reaktor wurde Hastelloy C_4 verwendet. Tabelle 8.38 zeigt die Ergebnisse, die bei Verwendung eines Rhodium-Itterbium-Lithium-SiO_2 enthaltenden Katalysators erhalten wurden.

Ein umfangreicher Kostenvergleich zwischen dem heute allgemein gebräuchlichen Verfahren zur Herstellung von Essigsäure aus Methanol und CO und dem Direktverfahren der Höchst AG aus Synthesegas mit detaillierten Angaben von technischen und wirtschaftlichen Daten ergab schließlich, daß für das Höchst-Verfahren keine signifikanten, unüberbrückbaren Gestehpreisunterschiede bestehen, zumal wenn man annimmt, daß in Zukunft noch weitere Verbesserungen des Verfahrens zu erzielen sind.

Literatur zu Kapitel 8

8.1. Runge, H. C., Misbach, P.: Erdöl-Erdgas-Zeitschrift *97* (5), 163 [1981]

Baron, G., Eichelsbacher, M., Haffke, C. (Lurgi): Erdöl und Kohle *34* (7), 288–295 [1981]. Möglichkeiten der Umwandlung fester Brennstoffe

8.2. Johnson, J. E. (Union Carbide): Chemtech. *1981* Januar S. 44. Petrochemicals from caol based on syngas

8.3 Vgl. hierzu Asinger, F.: Chemie und Technologie der Paraffinkohlenwasserstoffe, S. 22–42, 65–148, Akademie-Verlag, Berlin 1959

8.4. Eisenlohr, K. H., Gaensslen, H.: Erdöl und Kohle-Erdgas-Petrochemie *33* (5), 201–207 [1980]. Motorkraftstoffe aus Kohle

8.5. Krönig, W.: Chemische Rohstoffe durch direkte Kohlehydrierung, S. 105–138, in: Forschung aktuell „Kohleverflüssigung", herausgegeben vom Bundesminister für Forschung und Technologie, Umschau-Verlag, Frankfurt/Main (1978) Verlag Breidenstein K.G.

8.6. Becker, H. et al.: Chem. Ing. Techn. *55* (2), 100–109 (1983). Wasserstoff-Erzeugung und Kreislaufgaszerlegung für die Kohleverflüssigung.

8.7. Hydrocarbon Processing, *1984*, Oktober, S. 21.

8.8. Wolowski, E., Hosang, H.: Erdöl und Kohle *36* (8), 373–376 (1983). First Experience gained during the operation of the Bottrop Coal Oil Plant.

Goldstein, A. M. et al.: CEP (Chem. Eng. Progress) *1982*, April, S. 76–80, Exxon Donor Solvent Plant: Design update

Seiffert, V. Held, W. (VW): Chem. Ing. Techn. *53* (2), 82–89 (1981), Alternative Kraftstoffe: Chancen und Aufgaben

Jüntgen, H., Schulze, J., Wiegand, D.: Erdöl und Kohle *36* (3), 113–121 (1983), Einsatzmöglichkeiten der direkten und indirekten Kohlehydrierung am Beispiel der Kraftstofferzeugung

8.9. Über die Hydrierung von Braunkohle in der Sumpfphase, wie sie in den Leunawerken vor und im zweiten Weltkrieg ausgeführt wurde vgl. Asinger, F.: „Chemie und Technologie der Paraffinkohlenwasserstoffe", Akademie-Verlag, Berlin 1959, S. 27–42. Übersetzung in die englische Sprache „Paraffin Chemistry and Technology", Pergamon Press, Oxford 1968, S. 33–47

8.10. Chem. Eng. *1982*, 23. August, S. 51–53. The U.S.-Synfuels Corp. comes to life again

Hydrocarbon Processing *1982*, März, S. 13. H-Coal Process did well in pilot plant run.

3 Barrel Kohleöl aus einer Tonne Kohle. Ähnelt sehr dem deutschen Verfahren.

8.11. Erdöl und Kohle *35* (9), 445 [1982]. Ergas für die künftige Energieversorgung

8.12. Teggers, H. et al.: Erdöl und Kohle *35* (4), 178–184 [1982]; vgl. Schilling, H. D., Bonn, B., Kraus, U.: Kohlevergasung: Bd. 4 Rohstoffwirtschaft International, herausgegeben von W. Peters, Verlag Glückauf GmbH, Essen. 2. Auflage [1979], S. 138–149: Der Hygas-Prozess des Instituts of Gas Technology, Chicago; S. 150–159: Der Cogas-Prozeß; S. 171–178: Der Bi-Gas-Prozeß der Bituminous Coal Res. Inc.; S. 185–192: Der Synthane-Prozeß des Bureau of Mines;

Felgener, G. W., Gerick, H.-P.: Chem. Ind. (Düsseldorf) *34*, 470–475 [1982]. Rechnergestützte Leittechnik und Komponentenanalyse der hydrierenden Kohlevergasung, Rheinbraun;

Fladerer, R., Schrader, L.: Braunkohle *33* (6), 194 [1981];

Fladerer, R., Schrader, L.: Chem. Ing. Techn. *54* (10), 884–892 [1982]. Hydrierende Vergasung von Kohle;

Schrader, L., Teggers, H., Theis, K. A.: Chem. Ing. Techn. *52* (10), 794–802 [1980]. Hydrierende Vergasung von Kohle;

Teggers, H., Engelhard, J.: Erdöl und Kohle *33* (2), 97 [1980]. Hydrierende Vergasung von Kohle;

Belzer, J. et al.: Chem. Ing. Techn. *52* (8), 673 [1980]. Hydrierende Vergasung von Steinkohle und Steinkohlenkoks im Festbett

8.13. Schrader, L. et al. Chem. Ing. Techn. *52* (10), 794–802, [1980] Hydrierende Vergasung von Kohle; Runge, H. C., Misbach, P.: Erdöl-Erdgas-Zeitschrift *96*, 161–166 [1981]. Chancen und Grenze der Kohleveredlung in der Bundesrepublik Deutschland

8.14. Franke, F. H.: Chem. Ing. Techn. *50* (12), 917–923 [1979]. Zum Stand der Kohlevergasung

8.15. Jüntgen, H., van Heek, K. H.: Kohlevergasung, Grundlagen und technische Anwendung 1981, S. 150, Verlag Karl Thieme, München, Thiemig Taschenbücher

Literaturzusammenstellung über die Arbeiten zur direkten Kohlehydrierung bzw. zur Weiterverarbeitung von Kohlehydrierungsprodukten zu Chemierohstoffen

1984

Kölling, G., Langhoff, J., Collin, G.: Erdöl und Kohle *37* (9), 394–402 (1984). Kohlenwertstoffe und Verflüssigung von Kohle

Hodek, W.: Erdöl und Kohle, *37* (7), 300–302 (1984). Vergleich von Ruhrkohle im Hydrierversuch

1983

Jüntgen, H., Schulze, J., Wiegand, D.: Erdöl und Kohle *36* (3), 113–121 (1983). Einsatzmöglichkeiten der direkten und indirekten Kohleverflüssigung am Beispiel der Kraftstofferzeugung.

Döhler, W. et al.: Erdöl und Kohle, Ergänzungsband 82/83, S. 95–96 (1983). Verfahrensalternativen zur Weiterverarbeitung von Kohleöl

Küchling, Th., Köpsel, R., Klose, E.: Chem. Techn. (DDR) *35* (6), 301–303 (1983). Kinetik der Kohleverflüssigung

Keller, J.: Chemie-Technik *12* (8), 57–61 (1983). Herstellung synthetischer Motorkraftstoffe für den europäischen Markt

Cassidy, P. J.: Chemtechn. *1983*, Sept., S. 562–567, Where's the key to coal liquefaction

Wolowski, E., Hosang, H.: Erdöl und Kohle *36* (8), 373–376 (1983). First Experience gained during the operation of the Bottrop coal oil plant

Chem. Week *1983*, 11. Mai, S. 28–30. Converting Siberian coal to liquid products

Chem. Week *1983*, 4. Mai. S. 38–39. Catalysts that improve coal hydrogenation

Jüntgen, H., Kölling, G., Peters, W.: Comparison of Different Routes from Coal to Chemicals and Gasoline (London 1983) Welterdölkongreß

Döhler, W. et al.: Erdöl und Kohle *36* (8), 370–372 (1983). Alternative Processing Routes in the Upgrading of Syncrude from Coal

Stiegel, G. J. et al.: Ind. Eng. Chem. Prod. Res. Dev. *1983*, 22, 414–420. Hydroprocessing of Solvent-Refined Coal: Effect of Catalyst Properties

1982

Chemie-Technik *11* (7). 810 [1982], „Ruhr 100“ 3 Jahre in Betrieb, Gemeinschaftsarbeit Ruhrgas A.G., Ruhrkohle A.G. und Steag A.G. (Dorsten), Druck 95 atm.

Stadelhofer, J. W.: Erdöl und Kohle, Compendium 82/83, S. 295. Zur Reaktion von Hydroaromaten mit Kohle, Wasserstoffübertragung auf die Kohle

Chemie-Technik *11* (3), 164 [1982]. Vorprojekt für Großanlage zur Kohlehydrierung (VEBA Öl und Ruhrkohle AG), Bottrop

Graeser, U., Jankowski, A.: Erdöl und Kohle *35* (2), 74–77 [1982]. Weiterverarbeitung von Kohleöl zu marktgängigen Produkten

Habit, J.: Hydrocarbon Processing *1982*, März, S. 177–203. Financing synfuels plants

Erdöl und Kohle *35* (4), 199 [1982]. Australien: Kohleveredlung unter deutscher Beteiligung

Schicketanz, W. (BASF): Erdöl und Kohle *35* (6), 287–293 [1982]. Ein Rückblick auf Forschungs- und Entwicklungsarbeiten zur Kohlehydrierung nach dem I.G.-Verfahren

Taunton, I. W. et al.: Fuel *60*, 788 [1981]. Ref. Erdöl und Kohle *35* (5), 264 [1982]. Coal feed flexibility in the Exxon-Donor-Solvent coal liquefaction process

Kürten, H. (BASF): Chem. Ing. Techn. *54* (5), 409–415 [1982]. Verfahrenstechnik der Kohlehydrierung in Sumpfphase-Reaktoren

Hydrocarbon Processing Juni *1982*, S. 83–84 (Shell). Synfuels: Which route to follow?

Greene, C. R.: Hydrocarbon Processing *1982*, Juni, S. 77–82. Synfuels: What's economical?

Lee, B.: Chem. Eng. News *1982* vom 1. März, S. 28. Synthetic fuels needed despite current oil glut

Chem. Week vom 14. Juli *1982*, S. 32–33. A policy shift at synthetic fuels corp.

Schindler, H. D. et al.: CEER (Chem. Economy and Eng. Review) *14* (3), 15–20 [1982]. The integrated two-stage liquifaction process (ITSL)

CEP (Chem. Eng. Progress) *1982*, April, S. 76–80. Exxon-Donor-Solvent plant: Design update

Baumert, K. L., Barnett, W. P.: CEP (Chem. Eng. Progress) *1982*, April, S. 81–85. Materials for the SRC-I demonstration plant

Wade, D. T., Ansell, L. L., Epperly, W. R.: Chem. Techn. *1982*, April, S. 242–250. Coal liquefaction. A status report (VII) on Exxon's Donor-Solvent-Process

Fox, J. L.: Chemistry and Industry *1982*, 5. Juni. S. 347–348. Synfuels programmes suffer setbacks

Schicketanz, W., Hausdörfer, B. (BASF): Chem. Ind. *34* (6), 406–408 [1982]. Entwicklungstendenzen der Kohlehydrierung nach dem I.G.-Verfahren

Chem. Eng. 26. August *1982*, S. 51–53. The US synfuels Corp. comes to life again

Chem. Eng. News *1982*, 30. August, S. 6. Exxon coal liquefaction pilot test a success

Hochmann, J. M.: Chemtech. *1982*, August, S. 500–505. Synthetic fuels are they different?

Wolowski, E., Hosang, H.: Erdöl und Kohle, Compendium 82/83, S. 93–94. Erfahrungen mit der Kohleöl-Anlage, Bottrop.

Hier wird die deutsche Technologie demonstriert, als Weiterentwicklung des I.G.-Verfahrens (I.G.-Neu) mit 200 tato Kohle. Temperatur 450 °C, Druck 300 bar. Feststoffkonzentration in der Maische 40 %, Anreiböl Mittelöl/Schweröl 40 : 60, Katalysator Eisenoxid

Döhler, W., Graeser, V., Hallensleben, J., Jankowski, A.: Erdöl und Kohle, Compendium 82/83, S. 95. Verfahrensalternativen zur Weiterverarbeitung von Kohleöl

Chem. Ind. *1982*, April, S. 201. Kohlehydrierung in der Bundesrepublik unwirtschaftlich

Goldstein, A. M. et al.: CEP (Chem. Eng. Progress) April *1982*, S. 76–80. Exxon-Donor-Solvent plant design update

Chem. Eng. vom 9. März *1982*, 2OE–2OH. Coal conversion. Still alive in the U.K.

Für Indien s. gleiches Journal vom 27. Juli 1981, S. 20. Für Brasilien s. gleiches Journal vom 24. August 1981, S. 2OH–2OJ. Für UdSSR s. gleiches Journal vom 21. Sept. 1981, S. 20F–2OJ. Für BRD s. gleiches Journal vom 2. Nov. 1981, S. 2OE–2OJ.

1981

Erdöl-Erdgas-Zeitschrift *97*, 161 [1981]. Chancen und Grenzen der Kohleveredlung in der Bundesrepublik Deutschland

Oil Gas Journal *79* (18), 254, [1981], 4. Mai. Coal liquefaction: Direct versus indirect making a choice (FT-Synthese und direkte Kohlehydrierung)

Oil Gas Jorunal *1981* vom 6. Juli, S. 214. Exxon-Donor-Solvent pilot due new test phase

Hydrocarbon Processing *60* (6), 119 [1981]. Synfuels-birth of an industry

Escher, G.: Erdöl-Erdgas-Zeitschrift *97* (6), 221–226 [1981], Öl aus Kohle

Oil Gas Journal *79* (26), 120 [1981] vom 26. Juni. Economic comparison of four synthetic fuels

Baron, G., Eichelsbacher, M., Hafke, C.: Erdöl und Kohle *34* (7), 288–295 [1981]. Möglichkeiten der Umwandlung fester Brennstoffe (Eine kritische Übersicht)

Jacobson, Th., Gallei, E.: Erdöl und Kohle *34* (10), 447 [1981]. Hydrierung von Kohleöl aus Saarkohle zu Motorenbenzin

Hydrocarbon Processing *1981*, Sept., S. 21. Cost of going to synfuels unimaginable

Langhoff, J., Dürrfeld, R., Wolowski, E.: Erdöl und Kohle *34* (9), 379 [1981]. Neue Technologien zur Steinkohleveredlung

Oil Gas Journal *1981*, 19. Oktober, S. 287. U.S. should built coal gasification plants now

Erdöl und Kohle *34* (11), 517 [1981]. Kohleveredlungsprogramm der Bundesregierung. Weitere Schritte

Hydrocarbon Processing *1981*, Nov., S. 287. What route to coal liquefaction?

Ströbel, B. et al.: Erdöl und Kohle *34* (9), 391 [1981]. Kohlehydrierung bei der Bergbauforschung

Erdöl und Kohle *34* (7), 278 [1981]. Kohleverflüssigungsanlage: Kooperationsvertrag Saarberg und Gelsenberg

Würfel, H.: Erdöl und Kohle, Compendium 80/81, S. 144; Herstellung von Benzin aus Kohle, S. 146; Jacobson, Th., Gallei, E.: Herstellung von Benzin aus Kohle, Weiterverarbeitung der Kohleöle zu Superbenzin, S. 148; Romey, I.: Reinigung von Kohleölen durch Filtration

Bocker, D. et al. (Rheinbraun): Erdöl und Kohle, Compendium 80/81, S. 141. Stand der Arbeiten zur Braunkohlenverflüssigung. Technische und wirtschaftliche Aspekte

Baron, G. et al.: Erdöl und Kohle, Compendium 80/81, S. 164. Möglichkeiten der Umwandlung fester Brennstoffe. Eine kritische Studie

Chem. Ing. Techn. *53* (11), 888 [1981]. Hydrierende Verflüssigung von Braunkohle

Europ. Chem. News vom 20. April 1981, S. 24. SRC-II talks in Tokyo break down as US, German interest fades

Chem. Week vom 18. März *1981*, S. 16–17. A new, strong pitch for synfuels

Haggin, J.: Chem. Eng. News vom 27. Juli *1981*, S. 43–45, Synfuels and coal conversion: What cost?

Hanson, D. J.: Chem. Eng. News vom 24. Aug. *1981*. Synfuels progress likely to remain slow

Chem. Week vom 1. April *1981*, S. 42–46. What next for synfuel?

Europ. Chem. News *36* (976), S. 19 [1981] vom 6. April. Oil: merely a brief interlude in a coal dominated century

Europ. Chem. News vom 9. Nov. *1981*, S. 32. US synfuels groth well be „painstakingly slow"

Europ. Chem. News vom 2. Nov. *1981*, West Germany reduces aid for coal conversion

Duncan, W.: Chemistry and Industry vom 2. Mai *1981*. Oil: An interlude in a century of coal

Simbeck, D. R. et al.: Oil Gas J. *79* (18), 254 [1981] vom 4. Mai. Coal liquefaction: direct versus indirect – making a choice

Erdöl und Kohle *34* (7), 277 [1981]. Kohleölanlage in Bottrop: Gemeinsames Projekt der Ruhrkohle und VEBA-Öl

1980

Wett, T.: Oil Gas J. 16. Juni *1980*, S. 55–62. Synfuels future hinges on capital cooperation

Chem. Eng. vom 2. Juni *1980*. Worldwide coal production will have to nearly triple by 1999 to meet demand

Meller, E.: Erdöl und Kohle *33* (9), 441–444 [1980]. Die Renaissance der Kohle

Hydrocarbon Processing *1980*, Nov. S. 25. Synfuels activities rapidly expanding

Woyciechowski, B. W.: Hydrocarbon Processing *1980*, Mai, S. 237–240. Possibilities für coal liquefaction

Hiller, H.: Erdöl-Erdgas-Zeitschrift *96*, März S. 76 [1980]. Motorkraftstoffe und Ferngas aus Kohle

Burke, D. P.: Chem. Week vom 9. Juli *1980*, S. 18–25. The rough road to a synfuels industry

WEC *1980*, Vol. RTA, S. 209–220, World Energie Conference 8.–12. Sept. 1980 in München, Kohlehydrierung-Bergbau-Forschung GmbH, Essen

Dembeck, J. A., Garner, L. J., Woods, J. T.: WEC *1980*, Vol. 1 A, S. 171–172. Zukünftige Kohleverflüssigung in Australien

Chem. Week vom 13. August *1980*, S. 44. Lummus says it can cut coal liquefaction costs

Lohr, B., Oleownik, A., Lodes, R.: Chemie-Techn. *9* (8), 407–410 [1980]. Saarberg-Pilotanlage zur direkten Kohlehydrierung

Müller, R.: Chemie-Techn. *9* (8), 411–415 [1980]. Die Kohleveredlung in der BRD aus der Sicht der KWU (Kraftwerksunion)

Griesbaum, K., Hönicke, D.: Chem. uns. Zeit *14* (3), 90–101 [1980]. Kraftstoffe der Zukunft

Chem. Rundschau *33* (31), 13 [1980]. Großanlage für Kohleverflüssigung in den USA

Pommer, H.: Chem. Rundschau *33* (25), S. 14 [1980]. Kohleveredlung – mögliche Alternative zum Öl

Wojciechowski, B.W.: Hydrocarbon Processing *1980* Mai, S. 237–241. Possibilities for coal liquefaction

Romey, I.: Erdöl und Kohle *33* (17), 314–321 [1980]. Stand der Kohleverflüssigung in Europa

Wolowski, E., Funk O.: Erdöl und Kohle *33* (17), 321–326 [1980]. Stand der Kohlehydrierung außerhalb Europas

Oil Gas J. *78* (34), 119 [1980] 25. August SRC-II is a promising petrochemical feedstock source

Eisenlohr, K. H., Gaensslen, H.: Erdöl und Kohle *33* (5), 201–207 [1980]. Motorkraftstoffe aus Kohle

Sterbenz, P.: Hydrocarbon Processing *1980*, Juli, S. 68–72. Coal converion today

1979

Erdöl und Kohle *32* (3), 100 [1979]. Deutsch-Amerikanische Zusammenarbeit bei der ersten Demonstrationsanlage zur Kohleverflüssigung SRC-II-Anlage

Nachr. Chem. Techn. Lab. *27* (11), 702–706 [1979]. Kohle – woher, wohin?

Whitehead, J. C.: CAV (Chemische Anlagen und Verfahren) vom August *1979*, S. 41–43. Kohleverflüssigungsverfahren

Nachr. Chem. Techn. Labor *27* (9), 553–562 [1979]. Die Hydrierung von Kohle und Kohlenoxid

Ältere Arbeiten

Kölling, G.: Erdöl und Kohle. Compendium 74/75, Bd. I, S. 300, Kohleverflüssigung und Extraktion

Peters, W.: Chem.-Ing. Techn. *48* (4), 288 [1976]. Die Umwandlung der Kohle in der veränderten Situation der Energieversorgung

Wien, H., Schlupp, K.F., Langhoff, J., Wolowski, E.: Compendium 76/77 Ergänzungsband Erdöl und Kohle *30* (1), 39 [1977]. Die nichtkatalytische Hydrierung von Steinkohlen (Gulf, RAG, Steag, – Demonstrationsanlage). Modifiziertes SRC-I- und -II-Verfahren

Hodek, W., Kühn, L.: Erdöl und Kohle *30* (2), 85 [1977], vgl. Compendium 76/77, S. 384–397. Hydrierung von Steinkohle. Die Einwirkung von Kohlenmineralien – insbesonders Pyrit auf die Hydrierung von Steinkohlen

Bücher über Kohlehydrierung

Frank, H.G., Knop, A.: Kohleveredlung, Chemie und Technologie. Springer Verlag, Berlin, Heidelberg, New York, 333 Seiten [1979]

Hoffmann, E. J.: Coal Conversion, Verlag: The Energon Co., Laramie Wyo., 464 Seiten

Ellington, R. T.: Liqueds fuel from coal, 292 Seiten, 1977, Verlag Fluor Engineers and Constructers Inc., Houston/Texas

Berkowitz, Y.: An introduction to coal technology, Energy Science and Engineering Series *1979*, 368 Seiten, Univ. of Atlanta, Edmonton/Canada

Duayne-Whitthurst, D., Mitchell, T.O., Tarcasiu, M.: Academic Press Inc. *1980*, 400 Seiten, Coal liquefaction. Te Chemistry and technology of thermal processes

Literatur zur Weiterverarbeitung von Kohlehydrierungsprodukten zu Chemierohstoffen

1982

Harris, G. A. et al.: CEP *1982*, April, S. 43–47. SRC-II, A source of Ethylen

Graeser, V., Jankowski, A.: Erdöl und Kohle *35* (2), 74–77 [1982]. Weiterverarbeitung von Kohleöl zu marktgängigen Produkten

Kupfer, H.: Erdöl und Kohle *35* (3), 119–123 [1982]. Künftige Rohstoffversorgung für Olefinanlagen in Westeuropa

Owen, J.: Fuel *60*, 755 [1981] (Referat in Erdöl und Kohle *35* (5), 264 [1982]). Conversion and uses of liquid fuels from coal

1981

Erdöl und Kohle *34* (10), 443 [1981]. Hydrierte Kohleöle als Einsatz für das Steamcracken

Schulze, J., Schmidt, B.: Chem. Ind. *33*, 623, 686, 791 [1981]. Kohlebedarf bei der Substitution der Petrochemie durch Kohlechemie, Teil I–III

Chem. Week vom 25. November *1981*. New routes to fuel and feed from coal

1980

Oel 1980 (5), S. 127. Kohleveredlung und die Chemie

Harris, G. A., Sinnett, C. E., Swift, H. E.: Hydrocarbon Processing Mai *1980*, S. 152–156. Make petrochemical feedstocks with coal liquefaction

Gibson, J.: CEER (Chem. Economy and Engineering Review) *12* (12), 7–13 [1980]. Prospects for conversion of coal to gas and chemicals in Britain; A Reapparaisal, A.: CEP *1980*, März, S. 81–84. Producing fuels and chemical feedstocks from coal (Natural Coal Bord Liquid Solvent Extraction Process)

Peters, W., Schilling, H. D.: Chemie Technik *9* (3), 105–114 [1980]. Technische und wirtschaftliche Perspektiven der Kohleveredlung und Kohleverwendung

Wender, I.: Journ. of the Alabama Academy of Science, 51 (2), 68–78 [1980]. The role of coal in our energy future

Sensing, T. A. et al.: CEP *1980*, Januar, S. 64–68. Coal utilization in the chemical industry

1979

Whitehead, J. C.: CAV (Chemische Anlagen und Verfahren) *1979*, August, S. 41–43. Kohleverflüssigungsverfahren

Erdöl und Kohle *32* (3), 100 [1979]. Deutsch-Amerikanische Zusammenarbeit bei der ersten Demonstrationsanlage zur Kohleverflüssigung SRC-II-Anlage

Johnson, A. R. (Stone and Webster): Hydrocarbon Processing *1979* (9), 109–113. Refining for the next 20 years

European Chem. News vom 1. Oktober *1979*. ICI test NCB (National Coal Bord) Coal liquefaction products as feedstock

Grünewald, H.: Chemistry and Industry vom 1. Dezember *1979*. Chemical feedstocks-problem of today and future prospects.

1978

Dauphine, T. C.: Erdöl und Kohle *31* (9), 417–420 [1978]. The importance of coal-liquefaction-process to the chemical industry

1977

Kühn, R., Elstner, M.: Erdöl und Kohle *30* (3), 117–122 [1977]. Petrochemische Grundprodukte aus Kohle (FT-Synthese)

Madsack, H. J., Buskies, U.: Erdöl und Kohle *30* (1), 29–35 [1977]. Kohle und Erdöl als hochwertige Rohstoffe für die chemische Industrie

8.16. Hoogendoorn, J. C.: Gas Wärme Intern., 25 (6), 283–287 [1976], vgl. [8.29] (S. 330)

8.17. Schulze, J.: Chem. Ing. Techn. *46*, 925–931 [1974]

8.18. Eisenlohr, K. H., Gaensslen, H.: Erdöl und Kohle *35* (1), 27–31 [1982]. Maximum Dieselöl (Eine Variante der klassischen FT-Synthese)

8.19. Eisenlohr, K. H., Gaensslen, H.: Erdöl und Kohle *33* (5), 205 [1980]. Motorkraftstoffe aus Kohle; Hiller, H., Garkisch, O. L.: Hydrocarbon Processing 1980 September, 238–242. Convert coal now

8.20. Hoppe, R.: Eng. and Mining J., Dez. 1979, Synthetic fuel the Sasol way; Anonym: Fluor Magazine Irvine Calif. vom 1. November 1981, S. 12; Singh, W.: Hydrocarbon Processing *1981* Juni, S. 138, Why not use FT-Process?

8.21. Frumikon, H. A., Sullivan, R. F.: Synfuel Conference Californien 1980

8.22. Asinger, F.: Die Petrolchemische Industrie, Akademie-Verlag, Berlin 1971, S. 95–101. Die FT-Synthese mit Eisenkatalysatoren nach Kölbel-Rheinpreussen

8.23. Deckwer, W. D.: Oil and Gas Journ. vom 10. Nov. 1980, S. 198–213. FT-Process alternatives hold promise; Deckwer, W. D.: Erdöl und Kohle *35* (5), 242–247 [1982]. Neue Aspekte der Herstellung von Kohlenwasserstoffen aus Synthesegasen

8.24. Deckwer, W. D., Serpemen, Y., Ralek, M., Schmidt, B.: Chem. Eng. Sci. *36*, 765 [1981]; Deckwer, W. D., Serpemen, Y., Ralek, M., Schmidt, B.: Ind. Eng. Chem. Proc. Des. Dev. *21*, 223 [1982]

8.25. Eisenlohr, K. H., Gaensslen, H.: Erdöl und Kohle *35* (1), 27–31 [1982]

8.26. Wise, J. J., Silvestri, A. J.: Oil Gas J. *74* vom 22. Januar, S. 140 [1976];

Chen, N. Y., Reagan, W. J.: U.S. Pat. 4.148.835 vom 10. April 1979, Mobil Oil Corp., New York. Hydrocarbon manufacture from alcohols (C_1—C_4);

Chang, C. D., Silvestri, A. J.: J. Catal. *47*, 249–259 [1977]. The conversion of methanol an other O-Compounds to hydrocarbons over zeolithe catalysts; Stowe, R. A., Murchison, C. B.: Hydrocarbon Processing *1982* (1), S. 147–150. Upgrade FT liquids to olefins and aromatics

8.27. Craig, R. G., White, E. A.: Hydrocarbon Processing *1980* Dez., S. 111–114. Refine LPG for process flexibility;
Berg, R. C., Vora, B. V., Mowry, J. R. (UOP): Oil Gas Journ. vom 10. November 1980, S. 191–197. Catalytic LPG dehydrogenation fits in 80's outlook
Eine eingehende Arbeit über Polymerbenzin, MTBE, Alkylierungsreaktionen zu *i*-Octan, etc.;

Schmitt, G.: Chem. Ing. Techn. *54* (11), 1023–1025 [1982]. Dehydrierung von Paraffinen etc.;

Guerico, V. J.: Erdöl und Kohle *35* (5), 253–255 [1982]. Using butanes for cracking feedstock flexibility

Erdöl und Kohle *35* (10), 487 [1982]. Höherer Verbrauch von Dieselkraftstoffen

8.28. Singleton, A. H., Regier, S.: Hydrocarbon Processing *1983*, Mai, S. 71–74. Produce diesel from gas

An other way to move gas to the market may well be conversion to liquid fuels using G-B-process under development

8.29. Literatur zur FT-Synthese

1984

Reuel, R.C., Bartholomew, C.H.: J. Catal. *1984*, 85 (1), 78–88, Effects of support and dispersion on the carbon monoxide hydrogenation activity/selectivity properties of cobalt C.A. *100*, 24151j (1984)

Sakai, T., Kunugi, T.: Prepr. Pap. Am. Chem. Soc., Div. Fuel Chem. *1982*, 27 (3–4), 313–318; C.A. *100*, 106131s (1984). A comparative study of oil-slurry process to fixed-bed process in the FT-Synthesis

Yang, C. H., Chen, Y. W., Goodwin, I. G., Wender, I.: Prepr. Pap.-Am. Chem. Soc. Div. Fuel Chem. *1982*, 27 (3–4), 151–156; C.A. *100*, 106130r (1984). The influence of support on potassium promotion of ruthenium for the FT-Synthesis

Satterfield, CH. N., Stenger, H. G.: Ind. Eng. Chem. Process Des. Deveop. *1984*, *23*, 26–29, C.A. *100*, 9605s (1984), S. 170. FT-Synthesis on a precipitated Mn/Fe-Catalyst in a Well-Mixed Slurry Reactor

Shah, Y.T.: NATO ASI Ser., Ser. E 1983, C.A. *100*, 36549h (1984). Slurry reactors for coal technology.

Deckwer, W.D.: NATO-ASI Ser., Ser. E 1983, C.A. *100*, 36550b (1984). Coal liquefaction via indirect routes (96 Zitate)

Tsang, W.G., Slaugh, L.H., (Shell Oil Co): U.S. Pat. 4.415.676 vom 15. November 1983; C.A. *100*, 53539x (1984) Syngas conversion

Paraffinwachs wurde hergestellt aus $CO/H_2 = 1:1$ über einen Faujasit, der mit 7,1 % Ru ausgetauscht und nachher „boriert“ wurde (1,2 % B), HSV 4300/h, Temp. 250 °C, 70–100 atm (7–10 MPa) wurden mit 15,5 % Umsatz pro Durchgang und 91 % Ausbeute C_{30}-Alkane erhalten.

Slaugh, L. H., Ryan, R. C. (Shell Oil Co.): U.S. Pat. 4.417.000 vom 22. Nov. 1983, C.A. *100*, 53540r (1984). Dimethylether

$CO/H_2 = 1:1$ bei 63 atm (6,3 MPa) und 289–299 °C mit einer HSV von 3000/h über einen Katalysator geleitet, bestehend aus Cu-Zn-Alkalimetall/Al_2O_2—WO_3/SiO_2—Al_2O_3. Umsatz 38,9 % pro Durchgang, Ausbeute 98,6 %, Bester Katalysator: Cu 5 %, Zn 5 %, Na 0,5 %, Al_2O_3 6 %, $WO_3/SiO_2/Al_2O_3$

1983

Bruce, L.A. et al.: Applied Catal. *8*, 349–358 (1983). The Activity of Cobalt-Zirconia and Cobalt-Nickel-Zirconia Preparations in the FT-Reaction

Arakawa, H., Bell, T.: Ind. Eng. Chem. Process Res. Devel. *22*, 97–103 (1983). Einflüsse der Kaliumaktivierung auf die Aktivität und Selektivität von FT-Katalysatoren

Podesta, W., Gunsser, W., Ralek, M.: Chem. Ing. Techn. *55* (8), 631–633 (1983). Strukturermittlung eines Mangan/Eisen-Katalysators für die selektive Führung der FT-Synthese

Sudheimer, G., Gaube, J.: Chem. Ing. Techn. *55* (8), 644–645 (1983). Kinetische und reaktionstechnische Untersuchungen zur FT-Synthese von 1-Alkenen

Huff, G. A., Satterfield, CH. N., Wolf, H. H.: Ind. Engng. Chem. Fundam. *1983*, *22*, 258–263. Stirred Autoclave for Study of the FT-Synthesis in a Slurry Bed.

1982

Riekema, M. L. et al.: CEP (Chem. Eng. Progress) *1982* April, S. 86–96. A comparison of FT-Reaktors.

Deckwer, W. D.: Erdöl und Kohle *35* (5), 242–247 [1982]. Neue Aspekte der Herstellung von Kohlenwasserstoffen aus Synthesegas.

Sachtler, W. M. H. (Shell-Amsterdam): Chem. Ing. Techn. *54* (10), 907–910 [1982]. Mechanismus der katalysierten Synthese von Kohlenwasserstoffen.

Hoogendoorn, J. C. (Sasol): Hydrocarbon Processing *1982*, Mai, S. 34E–34Q. Producing automotive fuels from coal in South-Africa.

Haggin, J.: Chem. Eng. News vom 26. Oktober *1982*, S. 22–32. Fischer-Tropsch: New life for old technology

Disanzo, F. P.: ACS Div. Fuel Chem. Preprints, Vol. *26* (2), 13 [1981], Ref. Erdöl und Kohle *35* (2), 90 [1982]. Charakterisierung von hochsiedenden FT-Flüssigkeiten.

Platinum Metals Rev. *25* (2), 50 [1981]. Neue Katalysatoren für die FT-Synthese (Ref.: Chem. f. Labor u. Betrieb *33* (3), 130 [1982].)

Bonzel, H. P.: Chem. Ing. Techn. *54* (10), 908–909 [1982]. Modellexperimente zur FT-Synthese.

Deckwer, W. D. et al.: Erdöl und Kohle *35* (11), 533 [1982], Referat der Arbeit aus Ind. Eng. Chem. Process Des. Dev. *21*, 231–234 [1982]. Ein FT-Synthesemodell in der Schlammphase.

Deckwer, W. D. et al.: Erdöl und Kohle *35* (11), 534 [1982], Referat der Arbeit aus Ind. Eng. Process Des. Dev. *21*, 222–230 [1982]. FT-Synthese in der Schlammphase mit Mn/Fe-Katalysatoren (Höhere Ausbeuten an C_2—C_4-Olefinen).

Dry, M. E. (Sasol): Hydrocarbon Processing, August *1982*, S. 121–124. Sasols-Experience.

1981

Chem. Techn. *33* (8), 399–402 [1981]. Zum gegenwärtigen Stand der Entwicklung der FT-Synthese.

Swart, J. S., Czaikowski, G. J., Conser, R. E. (Sasol): Oil Gas J. vom 31. August *1981*, S. 63–66. Upgrades Synfuels with refinery technology.

Es handelt sich um die Aufarbeitung der Primärprodukte des Synthol-Flugstaub-Prozesses in einer Art Raffinerie. Polyanlage führt das Propen und die Butene in Polymerdestillate über. Eine Platforming-Anlage erhöht die OZ der Produkte mit Siedeende bis 204 °C.

Chem. Eng. vom 20. April *1981*, S. 18. Plans for a Sasol IV facility in South Africa are moving ahead.

Chem. Eng. vom 20. April *1981*, S. 19F–20G. South Africa's chem. process industry, spending boom.

Platinum Metals Rev. *25* (2), 50 [1981]. Neue Katalysatoren für die FT-Synthese.

Ruthenium ist ein hervorragender Katalysator, der in erster Linie zu Kohlenwasserstoffen und weniger zu sauerstoffhaltigen Verbindungen führt.

Es entstehen Kohlenwasserstoff-Gemische, die im Benzin- und Dieselölbereich liegen. Ruthenium auf Al_2O_3 führt bei 30 bar und 250 °C mit 85 % Ausbeute zu flüssigen Kohlenwasserstoffen. Ruthenium auf Zeolithen vom ZSM-5-Typ liefert einen Katalysator, der in einem einzigen Schritt ein Benzin hoher OZ produziert.
Es bilden sich beträchtliche Mengen an Aromaten und verzweigten Kohlenwasserstoffen mit der OZ 80–104.

1980

Chem. Eng. vom 21. April *1980*, S. 82–84. Synfuel market makes oxygen producers giddy.

van Hoff, J. H.: Chem. Mag. (The Hague) *1980* Juni, S. 365, C.A. *93* (22), 207 089/b [1980]. FT-Reaction slow or fast?

Baird, M. J. et al.: Ind. Eng. Chem. *1980* (19), 175–191. FT-Process investigated at the Pittsbourgh Energy Technol Center since 1944.

Deckwer, W. D.: Oil Gas Journ. *78* (45), 198–213 [1980] vom 10.11. The FT-alternatives hold promise.
Sehr eingehende Arbeit über die Slurry-Arbeitsweise von Rheinpreussen und die Arbeitsweise des Autors.

Hoogendoorn, J. C.: 11. Welt Energie Konferenz 8.–12. Sept. *1980* in München, WEC 1980, Vol. RT, S. 201–208. Production of oil and gasoline by carbon monoxide hydrogenation.

1979

Caesar, P. D. et al.: J. Catal. *56*, 274–278 [1979]. Advances in FT-Chemistry.

Garza, N.: Hydrocarbon Processing *1979*, Oktober, S. 50F, Coal Conversion in South-Africa (Sasol II wird beschrieben).

Oil Gas J. *77* (41), 54 [1979] vom 8. Oktober. Sasol to aid U.S. synfuel cost study.

Chem. Eng. *86* (19), S. 85 [1979] vom 10. September. Sasol coal-to liquids technology will be marketed in the US.

Scholz, W.: Linde-Ber. Techn. Wiss. *1979*, 45, 9–17, C.A. *91*, 159 912/z [1979]. Review of complete complex „Oil from coal“, Sasol II and the combination of gas-purification and separation plants.

Heylin, M.: Chem. Eng. News vom 13. September 1979. South-African commits to oil-from-coal process.

Masters, Ch.: Adv. organometal. Chem., Vol. 17, S. 61–103 [1979]. The FT-Reaction (115 Zitate).

1977

Kölbel, H., Scheidt, D.: Erdöl und Kohle *30* (3), 139 [1977]. FT-Synthese: Primärschritte, Reaktionsmechanismus.

Kühn, R., Elstner, M.: Erdöl und Kohle *30* (3), 117–122, Petrochemische Grundprodukte aus Kohle. Erzeugung von Grund- und Zwischenprodukten für die chemische Industrie nach dem FT-Verfahren.

Cornils, B., Bussemeier, B., Frohning, C. D.: Erdöl und Kohle *30* (3), 137 [1977]. Katalysatoren für die selektive FT-Synthese.

Kuo, J. C.: U.S. Pat. 4.041.096 (Mobil Oil), (C.A. *87* 154733z [1977]). Upgrading C_{5+} products of FT-Synthesis (Behandlung mit ZSM-5-Katalysator).

Kuo, J. C.: U.S. Pat. 4.041.095 (Mobil Oil), (C.A. *87*, 154732y [1977]). Upgrading C_{3+} products of FT-Synthesis (Behandlung mit ZSM-5-Katalysator).

Ireland, H. R., Peters, A. W., Stein, T. R.: U.S. Pat. 4.045.505 (Mobil Oil) (C.A. *87*, 154.742b [1977]). Upgrading a FT-light oil (Behandlung mit ZSM-5-Katalysatoren, die Ni enthalten)

Ireland, H. R., Stein, T. R.: U.S. Pat. 4.041.097 (Mobil Oil) C.A. *87*, 154731x [1977]). Altering the product distribution of FT-Synthesis product. (Behandlung von Fraktionen der Synthese mit krist. Zeolith-Katalysatoren. Hierzu gleiche Autoren U.S. Pat. 4.044.063 (C.A. *87*, 154740z [1977]).
Behandlung von Fraktionen aus FT-Produkten mit ZSM-5-Katalysatoren.

Schulz, H., Cronje, J. H.: FT-Synthese, Ullmans Enzyklopädie der technischen Chemie, Vol. 14, Seite 329 [1977], Verlag Chemie, Weinheim/Bergstraße.

Frohning, C. D., Kölbel, H., Raley, M., Rottig, W., Schnur, F., Schulz, H.: FT-Synthese in: J. Falbe „Chemierohstoffe aus Kohle", Kap. 8, S. 219–299, Georg Thieme Verlag, Stuttgart 1977.

Schulz, H.: Erdöl und Kohle Compendium 76/77, Bd. I, S. 258–275. Selektivitätsbeziehungen und Selektivitätslenkung bei der FT-Synthese.

1976

O'Hara, J.B. et al.: Chem. Eng. Progr. (CEP) *72* (8), 65–67 [1976]. FT-Plant Design Criteria.

Dry, M.E.: Ind. Eng. Chem. Proc. Des. Dev. *15* (4), 282–285 [1976]. Advances in FT-Chemistry (Sasol).

Vanice, M.A.: Catal. Rev. Sci. Eng. *14* (2), 153–191 [1976], 119 Zitate (C.A. *86*, 173.811u [1977]). The catalytic synthesis of hydrocarbons from $CO + H_2$

Shah, Y. T., Perrotta, A. J.: Ind. Eng. Chem. Prod. Res. Dev. *15* (2), 123–131 [1976]. Catalysts for FT-Synthesis and isosynthesis

Kronseder, J. G.: Hydrocarbon Processing *55* (7), 56F-56N [1976]. Sasol II Africas oil from coal plant

Rousseau, P. et al.: Brennstoffchemie *44* (6) 112 [1963]

8.30. Kurth, G.: Kohleverflüssigung, S. 39 [1978] in: Forschung aktuell, Umschau-Verlag, Breidenstein KG, Frankfurt/Main, Herausgeber: Der Bundesminister für Forschung und Technologie, vgl. hierzu Schulze, J., Schmidt, B.: Chem. Ind. *33*, 623–626, 686–691, 791–793 [1981]. Kohlebedarf bei der Substitution der Petrochemie durch Kohlechemie

8.31. Büssemeier, B., Frohning, C.D., Cornils, B.: Hydrocarbon Processing *1976* Nov., S. 105–112. Lower olefins via FT; Europ. Chem. News, *1979*, 5. März, S. 22 (Vorhersage des „Cefix")

8.32. Flory, P. J.: Principles of polymer chemistry, Cornell University Press ITHACA, New York *1967*, S. 318ff.

8.33. Eine Zusammenfassung der Tendenzen in der Katalysatorentwicklung auf diesem Gebiet hat kürzlich Deckwer, H. D.: Erdöl und Kohle-Erdgas-Petrochemie *35* (5), 242–247 [1982] gegeben; vgl. hierzu auch Kitzelmann, D., Vielstich, W., Dittrich, TH.: Chem. Ing. Techn. *49* (6), 463–468 [1977]; Kölbel, H., Ralek, M.: Chem. Ind. *31*, S. 700–702 [1979]

8.34. Büssemeier, B., Frohning, C. D., Horn, G. H., Kluy, W.: DOS 2.518.964, DOS 2.536.488 [1976], Ruhrchemie AG

8.35. Fischer, F., Tropsch, H.: Gesammelte Abhandlungen zur Kenntnis der Kohle, Bd. 10, 407 [1932], Verlag Bornträger; Kitzelmann, D., Vielstich, W.: Z. Phys. Chem. N.F., *112*, 215 [1978]

8.36. Vgl. z. B. Belg. Pat. 837.620, Kölbel, H., Tillmetz, K. D.; Kneer, J., Bradler, W., Ralek, M.: Erdöl und Kohle *32* (7), 323 [1979]. Aktivierung und Adsorptionsverhalten von Eisenfällungskatalysatoren für die FT-Synthese

Kling, D. L., Cusumano, J. A., Garten, R. L.: Catal. Rev.-Sci. Eng. *23* (1–2) S. 233–63 [1981]. A Technological Perspective for Catalytic Process Based on Synthesis Gas

Arakawa, H., Bell, A. T.: A.C.S. Meeting, Houston 1980. The Fffects of Potassium Promotion in the Characteristics of Iron FT-Catalyst

8.37. Kölbel, H., Ralek, M.: Chem. Ind. *31* Oktober, S. 700–702 [1979]. Selektive Fischer-Tropsch(FT)-Synthese kurzkettiger Olefine (Dort die Mangan-Kontakte mit Literatur); Rähse, W., Heil, J., Ralek, M.: Erdöl und Kohle *31* (8), 356–359 [1978]. Beziehungen zwischen Struktur und Aktivität von Eisen-Fällungskatalysatoren

8.39. Lehmann, H.-J., Nguye-Ngoc, H., Deckwer, W.D., Ralek, M.: Chem. Ing. Techn. *54* (1), 52–54 [1982]. FT-Synthese an schwefelvorbelegten Mangan/Eisen-Fällungskatalysatoren; Zum Problem der Katalysatorvergiftung vgl. hierzu: Madon, R.J., Shaw, M.: Catal. Rev. *15* (1), 69 [1977]. Effect of sulfur on the FT-Synthesis (88 Zitate), und, Kitzelmann et al. Zit. [8.35]

Madon, R.J., Taylor, W.F.: Adv. Chem. Ser. 178, Am. Chem. Soc., Washington *1979;*

Herington, E.F.G., Woodward, L.A.: Trans. Faraday Soc. *35*, 958 [1979]

8.38. Mohammed, M., Schmidt, B., Scheidt, D., Ralek, M.: Chem. Ing. Techn. *51*, 739 [1979]. FT-Synthese an schwefelvorbelegten Mangan/Eisen-Fällungskatalysatoren

8.40. Bach, H., Büssemeier, B., Frohning, C. D., Cornils, B.: Chem. Ind. *33*, 156–160 [1981]

Schnur, F.: Wirtschaftliche Aspekte einer modifizierten FT-Synthese, Studie der Ruhrchemie AG im Auftrag des Bundesministers für Forschung und Technologie, Kernforschungsanlage Jülich 1976, sowie Schnur, F.: Kolloquium über die FT-Synthese in Jülich 1976

8.41. Murchison, C.B., Murdick, D.A. (Dow): Hydrocarbon Processing 1981, Januar, S. 159. Use Syngas for olefin feedstock. U.S. Pat. 4.151.190, Process producing C_2—C_4 Hydrocarbons from carbon monoxide and hydrogen

8.42. Fraenkel, D., Gates, B.: J. Am. Chem. Soc. *102*, 2478 [1979]

Nijs, H.H., Jacobs, P.A., Uytterhoeven, J.B.: J. Chem. Soc. Chem. Commun. *1979*, S. 180, 1095

8.43. Vanove, D., Marambo, P., Lanchard, M.: J. Chem. Soc. Chem. Commun. *1979*, 605

8.44. Stowe, R. A., Murchison, C. B.: Hydrocarbon Processing *1982* Januar, S. 147–150. Upgrade FT-liquids to olefins and aromatics

8.45. Rao, U.S., Gormley, R.J.: Hydrocarbon Processing *1980* Nov., S. 139–142 (Dow Chem. Comp.). Make olefins from Syngas

8.46. Caesar, P.D., Brennan, J.A., Garwood, W.E., Ciric, J.: J. Catal. *56*, 254 [1979];
Chang, C.D., Kuo, J.C.W., Lang, W.H., Jacob, S.M., Wise, J.J., Silvestri, A.J.: Ind. Eng. Chem. Proc. Res. Dev. *17*, 255 [1978];
Chang, C.D., Lang, W.H., Silvestri, A.J.: U.S. Pat. 4.086.262 Mobil Oil Comp.
Chang, C.D., Lang, W.H., Silvestri, A.J.: J. Catal. *56*, 268 [1979];
Chem. Eng. News *1980* vom 14. Januar, S. 6;
Lang, W.H., Chang, C.D.: South African Pat. Appl. 766.137 (Mobil Oil)

8.47. Kölbel, H., Ralek, M., Tillmetz, K.D.: Proc. 13th Intersoc. Energy Conv. Eng. Conf. Society of Automot. Engineers *1978*, S. 482

8.48. Dry, M., Shingles, E., Boshoff, T., Oosthuizen, G.J.: J. Catal. *15*, 190 [1969]

8.49. Deckwer, H.D.: Erdöl und Kohle *35* (5), 242–247 [1982]. Neue Aspekte der Herstellung von Kohlenwasserstoffen aus Synthesegas;
Deckwer, W.D.: Oil Gas J. 10. Nov. 1980. FT-Processalternatives hold promise;
Deckwer, W.D., Alper, E.: Chem. Ing. Techn. *52* (3), 219–228 [1980]. Katalytische Suspensions-Reaktoren;
Deckwer, W.D., Lehmann, H.J., Ralek, M., Schmidt, B.: Chem. Ing. Techn. *53* (10), 818–819 [1981]. Untersuchungen zur FT-Synthese in Suspensionsphase an Mn/Fe- und Fe/Cu-Katalysatoren

8.50. Deckwer, W.D., Serpemen, Y., Ralek, M., Schmidt, B.: Annual AICHE Meeting, Chicago Nov. 16–20 [1980], gleiche Autoren, Ind. Eng. Chem. Proc. Des. Dev. *21*, 222–231 [1982]

8.51. Erdöl und Kohle *34* (6), 263 [1981]. Referat eines Vortrages von E.L. Kugler, Exxon Res. and Engineering Co., bei der 180. Tagung der American Chem. Soc.
Kölbel, H., Ralek, M., Tillmetz, K.D.: Feedstock for chemical industry by selektive FT-Synthesis Proc. 13, Intersociety Energy Conversion Eng. Conf. Warrendale, Nov. 1978;
Yang, C.H., Oblad, A.G.: A.C.S. Meeting Anaheim *1978*. Catalytic Synthesis of Light olefinic Hydrocarbons from CO und H_2 over some Iron Catalysts.
Jung, H.J., Yoon, K., Vannice, A.M.: AICHE (American Institute of Chemical Engineers), Meeting 1981, New Orleans. CO-Hydrogenation over well dispersed Carbon supported Iron Catalysts
Tsi, Y.S., Oblad, A.G. et al.: ACS-Meeting, Houston 1980. The Hydrogenation of Carbon Dioxide over Supported Iron-Manganese Catalysts for the Production of Low-Molecular Weight Olefins.

8.52. Shell Internat. Research, Belg. Pat. 844.143 vom 5. Januar *1981*. Production of FT-Catalysts for Hydrogenation of Carbon Monoxide
Eisenkatalysatoren, modifiziert mit Titanoxiden, Mangan etc. werden beansprucht, vgl. auch [8.45]

8.53. Hwang, H.SH., Taylor, P.D.: U.S. Pat. 4.101.450 vom 18. Juli 1978 (Celanese Corp., New York N.J.). Catalyst for production of acetic acid;
Bergier, A.: Pet. Techn. *1978*, 257, S. 23-6. Acide acetique a partir du CO + H_2, (C.A. *90*, 189 350m [1979]). Chemistry of carbon monoxide, Part. 2: Acetic acid from carbon monoxide + hydrogen

8.54. Bhasin, M.M., O'Connor, G.L.: DBP 2.503.233 vom 16. März 1978, Union Carbide Corp., New York N.J.;
Bhasin, M.M. et al.: J. Catal. *54*, 120 [1978];

Clifford, P., Bhasin, M. M.: U.S. Pat. 4.096.164 vom 20. Juni 1978, Union Carbide Corp., New York N. J. Process for producing ethanol, acetic acid and/or acetaldehyd from synthesisgas;
DBP 2.628.676 vom 26. Juni 1975 Union Carbide;
DBP 2.628.463 vom 26. Juli 1975 Union Carbide;
U.S. Pat. 4.125.553 vom 30. Aug. 1976 Union Carbide;
U.S. Pat. 4.096.164 vom 30. Aug. 1976 Union Carbide;
U.S. Pat. 4.101.450 vom 9. Mai 1977 Celanese Corp.

8.55. Dettmeier, U., Leupold, E. L., Pöll, H., Schmidt, H. J., Schütz, J.: Erdöl und Kohle *38* (2), 59–62 (1985)

Leupold, E., Schmidt, H. J., Dettmeier, U., Herzog, W.: Expertengespräch und Statusseminar, Kernforschungsanlage Jülich GmbH, S. 51 (1982)

9 Die industrielle Herstellung von organischen Chemikalien aus Methanol

Im Hinblick auf kommende Zeiten der Öl- und Gasknappheit, sowie der künftigen Preisentwicklung dieser Chemie-Rohstoffe, wird seit längerer Zeit eine „Chemie weg vom Öl" versucht. Der Einstieg dazu wird in erster Linie über Synthesegas verlaufen und dessen größtes Produkt ist das Methanol. Im folgenden werden einige Synthesen auf Basis von Methanol oder dessen Derivaten besprochen, die entweder schon heute oder in den kommenden Jahren auf Kohle basierend durchgeführt werden.

In Abb. 9.1 sind Beispiele für die gemeisame Verarbeitung von Methanol mit Synthesegas aufgeführt und Abb. 9.2 gibt an, wieviel Gew.-% des Synthesegases schließlich im Endprodukt enthalten sind. Abbildung 9.3 stellt eine Prognose für einzelne Chemikalien auf Basis von Methanol mit oder ohne gemeinsame Verarbeitung mit Synthesegas aus amerikanischer Sicht.
Aus Abb. 9.3 geht hervor, daß eigentlich 4 Produkte die Chance haben, noch vor 1990 in Produktion zu kommen. Ein Teil der bisherigen Produktentwicklungen leidet oft an zu geringen Selektivitäten, hohen Reaktionsdrücken und

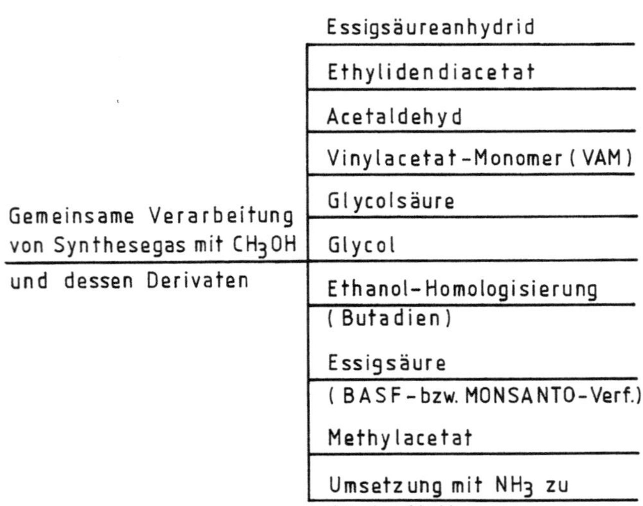

Abb. 9.1. Gemeinsame Verarbeitung von Synthesegas mit Methanol bzw. dessen Derivaten

Verwendung von Synthesegas für folgende Produkte	Verhältnis CO : H_2	Gew.-% des Synthesegases im Endprodukt
Methanol	1 : 2	100
Essigsäure	1 : 2 + 1 CO für die Carbonylierung	100
Ethylenglycol direkte Synthese	1 : 1,5	100
Acetanhydrid über Methylacetat	1 : 1	85
Vinylacetat über Methylacetat	1 : 1,25	71
Ethanol Homologisierung	1 : 2	72
Acetaldehyd	1 : 1,5	71
Ethylen und höhere Olefine Mobil-Prozeß	1 : 2	44
Aromaten Mobil-Prozeß	Nettogleichung 1 : 1,5 Benzolbildung aus Methanol $9\,H_2 + 6\,CO \rightarrow C_6H_6 + 6\,H_2O$	42
Benzin nach MTG-Verfahren Mobil-Prozeß	1 : 2	44

Abb. 9.2. Verbrauch von Synthesegas für verschiedene Produkte der C_1-Chemie

der Tatsache, daß nur Edelmetallkatalysatoren gute Umsätze ermöglichen, bei denen praktisch jeder Verlust sofort die Wirtschaftlichkeit in Frage stellt. Der Katalysatorentwicklung kommt daher vorrangige Bedeutung zu.

9.1 Essigsäureanhydrid durch Carbonylierung von Methylacetat [9.1–9.27]

Essigsäureanhydrid ist das erste großtechnische Produkt auf Synthesebasis. Es wird nach dem Verfahren von Halcon SD und Tennessee Eastman (Division von Eastman-Kodak), die auf diesem Gebiet ihre technischen Kenntnisse kombinierten, durch katalytische Carbonylierung von Methylacetat nach folgender Reaktionsgleichung hergestellt:

$$CH_3COOCH_3 + CO \longrightarrow CH_3{-}\underset{\underset{O}{\|}}{C}{-}O{-}\underset{\underset{O}{\|}}{C}{-}CH_3 .$$

Produkt	Entwicklung	Was zur wirtschaftlichen Produktion nötig ist	Aussichten auf Produktionsbeginn	Etwaiger Methanolbedarf mit t/t Reaktionsprodukt
ETHYLEN	Kat. Crackung von CH_3OH (Mobil-Prozeß)	weitere Arbeit und billigeres Methanol	vor dem Jahre 1990	3,47 – 3,98
ETHYLENGLYCOL	Carbonylierung von Formaldehyd	billigeres Methanol nötig	bis 1990	0,61
ACETANHYDRID	Carbonylierung von Methylacetat	billigeres Methanol nötig	bereits produktionsreif	0,35
VINYLACETAT	Methylacetat Syngas-Reaktion	weitere Entwicklung, billiges Methanol	nicht günstig wegen Acetanhydrid als Nebenprodukt	0,97
ETHANOL	Homologisierung von CH_3OH	technische Weiterentwicklung	nicht günstig, weil Methanol-Crackung C_2H_4 liefert. Agrikultur-C_2H_5OH vorhanden	0,77
STYROL aus Toluol u. CH_3OH	Methanolalkylierung von Toluol i. d. Seitenkette	technische Entwicklung	günstig	0,35
METHYL-METHACRYLAT	Methylpropionat + Dimethylformal	technische Entwicklung	günstig	0,73
ZUSÄTZLICHES MTBE	n-Buten-Isomerisierung zu i-Buten	technische Entwicklung	vor 1985 Produktion	0,36

Abb. 9.3. Neue Chemikalien auf Basis Methanol bzw. Synthesegas aus amerikanischer Sicht (Sherwin [9.5])

Setzt man 2 Mol Methylacetat mit 2 Mol CO um, erhält man 2 Mol Acetanhydrid, von denen 1 Mol als Fertigprodukt abgetrennt wird, während das andere mit Methanol in 2 Mol Methylacetat übergeführt wird, die wieder in die Reaktion eingesetzt werden. Auf diese Weise benötigt man zur Synthese des Acetanhydrids nur Methanol und CO. Letzteres wird aus dem Synthesegas gewonnen, dessen Wasserstoff in die Methanolsynthese eingesetzt wird. Da das Essigsäureanhydrid für die Herstellung von Celluloseacetat verwendet wird, bei dessen Herstellung sich ja Essigsäure bildet, kann diese zur Veresterung des Methanols verwendet und so die Acetanhydridmenge aus der Anlage gesteigert werden. Die erste Großanlage auf Kohlebasis mit einer Kapazität von etwa 230 000 jato Anhydrid wurde 1984 in Kingsport (Tennessee) angefahren [9.18–9.21]. Theoretisch benötigt man nur Synthesegas, das einmal in Methanol überführt und ein anderesmal CO-Lieferant ist. Zum Anfahren der Anlage muß jedoch Methylacetat eingesetzt werden.

Die Methanolanlage wurde nach dem Lurgi-Niederdruck-Verfahren gebaut (Kapazität etwa 165 000 jato). Die Kohle enthält 12,5 % Asche und 2,5–4 % Schwefel. Das Gas wird nach dem Rectisol-Verfahren gereinigt, die Gastrennung erfolgt kryogen. Für die Vergasung der 900 tato Kohle werden 900 t Sauerstoff benötigt. Die Temperatur im Texaco-Vergaser beträgt 1 300 °C, der Druck 80 bar. Der Kohle-Wasser-Slurry enthält 55–65 % Festsubstanz. Abbildung 9.4 gibt das Verfahrensschema an.

Als Katalysatoren verwendet man Metalle der 8. Nebengruppe, besonders Rhodium und Iridium, in Gegenwart von Jodverbindungen. Nickel ist weniger selektiv. Besonders wirksam sind $[RH(CO)_2I_2]\,J_2^-$-Anionen [9.22]. Der CO-Druck beträgt etwa 50 bar, die Temperatur 175–200 °C.

Die einzelnen Stufen lassen sich folgendermaßen zusammenfassen:

$$2\,CO + 4\,H_2 \longrightarrow 2\,CH_3OH \quad \text{(Methanolsynthese)}, \tag{1}$$

$$2\,CH_3OH + 2\,CO \longrightarrow 2\,CH_3COOH \quad \text{(Essigsäuresynthese)}, \tag{2}$$

$$2\,CH_3COOH + 2\,CH_3OH \longrightarrow 2\,CH_3COOCH_3 \quad \text{(Veresterung)}, \tag{3}$$

$$2\,CH_3COOCH_3 + 2\,CO \longrightarrow 2\,CH_3{-}\underset{\underset{O}{\|}}{C}{-}O{-}\underset{\underset{O}{\|}}{C}{-}CH_3 \quad \text{(Carbonylierung)}, \tag{4}$$

$$CH_3{-}\underset{\underset{O}{\|}}{C}{-}O{-}\underset{\underset{O}{\|}}{C}{-}CH_3 + 2\,CH_3OH \longrightarrow 2\,CH_3COOCH_3 + H_2O\,. \tag{5}$$

Die Reaktionen (4) und (5) sind die neben der Methanolsynthese (1) laufend ausgeführten Reaktionen. Die Reaktionen (2) und (3) brauchen nur einmal durchgeführt werden.

Die Netto-Gasreaktion lautet:

$$4\,CO + 4\,H_2 \longrightarrow CH_3{-}\underset{\underset{O}{\|}}{C}{-}O{-}\underset{\underset{O}{\|}}{C}{-}CH_3 + H_2O\,.$$

Statt Methanol kann man auch Dimethylether als Ausgangsmaterial verwenden [9.23]. Auch hier sind Rhodium und Iridium wieder ausgezeichnet wirksam [9.24], aber auch Zweitmetalle wie Zirkon oder Chrom, ferner Ligandierung und Promovierung mit Methyljodid bringen Vorteile [9.25]. Neueste

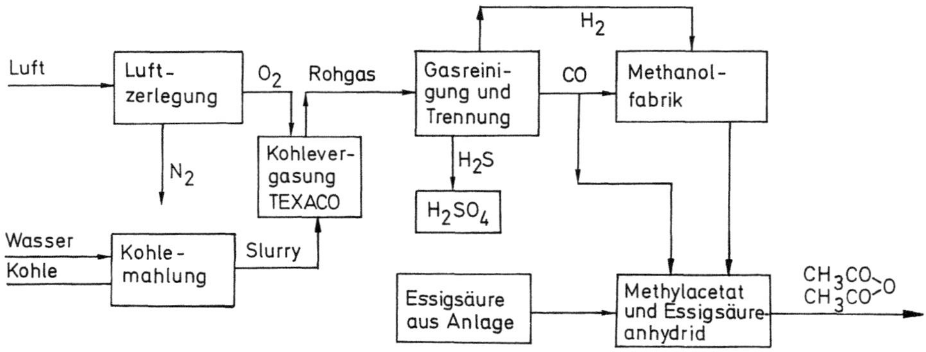

Abb. 9.4. Schema der Herstellung von Essigsäureanhydrid aus Syngas

Untersuchungen liegen auf diesem Gebiet von Luft und Mitarbeitern vor [9.26]. Gearbeitet wird dabei in Eisessig als Lösungsmittel. Die Reaktion verläuft über Essigsäuremethylester als Zwischenstufe. Nickel liefert nur Methylacetat [9.27].

9.2 Herstellung des Vinylacetat-Monomer (VAM) auf Basis von Synthesegas über Methylacetat durch katalytische Hydrocarbonylierung [9.28, 9.29]

Wie vorher gezeigt wurde, führt die Carbonylierung von Methylacetat unter Druck in Gegenwart von CO ohne H_2 und z. B. Rhodium-Palladium- oder Iridium-Katalysatoren zur Bildung von Essigsäureanhydrid.

Setzt man Methylacetat etwa in Gegenwart eines ähnlichen Katalysators [9.30] (z. B. $RhCl_3 + CH_3I$ + Picolin oder Triphenylphosphin etc.) wie bei der Acetanhydrid-Synthese bei 150 °C und 40–70 bar mit Synthesegas um, bildet sich Essigsäure und Ethylidendiacetat nach folgenden Gleichungen (1–4):

$$2\,CO + 4\,H_2 \longrightarrow 2\,CH_3OH \quad \text{(Methanolsynthese)} \qquad (1)$$

$$2\,CH_3OH + 2\,CH_3COOH \longrightarrow 2\,CH_3COOCH_3 \quad \text{Esterifizierung} \qquad (2)$$

$$CH_3COOCH_3 + CO \longrightarrow \begin{matrix} CH_3CO \\ CH_3CO \end{matrix}\!\!>O \quad \text{Carbonylierung} \qquad (3)$$

$$\begin{matrix} CH_3CO \\ CH_3CO \end{matrix}\!\!>O + CH_3COOCH_3 + CO + H_2 \longrightarrow CH_3-HC\begin{matrix} OCOCH_3 \\ OCOCH_3 \end{matrix} + CH_3COOH \qquad (4)$$

Hydrocarbonylierung

$$CH_3-HC\begin{matrix} OCOCH_3 \\ OCOCH_3 \end{matrix} \xrightarrow{\text{Wärme}} CH_2{=}CH-OCOCH_3 + CH_3COOH \qquad (5)$$

Vinylacetat-Monomer

Ethylidendiacetat kann bei 170 °C, z.B. in Gegenwart von etwas Benzolsulfonsäure in flüssiger Phase, unter Abspaltung von Essigsäure, in Vinylacetat überführt werden (Gl. 5).

Das zentrale Geschehen bei dieser Reaktionsfolge ist die gemeinsame Umsetzung von Essigsäureanhydrid und Methylacetat mit Kohlenoxid und Wasserstoff, die Hydrocarbonylierung, bei welcher Reaktion Essigsäure und Ethylidendiacetat gebildet werden (Reaktion (4)).

Die Umsetzung läuft bei Einsatz von CO nur bis zur Bildung des Essigsäureanhydrids. Erst durch die Anwesenheit von Wasserstoff aus dem Synthesegas kommt es zu weiteren Folgereaktionen.

Die Hydrocarbonylierungsreaktion von Methylacetat in Gegenwart von Essigsäureanhydrid, kann folgendermaßen erklärt werden: Aus dem Methylacetat entsteht durch Insertion von CO an der Estergruppe Essigsäureanhydrid.

Im Essigsäureanhydrid wird eine Carbonylgruppe zum Aldehydhydrat-Halbester reduziert,

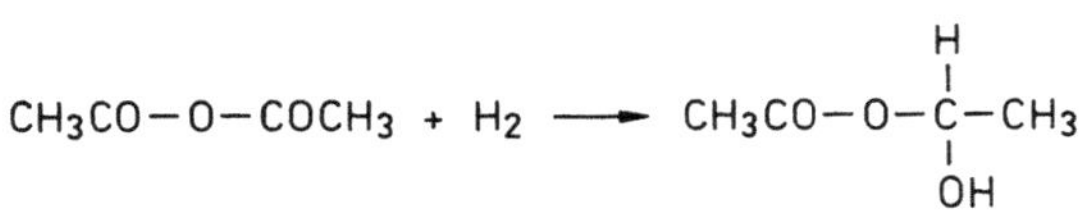

das dann sofort mit bereits vorhandenem Acetanhydrid (vgl. Gl. (4)) acetyliert wird, wobei Essigsäure entsteht.

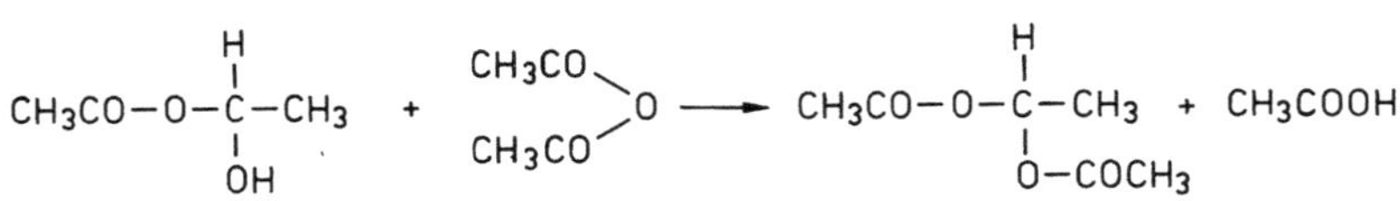

Für diese Reaktion, die bei 150 °C und 70 bar CO/H_2-Druck vor sich geht, verwendet man Rhodiumkomplexe mit Jodmethyl und Picolin. Bevorzugte Halogenquellen sind auch Acetylchlorid, andere Methylhalogenide etc. Materialien für die außerordentlich korrosive Reaktionsmischung sind Tantal, Zirkon, Hastelloy-Arten und dergleichen.

Einen anderen Reaktionsverlauf, bei dem das in Gleichung 4 vorhandene Gemisch aus Essigsäureanhydrid, Methylacetat und Synthesegas zu Ethylidendiacetat und Essigsäure umgesetzt wird, kann man folgendermaßen deuten:

1. Carbonylierung des Methylacetates zu Acetanhydrid.
2. Katalytische Hydrogenolyse des Acetanhydrids zu Acetaldehyd und Essigsäure

3. Überführung des Acetaldehydes in Ethylidendiacetat durch Acetanhydrid

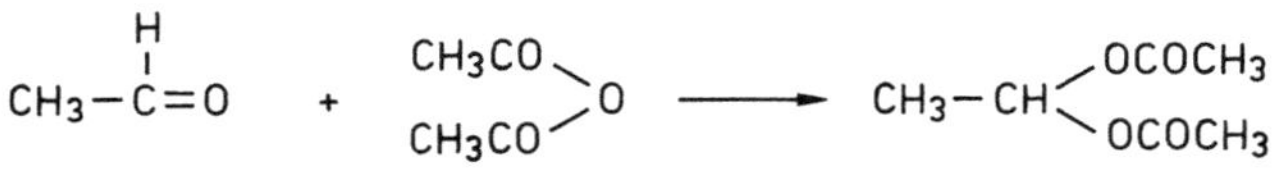

Die Bruttoreaktion läßt sich dann folgendermaßen formulieren:

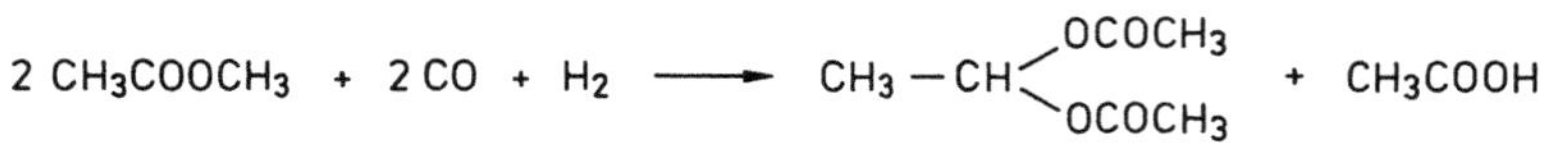

Für den ersten Reaktionsverlauf, der Hydrierung des Acetanhydrids zu Ethylidendiacetat, sprechen experimentelle Ergebnisse bei Modellversuchen. So läßt sich Acetanhydrid mit Wasserstoff bei 130 °C in Gegenwart von Palladium auf Trägern bei milden Drücken von 30–40 bar in Gegenwart von Acetylchlorid unter hoher Kontaktbelastung und 98 proz. Selektivität zu Ethylidendiacetat hydrieren [9.31]. Pro Mol Katalysator werden je Stunde 8 000 Mol Ethylidendiacetat gebildet. Sowohl die Geschwindigkeit als auch die Selektivität der Reaktion sind von der Acetylchloridkonzentration abhängig. Man kann Acetylchlorid direkt zugeben oder erst in situ durch HCl entstehen lassen.

Auch Acetaldehyd-dimethylacetal kann zu Ethylidendiacetat hydrocarbonyliert werden. Man setzt es bei 150 °C und 90–100 bar in Methylacetat als Lösungsmittel mit großem CO-Überschuß ($CO:H_2 = 8:1$) in Gegenwart von Rhodiumchlorid, Methyljodid und Triphenylphosphin um [9.32, 9.33].

Technisch verläuft die Reaktion zur Herstellung von Ethylidendiacetat durch Hydrocarbonylierung von Methylacetat am besten mit einem 100 proz. Wasserstoffüberschuß, nämlich mit Wassergas $CO:H_2 = 1:1$. Man muß aber immer mit einem bestimmten Prozentsatz an Acetanhydridbildung rechnen.

Abbildung 9.5 gibt das Schema der Rohstoffvorbereitung für die Synthese von Essigsäureanhydrid auf Kohlebasis an.

Für eine integrierte Anlage zur Herstellung von 250 000 jato Vinylacetat-Monomer auf Basis von Methanol und Synthesegas $CO:H_2 = 1:1$ benötigt man Gasmengen, die in Abb. 9.6 angegeben sind [9.1].
Für die Synthese von 220 000 jato Methanol benötigt man 1,6 Mio Nm^3 CO/H_2-Gemisch 1:2,25 pro Tag. Insgesamt benötigt die VAM-Anlage 2,4 Mio Nm^3 Synthesegas. Im Jahr (gerechnet mit 333 Tagen) ergeben sich dann insgesamt etwa 800 Mio Nm^3, für deren Herstellung etwa 1,8 Mio t eines durchschnittlichen Lignits benötigt werden.

Methanol wird mit der in Reaktion 4 (S. 340) und bei der Spaltung des Ethylidendiacetates in VAM anfallenden Essigsäure verestert.

Die Tennessee Eastman Co. verwendet Appalachian-Kohle und führt diese mit dem Texaco-Prozeß unter Einbeziehung der Erfahrungen von Ruhrchemie und Ruhrkohle AG. in Synthesegas über. Das Gas wird mit dem Rectisolprozeß gereinigt und auf kryogenem Wege teilweise in CO und H_2 zerlegt.

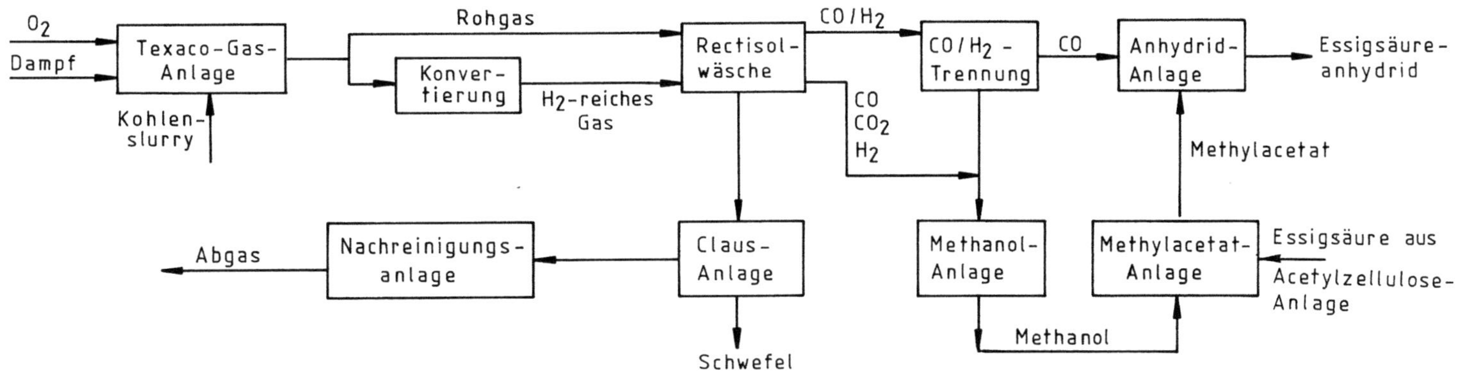

Abb. 9.5. Schema der Rohstoffvorbereitung für die Synthese von Essigsäureanhydrid auf Kohlebasis (Tenessee – Eastman) (nach Ehrler u. Juran [9.1])

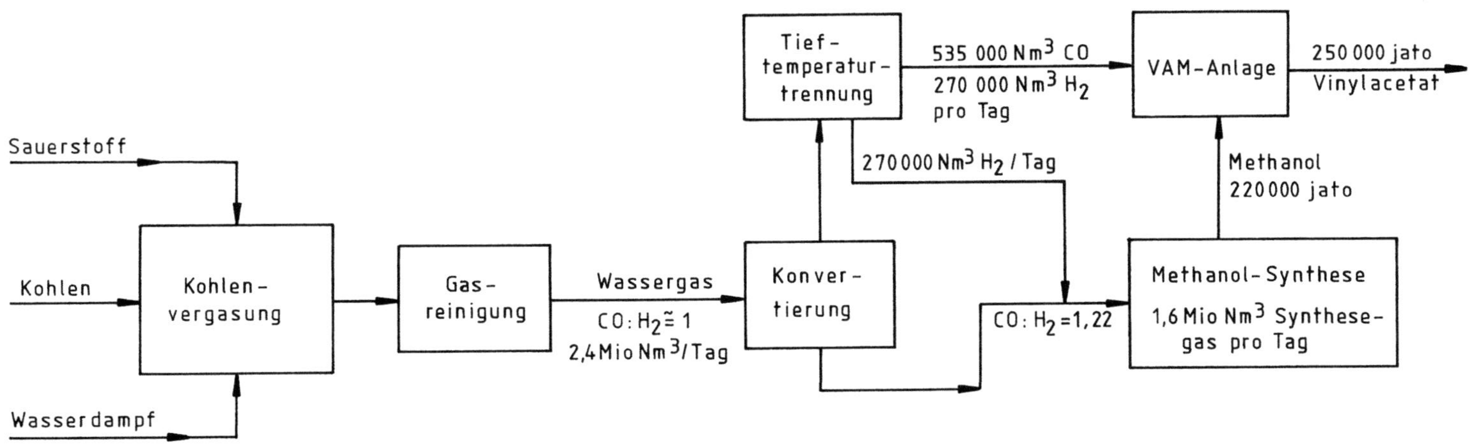

Abb. 9.6. Mengen-Schema des Vinylacetatprozesses auf Methanol-Basis (nach Ehrler u. Juran [9.1])

9.3 Ethylenglykol auf Basis von Syngas

9.3.1 Die direkte Glykolsynthese $2CO + 3H_2 \rightarrow HO{-}CH_2{-}CH_2{-}OH$

Vor etwa 30 Jahren haben Gresham und Schweitzer bei der Firma DuPont bei der Einwirkung von Synthesegas auf in Lösungsmitteln (z. B. Tetraglyme = Tetraethylenglykol-dimethylether) gelöste Kobaltkatalysatoren bei hohen Drücken, unter anderen sauerstoffhaltigen Produkten auch die Bildung von Glykol beobachtet [9.37].

Bei Gegenwart von Rhodiumkatalysatoren läßt sich, wie bei der Union Carbide gefunden wurde, z.B. in Tetraglyme Lösung die Ausbeute an Glykol wesentlich verbessern. Man benötigt aber relativ hohe Katalysatorkonzentrationen, lange Reaktionszeiten und hohe Drücke, z.B. 550 bar, 220–240 °C und ein CO/H_2-Verhältnis von 1:1, also Wassergas, und 4 Std. Verweilzeit [9.38].

Die geringen Raum-Zeitausbeuten bei diesem Prozeß, die zu großen Reaktoren, und die zahlreichen Nebenprodukte durch noch zu geringe Selektivität (wie z.B. Propandiol- (1,2), Glycerin usw.) machen eine Reinigung des Glykols, z.B. auf Faserqualität, teuer [9.38]. Ebenso trägt das teure Katalysatorsystem dazu bei, daß sich die direkte Glykolsynthese auf Synthesegasbasis nicht

Hauptprodukte	Nebenprodukte
Ethylenglykol $OHCH_2-CH_2OH$	Glycerin $HOCH_2CH(OH)CH_2OH$
	Glykolmonoformiat $OHCH_2-CH_2O-C(=O)H$
Methanol CH_3OH	Methylformiat $H-C(=O)OCH_3$
	Propylenglykol $CH_3-CH(OH)CH_2OH$
	Ethanol CH_3-CH_2OH

Katalysator-Vorläufer:	$Rh(CO)_2$-acetonylacetat, Rhodiumsalze, Rhodium auf Träger
Promotoren:	Amine (Pyridin, Piperidin, 2-Hydroxypyridin) große monovalente Kationen wie Cs^+ oder $(Ph_3P)_2N^+$ (Triphenylphosphiniminium)
Lösungsmittel:	polare organische Lösungsmittel (Sulfolan; Tetraglyme)
typische Reaktionsbedingungen aus Patentbeispielen:	220 °C, 550 bar $H_2/CO = 1$ Reaktionsdauer 4 Std., Rührautoklav

Abb. 9.7. Angaben zur Direktsynthese von Ethylenglykol aus Syngas (King et al. [9.75])

verschiedene Glykol-Synthesen	Katalysator	Firmen	Patentzitat
direkte Synthese $CO + H_2 \longrightarrow HOCH_2CH_2OH$	Rhodiumcarbonyl-cluster	Union Carbide	U.S. Pat. 3.833.634
indirekte Synthesen			
$H{-}C(=O){-}H + H_2 + CO \longrightarrow HOCH_2{-}C(=O){-}H$ Glykolaldehyd	Co; Rhodiumcarbonyl-Komplexe	Ajinomoto Chevron	U.S. Pat. 3.920.753 4.144.401
$H{-}C(=O){-}H + H_2O + CO \longrightarrow HO{-}CH_2{-}COOH$ Glykolsäure	Rhodiumcarbonyl-Komplexe	Chevron	U.S. Pat. 3.754.028
$H{-}C(=O){-}H + H_2O + CO \longrightarrow HOCH_2COOH$	starke Säuren z.b. HF oder BF_3/HF	Chevron	U.S. Pat. 4.016.208
$2\,CH_3OH + \frac{1}{2}\,O_2 \longrightarrow HOCH_2CH_2OH$	Methoxytriaryl-silane katalytisch ? + Peroxide	Monsanto	U.S. Pat. 4.076.758
$ROH + 2\,CO + \frac{1}{2}\,O_2 \longrightarrow RO{-}C(=O){-}C(=O){-}OR$	Pd, Kupfersalze	ARCO	U.S. Pat. 4.069.388
$RO{-}C(=O){-}C(=O){-}OR + 4H_2 \longrightarrow HO{-}CH_2{-}CH_2OH + 2\,ROH$	Kupferchromit	UBE	U.S. Pat. 3.994.960

Abb. 9.8. Verschiedene Ethylenglykol-Synthesen auf Basis von Synthesegas (King et al. [9.75]

so rasch wie wünschenswert wird durchsetzen können [9.49]. Trotzdem werden die Arbeiten der Union Carbide, die bereits viel Geld investiert hat, wie man hört, fortgesetzt.

Verschiedene wissenschaftlich interessante Veröffentlichungen und Patente zur Glykolherstellung sind im Literaturteil von [9.39] bis [9.48] zusammengestellt.

Das Rhodium kann als Acetonylacetat, in Form von Rhodiumsalzen und als Rhodiummetall auf Trägern angewendet werden. Als Lösungsmittel können Tetraglyme, Sulfolan etc. dienen und als Promotoren werden Amine wie Picolin, Pyridin, 2-Hydroxypiperidin, *o*-Phenanthrolin verwendet. Auch große, einwertige Kationen wie Cs^+ haben einen beachtlichen Einfluß auf die Selektivität für Glykol, die bei 1 400 bar bis zu 70 % betragen kann.

Am wirksamsten ist das Rhodium als Katalysator für die direkte Glykolsynthese, wenn anionische Cluster vorliegen wie Vidal et al. durch Infrarotuntersuchungen festgestellt haben [9.50]. Unter Bedingungen, bei denen Rhodium als $Rh(CO)_4$ vorliegt, ist Methanol das Hauptprodukt [9.51, 9.52]. Der Mechanismus der Reaktion ist noch in vielen Einzelheiten unklar [9.53, 9.54].

Eine wichtige Beobachtung beim Ethylenglykolprozeß der Union Carbide ist die Tatsache, daß dabei bisher nie eine Spur Methan oder andere Kohlenwasserstoffe aufgefunden wurden. Dies beweist, daß immer der gesamte Rhodiumkomplex in löslicher Form vorlag und kein metallisches Rhodium vorhanden war, das eine heterogene Katalyse (Methanbildung) hätte bewirken können. Ein hochaktives Katalysatorsystem mit Ruthenium zur direkten Glykolsynthese auf Synthesegasbasis arbeitet in einem geschmolzenen quarternären Phosphonium- oder Ammoniumsalz, in dem Ru-(IV)-oxid oder Ru-(III)-Acetonylacetat dispergiert ist [9.55, 9.56].

Über einen neuen direkten Ethylenglykolprozeß auf Synthesegas-Basis, der unterhalb von 70 bar arbeitet und der keinen Edelmetall-Katalysator benötigt und keine Korrosionsschwierigkeiten durch Halogenverbindungen mit sich bringen soll, wird von der Redox Technologies Inc. in Wyckoff, N.J. berichtet [9.57]. Er soll mit hoher Selektivität 80–95 % Glykol neben 20–25 % Glycerin mit einer Ausbeute von 3–4 Mol/l/h herstellen können und noch in weiterer Entwicklung sein.

Einige Angaben zur Direktsynthese von Glykol aus Synthesegas zeigt Abb. 9.7, während Abb. 9.8 die verschiedenen möglichen Ethylenglykolsynthesen zusammenfaßt.

9.3.2 Die indirekte Überführung von Synthesegas in Glykol über Formaldehyd durch Hydrocarbonylierung zu Glykolaldehyd und dessen Hydrierung

Bei der katalytischen Umsetzung von Formaldehyd mit Synthesegas bildet sich zuerst Glykolaldehyd, der anschließend zu Glykol weiterhydriert werden kann.

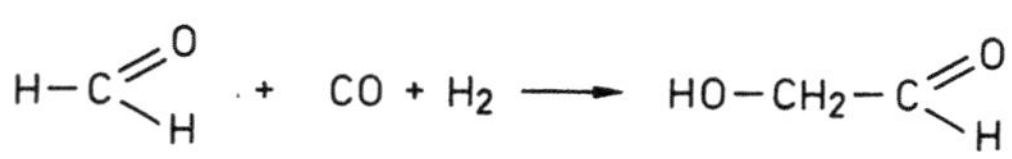

Als Katalysatoren können sowohl Rhodium als auch Kobaltverbindungen dienen [9.58, 9.59].

Bei Verwendung von Rhodiumkatalysatoren kann man direkt zu Glykol gelangen, weil der intermediär entstehende Glykolaldehyd rasch hydriert wird, insbesondere wenn mit Wasserstoffüberschuß gearbeitet wird. Bei Wasserstoffmangel wird in erster Linie der Aldehyd gebildet. Methanol ist in allen Fällen Nebenprodukt.

Kobaltkatalysatoren geben bevorzugt Glykolaldehyd, allerdings mit niedrigeren Ausbeuten [9.60]. Die Glykolaldehyd-Synthese kann auch als eine Art Aldolkondensation ablaufen, wenn man Formaldehyd mit einem Zeolithen und Natronlauge behandelt. Es entstehen dabei, bei völligem Umsatz von Formaldehyd, Glykolaldehyd, Glykol und Methanol. Glykol verdankt seine Bildung einer gekreuzten Canizarro-Reaktion zwischen Glykolaldehyd und Formaldehyd. Dabei wird Natriumformiat gebildet [9.61–65].

Bei Verwendung der Natriumform von Zeolith 5 Å, einem Mol-Verhältnis von

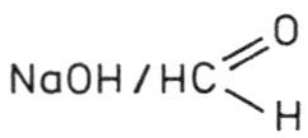

von 0,85, einer Temperatur von 95 °C, einer Belastung von 1,21 (LHSV) und Überleiten des Formaldehyd-Natronlaugegemisches über den Zeolith in Rieselform, wird eine Cannizarro-Reaktion des Formaldehyds von 25 % erhalten. Bei Verminderung der Natronlauge kann sie auf 10 % gesenkt werden. Anfallendes Natriumformiat wird durch Erhitzen auf 253 °C spontan in Ätznatron von Schmp. 319 °C und CO gespalten.

Mit Rhodiumkatalysatoren und einem hohen CO-Gehalt im Gas läßt sich die Hydrierung des Glykolaldehydes zu Glykol fast vollständig unterdrücken. Nur ein Teil des Formaldehydes geht in Methanol über, unter beträchtlichen Ausbeuten an Glykolaldehyd, wie Tabelle 9.1 ausweist.
Die stöchiometrische Umsetzung von Formaldehyd z. B. mit Kobaltcarbonylwasserstoff verläuft erstaunlich glatt und fast quantitativ schon bei 0 °C und 1 atm CO [9.66, 9.67].

Die Reaktion geht ähnlich wie die Hydroformylierung vor sich.

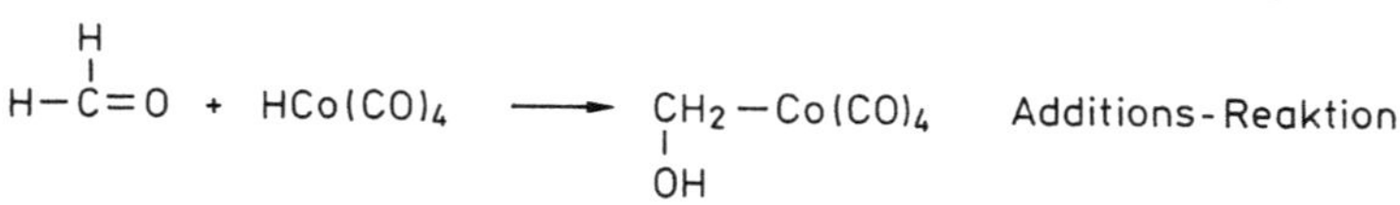

Tabelle 9.1. Hydrocarbonylierung von Formaldehyd zu Glykolaldehyd

Reaktionsbedingungen
237 mMol Paraformaldehyd (95 %)
114 ml N-Methylpyrrolidon
5 ml Wasser
2,5 mMol Rhodiumacetonylacetat $Rh(CO)_2C_7H_5O_2$

Gesamtdruck 176 bar
CO-Druck 140 bar
Temperatur 130 °C

Probenabnahme nach je 15 Min. Konzentration in mMol

Reaktionszeit in Min.	Gehalt an $H{-}C(H){=}O$	Glykolaldehyd	CH_3OH	Ethylenglykol
15	163	17	0	0
30	128	50	19	0
45	89	81	29	0
60	63	97	34	0
75	38	103	45	0
90	17	113	59	0

$$HO{-}CH_2{-}Co(CO)_4 + CO \longrightarrow HOCH_2CO{-}Co(CO)_4 \quad \text{Insertions-Reaktion}$$

$$HO{-}CH_2CO{-}Co(CO)_4 + HCo(CO)_4 \longrightarrow HO{-}CH_2{-}C{\lt}^{\displaystyle O}_{\displaystyle H} + Co_2(CO)_8$$

Der Kobaltcarbonylwasserstoff wird wie üblich durch Einwirkung von Pyridin auf Dikobaltoctacarbonyl und Ansäuern des Pyridiniumsalzes mit Schwefelsäure hergestellt und sofort mit einem Überschuß an CO bei 0 °C in eine Methylenchloridlösung des durch thermische Depolymerisation von Paraformaldehyd erhaltenen monomeren Formaldehyds überführt (Asinger [9.67]). Die Hydrocarbonylierung von Formaldehyd unter Bedingungen, bei denen die Glykolaldehydstufe übersprungen wird, wird am besten auch mit Rhodiumkatalysatoren ausgeführt [9.68].

9.3.3 Die indirekte Überführung von Synthesegas in Glykol über Formaldehyd durch Carbonylierung zu Glykolsäure und deren anschließende Hydrierung

Die Firma DuPont betrieb bis 1968 eine Glykolsynthese auf Basis von Synthesegas, die nach folgendem Schema verlief [9.70, 9.71]:

$$CO + 2\,H_2 \xrightarrow{\text{Kat.}} CH_3OH \quad \text{(Methanolsynthese)} \qquad (1)$$

$$CH_3OH \xrightarrow{\text{Kat.}} H{-}C{\lt}^{\displaystyle O}_{\displaystyle H} \quad \text{(Formaldehyd durch Dehydrierung)} + H_2 \qquad (2)$$

$$H{-}C{\lt}^{\displaystyle O}_{\displaystyle H} + CO + H_2O + H_2SO_4 \xrightarrow{\text{Druck}} HO{-}CH_2COOH \quad \text{(Glykolsäuresynthese)} \qquad (3)$$

$$HO{-}CH_2COOH + CH_3OH \xrightarrow{\text{Kat.}} HO{-}CH_2COOCH_3 + H_2O \quad \text{(Veresterung)} \qquad (4)$$

$$HO{-}CH_2COOCH_3 + H_2 \xrightarrow{\text{Kat.}} HO{-}CH_2CH_2OH + CH_3OH \quad \text{(Hydrierung des Glykolsäureesters)} \qquad (5)$$

Das Schema dieser Synthese zeigt Abb. 9.9, die auch über die Mengenverhältnisse Bescheid gibt.
Die Produktion betrug 60 000 jato Glykol, das unter der Bezeichnung ZEREX vertrieben wurde. Der Prozeß wurde 1968 eingestellt, weil die Produktion von Glykol auf Ethylenbasis über Ethylenoxid billiger war.

Die Firma Chevron hat nach den Preissteigerungen auf dem Ethylenmarkt das Syntheseprinzip wieder aufgegriffen. Die bisherigen Versuche, Glykol auf Synthesegasbasis direkt herzustellen haben, wegen der Verwendung von Edelmetall-Katalysatoren, von hohen Drücken und den verhältnismäßig langen Verweilzeiten, technisch noch nicht zu einem wirtschaftlichen Verfahren geführt [9.72–.75]. Das alte DuPont-Verfahren wurde in mehreren Stufen, die alle mit ausgezeichneten Ausbeuten verlaufen, so abgeändert, daß es trotz der 5 Stufen verspricht, wirtschaftlich zu werden. Der Druck konnte von 500 bar

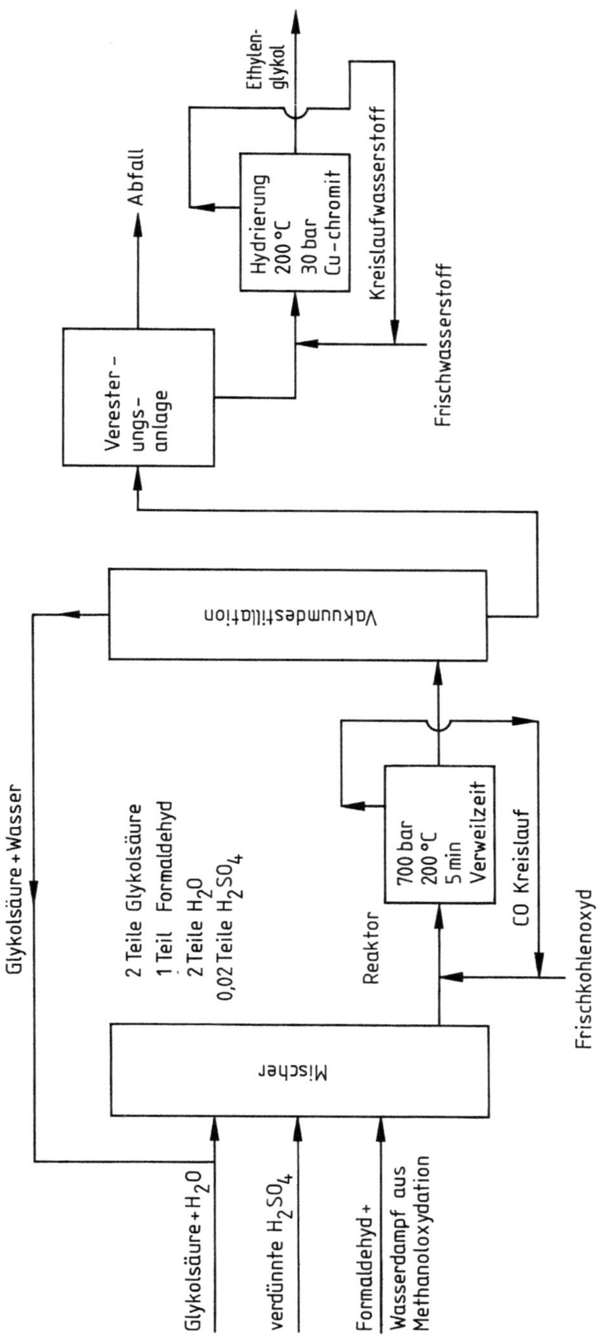

Abb. 9.9. Schema der Herstellung von Ethylenglykol aus Formaldehyd und Kohlenoxid (Du Pont)

auf etwa 100 bar, die Temperatur von 200 °C auf 100 °C und darunter gesenkt werden und die Hydrierung des Glykolsäuremethylesters verläuft mit optimierten Ausbeuten. Man nimmt an, daß das Verfahren in Europa bei den höheren Ethylenpreisen gute Aussichten hat. Das gilt besonders dann, wenn die Anlage in ein großes Methanolkombinat integriert werden kann. In den USA nimmt man an, daß mit einer guten Rendite erst dann zu rechnen ist, wenn der Methanolpreis so weit sinkt, daß das Kraftstoffniveau (Fuel blending level) erreicht ist [9.74].

Der Hauptunterschied zwischen dem alten DuPont-Prozeß, bei dem verdünnte Schwefelsäure als Katalysator verwendet wurde und dem Chevron-Verfahren besteht darin, daß bei diesem große Mengen Fluß-Säure als Katalysator für die Reaktion des Kohlenoxids mit Formaldehyd eingesetzt werden. Dadurch wird die Umsetzung so erleichtert und beschleunigt, daß Temperatur und Druck drastisch gesenkt werden können. Nun kann auch in Apparaten aus nichtrostendem Stahl statt in Hastelloy oder Titan gearbeitet werden.

Die Fluß-Säure kann aus dem Reaktionswasser ausgetrieben und ständig zirkuliert werden (Sdp. 760 mm 19,5 °C). Durch die großen Alkylierungsreaktionen unter Zuhilfenahme von Fluß-Säure als Katalysator, z. B. zur Herstellung von technischem Isooctan aus *i*-Butan und Butenen bzw. Propen oder zur Alkylierung von Benzol mit höhermolekularen Olefinen für die Produktion von Alkylarylsulfonaten, liegen für den Umgang mit diesem Katalysator reichlich Erfahrungen vor.

Um einen Überblick über den Verlauf der Chevron-Arbeitsweise zu geben, sei das Schema in Abb. 9.10 angeführt, bei dem bei einer Temperatur von ~ 50 °C und einem Druck von 105 bar kontinuierlich gearbeitet wird. Die Werte in diesem Schema sind berechnet, die Mengenangaben erfolgen in Teilen [9.76].

In den Reaktor werden Frisch-CO und Rück-CO als Kreislaufgas aus der Anlage bei 105 bar eingepreßt. Mit dem Kreislauf-CO werden gleichzeitig Formaldehyd und Fluorwasserstoff mit eingeführt, die aus dem Separator stammen, in dem das CO abgetrennt wurde. Aus dem Konzentrator, in dem die 40 proz. Formalinlösung aus der oxidativen Methanoldehydrierung einkonzentriert wurde, kommt eine 77prozentige Formaldehydlösung in den Reaktor. Die Kreislauf-Fluorwasserstoffsäure wird durch den Reaktor geführt, neben kleinen Mengen zusätzlicher Säure, um die Konzentration aufrecht zu erhalten.

Das aus dem Reaktor tretende Produkt wird in einem Separator, in dem eine kleine Druckdifferenz besteht, von überschüssigem Kohlenoxid befreit, das Formaldehyd und Fluorwasserstoff mit sich führt. Diese werden in den Reaktor zurückgegeben.

Das aus dem Separator kommende Produktgemisch wird auf 1,2 bar entspannt und bei 43 °C wird der Kreislauf-Fluorwasserstoff unter Rückfluß aus der wässrigen Lösung von Glykolsäure abdestilliert. In anderen Varianten wird der Fluorwasserstoff unter etwas vermindertem Druck von der Roh-Glykolsäure getrennt. Dabei geht CO, das noch gelöst war, als Abgas aus der Vorlage für die Säure weg. Der Rückstand der Destillationskolonne besteht aus einem Gemisch, aus 95 % Glykolsäure und 5 % Diglykolsäure. Der Formal-

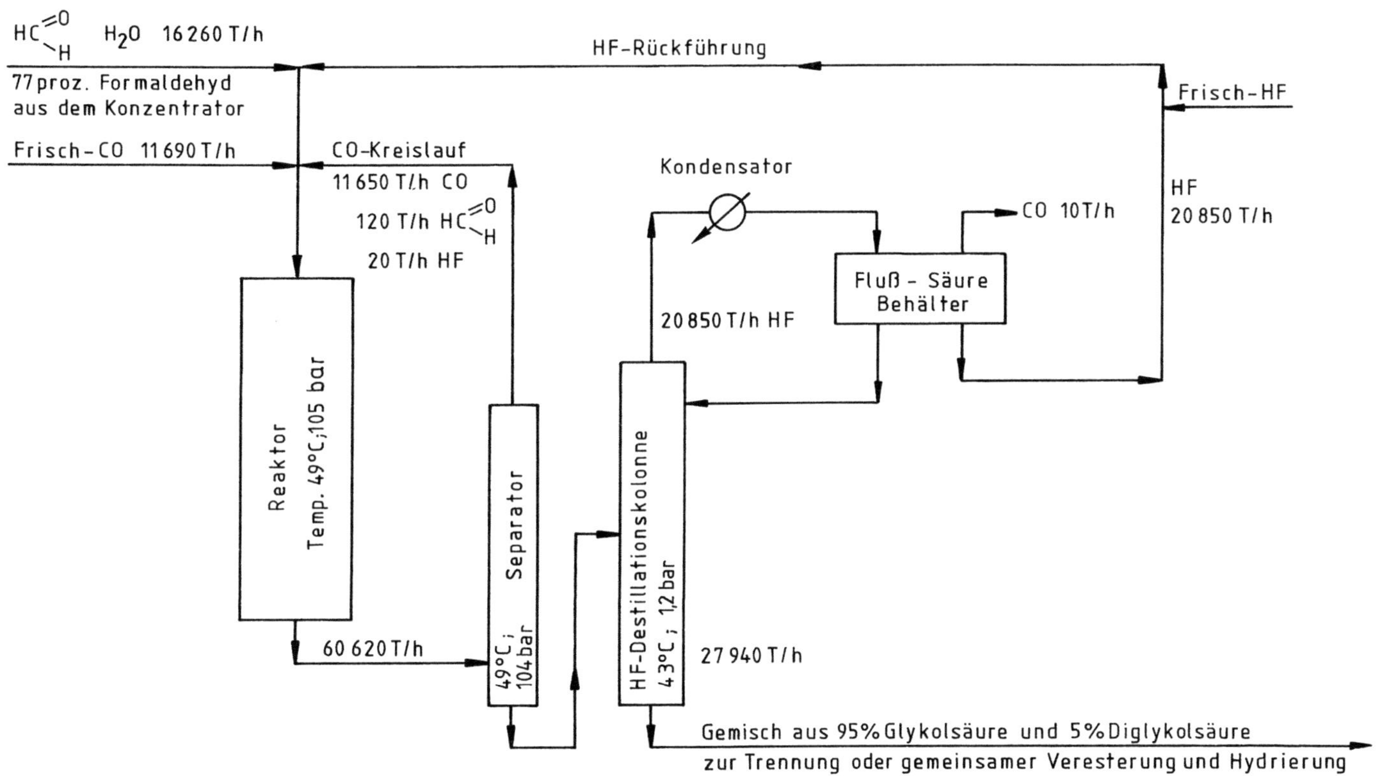

Abb. 9.10. Schema der Herstellung von Glykolsäure durch Carbonylierung von Formaldehyd in Gegenwart von Flußsäure (nach Suzuki [9.76])

dehyd wird praktisch völlig umgesetzt. Je größer die Fluß-Säure-Konzentration ist, um so größer ist die Menge an Diglykolsäure (Oxadiessigsäure), dabei muß man bedenken, daß Wasser bei der Reaktion verbraucht wird.

Das Gemisch der beiden Säuren wird nun der Veresterung mit Methanol unterworfen, dann hydriert und destillativ in Glykol und Diglykol getrennt.

Bei der Hydrierung geht man z. B. so vor, daß man Ester und Wasserstoff im Verhältnis 1:30 mischt und bei 220 °C und 32 bar Druck über Kupferchromit (Adkins-Katalysator) leitet. Die Belastung beträgt 20000 l Gas (im Normalzustand) pro 1 Katalysator pro Stunde.

Das Mol-Verhältnis von Formaldehyd:Wasser:HF war im vorliegenden Fall etwa 1:0,5:2,5, die Verweilzeit etwa 30 Min. und der Formaldehydumsatz 99 %. Das Maximum an Glykolsäure wird gebildet, wenn das Molverhältnis von Formaldehyd:Wasser nicht größer ist als 4:1. Größere Mengen an Formaldehyd begünstigen die Bildung von Oxadiessigsäure und unter wasserfreien Verhältnissen wird fast nur diese Säure gebildet.

Die Vorteile des Chevron-Prozesses sind zusammengefaßt:

Niedere Reaktionstemperatur, dadurch keine teuren Reaktoren mit Sonderwerkstoffen.

Niederer Druck im Vergleich zum DuPont-Verfahren.

Hohe Raum-Zeit-Ausbeuten.

Leichte Aufarbeitung der Reaktionsprodukte.

Kein Schwefelsäurekatalysator, sondern leicht regenerierbarer Fluorwasserstoff.

An der Verbesserung des technischen Prozesses wird gearbeitet. So kann man Synthesegas statt reinem Kohlenoxid benutzen, natürlich dann mit höherem Druck, um den nötigen CO-Partialdruck zu gewährleisten. Das wasserstoffreiche Abgas aus dem Carbonylierungsreaktor wird anschließend methanisiert und das CO-freie Gas zur Hydrierung des Esters verwendet. (Ein CO-Gehalt würde die Hydrierung stören.)

Für die Veresterung der Glykolsäure kann man Glykol aus der Anlage selbst verwenden und die neutralen Ester anschließend in flüssiger Phase, besonders günstig über Kobalt-Zink-Kupfer-Katalysatoren, hydrieren.

Die Hydrierung kann auch mit dem Adkins-Katalysator ausgeführt werden. Einen Teil des Glykols führt man ständig in den Veresterungsreaktor zurück und arbeitet so in einer geschlossenen Kreislaufanlage.

Abbildung 9.11 zeigt ein einfaches Schema einer solchen Kreislaufanlage und deren Materialeinsatz für eine Erzeugung von 90720 jato Glykol mit der geänderten Arbeitsweise [9.77].

5879 kg Formaldehyd und 1762 kg Wasser, sowie 259 kg Fluß-Säure werden durch Leitung 1 in den Carbonylierungsreaktor 1 eingebracht, der bei 40–70 °C und 106 bar arbeitet.

Gleichzeitig werden durch Leitung 2 pro Stunde 7779 kg Synthesegas eingepreßt, das zu 6376 kg aus CO und zu 1403 kg aus Wasserstoff besteht.

Aus dem Reaktor I wird die Roh-Glykolsäure, gemischt mit Wasser und Fluorwasserstoff, durch Leitung 3 in den Fluorwasserstoff-Stripper II geleitet. Der ausgetriebene Fluorwasserstoff wird wieder in den Carbonylierungsreak-

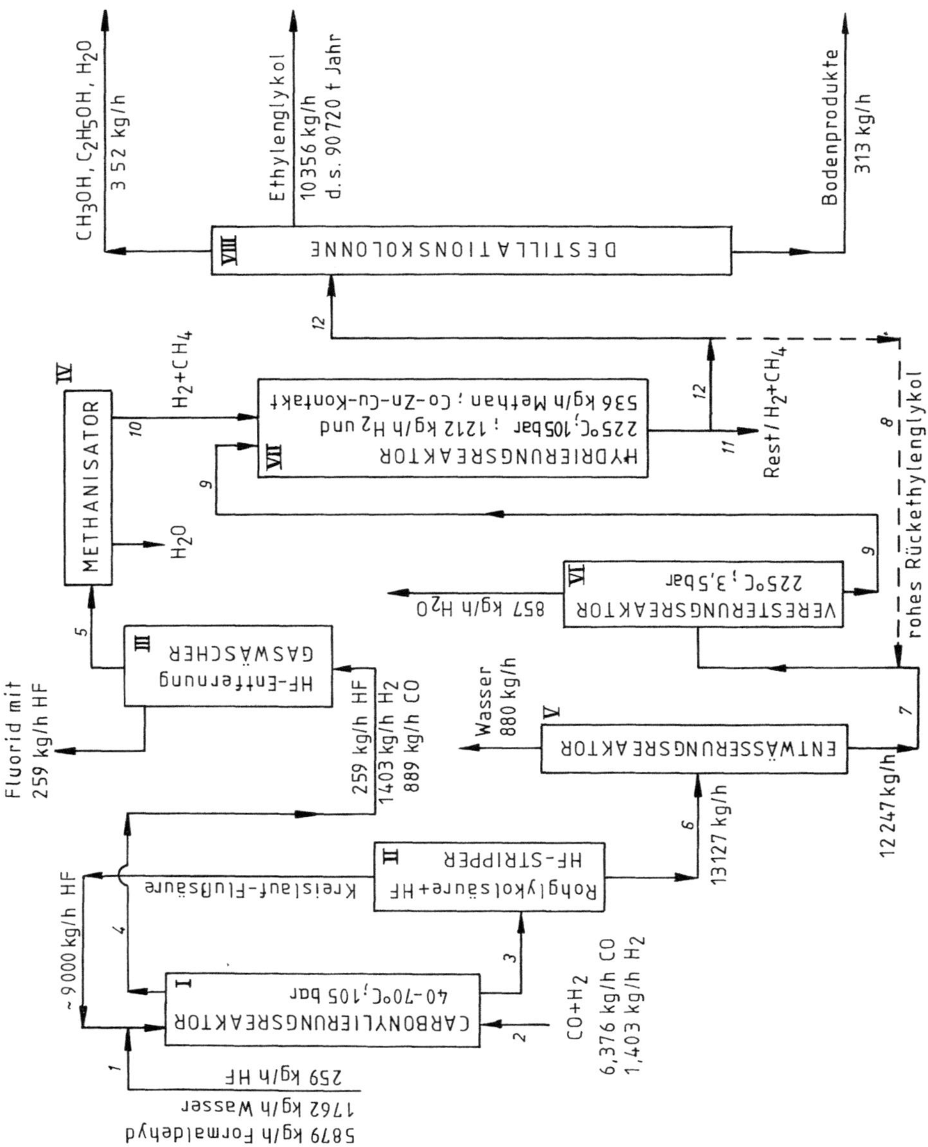

Abb. 9.11. Einfaches Schema einer Anlage zur Herstellung von Ethylenglykol nach geänderter Arbeitsweise auf Basis Synthesegas durch Carbonylierung von Formaldehyd mit HF als Katalysator (nach Suzuki [9.77])

tor zurückgeleitet. Sehr günstige Verhältnisse liegen vor, wenn mehr als 0,5 Mol HF je Mol Formaldehyd vorhanden sind.

Das an Wasserstoff angereicherte Synthesegas, bestehend aus 259 kg mitgeführte Fluß-Säure, 1 403 kg Wasserstoff und 889 kg Kohlenoxid, wird durch Leitung 4 in den Gaswäscher III geleitet, in dem Fluorwasserstoff entfernt wird. Man kann dabei Natriumfluorid-Pellets verwenden, die mit HP einen Komplex bilden, aus dem HF wieder regeneriert werden kann. Er wird durch

Leitung 1 dem Reaktor I zugeführt und macht nur einen kleinen Bruchteil des Kreislauf-Fluorwasserstoffes aus.

Das fluorfreie, an Kohlenoxid verarmte Synthesegas wird durch Leitung 5 in den Methanierungsreaktor IV geleitet, in dem beliebige, bekannte Hydrierkatalysatoren, z. B. Nickel auf Kieselgur, verwendet werden können [9.78].

Aus dem HF-Stripper II werden durch Leitung 6 13 127 kg/h Rohglykolsäure in den Entwässerungsreaktor V geleitet, wo 880 kg Wasser pro Stunde abgetrieben werden. Die dabei auch gebildeten Glykolsäure-Polymere (Polyglykolide) (12 247 kg/h), werden durch Leitung 7 in den Veresterungsreaktor VI eingebracht und dort mit 24 300 kg/h rohem Ethylenglykol über Leitung 8 (gestrichelte Linie) vermischt. Der Reaktor VI arbeitet bei 225 °C und 3,5 bar und erzeugt 857 kg Wasser/h.

Das Estergemisch aus Reaktor VI wird durch Leitung 9 in den Hydrierungsreaktor VII geleitet, wo bei 225 °C und 105 bar Druck Wasserstoff und Methan (536 kg/h Methan und 1 213 kg/h Wasserstoff) über Leitung 10 eingepreßt werden. Der überschüssige Wasserstoff und das Methan werden durch Leitung 11 aus der Anlage VII entfernt, das rohe Ethylenglykol wird teils in den Veresterungsreaktor VI, teils in die Feindestillationskolonne VIII mit Leitung 12 eingegeben.

Am Kopf der Kolonne werden stündlich 352 kg Leichtprodukte, bestehend aus Methanol, Ethanol und Wasser abgenommen, am Kolonnenboden fallen etwa 313 kg/h Rückstand an. Als Hauptfraktion erhält man stündlich 10 356 kg Ethylenglykol, das allen Spezifikationen genügt.

Wesentlich ist die Einhaltung eines bestimmten Wasseranteils im Carbonylierungsreaktor. Im vorliegenden Beispiel beträgt das Molverhältnis von $CH_2O:H_2O:HF = 1:0{,}5:2{,}25$. Die Reaktionsgeschwindigkeit ist umso höher, je mehr Fluß-Säure im Gemisch vorhanden ist, die Wassermenge reguliert das Verhältnis von Glykol:Diglykolsäure.

Die Veresterung kann mit Vorteil auch mit *n*- bzw. *i*-Butanol ausgeführt werden.

Tabelle 9.2 gibt die günstigsten Mischungsverhältnisse der Reaktionskomponenten an

Die Hoechst AG hat einen Prozeß ausgearbeitet, bei dem durch Einwirkung von Paraformaldehyd bzw. Trioxan auf Methylformiat direkt der Methylester der Glykolsäure gebildet wird [9.88].

Tabelle 9.2.

Einsatz in die Reaktion	Mol.-%	Gew.-%
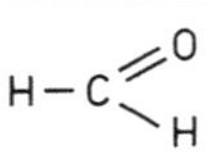	11,21	14,84
CO	22,20	27,41
H_2O	11,10	8,81
HF	55,49	48,94
Summe	100,00	100,00

Tabelle 9.3. Einige Resultate, die den Chevron-Prozeß der Synthese der Glykolsäure näher charakterisieren (Suzuki [9.77])

Reaktionsbedingungen			Molverhältnisse der Reaktanden			Formaldehyd-Umsatz	Glykolsäure-Ausbeute
Temp. °C	CO-Druck in bar	Reaktionszeit Min.	CH_2O	H_2O	HF	Mol-%	Mol-%
−1	142	10	0,3	0,55	5,0	100	95
2	70	10	0,3	0,42	3,7	100	97
−4	140	30	0,5	0,5	2,5	99	100
50	70	60	0,7	0,7	2,5	100	94
50	140	60	1,0	0,5	2,5	99	91*

* Hauptprodukt Diglykolsäure HOOC—CH_2—O—CH_2—COOH

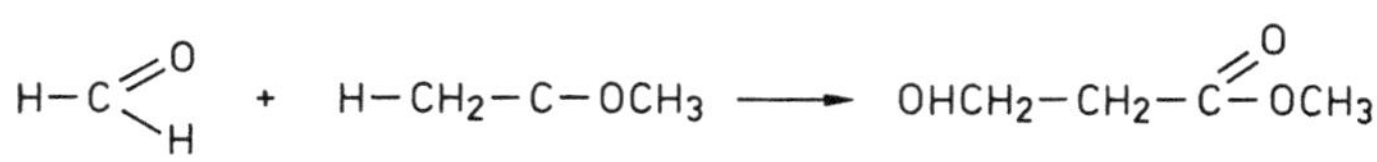

Tabelle 9.3 vermittelt einen näheren Einblick in die Bedingungen der Glykolsäuresynthese nach dem Chevron-Prozeß [4.77].

9.4 Die Herstellung von Methylformiat und seine technisch interessanten Reaktionen

9.4.1 Methylformiat durch Carbonylierung von Methanol [9.93]

Bereits im Jahre 1925 wurde von der BASF durch Einwirkung von Kohlenoxid auf Methanol, Methylformiat hergestellt. Die Reaktion verläuft unter Druck in Gegenwart von Natriummethylat als Katalysator mit etwa 29,3 kJ/Mol exotherm. Abbildung 9.12 zeigt das Prinzip einer Anlage.

Methanol und Kohlenoxid werden in einem Reaktor bei 45 bar und etwa 80 °C in Gegenwart von 2 % im Methanol gelöstem Natriummethylat kontinuierlich in Gegenstrom-Arbeitsweise zur Reaktion gebracht. Alle Ingredienzien müssen völlig wasserfrei sein, weil sich sonst Natriumformiat bildet, das ausfällt und die Rohrleitungen verstopfen kann. Auch Kohlensäure, Schwefelwasserstoff, sowie Sauerstoff müssen entfernt werden, während Methan und Wasserstoff nicht stören. Man kann für diese Zwecke hochkohlenoxidhaltige Gase aus der zweiten Generation von Kohlenvergasungsanlagen verwenden, die bis zu 75 % CO enthalten können und deren Überführung in reines CO weniger aufwendig ist.

Der CO-Umsatz ist 95 %, der Methanolumsatz 30 %. Die Ausbeute bez. auf CO und Methanol beträgt 99 %. Pro Stunde und Liter Reaktionsraum werden 800 g Methylformiat vom $Sdp._{760}$ = 31,8 °C gebildet.

Das Kohlenoxid tritt oben aus dem Reaktor aus, wird über einen Kühler in

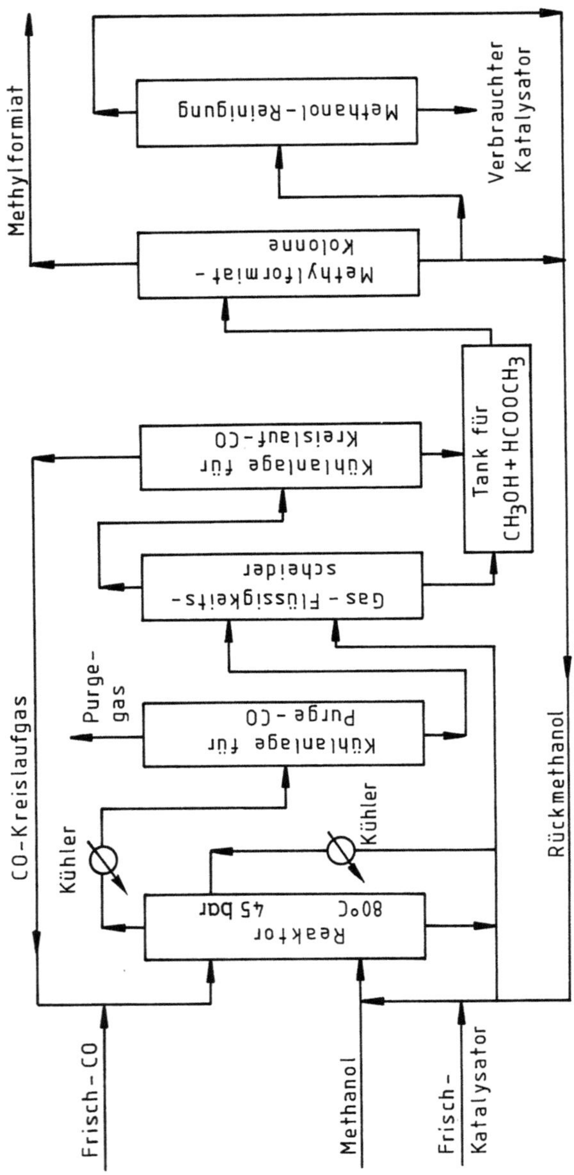

Abb. 9.12. Schema der Herstellung von Methylformiat durch Carbonylierung von Methanol (nach Aguilo u. Horlenko [9.92])

eine Kühlanlage geleitet um es von mitgeführtem Produkt und Methanol zu befreien, die in einen Gas-Flüssigkeitsscheider geleitet werden. Das CO wird als unreines Abgas (Purgegas) dem Heizgas zugeleitet.

Am Reaktorboden wird das Gemisch aus Methanol und Methylformiat abgenommen. Ein Teil des Gemisches wird über einen Kühler als Kreislaufprodukt zur Temperaturhaltung in den Reaktor zurückgeführt. Der Rest wird gemeinsam mit dem aus der Kühlanlage zur Abtrennung der Flüssigkeiten aus dem Purgegas kommenden Methanol-Methylformiatgemisch im Gas-Flüssigkeitsscheider vom Kreislauf-CO getrennt. In einer zweiten Kühlanlage wird das Kreislauf-CO von mitgeführten Flüssigkeiten befreit, ehe es zusammen mit Frisch-CO dem Reaktor zugeführt wird. Die Produktströme werden vereinigt und in die Methylformiatkolonne eingebracht. Am Kolonnenkopf nimmt man reines Methylformiat ab, das Methanol aus dem Sumpf enthällt noch Katalysator und wird in den Reaktor rezirkuliert. Dabei wird etwas Frisch-Katalysator zugesetzt. Ein Teil des Rück-Methanols wird in einer Kolonne von schweren Anteilen und von verbrauchtem Katalysator befreit. Das Reinmethanol wird in das Rück-Methanol eingeschleust.

9.4.2 Methylformiat durch Dehydrierung von Methanol

Schon 1922 berichtete die Industrial Alcohol Co. über die Möglichkeit der Dehydrierung von Methanol zu Methylformiat [9.93].

$$2\,CH_3OH \rightarrow HCOOCH_3 + 2\,H_2 \quad -52{,}7\ \text{kJ/Mol}\ (-12{,}6\ \text{kcal/Mol}).$$

Als Katalysator wurde Kupfer auf inerten Trägern verwendet. Umsätze und Ausbeuten waren unbefriedigend. Erst etwa 1975 wurden in Japan sehr aktive Kontakte entwickelt. Insbesondere Cu-Zr-Zn- und Cu-Zr-Zn-Al-Kombinationen ergaben 50%ige Umsätze, mit einer Methylformiatselektivität von 90 % [9.94–.96]. Basierend auf diesen Katalysatoren erstellte die Mitsubishi Gas Chemical Co. im Jahre 1979 eine halbtechnische Anlage. Die Katalysatoren haben eine große Haltbarkeit bewiesen und es wurden Raum-Zeitausbeuten von 3 000 kg/m^3/h erhalten. Abbildung 9.13 gibt ein einfaches Schema der katalytischen Dehydrierung von Methanol zu Methylformiat an [9.97].
Methanol wird mit etwa 5 bar in den Reaktor eingepumpt, dessen Röhren mit einem der genannten Katalysatoren gefüllt sind. Die Röhren werden von

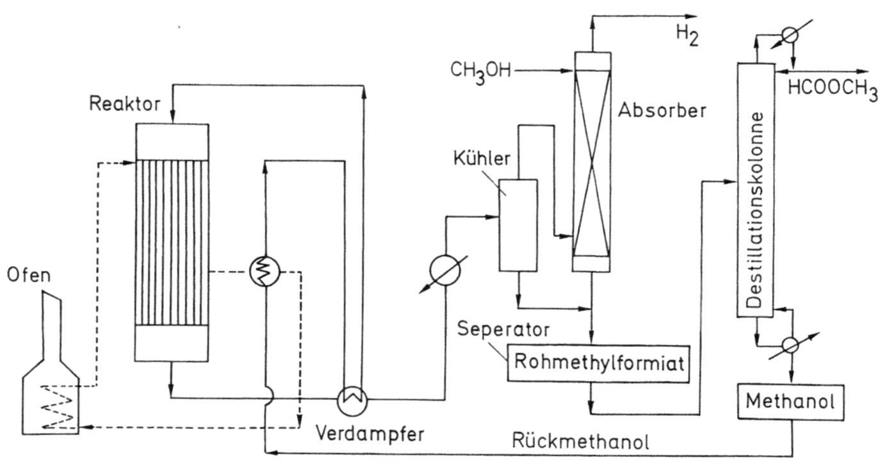

Abb. 9.13. Herstellung von Methylformiat durch Dehydrierung von Methanol (nach Ikarashi [9.97])

Tabelle 9.4. Beispiele für die Dehydrierung von Methanol zu Methylformiat mit dotierten Kupfer-Katalysatoren (nach Ioneoka [9.94])

Dem Kupfer zugefügte zusätzliche Katalysator-Komponente	Reaktions-temperatur °C	Umsetzung des Methanols in %	Selektivität des Methyl-formiats in %	Ausbeute an Methyl-formiat in %
Titan	160	15,2	96,1	14,6
	181	29,0	86,9	25,2
	202	40,7	72,9	29,7
Zirkon	180	24,8	94,3	23,4
	198	35,0	87,1	30,5
	219	45,2	78,8	35,5
	242	52,9	73,6	38,9
Lanthan	169	18,3	96,1	17,6
	194	30,7	93,1	28,6
	211	37,4	89,2	33,4
	243	49,5	79,4	39,3

Tabelle 9.5. Einfluß der Raumgeschwindigkeit des Methanoldampfes auf die Dehydrierungsergebnisse über einem Kupfer-Lanthan-Katalysator (nach Ioneoka [9.94])

Raumgeschwindigkeit des CH_3OH-Dampfes in Liter/m^3/h	Reaktions-temperatur °C	Umsetzung des Methanols in %	Selektivität des Methyl-formiats in %	Ausbeute an Methyl-formiat in %
500	150	16,5	92,5	15,2
	164	21,9	90,0	19,7
	180	27,7	85,5	23,6
	200	28,6	78,8	22,5
7000	200	25,4	95,0	24,1
	230	38,1	87,7	33,8
	245	43,5	84,7	36,8
	260	49,7	78,5	39,0
10000	218	25,8	95,3	24,6
	253	30,1	93,6	28,2
	249	38,2	89,7	34,3
	280	48,5	81,5	39,5

einem Wärmeübertragungsmedium beheizt und auf die nötige Temperatur gebracht (vgl. die gestrichelte Linie für den Kreislauf des Heizmediums). Das Reaktorausgangsprodukt wärmt in einem Wärmeaustauscher das Eintrittsmethanol vor. In einem Separator wird dann der Dehydrierungswasserstoff (mit etwas CO-Gehalt) abgetrennt. Dieser wird durch Auswaschen mit kaltem Frisch-methanol in einem Absorber von organischen Anteilen gereinigt. Das Separatorprodukt und das Absorbermethanol werden vereinigt und in einer Destillationskolonne bei 5 bar vom Methylformiat befreit. Das Methanol geht als Rück-Methanol in den Dehydrierungsreaktor. Eine technische Anlage ist noch nicht in Betrieb.

Bei der Dehydrierung muß man den Umsatz so niedrig wie möglich halten, um für Methylformiat eine möglichst hohe Selektivität zu erzielen.

Da Methanol bei 65 °C und Methylformiat bei 31,5 °C siedet, ist die Trennung der beiden Produkte bei Kreislaufarbeitsweise nicht allzu kostenintensiv.

Andere Dehydrierungskatalysatoren bestehen aus Kupfer, das wenigstens ein Element aus der Gruppe III A einschließlich der Seltenerdenelemente und der Gruppe IVA enthält. Meist werden die Atomverhältnisse von Cu zu den Zusätzen wie 1:0,1 eingestellt. Man mischt bevorzugt die Carbonate, pastet die Mischungen, um möglichst große Gleichförmigkeit zu erhalten, trocknet bei 400 °C und reduziert bei 200 °C im Wasserstoffstrom. Die Temperaturen können je nach Kontaktbelastung zwischen 150–300 °C liegen, die Belastungen von 100–10 000 Liter Methanoldampf pro m^3, pro Stunde, bei Normaldruck gemessen.

Tabelle 9.4 faßt die Ergebnisse zusammen, die bei der Dehydrierung von Methanol zu Methylformiat mit dotierten Kupferkatalysatoren erhalten wurden [9.94].

Dabei wurde bei einer Belastung des Katalysators von 3 500 m^3 Methanoldampf/m^3/h der Einfluß der Reaktionstemperatur auf den Umsetzungsgrad des Methanols und die Selektivität der Methylformiatbildung untersucht. Die Methylformiat-Selektivität lag zwischen 73 und 96 % [9.94].

Tabelle 9.5 zeigt die Wirkungsweise eines Kupfer-Lanthan-Katalysators bei verschiedenen Gasgeschwindigkeiten und Reaktionstemperaturen.

9.4.3 Methylformiat als Zwischenstufe bei der getrennten Erzeugung von CO und H_2 aus Methanol

Ausgehend von Methanol kann man das CO und H_2 gleich getrennt herstellen. Die Mitsui Gas Chemicals Co (MGC) hat ein 2-Stufen-Verfahren ausgearbeitet, das ausgehend von Methanol über Methylformiat schließlich die beiden Gase liefert [9.97].

In der ersten Stufe wird Methanol zu Methylformiat dehydriert und der Wasserstoff

$$2\,CH_3OH \rightarrow HCOOCH_3 + 2\,H_2 \quad (-52{,}7\ \text{kJ/Mol})$$

aufgefangen.

In der zweiten Stufe wird Methylformiat in einem ebenfalls endothermen Prozeß in Kohlenoxid und Methanol gespalten.

$$HCOOCH_3 \rightarrow CO + CH_3OH \quad (-38{,}5\ \text{kJ/Mol}).$$

Das CO wird aufgefangen und der Methylalkohol für die Methylformiatherstellung in die erste Stufe zurückgeführt. Der Prozeß ist für kleinere Verbraucher, die CO und H_2 getrennt benötigen, interessant. Ein einfaches Schema zeigt Abb. 9.14.

Jede Stufe besteht aus den gleichen Einheiten, nämlich Verdampfer, Kühler und Gas-Flüssigkeits-Scheider. Für die Methanoldehydrierung wird ein anderer Katalysator verwendet als für die Methylformiatspaltung.

Die Pyrolyse des Methylformiats zu Methanol und Kohlenoxid kann über Aktivkohlen, alkalischen Erden oder Zeolithen ausgeführt werden.

Man kann auch so arbeiten, daß man den anfallenden Wasserstoff mit Kohlendioxid gleichzeitig zu CO rekonvertiert und dadurch die maximale Menge an CO auf Basis Methanol erhält. Die umgekehrte Konvertierung benötigt dann höhere Temperaturen.
Der Dehydrierungswasserstoff der ersten Stufe ist 90–92 prozentig und enthält 8–10 % CO neben Spuren von Methan und CO_2.

In der ersten Stufe wird Methanol nur zum Teil umgesetzt, um die Selektivität der Dehydrierung so hoch wie möglich zu halten.

Eine Trennung in die Komponenten Methanol und Methylformiat erfolgt hier nicht, das Gemisch wird in die zweite Stufe eingegeben. Dort wird ein Katalysator verwendet, der nur Methylformiat zu Methanol und CO spaltet $HCOOCH_3 \rightarrow CH_3OH + CO$ und Methanol nicht angreift.

Das CO ist über 98 % rein, der Rest besteht aus 1–2 % Wasserstoff, etwas Methan und CO_2.

Die Wärme für die beiden endothermen Reaktionen wird durch ein Medium geliefert, das in einem direkt gefeuerten Ofen erhitzt und das in der in Abb. 8.2 gestrichelt gezeichneten Leitung bewegt wird. Methanol aus dem Sumpf der CO-Abtreibungskolonne und Frisch-Methanol werden gemeinsam über Wärmeaustauscher in den Dehydrierungsreaktor geleitet. Von dort wird

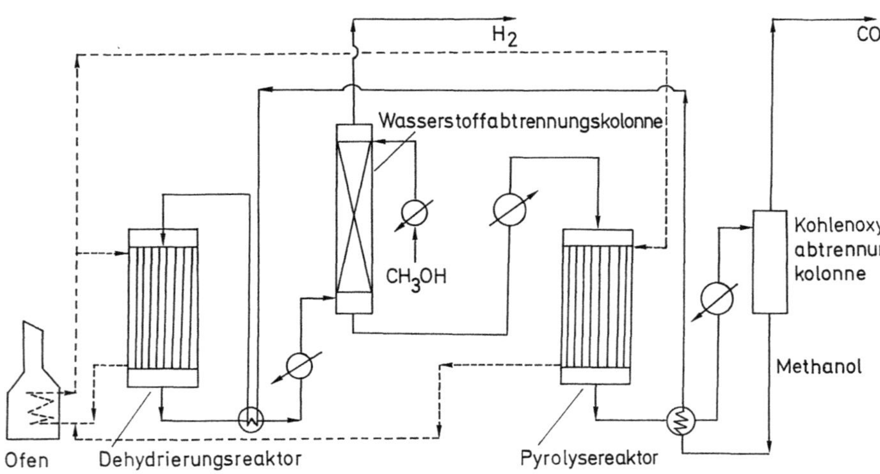

Abb. 9.14. Verfahren zur Dehydrierung von Methanol zu Wasserstoff und Methylformiat und dessen Pyrolyse zu Kohlenoxid und Methanol (nach Ikarashi [9.97])

das Gemisch aus Methanol und Methylformiat über Wärmeaustauscher und Kühler in die Wasserstoffabtrennungskolonne geführt, in der aus dem abgehenden Wasserstoff noch durch kaltes Frisch-Methanol das Methylformiat ausgewaschen wird.

Das Flüssigkeitsgemisch (Methylformiat und Methanol) wird in den Pyrolyse-Reaktor geleitet, in dem die Spaltung des Formiates in Methanol und CO stattfindet. Das Methanol wird in der CO-Abtrennungskolonne vom Gas befreit und im Dehydrierungsreaktor gemeinsam mit Frisch-Methanol in Methylformiat und Wasserstoff umgewandelt, wodurch der Kreislauf geschlossen ist.

9.4.4 Die Umsetzung des Methylformiats mit Paraformaldehyd oder Trioxan zu Glykolsäuremethylester

Setzt man Paraformaldehyd mit Methylformiat in Gegenwart von z.B. Schwefelsäure oder organischen Sulfonsäuren um, entsteht bei niederen Temperaturen sofort Glykolsäuremethylester, der dann zu Glykol hydriert werden kann [9.88].

Ein weiteres Beispiel, wie reaktionsfähig Methylformiat sein kann, ist dessen Isomerisierung zu Essigsäure.

9.4.5 Isomerisierung von Methylformiat zu Essigsäure

Erhitzt man Methylformiat unter 300 bar mit CO in Gegenwart von Iod und Metallsalzen wie Kobalt, Eisen, Nickel oder Quecksilber, bildet sich bei 220 °C in einer Stunde Essigsäure mit 94%iger Ausbeute [9.98]. Auch mit Kobaltiodid und N-Methylpyrrolidin oder Triethylamin läuft die Reaktion ab.

Besonders glatt geht die Umsetzung mit Rhodium-Methyliodid und CO vor sich. Essigsäure entsteht mit 98%iger Ausbeute bereits bei 100 °C, die Reaktion ähnelt sehr der Methanol-Carbonylierung nach dem Monsanto-Prozeß.

Wenn diese Reaktion auch keine technische Bedeutung haben kann, ist sie jedoch theoretisch interessant. Bryant et al. haben diesen Prozeß nochmals studiert [9.99].

Die Untersuchungen unter Zuhilfenahme von ^{14}C haben gezeigt, daß die Reaktion zu Essigsäure über Rhodium und Methyliodid bei 200 °C die Carbonylierung labiler Methylgruppen erfordert.

Das bei der Carbonylierung verbrauchte CO wird durch CO aus der Zersetzung von aus Methylformiat zwischenzeitlich gebildeter Ameisensäure ersetzt.

Im U.S.Patent 4.194.056 [9.99] wird Methylformiat in Gegenwart von löslichen Rhodiumsalzen und Halogenpromotoren und soviel CO, daß mindestens eine Monocarbonylverbindung des Rhodiums entsteht, zu Essigsäure umgesetzt.

9.5 Ameisensäure [9.90–.112]

Ameisensäure ist auf Basis Synthesegas großtechnisch zugänglich. Sie kann unter Umständen einmal Wasserstofflieferant für Brennstoffzellen werden [9.106]. Ameisensäure ist wie Methanol jahrelang stabil, zerfällt aber im Kontakt mit einem Platinmetall, z. B. Rhodium oder Platin, bereits bei Raumtemperatur in CO_2 und H_2 ($HCOOH \xrightarrow{Pt} CO_2 + H_2$). Sie wäre daher ein idealer Wasserstoffspeicher, weil zur Wasserstoffmobilisation nur eine ganz einfache Vorrichtung nötig ist. Ein Nachteil ist, daß 1 kg Ameisensäure nur etwa 500 l H_2 liefert, während Methanol $CH_3OH + H_2O \rightarrow CO_2 + 3\,H_2$ pro kg und Ammoniak $2\,NH_3 \rightarrow N_2 + 3\,H_2$ ebenfalls pro kg etwa 2 100 l Wasserstoff ergeben.

Methanol muß aber bei höheren Temperaturen in Gegenwart eines Katalysators reformiert und flüssiges Ammoniak ebenfalls bei höheren Temperaturen in Ammoniak-Splittinggas überführt werden. Der technische Aufwand ist also größer, während Ameisensäure über z. B. 1 % Palladium auf Aktivkohle bei Raumtemperatur sofort Wasserstoff liefert.

Ameisensäure ist Rohmaterial für die Silage, für die Textilindustrie (Fär-

Tabelle 9.6. Wichtige physikalische Eigenschaften der Ameisensäure

Mol-Gew.	46,03
Siedepunkt 760 mm	100,8 °C
Schmelzpunkt	8,4 °C
Dichte d_4^{15} (gcm^{-3})	1,22647
Viscosität 25 (cp)	1,57
Wärmekapazität fl.	0,514
22 °C (J/g·C)	2,15
Latente Verdampfungswärme bei 100°C (J/g)	104
Zersetzungswärme fl.	− 60,9
bei 25 °C (kJ/Mol)	− 251
Bildungswärme fl.	− 105,52
bei 25 °C (kJ/Mol)	− 442
Flammpunkt off. Tiegel	59 °C
Endzündungspunkt	480 °C
Explosionsgrenzen in Luft Vol.-%-Säure	14,3–34,0

Dampfdruck bei Temp. °C	mm Hg
0,0	11,6
20,0	33,55
40	85,15
70	280,6
100,68	762,5
110,62	1 017,5

ben, Finishing, Teppichfärberei, Ledergerberei, Gummiindustrie, chemische Synthesen etc.).

Ameisensäure ist ferner ein wichtiges Reduktionsmittel für die Reduktion von Enaminen und anorg. Verbindungen. Es ersetzt z. B. das Zink bei der Herstellung von Dithionit aus Sulfitlösungen und an Formiat wird Nitrat zu Nitrit reduziert [9.101]. Die freie Säure wird auch zum Beizen von Stahlblech verwendet, eine Verwendung die noch näher untersucht wird.

Die wichtigsten physikalischen Eigenschaften der Ameisensäure zeigt Tabelle 9.6.

Da jedes Mol Ameisensäure 38,5 kJ (9,2 kcal) mehr Energie als die Spaltgase $CO_2 + H_2$ enthält, müßte Selbstzersetzung eintreten. Sie tritt aber erst in Gegenwart von z.B. 1 % Pd auf A-Kohle ein. 1 Mol H_2 gibt bei der Oxidation zu Wasser 238 kJ. Man kann so 86 % des Energieinhaltes der Ameisensäure gewinnen. Der Wasserstoff kann auch in einem normalen Motor verbrannt oder für Brennstoffzellen verwendet werden.

Ameisensäure wurde früher durch Einwirkung von Schwefelsäure auf Natriumformiat hergestellt [9.105].

Die Säure wird dabei etwa 85%ig erhalten. Die Schwefelsäurekonzentration und die Temperatur dürfen dabei nicht zu hoch werden, weil sonst Kohlenoxid erhalten wird.

Durch azeotrope, fraktionierte Destillation mit sec. Propanol läßt sich eine Konzentrierung der Ameisensäure erreichen [9.106].

Die Produktion großer Mengen Ameisensäure (die BASF ist zur Zeit der größte Produzent mit einer Kapazität von 50 000 jato, die auf 100 000 jato angehoben wird [9.107], kann nach dem alten Verfahren nicht mehr wirtschaftlich ausgeführt werden, weil dabei große Mengen Schwefelsäure benötigt werden und erhebliche Mengen an Natriumsulfat anfallen. Die Produktion von Natriumformiat aus Natronlauge und CO unter Druck, bei der man auch Synthesegas verwenden kann, ist daher für die Ameisensäureherstellung nicht mehr interessant.

Man geht heute für die Ameisensäureherstellung von Methylformiat aus, das aus Methanol und CO unter Druck hergestellt und anschließend zu Ameisensäure und Methanol hydrolysiert wird.

Methanol wird rezirkuliert. Es gibt mehrere Möglichkeiten für diese Synthese, die aber alle in der ersten Stufe Methylformiat herstellen. Die Nettoreaktion kann folgendermaßen formuliert werden:

$$CO + H_2O \rightarrow HCOOH + 29{,}3\ kJ/Mol.$$

Die Hydrolyse des Alkylformiates erfolgt autokatalytisch, ihre Geschwindigkeit nimmt mit steigender Ameisensäurekonzentration zu. Die Reaktion läuft z.B. bei 3 bar und 80 °C glatt ab [9.108].

Abbildung 9.15 gibt die Arbeitsweise des Leonard-Prozesses der Ameisensäureherstellung im vereinfachten Fließ-Schema an [9.110].

Man setzt z.B. bei 42 bar CO-Druck mit Methanol in Gegenwart eines Katalysators und bei milder Temperatur die Synthese des Methylformiates in Gang. Das entstandene Gemisch aus Methanol und Methylformiat wird in eine Entgasungskolonne geführt, dort vom CO-Restgas befreit und ohne vorherige Abtrennung des Methylformiats in Gegenwart von Methanol in die Hydrolyse-

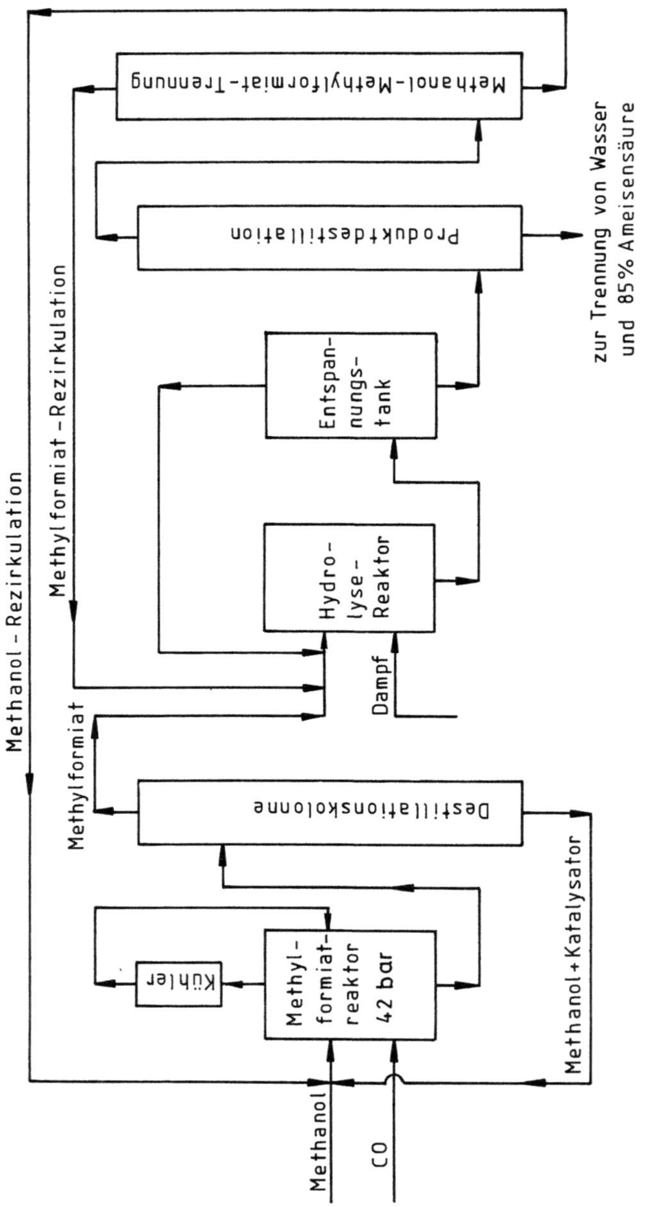

Abb. 9.15. Schema des LEONARD-Prozesses zur Herstellung von Ameisensäure aus Wasser und CO (nach Kaplan [9.110])

Kolonne geleitet. Hier wird bei milder Temperatur in Gegenwart von Wasserdampf hydrolysiert. Nach der Hydrolyse wird über einen Entspannungstank das Hydrolysat kontinuierlich in eine Destillationskolonne eingegeben, aus der am Kopf nicht umgesetztes Methylformiat und Methanol abgenommen und dann destillativ getrennt werden. Methylformiat wird in die Hydrolyse zurückgeführt, Methanol in den Reaktor.

Die Ameisensäure wird destillativ vom Wasser abgetrennt und das Produkt fällt als Maximumazeotrop mit einem Gehalt von 85 % an.

Man kann auch die Trennung des Methylformiats vom unumgesetzten Methanol vor der Hydrolyse durchführen und reinen Ester in die Hydrolyse eingeben.

Die Ameisensäure kann auch, wie die BASF gezeigt hat, durch Extraktivdestillation mit N-Formylmorpholin als Lösungsmittel isoliert, oder in Gegenwart eines tertiären Amins durch Hydrolyse mit stöchiometrischen Mengen Wasser über die Salzbildung abgeschieden werden, wobei das Methanol abdestilliert [9.111, 9.112].

So kann man vorzugsweise mit 1-Pentylimidazol die Salzbildung ausführen und nach Destillation des Methanols die Ameisensäure durch Destillation aus dem Salz gewinnen. Die Hydrolyse wird bei 130 °C, 10 bar und 40 Min. Verweilzeit, die Salztrennung bei 45 mm Restdruck und 35 °C, ausgeführt. Es wird reine Säure erhalten, das Pentylimidazol wird wieder in die Hydrolyse eingesetzt.

9.6 Kohlenoxid für organische Synthesen

Reines CO wird gebraucht für die Herstellung von
Phosgen,
Essigsäureanhydrid,
Essigsäure,
Toluylendiisocyanat über Phosgen,
Toluylaldehyd für die Terephthalsäure-Herstellung aus Toluol,
den Chevron-Prozeß für die Synthese des Glykols,
Toluylendiisocyanat aus 2,4-Dinitrotoluol direkt,
die Methylformiat- bzw. Ameisensäuresynthese,
die Herstellung der Versatic-Säuren usw.

Literatur über die wichtigsten Verfahren zur Isolierung von CO aus CO-reichen Gasen sind in den Zitaten angegeben [9.113–9.122].

9.7 Die Homologisierung von Methanol zu Ethylalkohol

Die Möglichkeit einer Synthese von Ethanol aus Methanol und Synthesegas wurde bereits 1941 bei der BASF entdeckt [9.123].

$$CH_3OH + CO + 2\,H_2 \rightarrow CH_3CH_2OH + H_2O + 214{,}4\ \text{kJ/Mol.}$$

Wietzel und Mitarbeiter ließen bei 160–170 °C und 200 bar ein CO/H_2-Gemisch 1:1 in Gegenwart von Kobaltcarbonyl auf Methanol einwirken und erhielten in der Hauptsache Acetaldehyd, Essigsäure und Ethanol neben zahlreichen anderen Verbindungen.

Bei Durchführung der Reaktion unter sonst gleichen Bedingungen aber mit CO alleine erhielt man Essigsäuremethylester [9.126, 9.127].

1950 beschäftigten sich, ohne Berücksichtigung der früheren Arbeiten bei der BASF, Mitarbeiter des Bureau of Mines in den USA abermals mit Reaktionen des Synthesegases mit Alkoholen in Gegenwart von Kobaltcarbonyl und gaben der Reaktion den Namen Homologisierung.

Die langsam verlaufende und durch die Bildung vieler Nebenprodukte belastete Reaktion läßt sich mit Iod aktivieren wie Berty et al. im Ungarischen Erdöl- und Erdgasforschungsinstitut Vesprem fanden [9.132]. Es ist zwar schon seit den Arbeiten von Hieber bekannt, daß Iod, Schwefel usw. die Bildung des Kobaltcarbonyls stark beschleunigen [9.133], doch die ungarischen Autoren fanden, daß Iodzusatz die gesamte Reaktionsgeschwindigkeit erhöht und bestimmten das optimale molare Kobalt-Iod-Verhältnis zu 2:1. Sie stellten ferner fest, daß sich weder die Reaktionsgeschwindigkeit und innerhalb dieser die Bildungsgeschwindigkeit der C_2-Produkte über einen Grenzwert steigern läßt.

Ferner fanden Berty und Mitarbeiter, daß der Arbeitsdruck stark vermindert werden kann, daß flüssige Phase nötig ist, daß der CO-Partialdruck großen Einfluß auf das Reaktionsgeschehen hat und daß die besten Ergebnisse mit dem CO/H_2-Verhältnis 2:1 erhalten werden. Iod fördert die Essigsäurebildung, Alkalien stoppen die Reaktion, ein Beweis, daß das Vorhandensein von Kobalttetracarbonyl-Anionen essentiell ist.

Starke Säuren stören die Umsetzung an sich nicht, sondern verringern nur die Reaktionsgeschwindigkeit proportional ihrer Konzentration; abermals ein Beweis, daß das Carbonylatanion für die Umsetzung notwendig ist. Der Säurezusatz drängt die Dissoziation $HCo(CO)_4 \rightleftarrows Co(CO)_4^- + H^+$ zurück. Die Tatsache, daß bei Verwendung von höheren Alkoholen die tertiären Vertreter die höchste Reaktionsgeschwindigkeit aufweisen, läßt den Schluß zu, daß es sich um Hydroformylierungsreaktionen des olefinischen Dehydratisierungsproduktes handelt. Methanol ist bei den Überlegungen zu diesem Reaktionsverlauf ausgeschlossen.

Iod als Beschleuniger kann auch durch Methyljodid ersetzt werden. Schwefel ist für den Ablauf der Reaktion schädlich. Eisen und Nickel sind in Gegenwart von Iod für die Umsetzung völlig inaktiv.

In Gegenwart von viel Iod als Promotor und in Abwesenheit von Wasserstoff, also mit CO allein, entsteht in Gegenwart von Wasser und bei Temperaturen von 230–280 °C fast ausschließlich Essigsäure. Bei Anwesenheit von Wasserstoff bilden sich neben geringen Mengen Acetaldehyd etwa gleiche Mengen Ethanol und Essigsäure.

Neben der Beförderung der Homologisierung durch Iod wurde gefunden, daß Rutheniumverbindungen als Cokatalysator und Phosphine als Ligandenbildner schließlich ein komplexes Katalysatorsystem ergeben, mit dem eine hohe Selektivität für Ethanol bei guten Umsätzen erzielt werden kann.

Der Zusatz von Ruthenium zum Gemisch aus Kobalt und Methyliodid dient zur Beschleunigung der Hydrierung des zuerst entstehenden Acetaldehyds, der dann nicht genug Zeit findet in Acetal überzugehen bzw. zu kondensieren. Andererseits ist Kobaltcarbonylwasserstoff für die Hydrierung des Aldehyds zum primären Alkohol ein zu langsam wirkender Katalysator.

Da höhere Reaktionstemperaturen den Katalysator zerstören und ein höherer CO-Druck, der eine Stabilisierung des Katalysatorskeletts bewirkt, die homogenkatalytische Hydrierung von Aldehyden erschwert, muß ein Cokatalysator wie z. B. das hydrieraktive Ruthenium einen guten Einfluß auf das Reaktionsgeschehen haben [9.135–137].

Auch Rhodium ist als Hydrierkomponente im Katalysatorsystem anwendbar [9.138].

Nickelzusatz als Cokatalysator führt zur bevorzugten Bildung von Acetaldehyddimethylacetal [9.139].

Setzt man dem gewöhnlichen Kobaltkatalysator ohne Iodpromotoren z. B. Triphenylphosphin zu, tritt Aktivitätsverminderung ein und die Bildung von

Tabelle 9.7. Umsatz und Selektivität der Methanolhomologisierung als Funktion der Temperatur (p = 500 bar; $CO:H_2 = 1:3$; Katalysator Co; $Co:I_2 = 3:1$; Co:Ru = 10:1; Phosphin:Co = 1:1; Reaktionszeit jeweils 2 h) (nach Bahrmann et al. [9.134])

Temperatur (°C)	170	180	190	200	210	220*
Umsatz (Mol-%)	9	19	38	41	33	19
Selektivität (Mol-%)						
Ethanol	34	58	74	79	79	75
n-Propanol	5	4	4	4	4	4
Kohlenwasserstoffe	11	9	6	7	8	10
Acetaldehyd	1	1	Spuren	Spuren	Spuren	Spuren
Ether	9	7	8	5	4	6
Ester	4	5	4	2	2	1
Acetale	30	10	2	Spuren	Spuren	1

* starke Katalysatorzersetzung

Tabelle 9.8. Abhängigkeit der Produktzusammensetzung der Methanolhomologisierung von der Reaktionszeit (Co = 0,5 %; I:CO = 1:3; Ru:Co = 1:10; Phosphin:Co = 1:1; $CO:H_2 = 1:1$; Druck = 500 bar; T = 200 °C) (nach Bahrmann et al. [9.134])

Reaktionszeit nach Erreichen der Reaktionstemperatur (min)	0	20	40	80	120	180
Umsatz (Mol-%)	5	9	16	43	48	60
Selektivitäten (Mol-%)						
Ethanol	15	37	36	60	63	66
n-Propanol	2	4	2	3	3	4
Kohlenwasserstoffe	15	13	13	8	5	4
Acetaldehyd	5	1	1	1	1	1
Ether	8	10	6	4	5	5
Ester	5	6	5	8	9	10
Acetale	36	33	28	12	11	9

Acetaldehyddimethylacetal wird bevorzugt. In Gegenwart von Iod, z. B. in Form von HI (Co:I = 1:2) und einem Verhältnis von Co:P = 1:2 durch Zusatz von Triphenylphosphin werden sowohl Reaktionsgeschwindigkeit wie Selektivität erhöht. Ether- und Acetalbildung, sowie die Bildung von Kondensationsprodukten des Acetaldehyds werden stark vermindert. Auch die basischen Trialkylphosphine sind gut wirksam [9.139].

Die Tabellen 9.7 und 9.8, die neueren Arbeiten von Bahrmann, Lips und Cornils entnommen sind, zeigen die Vorteile solcher Systeme [9.134].

Die Tabellen zeigen die Selektivität der Homologisierung von Methanol als Funktion der Temperatur bzw. die Abhängigkeit der Produktzusammensetzung von der Reaktionszeit in dem vierkomponentigen System. Erst durch die Kombination aller 4 Komponenten Co mit Ru bzw. Rh als Cokatalysatoren, einem Aryl- oder Alkylphosphin und Iod, werden hohe Selektivitäten für Ethanol und relativ hohe Umsätze erzielt.

Abgesehen vom hohen Preis, hat das Katalysatorsystem auch seine Lebensdauer und seine Bewährung im technischen Maßstab noch nicht erwiesen.

Keister et al. [9.140] zeigten, daß die Stabilität des Triphenylphosphins in dem Vierkomponentensystem unter den Bedingungen der Homologisierung gering ist und allmählich Zersetzung eintritt. Auch treten Oxidationserscheinungen auf.

9.7.1 Der Reaktionsmechanismus der Homologisierung [9.146–9.154]

Schon frühzeitig wurde erkannt, daß der Kobaltcarbonylwasserstoff als fast so starke Säure wie Salzsäure, mit Methanol verestert wird.

$$CH_3OH + HCo(CO)_4 \rightarrow CH_3{-}Co(CO)_4 + H_2O.$$

Es tritt nun, wie bei der Oxoreaktion, eine Wanderung der CO-Gruppe unter Bildung eines Acyl-Co-Komplexes ein

$$CH_3Co(CO)_4 \rightarrow CH_3CO{-}Co(CO)_3,$$

der sofort CO aufnimmt und $CH_3COCo(CO)_4$, Acetylkobalttetracarbonyl bildet.

Das Acylprodukt reagiert mit weiterem Kobaltcarbonylwasserstoff unter Bildung von Acetaldehyd.

Der Aldehyd wird in einer homogenkatalytischen Reaktion zu Ethanol hydriert.

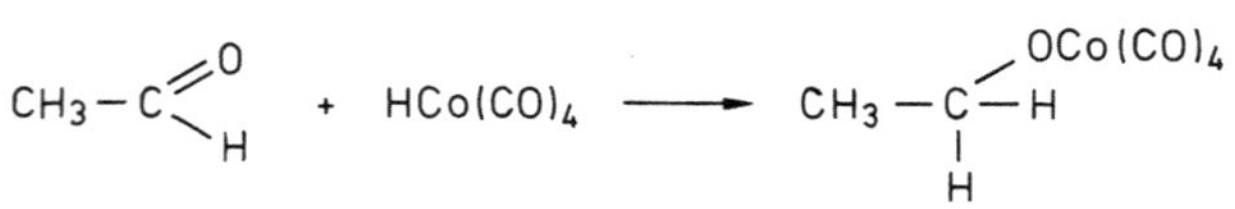

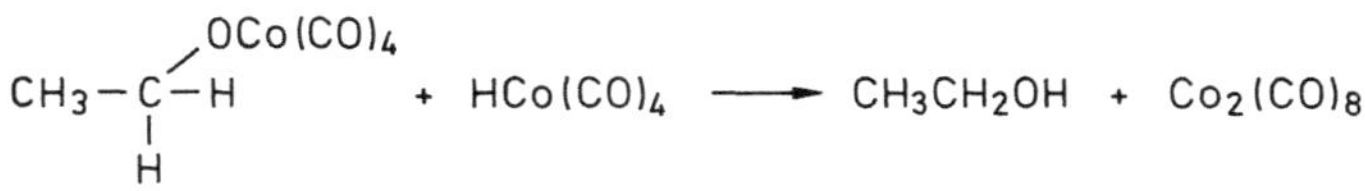

Dikobaltoktacarbonyl wird durch Wasserstoff bei höheren Temperaturen wieder in Kobaltcarbonylwasserstoff übergeführt.

Bei der homogenkatalytischen Hydrierung, die erst bei 220 °C rasch abläuft, muß bei Verwendung von reinen Aldehyden, wie z.B. Butyraldehyd, der Druckabfall durch ständiges Zupressen von reinem Wasserstoff aufgefangen werden, denn nur dieser wird verbraucht. Der CO-Druck ist zur Verhinderung der Zersetzung des $HCo(CO)_4$ unter Abscheidung von metallischem Kobalt notwendig, braucht also nur zu Beginn der Reduktionsreaktion eingestellt werden.

Die Wirkung des Iodzusatzes besteht nach Untersuchungen von Mizoroki et al. darin, daß Iod als Ligand in den Kobaltkomplex eintritt und dort eine Labilisierung in der Koordinationssphäre hervorruft, was die oben angeführten Umsetzungen beschleunigt [9.152].

Zur rascheren Hydrierung des Acetaldehydes, um übermäßige Acetalbildung und Kondensation zu vermeiden, wird ein Cokatalysator wie Ruthenium oder Rhodium verwendet.

Über die Wirkung der Phosphine herrscht noch weitgehend Unklarheit.

Aufmerksamkeit verlangt die Tatsache, daß bei Ersatz der Phosphine im Katalysatorsystem durch z.B. *tert.* Arsine oder Stibine oder quarternäre Verbindungen der Elemente der 5. Hauptgruppe z.B. Ammonium, Phosphonium, Arsonium etc., bei der Homologisierung bevorzugt Acetaldehyd entsteht.

$M^+[FeCo_3(CO)_{12}]^-$ M = Alkali, Ammonium, Phosphonium etc.

Die Bildung der Acetate bei der Homologisierung läßt sich folgendermaßen erklären [9.141]:

Das Acylprodukt $CH_3COCo(CO)_4$ setzt sich mit Methanol um.

$$CH_3COCo(CO)_4 + CH_3OH \rightarrow CH_3COOCH_3 + HCo(CO)_4.$$

Die Formiatbildung verläuft wahrscheinlich über das Formylprodukt $HCo(CO)_4 \rightleftarrows HCO{—}Co(CO)_3$

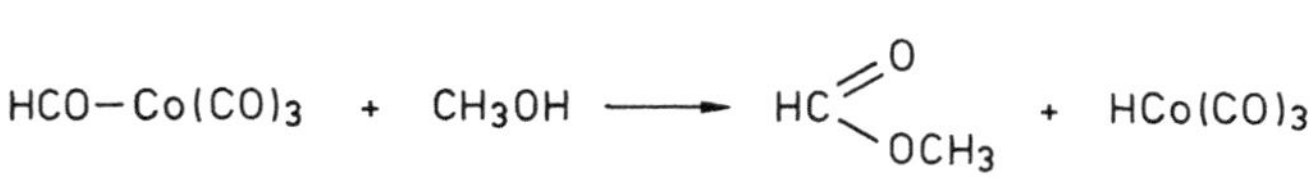

Es kann aber auch auf folgendem Wege gebildet werden:

$$CH_3OH + Co_2(CO)_8 \rightarrow HCo(CO)_4 + CH_3O{—}Co(CO)_4.$$

Im Methoxyderivat tritt nun die Carbonylgruppenwanderung ein:

$$CH_3OCo(CO)_4 \rightarrow CH_3OCO{—}Co(CO)_3$$
$$CH_3OCOCo(CO)_3 + CO \rightarrow CH_3OCOCo(CO)_4$$

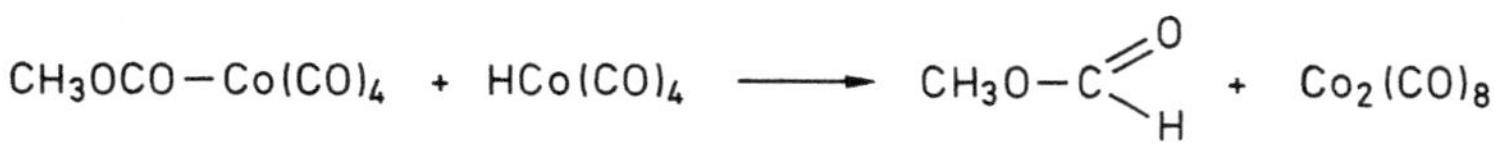

Glykolmonomethylether bildet sich aus Formaldehyddimethylacetal (Formal) etwa auf folgende Weise:

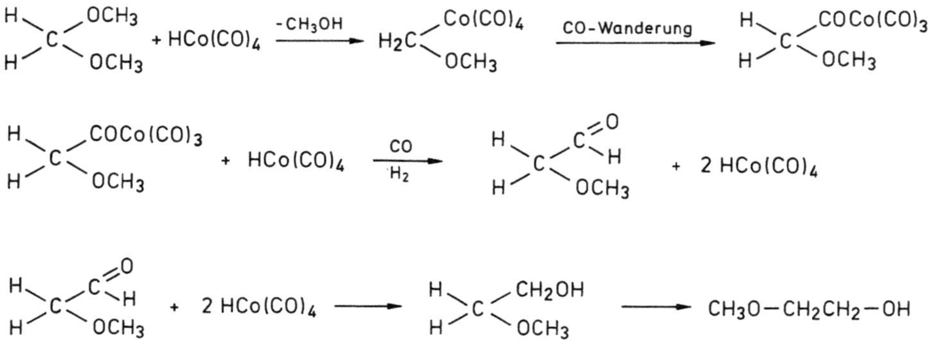

Glykolmonomethylether

9.8 Die Homologisierung von Methanol zu Acetaldehyd

Setzt man dem gewöhnlichen Kobaltkatalysator ohne Iodpromotoren z.B. Triphenylphosphin zu, tritt Aktivitätsverminderung bei der Homologisierungsreaktion ein und die Bildung von Acetaldehyddimethylacetal wird bevorzugt. Besonders deutlich tritt dies in Erscheinung, wenn man z.B. mit Arsinen oder Stibinen als Liganden arbeitet [9.153].

Eine ausgezeichnete Acetaldehydselektivität wird mit dem System $Co_2(CO)_8/KI/CH_3I = 1:12:1$ erhalten [9.154].

Doyle verwendete einen Kobalt-Eisen-Cluster der Formel $[NBu_4][FeCo_3(CO)_{12}]$ und erhielt bei niederen Temperaturen vorzugsweise Acetaldehyd, bei höheren Temperaturen und längeren Verweilzeiten Ethanol. Die Rolle des Eisens im Kobaltsystem beruht wahrscheinlich auf der streng hydrierenden Wirkung des Eisencarbonylwasserstoffs, die sich in Gegenwart von Aminen erst bei höheren Temperaturen auswirkt [9.155].

Im allgemeinen wirken sich niedrige Temperaturen und kurze Verweilzeiten günstig auf die Acetaldehydbildung aus.

Ebenso erhält man mit hoher Selektivität Acetaldehyd-dimethylacetal bei Verwendung von Ni:Co = 12:1 im Katalysator, worauf schon hingewiesen wurde [9.139]. Dieser Reaktionsverlauf ist noch völlig ungeklärt.

9.9 Die Herstellung von Essigsäure aus Methanol und Kohlenmonoxid

Das zur Zeit wichtigste Produkt der Carbonylierung von Methanol ist die Essigsäure. Da die technischen Probleme dieser Produktion völlig gelöst sind [9.146], wird die Umsetzung nur kurz erwähnt.

Der erste Prozeß wurde von der BASF ausgearbeitet und beruht auf der Umsetzung von Methanol mit Kohlenoxyd bei 680 bar in Gegenwart von Kobaltiodid. Die auftretenden Korrosionen konnten durch Verwendung von Hastelloy B und C, Molybdän-Nickel-Legierungen, gelöst werden. Es werden Selektivitäten für Essigsäure von 90 % und für Kohlenmonoxid von 70 % erreicht. Der hohe Druck und die hohe Temperatur müssen angewendet werden, weil der Katalysator nicht sehr aktiv ist. Die Nebenprodukte wie Methylacetat, Ameisensäure und Dimethylether können in den Reaktor zurückgeführt werden. Die Säure wird durch Destillation und Rektifikation schließlich 99,8-prozentig erhalten [9.147].

Durch Einführung von Rhodium als Katalysator durch die Monsanto konnten die Temperatur und der Druck wesentlich gesenkt werden (30 bar und 150–200 °C) [9.148]. Die aktive Species besteht aus $[Rh(CO)_2I_2]^-$ und man erreicht eine Selektivität von 99 % bez. auf Methanol und 90 % für CO [9.149].

Literatur zu Kapitel 9

9.1. Ehrler, J. L., Juran, B. (Halcon S.D.): Hydrocarb. Processing *1982*, Februar, S. 109

King, D.L., Ushiba, K.K., Wayte, T.E. jr. (Catalytica Associates Inc.): Hydrocarbon Processing *1982* November, S. 131–136 (44 Zitate). Make oxygentaed chemicals from Methanol (FT-Synthese, Acetanhydrid, Ethanol, VAM, Ethylenglykol etc.)

Coover, H. W., Hart, R. C.: CEP *1982* April, S. 72–75. A Turn in the Road: Chemicals from Coal. Eastmen Acetanhydrid-Synthese

Chem. Eng. News *1982* vom 29. März, S. 28. Progress slows in chemicals from synthetic feeds

9.2. Oil Gas Journ. *1982* vom 4. Januar, S. 130. Chemical from Coal Eastmans turn in the road

9.3. Howard, M. (S.D. Comp. Inc. London): Oil Gas Journ. *1982*, 22. März, S. 165–170. Chemicals from Syngas, step by step – and the future role of coal

9.4. Keim, W. et al.: Erdöl und Kohle *35* (6), 303 [1982]

9.5. Sherwin, M.B.: Hydrocarbon Processing *1981* März, S. 79–84. Chemicals from Methanol: Essigsäureanhydrid

9.6. King, D. L., Cusumano, J. A., Garten, R. L.: Catal. Rev. Sci. Eng. *23* (1/2) 233–263 (bes. 253) [1981]

9.7. Pruett, R.L.: Science *211* (4477), S. 11 vom 2. Januar [1981]

9.8. Procelli, R. V., Bhise, V. S.: DOS 3.024.353 [1981]

9.9. Chemistry and Industry *1981* vom 19. Oktober, S. 700

9.10. Brockington, J.W., Bartish, C.M. (Air Procucts and Chemicals Inc.): Am. Chem. Soc., New York Meeting 23.–28. August *1981*, S. 750

9.11. Nisslick, A. S. zit. in Chem. Eng. News *1981*,, 30. Nov., S. 37

9.12. Schmitz, K. (Hoechst): Eur. Pat. Appl. 26.280 [1980]

9.13. Europ. Chem. News *1980*, 3. März, S. 24

9.14 Chem.-Week *1980*, 16. Januar, S. 40

9.15. Rizkalla, N.: Brit. Pat. 1.538.783 [1978], (Halcon International); Rizkalla, N.; DOS 2.610.036 (Halcon International)

9.16. Kukertz, H. (Hoechst A.G.): U.S. Pat. 4.046.807 [1977]

9.17. Naglieri, A. N., Rizkalla, N.: U.S. Pat. 4.002.677 [1977] (Halcon International) U.S. Pat. 4.002.678 [1977] gleiche Autoren

9.18. Chemistry and Industry *1981* vom 17. Oktober, S. 700

9.19. Nisslik, A. S.: zit. in Chem. Eng. News *1981* vom 30. November, S. 37

9.20 European Chem. News *1980* vom 3. März, S. 24

9.21. Chem. Week *1980* vom 16. Januar, S. 40

9.22. Pruett, R. L.: Science *211* (4477), S. 11 vom 2. Januar 1981

9.23. vgl. z. B. DOS 2.610.036 [1976]

9.24. Procelli, R. V., Bhise, V. S.: DOS 3.024 353 [1981] Halcon International

9.25. Kubbeler, H.K., Ertenbach, H., Germann, K., Schmitz, K. (Hoechst A.G.): Eur. Pat. Appl. 26.280 [1980]

9.26. Luft, G., Ritter, G., Schrod, M.: Chem. Ing. Tech. *54* (8), 750–760 [1982]. Homogen-katalysierte Carbonylierung von Dimethylether zu Essigsäureanhydrid

9.27. Weitere Literatur vgl. DOS 2.610.036 [1976] und DOS 2.441.502 [1975] Halcon International

9.28. Ehrler, J. L., Juran, B.: Hydrocarbon Processing *1982* Februar, 111 (Halcon S.D. New York City)

9.29. Sherwin, M. B.: Hydrocarbon Processing *1981* Mai, S. 79

9.30. Isshiki, T. et al.: Eur. Pat. Appl. 25.702 [1981] Mitsubishi Gas Comp.

9.31. Brockington, J. W., Bartish, C. M.: Am. Chem. Soc. New York Meeting 23.–28. August 1981, Prepr. Div. Petrochem. *26* 3 [1981]

9.32. Tomiya, I. et al.: Eur. Pat. Appl. 28.474 [1981]. Mitsubishi Gas Corp.

9.33. Isshiki, T. et al.: Eur. Pat. Appl. 28.515 [1981] Mitsubishi Gas Corp., vgl. auch U.S. Pat. 3.579.566

9.34. Winnick, C.N., Rizkalla, R.: DOS 2.610.035 [1976] (Halcon International)

9.35. Coover, H. W. jr., Hart, R. C.: CEP (Chem. Eng. Progress) *1982* April, S. 72–75 (Tennessee Eastman)

9.36. Asinger, F.: Die Petrolchemische Industrie Bd. II, S. 1291-295 [1971], Akademie-Verlag, Berlin

9.37. Gresham, W. F., Schweitzer, C. E.: U.S. Pat. 2.534.018 [1950], DuPont de Nemour Co.

9.38. Pruett, R. L., Walker, W.: U.S. Pat. 3.833.634 [1974], Union Carbide, ferner DOS 2.426.411, C.A. *82*, 139.311p [1975]

9.39. Sherwin, M. B.: Hydrocarbon Processing *1981* März, S. 79–84

9.40. Chem. Eng. News *58* (15), 30–31 [1980] vom 1. April

9.41. Kaplan, L.: U.S. Pat. 4.162.261 [23. August 1979], Kaplan, L.: U.S. Pat. 3.944.588, C.A. *84*, 164.152m [1976], DOS 2.743.630 vom 23. August 1979

9.42. Walker, W. E., Brown, E. S., Pruett, R.: U.S. Pat. 3.878.214, C.A. *83*, 45.428a [1975]; U.S. Pat. 3.878.290, C.A. *83*, 45.427z [1975]; U.S. Pat. 3.878.292, C.A. *83*, 45.426g [1975] (Union Carbide)

9.43. Brown, E. S. (Union Carbide): U.S. Pat. 3.929.969, C.A. *84*, 127.210h [1975]; U.S. Pat. 3.989.799, C.A. *86*, 96.646g [1977]

9.44. Walker, W. E., Brown, E. S.: DOS 2.531.103, C.A. *84*, 135.103r [1976]

9.45. Walker, W. E., Bryant, D. R., Brown, E. S.: DOS 2.531.131, C.A. *85*, 49.173c [1976]; DOS 2.531.149, C.A. *85*, 35.400g [1976]

9.46. Cawse, J. N.: DOS 2.531.070, C.A. *85*, 32.395d [1976]

9.47. Moyer, C. E., Keller, G. E., Beisner, R., Walker, W. E.: DOS 2.541.314, C.A. *85*, 20.596g

9.48. Pruett, R. L., Epler, W. W.: U.S. Pat. 4.133.776

9.49. Vgl. Process Development Digest *1* (3), 1–4 [1979], Chem Systems, Gelbein, A. P.

9.50. Vidal, J. L., Walker, W. E., Pruett, R. L., Schnoering, R. C., Fiato, R. A.: Fundamental Research in Homogeneous Catalysis, Vol. *3*, 399 [1979] (Plenum New York)

9.51. Cawse, J. N.: U.S. Pat. 3.948.965 [1976] Union Carbide

9.52. Rathke, J. W., Feder, H. M.: J. Am. Chem. Soc. *100*, 3623 [1978]

9.53. Keim, W., Berger, M., Schlupp, J.: Journ. Catal. *1980*, *61*, 359; Keim, W., Kupferschläger, K., Schlupp, J., Schwerdt, S.: Chem. Techn. *1980* (9), 567

9.54. Fonseca, R., Jenner, G., Kiennemann, A., Deluzarche, A.: High Pressure Synthesis of Polyalkohols, High Pressure Science Technol., Airat Conf. 6th [1977], Publ. 1979/1, S. 733–738

9.55. Knifton, J. F.: J. Am. Chem. Soc. *103*, 3959–3961 [1981]; Knifton, J. F.: U.S. Pat. Appl. 2.024.811 [1980] Texaco Development Corp.

9.56. Duané Dombek, B. (Union Carbide Co): J. Am. Chem. Soc. *102*, 6855–6857 [1980]; *103*, 6508 [1981]

9.57. Vgl. Kollar, J.: Chem. Eng. *1979* vom 8. Oktober, S. 49

9.58. Goetz, R. W.: DOS 2.741.589 [1978] vom 23. Mai 1978 (National Distillers and Chemical Corp.), Chem System. 4. Quarterly Rep. 1978/1979, Progr. Mai 1979, S. 355–387

9.59. Wall, R. G.: U.S. Pat. 4.079.085 [1978], Chevron Res. Co. Wall, R. G.: U.S. Pat. 4.144.401 [1979], Chevron Res. Co. DOS 2.746.245 vom 27. April 1978

9.60. Vgl. U.S. Pat. 3.920.753

9.61. Weiss, A. H., Trigerman, S., Dunnels, G., Likholobov, V. A., Biron, E.: Ind. Eng. Chem. Prod. Res. Dev. *18*, 522 [1979]

9.62. Mizuno, T., Weiss, A. H.: Adv. Carbohydr. Chem. Biochem. *29*, 173 [1974]

9.63. Trigerman, S., Biron, E., Weiss, A.H.: Adv. Kinet. Catal. Lett. *6* (3), 269 [1977]

9.64. Wisniak, J., Hershkowitz, M., Leibowitz, R., Stein, S.: Ind. Eng. Chem. Prod. Res. Dev. *13*, 75 [1974]

9.66. Roth, J.A., Orchin, M.: J. Organomet. Chemistry *172* [1979], C_{27}—C_{28} (dort weitere Literatur)

9.67. Weiss, A. H.: Chem. Week *1978* vom 22. Nov., S. 33
Weiss, A. H. et al.: Ind. Eng. Chem. Proc. Des. Dev. *18*, 532 [1979]; vgl. auch Asinger, F.: Chemie und Technologie der Monoolefine, Akademie Verlag, Berlin 1957, S. 661

9.68. Siehe die Zit. [9.58–9.60] ferner Yukawa, T., Kawasaki, K., Wakamatsu, H.: DOS 2.427.954 [1975] (Ajinomoto Co. Inc.)

9.69. Wall, R. G.: U.S. Pat. 4.144.401 [1979] (Chevron Research Co) DOS 2.746.245 vom 24. Juli 1978, Chevron Research Co

9.70. Chem. and Ind. *62*, 281 [1948] zu Zit. 70; vgl. Asinger, F.: Die Petrolchemische Industrie, Bd. II, S. 1011–1062 [1972], Akademie-Verlag, Berlin

9.71. Loder, D. J.: E. I. DuPont de Nemours + Co.; A.P. 2.152.852 [1939], C.A. *33*, 5006 [1939];
A. T. Larson, E. I. DuPont de Nemours + Co.; A.P. 2.153.064 [1939], C.A. *33*, 5006 [1939]; A.P. 2.443.482

9.72. Laporte, S. J., Toland, W. G.: U.S. Pat. 3.754.028 [1973] Chevron Res. Co.
Suzuki, S.: DOS 2.526.381 [1976]
Suzuki, S.: U.S. Pat. 3.911.003 vom 7. Oktober 1975, Chevron Res. Co.

9.73. Owsley, C. D., Bloomfield, J. J.: U.S. Pat. 4.076.758 [1978], (Monsanto Co.)

9.74. Europ. Chem. News Techn. Suppl. *1980* vom 22. Dezember, S. 34–40, ECN Special Report. New Synthesis gas processes on verge of commercial feasibility

9.75. King, D. L., Cusumano, J. A., Garten, R. L.: Cat. Rev. Sci. Eng. *23* (1–2), 233–263 [1981]

9.76. Suzuki, S.: U.S. Pat. 3.911.003 vom 7. Oktober 1975, Chevron Research Comp.

9.77. Suzuki, S.: DOS 2.809.373 vom 13. März 1978, Chevron, Research Comp.

Chevron-Patente

U.S. Pat. 3.754.028 vom 21. August 1973
U.S. Pat. 3.911.003 vom 7. Oktober 1975
U.S. Pat. 3.948.977 vom 6. August 1976
U.S. Pat. 4.016.208 vom 5. April 1977
U.S. Pat. 4.087.470 vom 2. Mai 1978
U.S. Pat. 4.113.662 vom 12. September 1978
U.S. Pat. 4.136.112 vom 23. Januar 1979
D.B. Pat. 2.809.373 vom 13. September 1979

9.78. U.S. Pat. 3.930.812 vom 6. Januar 1976

9.79. U.S. Pat. 3.393.136 vom 16. Juli 1968 (Union Oil Company of California); Fenton, D. M., Steinwand, P. J.: J. Org. Chemistry *39*, 701 [1974]; Rivetti, F., Romano, U.: J. Organometall. Chem. *1978*, 154, 323; Rivetti, F., Romano, U.: Chem. Ind. (Milano) *1980, 62*, 7

9.80. Gänzler, W., Kabs, K., Schröder, G.: DOS 2.213.435 vom 11. Oktober 1973, Röhm GmbH, Darmstadt

9.81. Jamazaki, T., Eguchi, M., Uchiumi, S., Iwajama, A., Takahashi, M., Kurahashi, M.: DOS 2.515.685 [1975], Ube Industries

9.82. Giovanni, A., Bimbi, G., Guerrieri, F., Rucci, G.: DOS 2.716.170 vom 27. Oktober 1977, Montedison S.p.A. Mailand

9.83. Kim, Ch.S. et al.: Chem. Ind. (UdSSR) *1963* (7), 492–497, C.A. *60*, 2743 [1964]

9.84. U.S. Pat. 3.78.451 [1965], Union Carbide; vgl. auch Chem. Eng. News *37* (51), 42–44 [1959]

9.85. Owsley, D. C., Bloomfield, J. J.: U.S. Pat. 4.076.758 [1978]

9.86. Zehner, L. R.: U.S. Pat. 4.069.380 [1978], Atlantic Richfield Co.

9.87. European Chem. News vom 28. September 1981, S. 4, Hydrocarbon Processing *1981* Oktober, S. 25

9.88. DOS 1.691.143 [1976], Hoechster Farbwerke vgl. auch Jap. Offen. 98.924, Hoechster Farbwerke

9.89. Brit. Pat. 252.848 vom 22. April 1925, BASF, C.A. *21*, 2477 [1925]

9.90. Sachssee, W., in Ullmann Enzyclopädie der Technischen Chemie, Vol. 7, 4. Auflage 1974, S. 363, Verlag Chemie GmbH, „Ameisensäure"

9.91. Couteau, W., Ramioulle, J.: Brit. Pat. 1.511.961 vom 24. Mai 1978, (UCB) Belgien)

9.92. Aguilo, A., Horlenko, Th.: Hydrocarbon Processing *1980* Nov., S. 120–130. Ameisensäure

9.93. U.S. Pat. 1.400.195 [1922], US Industrial Alcohol Co, ferner F.P. 673.051 [1929], Companie de Bethune

9.94. Ioneoka, M.: DOS 2.716.842 vom 27. Oktober 1977, Mitsubishi Gas Chemical Co. (MGC)

9.95. Ioneoka, M., Osugi, M.: DOS 2.753.634 vom 6. August 1978. MGC, ferner: Japan. Pat. I5 3068–766 vom 19. Juni 1978, I5 3108–916 vom 22. September 1978

9.96. Brit. Pat. 1.546.004 vom 5. Mai 1979, MGC Jap. Pat. 46.821 [1978] MGC

9.97. Ikarashi, T.: CEER *12* (8), 31–34 [1980]. Der MGC-Prozess für die Produktion von hochreinem CO und Überblick über die Derivate des Methylformiates

9.98. Japan. Pat. 30.253 [1973], Mitsubishi Gas Comp.

9.99. Bryant, F.J., Johnson, W.R., Singleton, T.C.: Monsanto Co, P.O. Box 1311, Texas City, Texas 77596, Referat bei der 165. Tagung der Am. Chem. Soc. in Dallas/Texas 8.–13. April 1973. Umwandlung von Methylformiat in Essigsäure durch Katalyse mit Rhodium

Antoniades, E.P. (Chevron Res. Co.): U.S. Pat. 4.195.056 vom 18. März 1980. Acetic Acid from Methylformiat

Röper, M., Elvevoll, E. O., Lütgendorf, M.: Erdöl und Kohle *38* (1), 38 (1985)

9.100. Egorov, A.M., Recharshky, M.V., Berezin, I.V.: Chem. Intern., Heft 5, S. 20, 1981 Oktober; Chem. Labor Betr. *33* (1), 25 [1982]

9.101. Chem. Eng. News *48* (28), 24 [1970]. Chem. Labor Betr. *22* (2) 82 [1971]

9.102. Gibson, H.W. (Union Carbide): Chem. Rev. *69* (5), 673–692 [1969], C.A. *71* (25) 123.393d [1969]

319 Zitate bis 1966: „Die Chemie der Ameisensäure und ihrer einfachen Derivate"

9.103. Europ. Föder. Chem. Ing. Wesen *2* (1), 61 [1968]; Kostova, D., Usunov, P., Russev, R.: Chem. Ind. (Sofia) *39* (7), 305–308 [1967]. Chem. Verfahren im großtechnischen Maßstab aus der organischen Chemie Nr. 1783. Gewinnung von Ameisensäure

9.104. Ullmanns Encyclopädie der Technischen Chemie, Vol. 7, 4. Auflage, S. 363 [1974], Verlag Chemie, Weinheim

9.105. Chem. technol. und chem. Maschinenbau (UdSSR) *1974*, S. 34–39, C.A. *83* (17), 147.086c [1975]. Über die Optimierung der Natriumformiatsynthese; Hanson, A. H.: Schwed. Pat. 331.990 vom 25. Januar 1971 (A. B. Perstorp), C.A.

77 (23), 151.491b [1972]. Kontinuierliche Herstellung von Ameisensäure aus Natriumformiat und Schwefelsäure

9.106. Gercev, V.V., Markov-Zemljanski, Ja. Ja.; J. angew. Chem. (UdSSR) *43* (7), 1633–1635 [1970] C.A. *73* (17), 87.373/c [1970]

Strunnikova, G.A. et al.: Girdroliz, Loeskhim. Prom. *1972* (5), 24, C.A. *77* (9), 125.872g [1972]

9.107. Chem. Labor Betr. *33* (5), 244 [1982]

9.108. Czaikowski, M.P., Bayne, A.R. (S.D. New York): Hydrocarbon Processing *1980* Nov., 103–106. Make formic Acid from CO

Lynn, I.B., Homberg, O.A., Singleton, A.H.: U.S. Pat. 3.907.844 vom 23. September 1975, Bethlehem Steel Corp.; Kaplan, L.J.: Chem. Eng. vom 12. Juli 1982, S. 71–73

Peltzman, A.: Oil Gas J. *1981* 16. Nov., S. 103–109 Process makes formic acid from Syngas (Halcon Scientific Design.)

9.109. Aguilo, A., Horlenko, T. (Celanese Chem. Co. Inc.): Hydrocarbon Processing *1980* Nov., S. 120–130. Formic Acid

9.110. Kaplan, L.J.: Chem. Eng. vom 12. Juli 1982, S. 71–73

9.111. Hohenschutz, H., Schmidt, J., Kiefer, H.: DOS 2.744.313 vom 12. April 1979, BASF DBP 2.407.157 vom 26. August 1976 (BASF); Hohenschutz, H., Strohmeyer, M., Rauch, K. (BASF):

9.112. Bulo, H., Hohenschutz, H., Schmidt, H., Sachssee, W.: DBP 2.545.730 vom 21. April 1977 (BASF)

9.113. Foo, K.W., Shortland, I.: Hydrocarbon Processing *55* (5), 149 [1976]. Compare CO production methods

9.114. Chem. Ing. Techn. *45* (24), 1516 [1973]. Entfernung von Sauerstoff aus technischen Gasen

9.115. Davis, J.S., Martin, J.R.: Chem. Eng. Progress *76* (2), S. 72 [1980]. Cryogenics for Syngas Processing

9.116. Chem. Eng. *82* (16), 52 [1975] vom 4. August. Neues CO-Absorptionsverfahren (Cosorb-Process)

9.117. CEER (Chem. Econ Eng. Rev.) *9* (12), 29 [1977]. High purity CO from gaseous streams (Cosorb-Process)

9.118. European Chem. News *30* (772), 34 [1977] vom 4. Februar. Tenneco carbon monoxide process for first European plant

9.119. Haase, D.J., Duke, P.M., Cates, J.W.: Hydrocarbon Processing *1982* März, S. 103–107. CO recovery and purification (Cosorb-Process)

9.120. MacLean, D.L., Graham, T.E.: Chem. Eng. *1980* vom 25. Februar, S. 54. Hollow-Faser-Membran-Technologie der Monsanto

9.121. Chem. Week *1979* vom 21. November, S. 48. Prism-Separator (Monsanto Hollow-Faser-Technology)

9.122. Chem. Eng. *1979* vom 29. Januar, S. 49. Bright future for CO feed

9.123. Wietzel, G., Eder, K., Scheuermann, A.: DRP 867.848 [1941] BASF

9.124. Wietzel, G., Scheuermann, A., Kotschmar, A., Eder, K.: DRP 843.876 [1941] BASF

9.125. Wietzel, G., Vorbach, O., Scheuermann, A.: DRP 875.346; 877.598 [1943] BASF

9.126. Jahrsdorfer, M., Schwerte, G.: DRP Anm. B 7414 [1941] BASF

9.127. Pieroh, K.: DRP Anm. J. 69072 [1941] BASF

9.128. Pieroh, K., Müller-Cunradi, M., Lorenz ,L.: DRP Anm. J 72712 BASF

9.129. Wender, I., Levine, R., Orchin, M.: J. Am. Chem. Soc. *71*, 4160 [1949]

9.130. Wender, I., Greenfield, W., Orchin, M.: J. Am. Chem. Soc. *73*, 2656 [1951]

9.131. Wender, I., Friedel, R. A., Orchin, M.: Science *113*, 206 [1951]

9.132. Berty, J., Marko, L., Kallo, D.: Chem. Tech. (DDR) *8*, 260 [1956]

9.133. Hieber, W., Behrens, H., Teller, W.: Z. anorg. allgem. Chemie *49*, 26 [1942]

9.134. Bahrmann, H., Lips, W., Cornils, B.: Chem. Ztg. *106*, 249–258 [1982]. Fortschritte bei der Homologisierungsreaktion

9.135. Vgl. z. B. Pretzer, W. R., Kobylinski, T. P., Bozik, J. E.: Eur.-Pat.-Appl. 13464 [1980]

9.136. Butter, G. N.: U.S. Pat. 3.285.948 [1965]. Commerical Solvents Corp.

9.137. Fiato, R. A.: U.S. Pat. 4.253.987 [1981]; U.S. Pat. 4.233.466 [1980] Union Carbide

9.138. Beuther, H., Kobylinski, T. P., Slingerman, G. M., Pretzer, W. R.: Am. Chem. Soc. Div. Petrol. Chem. Prepr. *1980*, 25, 93 (Gulf Res. Dev. Co., Pittsburgh); Pretzer, W. R., Kobylinski, T. P.: Ann. N.Y. Acad. Sci. *1980*, 333, 58

9.139. Korff, J., Fremery, M., Zimmermann, J.: DOS 2.913.677 (Union Rheinische Kraftstoff A.G.)
Gane, B. R., Stewart, D. G.: Eur. Pat. Appl. 10373 [1980] British Petroleum Company
Sugi, Y., Bando, K., Takami, Y.: Chem. Letters *1981*, 63

9.140. Keister, J. B., Gentile, R.: J. Organometal. Chem. *222*, 143 [1981]

9.141. Koermer, G. S., Slinkard, W. E.: Ind. Eng. Chem. Prod. Res. Dev. *17* (3), 231 [1978]. Methanol Homologation Reaction Catalyzed by Cobalt Carbonyl
Ball, W. J., Stewart, D. G.: British Petroleum Co., GB-Appl. 2.053.915 [1980]
Tokinobu, A.: Mitsubishi Gas Chem. Inc. Jap. Pat. 7.302.525 [1973]

9.142. Chem. Eng. News vom 7. April *1980*, S. 37–38

9.143. Dumas, H., Levisalles, J., Rudler, H.: J. Organometal. Chem. *187*, 405–412 [1980], C.A. *93*, 132007n [1980]

9.144. DOS 2.731.962 [1979], Imhausen Chemie GmbH

9.145. Vgl. Knifton, J. F.: Texaco Chem. Co.: J. Chem. Soc., Chem. Comm., *1981*, 41–43, Synthesis Gas Homologation of Aliphatic Carboxylic Acids; Knifton, J. F.: Hydrocarbon Processing *1981*, Dezember, S. 113–117 (Texaco Chem. Co.). Carboxylic Acids from Syngas;
Knifton, J.F.: Chemtech Oktober *1981*, S. 609–614. Big acids from little ones

9.146. Vgl. Haggin, J.: Chem. Eng. News *1981* vom 23. September, S. 39–47

9.147. Hohenschutz, H., von Kutepow, N., Himmele, W. (BASF): Hydrocarbon Processing 1973, Nov., S. 92; Hydrocarbon Processing *1966*, Nov., S. 141–144
von Kutepow, H., Himmele, W., Hohenschutz, H.: Chem. Ing. Techn. *37* (4), 383–388 [1965] (BASF)

9.148. Paulik, F. E., Roth, J. F.: J. Chem. Soc., Chem. Comm., *1968*, 1578 [1968]; Roth, J. F., Cradock, J. H., Hersman, A., Paulik, F. E.: Chemtech vom Oktober 1981, S. 600–605. Low pressure process for acetic acid via carbonylation; Foster, D.: Adv. Organometal. Chem. *17*, 255 [1979]; Hyortkayer, J., Jensen, V. W.: Ind. Eng. Chem. Prod. Res. Dev. *15* (1), 46 [1976]

9.149. Vgl. hierzu Falbe, J.: J. Organometal. Chem. *94*, 213–227 [1975]; Weber, K. M., Gates, B. C., Drenth, W.: J. Catalysis *47*, 269–271 [1977]; Grove, H. D.: Hydrocarbon Processing *1972* vom November, S. 76; Lowry, R. P., Aguilo, A. (Celanese): Hydrocarbon Processing *1974*, November, S. 103–113. Acetic Acid today (Review); Platinum Metals Rev. *19* (1), 12 [1975]. Die Synthese von Essigsäure durch Carbonylierung von Methanol

9.150. Hwang, H. SH., Taylor, P. D.: U.S. Pat. 4.101.450 vom 18. Juli 1978 (Celanese Corp., New York N.J.). Catalyst for production of acetic acid; Bergier, A.: Petr. Techn. *1978*, 257, S. 23–26. Acide acetique a partir du $CO + H_2$ (C.A. *90*, 189 350m [1979])

9.151. Bhasin, M. M., O'Connor, G. L.: DBP 2.503.233 vom 16. März 1978, Union Carbide Corp., New York, N.J.; Bhasin, M. M. et al.: J. Catal. *54*, 120 [1978]; Clifford, P., Bhasin, M. M.: U.S. Pat. 4.096.164 vom 20. Juni 1978, Union Carbide Corp., New York, N.J. Process for producing ethanol, acetic acid and/or acetaldehyde from synthesisgas; DBP 2.628.676 vom 26. Juni 1975 Union Carbide; DBP 2.628.463 vom 26. Juli 1975 Union Carbide; U.S. Pat. 4.125.553 vom 30. Aug. 1976 Union Carbide; U.S. Pat. 4.101.450 vom 9. Mai 1977 Celanese Corp.

9.152. Mizoroki, T., Nakayama, M.: Bull. Chem. Soc. (Japan) *41*, 1628 [1968]; Mizoroki, T., Matsumoto, T., Ozaki, A.: Bull. Chem. Soc. (Japan) *1979*, 52, 479

9.153. Gane, B. R.: EP.PS 1 936 [1977], British Petrol. Co.; Pretzer, W. R.: U.S. Pat. 4.239.704 [1979], U.S. Pat. 4.239.705 [1979]; Beuther, H. et al.: Am. Chem. Soc. Div. Petr. Chem. Prepr. *1980*, 25, 93; Gautier-Lafaye, J. G.: EP-Appl. 22 735, 22038 [1979], Rhone Poulenc; EP-PS 1 936 [1977], Gane, B. R.: British Petroleum Comp.; Mitsubishi Gas Chem. Ind. Jap. Pat. 51 136 110, 52 513 611 vom 10. Juli 1976

9.154. Gauthier-Lafaye, J., Perron, R.: Eur. Pat. Appl. 11 042 [1980], Rhone Poulenc

9.155. Doyle, G.: J. Molec. Catal. *1981*, 13, 237

10 Eiweiß durch bakterielle Umsetzung von Methanol (SCP = Single-Cell-Protein) [10.1]

Von den verschiedenen Möglichkeiten der Herstellung von Eiweiß unter Verwendung von *n*-PKW, Ethanol und schließlich Methanol als organisches Substrat ist letzteres, da es aus Kohle hergestellt werden kann, rohstoffmäßig am interessantesten. SCP wird heute für die Tierernährung verwendet, insbesondere für Federvieh, aber auch als Milchersatz für Kälber usw.

Normal-Paraffine werden als Kohlenstoffquelle für die Eiweißherstellung nur noch in der Sowjetunion verwendet. Die westlichen Industrienationen haben diese Basis aufgegeben. Die Toprina-Alkanhefe wird nicht mehr erzeugt. Ethanol ist zur Zeit teurer als Methanol und wird es voraussichtlich auch bleiben.

Eines Tages wird das SCP auch für die menschliche Ernährung geeignet sein und die Arbeiten dazu sind schon weit fortgeschritten. Eiweiß wird dann völlig unabhängig vom Tiermagen, vom Klima, von der Sonne, vom Boden, vom Wasser, vom Dünger etc. auf kleinster Fläche hergestellt werden können.

Der wirkliche Hunger auf der Welt ist ein Eiweißhunger und das Eiweiß-Defizit für das Jahr 2000 wird bei der riesig anwachsenden Weltbevölkerung auf 40 Mio t geschätzt. Der tägliche Bedarf eines Menschen an intaktem Trokkeneiweiß beläuft sich auf etwa 40 g und steigt für Kinder und stillende Mütter bis auf 70 g an.

Wie groß der Eiweißbedarf in den nächsten Jahrzehnten ungefähr sein wird, zeigt Tabelle 10.1.

Die Hoechst AG und die ICI stellen SCP auf Basis von Methanol her, und das Hoechster Erzeugnis Probion, das für die Tierernährung verwendet wird, könnte bereits jetzt als Probion „S" für den menschlichen Bedarf eingesetzt werden.

Dabei ist der Gehalt an Nucleinsäuren, die zwar von den Tieren, nicht aber von den Menschen metabolisiert werden können, auf den erlaubten Prozentsatz herabgesetzt worden. Probion „S" ist fast frei von Nucleinsäuren und Lipiden.

Fermosin, eine Nährhefe, die in Mozyr (UdSSR) gemeinsam mit den Ländern des Comecon auf Basis von *n*-PKW erzeugt wird, wird ebenfalls für die Tierernährung eingesetzt und es besteht auch die Absicht, nucleinsäurearme Bioproteine für die menschliche Ernährung auf Basis Ethanol zu produzieren. Die Schließung der Eiweißlücke durch Methanol aus Kohle ist schon heute zu den schönsten Erfolgen der dritten industriellen Revolution zu zählen.

In der Abbildung 10.1 ist ein Schema der Arbeitsweise der ICI für die Herstellung von Pruteen auf Methanolbasis angegeben.

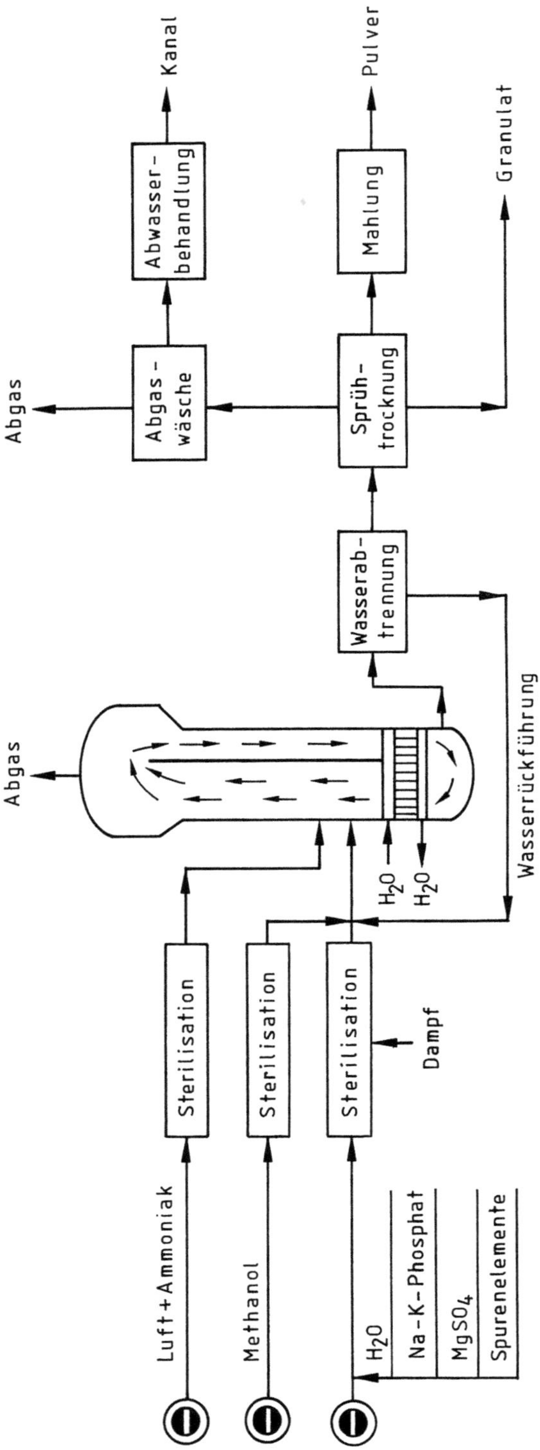

Abb. 10.1. Schema der Arbeitsweise der ICI für die Herstellung von SCP (Pruteen) (nach Hydrocarbon Processing [10.2])

Tabelle 10.1. Eiweißbedarf der Weltbevölkerung in Millionen Tonnen 1975–2000 (vgl. auch Asinger [10.1])

Bevölkerung der Erde in Milliarden	1975	1990	2000
Industrieländer	1,0	1,1	1,15
Entwicklungsländer	3,0	4,3	4,85
Summe	4,0	5,4	6,0
Proteinverbrauch in Millionen Tonnen pro Jahr			
Industrieländer, nötig und verfügbar	33	36	38
Entwicklungsländer, notwendig	55	81	91
Entwicklungsländer, zur Verfügung	47	52	52
zur Verfügung insgesamt	80	88	90
Fehlbetrag in den Entwicklungsländern	8	29	39

Das aus der ICI-Niederdruck-Methanolsynthese stammende Methanol wird seit einiger Zeit in einer Großanlage in etwa 70 000 jato Pruteen unter Verwendung eines einzelligen Mikroorganismus *(Methylophilus Methylotrophus)* überführt [10.2]. Wichtigster Teil der Anlage ist ein Druckzyklus-Fermenter von 1 300 m^3 Betriebsvolumen, der eine Neuentwicklung der ICI darstellt und kontinuierlich arbeitet. Nach dreimonatiger Arbeit wurde Sterilität erzielt, die dann dauernd aufrecht erhalten werden konnte. Luft und Ammoniak, Methanol und anorganische Salze werden sterilisiert und in den Fermenter, der keine bewegten Teile enthält, unter Druck eingegeben. Die Temperatur wird mit einem mit Wasser betriebenen Kühler einreguliert. Der Mikroorganismus, ein Bakterium, wird in einer Konzentration von etwa 30 g/l gehalten, indem man ständig aus der zirkulierenden Kultur Produkt ausschleust. Das Wasser wird zurückgeführt, das Produkt getrocknet und granuliert oder gemahlen. Es enthält bis zu 80 % Eiweiß und ist reich an Lysin und Methionin. Für 100 000 t SCP benötigt man etwa 230 000 t Methanol. Unter Berücksichtigung eines 70%igen Eiweißgehaltes ergäbe sich für 40 Mio jato ein Methanolbedarf von 130 Mio jato und dafür ein Bedarf von 200 Mio SKE für das Jahr 2000. Bei einem geschätzten Steinkohlenaufkommen von 6 Mia t SKE wären dies insgesamt etwa 3,5 % der Gesamtförderung. Von Agrobiologen ist darauf hingewiesen worden, daß bei Hühnern, die mit SCP ernährt wurden, das ja praktisch kein Selen enthält, Störungen in der Pankreas auftreten können und daß auch die Glutathion-peroxydase in ihrer Wirkung vermindert wird [10.3].

Vor einiger Zeit wurde in Bakterien, die auf Basis Methanol Proteine aufbauen können, cyclopropanhaltige Fettsäuren aufgefunden. Wie sich diese Feststellung, wenn sie bestätigt wird, auf die Verwendung solcher Proteine für menschliche und tierische Zwecke auswirken wird, muß abgewartet werden [10.4].

Das Verfahren der Eiweißherstellung der Hoechst AG mit *Methylomonas*

Clara bei 40 °C und Methanol als Substrat sowie der Garrido-Schick-Prozess, der ebenfalls Methanol als Substrat verwenden kann, werden kurz angeführt.

Bei letzteren Verfahren (Linde AG, München) wird in Gegenwart von 95%igem Sauerstoff gearbeitet und mit Hefe fermentiert *(Hansenuela Anomala).*

Man erreicht eine extrem hohe Fermenter-Produktivität, die fast um eine Zehner-Potenz höher liegt, als bei vergleichbaren Verfahren. Die Sauerstoff-Gewinnungsanlage amortisiert sich rasch.

Literatur zu Kapitel 10

10.1. Watkin, W.: Chemistry and Industry *1982* vom 20. März, S. 178–184. Food and Agriculture interface

Chem. Labor Betr. *33* (1), 16 [1982]. Proteingewinnung aus Methanol (Erzeugung von Pruteen bei der ICI in Billingham)

Europ. Chem. News *1982*, 7. Juni, S. 16–23. Special Report. Solving the problem of biotechnology scale up (Es handelt sich in erster Linie um den Pruteen-Prozeß)

Chem. Eng. *1981* (9) vom 4. Mai, S. 41. Pruteen-Anlage der ICI

Howells, E.R.: Chem. Ind. *1982*, 7. August, S. 508–511. Oportunities in biotechnology for the Chemical Industry. Single Cell protein and related Technology

Prävke, P., Schügerl, K., Zucker, H.: Mikrobielle Protein-Gewinnung und Biotechnologie. Verlag Chemie GmbH, Weinheim, 262 Seiten, 86 Abbildungen, 79 Tabellen *1982* (vgl. Chem. Tech. *11* (11), 1327 [1982])

Europ. Chem. News *1982*, 10. Mai, S. 24. Many problems to be overcome in biotechnology scale up

Tonius, F. G.: Chem. Ing. Techn. *53* (4), 279 [1981]. Aufarbeitung von Single Cell-Protein. Senken des Nucleinsäuregehaltes der Bäckerhefe

Rudhard, E.: Technik heute *1980* (11), S. 19–24. Eiweiß-Synthese zur Lösung des Welternährungsproblems

Hoshiai, K.: CEER (Chem. Econ. Eng. Rev.) *12* (4), 12 [1980]. Interbalance of Essential Aminoacids an Approach to the Problems of Protein Shortage in the World

Chem. Techn. (DDR) *31* (8), 409 [1979]. Biolipidextrakt, ein neuer Rohstoff aus der Produktion von Fermosin-Futterhefe auf Basis Erdöldestillat

Chem. Ztg. *105* (6), 179 [1981]. Steaks aus Kohle großtechnisch. Tenside *18* (3), 171 [1981]. ICI nimmt Großanlage für Eiweiß in Betrieb

Chem. Eng. News *1981* vom 6. April, S. 21. Hoechst plant in 2 Jahren erstmals Eiweiß für die menschliche Ernährung zu vermarkten

Rudhard, H.: Technik heute *1980* (11), 19–27. Eiweiß-Synthese zur Lösung des Welternährungsproblems

Chem. Labor und Betr. *30* (3), 102 [1979]. Fermosin Futterhefe

Chem. Techn. (DDR) *31*, 408 [1979]

Asinger, F.: Die petrolchemische Industrie, Bd. II, S. 1506–1520 [1971], Akademie-Verlag, Berlin

Dimmling, W., Seipenbusch, R.: Vortrag bei der 24. Haupttagung der Deutschen Gesellschaft für Mineralölwissenschaften und Kohlechemie e.V. vom 30. September bis 3. Oktober [1974] in Hamburg (vgl. Compendium 74/75, Bd. 1, S. 17–25 [1975])

Reuss, M.: Chem. Ing. Techn. *46* (16), 676 [1974]. Die zukünftigen Möglichkeiten computergesteuerter Fermentationstechnik

Masuda, Y., Nakanishi, M., Sakakura, Y. (Mitsubishi): Hydrocarbon Processing *1976*, Nov., S. 113–116. Make SCP from Ethanol

Europ. Chem. News *1974*, 15. März, S. 30–31. Methanol will be dominant protein feed

10.2. Hydrocarbon Processing *1979*, Nov., S. 241

10.3. Ikumo, H., Takayanagi, N., Sato, S., Hoshi, H., Yoshida, M.: Agric. Biol. Chem. *42* (1), 55–62 [1978] (C.A. *88*, 103.595u [1978]). Selenium deficiency in chickens induced by feeding yeast grown on methanol as a sole dietary protein source

10.4. Ringpfeil, M.: Review Paper 9 des 10. Welterdölkongresses, Bukarest, Sept. *1979*, Microbiological Processing, (vgl. Referat: Griesbaum, K., Swodenk, W.: Erdöl und Kohle *33* (1), 40 [1980]

Europ. Chem. News, New Techn. Suppl. *1980*, 22. Dez., S. 84. Biotechnology will provide future source of large-volume chemical.

Hoshiai, K.: CEER (Chemical Econ. Eng. Rev.), *1981*, (9) 16. Imbalance Situation of Essential Amino Acids in the World.

Europ. Chem. News. (Contractors Review ACHEMA), *1982*, Suppelement vom 7. Juni, S. 18–23. Solving the problem of biotechnology scale up (Pruteen production der ICI).

Chem. Eng., *1983*, 12. Dez., S. 62. Single-cell-protein fermentation process.

Ringpfeil, M.: Mitt.bl. Chem. Ges. DDR, Nr. 10, 30. Jahrgang, Oktober *1983*, S. 194–199. Technologie der Produktion von Einzellerprotein aus fossilen Rohstoffen. Möglichkeiten und Grenzen der Intensivierung, vgl. Vortrag des Verfassers, Internat. Symposium über SCP aus Kohlenwasserstoffen, Algier, Oktober *1983*.

Brady, N. C.: Science *218*, 847–853, *1982* Chemistry and World food supply.
Man nimmt an, daß die Weltbevölkerung auf das 3fache von 1982 steigen und dann bei fast 13 Milliarden sich stabilisieren wird.

Krieger, J.: Chem. Eng. News, *1983*, 1. August, S. 21. Single Cell Protein Process Targeted for Licensing (Provesteen-Prozess der Phillips Petroleum Co.). (Man verwendet Methanol als Substrat und eine Hefekultur, die mit Ammoniak, Mineralstoffen, Sauerstoff oder Luft, sowie Wasser versorgt wird.
Der Vorteil des Prozesses ist eine äußerst hohe Zelldichte von 120–150 g Trockenmasse pro Liter, die beim konventionellen Prozess nur 30–40 g beträgt. Provesteen enthält 60 % Protein, 5 % Lipide, 18 % Carbohydrate neben Vitaminen und Mineralsalzen. Es kann 50–75 % des Eiweißbedarfes von Federvieh, Kühen, Schweinen, Schafen, Steingarnelen, Lobsters, etc. decken).

Sgadlev, B. F., Kaufman, G. M.: Chem. Ind. (UdSSR), *1983* (12), 719–720 (Chem. Abstr. *100*, 66582f, *1984*). Effectivness of the use of methanol as raw material for the production of feed microbial protein.
Ein SCP auf Basis von Methanol enthielt etwa 15–20 % mehr Eiweiß und war 20 % wirksamer als ein solches auf Basis von Paraffinkohlenwasserstoffen.

Chem. Eng. News, *1983*, 1. August, S. 4. Global food crisis: CHEMRAWN proposes solution.

European Chem. News. *1983*, 8. August, S. 18. Phillips develops single cell protein for human consumption (Provesteen).

Chem. Week, *1983*, vom 31. August, S. 17–18. The new technology for single-cell protein.

Phillips-Petroleum Co., betreibt in Bartlesville (Okla) einen 1.500 Liter Fermenter mit Methanol, aber auch anderen Substraten wie Kohlenwasserstoffe, Zucker, etc.

Wegner, G. H. (Phillips Petroleum Co.): Chem. Eng., *1983*, vom 5. September, S. 56. Non polluting process turnes methanol into pure protein.

Chem. Eng., *1983*, vom 25. Juli, S. 9. Phillips Petroleum Co. unveils its version of a single cell protein process. (Provesteen auf Methanolbasis).

Zanetti, R. J. et al.: Chem. Eng., *1984*, 6. Februar, S. 18–21. Breathing new life into single cell protein.

Die Autoren fassen die Gesamtaktivitäten der SCP erzeugenden oder sich damit beschäftigenden Länder und Firmen zusammen.

Das Für und Wider wird erörtert und die Schwierigkeiten werden diskutiert, die mit dem Preis der Rohmaterialien, wie Methanol bzw. Kohlenwasserstoffen und dem Preis der natürlichen Proteine (z. B. aus Sojabohnen) für die Tierernährung zusammenhängen.

Chem. Rundschau, *1984*, 18. April, S. 5–7, 37. Jahrgang Nr. 16. Ernährung der Weltbevölkerung (Utopie oder Wirklichkeit).

Anhang

Da in der Literatur oft nicht weiter erläuterte Abkürzungen für Institutionen und chemisch-technische Begriffe verwendet werden und man vor allem in englisch-sprachigen Publikationen an alten Maßeinheiten für physikalische Größen festhält, werden nachfolgend einige Abkürzungen erläutert und praktische Umrechnungsfaktoren angegeben.

A Übliche Abkürzungen wichtiger Institutionen

AICHE	American Insitute of Chemical Engineers
APICORP	Arab Petroleum Investment Corp.
ARCO	Atlantic Richfield Co. (USA)
ASME	American Society of Mechanical Engineers
ASTM	American Society for Testing Materials
BGA	Bundes-Gesundheitsamt
BGC	British Gas Corporation
BEICIP	Bureau d'Etudes Industrielles et d'Cooperation Paris
BMFT	Bundesministerium für Forschung und Technologie
CEFIC	Conseil European de Federation de l'Industrie Chimique
CPEs	Centrally Planed Economies
DGMK	Deutsche Gesellschaft für Mineralölwissenschaft und Kohlechemie e.V.
DOE	Department of Energy (USA)
EPA	Environmental Protecting Agency (USA)
EC	European Community
EGKS	Europäische Gesellschaft für Kohle und Stahl
EPRI	Electric Power Research Institute (USA)
ERDA	Energy Research and Development Administration (USA)
FAO	Food Agriculture Organisation
FEA	Federal Energy Administration (USA)
GTZ	Deutsche Gesellschaft für Technische Zusammenarbeit
IAEA	Internationale Atomenergie-Agentur (Wien)
IEA	International Energy Agency (21 Mitgliedsstaaten)
IFP	Institut Francais du Petrole
IG	Frühere IG-Farbenindustrie
IGT	Institute of Gas-Technology (USA)
IIAAS	Internationales Institut für angewandte Systemanalyse (Laxenburg bei Wien)

IPAA	Interpendant Petroleum Association of America
KWU	Kraftswerksunion (BRD)
LASL	Los Alamos Scientific Laboratory (USA)
LDS	Less developed Countries
MGC	Mitsubishi Gas Chemical (Japan)
MITI	Ministry of International Trade and Industry (Japan)
NIG	National Iranian Gas Co.
NCA	National Coal Association (USA)
NAS	National Academy of Sciences (USA)
NPRA	National Petroleum Refiners Association (USA)
NCRIC	National Chemical Response and Information Center (USA)
OAPEC	Organisation of the Arab Petroleum Exporting Countries (Ägypten, Syrien, Bahrein)
OECD	Organisation for Economic Cooperation and Development (Europäische Länder der EG, USA, Japan, Australien, Kanada und Neuseeland)
OPEC	Organisation of the Petroleum Exporting Countries (Iran, Nigeria, Venezuela, Ecuador, Gabun, Indonesien)
SABIC	Saudi Basis Industries Corp.
SAE	Society of Automotive Engineers Inc. (USA)
SASOL	Suid-Afrikanse Steenkol, Olie en Gas Korporasie
SERI	Solar Energy Research Institute in Golden-Colorado (USA)
SFC	Synfuels Corporation
SONATRACH	Societé National pour la Recherche, la Production, le Transport et la Communication des Hydrocabures
WAES	World-Alternative-Energy-Strategies
WEC	World-Energy-Conference
WHO	World-Health-Organisation
WPC	World Petroleum Congress

B Abkürzungen chemisch-technischer Begriffe

BTu	British Thermal unit
CFFC	Clean Fuel from Coal
COM	Coal-Oil-Mixture
DAF	Dry-ash-free
DCF	Discounted Crash-Flow
DEG	Diethylenglykol
DK	Dieselkraftstoff
E_{20}	Benzin-Ethanol Mischkraftstoff mit 20% Ethanol und 80% KW
E_{100}	Ethanol-Kraftstoff
ETBE	Ethyl-tert.-Butylether
FCC	Fluid Catalytic Cracking
FFB	Fixed-Fluidized-Bed-Reactor (3-Phasenreaktor)
FOZ	Front-Oktan-Zahl
FT-Synthese	Fischer-Tropsch-Synthese
GDP	Gross-Domestic-Product
GNP	Gross-National-Product

GTBA	Gasoline Grade tert. Bytylalkohol
HYTANOL	Hochdruck-Methanolspaltanlage der Lurgi zur Erzeugung von Stadtgas
HTW	Hochtemperatur-Winkler-Verfahren
HPI	Hydrocarbon Process Industry
IPA	Isopropylalkohol
ITSL	Integrated two stage liquefaction process
KW	Kohlenwasserstoffe
LNG	Liquefied Natural Gas
LHSV	Liquid hourly space velocity
LPG	Liquefied Petroleum Gas
M_{15}	Benzin-Methanol Mischkraftstoff mit 15 % Methanol und 85 % KW
M_{100}	Methanol-Kraftstoff
MBG	Medium BTu-Gas
MOZ	Motor-Oktan-Zahl
MTA	Methanol to Aromatics (Mobil Process)
MTG	Methanol to Gasoline (Mobil Process)
MTO	Methanol to Olefins (Mobil Process)
Methacoal	Kohletransport in Pipelines mittels Methanol
MIP	Molten-Iron-Process
MELS	Moleculare engineered layers structure
NGL	Natural Gas Liquids
Offsites	Nebenanlagen einer Fabrik
OK	Ottokraftstoff
PAFC	Phosphoric Acid Fuel Cells
PEV	Primärenergieverbrauch
PKW	Paraffin-Kohlenwasserstoffe
Purgegas	Aus Kreislaufgasstrom abgezweigtes Gas (Verhinderung zu großer Inertenanreicherung im Kreislauf)
Quenchen	Schnelles Abkühlen einer Reaktionsmischung durch direkte Stoffeingabe (Temperaturkontrolle)
RVP	Reid Vapour Pressure
SCP	Single Cell Protein
SKE	Steinkohleneinheit
SNG	Synthetic Natural Gas, Substitute Natural Gas
SOZ	Straßen-Oktan-Zahl
TED	Total-Energy-Demand
VK	Vergaserkraftstoff (Benzin)
VAM	Vinylacetat-Monomer
waf	Bezugszustand für Brennstoffe: wasser- und aschefrei
WHSV	Weight hourly space velocity

C Umrechnung von physikalischen und technischen Einheiten

1. Umrechnung von Druckangaben

1 atm	= 0,981 bar, gerundet 1 bar
1 physik. Atmosphäre	= 1,013 bar = 101 325 Pascal (Pa)

1 bar	= 100 000 Pa
1 Pa	= 0,101 971 6 mm Wassersäule (ws)
	= 0,007 500 6 mm Quecksilbersäule (Hg)
1 Torr	= 1 mm Quecksilbersäule = $1{,}333 \cdot 10^{-3}$ bar
1 psi	= 1 pound per square inch = 0,07 atm (1 square inch = 6,45 cm^2)

2. Umrechnung von Temperatureinheiten

0 °C (Celsius) = 273 K (Kelvin) = 32 °F (Fahrenheit)

100 °C = 373 K = 212 °F

$$(°F - 32) \cdot \frac{5}{9} = °C$$

$$°C \cdot \frac{9}{5} + 32 = °F$$

$$°C + 273 = K$$

$$(°F - 32) \cdot \frac{5}{9} + 273 = K$$

3. Umrechnung von Gewichtsangaben

1 pound	= 0,453 592 kg
1 kg	= 2,204 6 pounds
1 t	= 1.000 kg
1 short t (USA-übliche Angabe für Endprodukte)	= 2 000 pounds = 907,185 kg
1 long t (USA-übliche Angabe für Rohprodukte)	= 224 240 pounds = 101 6,40 kg

4. Umrechnung von Volumina
(nach „Zahlen aus der Mineralölwirtschaft 1985“, Herausgeber: BP AG, Abt. ZIM, Hamburg)

Einheit	Liter	m^3	Standard cubic foot (scft)	amerikanische Gallone	Imperial (englische) Gallone	Barrel (amerikanisch)
1 Liter (l)	–	0,001	0,035 3	0,264 2	0,219 97	0,006 29
1 m^3	1 000	–	35,315	264,17	219,97	6,289 8
1 standard cubic foot (scft)	28,317	0,028 317	–	7,480 5	6,228 8	9,178 11
1 amerikanische Gallone	3,785 4	0,003 785 4	0,133 68	–	0,832 68	0,023 81
1 Imperial Gallone (englisch)	4,546 1	0,004 546 1	0,160 54	1,200 9	–	0,028 59
1 Barrel (amerikanisch)	158,89	0,158 99	5,614 6	42	34,972 6	–

Faktoren:	barrels/day	× 50	= Tonnen/Jahr
	barrels/stream day	× 45	= Tonnen/Jahr
	cubic foot/day	× 10,34	= m^3/Jahr

Beispiel einer typischen amerikanischen Mengenangabe:
40 mm scftd, d. h. 40 Millionen Standard cubic foot pro Tag
= 1 132 000 m^3/Tag

5. Längenmaße

1 foot = 0,30479 m
1 inch = 25,4 mm
1 Meile = 1609 m

6. Umrechnung von Kraft- und Leistungseinheiten

Einheit	Kilojoule	SKE (kg)	kcal	kWh	BTU	Therm
1 Kilojoule	–	0,000 034 1	0,238 8	0,000 3	0,95	0,000 01
1 SKE (kg)	293 00	–	7 000	8,13	27,731	0,277 31
1 kcal	4,186 8	0,000 143	–	0,001 163	3,968	0,000 039 68
1 kWh	3 600	0,123	860	–	3 411	0,034 11
1 BTU	1,055	0,000 036 06	0,252	0,000 293	–	0,000 01
1 Therm	105 506	3,606	25 200	29,3	100 000	–

1 PS = 0,736 kW
1 kW = 1,359 PS
1 Mcal = 4 187 MJ = 1,16 kWh
1 MW = 10^9 W

Zur Erzeugung von 10 000 MW sind 1,93 Miot SKE oder 1,3 Miot O_e erforderlich.

7. Heizwerte technischer Gase

	kJ	kcal	SKE-Faktor
1 m^3 Wasserstoff	14.000	3.200	457
1 m^3 Kohlenoxid	12.560	3.000	430
1 m^3 Wassergas ($CO + H_2$)	10.900	2.600	371
1 m^3 Synthesegas (MBG) ($CO + 2H_2$)	10.470	2.500	357

8. Technische Äquivalente

1 t Öl entspricht 1,5 t SKE
bzw. 1 300 l Fahrbenzin
bzw. 1 388 l Chemiebenzin
bzw. 1 300 m^3 Erdgas
bzw. 7,4 Barrel (im Weltdurchschnitt 7,3)

1 Barrel Öl entspricht 159 l Öl mit einem Heizwert von
$5{,}86 \cdot 10^6$ kJ
bzw. $1{,}4 \cdot 10^6$ kcal
bzw. $5{,}55 \cdot 10^6$ BTU

Beispiele für Angaben zur Welt-Ölverarbeitung:

z. Z. Erdölverarbeitung pro Tag:	65 mbd	(Millionen Barrel täglich)
bzw.	9 mtd	(Millionen Tonnen täglich)

1 mbO_ed bedeutet: 1 Million Barrel Öleinheiten täglich
(O_e = Ölequivalent, C_e = Kohleäquivalent)

Sachverzeichnis

GPSR Compliance

The European Union's (EU) General Product Safety Regulation (GPSR) is a set of rules that requires consumer products to be safe and our obligations to ensure this.

If you have any concerns about our products, you can contact us on ProductSafety@springernature.com

In case Publisher is established outside the EU, the EU authorized representative is:

Springer Nature Customer Service Center GmbH
Europaplatz 3
69115 Heidelberg, Germany

Batch number: 10620878

Printed by Printforce, the Netherlands